Peter Paufler

# Physikalische Kristallographie

Peter Paufler

# Physikalische Kristallographie

Mit 126 Abbildungen und 69 Tabellen

Akademie-Verlag Berlin 1986

Autor:

**Prof. Dr. sc. nat. Peter Paufler,**
Lehrstuhl für Kristallographie,
Sektion Chemie der Karl-Marx-Universität Leipzig

Erschienen im Akademie-Verlag Berlin, DDR-1086 Berlin, Leipziger Straße 3–4

Lizenznummer: 202 · 100/490/85
Printed in the German Democratic Republic
Gesamtherstellung: VEB Druckhaus „Maxim Gorki", 7400 Altenburg
Lektor: Dipl.-Phys. Ursula Heilmann
Einbandentwurf und Typographie: Per Th. Leonhardt
LSV 1184
Bestellnummer: 763 433 4 (6872)

04200

# Vorwort

Die vorliegende Darstellung ist aus Vorlesungen hervorgegangen, die ich für Studierende der Physik und Kristallographie an den Universitäten in Dresden und Leipzig zwischen dem 4. und dem 7. Semester gehalten habe. Der behandelte Stoff wurde in etwas gekürzter Form in zwei Semestern vorgetragen, ergänzt durch seminaristische Rechenübungen und für Kristallographen durch ein Praktikum. Auch Studierende anderer Zweige der Material- und Werkstofforschung sollten dieses Buch als einführende Übersicht nutzen können.

Gegenstand der Erörterung sind die Materialeigenschaften kristalliner Stoffe unter besonderer Berücksichtigung der Anisotropie, die sich aus dem atomaren Aufbau ergibt. Dargestellt sind fast ausschließlich lineare Beziehungen. Nicht berücksichtigt wurden Materialgleichungen mit Hysterese (z. B. Ferroelektrizität, anelastische und plastische Verformung). Der Baufehlereinfluß auf die behandelten Eigenschaften ist (abgesehen von den Transporteigenschaften) vernachlässigt.

Nun gibt es bereits eine Reihe bewährter Lehrbücher zu diesem Gegenstand, wie z. B. die von BHAGAVANTAM; BILLINGS; BIRSS; GROTH; HAUSSÜHL 1983; JONES, MARCH; JURETSCHKE, VILLARS; KLEBER, MEYER, SCHOENBORN; LIEBISCH; NYE; PERELOMOVA, TAGIEVA; SIROTIN, ŠASKOL'SKAJA; SORET; VAINSHTEIN IV; VASIL'EV; VOIGT; WOOSTER 1938, 1949, 1973; WOOSTER, BRETON; ŽELUDEV.

Von diesen unterscheidet sich das vorliegende Buch vor allem in zweierlei Hinsicht. Erstens wird der koordinatenunabhängigen Tensorschreibweise der Vorzug vor der koordinatenbezogenen gegeben. Sie ist nicht nur eine platzsparende Form, sondern auch eine wirksame Arbeitsmethode. Zur Erleichterung der Lektüre sind die wichtigsten Hilfsmittel der Vektor- und Tensorrechnung in knapper Form beigefügt worden, denn erfahrungsgemäß bereitet der Übergang von einem Lehrbuch der Mathematik zu einem der angewandten Naturwissenschaften besonders in Fragen der Nomenklatur dem Anfänger Schwierigkeiten. Die Darstellung ist aber kein Mathematikbuch! Vieles ist auf die vorliegenden Anwendungen zugeschnitten bzw. darauf eingeengt.

Zweitens wird der Inhalt der physikalischen Kristallographie nicht auf die phänomenologische Beschreibung aller Kristalleigenschaften durch Tensoren reduziert. Vielmehr wird der Leser in dem Bemühen unterstützt, den Anschluß an atomistische Modelle zu finden. Deren gründliche Erörterung bleibt Gegenstand der Festkörperphysik, der Festkörperchemie bzw. der Quantentheorie der kondensierten Materie. Für den experimentierenden Kristallforscher ist es aber oft schon ein Gewinn, wenn er ein Phänomen anhand stark vereinfachter Kristallmodelle (wie z. B. der linearen Oszillatorkette) selbst beschreiben kann. Auf derartige Möglichkeiten wird hingewiesen. Moderne Theorien sind dagegen oft zu aufwendig und ihre Anwendung zu begrenzt, als daß sich ihre Darstellung im Rahmen einer solchen Einführung rechtfertigen ließe.

Am Anfang steht in jedem Falle der experimentelle Befund. Aus ihm wird unter Bezug auf allgemeine Symmetrieargumente zur Tensorbeschreibung übergegangen. So kann die ganze Fülle der Anisotropieerscheinungen erschlossen werden. Durch Hinweise auf die historische Entwicklung soll das Bewußtsein von der Einordnung des jeweiligen Effektes in die allgemeine naturwissenschaftliche Entwicklung geschärft werden.

Um die Stoffülle zu bewältigen, waren nicht nur Auslassungen notwendig (Woldemar Voigt mußte schon 1910 bei einem Umfang von fast 1000 Seiten ein so wichtiges Gebiet wie die Kristalloptik weglassen), es schien auch geraten, ein Ordnungsprinzip einzuführen, das es dem Leser leicht macht, ein bestimmtes Phänomen zu finden, oder, falls es ausgelassen sein sollte, dessen korrekten Platz zu bestimmen. Dieses Prinzip geht auf Voigt zurück. Alle Materialeigenschaften werden nach steigender Stufe des zugehörigen Tensors geordnet. Sind die miteinander zu verknüpfenden Feldgrößen vorgegeben, liegt der Platz der zugehörigen Eigenschaft in diesem Buche fest. Das hat zur Folge, daß manche im Rahmen der Physik zu einem Lehrgebiet (z. B. Elektrik, Optik, Mechanik) gehörenden Eigenschaften hier in verschiedenen Kapiteln erscheinen. Andererseits kann diese Systematik im Sinne eines heuristischen Prinzips dazu dienen, bisher unbekannte Effekte aufzufinden.

Birss (1983) hat vorgeschlagen, anstelle der Klassifizierung nach Stufe und Polarität von Tensoren Differentialformen zu verwenden, wie sie in der Differentialgeometrie seit langem bekannt sind. Damit ist zwar ein höherer Grad von Allgemeinheit erreicht, der aber vermutlich der Mehrzahl der „Nutzer" physikalischer Kristallographie den Zugang zu diesem Gebiet erschweren würde, jedenfalls bei der gegenwärtigen Ausbildung.

Die kompakte Schreibweise von Gleichungen macht eine Mitarbeit des Lesers mit Papier und Stift unumgänglich. Abbildungen, Tabellen und Fußnoten sollen die quantitative Arbeit erleichtern. Sie sind vollwertige Bestandteile des Buches.

Bei der Abfassung des Textes habe ich von zahlreichen Diskussionen mit Fachkollegen, Mitarbeitern und Studenten profitiert. Ihnen sei an dieser Stelle vor allem gedankt. Besonders hervorheben möchte ich die Anregungen durch Herrn Prof. V. A. Kopcik (Moskau), Frau Dr. U. Krämer (Dresden) sowie durch die Herren Dr. Th. Müller (Dresden), Prof. M. Schenk (Berlin), Dr. A. Tempel (Leipzig) und Dipl.-Krist. G. Zahn (Leipzig).

Auch die technische Herstellung des Manuskripts erfuhr mancherlei Förderung. So danke ich namentlich Frau B. Kahnt für die Anfertigung einiger Bildvorlagen, Frau V.-M. Kaufmann für die Koordinierung der technischen Arbeiten, Fräulein S. Lange für die Zusammenstellung des Sachverzeichnisses, Frau Pirnsch für die Herstellung der Maschinenschrift sowie Frau R. Wehmeyer für die Unterstützung der Literaturarbeit.

Schließlich bin ich dem Verlag, insbesondere Frau Dipl.-Phys. U. Heilmann, für das verständnisvolle Entgegenkommen sehr verbunden.

Leipzig, im Dezember 1985 P. Paufler

# Inhaltsverzeichnis

# 1. Hilfsmittel der Beschreibung von Kristalleigenschaften

Physikalische Kristallographie betreiben heißt vor allem physikalische Eigenschaften an Kristallen unter Berücksichtigung von deren Anisotropie und Symmetrie messen und beschreiben. Die wichtigsten Hilfsmittel dafür werden zugeschnitten auf die Bedürfnisse der übrigen Teile des Buches hier zusammengestellt, um die Lektüre ausführlicherer Spezialliteratur zu ersparen. Will man doch darauf zurückgreifen, seien besonders empfohlen: zu 1.1. STILLE; KAMKE, KRÄMER; zu 1.2. und 1.3. MADELUNG; PRINCE; LAGALLY, FRANZ; zu 1.4. ŽELUDEV; VAINSHTEIN I. Die Elemente der Gruppentheorie werden bereits im Rahmen einer systematischen Geometrischen Kristallographie benötigt und sind hier als bekannt vorausgesetzt. Im übrigen mangelt es nicht an Einführungen, die auf die Bedürfnisse und Vorkenntnisse verschiedener Ausbildungsrichtungen eingehen, wie z. B. JAFFÉ, ORCHIN; STREITWOLF; BELGER, EHRENBERG; PRINCE; KNOX, GOLD; LAX; NUSSBAUM.

## 1.1. Physikalische Größen

### 1.1.1. Größengleichungen

Um sinnliche Wahrnehmungen quantitativ zu fassen, werden ihnen Zahlen zugeordnet. Das Zuordnungsverfahren heißt Messen. Es erfolgt nach einer Meßvorschrift, die zur Gewinnung der Maßzahl führt. Durch ein zusätzliches Symbol, die Maßeinheit (vgl. 1.1.2.), wird das Meßverfahren bezeichnet, das die betreffende Maßzahl lieferte. Das Produkt von Maßzahl und Maßeinheit ist der physikalischen Größe $a = \{a\} \cdot [a]$ äquivalent (vgl. Symbols, Units and Nomenclature in Physics 1978).[1]

Besonders einfach wird der Umgang mit physikalischen Größen, wenn das Meßverfahren auf eine Einheit $a_0$ Bezug nimmt, die durch reproduzierbare Objekte festgelegt ist. Damit entsteht ein Maßsystem mit der Maßzahl $\{a\} = 1$ für die Einheit selbst: $a = a_0 = [a]$.

Eine Beziehung zwischen Meßergebnissen kann in verschiedener Form geschrieben werden. Tabelle 1.1 enthält zwei Sätze von Maßzahlen, die unter Verwendung unterschiedlicher Maßeinheiten erhalten wurden ($x = \{x\}\ [x]$ Weg, $t = \{t\}\ [t]$ Zeit). Der erste läßt sich durch

$$\{x\} = 1 + \{t\} + 490{,}5\{t\}^2, \tag{1.1}$$

[1] $\{a\}$ Maßzahl und $[a]$ Symbol für die Maßeinheit der Größe $a$. Für dimensionslose Größen trägt die Maßeinheit oft keine Bezeichnung und wird nicht angegeben.

Tab. 1.1. Beispiele von zwei Maßzahlensätzen $\{x\}$ und $\{t\}$, die unter Verwendung unterschiedlicher Maßeinheiten $[x] = x_0$ und $[t] = t_0$ erhalten wurden

| $\{x\}$ | $\{t\}$ | $x_0$ | $t_0$ | $\{x\}$ | $\{t\}$ | $x_0$ | $t_0$ |
|---|---|---|---|---|---|---|---|
| 49061 | 10 | cm | s | 490,61 | 10 | m | s |
| 1 | 0 | | | 0,01 | 0 | | |
| 492,5 | 1 | | | 4,925 | 1 | | |

der zweite durch

$$\{x\} = 0{,}01 + 0{,}01\{t\} + 4{,}905\{t\}^2 \tag{1.2}$$

darstellen. Gl. (1.1) und (1.2) sind verschiedene Maßzahlgleichungen zur Beschreibung des gleichen Sachverhalts. Eine gegen Wechsel der Maßeinheiten invariante Schreibweise ist dagegen die Größengleichung

$$\{x\}\,[x] = 0{,}01\ \mathrm{m} + 0{,}01\ \mathrm{m\,s^{-1}}\,\{t\}\,[t] + 4{,}905\ \mathrm{m\,s^{-2}}\,\{t\}^2\,[t]^2$$

oder

$$x = a + b\,t + c\,t^2, \tag{1.3}$$

wobei $a = \{a\}\,[a] = 0{,}01\ \mathrm{m}, \quad b = \{b\}\,[b] = 0{,}01\ \mathrm{m\,s^{-1}}$ und

$c = \{c\}\,[c] = 4{,}905\ \mathrm{m\,s^{-2}}$ ist.

Geht man nämlich zu neuen Einheiten über, ändert sich nichts, denn mit $[x] \to \alpha[x]$ muß auch $\{x\} \to \{x\}/\alpha$ usw. gelten. Sollen (1.1) oder (1.2) ebenfalls erfüllt sein, muß $[x] = [a]$, $[b] = [x/t]$ und $[c] = [x/t^2]$ sein. Ausdrücke dieser Art heißen Dimensionen. $[x/t^2]$ ist also die Dimension von $c$ bzw. von $x/t^2$.[1])

Dieser Sachverhalt läßt sich zu einer sehr wirkungsvollen und einfachen Kontrolle einer Gleichung verwenden, indem man die Übereinstimmung der Dimensionen überprüft. Denn im Falle von (1.3) muß

$$[x] = [a] = [bt] = [c\,t^2] \tag{1.4}$$

sein.[2]) [3])

In der physikalischen Kristallographie werden wie in der Physik fast ausschließlich Größengleichungen verwendet.

[1]) Die Dimension einer Fläche ist gleich der Dimension von (Länge)$^2$ usw. Durch Differenzieren einer Größe $x$ nach einer anderen $t$ ändert sich die Dimension von $x$. $dx/dt$ hat die Dimension von $[x]/[t] = [x/t]$. Umgekehrt multipliziert sich die Dimension des Integranden durch die Integration mit der Dimension der Integrationsvariablen.

[2]) Wird nach einem Zusammenhang gesucht, in dem nur die Größen $x$, $a$, $b$, $c$ und $t$ auftreten, muß sich die dimensionslose Größe $x/a$ als Funktion der ebenfalls dimensionslosen Größen $bt/a$ und $ct^2/a$ schreiben lassen (Methode der Dimensionsanalyse). Für kompliziertere mathematische Gebilde, wie Vektoren und Tensoren, muß die Dimensionsgleichheit für jede Komponente gegeben sein.

[3]) Besondere Aufmerksamkeit verdient die Dimension ebener und räumlicher Winkel. Der ebene Winkel $\varphi$ ist der Quotient von Bogen $s$ und Radius $r$: $\varphi = s/r$, der räumliche Winkel $\Omega$ ist definiert durch $\Omega = A/r^2$ wo $A$ der Flächenausschnitt aus der Kugeloberfläche ist. Um die Besonderheit dieser Verhältnisgrößen hervorzuheben, werden zu den Zahlenwerten der ebenen Winkel die Bezeichnung „rad“ und zu denen der räumlichen „sr“ hinzugefügt, oft allerdings auch weggelassen.

## 1.1.2. Einheiten und ihre Darstellung

Wir verwenden im folgenden die Maßeinheiten des „Internationalen Einheitensystems“ (Système International d'Unités, abgekürzt SI). Es sieht 7 Grundeinheiten vor, die nur durch verbale Festlegungen definiert werden können (Tab. 1.2). Weitere abgeleitete Einheiten folgen daraus durch Definitionsgleichung (Einheitengleichung) (vgl. z. B. Bender, Pippig).[1]

Tab. 1.2. Grundeinheiten des SI

| Größenart | Bezeichnung der Grundeinheit | Abkürzung der Grundeinheit |
|---|---|---|
| Länge | Meter | m |
| Masse | Kilogramm | kg |
| Zeit | Sekunde | s |
| Elektrische Stromstärke | Ampere | A |
| Temperatur | Kelvin | K |
| Lichtstärke | Candela | cd |
| Stoffmenge | Mol | mol |

Für die praktische Arbeit ist die Darstellung der Einheiten von erheblicher Bedeutung. Sie wird laufend verbessert und über Primär- und Sekundärnormale realisiert. Eine Übersicht geben Kamke, Krämer.

So kann z. B. die Grundeinheit Meter durch einen He-Ne-Laser mit $^{127}J_2$ als Absorptionsmedium realisiert werden, dessen Wellenlänge $\lambda = c/f$ über Frequenzmessung $f$ ($\Delta f/f = 1 \cdot 10^{-11}$) bestimmt wird. Das Meter ist die Länge der Strecke, die Licht im Vakuum während der Dauer von 1/299792458 Sekunde durchläuft.

## 1.1.3. Klassifizierung physikalischer Größen

Die zur Beschreibung eines Systems erforderlichen Größen lassen sich in intensive und extensive aufteilen. Die letztgenannten sind der Teilchenzahl, der Masse oder dem Volumen des Systems proportional, die ersteren nicht. Die Teilchenzahlunabhängigkeit der intensiven Größen wird nicht durch Bezugnahme auf die Teilchenzahl (bzw. die Masse oder das Volumen) erreicht. Dagegen sind spezifische, molare oder Dichte-Größen durch Division extensiver Größen mit der Masse, der Teilchenzahl oder dem Volumen des Systems von dessen Größe unabhängig gemacht worden (reduzierte Größen[2])). Tabelle 1.3 enthält Beispiele (vgl. auch Bhagavantam; Billings). Intensiven und reduzierten Größen ist gemeinsam, daß sie bei Addition identischer Teilsysteme für das Gesamtsystem den gleichen Wert wie für die Teilsysteme aufweisen.

Zu jeder intensiven Größe gibt es eine extensive derart, daß das Produkt beider die Dimension einer Energie oder Energiedichte hat (z. B. $\vec{H}$, $\vec{B}$; $\vec{E}$, $\vec{D}$; $\overset{2\rightarrow}{\sigma}$, $\overset{2\rightarrow}{\varepsilon}$; $s$, $T$).

[1]) Beispielsweise ist die (abgeleitete) Maßeinheit der Kraft, das Newton, durch die Einheitengleichung $1\ \mathrm{N} = 1\ \mathrm{m} \cdot \mathrm{kg} \cdot \mathrm{s}^{-2}$ festgelegt. In Einheitengleichungen treten nur Einheiten und Zahlenwerte, aber keine Symbole für Größen auf.

[2]) Reduzierte Größen bleiben ihrer Natur nach extensiv. Durch Integration über das gesamte System erhält man anders als bei den intensiven Größen die zugehörigen extensiven.

Tab. 1.3. Beispiele zur Einordnung physikalischer Größen*)

| intensive Größen | extensive Größen | reduzierte extensive Größen |
|---|---|---|
| Temperatur $T$ | Energie $E$ | spezifische, molare Energie $E/M$, $E/N$ |
| magnetische Feldstärke $\vec{H}$ | Entropie $S$ | Energiedichte $\eta = E/V$<br>spezifische, molare Entropie $S/M$, $S/N$ |
| elektrische Feldstärke $\vec{E}$ | Masse $M$ | Entropiedichte $s = S/V$<br>spezifisches Volumen $V/M = \varrho^{-1}$ |
| mechanische Spannung $\overset{2\rightarrow}{\sigma}$ | Volumen $V$ | magnetische Polarisation $\vec{I}^0 = \vec{m}^0/V$ |
| | Magnetisches Moment $\vec{m}^0$ | elektrische Polarisation $\vec{P} = \vec{p}_e/V$ |
| | Elektrisches Moment $\vec{p}_e$ | magnetische Induktion $\vec{B} = \mu_0\vec{H} + \vec{I}^0$<br>elektrische Verschiebung $\vec{D} = \varepsilon_0\vec{E} + \vec{P}$<br>Teilchendichte $c = N/V$<br>Verzerrung $\overset{2\rightarrow}{\varepsilon}$ |

*) Mit $\vec{A}$ wird ein Vektor, mit $\overset{n\rightarrow}{A}$ ein Tensor $n$-ter Stufe bezeichnet.

Die Dichte der inneren Energie $\eta$ läßt sich dann durch

$$d\eta = I_k\, dE_k{}^{1)} \qquad (k = 1, 2, \ldots, n) \tag{1.5}$$

darstellen, wenn der Zustand[2]) des betrachteten Systems durch je $n$ intensive und extensive Parameter $I_k$ und $E_k$ festgelegt ist.[3])

Extensive und reduzierte extensive Größen sind materialabhängig. Sie sind außerdem Funktionen der intensiven Größen.

Bei der Behandlung von Kristalleigenschaften ist es zweckmäßig, Systeme im (oder nahe dem) thermodynamischen Gleichgewicht und solche fernab vom Gleichgewicht getrennt zu beschreiben. Werden eine oder mehrere intensive Größen $I_k$ im Gleichgewichtszustand geändert, hat das auch eine Änderung extensiver $E_l$ zur Folge:

$$dE_l = A_{lk}\, dI_k \qquad (l, k = 1, 2, \ldots) \tag{1.6a}$$

oder in integrierter Form

$$E_l = A_{lk} I_k \qquad (l, k = 1, 2, \ldots).^{4)} \tag{1.6b}$$

Die Größen $A_{lk}$ sind materialtypisch und werden als *Kristalleigenschaften* oder allgemeiner als *Materialgrößen* bezeichnet und bilden den eigentlichen Untersuchungs-

1) Es wird hier und im folgenden die EINSTEINsche Summenkonvention in der Form angewandt, daß über gleiche Indizes in einem Produkt zu summieren ist.

2) Für thermodynamische Grundlagen vgl. z. B. LEUSCHNER; PAUFLER.

3) Intensive Größen erhält man dann als partielle Ableitungen der Energiedichte $\eta$ nach der zugehörigen extensiven Größe, wobei alle übrigen extensiven Größen konstant gehalten werden.

4) $I$ und $E$ können Skalare, Vektoren, Tensoren usw. sein (vgl. Tab. 1.3). Die Produktverknüpfung in (1.5) und (1.6) richtet sich nach dem Charakter der beteiligten Größen.

gegenstand dieses Buches im Rahmen der gleichgewichtsnahen Systeme. Ihnen stehen die Feldgrößen $E_l$, $I_k$ gegenüber. Mitunter wird die intensive Größe als *Ursache* oder Einwirkung und die extensive als *Wirkung* oder Effekt angesehen.

Von den Nichtgleichgewichtssystemen werden hier nur die im stationären Zustand untersucht. Unter dem Einfluß von Gradienten intensiver Größen (verallgemeinerte Kräfte, z. B. elektrischer Feld- oder Temperatur-Gradient) $X_j$ entstehen im System Flüsse $J_l$ von extensiven Größen wie Energie, Masse, Ladung usw., die näherungsweise über

$$J_l = L^{ij}X_j \tag{1.7}$$

miteinander verknüpft sind (vgl. auch (2.3)).

Die Koeffizienten $L^{ij}$ sind materialtypische Größen (Leitfähigkeiten, Transporteigenschaften) und als solche ebenfalls Gegenstand unserer Untersuchung.

## 1.2. Koordinatensysteme

Im Rahmen der Kristallographie werden vorzugsweise Koordinatensysteme $\vec{a}_\alpha$ ($\alpha = 1, 2, 3$) verwendet, die sich an etwa vorhandenen Punktsymmetrieelementen der Kristallstruktur und an Translationsrichtungen des Gitters orientieren und damit einer von sieben verschiedenen Anordnungen (entsprechend den 7 Kristallsystemen) zugehören. Sie bieten den Vorzug, daß rationale Punkte, Geraden und Ebenen durch ganzzahlige oder rationale Koeffizienten beschrieben werden können. Dem steht der Nachteil gegenüber, den nicht orthonormierte Koordinatensysteme für das praktische Rechnen mit sich bringen und der im Rahmen der phänomenologischen physikalischen Kristallographie deshalb besonders schwer wiegt, weil dort vorwiegend Felder im Kristallinneren studiert werden, deren Komponenten in diesen Koordinatensystemen von den Gitterkonstanten der betrachteten Substanz abhängen. Wir nennen die Koordinatensysteme $\vec{a}_\alpha$ kristallographische und stellen ihnen zur Erleichterung der Rechnung ein kristallphysikalisches $\vec{e}_i$ ($i = 1, 2, 3$) gegenüber, das die Eigenschaft

$$\vec{e}_i \cdot \vec{e}_k = \delta_{ik} \tag{1.8}$$

mit $\delta_{ik} = 1$ für $i = k$ und $\delta_{ik} = 0$ sonst besitzt, also orthonormiert ist. Die $\vec{e}_i$ werden in ihrer Orientierung dem für die betrachtete Substanz zuständigen kristallographischen System möglichst gut angepaßt. Für Kristalle des rhombischen, tetragonalen und kubischen Kristallsystems liegen $\vec{a}_\alpha$ und $\vec{e}_i$ mit jeweils gleichen Indizes $\alpha = i$ parallel. Eine Zusammenstellung der Orientierungsbeziehungen findet sich in Abb. 1.1 und Tab. A.1 des Anhangs.[1])

Zwischen beiden Koordinatensystemen bestehen die Beziehungen

$$\vec{a}_\alpha = \bar{A}_{\alpha i}\vec{e}_i \qquad (\alpha, i = 1, 2, 3) \tag{1.9}$$

bzw. $\quad \vec{e}_i = \bar{E}_{i\alpha}\vec{a}_\alpha,$

[1]) Für eine Darstellung der Zusammenhänge sei auf Lehrbücher der geometrischen Kristallographie verwiesen, wie z. B. Bojarski, Habla, Surowiec; Bolgiu; Borchardt-Ott; Bradley, Cracknell; Buerger 1971; Burns, Glazer; Burzlaff, Zimmermann; Haussühl 1977; Paufler, Leuschner; Popov, Šafranovskij; Šaskol'skaja; Sirotin, Šaskol'skaja; Zagalskaja, Litvinskaja; Vainshtein; Phillips; Kleber; Kostov; Chojnacki.

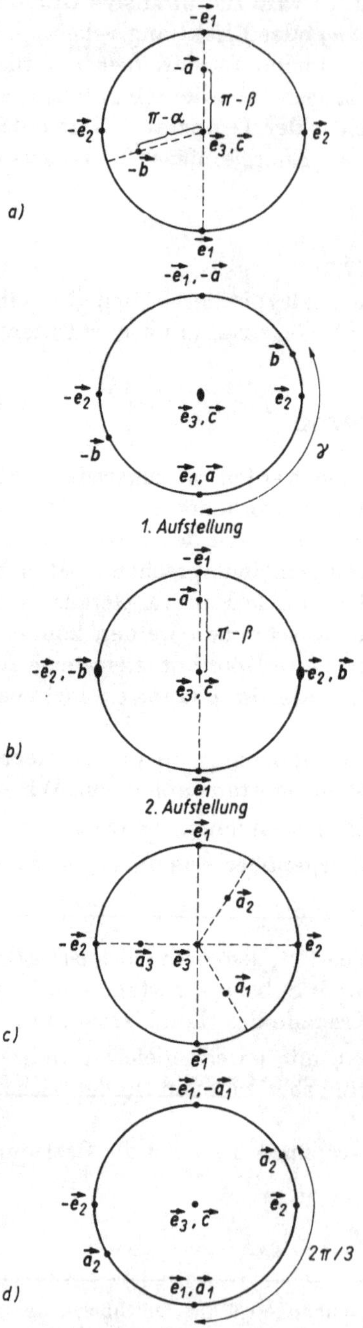

$-\vec{e}_1$
$-\vec{a}$
$\pi-\beta$
$\pi-\alpha$
$-\vec{e}_2$
$\vec{e}_2$
$\vec{e}_3, \vec{c}$
$-\vec{b}$
a)
$\vec{e}_1$
$-\vec{e}_1, -\vec{a}$
$\vec{b}$
$-\vec{e}_2$
$\vec{e}_2$
$\vec{e}_3, \vec{c}$
$-\vec{b}$
$\vec{e}_1, \vec{a}$
$\gamma$
1. Aufstellung
$-\vec{e}_1$
$-\vec{a}$
$\pi-\beta$
$-\vec{e}_2, -\vec{b}$
$\vec{e}_2, \vec{b}$
$\vec{e}_3, \vec{c}$
b)
$\vec{e}_1$
2. Aufstellung
$-\vec{e}_1$
$\vec{a}_2$
$-\vec{e}_2$
$\vec{a}_3$
$\vec{e}_3$
$\vec{e}_2$
$\vec{a}_1$
c)
$\vec{e}_1$
$-\vec{e}_1, -\vec{a}_1$
$\vec{a}_2$
$-\vec{e}_2$
$\vec{e}_2$
$\vec{e}_3, \vec{c}$
$\vec{a}_2$
$2\pi/3$
$\vec{e}_1, \vec{a}_1$
d)


Abb. 1.1

wobei $\bar{E}_{i\alpha} = (-1)^{i+\alpha} \Delta_{\alpha i}/\|\bar{A}_{\alpha i}\|$ und $\Delta_{\alpha i}$ die Determinante ist, die nach Streichung der $\alpha$-ten Zeile und $i$-ten Spalte aus $\bar{A}_{\alpha i}$ gebildet werden kann. $\|\bar{A}_{\alpha i}\|$ ist die Determinante der sog. Gitter-Matrix $\bar{A}_{\alpha i}$.[1]) Tabelle 1.4 enthält die Matrizen $\bar{A}_{\alpha i}$ und $\bar{E}_{i\alpha}$.

Eine Unterscheidung zwischen kovarianten und kontravarianten Basisvektoren bzw. Vektorkomponenten ist im Rahmen der Kristallographie wenig gebräuchlich. Werden orthonormierte Basissysteme verwendet, ist sie ohnehin überflüssig. Im Falle kristallographischer Basissysteme übernimmt die Basis des reziproken Gitters (vgl. PAUFLER, LEUSCHNER) die Rolle der kontravarianten Basis. Da die Vektoren des reziproken Gitters konventionell besonders gekennzeichnet werden (Stern), muß man nicht zwischen hoch- und tiefgestellten Indizes unterscheiden (vgl. auch 1.3.2.).

## 1.3. Skalare, Vektoren, Tensoren

Kristalleigenschaften sind als Folge der Kristallstruktur in der Regel anisotrop. In der Mehrzahl der Fälle können sie durch eine Maßzahl allein nicht gekennzeichnet werden. Soweit diese Eigenschaften durch die Idealstruktur bestimmt sind und der Realstruktureinfluß vernachlässigt werden kann, lassen sie sich durch Größen mit bestimmten Transformationseigenschaften beschreiben. Im folgenden beschränken wir uns auf dieselben.

1) Der erste Index bezeichnet die Zeile, der zweite die Spalte.

Abb. 1.1. Stereographische Projektion der Orientierungsbeziehung zwischen kristallographischem $\vec{a}_\alpha$ und kristallphysikalischem Koordinatensystem $\vec{e}_i$ für diejenigen Kristallsysteme, deren Achsen $\vec{a}_\alpha$ nicht sämtlich parallel zu $\vec{e}_i$ liegen:

a) triklines System (Klassen $1, \bar{1}$) mit $\vec{a}_1 \equiv \vec{a}$, $\vec{a}_2 \equiv \vec{b}$, $\vec{a}_3 \equiv \vec{c}$, $\sphericalangle(\vec{a}, \vec{b}) = \gamma$, $\sphericalangle(\vec{b}, \vec{c}) = \alpha > \pi/2$ und $\sphericalangle(\vec{c}, \vec{a}) = \beta > \pi/2$;

b) monoklines System (Klassen $2$, $m$, $2/m$) mit $\vec{a}_1 \equiv \vec{a}$, $\vec{a}_2 \equiv \vec{b}$, $\vec{a}_3 \equiv \vec{c}$, $\sphericalangle(\vec{a}, \vec{b}) = \gamma$, $\sphericalangle(\vec{a}, \vec{c}) = \beta$. In der 1. Aufstellung wird $\vec{e}_3 \parallel 2$ und/oder $\vec{e}_3 \perp m$ sowie $\gamma > \pi/2$ gewählt, in der 2. Aufstellung ist $\vec{e}_2 \parallel 2$ und/oder $\vec{e}_2 \perp m$ sowie $\beta > \pi/2$;

c) rhomboedrisches System (Klassen $3, \bar{3}$, $32$, $3m$, $\bar{3}m$). $\vec{e}_3$ liegt stets parallel zu $3$ oder $\bar{3}$. Außerdem ist $\vec{e}_1 \parallel 2$ in den Klassen $32$ und $\bar{3}m$ und $\vec{e}_2 \parallel m$ in den Klassen $3m$ und $\bar{3}m$. Die rhomboedrische Elementarzelle $\vec{a}_1$, $\vec{a}_2$, $\vec{a}_3$ mit $\vec{a}_1 \cdot \vec{a}_2 = \vec{a}_2 \cdot \vec{a}_3 = \vec{a}_3 \cdot \vec{a}_1 = a^2 \cos\alpha$ wird oft auch im Koordinatensystem $\vec{a}_1$, $\vec{a}_2$, $\vec{c}$ von Abb. d) beschrieben. Dann fallen die beiden kartesischen Koordinatensytseme von c) und d) aufeinander. Im vorliegenden Falle ist $(\vec{e}_3 \times \vec{a}_1) \cdot (\vec{e}_3 \times \vec{a}_2)/|\vec{e}_3 \times \vec{a}_1|^2 = -1/2$ und damit auch $(\vec{e}_3 \times \vec{a}_3) \times (\vec{e}_3 \times \vec{a}_1)/|\vec{e}_3 \times \vec{a}_1|^2 = -1/2$. Außerdem ist $\vec{a}_\alpha \cdot \vec{e}_3 = a\sqrt{\frac{2}{3}\left(\frac{1}{2} + \cos\alpha\right)}$;

d) hexagonales System (Klassen $6, \bar{6}, 6/m$, $622, 6mm$, $\bar{6}m2$ bzw. $\bar{6}2m$, $6/mmm$) mit $\vec{a}_3 \equiv \vec{c}$. Die Anordnung von $\vec{e}_3$ erfolgt stets parallel zu $6$ oder $\bar{6}$. Weiter ist $\vec{e}_1 \parallel 2$ in den Klassen $622$, $\bar{6}2m$ und $6/mmm$, $\vec{e}_2 \parallel 2$ in den Klassen $622$, $\bar{6}m2$ und $6/mmm$. In der Klasse $6mm$ stehen $\vec{e}_1$ und $\vec{e}_2$ senkrecht auf $m$.

Tab. 1.4. Matrizen $A_{\alpha i}$ und $\bar{E}_{i\alpha}$ der Transformation von kristallphysikalischen in kristallographische Koordinaten[1]) und umgekehrt[2])

| Kristallsystem | $\bar{A}_{\alpha i}$ | $\bar{E}_{i\alpha}$ |
|---|---|---|
| triklin<br>$P\bar{1}$ | $\begin{pmatrix} a \sin\beta & 0 & a\cos\beta \\ -b\sin\alpha\cos\gamma^* & \dfrac{bQ}{\sin\beta} & b\cos\alpha \\ 0 & 0 & c \end{pmatrix}$ | $\begin{pmatrix} \dfrac{a^*Q}{\sin\alpha\sin\beta} & 0 & -\dfrac{c^*Q}{\tan\beta\sin\gamma} \\ a^*\cos\gamma^* & b^* & c^*\cos\alpha^* \\ 0 & 0 & \dfrac{c^*Q}{\sin\gamma} \end{pmatrix}$ |
| monoklin<br>$P\,2/m$<br>1. Aufst. | $\begin{pmatrix} a & 0 & 0 \\ b\cos\gamma & b\sin\gamma & 0 \\ 0 & 0 & c \end{pmatrix}$ | $\begin{pmatrix} a^*\sin\gamma & 0 & 0 \\ -a^*\cos\gamma & b^* & 0 \\ 0 & 0 & c^* \end{pmatrix}$ |
| 2. Aufst. | $\begin{pmatrix} a\sin\beta & 0 & a\cos\beta \\ 0 & b & 0 \\ 0 & 0 & c \end{pmatrix}$ | $\begin{pmatrix} a^* & 0 & -c^*\cos\beta \\ 0 & b^* & 0 \\ 0 & 0 & c^*\sin\beta \end{pmatrix}$ |
| rhombisch<br>$Pmmm$ | $\begin{pmatrix} a & 0 & 0 \\ 0 & b & 0 \\ 0 & 0 & c \end{pmatrix}$ | $\begin{pmatrix} a^* & 0 & 0 \\ 0 & b^* & 0 \\ 0 & 0 & c^* \end{pmatrix}$ |
| rhomboedrisch<br>$R\bar{3}m$ | $\begin{pmatrix} a\sqrt{\frac{1}{2}(1-\cos\alpha)} & a\sqrt{\frac{1}{6}(1-\cos\alpha)} & a\sqrt{\frac{2}{3}\left(\frac{1}{2}+\cos\alpha\right)} \\ -a\sqrt{\frac{1}{2}(1-\cos\alpha)} & a\sqrt{\frac{1}{6}(1-\cos\alpha)} & a\sqrt{\frac{2}{3}\left(\frac{1}{2}+\cos\alpha\right)} \\ 0 & a\sqrt{\frac{2}{3}(1-\cos\alpha)} & a\sqrt{\frac{2}{3}\left(\frac{1}{2}+\cos\alpha\right)} \end{pmatrix}$ | |

| | | |
|---|---|---|
| | | $\begin{pmatrix} \frac{a^*}{\sin\alpha}\sqrt{(1-\cos\alpha)\left(\frac{1}{2}+\cos\alpha\right)} & -\frac{a^*}{\sin\alpha}\sqrt{(1-\cos\alpha)\left(\frac{1}{2}+\cos\alpha\right)} & 0 \\ -\frac{a^*}{\sin\alpha}\sqrt{3(1-\cos\alpha)\left(\frac{1}{2}+\cos\alpha\right)} & -\frac{a^*}{\sin\alpha}\sqrt{3(1-\cos\alpha)\left(\frac{1}{2}+\cos\alpha\right)} & \frac{2a^*}{\sin\alpha}\sqrt{3(1-\cos\alpha)\left(\frac{1}{2}+\cos\alpha\right)} \\ \frac{\sqrt{3}\,a^*}{\sin\alpha}(1-\cos\alpha) & \frac{\sqrt{3}\,a^*}{\sin\alpha}(1-\cos\alpha) & -\frac{\sqrt{3}\,a^*}{\sin\alpha}(1-\cos\alpha) \end{pmatrix}$ |
| tetragonal<br>*P 4/mmm* | $\begin{pmatrix} a & 0 & 0 \\ 0 & a & 0 \\ 0 & 0 & c \end{pmatrix}$ | $\begin{pmatrix} a^* & 0 & 0 \\ 0 & a^* & 0 \\ 0 & & c^* \end{pmatrix}$ |
| hexagonal<br>*P 6/mmm* | $\begin{pmatrix} a & 0 & 0 \\ -\frac{a}{2} & \frac{a\sqrt{3}}{2} & 0 \\ 0 & 0 & c \end{pmatrix}$ | $\begin{pmatrix} \frac{a^*\sqrt{3}}{2} & 0 & 0 \\ \frac{a^*}{2} & a^* & 0 \\ 0 & 0 & c^* \end{pmatrix}$ |
| kubisch<br>*Pm* $\bar{3}$*m* | $\begin{pmatrix} a & 0 & 0 \\ 0 & a & 0 \\ 0 & 0 & a \end{pmatrix}$ | $\begin{pmatrix} a^* & 0 & 0 \\ 0 & a^* & 0 \\ 0 & 0 & a^* \end{pmatrix}$ |

[1]) Identisch mit den Basisvektoren des zum Kristallsystem gehörenden primitiven Gitters.
[2]) Vgl. auch Abb. 1.1.

Erläuterung zur Tabelle 1.4. s. S. 10.

Erläuterung zu Tab. 1.4.

Dabei bedeuten: $Q^2 = 1 + 2 \cos\alpha \cos\beta \cos\gamma - \cos^2\alpha - \cos^2\beta - \cos^2\gamma$ mit $\cos\alpha \equiv \cos\alpha_{23}$, $\cos\beta \equiv \cos\alpha_{31}$, $\cos\gamma \equiv \cos\alpha_{12}$, $\cos\alpha_{\beta\gamma} = \vec{a}_\beta \cdot \vec{a}_\gamma / a_\beta a_\gamma$, $a^* \equiv a_1^*$, $b^* \equiv a_2^*$, $c^* \equiv a_3^*$, $a_1^* = \sin\alpha_{23}/Qa_1$, $a_2^* = \sin\alpha_{31}/Qa_2$, $a_3^* = \sin\alpha_{12}/Qa_3$, $\cos\alpha_{23}^* \equiv \cos\alpha^* = (\cos\alpha_{31}\cos\alpha_{12} - \cos\alpha_{23})/\sin\alpha_{31}\sin\alpha_{12}$, $\cos\alpha_{31}^* \equiv \cos\beta^* = (\cos\alpha_{12}\cos\alpha_{23} - \cos\alpha_{31})/\sin\alpha_{12}\sin\alpha_{23}$, $\cos\alpha_{12}^* \equiv \cos\gamma^* = (\cos\alpha_{23}\cos\alpha_{31} - \cos\alpha_{12})/\sin\alpha_{23}\sin\alpha_{31}$.
Für die Beträge der reziproken Gittervektoren und die Winkel ergeben sich speziell für das monokline Gitter $P\,2/m$: (1. Aufstellung) $a^* = 1/a \sin\gamma$, $b^* = 1/b \sin\gamma$, $c^* = 1/c$, $\alpha^* = \beta^* = \pi/2$, $\gamma^* = \pi - \gamma$; (2. Aufstellung) $a^* = 1/a \sin\beta$, $b^* = 1/b$, $c^* = 1/c \sin\beta$, $\alpha^* = \gamma^* = \pi/2$, $\beta^* = \pi - \beta$; für das rhombische Gitter $Pmmm$: $a^* = 1/a$, $b^* = 1/b$, $c^* = 1/c$, $\alpha^* = \beta^* = \gamma^* = \pi/2$; für das rhomboedrische Gitter $R\,\bar{3}m$: $a^* = \sin\alpha/a\sqrt{1 - 3\cos^2\alpha + 2\cos^3\alpha} = \sin\alpha/[a(1 - \cos\alpha) \times \sqrt{1 + 2\cos\alpha}]$, $\cos\alpha^* = (\cos^2\alpha - \cos\alpha)/\sin^2\alpha$; für das tetragonale Gitter $P\,4/mmm$: $a^* = b^* = 1/a$, $c^* = 1/c$, $\alpha^* = \beta^* = \gamma^* = \pi/2$; für das hexagonale Gitter $P\,6/mmm$: $a^* = b^* = 2/a\sqrt{3}$, $c^* = 1/c$, $\alpha^* = \beta^* = \pi/2$, $\gamma^* = \pi/3$; für das kubische Gitter $P\,m3m$: $a^* = b^* = c^* = 1/a$, $\alpha^* = \beta^* = \gamma^* = \pi/2$.

### 1.3.1. Skalare

Ein Skalar ist eine Funktion des Ortes[1]), die jedem Raumpunkt einen Zahlenwert (Betrag) zuordnet. Beispiele sind Temperatur, Massendichte, Elektronendichte, hydrostatischer Druck.

Wir unterscheiden *echte* oder *einfache Skalare* von *Pseudoskalaren*. Die erstgenannten sind invariant gegen den Übergang von rechtshändigem in linkshändiges Koordinatensystem; die letztgenannten ändern dabei ihr Vorzeichen. Ein Übergang vom rechtshändigen in ein linkshändiges System ist z. B. mit Inversion verbunden (Abb. 1.2.)[2])

Die Ortsabhängigkeit des Skalars bedeutet für den Kristallographen, daß dem untersuchten Kristall u. U. eine unendliche Mannigfaltigkeit von Zahlen (in Form einer Funktion) zugeordnet werden muß (Skalarfeld). Mitunter läßt sich diese durch einen einzigen Wert näherungs-

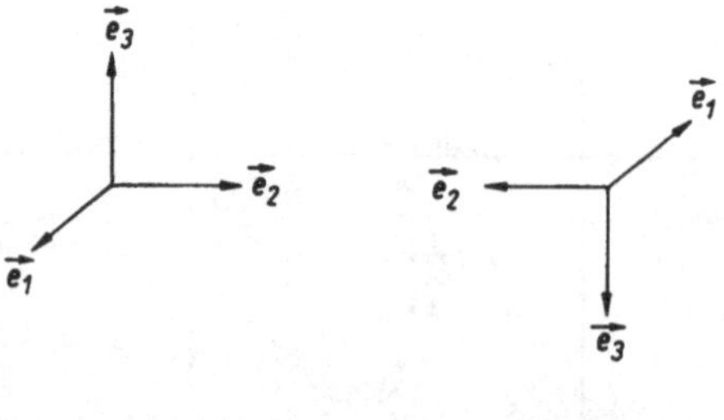


Abb. 1.2. Linkshändiges Koordinatensystem (b), das aus dem rechtshändigen (a) durch Inversion hervorgeht.

---

[1]) Das schließt nicht aus, daß die Funktion auch noch von anderen Parametern, wie z. B. der Zeit, abhängt.

[2]) Ein Pseudoskalar besteht also aus einer Zahl und einer Angabe über den Orientierungssinn des Koordinatensystems. Beispiel: Drehung der Polarisationsebene optisch isotroper Stoffe. Bei einer Transformation der Basisvektoren $\vec{a}_\alpha$ in $\vec{a}_\beta'$ nach $\vec{a}_\beta' = v_{\beta\alpha}\vec{a}_\alpha$ ($\alpha, \beta = 1, 2, 3$) gilt für den Pseudoskalar $\psi' = \|v_{\beta\alpha}\|\,\psi$, für den echten Skalar dagegen $\psi' = \psi$. Unabhängig davon sind Skalare beiderlei Typs i. allg. sowohl positiver als auch negativer Vorzeichen fähig.

weise beschreiben. Für die Unterscheidung physikalischer Größen in diesem Sinne ist indessen maßgebend, wieviele Zahlenwerte einem infinitesimal gedachten Raumpunkt zuzuordnen sind.

Skalare werden aus später ersichtlichen Gründen auch *Tensoren nullter Stufe* genannt. Wir kennzeichnen sie durch gewöhnliche griechische oder lateinische Buchstaben.

## 1.3.2. Vektoren

Ein Vektor ist eine Funktion des Ortes, die jedem Punkt einen *Betrag* und eine *Richtung* zuordnet (also 3 Zahlen, davon 2 für die Richtung). Beispiele sind Kraft, dielektrische Verschiebung, magnetische Feldstärke, Temperaturgradient. Sind die Funktionen ortsunabhängig definiert, heißen die Vektoren frei.

Wir unterscheiden *polare* und *axiale* Vektoren. Bei polaren Vektoren lassen sich beide Enden des Vektors durch Skalare mit gleichem Betrag, aber entgegengesetztem Vorzeichen kennzeichnen (Beispiele: Kraft, elektrische Feldstärke). Axiale Vektoren sind analog durch zwei Pseudoskalare entgegengesetzten Vorzeichens (rechts und links) darstellbar (Beispiele: Drehmoment, magnetische Feldstärke).

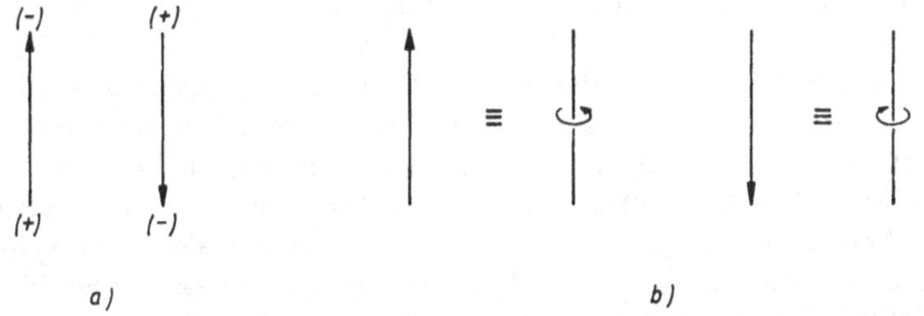


Abb. 1.3. Geometrische Darstellung eines polaren (a) und eines axialen Vektors (b). Um Mißverständnissen vorzubeugen empfiehlt sich im Falle (b) der Gebrauch der Darstellung mit Drehsinn.

Eine passende geometrische Veranschaulichung des polaren Vektors ist der Pfeil. Oft werden auch axiale Vektoren auf diese Weise dargestellt, das ist aber ggf. irreführend. Der Pfeil muß jedenfalls als Abkürzung für die Angabe *einer Richtung und eines Drehsinnes* über die Rechtsschraubenkonvention verstanden werden. (Abb. 1.3).[1]) Der Winkel zwischen zwei (polaren oder axialen) Vektoıen ist derjenige, der zu durchlaufen ist, um den einen auf dem kürzesten Wege in den anderen zu überführen. Mit dieser Vereinbarung lassen sich Addition und Multiplikation auch axialer Vektoren behandeln.

Als Symbol für den Vektor verwenden wir lateinische und griechische Buchstaben mit einem Pfeil über dem Buchstaben, z. B. $\vec{a}$. Derselbe Buchstabe ohne Pfeil bezeichnet den Betrag des Vektors, z. B. $a \equiv |\vec{a}|$. Einige häufig benötigte Beziehungen der Vektoralgebra sind in Tab. A 2 des Anhangs zusammengestellt.

Bei der Behandlung konkreter kristallographischer Aufgaben wird ein Vektor $\vec{r}$ entweder auf ein kristallographisches Basissystem gemäß $\vec{r} = x_\alpha \vec{a}_\alpha$ oder auf ein kri-

[1]) Beim Übergang zum linkshändigen Koordinatensystem kehrt sich der Drehsinn um.

stallphysikalisches Basissystem nach $\vec{r} = x_i'\vec{e}_i$ bezogen (vgl. 1.2.). $x_\alpha$ sind wegen $\vec{r} \cdot \vec{a}_\alpha^* = x_\alpha$ die kontravarianten Komponenten zur kovarianten Basis $\vec{a}_\alpha$, $\vec{a}_\alpha^*$ die reziproke (kontravariante) Basis. $x_i'$ werden auch als physikalische kontravariante Komponenten des Vektors $\vec{r}$ bezeichnet. Sie enthalten wegen $x_i' = x_i\,|\vec{a}_i| = x_i\,\sqrt{\vec{a}_i \cdot \vec{a}_i}$ die Längen der Elementarzellen mit. Wie schon in 1.2. erwähnt, unterscheiden wir kovariante und kontravariante Komponenten nicht durch unterschiedliche Anordnung der Indizes.

Im Zusammenhang mit der Ortsabhängigkeit physikalischer Größen ist oft die Differentiation nach dem Ortsvektor $\vec{r}$ durchzuführen. Wir schreiben für den Nablaoperator $\nabla \equiv \partial/\partial\vec{r}$. Wichtige Regeln für das Rechnen mit $\partial/\partial\vec{r}$ sind in Tab. A 3 des Anhangs zusammengefaßt. Für ausführliche Darstellungen der Vektorrechnung und des Umgangs mit den im folgenden behandelten Tensoren sei auf Duschek, Hochrainer; Eisenreich; Gerlich; International Tables II; Kästner; Kowalsky; Lagally, Franz; Lohr; Mercier; Reichardt; Schulz-Piszachich; Širokov verwiesen.

## 1.3.3. Tensoren

Ein Tensor zweiter Stufe ist eine Funktion des Ortes, die in jedem Punkt einem dort gegebenen Vektor einen anderen Vektor linear zuordnet. Ein Tensor $n$-ter Stufe ordnet in jedem Punkt einem dort gegebenen Vektor einen Tensor $(n-1)$-ter Stufe zu.[1][2][3] Als Symbol verwenden wir Buchstaben mit darübergestelltem $n\rightarrow$.

Wie bei den Vektoren unterscheiden wir polare und axiale Tensoren wegen deren unterschiedlicher Symmetrieeigenschaften. Polare Tensoren zweiter Stufe sind durch eine lineare Beziehung zwischen zwei polaren oder zwei axialen Vektoren definiert, polare Tensoren dritter Stufe durch einen polaren Vektor und einen polaren Tensor zweiter Stufe oder durch einen axialen Vektor und einen axialen Tensor zweiter Stufe usw. Axiale Tensoren verknüpfen jeweils gemischte Typen von Vektoren und/oder Tensoren.[4][5]

Beispiele sind für polare Tensoren 2. Stufe die relative Dielektrizitätskonstante $\overset{2\rightarrow}{\varepsilon}_r$ (Verknüpfung von elektrischer Verschiebung $\vec{D}$ mit elektrischer Feldstärke $\vec{E}$), die elektrische Leitfähigkeit $\overset{2\rightarrow}{\sigma}_e$ (Stromdichte $\vec{j}$ mit $\vec{E}$), die magnetische Permeabilität $\overset{2\rightarrow}{\mu}_r$ (magnetische Induktion $\vec{B}$ mit magnetischer Feldstärke $\vec{H}$); für polare Tensoren 3. Stufe die piezoelektrischen Moduln $\overset{3\rightarrow}{d}$ (dielektrische Polarisation $\vec{P}$ mit der mechanischen Spannung $\overset{2\rightarrow}{\sigma}$); für axiale Tensoren 2. Stufe die magnetoelektrischen Koeffizienten $\overset{2\rightarrow}{A}$ ($\vec{E}$ mit $\vec{H}$) und für axiale Tensoren 3. Stufe die Hall-Koeffizienten $\overset{3\rightarrow}{R}$ ($\overset{2\rightarrow}{\sigma}_e$ mit $\vec{H}$).

---

[1] In diesem Sinne sind Vektoren Tensoren 1. Stufe.

[2] Die Art der Zuordnung hat ein bestimmtes Verhalten der Tensoren bei Koordinatentransformationen zur Folge, das oft zur Definition des Tensors herangezogen wird (vgl. (1.24)). Für die Arbeit in der physikalischen Kristallographie ist die Verknüpfung von Vektor- und Tensorgrößen von besonderer Bedeutung.

[3] Siehe Fußnote 1, Seite 10.

[4] Vgl. auch Wooster 1973; Želudev.

[5] Polare und axiale Größen werden im folgenden nur dort durch besondere Kennzeichnung am Symbol unterschieden, wo Verwechslungen zu befürchten sind (vgl. z. B. Tab. A2 im Anhang).

### 1.3.3.1. Tensoren 2. Stufe

Die Zuordnung zweier Vektoren über einen Tensor 2. Stufe schreiben wir zunächst symbolisch in der Form

$$\vec{a} = \overset{2\rightarrow}{T} \cdot \vec{b}, \tag{1.10}$$

d. h., einem beliebigen Vektor $\vec{b}$ ist im Punkte $\vec{r}$ ein anderer Vektor $\vec{a}$ durch den Operator $\overset{2\rightarrow}{T}$ zugeordnet. Da $\vec{a}$ und $\vec{b}$ im allgemeinen einander nicht parallel sind, muß $\overset{2\rightarrow}{T}$ durch zwei Vektortripel $\vec{p}_i$, $\vec{q}_i$ dargestellt werden entsprechend

$$\vec{a} = \vec{p}_1\vec{q}_1 \cdot \vec{b} + \vec{p}_2\vec{q}_2 \cdot \vec{b} + \vec{p}_3\vec{q}_3 \cdot \vec{b}. \tag{1.11}$$

Bezieht man nun auf ein bestimmtes, z. B. kartesisches Koordinatensystem $\vec{e}_i$ $(i = 1, 2, 3)$, dann wird

$$\begin{aligned} \vec{a} &= (p_{11}\vec{e}_1 + p_{12}\vec{e}_2 + p_{13}\vec{e}_3)\,(q_{11}\vec{e}_1 + q_{12}\vec{e}_2 + q_{13}\vec{e}_3) \cdot \vec{b} \\ &\quad + (p_{21}\vec{e}_1 + p_{22}\vec{e}_2 + p_{23}\vec{e}_3)\,(q_{21}\vec{e}_1 + q_{22}\vec{e}_2 + q_{23}\vec{e}_3) \cdot \vec{b} \\ &\quad + (p_{31}\vec{e}_1 + p_{32}\vec{e}_2 + p_{33}\vec{e}_3)\,(q_{31}\vec{e}_1 + q_{32}\vec{e}_2 + q_{33}\vec{e}_3) \cdot \vec{b} \\ &\equiv (t_{11}\vec{e}_1\vec{e}_1 + t_{12}\vec{e}_1\vec{e}_2 + t_{13}\vec{e}_1\vec{e}_3 \\ &\quad + t_{21}\vec{e}_2\vec{e}_1 + t_{22}\vec{e}_2\vec{e}_2 + t_{23}\vec{e}_2\vec{e}_3 \\ &\quad + t_{31}\vec{e}_3\vec{e}_1 + t_{32}\vec{e}_3\vec{e}_2 + t_{33}\vec{e}_3\vec{e}_3) \cdot \vec{b}, \end{aligned} \tag{1.12}$$

wobei der Operator $\overset{2\rightarrow}{T}$ die Form einer Summe von 9 unbestimmten Produkten

$$\begin{aligned} \overset{2\rightarrow}{T} &= t_{11}\vec{e}_1\vec{e}_1 + t_{12}\vec{e}_1\vec{e}_2 + t_{13}\vec{e}_1\vec{e}_3 \\ &\quad + t_{21}\vec{e}_2\vec{e}_1 + t_{22}\vec{e}_2\vec{e}_2 + t_{23}\vec{e}_2\vec{e}_3 \\ &\quad + t_{31}\vec{e}_3\vec{e}_1 + t_{32}\vec{e}_3\vec{e}_2 + t_{33}\vec{e}_3\vec{e}_3 \end{aligned} \tag{1.13}$$

annimmt. Man nennt $\overset{2\rightarrow}{T}$ einen Tensor 2. Stufe und $t_{ij} = p_{ki}q_{kj}$ $(k = 1, \ldots, 3)$ seine Komponenten bezüglich der Koordinaten $\vec{e}_i$, $\vec{e}_j$.[1])

Die Stufe ergibt sich aus der Anzahl der Faktoren der unbestimmten Produkte. Ein Tensor $n$-ter Stufe ist also eine Summe von $3^n$ unbestimmten Produkten von $n$ Vektoren. $\overset{2\rightarrow}{T}$ wird auch als Dyade bezeichnet.[2]) Im folgenden zeigen wir die Stufe des Tensors durch die Ziffer vor dem Pfeil über dem Buchstaben an.

---

[1]) Die Bezeichnung „Tensor" ist aus der Mechanik der Kontinua übernommen, wo ein derartiger Operator Dehnung oder Spannung beschreibt (lat. tendere spannen, tensor der Spanner).

[2]) Das unbestimmte Produkt zweier Vektoren wird angesichts der Zweizahl der Faktoren als dyadisches bezeichnet. Sinngemäß hat man Triaden mit drei, Tetraden mit vier Faktoren usw. Einige Rechenregeln für Dyaden sind in Tab. A 4 des Anhangs zusammengefaßt (vgl. auch Lagally, Franz; Lohr).

Ein Vorteil der Darstellung vom Typ (1.13) besteht darin, daß die Produktbildung von Tensoren im Falle allgemeiner Koordinatensysteme (z. B. kristallographischer) unmittelbar ausgeführt werden kann.

Die Koeffizienten $t_{ij}$ beschreiben das Verhalten des Kristalls bei vorgegebenem Koordinatensystem. Sie werden zur bequemeren Handhabung der Summen durch Klammersymbole vom Typ

$$\begin{pmatrix} t_{11} & t_{12} & t_{13} \\ t_{21} & t_{22} & t_{23} \\ t_{31} & t_{32} & t_{33} \end{pmatrix} \tag{1.14}$$

zusammengefaßt. Der erste Index bezeichnet die Zeile, der zweite die Spalte des Schemas.

Führt man die Koordinatendarstellung auch in den Vektoren $\vec{a}$ und $\vec{b}$ durch, dann ergibt sich für die Komponenten von $\vec{a}$

$$a_i = t_{ij} b_j \qquad (i = 1, 2, 3).^{1)} \tag{1.15}$$

### 1.3.3.2. Tensoren höherer Stufe

Ein Tensor 3. Stufe ordnet einem Vektor $\vec{a}$ einen Tensor 2. Stufe zu.

$$\overset{2\rightarrow}{T} = \overset{3\rightarrow}{T} \cdot \vec{a}. \tag{1.16}$$

Wegen (1.10)

$$(\overset{3\rightarrow}{T} \cdot \vec{a}) \cdot \vec{b} = \overset{2\rightarrow}{T} \cdot \vec{b} = \vec{c} \tag{1.17}$$

vermittelt er die lineare Abhängigkeit eines Vektors $\vec{c}$ von zwei anderen Vektoren $\vec{a}$ und $\vec{b}$.

In Koordinatenstellung ist $\overset{3\rightarrow}{T}$ ein Operator mit $3^3 = 27$ Summanden entsprechend

$$\overset{3\rightarrow}{T} = t_{111}\vec{e}_1\vec{e}_1\vec{e}_1 + t_{112}\vec{e}_1\vec{e}_1\vec{e}_2 + \cdots + t_{333}\vec{e}_3\vec{e}_3\vec{e}_3. \tag{1.18}$$

Analog ist ein Tensor $n$-ter Stufe

$$\begin{aligned} \overset{n\rightarrow}{T} &= t_{1\ldots1}\vec{e}_1 \cdots \vec{e}_1 + \cdots + t_{n\ldots n}\vec{e}_n \cdots \vec{e}_n \\ &= t_{ij\ldots r}\vec{e}_i\vec{e}_j \cdots \vec{e}_r \qquad (n \text{ Indizes } i \cdots r) \end{aligned} \tag{1.19}$$

ein Operator mit $3^n$ Summanden.

Der zu einem Tensor $n$-ter Stufe *inverse Tensor* läßt sich nur bilden, wenn $n = 2N$ gerade ist. In diesem Falle läßt sich ein Einheitstensor entsprechend

$$\overset{2N\rightarrow}{T} \overset{(N)}{:} (\overset{2N\rightarrow}{T})^{-1} = \overset{2N\rightarrow}{1} \tag{1.19a}$$

mit $N$-facher skalarer Multiplikation zwischen beiden angeben. Da im Rahmen unserer Betrachtungen ein Tensor $n$-ter Stufe zwei andere der Stufen $p$ und $q$ miteinander über

$$\overset{p\rightarrow}{a} = \overset{n\rightarrow}{T} \overset{(q)}{:} \overset{q\rightarrow}{b} \qquad (n = p + q) \tag{1.19b}$$

1) Siehe Fußnote 1, Seite 4.

verknüpft, kann $\overset{n\rightarrow}{T}$ nur invertiert werden, sofern „Ursache" und „Wirkung" Tensoren gleicher Stufe $p = q$ sind (vgl. LOHR; VAINSHTEIN IV). Die Komponenten von $(\overset{n\rightarrow}{T})^{-1}$ erhält man aus

$$t^{-1}_{ijk\dots pqr\dots} = (-1)^{i+\dots+r+\dots} \Delta_{pqr\dots ijk\dots}/\|t_{ijk\dots pqr\dots}\|. \tag{1.19c}$$

$\Delta_{pqr\dots ijk\dots}$ ist dabei die Unterdeterminante des Elementes $ijk\dots pqr\dots$ So hat man beispielsweise, für $n = 2$,

$$t^{-1}_{ip} = (-1)^{i+p} \Delta_{pi}/\|t_{ip}\|$$

mit
$$\Delta_{pi} = \begin{vmatrix} t_{11} & t_{12} & t_{1i} \\ t_{p1} & t_{p2} & t_{pi} \\ t_{31} & t_{32} & t_{3i} \end{vmatrix} \text{---}p, \text{ oder, für } n = 4, \tag{1.19d}$$

(Zeile $p$ und Spalte $i$ gestrichen.)

$$t^{-1}_{ijpq} = t^{-1}_{\lambda\mu} = (-1)^{\lambda+\mu} \Delta_{\mu\lambda}/\|t_{\lambda\mu}\|$$

mit
$$\Delta_{\mu\lambda} = \begin{vmatrix} t_{11} & t_{12} & \cdots & t_{1\lambda} & \cdots & t_{19} \\ \vdots & \vdots & & \vdots & & \vdots \\ t_{\mu 1} & t_{\mu 2} & \cdots & t_{\mu\lambda} & \cdots & t_{\mu 9} \\ \vdots & \vdots & & \vdots & & \vdots \\ t_{91} & t_{92} & \cdots & t_{9\lambda} & \cdots & t_{99} \end{vmatrix} \text{---}\mu \,. \tag{1.19e}$$

In diesem Falle sind je zwei Indizes durch einen ersetzt worden nach der Vorschrift $ij \rightarrow \mu : 11 \rightarrow 1, 12 \rightarrow 2, \dots, 33 \rightarrow 9$ ($\|t_{\lambda\mu}\|$ Determinante von $t_{\lambda\mu}$).

### 1.3.3.3. Transformationsverhalten

Wir untersuchen das Verhalten der Tensorkomponenten beim Wechsel des Koordinatensystems am Beispiel eines Tensors 2. Stufe. Dieses Verhalten wird sich als typisch für Tensoren überhaupt erweisen. Gegeben sei der Tensor $\overset{2\rightarrow}{T}$ durch (1.10), in Koordinaten $\vec{e}_i$ also in der Form (1.13). Nun werde eine andere Basis $\vec{e}_j{}'$ $(j = 1, 2, 3)$ zur Beschreibung verwendet, die mit $\vec{e}_i$ über

$$\begin{pmatrix} \vec{e}_1 \\ \vec{e}_2 \\ \vec{e}_3 \end{pmatrix} = \begin{pmatrix} a_{11} & a_{21} & a_{31} \\ a_{12} & a_{22} & a_{32} \\ a_{13} & a_{23} & a_{33} \end{pmatrix} \cdot \begin{pmatrix} \vec{e}_1{}' \\ \vec{e}_2{}' \\ \vec{e}_3{}' \end{pmatrix} \tag{1.20}$$

verknüpft sei.[1]) Werden in (1.13) die $\vec{e}_i$ $(i = 1, 2, 3)$ durch $\vec{e}_j{}'$ nach (1.20) ersetzt, entsteht ein Operator mit 81 Summanden. Diese lassen sich nach Produkten $\vec{e}_k{}'\vec{e}_l{}'$ ordnen $(k, l = 1, 2, 3)$.

[1]) Die Koeffizienten $a_{ij}$ werden zur Transformationsmatrix $(a_{ij})$ zusammengefaßt.

Der Koeffizient von $\vec{e}_k{}'\vec{e}_l{}'$ heißt $t'_{kl}$. Er hat z. B. für $k = 2$, $l = 3$ die Form

$$\begin{aligned} t'_{23} = {} & a_{21}a_{31}t_{11} + a_{21}a_{32}t_{12} + a_{21}a_{33}t_{13} + a_{22}a_{31}t_{21} \\ & + a_{22}a_{32}t_{22} + a_{22}a_{33}t_{23} + a_{23}a_{31}t_{31} + a_{23}a_{32}t_{32} \\ & + a_{23}a_{33}t_{33}. \end{aligned} \tag{1.21}$$

In Komponentenschreibweise hat die Koordinatentransformation die Gestalt (Summationskonvention)

$$\begin{aligned} a_k &= t_{kl}b_l, \\ a_i' &= a_{ik}a_k, \\ b_l &= a_{jl}b_j', \end{aligned} \tag{1.22}$$

also

$$a_i' = a_{ik}a_k = a_{ik}t_{kl}b_l = a_{ik}t_{kl}a_{jl}b_j' = t'_{ij}b_j'. \tag{1.23}$$

Somit sind die Tensorkomponenten vor und nach Koordinatenwechsel über

$$\boxed{t'_{ij} = a_{ik}a_{jl}t_{kl}} \qquad (i, j = 1, 2, 3) \tag{1.24}$$

bzw.

$$t_{ij} = a_{ki}a_{lj}t'_{kl}$$

miteinander verknüpft.

Die Komponenten eines Tensors 2. Stufe transformieren sich wie die Produkte der Koordinaten, was angesichts der Darstellung (1.13) zu erwarten war. Entsprechend (1.19) *transformieren sich die Komponenten eines Tensors n-ter Stufe wie die n-fachen Produkte der Koordinaten.*[1])

Für den Fall, daß infolge einer Symmetrieoperation die kartesischen Koordinatenachsen parallel zu den Ausgangskoordinaten liegen, also lediglich Vorzeichen und/oder Indizes vertauscht sind, läßt sich die im allgemeinen umfangreiche Rechnung (1.24) vereinfachen.[2]) Denn das Koordinatenprodukt der Komponenten eines Ortsvektors $\vec{r} = (x_1, x_2, x_3)$ hat wegen (1.20) die Form

$$x_i'x_j' \ldots x_n' = a_{ip}a_{jq} \ldots a_{nu}x_px_q \ldots x_u, \tag{1.24a}$$

also eine (1.24) bzw. Fußnote 1 analoge. Wird die Reihenfolge der Faktoren nicht vertauscht, lassen sich Vorzeichen- und Index-Beziehungen der $x_i'$ mit $x_p$ auf die der $t_i'{}_{\ldots}$ mit $t_{p\ldots}$ direkt übertragen. Wirkt beispielsweise eine Drehachse $4_z$ auf das Koordinatensystem (vgl. Tab. A5), dann bestehen zwischen den Komponenten von $\vec{r}$ die Beziehungen

$$x_1' = x_2, \quad x_2' = -x_1, \quad x_3' = x_3 \tag{1.24b}$$

und für die Koordinatenprodukte hat man

$$\begin{aligned} x_1'x_1' &= x_2x_2, & x_1'x_2' &= -x_2x_1, & x_1'x_3' &= x_2x_3, \\ x_2'x_1' &= -x_1x_2, & x_2'x_2' &= x_1x_1, & x_2'x_3' &= -x_1x_3, \\ x_3'x_1' &= x_3x_2, & x_3'x_2' &= -x_3x_1, & x_3'x_3' &= x_3x_3. \end{aligned} \tag{1.24c}$$

---

1) Dafür gilt $t'_{ij\ldots q} = a_{ir}a_{js} \ldots a_{qz}t_{rs\ldots z}$.

2) Das trifft z. B. zu für die Symmetrieoperation $1, 2_x, 2_y, 2_z, 3_u, 4_x, 4_y, 4_z, \bar{1}, m_x, m_y, m_z, \bar{3}_u, \bar{4}_x, \bar{4}_y, \bar{4}_z$ (vgl. auch Tab. A5). Für $3_z$ haben Fumi, Ripamonti neuerdings einen Weg gewiesen.

Anhand von (1.24c) lassen sich die Transformationsbeziehungen der Komponenten eines polaren Tensors 2. Stufe unmittelbar ablesen, ohne die Summen (1.24) auszuwerten:

$$\begin{aligned} t'_{11} &= t_{22}, & t'_{12} &= -t_{21}, & t'_{13} &= t_{23}, \\ t'_{21} &= -t_{12}, & t'_{22} &= t_{11}, & t'_{23} &= -t_{13}, \\ t'_{31} &= t_{32}, & t'_{32} &= -t_{31}, & t'_{33} &= t_{33} \end{aligned} \tag{1.24d}$$

(Methode nach FUMI).

Abschließend sei noch auf eine graphische Methode der Transformation von Komponenten zweistufiger Tensoren hingewiesen, die auf O. MOHR zurückgeht. Ein Tensor liege in der Form

$$\begin{pmatrix} T_1 & 0 & 0 \\ 0 & T_2 & 0 \\ 0 & 0 & T_3 \end{pmatrix} \tag{1.24e}$$

vor (Hauptachsenform, vgl. (1.36)). Nach Drehung des Kristalls um die $\vec{e}_3$-Achse wird wegen (1.24), wenn die $a_{ik}$ nach Tab. A 5 für eine Drehung um den Winkel $\varphi$ gewählt

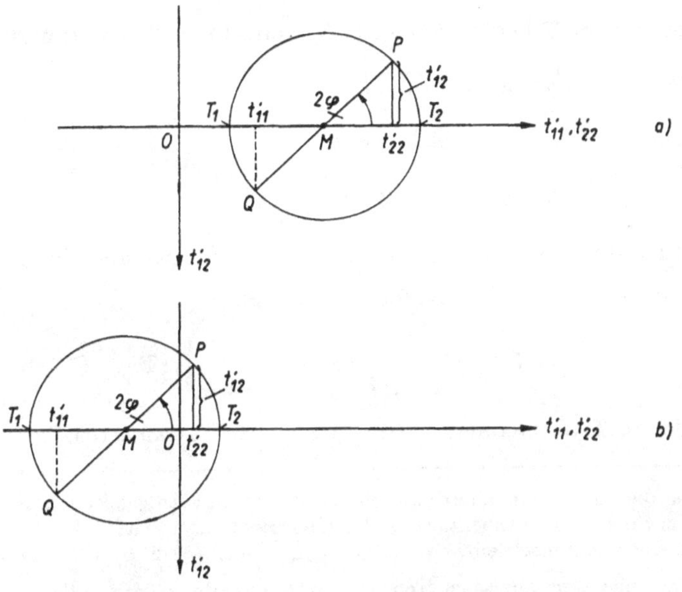


Abb. 1.3 A. Zur graphischen Interpretation von (1.24g). Werden $T_1$ und $T_2 > T_1$ nach rechts abgetragen, läßt sich ein MOHRscher Kreis um $M = 1/2\,(T_1 + T_2)$ mit dem Radius $r_M = 1/2\,(T_2 - T_1)$ schlagen. Ein unter dem Winkel $2\varphi$ gegen die Abszisse eingetragener Durchmesser schneidet den Kreis in $P$ und $Q$. Nach (1.24G) ist die Ordinate von $P$ gerade $t'_{12}$ und die Abszissen von $P$ bzw. $Q$ geben $t'_{22}$ bzw. $t'_{11}$ an. Wenn $P$ unterhalb der Abszisse liegt, ist $t'_{12} > 0$. Teilbild (a) illustriert den Fall $0 < T_1 < T_2$, (b) gilt für $T_1 < 0 < T_2$. Wenn $\varphi$ von 0 bis $\pi/2$ läuft, bewegt sich $P$ auf dem oberen Halbkreis. $t'_{12}$ kann höchstens den Wert $1/2\,(T_2 - T_1)$ erreichen.

werden (s. auch (1.45)), aus (1.24e)

$$\begin{pmatrix} t'_{11} & t'_{12} & 0 \\ t'_{12} & t'_{22} & 0 \\ 0 & 0 & T_3 \end{pmatrix}, \tag{1.24f}$$

wobei

$$\begin{aligned} t'_{11} &= T_1 \cos^2\varphi + T_2 \sin^2\varphi = \frac{1}{2}(T_1 + T_2) - \frac{1}{2}(T_2 - T_1)\cos 2\varphi, \\ t'_{22} &= T_1 \sin^2\varphi + T_2 \cos^2\varphi = \frac{1}{2}(T_1 + T_2) + \frac{1}{2}(T_2 - T_1)\cos 2\varphi, \\ t'_{12} &= T_1 \sin\varphi\cos\varphi - T_2 \sin\varphi\cos\varphi = -\frac{1}{2}(T_2 - T_1)\cos 2\varphi. \end{aligned} \tag{1.24g}$$

Trägt man $t'_{12}$ nach unten und $t'_{11}$, $t'_{22}$ nach rechts auf (Abb. 1.3A), ergibt sich eine einfache geometrische Interpretation von (1.24g) als Abszissen- bzw. Ordinatenwerte innerhalb des Mohrschen Kreises.

### 1.3.3.4. Symmetrische und antisymmetrische Tensoren zweiter Stufe

Ein Tensor $\overset{2\to}{\boldsymbol{T}}$ heißt symmetrisch, wenn für beliebige $\vec{\boldsymbol{a}}$ und $\vec{\boldsymbol{b}}$

$$\vec{\boldsymbol{a}} \cdot \overset{2\to}{\boldsymbol{T}} \cdot \vec{\boldsymbol{b}} = \vec{\boldsymbol{b}} \cdot \overset{2\to}{\boldsymbol{T}} \cdot \vec{\boldsymbol{a}} \tag{1.25}$$

gilt, und er heißt antisymmetrisch, wenn

$$\vec{\boldsymbol{a}} \cdot \overset{2\to}{\boldsymbol{T}} \cdot \vec{\boldsymbol{b}} = -\vec{\boldsymbol{b}} \cdot \overset{2\to}{\boldsymbol{T}} \cdot \vec{\boldsymbol{a}} \tag{1.26}$$

ist.[1]) Jeder Tensor zweiter Stufe läßt sich in eine Summe aus einem symmetrischen $\overset{2\to}{\boldsymbol{T}}_s$ und einem antisymmetrischen Anteil $\overset{2\to}{\boldsymbol{T}}_a$ zerlegen:

$$\overset{2\to}{\boldsymbol{T}} = \overset{2\to}{\boldsymbol{T}}_s + \overset{2\to}{\boldsymbol{T}}_a \equiv \frac{1}{2}(\overset{2\to}{\boldsymbol{T}} + \overset{2\to}{\boldsymbol{T}}{}^{\mathsf{T}}) + \frac{1}{2}(\overset{2\to}{\boldsymbol{T}} - \overset{2\to}{\boldsymbol{T}}{}^{\mathsf{T}}),^{2)} \tag{1.27}$$

wobei $\overset{2\to}{\boldsymbol{T}}{}^{\mathsf{T}}$ der zu $\overset{2\to}{\boldsymbol{T}}$ transponierte oder adjungierte Tensor ist.[3])

---

1) Da die Definition koordinateninvariant erfolgt ist, gelten alle daraus abgeleiteten Eigenschaften für beliebige Orientierung des Koordinatensystems.

2) In Koordinatenschreibweise $t_{ij} = 1/2\,(t_{ij} + t_{ji}) + 1/2\,(t_{ij} - t_{ji})$, $ij = 1, 2, 3$.

3) Für einen symmetrischen Tensor 2. Stufe gilt also $t_{ij} = t_{ji}$ oder $\overset{2\to}{\boldsymbol{T}} = \overset{2\to}{\boldsymbol{T}}{}^{\mathsf{T}}$ und für einen antisymmetrischen $t_{ij} = -t_{ji}$. Der Begriff der Symmetrie und Antisymmetrie wird auch auf Tensoren höherer Stufe angewandt. Dort spricht man von Symmetrie bzw. Antisymmetrie bezüglich zweier bestimmter Indizes oder von vollständiger Symmetrie bzw. Antisymmetrie für die Vertauschung zweier beliebiger Indizes. Antisymmetrisch heißt ein Tensor, wenn eine gerade Zahl von Indexvertauschungen eine Komponente unverändert läßt, eine ungerade Zahl von Vertauschungen dagegen das Vorzeichen ändert, z. B. $t_{ijk} = -t_{kji}$. Ein symmetrischer Tensor $N$-ter Stufe bezüglich zweier Indizes hat $3^N - 3^{N-1} = 2 \cdot 3^{N-1}$ unabhängige Komponenten, bezüglich zweier Indexpaare $3^N - 5 \cdot 3^{N-2} = 4 \cdot 3^{N-2}$ unabhängige Komponenten. Dabei geben $3^{N-1}$ bzw. $5 \cdot 3^{N-2}$ die Zahl der Beziehungen zwischen den Komponenten an.

In der Dyadenform ist demnach

$$\overset{2\rightarrow}{T} = t_{11}\vec{e}_1\vec{e}_1 + t_{12}\vec{e}_1\vec{e}_2 + t_{13}\vec{e}_1\vec{e}_3 + t_{21}\vec{e}_2\vec{e}_1 + t_{22}\vec{e}_2\vec{e}_2 + t_{23}\vec{e}_2\vec{e}_3 + t_{31}\vec{e}_3\vec{e}_1 + t_{32}\vec{e}_3\vec{e}_2 + t_{33}\vec{e}_3\vec{e}_3, \tag{1.28}$$

$$\overset{2\rightarrow}{T}{}^{\mathsf{T}} = t_{11}\vec{e}_1\vec{e}_1 + t_{21}\vec{e}_1\vec{e}_2 + t_{31}\vec{e}_1\vec{e}_3 + t_{12}\vec{e}_2\vec{e}_1 + t_{22}\vec{e}_2\vec{e}_2 + t_{32}\vec{e}_2\vec{e}_3 + t_{13}\vec{e}_3\vec{e}_1 + t_{23}\vec{e}_3\vec{e}_2 + t_{33}\vec{e}_3\vec{e}_3. \tag{1.29}$$

Somit wird

$$\overset{2\rightarrow}{T}_{\mathrm{s}} = \begin{Bmatrix} t_{11} & \frac{1}{2}(t_{12}+t_{21}) & \frac{1}{2}(t_{13}+t_{31}) \\ \frac{1}{2}(t_{21}+t_{12}) & t_{22} & \frac{1}{2}(t_{23}+t_{32}) \\ \frac{1}{2}(t_{31}+t_{13}) & \frac{1}{2}(t_{32}+t_{23}) & t_{33} \end{Bmatrix} \tag{1.30}$$

und

$$\overset{2\rightarrow}{T}_{\mathrm{a}} = \begin{Bmatrix} 0 & \frac{1}{2}(t_{12}-t_{21}) & \frac{1}{2}(t_{13}-t_{31}) \\ -\frac{1}{2}(t_{12}-t_{21}) & 0 & \frac{1}{2}(t_{23}-t_{32}) \\ -\frac{1}{2}(t_{13}-t_{31}) & -\frac{1}{2}(t_{23}-t_{32}) & 0 \end{Bmatrix}. \tag{1.31}$$

### 1.3.3.5. Eigenvektoren und -werte bzw. Hauptrichtungen und -werte

Diejenigen Vektoren $\vec{b}$ in (1.10), deren *Richtung* sich durch Multiplikation mit dem Tensor $\overset{2\rightarrow}{T}$ nicht ändert, heißen *Eigenvektoren* des Tensors $\overset{2\rightarrow}{T}$. In diesen Richtungen wird $\vec{b}$ lediglich in seiner Länge verändert.

Als Bestimmungsgleichung für diese Richtungen hat man

$$\overset{2\rightarrow}{T} \cdot \vec{b} = T\vec{b} = T\,\overset{2\rightarrow}{1} \cdot \vec{b} \tag{1.32}$$

oder

$$(\overset{2\rightarrow}{T} - T\,\overset{2\rightarrow}{1}) \cdot \vec{b} = 0.$$[1]

$T$ heißt *Eigenwert* des Tensors $\overset{2\rightarrow}{T}$. (1.32) hat nichttriviale Lösungen, wenn

$$\|\overset{2\rightarrow}{T} - T\,\overset{2\rightarrow}{1}\| = 0$$

bzw.

$$\begin{vmatrix} t_{11}-T & t_{12} & t_{13} \\ t_{21} & t_{22}-T & t_{23} \\ t_{31} & t_{32} & t_{33}-T \end{vmatrix} = 0 \tag{1.33}$$

[1]) In Koordinatenschreibweise $(t_{ij} - T\delta_{ij})\, b_j = 0$.

(vgl. z. B. MANGOLDT, KNOPP Bd. 1). (1.33) hat drei Lösungen (Eigenwerte) $T_1, T_2, T_3$, zu denen die drei Eigenvektoren $\vec{b}^{(1)}, \vec{b}^{(2)}, \vec{b}^{(3)}$ gehören.

Aufgrund ihrer Bedeutung in der physikalischen Kristallographie werden diese ausgezeichneten Richtungen auch als Hauptrichtungen oder Hauptachsen bezeichnet (vgl. auch 1.3.3.6.), die Eigenwerte $T$ in (1.32) als Hauptwerte. Sie müssen für einen Tensor in der allgemeinen Form (1.28) erst bestimmt werden.

Wenn die Koeffizienten $t_{ij}$ *reell* sind, besitzt (1.33) entweder eine reelle und zwei komplexe oder drei reelle Wurzeln. Ist $\overset{2}{\vec{T}}$ *symmetrisch*, dann sind sämtliche Lösungen reell.[1])

Ist eine reelle Wurzel $T_3$ gefunden, wählt man zweckmäßigerweise den Vektor $\vec{b}^{(3)}/b^{(3)} \equiv \vec{e}_3{}'$ aus $\overset{2}{\vec{T}} \cdot \vec{b}^{(3)} = T_3\vec{b}^{(3)}$ zur Bezugskoordinate. Dann nimmt (1.33) im Falle eines symmetrischen Tensors die einfachere Form

$$\begin{vmatrix} t'_{11} - T & t'_{12} & 0 \\ t'_{12} & t'_{22} - T & 0 \\ 0 & 0 & T_3 - T \end{vmatrix} = 0 \tag{1.34}$$

an, wobei die $t'_{ij}$ durch eine Koordinatentransformation (1.24) aus den ursprünglichen Koeffizienten hervorgehen. Für die beiden übrigen Eigenwerte ergibt sich aus (1.34)

$$T_{1,2} = \frac{1}{2}\left[(t'_{11} + t'_{22}) \pm \sqrt{(t'_{11} - t'_{22})^2 + (2t'_{12})^2}\right]. \tag{1.35}$$

Von folgender Eigenschaft der Eigenvektoren wird später wiederholt Gebrauch gemacht: Eigenvektoren zu verschiedenen Eigenwerten symmetrischer Tensoren stehen aufeinander senkrecht.

Denn auf $\overset{2}{\vec{T}} \cdot \vec{b}^{(1)} = T_1\vec{b}^{(1)}$ und $\overset{2}{\vec{T}} \cdot \vec{b}^{(2)} = T_2\vec{b}^{(2)}$ folgt $\vec{b}^{(2)} \cdot \overset{2}{\vec{T}} \cdot \vec{b}^{(1)} - \vec{b}^{(1)} \cdot \overset{2}{\vec{T}} \cdot \vec{b}^{(2)} = (T_1 - T_2)\, \vec{b}^{(2)} \cdot \vec{b}^{(1)}$, was im Falle der Symmetrie von $\overset{2}{\vec{T}}$ nach (1.25) verschwindet, d. h. $\vec{b}^{(1)} \cdot \vec{b}^{(2)} = 0$.

Sind alle drei Eigenwerte verschieden, liegt es nahe, die zugehörigen Eigenvektoren als kristallphysikalische Koordinatenachsen (vgl. 1.2.) zu wählen. In diesem System hat der (symmetrische) Tensor Diagonal- oder Hauptachsenform

$$\overset{2}{\vec{T}} = T_1\vec{e}_1{}'\vec{e}_1{}' + T_2\vec{e}_2{}'\vec{e}_2{}' + T_3\vec{e}_3{}'\vec{e}_3{}' = \begin{pmatrix} T_1 & 0 & 0 \\ 0 & T_2 & 0 \\ 0 & 0 & T_3 \end{pmatrix} \tag{1.36}$$

mit $\vec{e}_i{}' = \vec{b}^{(i)}/b^{(i)}$; $i = 1, 2, 3$.

[1]) Für Lösungsverfahren von (1.33) vgl. z. B. PRINCE 1982.

#### 1.3.3.6. Tensorflächen

Zur geometrischen Veranschaulichung eines symmetrischen Tensors 2. Stufe werden namentlich für kristallphysikalische Anwendungen Flächen 2. Ordnung verwendet. Wir erläutern zwei wichtige Typen. Jedem $\overset{2\rightarrow}{\boldsymbol{T}}$ läßt sich durch zweimalige Multiplikation mit dem Ortsvektor $\vec{\boldsymbol{r}}$ eine skalare quadratische Form

$$\vec{\boldsymbol{r}} \cdot \overset{2\rightarrow}{\boldsymbol{T}} \cdot \vec{\boldsymbol{r}} = 2F \tag{1.37}$$

zuordnen. Wegen (1.27) ist

$$\vec{\boldsymbol{r}} \cdot \overset{2\rightarrow}{\boldsymbol{T}} \cdot \vec{\boldsymbol{r}} = \vec{\boldsymbol{r}} \cdot \overset{2\rightarrow}{\boldsymbol{T}}_s \cdot \vec{\boldsymbol{r}}, \tag{1.38}$$

da $\vec{\boldsymbol{r}} \cdot \overset{2\rightarrow}{\boldsymbol{T}}_a \cdot \vec{\boldsymbol{r}} = \vec{\boldsymbol{r}} \cdot \overset{2\rightarrow}{\boldsymbol{T}}_a{}^{\mathrm{T}} \cdot \vec{\boldsymbol{r}} = -\vec{\boldsymbol{r}} \cdot \overset{2\rightarrow}{\boldsymbol{T}}_a \cdot \vec{\boldsymbol{r}} = 0$, d. h. nur der symmetrische Anteil des Tensors ist in dieser Form enthalten. Einem symmetrischen Tensor $\overset{2\rightarrow}{\boldsymbol{T}}_s$ läßt sich die Funktion $F$ eindeutig zuordnen. Sie stellt eine Flächenschar dar, von der eine einzelne, nämlich

$$\boxed{\vec{\boldsymbol{r}} \cdot \overset{2\rightarrow}{\boldsymbol{T}} \cdot \vec{\boldsymbol{r}} = 1} \tag{1.39}$$

als sog. *charakteristische Fläche* zur geometrischen Veranschaulichung herangezogen wird.[1] [2])

Im Hauptachsen-Koordinatensystem (1.36) mit dem Ortsvektor $\vec{\boldsymbol{r}} = x_1\vec{\boldsymbol{e}}_1 + x_2\vec{\boldsymbol{e}}_2 + x_3\vec{\boldsymbol{e}}_3$ wird die Fläche (1.39) durch

$$T_1x_1^2 + T_2x_2^2 + T_3x_3^2 = 1 \tag{1.40}$$

beschrieben. Die Hauptachsen haben die Länge $1/\sqrt{T_i}$ (Abb. 1.4).[3])

Der Gradientenvektor der charakteristischen Fläche $F$ in einem ihrer Punkte $\vec{\boldsymbol{r}}$ zeigt die Richtung von $\vec{\boldsymbol{a}}$ in (1.10) an, wenn $\vec{\boldsymbol{r}}$ parallel zu $\vec{\boldsymbol{b}}$ gewählt wird, denn es ist

$$\frac{\partial F}{\partial \vec{\boldsymbol{r}}} = \frac{1}{2} (\overset{2\rightarrow}{\boldsymbol{T}} \cdot \vec{\boldsymbol{r}} + \vec{\boldsymbol{r}} \cdot \overset{2\rightarrow}{\boldsymbol{T}}) = \overset{2\rightarrow}{\boldsymbol{T}} \cdot \vec{\boldsymbol{r}} = \vec{\boldsymbol{r}}' \tag{1.41}$$

wegen $\overset{2\rightarrow}{\boldsymbol{T}} = \overset{2\rightarrow}{\boldsymbol{T}}{}^{\mathrm{T}}$. Mit $|\vec{\boldsymbol{r}}| = r$ ergibt sich die Polardarstellung

$$\frac{\vec{\boldsymbol{r}}}{r} \cdot \overset{2\rightarrow}{\boldsymbol{T}} \cdot \frac{\vec{\boldsymbol{r}}}{r} = \frac{1}{r^2} = \vec{\boldsymbol{e}}_r \cdot \overset{2\rightarrow}{\boldsymbol{T}} \cdot \vec{\boldsymbol{e}}_r, \text{[4])} \tag{1.42}$$

---

[1]) In der Kristalloptik, wo von derartigen Flächen besonders häufig Gebrauch gemacht wird, haben sich auch noch andere Bezeichnungen eingebürgert (vgl. 6.4.3.). In Koordinatenschreibweise lautet (1.39) $t_{ij}x_ix_j = 1$.

[2]) Wegen $F(\vec{\boldsymbol{r}}) = F(-\vec{\boldsymbol{r}})$ hat die charakteristische Fläche ihr Symmetriezentrum bei $\vec{\boldsymbol{r}} = 0$.

[3]) Ist $T_i$ eine physikalische Größe, haben die Halbachsen die Dimension von $1/\sqrt{T_i}$.

[4]) $\vec{\boldsymbol{e}} \cdot \overset{2\rightarrow}{\boldsymbol{T}} \cdot \vec{\boldsymbol{e}}$ heißt auch Projektion des Tensors $\overset{2\rightarrow}{\boldsymbol{T}}$ auf die Richtung $\vec{\boldsymbol{e}}$ oder Normalkomponente in Richtung $\vec{\boldsymbol{e}}$.

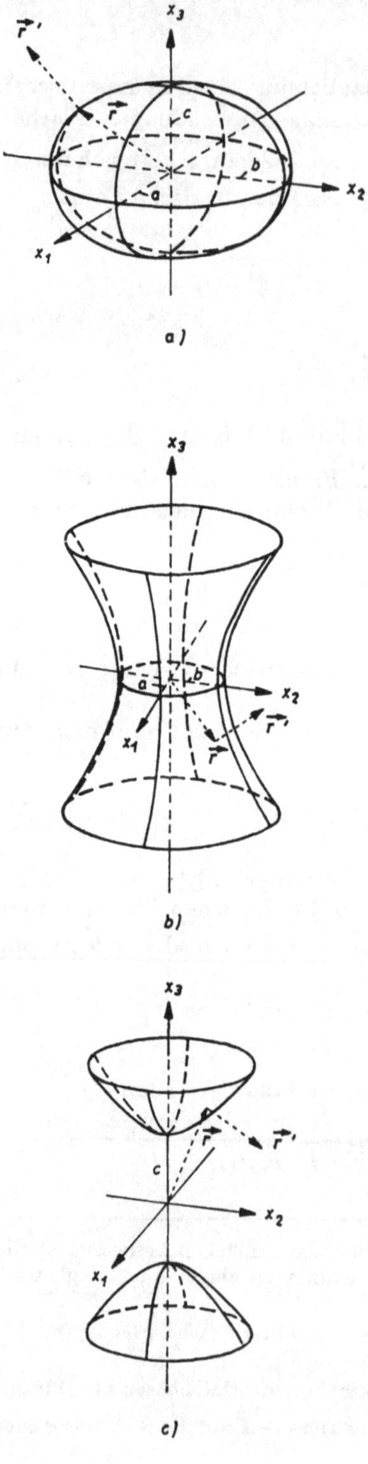


Abb. 1.4

in der der Abstand eines Punktes der charakteristischen Fläche vom Koordinatenursprung die reziproke Quadratwurzel aus der Projektion des Tensors in Richtung $\vec{r}/r$ ist.

*Die charakteristische Fläche eines Tensors zweiter Stufe gibt also in jedem ihrer Punkte $\vec{r}$ den Wert des Tensors projiziert in Richtung $\vec{r}$ sowie die Richtung desjenigen Vektors $\vec{r}'$ an, der über den Tensor mit $\vec{r}$ verknüpft ist.*

Gelegentlich ist es zweckmäßig, von der Beschreibung einer Eigenschaft durch den Tensor $\overset{2\rightarrow}{T}$ zur Beschreibung der reziproken Eigenschaft $\overset{2\rightarrow}{T}{}^{-1}$ überzugehen (vgl. (6.70)). Natürlich läßt sich auch dafür die charakteristische Fläche (1.39) verwenden, wenn nur $\overset{2\rightarrow}{T}{}^{-1}$ statt $\overset{2\rightarrow}{T}$ gesetzt wird. Die Flächen für $\overset{2\rightarrow}{T}$ und $\overset{2\rightarrow}{T}{}^{-1}$ stehen in engem Zusammenhang untereinander. Ersetzt man nämlich $\vec{r}$ in (1.37) durch (1.41) bzw. durch $\vec{r} = \overset{2\rightarrow}{T}{}^{-1} \cdot \vec{r}'$, so ergibt sich $\vec{r}' \cdot \overset{2\rightarrow}{T}{}^{-1} \cdot \vec{r}' = 2F$. Die Vektoren $\vec{r}'$ in (1.41) bilden also genau die charakteristische Fläche des inversen Tensors.

Eine zweite ebenso gebräuchliche Form der Zuordnung zwischen Tensor 2. Stufe und Fläche 2. Ordnung geht von der Normalkomponente (1.42) aus und trägt diesen Wert

$$\boxed{r(\vec{e}_r) = \vec{e}_r \cdot \overset{2\rightarrow}{T} \cdot \vec{e}_r} \tag{1.43}$$

für jede Richtung $\vec{e}_r$ direkt ab. Die damit erhaltene Fläche heißt *Indexfläche*. Für ihre Darstellung sind Kugelkoordinaten besonders geeignet (s. Abb. A 1c im Anhang). Dann ist $\vec{e}_r \cdot \vec{e}_1 = \sin\vartheta \cos\varphi$, $\vec{e}_r \cdot \vec{e}_2 = \sin\vartheta \sin\varphi$, $\vec{e}_r \cdot \vec{e}_3 = \cos\vartheta$. Im Hauptachsensystem (1.36) hat damit die Indexfläche (1.43) die Form

$$r(\varphi, \vartheta) = (T_1 \cos^2\varphi + T_2 \sin^2\varphi) \sin^2\vartheta + T_3 \cos^2\vartheta. \tag{1.44}$$

Flächen vom Typ (1.43) werden auch zur Interpretation von Tensoren höherer Stufe herangezogen, z. B. $r = \vec{e}_r \cdot \overset{3\rightarrow}{T} : \vec{e}_r\vec{e}_r$. Zur Darstellung des gesamten Tensors ist dann aber eine mit der Tensorstufe ansteigende Zahl von Flächen erforderlich. Beispiele werden wir in 7.1.5. kennenlernen (vgl. auch Wondratschek).

### 1.3.3.7. Äußere Symmetrie von Tensoren

Die Gesamtheit der orthogonalen Koordinatentransformationen, die alle Komponenten eines Tensors unverändert lassen, bildet die Gruppe seiner äußeren Symmetrie.[1])

[1]) Dieser Symmetriebegriff ist zu unterscheiden von dem in 1.3.3.4. gebrauchten, der sich auf Beziehungen zwischen einzelnen Komponenten bezieht (innere Symmetrie).

Abb. 1.4. Flächen 2. Ordnung zur geometrischen Veranschaulichung von Tensoren 2. Stufe: (a) Ellipsoid, $a$, $b$, $c$ reelle Halbachsen, (b) einschaliges Hyperboloid, $a$, $b$ reelle Halbachsen, (c) zweischaliges Hyperboloid, $c$ reelle Halbachse. Nach Gl. (1.40) ist im Falle (a) $a = T_1^{-1/2}$, $b = T_2^{-1/2}$, $c = T_3^{-1/2}$, im Falle (b) $a = T_1^{-1/2}$, $b = T_2^{-1/2}$, $c^2 = -|T_3|^{-1}$ und für (c) $a^2 = -|T_1|^{-1}$, $b^2 = -|T_2|^{-1}$, $c = T_3^{-1/2}$. Zu jedem Ortsvektor dieser charakteristischen Fläche $\vec{r}$ gehört ein Vektor $\vec{r}'$, der über Gl. (1.41) mit $\vec{r}$ verbunden ist und die Richtung der Flächennormalen im Punkte $\vec{r}$ hat.

Šubnikov (1949) hat diese für die Klassifizierung physikalischer Eigenschaften von Kristallen so wichtigen Symmetrieeigenschaften für Tensoren 1. und 2. Stufe zusammengestellt. Wir geben eine Übersicht über die Ergebnisse.

Die kristallographisch interessanten Transformationen ohne Translationsanteil sind vom Typ der Drehung und Drehinversion, in der internationalen Symbolik also die Symmetrieoperationen 1, 2, 3, 4, 6, $\infty$, $\bar{1}$, $\bar{2}$, $\bar{3}$, $\bar{4}$, $\bar{6}$, $\bar{\infty}$. Die diesen Operationen entsprechenden Matrizen $a_{ik}$ in (1.20) sind für verschiedene Orientierungen der ausgezeichneten Achse $\vec{e}_D = (e_{D1}, e_{D2}, e_{D3})$ in Tab. A 5 des Anhangs dargestellt (vgl. z. B. Paufler, Leuschner).[1]) Zunächst sei die äußere Symmetrie eines polaren Vektors $\vec{p}$ (vgl. 1.3.2.) betrachtet. Er liege parallel zu $\vec{e}_3$, d. h. es ist $\vec{p} = (0, 0, p_3)$. Dreht man den Kristall um einen beliebigen Winkel $\varphi$ um $\vec{e}_3$, dann erhält man mit $(a_{ik})$ von $\infty$ (Tab. A 5)

$$\begin{pmatrix} \cos\varphi & -\sin\varphi & 0 \\ \sin\varphi & \cos\varphi & 0 \\ 0 & 0 & 1 \end{pmatrix} \tag{1.45}$$

entsprechend Gl. (1.20)[2]) in der neuen Position

$$\begin{aligned} p_1' &= a_{11}p_1 + a_{12}p_2 + a_{13}p_3 = 0, \\ p_2' &= a_{21}p_1 + a_{22}p_2 + a_{23}p_3 = 0, \\ p_3' &= a_{31}p_1 + a_{32}p_2 + a_{33}p_3 = p_3. \end{aligned} \tag{1.46}$$

Der Vektor $\vec{p}' = (0, 0, p_3)$ bleibt also ungeändert.

Da das gleiche Resultat auch nach einer Spiegelung des Vektors an einer zu ihm parallelen Ebene erhalten wird (man wende z. B. die Matrix für $m_y$ aus Tab. A 5 in gleicher Weise wie die für $\infty_z$ an), hat der polare Vektor die äußere Symmetrie $\infty\, m$ und damit auch die aller Untergruppen von $\infty\, m$ (vgl. Abb. A 3 im Anhang sowie Kap. 1.4.).

Ein polarer Tensor 2. Stufe $\overset{2\rightarrow}{T}$ besitzt auch bei beliebigen Komponenten $t_{ij}$ Inversionssymmetrie $\bar{1}$ (zugehörige Matrix s. Tab. A 5), denn in (1.24) treten $a_{ij}$ stets quadratisch auf, ein Vorzeichenwechsel aller Koordinatenrichtungen ändert also nichts. Weitere Symmetrieeigenschaften treten auf für spezielle Komponentenbeziehungen. Äußere Symmetrie und Tensorform sind in Tab. 1.5 zusammengestellt.[3])

Der Beweis kann durch Einsetzen der passenden Matrizen aus Tab. A5 in Gl. (1.24) erfolgen. Das Verschwinden einer Komponente $t_{ij}$ folgt aus einer Bedingung vom Typ $t'_{ij} = -t_{ij} = t_{ij}$. Daß die 6 Tensorformen von Tab. 1.5 auch sämtliche 39 möglichen Punktsymmetriegruppen (32 kristallographische + 7 kontinuierliche) enthalten, ergibt sich aus folgender Überlegung. Alle

---

[1]) Die Matrizen beschreiben die Drehung des Kristalls im Rechtsschraubensinn um $\vec{e}_D$ bei festgehaltenem Koordinatensystem. Sie ist gleichbedeutend einer Drehung des Koordinatensystems im Linksschraubensinn bei festgehaltenem Kristall. Gelegentlich werden auch Drehungen des Koordinatensystems im Rechtsschraubensinn beschrieben. Dafür ist in Tab. A 5 der Winkel $\varphi$ durch $-\varphi$ zu ersetzen.

[2]) An die Stelle der $\vec{e}_i$ in (1.20) treten die $p_i$.

[3]) Die in 1.3.3.4. definierten symmetrischen Tensoren gehören den Gruppen $mmm$, $\infty/mm$ und $\infty\,\infty\, m$ an, die antisymmetrischen der Gruppe $\infty/m$ und die unsymmetrischen den Gruppen $\bar{1}$, $2/m$ und $\infty/m$.

Tab. 1.5. Äußere Symmetrie und Form polarer Tensoren 2. Stufe (nach Šubnikov 1949)

| Symmetriegruppe | Form des Tensors | Orientierung der Achsen |
|---|---|---|
| $\bar{1}$ | $\begin{pmatrix} t_{11} & t_{12} & t_{13} \\ t_{21} & t_{22} & t_{23} \\ t_{31} & t_{32} & t_{33} \end{pmatrix}$ | beliebig |
| $\frac{2}{m}$ | $\begin{pmatrix} t_{11} & t_{12} & 0 \\ t_{21} & t_{22} & 0 \\ 0 & 0 & t_{33} \end{pmatrix}$ | $2 \parallel \vec{e}_3$ |
| $mmm$ | $\begin{pmatrix} t_{11} & 0 & 0 \\ 0 & t_{22} & 0 \\ 0 & 0 & t_{33} \end{pmatrix}$ | $2 \parallel \vec{e}_i$ |
| $\frac{\infty}{m}$ | $\begin{pmatrix} t_{11} & -t_{21} & 0 \\ t_{21} & t_{11} & 0 \\ 0 & 0 & t_{33} \end{pmatrix}$ | $\infty \parallel \vec{e}_3$ |
| $\frac{\infty}{m} m$ | $\begin{pmatrix} t_{11} & 0 & 0 \\ 0 & t_{11} & 0 \\ 0 & 0 & t_{33} \end{pmatrix}$ | $\infty \parallel \vec{e}_3$ |
| $\infty \infty m$ | $\begin{pmatrix} t_{11} & 0 & 0 \\ 0 & t_{11} & 0 \\ 0 & 0 & t_{11} \end{pmatrix}$ | beliebig |

Anmerkung: Die äußere Symmetrie eines gegebenen Tensors ist unabhängig von der Wahl des Koordinatensystems. Obige Formen sind besonders übersichtliche Darstellungen, auf die sich alle nicht angegebenen zurückführen lassen.

in Tab. 1.5 nicht aufgeführten Gruppen enthalten mindestens eine Achse endlicher Zähligkeit größer als 2. Die Existenz einer solchen Achse ist aber für die Form des Tensors gleichbedeutend mit einer dazu parallelen Achse $\infty$. In Gruppen mit Symmetriezentrum kann das aber nur zu einer der drei bereits aufgeführten Symmetriegruppen $\infty/m$, $\infty/mm$ oder $\infty\infty m$ führen.[1])

Im Unterschied zum polaren Vektor (1.46) hat der axiale $\vec{p}^0$ im neuen Koordinatensystem die Form

$$p_i^{0\prime} = \pm a_{ik} p_k^0,\text{}^{2)} \tag{1.47}$$

wobei das positive Vorzeichen angewandt wird, wenn sich der Drehsinn des Koordinatensystems bei der Transformation nicht ändert. Die zugehörige Symmetrie $\infty/m$

[1]) Nach dem Theorem von Hermann (1934) hat ein Tensor $r$-ter Stufe eine Symmetrieachse $\infty$, falls er eine Achse der Zähligkeit $n > r$ aufweist.

[2]) $a_{ik}$ beziehen sich auf eine polare Basis. (1.47) läßt sich auch in der Form $p_i^{0\prime} = \|a_{ik}\|\, a_{ik} p_k^0$ schreiben ($\|a_{ik}\| = \mathrm{Det}\, a_{ik}$).

Tab. 1.6. Äußere Symmetrie und Form axialer Tensoren 2. Stufe (nach ŠUBNIKOV 1949)

| Symmetriegruppe | Form des Tensors | Orientierung der Achsen |
|---|---|---|
| 1 | $\begin{pmatrix} t_{11} & t_{12} & t_{13} \\ t_{21} & t_{22} & t_{23} \\ t_{31} & t_{32} & t_{33} \end{pmatrix}$ | beliebig |
| 2 | $\begin{pmatrix} t_{11} & t_{12} & 0 \\ t_{21} & t_{22} & 0 \\ 0 & 0 & t_{33} \end{pmatrix}$ | $2 \parallel \vec{e}_3$ |
| 222 | $\begin{pmatrix} t_{11} & 0 & 0 \\ 0 & t_{22} & 0 \\ 0 & 0 & t_{33} \end{pmatrix}$ | $2 \parallel \vec{e}_i$ |
| $\infty$ | $\begin{pmatrix} t_{11} & t_{12} & 0 \\ -t_{12} & t_{11} & 0 \\ 0 & 0 & t_{33} \end{pmatrix}$ | $\infty \parallel \vec{e}_3$ |
| $\infty 2$ | $\begin{pmatrix} t_{11} & 0 & 0 \\ 0 & t_{11} & 0 \\ 0 & 0 & t_{33} \end{pmatrix}$ | $\infty \parallel \vec{e}_3$ |
| $\infty \infty 2$ | $\begin{pmatrix} t_{11} & 0 & 0 \\ 0 & t_{11} & 0 \\ 0 & 0 & t_{11} \end{pmatrix}$ | beliebig |
| $m$ | $\begin{pmatrix} 0 & 0 & t_{13} \\ 0 & 0 & t_{23} \\ t_{31} & t_{32} & 0 \end{pmatrix}$ | $m \perp \vec{e}_3$ |
| $mm2$ | $\begin{pmatrix} 0 & t_{12} & 0 \\ t_{21} & 0 & 0 \\ 0 & 0 & 0 \end{pmatrix}$ | $2 \parallel \vec{e}_3$<br>$m \perp \vec{e}_1, \vec{e}_2$ |
| $\bar{4}2m$ | $\begin{pmatrix} t_{11} & 0 & 0 \\ 0 & -t_{11} & 0 \\ 0 & 0 & 0 \end{pmatrix}$ | $\bar{4} \parallel \vec{e}_3$<br>$2 \parallel \vec{e}_1, \vec{e}_2$ |

ergibt sich auch, wenn berücksichtigt wird, daß ein axialer Vektor durch einen antisymmetrischen Tensor darstellbar ist (vgl. Tab. 1.5). Die graphische Interpretation von Abb. 1.3 berücksichtigt dies.[1])

Ein axialer Tensor kann im Gegensatz zum polaren keine Inversionssymmetrie aufweisen, denn dabei würde in der zu (1.47) analogen Beziehung für die Komponententransformation

$$t'_{ij} = \pm a_{ik} a_{jl} t_{kl} \tag{1.48}$$

das Minuszeichen (Inversion führt rechts- in linkshändiges System über und umgekehrt) für jede Komponente $t'_{ij} = -t_{ij} = t_{ij}$ gelten. Demnach sind die Symmetriegruppen axialer Tensoren unter azentrischen Gruppen zu suchen (Tab. 1.6).

### 1.3.3.8. Beschreibung der inneren Symmetrie

Nach JAHN wird zur Kennzeichnung der inneren Symmetrie von Tensoren folgende Klammersymbolik verwendet. Falls ein polarer Tensor $n$-ter Stufe symmetrisch bzgl. $l$ Indizes ist, bezeichnet man diesen Sachverhalt mit $[V^l]\, V^{n-l}$ oder $V^{n-l}\, [V^l]$. Beispielsweise liegt bei $t_{ijk} = t_{ikj}$ die Symmetrie $[V^2]\, V$ vor. Wenn ein Tensor geradzahliger Stufe $g$ bzgl. aller Indexpaare symmetrisch ist, hat er die Symmetrie $[V^2]^{g/2}$. Ist er außerdem bzgl. der Vertauschung aller Indexpaare symmetrisch, wird dies durch $\left[[V^2]^{g/2}\right]$ beschrieben. Liegt nur Symmetrie bzgl. eines Indexpaares vor, schreibt man $[(V^2)^{g/2}]$. Für Antisymmetrie polarer Tensoren werden anstelle eckiger Klammern geschweifte geschrieben. Beispielsweise entspricht $t_{ij} = -t_{ij}$ die Symmetrie $\{V^2\}$, und $t_{ijk} = -t_{kji}$ entspricht $\{V^2\}\, V$.

Axiale Tensoren werden ebenso behandelt, aber zusätzlich mit dem Faktor $\varepsilon$ vor dem bisher erläuterten Symbol versehen.

### 1.3.3.9. Matrixschreibweise

Um den Schreibaufwand bei der vollständigen Darstellung eines Tensors zu verringern, wird die meist vorhandene innere Symmetrie gegen Vertauschung zweier Indizes ausgenutzt. Das betreffende Indexpaar $ij$ wird durch einen Index $\lambda$ ersetzt. Dabei soll folgende Zuordnung gelten:

| $ij$ | 11 | 22 | 33 | 23,32 | 31,13 | 12,21 |
|---|---|---|---|---|---|---|
| $\lambda$ | 1 | 2 | 3 | 4 | 5 | 6 |

(1.48a)

Der neue (griechische) Index $\lambda$ durchläuft die Werte 1 bis 6. Die Zahl der Indizes einer Tensorkomponente wird auf diese Weise halbiert.

Um nun die einfache Form der Materialgleichungen auch mit dieser Schreibweise aufrecht zu erhalten, werden für physikalisch verschiedene Tensoren zusätzlich zu dieser Abkürzung noch unterschiedliche Transformationsbeziehungen eingeführt. Dadurch verlieren die einzelnen Komponenten ihre z. B. durch (1.24) gekennzeichneten Tensoreigenschaften und behalten lediglich den Charakter von Matrixkoeffizienten.

1) Axiale Vektoren sind folglich auch invariant gegen Inversion $\bar{1}$.

Als Beispiel für die erwähnten Transformationsbeziehungen möge der Verzerrungstensor $\overset{2\to}{\varepsilon}$ dienen. Die Koeffizienten der Matrix $\varepsilon_\lambda$ müssen aus den Tensorkomponenten $\varepsilon_{ij}$ über folgende Beziehung berechnet werden, damit das HOOKEsche Gesetz seine einfache Form behält (vgl. 5.3.):

$$\begin{pmatrix} \varepsilon_{11} & \varepsilon_{12} & \varepsilon_{13} \\ \varepsilon_{12} & \varepsilon_{22} & \varepsilon_{23} \\ \varepsilon_{13} & \varepsilon_{23} & \varepsilon_{33} \end{pmatrix} \to \begin{bmatrix} \varepsilon_1 & \frac{1}{2}\varepsilon_6 & \frac{1}{3}\varepsilon_5 \\ \frac{1}{2}\varepsilon_6 & \varepsilon_2 & \frac{1}{2}\varepsilon_4 \\ \frac{1}{2}\varepsilon_5 & \frac{1}{2}\varepsilon_4 & \varepsilon_3 \end{bmatrix}. \qquad (1.49)$$

Auf die Matrix (1.49) rechts sind die Regeln der Matrizenrechnung anwendbar. Bei Änderung des Koordinatensystems gelten für die $\varepsilon_\lambda$ die einfachen Transformationsbeziehungen vom Typ (1.24) nicht, und es ist oft zweckmäßig, erst Matrixkoeffizienten in Tensorkomponenten zurückzuverwandeln. Andernfalls sind die Umrechnungsbeziehungen weniger übersichtlich (vgl. 5.3.).

## 1.4. Kontinuierliche Punktgruppen

Da nur in wenigen Darstellungen der geometrischen Kristallographie Drehachsen der Zähligkeit $\infty$ Berücksichtigung finden, diese aber gerade bei der Beschreibung physikalischer Eigenschaften von Ein- und Vielkristallen gute Dienste leisten, sollen die auf ihnen beruhenden 7 *kontinuierlichen Punktgruppen* oder CURIE-*Gruppen* hier zusammengestellt werden (vgl. CURIE 1894, SCHUBNIKOW 1930). In Abb. 1.5 sind einfache geometrische Figuren angegeben, die gewöhnlich zur Veranschaulichung dieser Gruppen herangezogen werden. Bereits nach einer Drehung um einen infinitesimalen Winkel gelangt der Körper mit sich selbst zur Deckung.[1])

Die Gruppen $\infty$, $\infty 2$ und $\infty\infty 2$ sind enantiomorph, können also in Rechts- und Links-Form auftreten. Die Einordnung in die Hierarchie der kristallographischen Gruppen gibt Abb. A 3. Die Gruppen $\infty$, $\infty mm$, $\infty 2$, $\infty m$, $\infty/m$ weisen eine ausgezeichnete Achse auf, während $\infty\infty$ und $\infty\infty m$ isotrope Medien kennzeichnen. Ein Symmetriezentrum besitzen nur die Gruppen $\infty/m$, $\infty mm$ und $\infty\infty m$. Polare Achsen treten nur in den Gruppen $\infty$ und $\infty m$ auf.

In Tab. 1.7 sind Beispiele für die Klassifizierung von Feldern anhand ihrer Punktsymmetrie gegeben. Die Methode der Ableitung ist die gleiche wie in 1.3.3.7.

Vielkristalle, deren einzelne Kristallite klein im Vergleich zum betrachteten Körper sind, lassen sich als homogene Systeme verstehen, wobei ihnen als Ganzes eine der 7 Punktgruppen von Abb. 1.5 zugeschrieben wird. Das trifft auch auf nichtkristalline Strukturen zu. Liegt eine anisotrope Verteilung der Kristallite oder Moleküle vor, spricht man von einer Textur.

[1]) Einbeziehung der Drehinversionsachse $\overline{\infty}$ führt auf quasikontinuierliche Gruppen (vgl. ŽELUDEV), die Untergruppen der kontinuierlichen sind. So ist $\overline{\infty}$ selbst in $\infty/m$ enthalten und $\overline{\infty}\, mm$ in $\infty/mmm$.

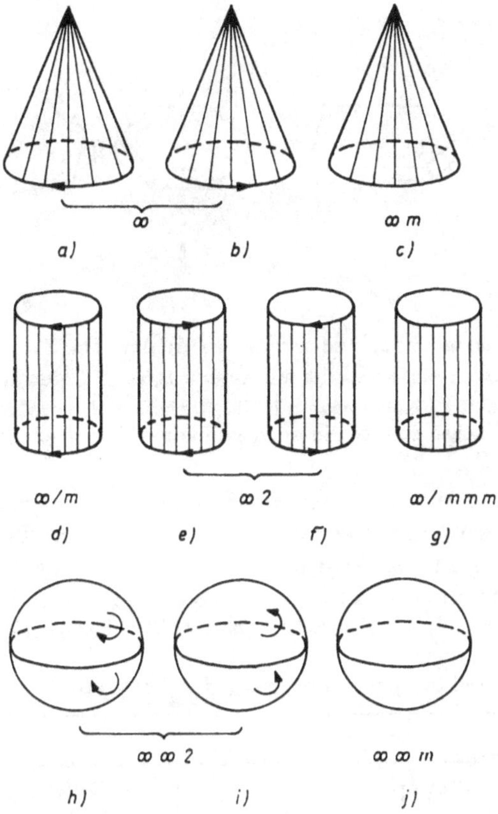


Abb. 1.5. Einfache geometrische Körper zur Illustration der kontinuierlichen Punktgruppen: (a), (b) rotierender Kegel (rechts und links) Gruppe $\infty$; (c) ruhender Kegel, Gruppe $\infty\, m$; (d) rotierender Zylinder, Gruppe $\infty/m$; (e), (f) tordierter Zylinder (rechts, links), Gruppe $\infty\, 2$; (g) ruhender Zylinder, Gruppe $\infty/mmm$; (h), (i) Kugel mit rotierenden Radien (rechts, links), Gruppe $\infty\infty\, 2$; (j) ruhende Kugel, Gruppe $\infty\, \infty\, m$.

Vom Standpunkt der Kristallmorphologie (vgl. z. B. HAUSSÜHL 1977; KLEBER) empfiehlt sich nach ŠUBNIKOV (1946) die Einteilung der Texturen in 2 Kategorien. Zur ersten (faserartigen) gehören diejenigen Systeme, deren Kristallitorientierung durch eine Kristallkante $\vec{a}$ (d. h. rationale Gerade) beschrieben werden kann. Zur zweiten

Tab. 1.7. Punktsymmetrien physikalischer Felder

| Punktgruppe | Feld |
|---|---|
| $\infty\, m$ | homogenes elektrisches Feld $\vec{E}$ |
| $\infty/m$ | homogenes magnetisches Feld $\vec{H}$ |
| $\infty/mmm$ | einachsige Zug- oder Druckspannung $\sigma_{33}$ |
| $mmm$ | reine Schubspannung $\sigma_{ij}$ $(i \neq j)$ |
| $\infty\, \infty\, m$ | hydrostatischer Druck $p$ |

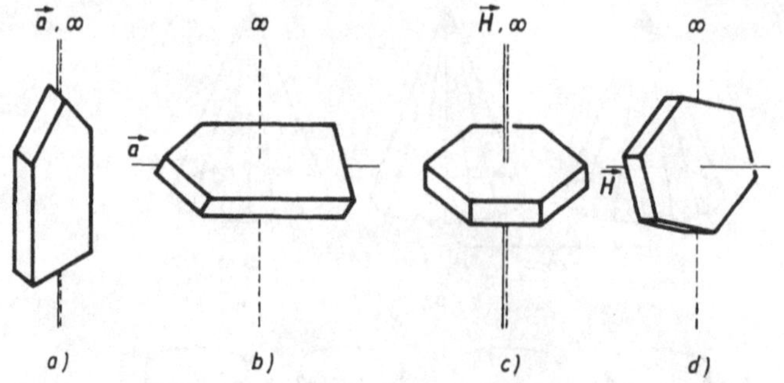


Abb. 1.6. Texturen erster (a, c) und zweiter (b, d) Art. Im Falle (a) und (b) ist das Texturelement ein Kristallit mit einer ausgezeichneten Kante $\vec{a}$, im Falle (c) und (d) ist das Flächenpaar mit der Normalen $\vec{H}$ morphologisch bestimmend. Die Texturachse $\infty$ steht in allen Fällen vertikal (nach ŠUBNIKOV 1946).

(plättchenartigen) zählen alle Anordnungen von Kristalliten mit zwei einander parallelen Kristallflächen. Nach dem Charakter der Anordnung werden Texturen erster und zweiter Art unterschieden.[1]) In den Texturen erster Art richten sich die Kristallite parallel zur ausgezeichneten Kristallkante (faserartige Textur 1. Art) oder parallel zur Normalen auf den ausgezeichneten Kristallflächen (plättchenförmige Textur 1. Art).

Tab. 1.8. Einteilung der Texturen in Symmetrietypen (nach ŠUBNIKOV 1946)

| Punktsymmetrie | Symmetrietyp | | | | | |
|---|---|---|---|---|---|---|
| | anisotrop | azentrisch | polar | enantiomorph | axial | polar-axial |
| $\infty$ | + | + | + | + | + | + |
| $\infty\, m$ | + | + | + | | | |
| $\infty/m$ | + | | | | + | |
| $\infty\, 2$ | + | + | | + | | |
| $\infty\, mm$ | + | | | | | |
| $\infty\,\infty$ | | + | | + | | |
| $\infty\,\infty\, m$ | | | | | | |

Alle Kristallitorientierungen sind ineinander durch eine Drehung um die Texturachse $\infty$ überführbar. Bei den Texturen 2. Art ist eine Kristallkante (faserartige Textur 2. Art) oder die Normale auf dem Paar paralleler Flächen $\vec{H}$ (plättchenförmige Textur 2. Art) parallel zu einer Ebene angeordnet. Texturachse ist in beiden Fällen die Normale der Ebene. Alle Kristallitorientierungen können i. allg. durch zwei Drehungen ineinander überführt werden, eine Drehung um die Kristallkante oder die Normale des Flächenpaares und die andere um die Texturachse. Abb. 1.6 illustriert die 4 Fälle.

Die Symmetrieeigenschaften einer Textur äußern sich in den physikalischen Eigenschaften. In Tab. 1.8 sind die Texturen dazu in 6 Typen eingeteilt (vgl. ŠUBNIKOV 1946).

[1]) Weitere Bezeichnungen Faser-, Nadel- und Walz-, Schuppentextur.

*Anisotrope Texturen* enthalten nur eine Achse der Zähligkeit $\infty$. Sie sind sämtlich bezüglich ihrer optischen Eigenschaften, ihrer elektrischen Leitfähigkeit u. a. einachsig. *Azentrische Texturen* enthalten kein Inversionszentrum. In solchen Körpern können z. B. piezo- und pyroelektrische Eigenschaften auftreten, während die Phänomene des Piezo- und Pyromagnetismus nur in zentrosymmetrischen Texturen auftreten können. Die Drehung der Polarisationsebene kann wiederum nur in azentrischen Texturen beobachtet werden. *Polare Texturen* enthalten eine polare Richtung, d. h. eine Achse, die nicht durch andere Symmetrieelemente in ihre Gegenrichtung überführt wird. Nur in diesen Texturen ist die Eigenschaft der Pyroelektrizität möglich. Piezoelektrische Eigenschaften treten ebenfalls auf, werden aber auch in nichtpolaren Texturen gefunden. *Enantiomorphe Texturen* enthalten nur Drehachsen, *axiale Texturen* enthalten eine Richtung mit ausgezeichnetem Drehsinn. Die letzteren können ein magnetisches Moment entwickeln, also z. B. pyromagnetisch sein. Wenn diese Richtung gleichzeitig auch eine polare ist, liegt eine *polar-axiale Textur* vor. Derartige Substanzen können z. B. gleichzeitig eine permanente Magnetisierung und eine permanente elektrische Polarisation (Elektrete) aufweisen.

Tab. 1.8 ist ein Beispiel für die Anwendung der Curie-Gruppen. Die Gesamtheit der möglichen Texturen ist von größerer Vielfalt. Die wahre Verteilung der Kristallite wird i. allg. durch Orientierungsverteilungsfunktionen beschrieben (vgl. auch H. J. Bunge, Texture Analysis in Materials Science. Butterworth, London 1982). Die Symmetriebeziehungen der Kristallite bezüglich einer festen Probenachse können auch durch Untergruppen der Curie-Gruppen in Tab. 1.8 sowie durch Schwarz-Weiß-Gruppen (s. Tab. 4.6) im Falle enantiomorpher Substanzen beschrieben werden (vgl. H. J. Bunge, C. Esling, Acta Cryst. **A 41** (1985) 59–67).

# 2. Symmetrieprinzipien

Im Rahmen der physikalischen Kristallographie werden der untersuchte Stoff in erster Linie als homogen und anisotrop behandelt und seine Eigenschaften durch Materialgrößen beschrieben (vgl. z. B. (1.6b)). Eine Begründung dieser Materialgrößen von ersten Prinzipien der Physik und Chemie ist überwiegend Gegenstand der Festkörperphysik und -chemie.

Hinreichend homogen erscheint das Untersuchungsobjekt dann, wenn die Abmessungen des untersuchten Volumens $V$ groß gegen den kürzesten Atomabstand ($\approx$ Gitterkonstante $a$) sind und wenn die Feldgrößen, z. B. $I_k$ in (1.6b), und Systemparameter, wie die chemische Zusammensetzung, innerhalb von $V$ näherungsweise als konstant angesehen werden können, d. h., wenn $a \ll \sqrt[3]{V} \ll I_k \Big/ \frac{\partial I_k}{\partial \vec{r}}$ ist.

Anisotropie innerhalb von $V$ entsteht als Folge der Translationssymmetrie der atomaren Bausteine, die durch Kristallbaufehler in verschiedener Weise gebrochen sein kann (vgl. z. B. Paufler, Leuschner) und im Grenzfall stark gestörter Translationssymmetrie verschwindet.

Eine wichtige Arbeitsmethode der physikalischen Kristallographie besteht darin, den Einfluß der Symmetrie des untersuchten Stoffes sowie allgemeiner Symmetrie des Problems auf Materialgrößen im Sinne einer Rationalisierung experimenteller und theoretischer Arbeit zu studieren.

Im folgenden werden drei Prinzipien erörtert, die im weiteren Verlauf der Darstellung des Symmetrieeinflusses wiederholt Anwendung finden.

## 2.1. Neumannsches Prinzip

F. Neumann[1]) war wohl der erste, der die physikalischen Eigenschaften der Kristalle nach der Symmetrie der Kristallform ordnete. Er stellte fest, daß die Materialgrößen, wie z. B. die elastischen Eigenschaften (F. Neumann 1885)[2]), nicht mehr als eine für die Punktgruppe oder sogar für das Kristallsystem typische Höchstzahl unabhängiger Koeffizienten aufweisen. Sein Schüler W. Voigt hat für den Gedanken, „die Symmetrieeigenschaften der Kristallform[3]) zur Erschließung der Symmetrien der physi-

[1]) Franz Ernst Neumann, geb. 1798, gest. 1895, o. Professor der Physik und Mineralogie in Königsberg von 1829 bis 1875.

[2]) Er benutzte dieses Ergebnis während seiner Lehrtätigkeit in den Vorlesungen, die erst später in gedruckter Form von seinen Schülern vorgelegt wurden.

[3]) Gemeint ist die Form im Sinne der Kristallmorphologie (vgl. z. B. Kleber).

kalischen Eigenschaften heranzuziehen", die Bezeichnung NEUMANN*sches Prinzip* eingeführt (VOIGT 1910).

„Die Erfahrung zeigt nämlich, daß in bezug auf alle übrigen physikalischen Eigenschaften die Kristalle eine kleinere Zahl von in sich gleichartigen und voneinander verschiedenen Gruppen bilden als in bezug auf die Gestalt" (VOIGT 1928, S. 20). In diesem Sinne ist es ein Erfahrungssatz, der eher den Charakter eines Postulats besitzt.[1])

Im Sinne des später noch zu behandelnden CURIEschen Prinzips kann das NEUMANNsche auch so formuliert werden, daß eine Wirkung $E_l$ (vgl. (1.6b)) keine Anisotropie zeigen kann, die nicht schon in der Punktsymmetrie des Kristalls (Materialgrößen $A_{lk}$) und der Ursache $I_k$ enthalten ist.

Mit der Einführung der kontinuierlichen Punktgruppen in die Kristallographie (CURIE 1894, SCHUBNIKOW 1930) hat das NEUMANNsche Prinzip eine einfache Fassung erfahren, die jedoch mit einer Akzentverschiebung[2]) verknüpft ist (vgl. z. B. SIROTIN, ŠASKOLSKAJA):

$$\boxed{G_E \supseteqq G_K}\,. \tag{2.1}$$

Die Symmetriegruppe des Kristalls $G_K$ ist entweder gleich der Symmetriegruppe der Eigenschaft $G_E$ oder gleich einer ihrer Untergruppen. In Abb. A 3 sind diejenigen Punktgruppen, die Untergruppen voneinander sind, durch Linien miteinander verbunden. Man erkennt unter den 32 kristallographischen Gruppen zwei Gipfel, die kubische Gruppe $m3m$ und die hexagonale $6/mmm$. In der erstgenannten sind alle kubischen, tetragonalen, rhomboedrischen, rhombischen, monoklinen und triklinen Punktgruppen enthalten, in der zweiten alle hexagonalen, rhomboedrischen, rhombischen, monoklinen und triklinen Gruppen. Zum Begriff der Symmetriegruppe einer Eigenschaft vgl. 1.3.3.7. und 1.4. Die Symmetrieelemente der 32 kristallographischen Punktgruppen sind in Tab. A 6 enthalten.

## 2.2. Curiesches Prinzip

P. CURIE (1894) untersuchte den Zusammenhang zwischen der *Punktsymmetrie* elektrischer und magnetischer *Felder* im Vakuum und der Symmetrie der elektrischen und magnetischen Eigenschaften von Kristallen in diesen Feldern. Er bediente sich dabei der Beschreibung mit kontinuierlichen Punktgruppen (vgl. 1.4.) und gelangte zu dem Ergebnis, daß ein unter einer Einwirkung stehender Kristall diejenigen Symmetrie-

[1]) Schon W. VOIGT räumt ein, „daß später einmal Eigenschaften an Kristallen gefunden werden, die noch größere Mannigfaltigkeit zeigen, als die Formen" (VOIGT 1928, S. 20). Selbst wenn man von den damals noch nicht bekannten magnetischen Punktsymmetrien absieht, hat sich diese Vermutung inzwischen bestätigt. Während das Neumannsche Prinzip auf vierdimensionale Raum-Zeit-Systeme für statische Eigenschaften erweitert werden kann, gilt es nicht mehr für dynamische Eigenschaften (z. B. Transporteigenschaften) wegen der Besonderheiten der Zeitkoordinate (vgl. BIRSS 1964). Auch wenn sich z. B. in Wachstumsformen Raumgruppeneigenschaften ausdrücken (vgl. z. B. KLEBER), widerspricht dies dem von NEUMANN ursprünglich formulierten Gedanken.

[2]) Man betrachtet von vornherein nur die Punktsymmetriegruppen von Eigenschaft (Materialgröße) und Kristall. Die Frage nach einer größeren Mannigfaltigkeit als die der Punktgruppen tritt dann nicht auf.

elemente aufweist, die dem Kristall ohne diese Einwirkung und der Einwirkung ohne den Kristall gemeinsam sind.[1])

In der Sprache der Gruppentheorie

$$\boxed{G_{\mathrm{E}} \supseteqq G_{\mathrm{KF}} = G_{\mathrm{F}} \cap G_{\mathrm{K}}}\,, \tag{2.2}$$

wobei $G_{\mathrm{KF}}$ die Symmetriegruppe des Kristalls im Feld, $G_{\mathrm{F}}$ die des Feldes (Einwirkung) im Vakuum und $G_{\mathrm{K}}$ die des Kristalls außerhalb des Feldes ist.[2])

Curie verwendet den Begriff der *Dissymmetrie* als Gesamtheit der fehlenden Symmetrieelemente und macht darauf aufmerksam, daß eine physikalische Eigenschaft nur beobachtet werden kann, wenn Dissymmetrie (od. Symmetriebrechung) vorliegt.[3]) Dieses nach seinem Entdecker benannte Prinzip (2.2) gilt auch über den Rahmen der Kristallographie hinaus (vgl. z. B. Kopcik 1983). Im Falle nichtlinearer Beziehungen (1.6b) muß $G_{\mathrm{F}}$ entsprechend gewählt werden.

## 2.3. Onsager-Prinzip

Während die in 2.1. und 2.2. dargestellten Prinzipien Aussagen über die Symmetrie eines Eigenschaftstensors auf der Basis der Symmetrie des Kristalls und der Symmetrie von „Ursache“ und „Wirkung“ zu machen gestatten, lassen sich mit einer Anzahl weiterer Prinzipien Einsichten in die Symmetrie der physikalischen Eigenschaften ohne Bezug auf den Kristall gewinnen, allerdings unter Zuhilfenahme allgemeiner Gesetzmäßigkeiten des betreffenden physikalischen Phänomens.

Für die später noch zu behandelnden *Transporteigenschaften* von Kristallen, die den Fluß von Masse, Ladung und Energie durch das System beschreiben, ist das auf Onsager (1931) zurückgehende Prinzip von besonderer Tragweite. Es soll daher als Beispiel Erwähnung finden. Ausführlichere Darstellungen finden sich z. B. bei Sirotin, Šaskol'skaja; Birss.

Transporteigenschaften zeichnen sich dadurch aus, daß sich der Kristall abseits vom thermodynamischen Gleichgewicht befindet. In den meisten Fällen liegen zwar stationäre Zustände vor, aber eben Nichtgleichgewichtszustände. Diese verlaufen im Sinne der Thermodynamik irreversibel, die hierzu passende Theorie ist die Thermodynamik irreversibler Prozesse (vgl. z. B. De Groot; Glansdorff, Prigogine).

Die Entropie $S$ eines Systems im Nichtgleichgewicht, das durch $n$ Parameter $\xi_i$ beschrieben wird, ändert sich mit der Zeit $t$ entsprechend[4])

$$\left(\frac{\mathrm{d}S}{\mathrm{d}t}\right)_{\mathrm{irr}} = \left(-\frac{\partial S}{\partial \xi_i}\right)\left(-\frac{\partial \xi_i}{\partial t}\right) \equiv X_i J_i \qquad (i = 1, 2 \ldots n). \tag{2.3}$$

[1]) Dies ist eine Zusammenfassung folgender Sätze Curies (1894): Un phénomène peut exister dans un milieu qui possède sa symétrie caractéristique ou celle d'un des intergroupes de sa symétrie caractéristique. La symétrie caractéristique d'un phénomène est la symétrie maxima compatible avec l'existence du phénomène ... Lorsque certaines causes produisent certains effets, les éléments de symétrie des causes doivent se retrouver dans les effets produits. Lorsque certains effets révèlent une certaine dissymétrie, cette dissymétrie doit se retrouver dans les causes qui lui ont donné naissance.

[2]) Ausführlichere Darstellungen s. Sirotin, Šaskol'skaja; Perelomova, Tagieva; Kopzik 1975; Boccara.

[3]) Dagegen wird der Begriff Asymmetrie für das Fehlen jeglicher Symmetrieelemente (außer dem Einselement) gebraucht (vgl. Šubnikov 1956).

[4]) Im Gleichgewichtszustand nimmt die Entropie einen Maximalwert an.

Zwischen den durch (2.3) definierten Kräften $X_i$ und Flüssen $J_i$ bestehen bei kleinen Kräften lineare Beziehungen der Form (1.7.).[1]) Über deren Symmetrie macht ONSAGER die Aussage

$$\boxed{L_{ij} = L_{ji}}\,, \tag{2.4}$$

sofern keine Magnetfelder $\vec{H}$ anwesend sind und das System nicht rotiert (Winkelgeschwindigkeit $\vec{\omega} = 0$). Andernfalls hat (2.4) die Gestalt

$$\begin{aligned} L_{ij}(\vec{H}) &= L_{ji}(-\vec{H}) \quad \text{bzw.} \\ L_{ij}(\vec{\omega}) &= L_{ji}(-\vec{\omega}). \end{aligned} \tag{2.5}$$

Der Tensor der kinetischen Koeffizienten $L_{ij}$ ist symmetrisch, wenn Kräfte $X_i$ und Flüsse $J_i$ in (2.4) geeignet gewählt werden.[2]) Während die Koeffizienten $L_{ii}$ in der Hauptdiagonale die direkten Effekte beschreiben, sind diejenigen außerhalb der Hauptdiagonalen $i \neq j$ ein Maß für die Kopplungs- oder Kreuzeffekte.[3])

Gl. (2.4) folgt aus der Annahme mikroskopischer Reversibilität der Transportvorgänge und aus der Theorie der Schwankungen. Danach läßt sich ein Zeitintervall $\tau$ finden, das klein gegen die Zeit für die Einstellung statistischen Gleichgewichts und groß gegen charakteristische Zeiten im atomaren Bereich ist, mit der Eigenschaft

$$\overline{[\xi_i(t + \tau) - \xi_i(t)]} = L_{ij} X_j\,. \tag{2.6}$$

Der Querstrich bedeutet den statistischen Mittelwert.

---

[1]) Der Index $i$ oder $j$ in (1.7) kann sowohl für verschiedene Komponenten derselben Größe als auch für verschiedene Größen stehen.

[2]) Regeln dafür gibt DE GROOT an. $X_j$ und $J_i$ sind so zu definieren, daß die Summe $X_i J_i$ entsprechend (2.3) die Entropieproduktion im System beschreibt. Beispiel: elektrische Stromdichte $\vec{j}$ als Fluß, dann ist die Entropieerzeugung bei der Temperatur $T$ im elektrischen Feld $\vec{E}$ gleich $\vec{E} \cdot \vec{j}/T$ und damit die „Kraft" im Sinne (2.4) $\vec{E}/T$.

[3]) (2.4) bedeutet dann z. B., daß der elektrische Strom in $x_1$-Richtung von einer Feldkomponente in $x_2$-Richtung den gleichen Beitrag erfährt wie der in $x_2$-Richtung von einer gleichgroßen Feldkomponente in $x_1$-Richtung.

# 3. Eigenschaftstensoren nullter Stufe

## 3.1. Symmetrie von Skalaren

Echte Skalare lassen sich im Anschluß an die Ausführungen in 1.3.1. und 1.4. bezüglich ihrer Symmetrie in einem Raumpunkt durch eine Kugelfläche um diesen Punkt (Abb. 1.5j) kennzeichnen, also der CURIE-Gruppe $\infty\infty m$ zuordnen. Die Fläche ist unabhängig von der Richtung durch einen Zahlenwert, den Radius, bestimmt. Das Vorzeichen des Skalars muß zusätzlich angegeben sein. Da alle übrigen 38 Punktgruppen (vgl. Abb. A 3) Untergruppen von $\infty\infty m$ sind, kann eine skalare Materialgröße in allen Systemen auftreten.

Ein Pseudoskalar hat die Symmetrie $\infty\infty 2$ (vgl. Abb. 1.5h, i). Es fehlen Symmetriezentren und Symmetrieebene. Jede Richtung ist zusätzlich zum Radius durch einen Drehsinn gekennzeichnet.

## 3.2. Massendichte

Wir untersuchen als erstes Beispiel eines echten Skalars die Massendichte, die im Rahmen der physikalischen Kristallographie besonders häufig verwendet wird.

### 3.2.1. Definition

Die Massendichte $\varrho$ eines zu untersuchenden Materials ist definiert durch

$$\boxed{M = \varrho V} \qquad (p, T = \text{const}), \tag{3.1}$$

wo $M$ die Masse, $V = V(p, T)$ das Volumen, $p$ der Druck und $T$ die Temperatur des Systems sind.[1]) Die Massendichte ist eine Materialgröße, die die Skalare Masse und Volumen verknüpft und damit ein Maß für die Packung der Bestandteile des Systems darstellt.

### 3.2.2. Meßprinzip und experimentelle Ergebnisse

Die Messung von $M$ erfolgt durch Wägung (z. B. Mikrowaage mit Fehler von $\approx 10^{-6}$ g). Zur Bestimmung von $V$ werden vor allem zwei Verfahren verwendet. Einmal kann die von der Probe verdrängte Flüssigkeitsmenge bekannter Dichte gewogen werden

1) Gegebenenfalls hängt das Volumen $V$ noch von weiteren Zustandsgrößen, wie z. B. der elektrischen Feldstärke, ab (vgl. auch PAUFLER).

Tab. 3.1. Massendichte $\varrho$ ausgewählter fester Stoffe bei Raumtemperatur (nach LANDOLT-BÖRNSTEIN; KAYE, LABY)

| Stoff | $\varrho$/g $cm^{-3}$ | Stoff | $\varrho$/g $cm^{-3}$ |
|---|---|---|---|
| Kork | 0,25 | $CaCO_3$ (Calcit) | 2,69...2,82 |
| Lithium | 0,53 | Mond**) | 3,34 |
| Zedernholz (trocken) | 0,55 | Diamant | 3,51 |
| Bimsstein | 0,64 | $Al_2O_3$ (Korund) | 3,9...4,1 |
| Eis | 0,917*) | Erde**) | 5,52 (Mittelwert) |
| Nylon | 1,14 | | 2,6...17,2 |
| Graphit | 2,1...2,3 | | (Kruste···Kern) |
| NaCl | 2,16 | NiAs | 7,7...7,8 |
| $SiO_2$ (Glas) | 2,21 | Hg | 13,546 |
| Si | 2,3290 | Os | 22,5 |
| $Al_2O_3 \cdot H_2O$ (Bauxit) | 2,4...2,5 | Ir | 22,6...22,8 |
| $SiO_2$ (Einkristall) | 2,65 | Neutronensterne, Kerndichten | $10^{14}...10^{15}$ |
| Granit | 2,66 | | |

*) 0 °C,
**) vgl. Fußnote 2

Tab. 3.2. Thermische Ausdehnungskoeffizienten $\beta = (1/V)\,(\partial V/\partial T)$ ausgewählter Festkörper zwischen 0 und 100 °C (vorwiegend nach SMITHELLS)

| Stoff | $\beta/10^{-6}$ $K^{-1}$ |
|---|---|
| Super-Invar (63,5 Fe, 31,5 Ni, 5,0 Co) | 0,0 (20 °C) |
| Quarzglas | 1,8 |
| SiC | 13,5 |
| WC | 15 |
| Os | 15 |
| Beton | 30...40 |
| Stahl (18 Cr, 8 Ni) | 30 |
| NaCl | 120 |
| Cs | 291 |

(Pyknometer), zum anderen kann auch der Auftrieb der Probe in einer Flüssigkeit bekannter Dichte gemessen werden (hydrostatische Waage).[1] In beiden Fällen wird die Messung von $V$ auch auf eine Wägung zurückgeführt (vgl. z. B. EDER; KOHLRAUSCH; ZEDLER)[2].

Der Zahlenwert $\varrho$ variiert im Bereich der Festkörper unter irdischen Bedingungen wenig. Beispiele enthält Tab. 3.1 für sehr unterschiedliche Systeme, Extremfälle

[1]) Geht auf ARCHIMEDES zu Syrakus (geb. 287, gest. 212 v. u. Z.) zurück.

[2]) Bei der Dichtemessung von Himmelskörpern macht man sich das Gravitationsgesetz zunutze. Die mittlere Dichte der Erde ist z. B. $\varrho \approx 3g/f4\pi R$, erfordert also die Messung der Erdbeschleunigung $g$, der Gravitationskonstanten $f$ und des Erdradius $R$.

einbezogen. Der Einfluß von Temperatur $T$ und Druck $p$ auf $\varrho \sim V^{-1}$ schwankt ebenfalls nicht sehr stark.[1]) Zahlenwerte enthalten Tab. 3.2 und 3.3.

Tab. 3.3. Kompressibilität $\chi = (1/V)\,(\partial V/\partial p)$ ausgewählter Festkörper bei Raumtemperatur

| Stoff | $\chi/10^{-11}$ Pa$^{-1}$ |
|---|---|
| Diamant | 0,23 |
| W | 0,32 |
| Stahl | 0,6 |
| Al | 1,3 |
| Mg | 2,8 |
| Quarzglas | 3 |
| NaCl | 4,1 |
| Rb | 40,0 |

### 3.2.3. Atomistische Interpretation

Die auffallend geringe Schwankung der Massendichte fester Körper hat ihre Ursache in der geringen Abstandsvariation der Atomkerne als Träger der Masse. Eine Erhöhung der Kernmasse wird teilweise durch vergrößerte Kernabstände kompensiert. (So wächst die Masse beim Übergang von Li zu Cs um einen Faktor 20, das Elementarzellvolumen vergrößert sich gleichzeitig um mehr als einen Faktor 5.) Die Volumina der Elementarzellen liegen bei $V_{\mathrm{EZ}} \approx 10^{-29} \ldots 10^{-28}$ m$^3$, so daß $\varrho \approx (10^2 \ldots 10^1)\,A$ kg m$^{-3}$ mit $A$ als relativer Atommasse und $m_u = 1{,}66 \cdot 10^{-27}$ kg als atomarer Masseneinheit ist. Wegen $A = 1 \ldots 250$ hat man größenordnungsmäßig $\varrho \approx (10^{-1} \ldots 25)$ g cm$^{-3}$ zu erwarten. Wird die elektrostatische Abstoßung der Kerne ausgeschaltet, sind erheblich höhere Dichten möglich.[2])

## 3.3. Wärmekapazität

Ein zweites Beispiel für die skalare Materialgröße ist die Wärmekapazität, die wir ihrer Bedeutung für eine Reihe anderer Eigenschaften wegen ebenfalls betrachten wollen.

### 3.3.1. Experimenteller Befund und Definition

Führt man einem Festkörper die Wärmemenge $\Delta Q$ zu (vgl. Abb. 3.1), dann erhöht sich dessen Temperatur $T$ um einen Betrag $\Delta T$, der der Zahl der Atome $N$ (oder der Masse $M$) der Probe umgekehrt proportional ist.

[1]) Wegen $V = m/\varrho$ wird $(1/V)\,\partial V/\partial T = (-1/\varrho)\,(\partial\varrho/\partial T)$ und $(1/V)\,\partial V/\partial p = (-1/\varrho) \times (\partial\varrho/\partial p)$.

[2]) Bei Dichten von $\geqq 10^9$ g/cm$^3$ vereinigen sich Elektronen und Protonen zu Neutronen (Umkehrung des $\beta$-Zerfalls).

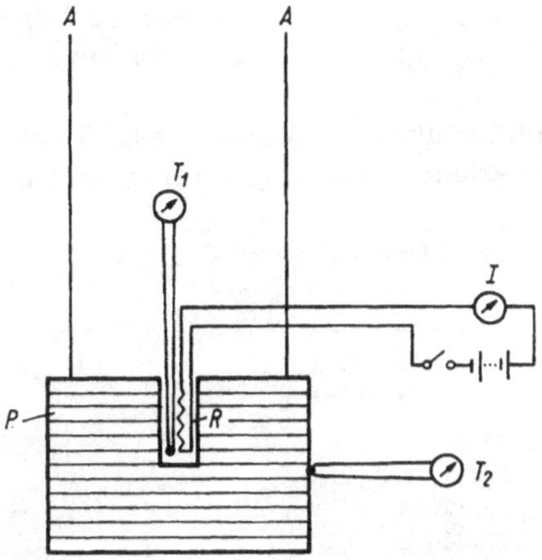


Abb. 3.1. Prinzip einer Anordnung zur Messung der Wärmekapazität der Probe $P$ bei tiefen Temperaturen. Über einen Heizwiderstand $R$ wird für eine Zeitspanne $\Delta t$ der Strom $I$ eingespeist. Vor dem Heizen zeigen die Temperaturmeßfüller $T_1 = T_2$, einige Zeit danach $T_1 + \Delta T = T_2 + \Delta T$. Über eine geeignete Aufhängung $A$ ist für thermische Isolation gesorgt. Die Wärmekapazität von $P$ ist dann (ohne Korrekturen) $C_p = I^2 R \Delta t / N \Delta T$. Dabei wird $N = M/Am_u$ durch Wägung (Masse $M$) bestimmt. $A$ relative Atommasse, $m_u$ atomare Masseneinheit.

Der Quotient

$$C = \lim_{\Delta T \to 0} \frac{\Delta Q}{N \Delta T} \tag{3.2}$$

heißt molare Wärmekapazität und ist eine Materialgröße.[1]) Nach den experimentellen Bedingungen unterscheidet man isochore ($C_v$) und isobare ($C_p$) Wärmekapazität, je nachdem, ob während des Versuchs das Volumen $V$ der Probe oder der Druck $p$ auf die Probe konstant gehalten wurden.

Dulong und Petit (1819) fanden an festen Elementen, daß $C$ bei Raumtemperatur näherungsweise für verschiedene Substanzen den Wert 25 J/K mol annimmt (Dulong-Petit*sche Regel*). Bei tieferen Temperaturen treten starke substanzabhängige Unterschiede auf. In allen Fällen wird $C_v \to 0$ für $T \to 0$ beobachtet.

Neumann (1831) und Kopp (1864, 1865) haben die Dulong-Petitsche Regel auf Verbindungen erweitert. Danach ist die molare Wärmekapazität einer festen Verbindung $A_l B_m C_n$ additiv aus denen der Komponenten zusammengesetzt:

$$C_p = lC_p(A) + mC_p(B) + nC_p(C) \tag{3.3}$$

(Neumann-Kopp*sche Regel*).

In (3.3) bedeutet dann $N$ für $C_p$ sinngemäß die Zahl der Formeleinheiten („Moleküle"). Auch bei (3.3) handelt es sich um eine Regel zur groben Orientierung in der Umgebung von Raumtemperatur (vgl. dazu auch Eucken 1929).

[1]) Spezifische Wärmekapazität ist dann sinngemäß $\Delta Q / M \Delta T = c$.

Das experimentell leichter zugängliche $C_p$ ist wegen der Arbeit bei der Volumenänderung (vgl. 6.1.) größer als $C_V$. Die quantitativen Verhältnisse gehen aus Tab. 3.4 hervor (vgl. dazu auch 3.3.2.).

Die starke Temperaturabhängigkeit der Wärmekapazität läßt sich für zahlreiche Stoffe durch einen einheitlichen Verlauf darstellen, wenn jeder Substanz eine charakteristische Temperatur $\Theta_D$ (DEBYE-Temperatur) zugeordnet wird und die Auftragung über der reduzierten Temperatur $T/\Theta_D$ erfolgt (Abb. 3.2). $\Theta_D$ ist allerdings selbst temperaturabhängig, bei tiefen Temperaturen i. allg. stärker als bei hohen. Es ist daher zweckmäßig, Zahlenangaben von $\Theta_D$ auf eine vergleichbare Temperatur zu beziehen (z. B. auf $T \approx \Theta_D/2$ wie in Abb. 3.2).

Tab. 3.4. Molare Wärmekapazität einiger Elemente bei 25 °C (nach SCHULZE 1974)

| Element | $C_V$/J mol⁻¹ K⁻¹ | $C_p$/J mol⁻¹ K⁻¹ |
|---|---|---|
| Ag | 24,27 | 25,49 |
| Al | 23,03 | 24,34 |
| Cu | 23,63 | 24,47 |
| Li | 22,53 | 23,64 |
| W | 23,59 | 24,08 |

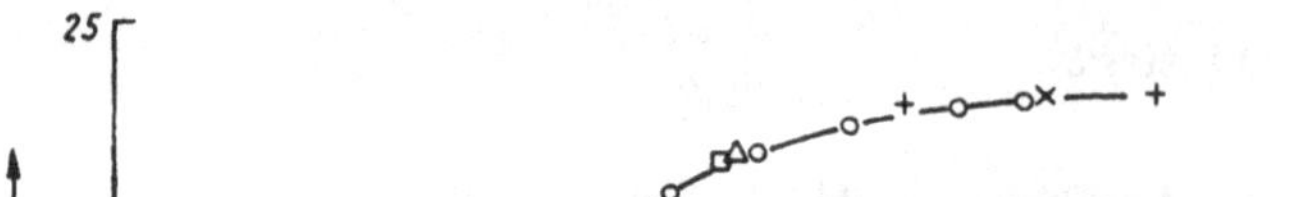


Abb. 3.2. Molare Wärmekapazität $C_V$ in Abhängigkeit von der reduzierten Temperatur $T/\Theta_D$ für einige Elemente. Die jeweils verwendeten $\Theta_D$-Werte sind angegeben. Gestrichelt eingezeichnet wurden Näherungsfunktionen für die Bereiche hoher und niedriger Temperaturen (nach SCHULZE 1974).

Eine genaue Vermessung der Temperaturabhängigkeit $C(T)$ ist inzwischen zu einer wichtigen festkörperanalytischen Methode geworden. Es zeigt sich, daß die gesamte Wärmekapazität näherungsweise additiv aus Beiträgen zusammengesetzt werden kann, die unterschiedlichen physikalischen Mechanismen $i$ der Energiespeicherung entsprechen. Man hat also

$$C_{\text{ges}}(T) = \sum_i C_i(T) \tag{3.4}$$

und damit substanzabhängige Unterschiede im Verlauf $C_{\text{ges}}(T)$. Wenn dennoch in Abb. 3.2 keine zu erkennen sind, liegt das in sehr vielen Fällen am Dominieren eines Beitrags.

Abweichungen vom Verlauf der Abb. 3.2 werden vor allem bei Phasenumwandlungen deutlich (z. B. Ordnungsvorgänge einschließlich magnetischer und elektrischer). Ein Beispiel zeigt Abb. 3.3. Für weitere Besonderheiten vgl. 3.3.3.5.

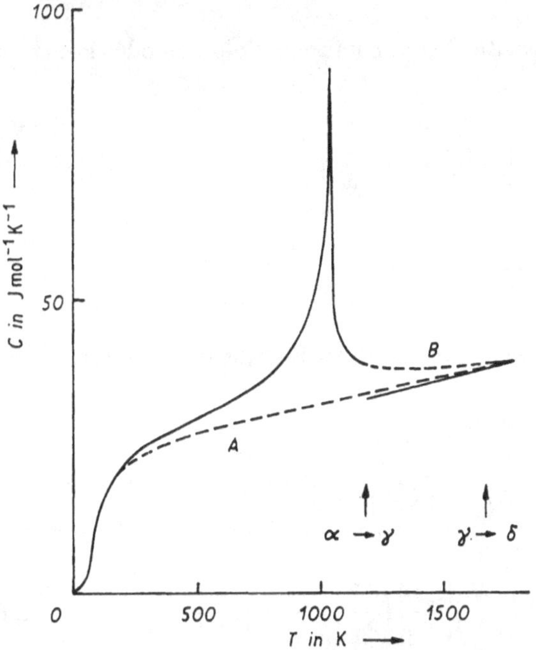


Abb. 3.3. Wärmekapazität von Eisen als Funktion der Meßtemperatur $T$ (Meßwerte ausgezogene Kurve). Die beiden strukturellen Phasenumwandlungen $\alpha \to \gamma$ und $\gamma \to \delta$ äußern sich in sprunghaften Änderungen von $C$. Der Übergang vom magnetisch geordneten zum ungeordneten Zustand der $\alpha$-Phase bei der Curie-Temperatur 1043 K wird durch das scharfe Maximum angezeigt. Der geschätzte Verlauf $A$ entspricht der unmagnetischen $\alpha$-Phase, der Verlauf $B$ einer magnetischen Phase mit der Struktur des Wolfram-Typs (nach Weiss 1963).

## 3.3.2. Thermodynamische Beziehung zu anderen Eigenschaften

Nach dem I. Hauptsatz der Thermodynamik (vgl. z. B. Macke 1962b) gilt für jede Wärmezufuhr

$$dQ = dU + p\,dV = dH - V\,dp \tag{3.5}$$

und damit

$$\frac{dQ}{dT} = NC = \left(\frac{\partial U}{\partial T}\right)_V + \left[\left(\frac{\partial U}{\partial V}\right)_T + p\right]\frac{dV}{dT} \tag{3.6}$$

($U$ innere Energie, $H$ Enthalpie), oder, wenn die Deformation nicht ausreichend durch das Volumen $V$ und der Spannungszustand nicht ausreichend durch den Druck $p$ beschrieben sind (vgl. dazu 5 und Voigt 1928)

$$\frac{dQ}{dT} = \left(\frac{\partial U}{\partial T}\right)_\varepsilon + \left[\left(\frac{\partial U}{\partial \varepsilon_\lambda}\right)_T + \sigma_\lambda\right]\frac{\partial \varepsilon_\lambda}{\partial T} \quad (\lambda = 1, \ldots, 6).^{1)} \tag{3.7}$$

Hierbei sind $\varepsilon_\lambda$ und $\sigma_\lambda$ die Koeffizienten der Matrizen von Verzerrung und Spannung (s. dazu 5.3.).

Die Wärmekapazität bei konstantem Volumen oder konstanter Verzerrung ist wegen (3.2) und (3.6)

$$C_V \equiv \frac{1}{N}\left(\frac{dQ}{dT}\right)_V = \frac{1}{N}\left(\frac{\partial U}{\partial T}\right)_V \tag{3.8}$$

oder

$$C_\varepsilon = \frac{1}{N}\left(\frac{\partial U}{\partial T}\right)_\varepsilon,^{2)} \tag{3.9}$$

also ein Maß für die Änderung der inneren Energie des Festkörpers bei einer vorgegebenen Temperaturänderung.

Aus (3.5) folgt auch

$$\frac{dQ}{dT} = NC = \left(\frac{\partial H}{\partial T}\right)_p + \left[\left(\frac{\partial H}{\partial p}\right)_T - V\right]\frac{dp}{dT} \tag{3.10}$$

oder

$$\frac{dQ}{dT} = \left(\frac{\partial H}{\partial T}\right)_\sigma + \left[\left(\frac{\partial H}{\partial \sigma_\lambda}\right)_T - \varepsilon_\lambda\right]\frac{d\sigma_\lambda}{dT} \quad (\lambda = 1, \ldots, 6). \tag{3.11}$$

Die Wärmekapazität bei konstantem Druck $p$ oder konstanter Spannung $\sigma$

$$C_p = \frac{1}{N}\left(\frac{\partial H}{\partial T}\right)_p \tag{3.12}$$

oder

$$C_\sigma = \frac{1}{N}\left(\frac{\partial H}{\partial T}\right)_\sigma \tag{3.13}$$

[1] Über $\lambda$ ist vereinbarungsgemäß zu summieren.

[2] Der Index $\varepsilon$ bedeutet, daß alle $\varepsilon_\lambda$ einzeln konstant oder Null zu halten sind. Das trifft weiter unten auch sinngemäß auf den Index $\sigma$ zu.

ist demnach ein Maß für die Enthalpieänderung.[1]) Für die Differenz von $C_p$ und $C_V$ hat man somit

$$C_p - C_V = \frac{T}{N}\left(\frac{\partial V}{\partial T}\right)_p \left(\frac{\partial p}{\partial T}\right)_V = -\frac{T\left(\frac{\partial V}{\partial T}\right)_p^2}{N\left(\frac{\partial V}{\partial p}\right)_T} \tag{3.14}$$

bzw.

$$C_\sigma - C_\varepsilon = \frac{T}{N}\left(\frac{\partial \sigma_\lambda}{\partial T}\right)_\varepsilon \left(\frac{\partial \varepsilon_\lambda}{\partial T}\right)_\sigma .^{2)} \tag{3.14 a}$$

Diese Form gestattet, einen Zusammenhang zu anderen (später zu behandelnden) Materialgrößen herzustellen.

## 3.3.3. Atomistische Interpretation

### 3.3.3.1. Temperaturabhängigkeit

Energie wird im Festkörper als kinetische und potentielle Energie der atomaren[3]) Bestandteile gespeichert. In der statistischen Thermodynamik wird gezeigt (vgl. z. B. Kittel 1973), daß die mittlere kinetische Energie eines Atoms im klassischen Grenzfall $k_BT/2$ pro Freiheitsgrad der Translation beträgt. Die potentielle Energie harmonisch gebundener Atome ist im Zeitmittel gleich der kinetischen, so daß die gesamte Energie $k_BT$ pro Freiheitsgrad erreicht. $N$ Atome können (3 Freiheitsgrade pro Atom) damit eine Energie von $3Nk_BT$ aufnehmen. Die molare Wärmekapazität $C_V = (\partial U/\partial T)_V/N = 3k_B = 25$ J/mol K stimmt mit der Beobachtung überein (Dulong-Petitsche Regel).

Nach Planck ist die oben angegebene mittlere Energie nur für den Grenzfall sehr hoher Temperaturen richtig. Allgemeiner beträgt der Mittelwert der Energie eines mit der Frequenz $\omega$ schwingenden Oszillators im Energiegleichgewicht mit der Umgebung $\hbar\omega[1/2 + (\exp\{\hbar\omega/k_BT\} - 1)]$ pro Freiheitsgrad. Die Energie kann sich nur in Quanten $\hbar\omega$ ändern.

---

1) Wird eine andere Variable $x$ konstant gehalten, hat man $C_x = C_V + \frac{1}{N}\left[\left(\frac{\partial U}{\partial V}\right)_T + p\right] \times \left(\frac{\partial V}{\partial T}\right)_x$ usw.

2) Die Forderungen $dV = 0$ und $d\varepsilon = 0$ sind nicht identisch. Wenn alle Verzerrungskomponenten verschwinden, ist auch $dV = 0$. $C_V$ ist dann ein Spezialfall von $C_\varepsilon$. Hält man aber nur das Volumen durch allseitigen Druck konstant, dann ist $C_V > C_\varepsilon$, da in diesem Falle die $\partial\varepsilon_\lambda/\partial T$ in (3.7) nicht einzeln Null sein müssen. Vielmehr ist noch eine Gestaltänderung ohne Volumenänderung möglich, die Energie verbraucht. Der Unterschied zwischen $C_V$ und $C_\varepsilon$ kann in Kristallen niedriger Symmetrie beträchtlich werden, wie z. B. folgende Zahlen erkennen lassen (nach Eucken 1929, S. 213):

$100\,([C_p/C_\varepsilon] - 1) \equiv a$, $100\,([C_p/C_V] - 1) \equiv b$.

NaCl $a = 5{,}00$, $b = 5{,}00$; $SiO_2$ (Quarz) $a = 0{,}72$, $b = 0{,}60$; $CaCO_3$ (Kalkspat) $a = 0{,}470$, $b = 0{,}164$; $CaCO_3$ (Aragonit) $a = 1{,}93$, $b = 1{,}79$.

3) Die Bestandteile der Atome (Kerne, Elektronen) machen sich wegen der starken Bindung erst bei sehr hohen Temperaturen als selbständige Einheiten bemerkbar.

EINSTEIN (1907) übertrug das Ergebnis auf den Festkörper, den er als System von $N$ unabhängigen Oszillatoren beschrieb und damit wegen

$$U = 3N\hbar\omega \left[\frac{1}{2} + \langle \exp(\hbar\omega/k_B T) - 1\rangle^{-1}\right] \tag{3.15}$$

den qualitativ richtigen Verlauf im gesamten Temperaturintervall erhielt. Für $k_B T \gg \hbar\omega$ wird $U \approx 3Nk_B T$ wie oben.

Der Abfall der Wärmekapazität bei tiefen Temperaturen läßt sich somit als „Einfrieren" von Freiheitsgraden beschreiben. Die Übereinstimmung mit den Ergebnissen der Abb. 3.2 wird quantitativ wesentlich verbessert, wenn die Kopplung der Atome berücksichtigt wird, durch die zwangsläufig unterschiedliche Frequenzen der Oszillatoren auftreten müssen. Wir beschränken uns im weiteren auf eine kurze Beschreibung einfacher Modelle. Für ausführlichere Behandlung sei auf ZIMAN 1960; LUDWIG; DONOVAN, ANGRESS verwiesen.

### 3.3.3.2. Gekoppelte Schwingungen

In der Mechanik wird gezeigt (vgl. z. B. LEIBFRIED; LUDWIG; KOSEVIČ), daß die möglichen Schwingungsformen eines Systems gekoppelter Teilchen als Überlagerungen von Normalschwingungen dargestellt werden können, die dadurch gekennzeichnet sind, daß in jeder die Atome mit gleicher Frequenz und mit gleicher oder entgegengesetzter Phase um ihre Gleichgewichtslage schwingen.

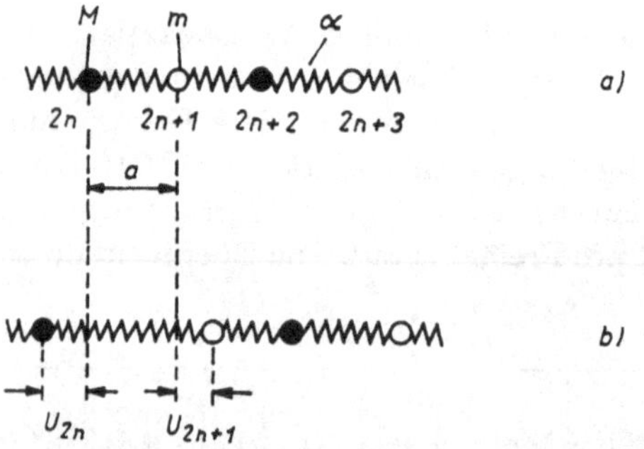


Abb. 3.4. Lineare Kette aus Massen $M$ und $m$, die durch Federn der Federkonstante $\alpha$ gekoppelt sind. (a) Gleichgewichtslage, (b) Schwingungszustand mit Auslenkungen $u$ aus der Ruhelage.

Wir erläutern dies am Beispiel einer Kette gekoppelter Teilchen der Massen $M$ und $m < M$ (Abb. 3.4). Die Kopplung werde durch Federkräfte zwischen nächsten Nachbarn bewirkt. Die Bewegungsgleichungen lauten (vgl. z. B. MACKE 1958; LEIBFRIED 1955)

$$M\ddot{u}_{2n} = \alpha(u_{2n-1} + u_{2n+1} - 2u_{2n}) \tag{3.16}$$

und

$$m\ddot{u}_{2n+1} = \alpha(u_{2n} + u_{2n+2} - 2u_{2n+1}). \tag{3.17}$$

Wir setzen die Lösung in Form zweier laufender Wellen der Wellenzahl $k = 2\pi/\lambda$ ($\lambda$ Wellenlänge) an,

$$u_{2n} = u_M \, e^{-i(\omega t - 2nak)} \tag{3.18}$$

und

$$u_{2n+1} = u_m \, e^{-i(\omega t - (2n+1)ak)}, \tag{3.19}$$

wobei $u_M$, $u_m$ die Amplituden, $\omega$ die Kreisfrequenz und $t$ die Zeit sind. (3.18) und (3.19) sind nur dann eine Lösung von (3.16) und (3.17), wenn zwischen $\omega$ und $k$ eine Dispersionsrelation der Form

$$\boxed{\omega^2 = \alpha\left[\left(\frac{1}{m} + \frac{1}{M}\right) \pm \sqrt{\left(\frac{1}{m} + \frac{1}{M}\right)^2 - \frac{4\sin^2 ka}{Mm}}\right]} \tag{3.20}$$

besteht. $\omega(k)$ ist mit $\pi/a$ periodisch in $k$. Man kann den $k$-Bereich auf das Intervall $-\pi/2a \ldots \pi/2a$ beschränken (sog. 1. BRILLOUIN-*Zone*), denn sowohl die Frequenzen $\omega$ als auch die Verrückungen $u_{2n}$ bzw. $u_{2n+1}$ ändern sich nicht nach einer Ersetzung von $k$ durch $k + \pi\xi/a$ ($\xi$ ganz).[1] Im Unterschied zum EINSTEINschen Modell liegt ein Frequenz*spektrum* vor. Jedem $k$-Wert werden durch (3.20) zwei erlaubte Schwingungsfrequenzen zugeordnet, das Spektrum spaltet in zwei Zweige auf (Abb. 3.5), wobei der dem positiven Vorzeichen entsprechende der optische (O), der dem negativen der akustische (A) Zweig heißt. Zwischen beiden liegt eine Lücke „verbotener" Frequenzen.

Die Lösungen von (3.16) und (3.17) sind erst vollständig bestimmt, wenn auch die Randbedingungen erfüllt werden. Als Beispiel wählen wir die häufig benutzte periodische Randbedingung nach BORN und VON KARMAN in einer Kette von $N_{EZ}$ Elementarzellen

$$u_{2n}(t) = u_{2n+2N_{EZ}}(t) \tag{3.20a}$$

und

$$u_{2n+1}(t) = u_{2n+1+2N_{EZ}}(t).$$

Einsetzen in (3.18) und (3.19) führt zu der Erkenntnis, daß wegen $\exp(i2N_{EZ}ak) = 1$ nur die Wellenzahlen

$$k = \frac{\pi}{N_{EZ}a}\varkappa \quad (\varkappa \text{ ganz}) \tag{3.20b}$$

erlaubte Zustände beschreiben. Wegen der schon erfolgten Beschränkung auf die 1. BRILLOUIN-Zone durchläuft $\varkappa$ dabei die Werte $-\frac{N_{EZ}}{2} \leqq \varkappa < \frac{N_{EZ}}{2}$, also so viele Zustände, wie Elementarzellen im System vorhanden sind. Die Zahl der Eigenfrequenzen $\omega(k)$ ist infolge der beiden Zweige doppelt so groß, d. h. gleich der Zahl der Atome im System.

[1] Die Beschränkung hat auch anschauliche Bedeutung. Zu der maximalen Wellenzahl $k_{max} = \pi/2a$ gehört die minimale Wellenlänge $\lambda_{min} = 2\pi/k_{max} = 4a$, die durch die diskrete Struktur der Kette festgelegt ist. Kürzere Wellenlängen wären nicht mehr durch Teilchen definiert.

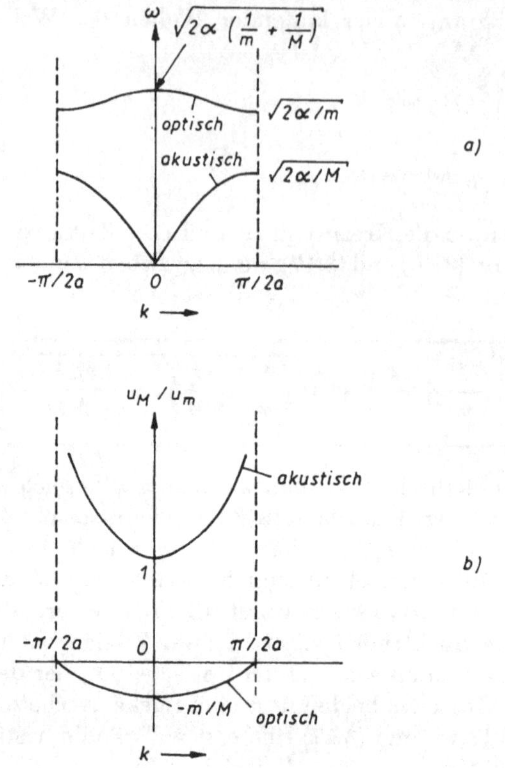


Abb. 3.5. Dispersionsrelation $\omega(k)$ für die lineare Kette mit den Massen $M$ und $m < M$ (a) sowie Amplitudenverhältnis $u_M/u_m(k)$ (b) für den akustischen und optischen Zweig. Im optischen Zweig schwingen die unterschiedlichen Massen in Gegenphase. Hier ist $\omega \neq 0$ für $k \to 0$. Bei $k = \pm\pi/2a$ hängt die Frequenz jeweils nur von einer Masse ab, da die andere in Ruhe bleibt. Im akustischen Zweig ist wegen (3.20) $\omega \approx \sqrt{2\alpha/(M+m)}\, ak$ für $k \ll \pi/2a$ und somit $\omega \to 0$ für $k \to 0$.

Bei der Übertragung auf ein dreidimensionales System gekoppelter Oszillatoren bleiben die Lösungen (3.18) (3.19) ebene Wellen

$$\vec{u}(\vec{R}) = \vec{u}_0\, e^{-i(\omega t - \vec{k}\cdot\vec{R})} \tag{3.21}$$

mit $\vec{k}$ als Normale der Wellenfront ($|\vec{k}| = 2\pi/\lambda$), $\vec{u}_0$ als Polarisationsvektor mit Richtungen, die auch von $\vec{k}$ verschieden sein können und $\vec{R}$ als Gittervektor. Wellen mit $\vec{u}_0 \cdot \vec{k} = 0$ heißen transversal, mit $\vec{u}_0 \times \vec{k} = \mathbf{0}$ longitudinal. Sowohl bei akustischen als auch bei optischen Zweigen treten 2 transversale (T) und 1 longitudinaler Zweig (L) auf. Die drei Polarisationsrichtungen zu jedem $k$ stehen senkrecht aufeinander.[1]) Enthält

[1]) Im anisotropen Kontinuum gelten außer für hochsymmetrische Richtungen keine einfachen Beziehungen zwischen $\vec{u}_0$ und $\vec{k}$. Im diskreten Kristall ist noch mit einer Abhängigkeit $\vec{u}_0(|\vec{k}|)$ bei hohen Frequenzen zu rechnen. Vereinbarungsgemäß nennt man die Zustände höchster Frequenz bei gegebenem $\vec{k}$ trotzdem longitudinal.

die (primitive!) Elementarzelle des Gitters $p$ Atome, dann besitzt der Kristall i. allg. 3 akustische Zweige (1 LA, 2 TA) und $3(p - 1)$ optische Zweige ($[p - 1]$ LO, $2[p - 1]$ TO), d. h. man hat $3p$ Relationen vom Typ

$$\omega^{\nu}(\vec{k}) \equiv \omega_{\vec{k}\nu} \qquad (\nu = 1, \ldots, 3p) \tag{3.21a}$$

anstelle der zwei von (3.20).

#### 3.3.3.3. Phononen

Durch eine Koordinatentransformation $\vec{u}(\vec{R}) \Rightarrow \vec{Q}(\vec{k})$ läßt sich die Gesamtenergie des Systems als Summe $\frac{1}{2} \sum_{\vec{k}} \left(\frac{\mathrm{d}\vec{Q}}{\mathrm{d}t}\right)^2 + \frac{1}{2} \sum_{\vec{k}} \omega_k{}^2 Q^2$ über die Energien von $3N_{\mathrm{EZ}}p$ harmonischen Oszillatoren darstellen ($N_{\mathrm{EZ}}$ Zahl der Elementarzellen; $\vec{Q}$ Normalkoordinaten). Der Kristall verhält sich wie ein System unabhängiger harmonischer Oszillatoren. Deren Energie ist den Gesetzen der Quantenmechanik unterworfen, so daß die Energie des Kristalls

$$U = \sum_{\vec{k},\nu} \left(n_{\vec{k}\nu} + \frac{3}{2}\right) \hbar\omega_{\vec{k}\nu} \qquad (n_{\vec{k}\nu} = 0, 1, \ldots) \tag{3.22}$$

als Summe über Beiträge $\hbar\omega_{\vec{k}\nu}$ einzelner Oszillatoren zu verstehen ist. Das Quantum der Schwingungsenergie heißt *Phonon*. $n_{\vec{k}\nu}$ hat dann die Bedeutung der Zahl der Phononen mit der Energie $\hbar\omega_{\vec{k}\nu}$. Im thermodynamischen Gleichgewicht folgt die Besetzung eines durch $\vec{k}$, $\nu$ gekennzeichneten Zustandes der BOSE-EINSTEIN-Verteilungsfunktion

$$f_{\mathrm{B}}(\vec{k}, \nu) = \frac{1}{\exp\{\hbar\omega_{\vec{k}\nu}/k_{\mathrm{B}}T\} - 1}. \tag{3.23}$$

Mit wachsender Temperatur werden die Zustände höherer Energie mit einer größeren Zahl von Phononen besetzt.[1]) Für eingehendere Diskussion vgl. z. B. REISSLAND; BÖTTGER.

#### 3.3.3.4. Debyesche Theorie

Anstelle der Summation über $\vec{k}$, $\nu$ nach (3.22) läßt sich $U$ auch über die zugehörigen $\omega$-Werte gewinnen.

$$U(T) = \int_0^\infty g(\omega)\, u(\omega, T)\, \mathrm{d}\omega, \tag{3.24}$$

wobei $u(\omega, T) = U/3N$ und $U$ aus (3.15) entnommen wird, die Summation durch eine Integration ersetzt ist und mit der Bedingung an die spektrale Verteilungs-

---

[1]) Im Unterschied zu Elektronen können Phononen in beliebiger Zahl den gleichen Zustand $\vec{k}$, $\nu$ besetzen.

funktion $g(\omega)$[1])

$$\int_0^\infty g(\omega)\,\mathrm{d}\omega = \sum_{\nu=1}^{3p} \int_0^\infty g_\nu(\omega)\,\mathrm{d}\omega = 3N_{\mathrm{EZ}}p \tag{3.25}$$

der Tatsache Rechnung getragen wird, daß ein System aus $N_{\mathrm{EZ}}p$ Atomen nur $3N_{\mathrm{EZ}}p$ Freiheitsgrade und damit Schwingungsfrequenzen hat.

Schon im einfachen Fall der Kette (vgl. Abb. 3.5) hat $g(\omega)$ keinen einfachen Verlauf (Abb. 3.6), in besonderem Maße trifft dies auf dreidimensionale Systeme zu.

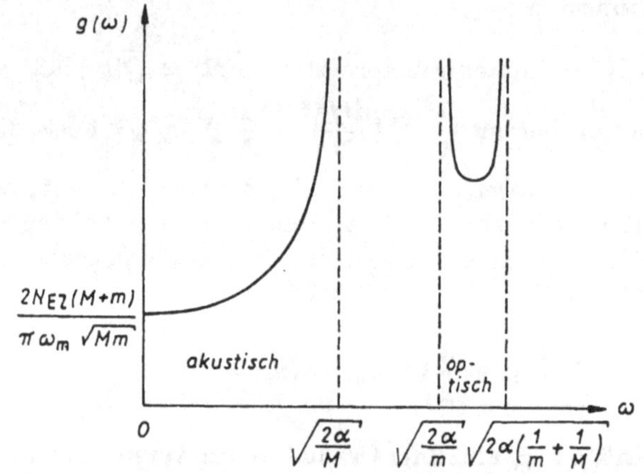


Abb. 3.6. Frequenzspektrum der zweiatomigen Kette (s. Abb. 3.4). Die möglichen $k$-Werte nach (3.20b) liegen auf der $k$-Achse im Abstand $\pi/N_{\mathrm{EZ}}a$. Im Intervall $k \ldots k + \mathrm{d}k$ hat man demnach $(N_{\mathrm{EZ}}a/\pi)\,\mathrm{d}k$ Zustände. Zu jedem von ihnen gehören aus dem Frequenzintervall $\omega \ldots \omega + \mathrm{d}\omega$ wegen der Symmetrie von Abb. 3.5 (a) $g(\omega)\,\mathrm{d}\omega = 2(N_{\mathrm{EZ}}a/\pi)\,(\mathrm{d}k/\mathrm{d}\omega)\,\mathrm{d}\omega$ Eigenfrequenzen. Da nun $\mathrm{d}\omega/\mathrm{d}k \approx \sqrt{2\alpha/(M+m)}\,a$ (für $k \to 0$, $\omega \to 0$), ist $g(0) = 2N_{\mathrm{EZ}}\sqrt{(M+m)}/\pi\sqrt{2\alpha} = 2N_{\mathrm{EZ}}(M+m)/\pi\omega_m\sqrt{Mm}$. $\omega_m = \sqrt{2\alpha(M+m)/Mm}$ ist die höchste auftretende Frequenz.

Von Debye wurde eine Näherung für $g(\omega)$ in der Form

$$g(\omega) = \begin{cases} 9N_{\mathrm{EZ}}p\omega^2/\omega_{\mathrm{D}}^3 & 0 \leqq \omega \leqq \omega_{\mathrm{D}} \\ 0 & \omega > \omega_{\mathrm{D}} \end{cases} \tag{3.26}$$

angegeben, die einfache Gestalt besitzt. Die Debye-Frequenz $\omega_{\mathrm{D}}$ ist eine willkürlich eingeführte Abbruchfrequenz, um (3.25) zu erfüllen. Sie ist i. allg. nicht der Maximalfrequenz $\omega_m$ des wahren Spektrums (vgl. Abb. 3.6) gleich.

Mit (3.26) kann nun über (3.24) die Wärmekapazität (3.8) berechnet werden. Es ist

$$U(T) = \frac{9N}{\omega_{\mathrm{D}}^3} \int_0^{\omega_{\mathrm{D}}} \frac{\hbar\omega}{e^{\hbar\omega/k_{\mathrm{B}}T} - 1}\,\omega^2\,\mathrm{d}\omega = \frac{9N(k_{\mathrm{B}}T)^4}{(\hbar\omega_{\mathrm{D}})^3} \int_0^{\hbar\omega_{\mathrm{D}}/k_{\mathrm{B}}T} \frac{x^3\,\mathrm{d}x}{e^x - 1}, \tag{3.27}$$

[1]) $g(\omega)\,\mathrm{d}\omega$ bezeichnet die Zahl der Eigenfrequenzen des Kristalls im Intervall $\omega \ldots (\omega + \mathrm{d}\omega)$.

wobei $N_{EZ}p = N$ gesetzt und der temperaturunabhängige Anteil von $U$ in (3.15) weggelassen wurde.

Bei der Anwendung des Modells ist es üblich, die schon in 3.3.1. erwähnte DEBYE-Temperatur $\Theta_D$ über $\hbar\omega_D = k_B\Theta_D$ einzuführen. Die Reihenentwicklung von (3.27) liefert schließlich ($Nk_B = R$)

$$C_V(T) = \begin{cases} 233{,}8R(T/\Theta_D)^3 & T \ll \Theta_D \\ 3R\left[1 - \frac{1}{20}\left(\frac{\Theta_D}{T}\right)^2\right] & T \gg \Theta_D \end{cases} \tag{3.28}$$

Abb. 3.2 zeigt die gute Übereinstimmung mit experimentellen Werten.

#### 3.3.3.5. Weitere Beiträge zur Wärmekapazität

Außer dem Anteil der Wärmeschwingungen sind gelegentlich noch weitere Beiträge zur Gesamtwärmekapazität (3.4) zu beobachten. Nicht fest an den Kern gebundene Elektronen tragen den Anteil

$$C_V{}^e = \gamma T \tag{3.29}$$

bei $\gamma = (2\pi^2 k_B{}^2/3)\,(\partial n/\partial\varepsilon)_{\varepsilon_F}$ mit $(\partial n/\partial\varepsilon)_{\varepsilon_F}$ als Zustandsdichte der Elektronen an der FERMI-Grenze $\varepsilon_F$. Für freie Elektronen ist $\gamma = \pi^2 k_B{}^2/2\varepsilon_F$

Magnetische Momente der Elektronen (Gesamtspinquantenzahl $S$) nehmen ebenfalls Energie auf und führen zu dem Beitrag

$$C_V{}^m = \frac{0{,}113k_B}{b}\left(\frac{k_B T}{2JS}\right)^{3/2}, \tag{3.30}$$

wo $J$ das Austauschintegral (vgl. (4.21)) und für den $W$-Typ $b \approx 2$ ist.

Im Unterschied dazu führen Anregungen des Kernspins und des Kernquadrupolmomentes zu steigenden Beiträgen mit abnehmender Temperatur. Für den Kernspin magnetischer Substanzen ist

$$C_V{}^S = k_B\,\frac{I+1}{3I}\,\frac{(\mu_K H_{eff})^2}{(k_B T)^2}, \qquad (k_B T \gg \mu_K H_{eff}) \tag{3.31}$$

wo $I$ die Kernspinquantenzahl, $\mu_K$ das magnetische Moment des Kernes und $H_{eff}$ die effektive magnetische Feldstärke am Kern bedeuten.

Das Kernquadrupolmoment liefert

$$C_V{}^Q = ak_B\left(\frac{e^2qQ}{k_B T}\right)^2 \qquad (k_B T \gg e^2qQ) \tag{3.32}$$

mit $eQ$ als elektrischem Quadrupolmoment des Kerns und $eq$ als elektrischem Feldgradienten am Kern. $a$ ist eine kernspinabhängige Zahl der Größenordnung $10^{-1} \ldots 10^{-2}$ Für Einzelheiten vgl. z. B. WEISS.

Für nichtkristalline Festkörper ist ein Beitrag $C_v{}^N = AT$ typisch (ZELLER, POHL). Eine Begründung gibt DANDOLOFF ($A$ Konstante).

## 3.4. Drehung der Polarisationsebene

Als Beispiel eines *Pseudoskalars* sei die Drehung der Polarisationsebene angeführt, obwohl diese Eigenschaft nur ein Spezialfall der allgemeineren *Gyrotropie*[1]) ist und daher auch i. allg. durch einen axialen Tensor 2. Stufe beschrieben werden muß, will man alle Substanzen und experimentellen Anordnungen erfassen.[2]) (Dies erfolgt auch im Rahmen dieses Buches in Kap. 6.7.). Beschränkt man sich allerdings auf optisch isotrope Substanzen (vgl. 6.4.3.5.) oder Ausbreitungsrichtungen des Lichts parallel zur optischen Achse eines optisch anisotropen Mediums, läßt sich die Materialeigenschaft der Drehung als Pseudoskalar beschreiben.[3])

### 3.4.1. Experimenteller Befund

Arago[4]) fand 1811, daß die Polarisationsebene von Licht nach dem Durchlaufen einer Quarzplatte (senkrecht zur optischen Achse geschnitten) um den Winkel $\alpha$ gedreht wird. Der Drehwinkel $\alpha$ ist der Länge $l$ proportional (vgl. Abb. 3.7), außerdem von der verwendeten Substanz, der Wellenlänge $\lambda$ des benutzten Lichts und der Temperatur abhängig. Eine Substanz heißt optisch rechtsdrehend oder positiv, wenn die Polarisationsebene einem dem Lichtstrahl entgegenblickenden Beobachter im Uhrzeigersinn gedreht erscheint, andernfalls linksdrehend (negativ).[5])

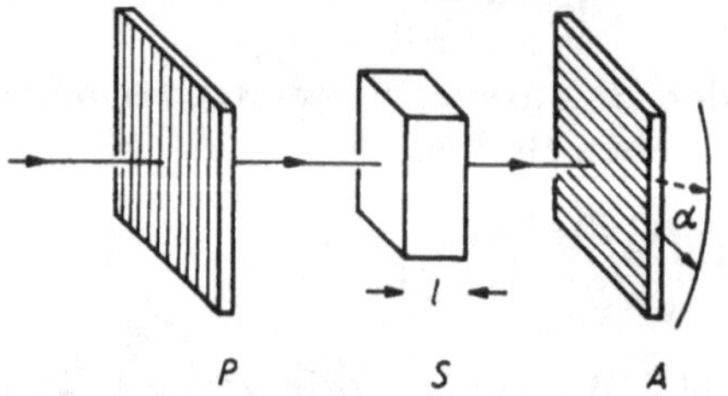


Abb. 3.7. Zwischen gekreuztem Polarisator $P$ und Analysator $A$ (Durchlaßrichtungen schraffiert) wird die optisch aktive Substanz $S$ eingeschoben. Das von links einfallende monochromatische Lichtbündel kann bei einer Länge $l$ der durchstrahlten Substanz erst nach Drehen von $A$ um $\alpha$ ausgelöscht werden.

---

[1]) (griech.) γῦρός rund, τρόπος Wendung, Richtung.

[2]) Die Eigenschaft „Drehung" wird oft auch als „optische Aktivität" bezeichnet. Außerdem ist für den letztgenannten Terminus auch „Gyrotropie" in Gebrauch. Da nun sowohl Gyrotropie an Stoffen beobachtet wird, die aus optisch inaktiven Molekülen bestehen als auch die Erscheinung der Drehung fehlen kann, obwohl die Substanz aus optisch aktiven Molekülen besteht, verwenden wir „optische Aktivität" in bezug auf Atomanordnungen, Gyrotropie und Drehung für Stoffe.

[3]) Die Erscheinung ist i. allg. überlagert von natürlicher Doppelbrechung (vgl. 6.4.1.2.). Gelegentlich wird aus diesem Grunde der Begriff der optischen Aktivität überhaupt auf die erwähnten Spezialfälle eingeengt, weil andernfalls eine Drehung der Polarisationsebene wegen des Übergangs zu elliptisch polarisiertem Licht ihren Sinn verliert. Dies wäre aber nicht vereinbar mit dem Anspruch, eine einheitliche Beschreibung einer Materialgröße für alle Substanzen zu erreichen.

[4]) Dominique François Arago, geb. 1786, gest. 1853, Professor der Analyse und Geodäsie in Paris.

[5]) Hierbei ist ein rechtshändiges Koordinatensystem vorausgesetzt.

In der Anordnung von Abb. 3.7 wird das Gesichtsfeld bei gekreuztem Polarisator ($P$) und Analysator ($A$) aufgehellt, wenn ein optisch aktiver Stoff ($S$) eingeschoben wird. Durch Drehen von $A$ um $\alpha$ läßt sich bei Verwendung monochromatischen Lichts wieder Dunkelheit erzielen, im weißen Licht ändert sich die Farbe des Gesichtsfelds. $\alpha$ ist am kleinsten für die langwelligsten Anteile der Strahlung.[1])

Als Maß für die Materialeigenschaft wird das *spezifische Drehvermögen* oder die *spezifische Drehung*

$$\boxed{[\alpha] = \frac{\alpha}{l}} \qquad (3.33)$$

verwendet. Zahlenbeispiele enthält Tab. 3.5, auch für die Wellenlängenabhängigkeit von $[\alpha]$. Der Temperatureinfluß ist merklich, für Tiefquarz hat man z. B. $[\alpha]$ (50 °C)/ $[\alpha]$ (0 °C) = 1,007.

Tab. 3.5. Spezifisches Drehvermögen $[\alpha]$ einiger Feststoffe (nach LANDOLT-BÖRNSTEIN 1962)

| Stoff | Kristallklasse | $\lambda$/nm | T/°C | $[\alpha]$/1° mm$^{-1}$ |
|---|---|---|---|---|
| $NaClO_3$ | 23 | 489,12 | 11,9 | 4,587 |
| $NaBrO_3$ | 23 | 491,64 | 18,5 | 3,67 |
| HgS (Zinnober) | 32*) | 589,3 | 18,6 | 554,98 |
| $SiO_2$ (Tiefquarz) | 32*) | 589,3 | 20 | 21,72 |
| | | 1040 | 20 | 6,69 |
| | | 152,35 | 20 | 779,9 |
| | | 0,1540 | | 0,35**) |

*) Parallel zur optischen Achse
**) Werte nach HART, RODRIGUES

## 3.4.2. Symmetrieeinfluß

Wird in Abb. 3.7 die Richtung des Lichtbündels umgekehrt, ändert sich weder Betrag noch Vorzeichen von $[\alpha]$. Nimmt man dagegen eine Inversion des Koordinatensystems vor, das zur Beschreibung der Drehung verwendet wird, ändert sich das Vorzeichen von $[\alpha]$. (3.33) verhält sich als Pseudoskalar mit der inneren Symmetrie $\varepsilon$ (vgl. 1.3.3.8.).

Die Anwesenheit eines Inversionszentrums in der Kristallstruktur verbietet demnach das Auftreten optischer Aktivität. Darüber hinaus kann aus Gründen, die in 6.7.2.3. auseinandergesetzt werden, dieser Effekt auch in den nichtzentrosymmetrischen Klassen $4mm$, $3m$, $\bar{6}$, $\bar{6}m2$, $6mm$ und $\bar{4}3m$ nicht auftreten. Optische Aktivität ist daher auf die 15 kristallinen Klassen 432, 23, 622, 422, 32, 222, $\bar{4}2m$, $\bar{4}$, $mm2$, 6, 4, 3, $m$, 2, 1 beschränkt.

[1]) Die $\lambda$-Abhängigkeit von $[\alpha]$ wird als Rotationsdispersion bezeichnet. Für Röntgenstrahlen ist der Effekt ebenfalls klein (vgl. HART, RODRIGUEZ).

### 3.4.3. Atomistische Interpretation

Die klassische Behandlung geht von gekoppelten Oszillatoren auf den Atomlagen aus, die durch das elektromagnetische Feld des einfallenden Lichtbündels zu erzwungenen Schwingungen angeregt werden und damit ihrerseits elektromagnetische Wellen emittieren. Das Verhältnis von Moleküldurchmesser bzw. Gitterkonstante zur Wellenlänge des Lichtes wird nicht vernachlässigt. Unter den genannten Symmetriebedingungen erzeugt eine einfallende ebene Welle infolge der Kopplung der Oszillatoren zwei zirkular polarisierte mit verschiedener Brechzahl $n_l$, $n_r$ und entgegengesetztem Drehsinn, wobei $[\alpha] = \omega(n_l - n_r)/2c$ ist (vgl. z. B. Born 1923). Die benötigten atomaren Kopplungskonstanten werden empirisch bestimmt ($c$ Lichtgeschwindigkeit).

Im Rahmen der Quantenelektrodynamik wird die Drehung der Polarisationsebene durch einen Zweiphotonenprozeß beschrieben. Ein Photon mit der Polarisationsrichtung $\vec{e}^{(1)}$ wird absorbiert und ein zweites mit $\vec{e}^{(2)}$ emittiert. Das Drehvermögen hat abseits von Absorptionskanten die Form

$$[\alpha](\omega) = \frac{8\pi n}{3\hbar c} \sum_N \frac{\omega^2 R_{N0}}{\omega_{N0}^2 - \omega^2} \tag{3.34}$$

mit

$$R_{N0} = \operatorname{Im} \langle 0 | \vec{p}_e | N \rangle \langle N | \vec{m}^0 | 0 \rangle . \tag{3.35}$$

Die Summation in (3.34) ist über alle Energiezustände $N$ des Moleküls oder Ions zu führen. Der Index 0 steht für den Grundzustand. $R_{N0}$ ist ein Maß für die Drehung, die der Übergang $0 \to N$ beiträgt. Die Ausdrücke in spitzen Klammern in (3.35) sind Matrixelemente des Übergangs, $\vec{p}_e$ und $\vec{m}^0$ bedeuten elektrisches und magnetisches Dipolmoment, $\omega_{N0}$ ist die zugehörige Eigenfrequenz, $n$ die Dichte der streuenden Moleküle/Ionen, $\omega$ die Frequenz der einfallenden Strahlung.

Nach (3.34) ist mit einer von Null verschiedenen Drehung nur dann zu rechnen, wenn sich sowohl das elektrische als auch das magnetische Dipolmoment bei dem Übergang ändern kann. Die Drehrichtung folgt aus der Struktur der Streuzentren, wobei aber z. B. eine Rechtsdrehung sowohl in Rechtsschrauben- als auch in Linksschraubenstrukturen angetroffen werden kann. Für eine ausführlichere Darstellung sei auf Caldwell, Eyring; Kisel', Burkov verwiesen.

# 4. Eigenschaftstensoren erster Stufe

Eigenschaftstensoren erster Stufe verknüpfen Skalare mit Vektoren. Wir betrachten je ein Beispiel für den Fall eines polaren und eines axialen Vektors.

## 4.1. Pyroelektrizität[1])

Nachdem zu Beginn des 18. Jahrhunderts Kristalle von Turmalin ($Na\,Mg_3\,B_3\,Al_6\,Si_6\,O_{27}\,(OH)_4$)[2]) aus Ceylon nach Europa gelangten, fand deren schon lange bekanntes Anziehungs- bzw. Abstoßungsvermögen nach Temperaturänderung die Aufmerksamkeit naturwissenschaftlicher Forscher. Aepinus[3]) erkannte 1756, daß der Turmalin an seinen Enden elektrische Ladungen entgegengesetzten Vorzeichens trägt. Brewster führte dafür 1824 die Bezeichnung *Pyroelektrizität* ein, nachdem er weitere Vertreter mit diesem Verhalten entdeckt hatte.

### 4.1.1. Experimentelles

Wird z. B. Turmalin in trockener Luft auf ca. 120 °C erwärmt, anschließend frei abkühlen gelassen und während des Abkühlens mit einem Schwefel-Mennige-Gemisch aus einem Baumwollbeutel[4]) bestäubt, färbt sich das eine Ende rot, das andere gelb. Beim Aufheizen sind die Färbungen vertauscht. Nach Aepinus wird das bei positiver Temperaturänderung positive Ladung aufweisende Ende als das analoge, das andere als das antiloge bezeichnet. In dem oben geschilderten Abkühlungsversuch färbt sich also das analoge Ende rot (vgl. Abb. 4.1).

Werden die Enden eines Turmalinkristalls senkrecht zur dreizähligen Achse angeschliffen und mit metallischen Kontakten versehen, deren einer geerdet und deren anderer mit einem Elektrometer verbunden ist (Abb. 4.2), dann erweist sich die gemessene elektrische Polarisation $P \approx Q'/A$ als temperaturabhängig in der Form

$$P(T) - P(T_0) = p(T - T_0) \qquad (4.1)$$

oder

$$\Delta P = p\Delta T$$

mit $p$ als Materialgröße, dem pyroelektrischen Koeffizienten.

---

1) πῦρ (griech.) Feuer

2) Punktsymmetrie 3 $m$

3) Franz Ulrich Theodor Aepinus (geb. 1724 in Rostock, gest. 1802 in Dorpat), Professor der Astronomie und der Physik in Berlin und St. Petersburg.

4) Durch Reibung mit Baumwolle wird Mennige positiv, Schwefel negativ aufgeladen.

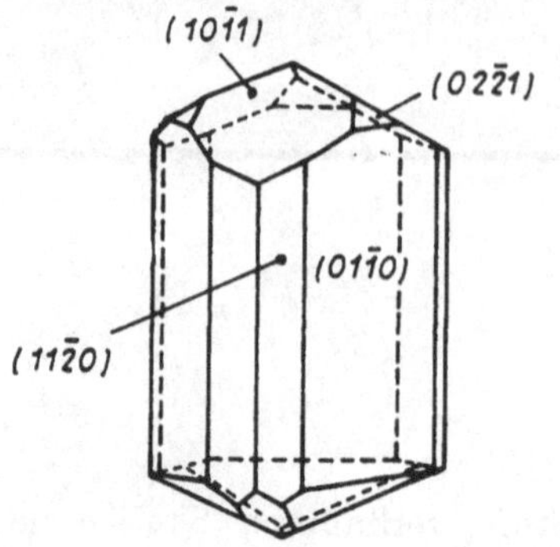


Abb. 4.1. Turmalinkristall. Bei der Abkühlung befindet sich die positive Ladung oben (antiloges Ende).

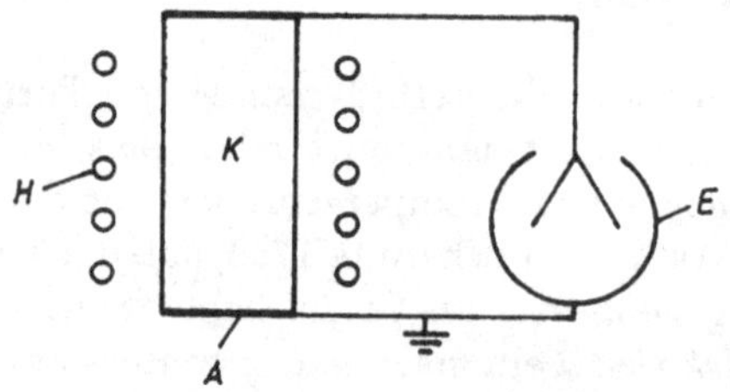


Abb. 4.2. Prinzip der Messung des pyroelektrischen Koeffizienten. Der Kristall $K$ mit Querschnitt $A$ wird durch die Heizung $H$ von der Temperatur $T_0$ auf $T$ gebracht. Danach wird mit dem Elektrometer $E$ die Ladung $Q'$ auf den Endflächen des Kristalls gemessen.

Die Meßwerte $p$ hängen von der Kristallorientierung und davon ab, ob der Versuch unter konstantem äußerem Druck oder bei konstanter Kristallabmessung durchgeführt wird. Das letztere ist ähnlich dem Fall der Wärmekapazitätsmessung bei konstantem Volumen mit Schwierigkeiten verbunden. Die Versuchsführung unter konstantem Druck ist indessen mit dem prinzipiellen Nachteil behaftet, daß infolge der thermischen Ausdehnung des Kristalls (vgl. 6.1.) eine zusätzliche Ladung durch den piezoelektrischen Effekt (vgl. 7.1.) erzeugt wird und das Ergebnis verfälscht.[1] Für die Korrektur vgl. Voigt.

Außerdem ist eine Polarisation $P$ ohne Temperaturänderung zu beobachten, wenn frische Spaltflächen untersucht werden. Sie verschwindet nach einiger Zeit. Eine dynamische Meßmethode für $p$ gibt Chynoweth an. Für andere experimentelle Anordnungen vgl. Wooster 1958.

Zahlenbeispiele enthält Tabelle 4.1. Da Werte der Polarisation weniger anschaulich sind, sei die zugehörige Änderung des elektrischen Feldes parallel zur Polarisation $\Delta E = \Delta P/\varepsilon_0\chi_e = p\Delta T/\varepsilon_0\chi_e$ mit $\chi_e$ als dielektrischer Suszeptibilität angegeben (vgl. Tab. 4.1). Im Falle von Turmalin ist z. B. $\chi_e = 6{,}1$. Somit hat man für eine Temperaturänderung von $\Delta T = 1$ K mit $\Delta E \approx 7 \cdot 10^4$ V/m zu rechnen. Bei einer Probenlänge von 1 cm entspricht dies einer Spannungsänderung von $\approx 700$ V ($\varepsilon_0$ vgl. Tab. S. 286). $p/\varepsilon_0\chi_e$ heißt pyroelektrische Güte.

[1] Der unverfälschte Effekt wird auch als wahrer oder primärer bezeichnet. In (4.1) hat man $p$ als Summe des primären und sekundären anzusehen, sofern nicht die thermische Ausdehnung unterdrückt wird.

Tab. 4.1. Pyroelektrische Koeffizienten $p$ und dielektrische Suszeptibilitäten $\chi_e$ ausgewählter Stoffe bei Raumtemperatur (nach JOSHI, DAWAR)

| Stoff | $p/10^{-4}$ Cm$^{-2}$ K$^{-1}$ | $\chi_e + 1$ |
|---|---|---|
| Triglycinsulfat | | |
| $(NH_2CH_2COOH)_3 \cdot H_2SO_4$ (TGS) | 2,8...3,5 | 40...50 |
| $Li_2SO_4 \cdot H_2O$ | 1,0 | 8 |
| $LiNbO_3$ | 0,83 | 28 |
| $BaTiO_3$ | 2,0 | 160 |
| $Ba_xSr_{1-x}Nb_2O$ (SBN) | 28 ($x = 0,27$) | 8200 |
| $[Pb_{1-x}La_x(Zr_{0,65}Ti_{0,35})_{1-x}]_4\,O_3$ | 17,0 ($x = 0,08$) | 3800 |
| Polyvinylchlorid (PVC) | 0,01 | 5,33 |
| Turmalin | 0,038 | 7,1 |

Der pyroelektrische Koeffizient $p$ nimmt i. allg. mit wachsender Temperatur zu (Abb. 4.3).

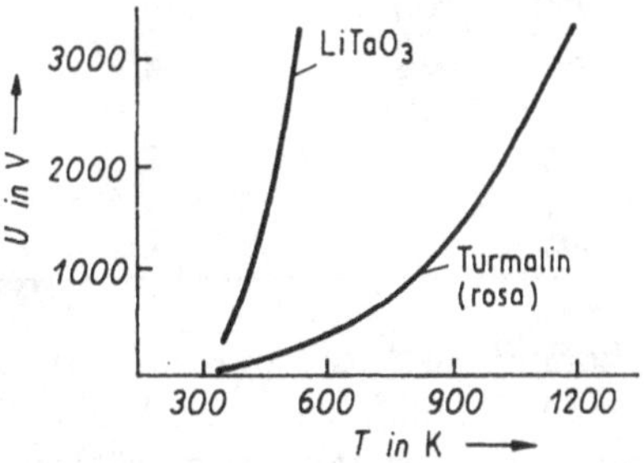


Abb. 4.3. Abgegebene elektrische Spannung $U$ verschiedener pyroelektrischer Strahlungsdetektoren als Funktion der (schwarzen) Temperatur $T$ (nach HAMID).

### 4.1.2. Phänomenologische Beschreibung

Der pyroelektrische Koeffizient $p$ in (4.1) verknüpft eine skalare Größe (Temperaturänderung) mit einer vektoriellen (Polarisation), muß demnach selbst ein Vektor sein. Wir können also für einen beliebigen Kristall anstelle von (4.1)

$$\boxed{\Delta\vec{P} = \vec{p}\,\Delta T} \tag{4.2}$$

schreiben.[1])

Die Polarisation ist ein polarer Vektor der Symmetrie $\infty m$ (vgl. Tab. 1.7). Nach dem NEUMANNschen Prinzip[2]) muß wegen (2.1)

$$G_{\text{pyro}} = \infty m \supseteqq G_{\text{K}} \tag{4.3}$$

[1]) Der Beitrag des piezoelektrischen Effektes infolge thermischer Ausdehnung zur Polarisationsänderung beträgt $\Delta\vec{P} = \overset{3\rightarrow}{d} : \overset{2\rightarrow}{\sigma} = \overset{3\rightarrow}{d} : (\overset{4\rightarrow}{C} : \overset{2\rightarrow}{\alpha})\,\Delta T$ (vgl. 7.1.2.) Damit bleibt für den wahren pyroelektrischen Koeffizienten $\vec{p}_{\text{w}} = \vec{p} - \overset{3\rightarrow}{d} : (\overset{4\rightarrow}{C} : \overset{2\rightarrow}{\alpha})$.

[2]) Bei der Pyroelektrizität liegt spontane Polarisation zugrunde, diese gehört zu den Eigenschaften mit innerer Ursache.

gelten. Von den 39 Punktgruppen $G_K$ erfüllen nur 12 die Bedingung (4.3.)[1]. Es sind dies

$$\boxed{1, 2, 3, 4, 6, m, mm2, 3m, 4mm, 6mm, \infty, \infty m} \,. \tag{4.4}$$

Pyroelektrizität kann nur in solchen Materialien auftreten, die mindestens eine gegenüber allen Symmetrieoperationen der Gruppe invariante Richtung[2]) aufweisen. Inversionszentrum ist damit ebenso ausgeschlossen wie zwei gegeneinander geneigte Drehachsen.

Tab. 4.2. Mögliche Orientierung des pyroelektrischen Vektors $\vec{p}$

| Kristallklasse | $\vec{p}$ | Anzahl der unabhängigen Komponenten |
|---|---|---|
| 1 | $\vec{p} = p_1\vec{e}_1 + p_2\vec{e}_2 + p_3\vec{e}_3$ | 3 |
| $m$ | $\vec{p} = p_1\vec{e}_1 + p_3\vec{e}_3$ (2. Aufstellung) | 2 |
| 2 | $\vec{p} = p\vec{e}_2$ (2. Aufstellung) | 1 |
| 3, 4, 6, $mm2$, $3m$, $4mm$, $6mm$, $\infty$, $\infty\, m$ | $\vec{p} = p\vec{e}_3$ | 1 |

Damit der Effekt zustandekommt, muß der pyroelektrische Vektor $\vec{p}$ in den erwähnten invarianten Richtungen der Kristallklassen (4.4) liegen. Tabelle 4.2 enthält diese Orientierungen. In den Klassen 1 und $m$ kann sich während der Temperaturänderung $\Delta T$ sowohl die Richtung als auch der Betrag von $\vec{p}$ ändern, in allen übrigen Klassen ist nur eine Betragsänderung möglich.

In einigen Pyroelektrika der Tab. 4.1 läßt sich infolge hoher Kristallsymmetrie die Richtung von $\vec{P}$ durch ein äußeres elektrisches Feld umkehren oder auch in allgemeinerer Weise ändern. Diese gehören zu den hier nicht weiter behandelten Ferroelektrika. Alle Ferroelektrika weisen pyroelektrische Eigenschaften auf. Die Umkehrung gilt dagegen nicht.

### 4.1.3. Atomistische Interpretation

Pyroelektrika müssen ein permanentes elektrisches Dipolmoment aufweisen, das aber gewöhnlich durch Ladungsträgerzufluß aus der Umgebung oder durch Ladungstransport im Kristall selbst abgeschirmt ist. Da derartige Dipolmomente temperaturabhängig sind, bringt eine schnell durchgeführte Änderung $\Delta T$ nach (4.2) die Polarisationsänderung zum Vorschein.

---

1) Die homogene Temperaturänderung mit der Symmetrie des Skalars $\infty/mm$ ändert nichts an der Symmetrie des in Frage kommenden Kristalls.

2) Eine derartige Richtung wird auch als besondere oder einzigartige Richtung bezeichnet. Eine polare Richtung ist dagegen eine solche, deren beide Enden durch keine Symmetrieoperation vertauscht werden können. Alle besonderen Richtungen sind somit polar, aber nur einige polare sind vom Typ der besonderen.

Die atomare Ursache der Temperaturabhängigkeit von $\vec{p}$ ist die gleiche wie die der thermischen Ausdehnung (vgl. dazu 6.1.3.). Die Ionen des Kristalls führen unter dem Einfluß anharmonischer Potentiale Wärmeschwingungen um eine Ruhelage durch, die sich infolge der Anharmonizität bei Temperaturänderung verschiebt.

Born (1923) berechnet daraus die Temperaturabhängigkeit des wahren pyroelektrischen Koeffizienten zu

$$\vec{p}_{\mathrm{w}}(T) = \frac{k_{\mathrm{B}}T}{V_{\mathrm{EZ}}} \left\{ \sum_{j=1}^{3} \overline{\vec{C}^j D\left(\frac{\Theta_j}{T}\right)} + \sum_{j=4}^{3p} \vec{C}^j P\left(\frac{\Theta_j}{T}\right) \right\}, \tag{4.5}$$

wobei $\vec{C}^j$ die Kopplungskonstanten zwischen den Bestandteilen des Kristalls, $\Theta_j$ die Debye-Temperatur (vgl. 3.3.3.4.) und $V_{\mathrm{EZ}}$ das Volumen der Elementarzelle bedeuten. Weiter ist $D(x) \equiv (3/x^3) \int_0^x [\xi^3/(e^\xi - 1)]\, d\xi$ und $P(x) \equiv x/(e^x - 1)$. Die erste Summe in (4.5) wird über die akustischen Zweige des Schwingungsspektrums geführt (gemittelt über alle Richtungen im Zustandsraum), die zweite über die optischen Zweige (vgl. auch 3.3.3.2.).

Im Grenzfall hoher Temperaturen $T \gg \Theta_j$ wird

$$\vec{p}_{\mathrm{w}}(T) \approx \frac{k_{\mathrm{B}}T}{V_{\mathrm{EZ}}} \left( \sum_{j=1}^{3} \overline{\vec{C}^j} + \sum_{j=4}^{3p} \vec{C}^j \right), \tag{4.6}$$

bei tiefen Temperaturen $T \ll \Theta_j$ läßt sich (4.5) durch

$$\vec{p}_{\mathrm{w}}(T) \approx \frac{\pi^4}{5} \frac{k_{\mathrm{B}}}{V_{\mathrm{EZ}}} \sum_{j=1}^{3} \frac{\overline{\vec{C}^j}}{\Theta_j^3} T^4 \tag{4.7}$$

annähern.

Eine künstliche permanente Polarisation läßt sich dadurch erzielen, daß man Dielektrika im elektrischen Feld von hoher Temperatur auf die Gebrauchstemperatur abkühlt. Die entstehenden Festkörper heißen Elektrete (z. B. Paraffin, Ebonit, Selen, Schwefel, $CaTiO_3$, Bor-Gläser u. a.). Da das permanente elektrische Dipolmoment nicht im thermodynamischen Gleichgewicht existiert, rechnen wir die Elektrete nicht zu den Pyroelektrika.

### 4.1.4. Anwendungen

Pyroelektrika haben praktische Anwendung besonders als Ultrarot-Strahlungsdetektoren und Temperaturmeßfühler gefunden. Dies verdanken sie folgenden Vorzügen: ihre Empfindlichkeit ist in einem breiten Spektralbereich wellenlängenunabhängig, sie sind sehr schnell und können bei Raumtemperatur betrieben werden. Für Einzelheiten vgl. z. B. Joshi, Dawar; Hofmann, Neumann; Hamid; Walther, Gerber.

## 4.2. Elektrokalorischer Effekt

Die Umkehrung des pyroelektrischen Effektes heißt *elektrokalorischer Effekt.* Wird ein Pyroelektrikum bei konstanter Temperatur $T_0$ in ein äußeres elektrisches Feld $\vec{E} = \overset{2\rightarrow}{\chi}_{\mathrm{e}}^{-1} \cdot \vec{P}/\varepsilon_0$ gebracht ($\overset{2\rightarrow}{\chi}_{\mathrm{e}}$ dielektrische Suszeptibilität, vgl. 6.4.2.), dann nimmt es aus der Umgebung die Wärmemenge

$$\Delta Q = VT_0\vec{p} \cdot \vec{E} \qquad (T_0 = \text{const}) \tag{4.8}$$

auf ($V$ Kristallvolumen).[1])

Unter adiabatischen Bedingungen und im spannungsfreien Zustand ändert sich andererseits beim Einbringen eines Kristalls in ein elektrisches Feld die Temperatur des Kristalls von $T_0$ auf $T$ gemäß

$$T - T_0 = -\frac{T_0}{C_p}\vec{p} \cdot \vec{E} \qquad (\Delta Q = 0) \tag{4.9}$$

($C_p$ Wärmekapazität/Volumen). Die Werte von $\vec{p}$ in (4.8) und (4.9) sind i. allg. verschieden (vgl. dazu Fußn. 1, S. 54). Die früher (vgl. 1.1.3.) eingeführten Begriffe „Ursache" und „Wirkung" sind gegenüber 4.1.2. vertauscht. Mikroskopisch bedeutet die Feldänderung eine Änderung der Gleichgewichtslagen der Ionen, wodurch sich Schwingungszustand und Temperatur ändern.

Da die Ursache $\vec{E}$ nicht eingeschränkt ist, kann elektrokalorische Wirkung z. B. auch durch Licht hervorgerufen werden (vgl. Voigt, S. 260).

## 4.3. Pyromagnetismus

Die Verknüpfung einer skalaren Temperaturänderung mit einem magnetischen Moment wird durch eine Materialgröße mit dem Charakter eines axialen Vektors herbeigeführt. Magnetische Momente besitzen Symmetrieeigenschaften, die meist im Rahmen einer Einführung in die geometrische Kristallographie nicht behandelt werden. Wir wenden uns deshalb zunächst diesen zu, soweit sie für das Verständnis des folgenden notwendig sind.

### 4.3.1. Magnetisches Moment und Antisymmetrie

In der Elektrodynamik wird gezeigt (vgl. z. B. Recknagel), daß magnetische Momente $\vec{m}^0$ durch Ringströme erzeugt bzw. entstanden gedacht werden können. Nun geht die geometrische Kristallographie in ihrer einfachsten Form davon aus, daß alle Eigenschaften des mit jedem Gitterpunkt verknüpften Motivs unabhängig von der Richtung der Zeitachse sind. Gerade das trifft aber dann auf die magnetischen Momente nicht zu, sie müssen im Falle der Zeitumkehr $t \to -t$ ihre Orientierung umkehren. Wird die Zeit in Symmetriebetrachtungen einbezogen, ist deren Inversion eine zusätzliche Symmetrieoperation. Wir bezeichnen sie mit dem Operator $\mathcal{R}$. Anwendung auf physikalische Größen aus Tab. 1.3 hat für magnetische Eigenschaften und Teilchenströme Vorzeichenwechsel zur Folge (vgl. Tab. 4.3) (s. auch Landau, Lifschitz 1979).

Durch Kombination von $\mathcal{R}$ mit den gewöhnlichen Symmetrieoperationen ergeben sich die magnetischen Symmetriegruppen (Tavger, Zajcev; vgl. auch 4.3.2.).

[1]) Der Kristall nimmt Wärme auf ($\Delta Q > 0$), wenn der Winkel zwischen $\vec{p}$ und $\vec{E}$ kleiner als 90° ist, andernfalls gibt er Wärme ab ($\Delta Q < 0$).

Tab. 4.3. Wirkung der Zeitinversion auf einige physikalische Größen (vgl. dazu Tab. 1.3)

| | | |
|---|---|---|
| $\mathfrak{R}\vec{H} = -\vec{H}$ | $\mathfrak{R}T = T$ | $\mathfrak{R}\vec{p}_e = \vec{p}_e$ |
| $\mathfrak{R}\vec{B} = -\vec{B}$ | $\mathfrak{R}\vec{E} = \vec{E}$ | $\mathfrak{R}\vec{D} = \vec{D}$ |
| $\mathfrak{R}\vec{I}^0 = -\vec{I}^0$ | $\mathfrak{R}\overset{2\to}{\sigma} = \overset{2\to}{\sigma}$ | $\mathfrak{R}\vec{P} = \vec{P}$ |
| $\mathfrak{R}\vec{m}^0 = -\vec{m}^0$ | $\mathfrak{R}S = S$ | $\mathfrak{R}\overset{2\to}{\varepsilon} = \overset{2\to}{\varepsilon}$ |
| $\mathfrak{R}\vec{j} = -\vec{j}$ *) | $\mathfrak{R}M = M$ | $\mathfrak{R}V = V$ |

*) Stromdichte, vgl. 6.8.2.

Dieses Ergebnis ist vom Standpunkt der Gruppentheorie demjenigen gleich, das man durch Einführung der Antisymmetrieoperationen nach HEESCH 1930[1]) anstelle der Zeitumkehr erhält. Danach ist jedes Motiv mit einer Eigenschaft verknüpft, die zweier Werte fähig ist. Beispiele für eine solche Eigenschaft sind Farbe (schwarz oder weiß), Ladung (positiv oder negativ) usw., aber auch die Spinrichtung. Der Operator der *Antisymmetrie* (ebenfalls mit $\mathfrak{R}$ bezeichnet) sorgt bei Anwendung im Ortsraum des Kristalls für den Wechsel der Eigenschaft. Er läßt sich mit den bekannten Punktsymmetrieoperationen 1, 2, 3, 4, 6, $\bar{1}$, $\bar{2}$, $\bar{3}$, $\bar{4}$, $\bar{6}$ des Kristalls dadurch verbinden, daß die Operation der *Antiidentität* $\underline{1}$ eingeführt wird.[2]) Deren Produkt mit den genannten Operationen ergibt *Antidrehungen* $1 \cdot \underline{1} = \underline{1}$ bzw. $\underline{2}$, $\underline{3}$, $\underline{4}$, $\underline{6}$ und *Antidrehinversionen* $\underline{\bar{1}}$, $\underline{\bar{2}}$, $\underline{\bar{3}}$, $\underline{\bar{4}}$, $\underline{\bar{6}}$.

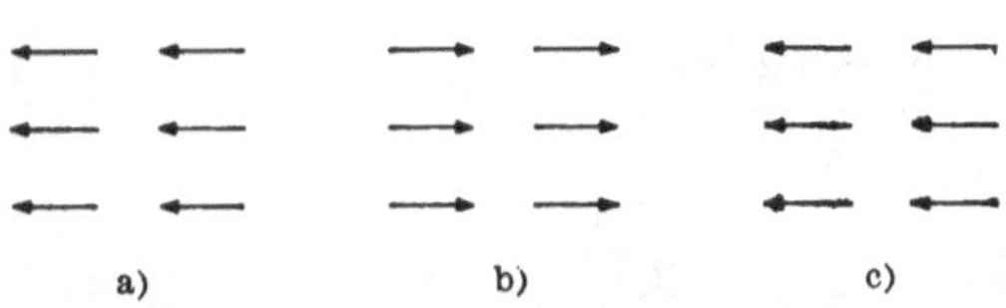


Abb. 4.4. Kombination der Antiidentität $\underline{1}$ mit der Inversion $\bar{1}$. Bei einer ferromagnetischen Momentanordnung ist $\underline{1} \cdot \bar{1} = \underline{\bar{1}}$ eine Deckoperation. a) Ausgangsstruktur, b) nach Anwendung der Antiidentität $\underline{1}$, c) nach Anwendung der Antiinversion $\underline{\bar{1}}$.

Bei der Anwendung auf magnetische Momente im Festkörper ist zwischen unmagnetischen und magnetischen Materialien zu unterscheiden. Im ersten Fall trägt das mit dem Gitterpunkt verknüpfte Motiv kein magnetisches Moment, oder ein vorhandenes ist regellos über die verschiedenen Gitterpunkte verteilt (dia- und paramagnetisch).

Im zweiten Fall liegen magnetische Momente vor, die in Bereichen groß gegen die Gitterkonstante regelmäßige Anordnungen aufweisen (ferro-, antiferro-, ferrimagnetisch). Für derartige Momentanordnungen ist die Kombination von Antisymmetrieoperation und gewöhnlicher Punktsymmetrieoperationen eine echte Symmetrieoperation, die eine bestimmte Anordnung auf sich selbst abbildet. Abb. 4.4 illustriert das an einem einfachen Beispiel.

Die Matrixdarstellung der Antisymmetrieoperationen hat die Form

$$\begin{pmatrix} & & & 0 \\ & \Omega_{ik} & & 0 \\ & & & 0 \\ 0 & 0 & 0 & \Omega_{44} \end{pmatrix}, \quad \Omega_{44} = \pm 1, \tag{4.10}$$

[1]) KARL HEINRICH HEESCH, geb. 1906 in Kiel, Prof. der Mathematik TH Hannover.
[2]) Mitunter auch durch 1′ bezeichnet. Wir bezeichnen alle Antidrehungen und Antidrehinversionen durch Unterstreichen.

wobei $\Omega_{ik} = \cos(\vec{e}_i, \vec{e}_k)$; $i, k = 1, 2, 3$ die jeweils zur Punktsymmetrieoperation gehörige Matrix nach Tabelle A 5 ist.

Der Begriff der Antisymmetrie nimmt also keinen Bezug mehr auf die Zeitkoordinate, erfordert aber dennoch die Einführung einer „vierten Dimension" (s. auch (4.10)). Für eine ausführlichere Darstellung sei auf BIRSS 1964; BRADLEY, CRACKNELL verwiesen.

Auf die Verallgemeinerungen dieser „Zweifarben"symmetrie auf $n$-Farbensymmetrie gehen wir nicht ein (vgl. dazu z. B. BELOV, TARCHOVA; ZAMORZAEV).

### 4.3.2. Magnetische Punktgruppen

Die Punktgruppen, die die Antisymmetrieoperation enthalten, ergeben sich aus den 39 klassischen[1]) durch systematische Kombination. Wir unterscheiden dabei 3 Kategorien:

a) Gruppen, in denen $\underline{1}$ explizit auftritt (graue oder neutrale Gruppen). Diese erhält man durch formale Multiplikation jeder der 39 klassischen Gruppen $G$ mit der Gruppe $1, \mathcal{R} \equiv 1, \underline{1}$. Als Beispiel sei die Multiplikationstafel zur Gruppe $2 \cdot \underline{1}$ angeführt (Tab. 4.4). Man bezeichnet diese Gruppen durch nachgestelltes $\underline{1}$, im vorliegenden Falle also durch $2\underline{1}$.[2])

Tab. 4.4. Multiplikationstafel zur Gruppe $2\underline{1}$

| | $1$ | $2_z$ | $\underline{1}$ | $\underline{2}_z$ |
|---|---|---|---|---|
| $1$ | $1$ | $2_z$ | $\underline{1}$ | $\underline{2}_z$ |
| $2_z$ | $2_z$ | $1$ | $\underline{2}_z$ | $\underline{1}$ |
| $\underline{1}$ | $\underline{1}$ | $\underline{2}_z$ | $1$ | $2_z$ |
| $\underline{2}_z$ | $\underline{2}_z$ | $\underline{1}$ | $2_z$ | $1$ |

Jede Gruppe, die auf diese Weise erzeugt wird, enthält doppelt so viele Elemente wie die konventionelle Gruppe $G$, aus der sie abgeleitet worden ist. Das explizite Auftreten der Antiidentität $\underline{1}$ bedeutet, daß jeder Punkt allgemeiner Lage (d. h. auch jede Richtung) gegen die Operation $\underline{1}$ invariant sein muß, also keine Vorzugsrichtung der magnetischen Momente vorliegen kann. Derartige Gruppen können demnach nur dia- oder paramagnetische, aber keine spontan geordneten magnetischen Zustände beschreiben. Im zeitlichen Mittel verschwindet bekanntlich in magnetisch ungeordneten Systemen das magnetische Moment in jedem Raumpunkt.

Im Sinne der Zweifarbeninterpretation der Antisymmetrieoperation handelt es sich um Konfigurationen, die gleichzeitig aus schwarzen und weißen Bestandteilen aufgebaut sind, also grau erscheinen. Insgesamt gibt es demnach 32 kristallographische und 7 kontinuierliche graue oder neutrale (unmagnetische) Gruppen.

[1]) Damit sind die von HESSEL und CURIE (1894) angegebenen Punktgruppen gemeint. Vgl. auch 1.4.

[2]) Wenn von magnetischen Eigenschaften die Rede ist, muß zur Bezeichnung der unmagnetischen (hierher gehörenden) Gruppen die um $\underline{1}$ erweiterte Schreibung angewandt werden, um Verwechslungen mit magnetischen Gruppen zu vermeiden. So würde z. B. Steinsalz die Gruppe $m\bar{3}m\underline{1}$ und Tiefquarz $32\underline{1}$ zugeordnet.

b) Gruppen, die weder $\underline{1}$ noch ein anderes Antisymmetrieelement explizit enthalten (polare Gruppen).
Diese Gruppen unterscheiden sich also nicht von den klassischen. Das bedeutet aber nicht, daß keine magnetisch geordneten Zustände möglich wären. Die magnetischen Momente müssen lediglich so angeordnet sein, daß sie bereits gegen die gewöhnlichen Symmetrieoperationen invariant sind. Beispielsweise ist die Punktgruppe 2 mit einer Vorzugsrichtung parallel zur zweizähligen Achse verträglich (Abb. 4.5). In der Sprache der Zweifarbensymmetrie handelt es sich um einfarbige (schwarze oder weiße) Gruppen. Natürlich bedeuten hochsymmetrische einfarbige Gruppen i. allg. komplexe Momentverteilungen. Die 39 klassischen Punktgruppen bilden somit gleichzeitig weitere magnetische Gruppen. Im Unterschied zu den grauen Gruppen wird als Symbol das übliche verwendet.

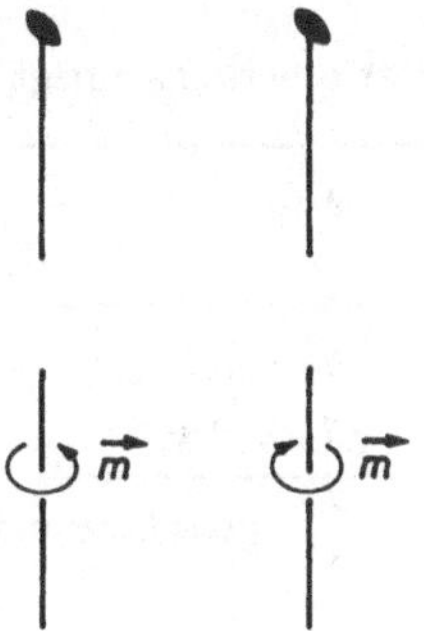


a) b)

Abb. 4.5. Zur Verträglichkeit einer zweizähligen Drehachse mit der Existenz einer magnetischen Vorzugsrichtung, a) Spin aufwärts (schwarz), b) Spin abwärts (weiß).

c) Gruppen, die $\underline{1}$ nicht, aber mindestens ein anderes Antisymmetrieelement enthalten (schwarz-weiße oder gemischt polare Gruppen).
Diese Gruppen $\underline{G}$ lassen sich aus den 39 klassischen $G$ wie folgt gewinnen. Man sucht in $G$ alle Untergruppenzerlegungen auf, deren Ordnung die Hälfte der von $G$ ist:

$$G = \{g_1 \ldots g_k; h_1 \ldots h_k\} \supset H = \{h_1 \ldots h_k\}. \tag{4.11}$$

Die Elemente $g_i$ (nicht Bestandteil von $H$) werden mit $\underline{1}$ multipliziert ($g_i \cdot \underline{1} = \underline{g}_i$), die $h_j$ nicht. Die Gesamtheit der $\underline{g}_i$ und $h_j$ bilden die schwarz-weiße Gruppe

$$\underline{G} = \{\underline{g}_1, \ldots \underline{g}_k; h_1 \ldots h_k\}. \tag{4.12}$$

Als Beispiel werde $G = mm2 = \{1, 2_z, m_x, m_y\}$ gewählt. Die Zerlegung entsprechend (4.11) führt auf

a) $\underline{G} = \{\underline{m}_x, \underline{m}_y; 1, 2_z\}$ oder

b) $\underline{G} = \{\underline{2}_z, \underline{m}_y; 1, m_x\}$.

Wird nach (4.12) verfahren, ergeben sich

zu a) $\underline{G} = \{\underline{m}_x, \underline{m}_y; 1, 2_z\}$

zu b) $\underline{G} = \{\underline{2}_z, \underline{m}_y; 1, m_x\}$.

Wie im Falle der klassischen Punktgruppen werden auch hier die erzeugenden Symmetrieelemente im Symbol angezeigt. Somit hat man neben der polaren (weißen) Gruppe $mm2$ die gemischt-polaren (schwarz-weißen) Gruppen $\underline{m}\underline{m}2$ und $m\underline{m}\underline{2}$.

Nach diesem Muster leiten sich aus den 32 kristallographischen 58 schwarz-weiße und aus den 7 CURIE-Guppen zusätzlich 7 kontinuierliche magnetische Gruppen ab. Eine Übersicht über die in diesem Abschnitt behandelten Gruppen enthält Tab. 4.5. Die Untergruppenzerlegung (4.11) geht aus Tab. 4.6 hervor, während die vollständige Liste der Symmetrieelemente aller 90 kristallographischen magnetischen Punktgruppen in Tab. A 6 des Anhangs zu finden ist. Für die stereographischen Projektionen dazu siehe Abb. A 4.

Tab. 4.5. Aufteilung der Punktgruppen, wenn Antisymmetrie berücksichtigt wird

| Farbe nach Zweifarbensymmetrie | graue | weiße | schwarz-weiße |
|---|---|---|---|
| Anzahl | 32 krist. + 7 kontin. | 32 krist. + 7 kontin. | 58 krist. + 7 kontin. |
| Einteilung nach magnetischer Ordnung | ungeordnet magnetische (unmagnetische) | geordnet magnetische | |
| Anzahl | 32 + 7 | 90 + 14 | |
| Gesamtzahl | 122 krist. + 21 kontin. = 143 | | |

### 4.3.3. Experimentelles

Die Erscheinung des pyromagnetischen Effektes ähnelt der des pyroelektrischen (vgl. 4.1.1.). Wird eine Probe vom Volumen $V$ mit spontaner magnetischer Polarisation $\vec{I}^0$ in ein inhomogenes Magnetfeld $\vec{H}$ gebracht, erfährt sie die Kraft

$$\vec{F} = V \frac{\partial}{\partial \vec{r}} (\vec{I}^0 \cdot \overset{\downarrow}{\vec{H}}),^{1)} \tag{4.13}$$

die nach dem Prinzip von Abb. 4.6 gemessen werden kann.

Die Kraftkomponente in Längsrichtung der Probe von Abb. 4.6 sei z. B. $F_1$. Dann wird aus (4.13) $F_1 = V \int \frac{\partial}{\partial x_1} (\vec{I}^0 \cdot \vec{H})\, dx_1 = V I_2^0 (H_2(2) - H_2(1))$. Aus Symmetriegründen ist am Ort der Probe $\vec{H} = (0, H_2, 0)$. Die Kraft ist dann der Feldstärkedifferenz am oberen und unteren Probenende $H(2) - H(1)$ proportional. Für eine ausführlichere Beschreibung einer derartigen Meßanordnung vgl. z. B. KOHLHAAS.

[1] Der Pfeil über $\vec{H}$ zeigt an, daß der Nablaoperator bei konstantem $\vec{I}^0$ nur auf $\vec{H}$ wirkt.

Tab. 4.6. Zur Ableitung der Punktgruppen mit Schwarz-Weiß-Symmetrie (nach SIROTIN, ŠASKOL'SKAJA)

| Nr. | $G$ | $H$ | $\underline{G}$ | Nr. | $G$ | $H$ | $\underline{G}$ | Nr. | $G$ | $H$ | $\underline{G}$ |
|---|---|---|---|---|---|---|---|---|---|---|---|
| 1 | $1$ | — | — | 24 | $4/m$ | $4$ | $4/\underline{m}$ | 48 | $\bar{6}m2$ | $3m$ | $\underline{\bar{6}}m\underline{2}$ |
| 2 | $\bar{1}$ | $1$ | $\underline{\bar{1}}$ | 25 | $4/m$ | $\bar{4}$ | $\underline{4}/\underline{m}$ | 49 | $\bar{6}m2$ | $\bar{6}$ | $\bar{6}\underline{m}\underline{2}$ |
| 3 | $2$ | $1$ | $\underline{2}$ | 26 | $422$ | $222$ | $\underline{4}2\underline{2}$ | 50 | $6/mmm$ | $\bar{3}m$ | $\underline{6}/\underline{m}m\underline{m}$ |
| 4 | $m$ | $1$ | $\underline{m}$ | 27 | $422$ | $4$ | $4\underline{2}\underline{2}$ | 51 | $6/mmm$ | $6/m$ | $6/m\underline{m}\underline{m}$ |
| 5 | $2/m$ | $\bar{1}$ | $\underline{2}/\underline{m}$ | 28 | $4mm$ | $mm2$ | $\underline{4}m\underline{m}$ | 52 | $6/mmm$ | $622$ | $6/\underline{m}\underline{m}\underline{m}$ |
| 6 | $2/m$ | $2$ | $2/\underline{m}$ | 29 | $4mm$ | $4$ | $4\underline{m}\underline{m}$ | 53 | $6/mmm$ | $6mm$ | $6/\underline{m}mm$ |
| 7 | $2/m$ | $m$ | $\underline{2}/m$ | 30 | $\bar{4}2m$ | $222$ | $\underline{\bar{4}}2\underline{m}$ | 54 | $6/mmm$ | $\bar{6}m2$ | $\underline{6}/mm\underline{m}$ |
| 8 | $222$ | $2$ | $2\underline{2}\underline{2}$ | 31 | $\bar{4}2m$ | $mm2$ | $\underline{\bar{4}}\underline{2}m$ | 55 | $23$ | — | — |
| 9 | $mm2$ | $2$ | $\underline{m}\underline{m}2$ | 32 | $\bar{4}2m$ | $\bar{4}$ | $\bar{4}\underline{2}\underline{m}$ | 56 | $m3$ | $23$ | $\underline{m}3$ |
| 10 | $mm2$ | $m$ | $m\underline{m}\underline{2}$ | 33 | $4/mmm$ | $mmm$ | $\underline{4}/mm\underline{m}$ | 57 | $432$ | $23$ | $\underline{4}3\underline{2}$ |
| 11 | $mmm$ | $2/m$ | $m\underline{m}\underline{m}$ | 34 | $4/mmm$ | $4/m$ | $4/m\underline{m}\underline{m}$ | 58 | $\bar{4}3m$ | $23$ | $\underline{\bar{4}}3\underline{m}$ |
| 12 | $mmm$ | $222$ | $\underline{m}\underline{m}\underline{m}$ | 35 | $4/mmm$ | $422$ | $4/\underline{m}\underline{m}\underline{m}$ | 59 | $m\bar{3}m$ | $m\bar{3}$ | $m\bar{3}\underline{m}$ |
| 13 | $mmm$ | $mm2$ | $mm\underline{m}$ | 36 | $4/mmm$ | $4mm$ | $4/\underline{m}mm$ | 60 | $m\bar{3}m$ | $432$ | $\underline{m}\bar{3}\underline{m}$ |
| 14 | $3$ | — | — | 37 | $4/mmm$ | $\bar{4}2m$ | $\underline{4}/\underline{m}\underline{m}m$ | 61 | $m\bar{3}m$ | $\bar{4}3m$ | $\underline{m}\bar{3}m$ |
| 15 | $\bar{3}$ | $3$ | $\underline{\bar{3}}$ | 38 | $6$ | $3$ | $\underline{6}$ | 62 | $\infty$ | — | — |
| 16 | $32$ | $3$ | $3\underline{2}$ | 39 | $\bar{6}$ | $3$ | $\underline{\bar{6}}$ | 63 | $\infty/m$ | $\infty$ | $\infty/\underline{m}$ |
| 17 | $3m$ | $3$ | $3\underline{m}$ | 40 | $6/m$ | $\bar{3}$ | $\underline{6}/\underline{m}$ | 64 | $\infty 2$ | $\infty$ | $\infty \underline{2}$ |
| 18 | $\bar{3}m$ | $\bar{3}$ | $\bar{3}\underline{m}$ | 41 | $6/m$ | $6$ | $6/\underline{m}$ | 65 | $\infty/m$ | $\infty$ | $\infty \underline{m}$ |
| 19 | $\bar{3}m$ | $32$ | $\underline{\bar{3}}\underline{m}$ | 42 | $6/m$ | $\bar{6}$ | $\underline{6}/m$ | 66 | $\infty/mm$ | $\infty/m$ | $\infty/m\underline{m}$ |
| 20 | $\bar{3}m$ | $3m$ | $\underline{\bar{3}}m$ | 43 | $622$ | $32$ | $\underline{6}2\underline{2}$ | 67 | $\infty/mm$ | $\infty 2$ | $\infty/\underline{m}\underline{m}$ |
| 21 | $4$ | $2$ | $\underline{4}$ | 44 | $622$ | $6$ | $6\underline{2}\underline{2}$ | 68 | $\infty/mm$ | $\infty m$ | $\infty/\underline{m}m$ |
| 22 | $\bar{4}$ | $2$ | $\underline{\bar{4}}$ | 45 | $6mm$ | $3m$ | $\underline{6}m\underline{m}$ | 69 | $\infty\infty$ | — | — |
| 23 | $4/m$ | $2/m$ | $\underline{4}/m$ | 46 | $6mm$ | $6$ | $6\underline{m}\underline{m}$ | 70 | $\infty\infty m$ | $\infty\infty$ | $\infty\infty\underline{m}$ |
| | | | | 47 | $\bar{6}m2$ | $32$ | $\underline{\bar{6}}\underline{m}2$ | | | | |

Die Magnetisierung $I^0$ erweist sich als temperaturabhängig, vor allem in der Umgebung magnetischer Phasenumwandlungspunkte. Bei einer kleinen Temperaturänderung $\Delta T$ ist

$$\Delta I^0 = q^0 \Delta T \,, \tag{4.14}$$

wobei $q^0(T)$ eine materialtypische Größe ist, die den *pyromagnetischen Effekt* beschreibt. Sie heißt *pyromagnetischer Koeffizient.*

Ein Beispiel enthält Tab. 4.7. Spontane Magnetisierung zeigen Ferromagnetika (z. B. Fe, Co, Ni und deren Mischkristalle, Dy, $SmCo_5$, $Sc_{0,76}$, $In_{0,24}$, $ZrZn_2$), Ferrimagnetika (z. B. Magnetit $FeO \cdot Fe_2O_3$) und schwache Ferromagnetika, d. h. Antiferromagnetika mit geringer resultierender Magnetisierung (z. B. Hämatit $\alpha$-$Fe_2O_3$, $MnCO_3$, $CoCO_3$, $CoF_2$).

Während der pyroelektrische Effekt zufällig entdeckt wurde, hat man nach dem pyromagnetischen aus Analogieerwägungen direkt gesucht. Noch W. VOIGT berichtet 1928 von Versuchen, spontane Magnetisierung an Vertretern der weißen Gruppen von Tab. A 6 (vgl. auch 4.3.2.), wie z. B. am Dolomit ($CaMg[CO_3]_2$, Punktsymmetrie $\bar{3}$) und am Apatit ($Ca_5[F/(PO_4)_3]$ oder $Ca_5[Cl/(PO_4)_3]$, Punktsymmetrie $6/m$), nachzuweisen, wenn auch ohne überzeugendes Ergebnis. Der Autor suchte nach spontaner Magnetisierung außerhalb des damals schon bekannten Phänomens des Ferromagnetismus (bzw. Antiferro- und Ferrimagnetismus), wohl aus Unkenntnis über die atomistischen Ur-

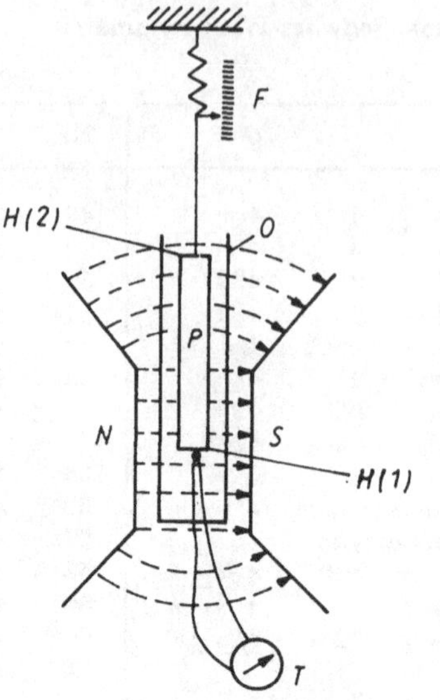


Abb. 4.6. Prinzip des Verfahrens zur Messung der Temperaturabhängigkeit der Magnetisierung einer dünnen zylindrischen Probe $P$ durch Kraftmessung $F$ im inhomogenen Magnetfeld $H$. Die Temperatur der Probe wird über einen Ofen $O$ verändert und mit einem Thermoelement $T$ gemessen. $N$, $S$ Nord-, Südpol des Feldmagneten (GOUY-Verfahren, vgl. z. B. EDER III). $\vec{e}_1$ zeigt nach oben, $\vec{e}_2$ nach rechts.

sachen der spontanen Magnetisierung. Die Temperaturabhängigkeit der Magnetisierung von Magneteisenstein ist qualitativ dagegen schon sehr viel länger bekannt. W. GILBERT[1]) berichtet im Jahre 1600 über die Herstellung von Permanentmagneten durch Abkühlen von Rotglut (vgl. dazu auch SCHULZE 1977).

Tab. 4.7. Pyromagnetischer Koeffizient

| Substanz | $q^0$/Wb m$^{-2}$ K$^{-1}$ | $T$/K |
|---|---|---|
| Fe | $-9{,}9 \cdot 10^{-3}$*) | 1000 |

*) aus Sättigungsmagnetisierung

## 4.3.4. Phänomenologische Beschreibung und Symmetrieeinfluß

In (4.14) wird der Skalar $\Delta T$ mit dem axialen Vektor $\Delta\vec{I}^0$ verknüpft, der pyromagnetische Koeffizient muß demnach ein axialer Vektor sein. Aus (4.14) wird

$$\boxed{\Delta\vec{I}^0 = \vec{q}^0 \Delta T} \quad . \qquad (4.15)$$

[1]) WILLIAM GILBERT (geb. 1540, gest. 1603), Leibarzt der Königin ELISABETH und des Königs JACOB I. von England.

Prüft man die Punktsymmetrie von Abschn. 4.3.2. auf die mögliche Existenz von Pyromagnetismus, so ergibt sich folgendes. Wegen (2.1) müssen die fraglichen Punktgruppen $G_{\mathrm{pyr}}$ Untergruppen der Gruppe des magnetischen Moments sein, die unter Berücksichtigung der Antisymmetrie $\infty/m\underline{m}$ ist. Parallel zum magnetischen Moment liegt eine Antispiegelebene (vgl. Abb. 4.7). Aus (2.1) wird

$$G_{\mathrm{pyr}} \subseteq \frac{\infty}{m}\underline{m}. \tag{4.16}$$

Pyromagnetismus tritt nicht auf ($\vec{q}^0 \equiv 0$) in unmagnetischen Gruppen sowie in den 21 magnetischen Gruppen, die $\underline{\bar{1}}$ als ein Symmetrieelement enthalten. Zu den letzteren gehören die Gruppen $\underline{\bar{1}}$, $\underline{2}/m$, $2/\underline{m}$, $\underline{m}mm$, $\underline{m}\underline{m}\underline{m}$, $4/\underline{m}$, $\underline{4}/\underline{m}$, $4/\underline{m}mm$, $\underline{4}/\underline{m}m\underline{m}$, $4/\underline{m}\underline{m}\underline{m}$, $\underline{\bar{3}}$, $\underline{\bar{3}}m$, $\underline{\bar{3}}\underline{m}$, $6/\underline{m}$, $\underline{6}/m$, $6/\underline{m}mm$, $6/mm\underline{m}$, $6/\underline{m}\underline{m}\underline{m}$, $\underline{m}\bar{3}$, $\underline{m}\bar{3}\underline{m}$, $\underline{m}\bar{3}m$. Weitere 38 der 90 magnetischen Gruppen von Tab. A 6 sind mit verschwindenden $\vec{q}^0$ als Folge der Symmetrie verbunden.

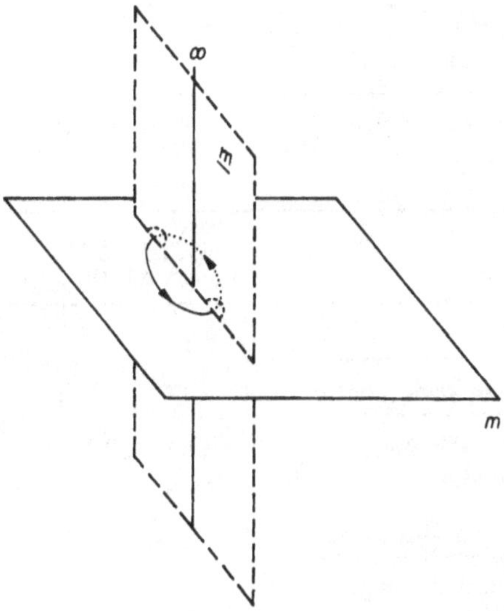


Abb. 4.7. Zur Punktsymmetrie des magnetischen Moments (Kreisstroms)

Dazu muß beachtet werden, daß einige physikalische Größen gegen Zeitumkehr nicht invariant sind, wie z. B. $\vec{I}^0$ und $\vec{q}^0$ (vgl. 4.3.1.). Bei Koordinatentransformationen ist anstelle von (1.47) zu schreiben

$$q_i' = (-1)\, a_{ik} q_k \tag{4.17}$$

für polare und

$$q_i^{0\prime} = (-1)\, \|a_{ik}\|\, a_{ik} q_k^0 \tag{4.18}$$

für axiale Vektoren, sofern $q_k$ und $q_k^0$ nicht gegen Zeitumkehr invariant sind.

Als Beispiel seien die Symmetriegruppen $\underline{4}$ und $\underline{2}$ betrachtet. Nach Tab. A5 hat man für $4 \parallel \vec{e}_3$ gemäß (4.18) nach einer Symmetrieoperation

$$\begin{pmatrix} q_1^{0\prime} \\ q_2^{0\prime} \\ q_3^{0\prime} \end{pmatrix} = -\begin{pmatrix} 0 & -1 & 0 \\ 1 & 0 & 0 \\ 0 & 0 & 1 \end{pmatrix} \begin{pmatrix} q_1^0 \\ q_2^0 \\ q_3^0 \end{pmatrix} = \begin{pmatrix} q_2^0 \\ -q_1^0 \\ -q_3^0 \end{pmatrix}. \tag{4.19}$$

Die Wirkung des Antisymmetrie-Elementes wird durch das Vorzeichen berücksichtigt. Soll der Kristall gegenüber $\underline{4}$ invariant sein, muß die rechte Seite von (4.19) dem Ausgangsvektor $\vec{q}^0$ gleich sein. Dies führt auf $\vec{q}^0 = 0$. Die Punktsymmetrie $\underline{4}$ ist demnach nicht mit der Existenz von Pyromagnetismus vereinbar.

Im Falle von $\underline{2}$ hat man nach (4.18)

$$\begin{pmatrix} q_1^{0\prime} \\ q_2^{0\prime} \\ q_3^{0\prime} \end{pmatrix} = - \begin{pmatrix} -1 & 0 & 0 \\ 0 & -1 & 0 \\ 0 & 0 & 1 \end{pmatrix} \begin{pmatrix} q_1^0 \\ q_2^0 \\ q_3^0 \end{pmatrix} = \begin{pmatrix} q_1^0 \\ q_2^0 \\ -q_3^0 \end{pmatrix}. \tag{4.20}$$

Diese Symmetrie ist also verträglich mit einem Vektor $\vec{q}^0 = (q_1^0, q_2^0, 0)$.

Von den kristallographischen magnetischen Gruppen bleiben 90 − 21 − 38 = 31 aus Symmetriegründen übrig, in denen spontane Magnetisierung auftreten kann. Es sind dies die in Tab. 4.8 angegebenen Gruppen, die man auch aus (4.16) durch Aufsuchen der Untergruppen direkt erhalten kann. Unter den möglichen Gruppen finden sich 15 weiße (13 kristallographische und 2 kontinuierliche) und 20 schwarz-weiße (18 kristallographische und 2 kontinuierliche), aber keine grauen.

Tab. 4.8. Pyromagnetische Punktgruppen

| Kristallsystem | magnetische Gruppe | Form von $\vec{q}^0$ | Zahl der unabhängigen Komponenten |
|---|---|---|---|
| triklin | $1, \bar{1}$ | $(q_1^0, q_2^0, q_3^0)$ | 3 |
| monoklin | $\underline{2}, \underline{m}, \underline{2}/\underline{m}$ | $(q_1^0, q_2^0, 0)$ | 2 |
| | $2, m, 2/m$ | | |
| rhombisch | $\underline{2}\underline{2}2, \underline{m}\underline{m}2, \underline{2}\underline{m}m, \underline{m}\underline{m}m$ | | |
| tetragonal | $4, \bar{4}, 4/m, 4\underline{2}\underline{2}, 4\underline{m}\underline{m}, 4\underline{2}\underline{m}, 4/m\underline{m}\underline{m}$ | $(0, 0, q_3^0)$ *) | 1 |
| rhomboedrisch | $3, \bar{3}, 3\underline{2}, 3\underline{m}, \bar{3}\underline{m}$ | | |
| hexagonal | $6, \bar{6}, 6/m, 6\underline{2}\underline{2}, 6\underline{m}\underline{m}, \bar{6}\underline{m}\underline{2}, 6/m\underline{m}\underline{m}$ | | |
| Texturen | $\infty, \infty/m, \infty/\underline{m}, \infty/m\underline{m}$ | | |

*) Die $x_3$-Achse des Koordinatensystems liegt parallel zum ersten Symmetrieelement in Spalte 2, ausgenommen das rhombische System. Dort liegt es parallel zum dritten Symmetrieelement des Gruppensymbols.

Um beurteilen zu können, ob eine vorgegebene Substanz von der Symmetrie her infrage kommt, läßt man im Symbol der Punktgruppen Tab. A 6 die Unterstreichung fort und vergleicht mit der klassischen Punktsymmetrie. Dabei ist indessen zu beachten, daß hochsymmetrische Kristalle durch kleine Deformationen die notwendige Symmetrie im Verlaufe des magnetischen Ordnungsprozesses erreichen können. Kubische Symmetrie ist mit spontaner Magnetisierung nicht verträglich.

Ein Eiseneinkristall z. B. hat im unmagnetisierten Zustand (770 °C $> T >$ 909 °C) die Symmetrie $m3m$. Sind alle magnetischen Momente parallel ⟨100⟩ ausgerichtet, liegt die Symmetrie

$4/m\underline{m}\underline{m}$ vor, bei Magnetisierung parallel ⟨110⟩ hat man $m\underline{m}\underline{m}$ und parallel ⟨111⟩ $\bar{3}\underline{m}$. Für Richtungen von $\vec{q}^0 \parallel \langle uv0 \rangle$ oder $\parallel \langle uuw \rangle$ liegt $\underline{2}/\underline{m}$ und für alle übrigen $\bar{1}$ vor. α-Eisen ($T < 770\,°C$) zerfällt im abmagnetisierten Zustand in Domänen mit vorzugsweiser Magnetisierungsrichtung ⟨100⟩. Das Achsenverhältnis weicht sehr wenig von 1 ab: $c/a = 1 + 3 \cdot 10^{-5}$.

## 4.3.5. Atomistische Interpretation

Der pyromagnetische Effekt wirft zwei Fragen auf: 1. Wodurch entsteht ein spontanes magnetisches Moment? 2. Wie kommt dessen Temperaturabhängigkeit zustande?

Die Entstehung der spontanen Magnetisierung läßt sich nur mit Hilfsmitteln der Quantentheorie zwanglos erklären. Die Parallelstellung der Spins wird durch sog. Austauschkräfte stabilisiert. Der Austauschkraft entspricht eine Wechselwirkungsenergie zwischen zwei Atomen $i$ und $j$ mit Spin $\vec{S}_i$ und $\vec{S}_j$, die Austauschenergie

$$E_{ij}^A = -2J\vec{S}_i \cdot \vec{S}_j. \tag{4.21}$$

Das Austauschintegral $J$ hängt von der gegenseitigen Überlappung der Ladungsverteilungen ab und mißt den Unterschied in der mittleren COULOMB-Energie bei paralleler und antiparalleler Spinkonfiguration. Falls $J > 0$, ist die Parallelstellung energetisch günstig. Ändert ein magnetisches Moment $\vec{m}_j^0 = -g_L\mu_B\vec{S}_j$[1]) seine Richtung, muß Arbeit gegen die Wirkung des Summenfeldes $\vec{H}_j^A$ der Größe $-\mu_0\vec{m}_j^0 \cdot \vec{H}_j^A$ geleistet werden. Diese Arbeit wird teilweise durch thermische Anregung zur Verfügung gestellt. Die Wahrscheinlichkeit der Übertragung dieser Energien nimmt nach BOLTZMANN exponentiell mit wachsender Energie ab. Das mittlere magnetische Moment ist

$$\overline{|\vec{m}^0|} = \frac{\sum \vec{m}^0 \exp(-\mu_0\vec{m}_0 \cdot \vec{H}^A/k_BT)}{\sum \exp(-\mu_0\vec{m}^0 \cdot \vec{H}^A/k_BT)}, \tag{4.22}$$

wobei die Summationen über alle quantenmechanisch erlaubten Orientierungen auszuführen sind.

Bei hohen Temperaturen ist

$$\vec{I}^0 \sim \overline{|\vec{m}^0|} \sim \frac{1}{k_BT}, \tag{4.23}$$

und wegen (4.15) $\vec{q}_0^{\,0} \sim -T^{-2}$.

Für eine ausführlichere Darstellung vgl. z. B. MATTIS; KNELLER.

---

1) $g_L = 3/2 + [S(S+1) - L(L+1)]/2J(J+1)$ mit $S, L, J$ als Spin-, Bahndrehimpuls-, Gesamtdrehimpuls-Quantenzahl (LANDÉ-Faktor). Für $\mu_B$ und $\mu_0$ vgl. Tab. S. 286.

## 4.4. Magnetokalorischer Effekt

Als direkte Umkehrung des pyromagnetischen Effekts (4.14) ist der magnetokalorische Effekt anzusehen. Er äußert sich z. B. in einer Temperaturänderung im äußeren Magnetfeld

$$T - T_0 = -\frac{T_0}{C_p'} \vec{q}^0 \cdot \vec{H} \qquad (\Delta S = 0) \tag{4.24}$$

bei adiabatischer Versuchsführung ($C_p'$ Wärmekapazität/Volumen).[1]

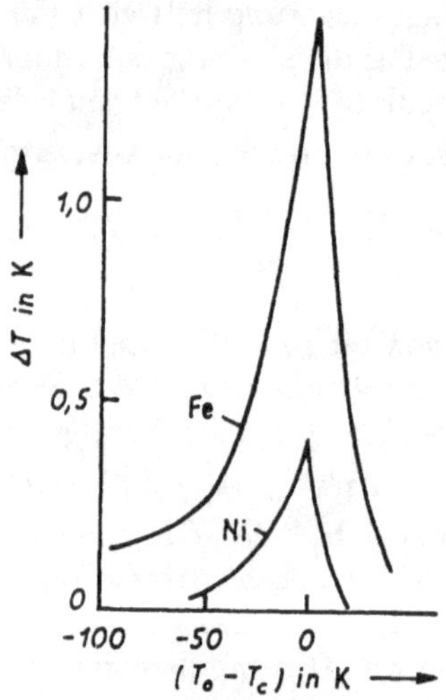


Abb. 4.8. Größe des magnetokalorischen Effektes bei einer festen Magnetfeldänderung von $3.97 \cdot 10^5\ \mathrm{Am}^{-1}$ für unterschiedliche Versuchstemperaturen $T_0$ in der Umgebung der Curie-Temperatur $T_C$ von Eisen bzw. Nickel (nach Carr Jr.)

In der Umgebung der Curie-Temperatur wird der magnetokalorische Effekt besonders groß. Abb. 4.8 gibt ein Beispiel. Unter isothermen Bedingungen ist analog zum elektrokalorischen Effekt die aus der Umgebung aufgenommene Wärmemenge

$$\Delta Q = V T_0 \vec{q}^0 \cdot \vec{H} \qquad (\Delta T = 0). \tag{4.25}$$

Im Unterschied zum pyromagnetischen Effekt hat der magnetokalorische breite Anwendung bei der Erzeugung tiefster Temperaturen gefunden. Man verwendet z. B. paramagnetische Salze (vgl. dazu auch 6.5.) wie Manganammoniumphosphat $Mn(NH_4)_2(SO_4)_2 \cdot 6H_2O$ oder Kupferkaliumsulfat $CuK_2(SO_4)_2 \cdot 6H_2O$. Das Salz wird zuerst bei der tiefsten mit flüssigem Helium erreichbaren Temperatur isotherm magnetisiert und dann adiabatisch entmagnetisiert (vgl. z. B. De Klerk).

[1] Da nach (4.15) unterhalb des Curie-Punktes $\vec{q}^0 < 0$, wächst die Temperatur $T$ beim Einschalten des Magnetfeldes. Mit $\vec{H}$ in (4.24) ist die Änderung von 0 auf $\vec{H}$ gemeint.

# 5. Deformation und Spannung

Bevor Eigenschaftstensoren zweiter und höherer Stufe behandelt werden können, müssen die beiden Größen Deformation und Spannung eingeführt werden. Denn sie treten als „Ursache“- und „Wirkungs“-Größen auf, sind aber polare Tensoren zweiter Stufe und als solche der Anschauung weniger leicht zugänglich als die sonst in Tab. 1.3 auftretenden Größen mit Vektor- oder Skalar-Charakter.

## 5.1. Beschreibung des verformten Zustandes

### 5.1.1. Definitionen

Der Verformungszustand wird in der Kontinuumsnäherung durch die Verrückung oder Verschiebung $\vec{u}$ eines Volumenelementes vom Ort $\vec{r}$ nach $\vec{r} + \vec{u}(\vec{r}, t)$ beschrieben[1]) (Abb. 5.1). Vergleicht man den Abstand zweier dicht benachbarter Punkte $\overline{AB} = \mathrm{d}\vec{r}$ vor der Verrückung mit dem danach $\overline{A'B'} = \mathrm{d}\vec{r}'$, dann ergibt sich ein brauchbares Maß des Verzerrungszustandes. Analytisch ist dafür die Ableitung nach dem Ortsvektor, der Deformationstensor (2. Stufe)

$$\boxed{\overset{2\rightarrow}{e} \equiv \frac{\partial \vec{u}}{\partial \vec{r}}} \tag{5.1}$$

maßgebend. Denn aus $\mathrm{d}\vec{r}' = \mathrm{d}\vec{r} + \mathrm{d}\vec{u}$ folgt zunächst durch Quadrieren

$$(\mathrm{d}\vec{r}')^2 \approx (\mathrm{d}\vec{r})^2 + \mathrm{d}\vec{r} \cdot \mathrm{d}\vec{u} + \mathrm{d}\vec{u} \cdot \mathrm{d}\vec{r}, \tag{5.2}$$

wobei das quadratische Glied in $\mathrm{d}\vec{u}$ vernachlässigt wurde. Wegen der Ortsabhängigkeit von $\vec{u}$ läßt sich weiter die Änderung der Verrückung durch

$$\mathrm{d}\vec{u} = \mathrm{d}\vec{r} \cdot \frac{\overset{\rightarrow}{\partial}}{\partial \vec{r}} \vec{u} = \vec{u} \frac{\overset{\leftarrow}{\partial}}{\partial \vec{r}} \cdot \mathrm{d}\vec{r}\ ^{2)} \tag{5.3}$$

darstellen.

---

[1]) Eine Translation des gesamten Körpers sei eliminiert.

[2]) Der Pfeil über dem Nablaoperator gibt an, auf welchen Faktor (rechts oder links) der Operator angewandt werden soll.

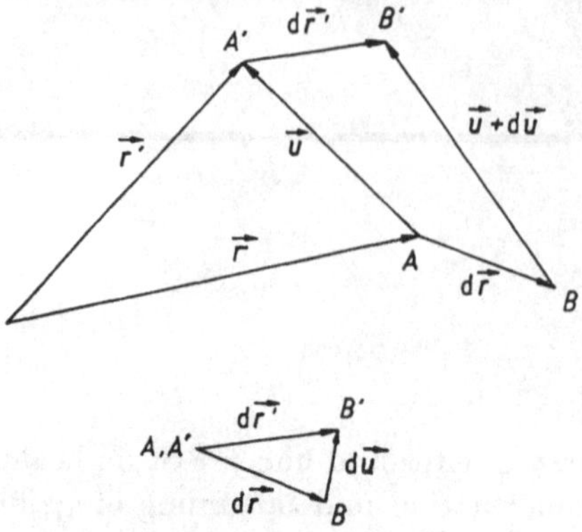


Abb. 5.1. Zur Definition von Verrückung und Deformation

Damit wird aus (5.2)

$$(\mathrm{d}\vec{r}')^2 = (\mathrm{d}\vec{r})^2 + \mathrm{d}\vec{r}\cdot\vec{u}\,\frac{\overleftarrow{\partial}}{\partial\vec{r}}\cdot\mathrm{d}\vec{r} + \mathrm{d}\vec{r}\cdot\frac{\vec{\partial}}{\partial\vec{r}}\,\vec{u}\cdot\mathrm{d}\vec{r}$$

$$= (\mathrm{d}\vec{r})^2 + \mathrm{d}\vec{r}\cdot\left(\vec{u}\,\frac{\overleftarrow{\partial}}{\partial\vec{r}} + \frac{\vec{\partial}}{\partial\vec{r}}\,\vec{u}\right)\cdot\mathrm{d}\vec{r}$$

$$\equiv (\mathrm{d}\vec{r})^2 + 2\,\mathrm{d}\vec{r}\cdot\overset{2\rightarrow}{\varepsilon}\cdot\mathrm{d}\vec{r} \tag{5.4}$$

mit dem Tensor der infinitesimalen Verzerrung (kurz: Verzerrungstensor)

$$\overset{2\rightarrow}{\varepsilon} = \frac{1}{2}\left(\overset{2\rightarrow}{e}{}^{\mathsf{T}} + \overset{2\rightarrow}{e}\right) \tag{5.5}$$

oder

$$\varepsilon_{ij} = \varepsilon_{ji} = \frac{1}{2}\left(\frac{\partial u_i}{\partial x_j} + \frac{\partial u_j}{\partial x_i}\right) \tag{5.6}$$

als Maß für die Änderung des Abstandes zweier Punkte. Während $\overset{2\rightarrow}{e}$ i. allg. unsymmetrisch ist, erweist sich $\overset{2\rightarrow}{\varepsilon}$ nach (5.5) als symmetrischer Tensor 2. Stufe.

Eine Verformung heißt homogen, wenn $\overset{2\rightarrow}{e}$ nicht vom Ort abhängt. In diesem Falle ergibt die Integration von (5.3) eine Verrückung

$$\vec{u}(\vec{r}, t) = \overset{2\rightarrow}{e}\cdot\vec{r} + \vec{u}_0 \tag{5.7}$$

mit der im folgenden Null gesetzten Integrationskonstanten $\vec{u}_0$. Zwischen dem Ort eines Punktes vor und nach homogener Verformung besteht demnach der Zusammenhang

$$\vec{r}' = (\overset{2\rightarrow}{1} + \overset{2\rightarrow}{e})\cdot\vec{r}. \tag{5.8}$$

$\overset{2\rightarrow}{e}$ verknüpft also in jedem Punkt zwei Vektoren (vgl. auch (1.10)). Wegen (5.1) enthält der Deformationstensor neben der Verzerrung (5.5) noch den Anteil

$$\frac{1}{2}\left(\overset{2\rightarrow}{e} - \overset{2\rightarrow}{e}{}^{\mathsf{T}}\right) \equiv \overset{2\rightarrow}{\omega}{}^0 = \overset{2\rightarrow}{e} - \overset{2\rightarrow}{\varepsilon}, \tag{5.9}$$

den antisymmetrischen Tensor der infinitesimalen Drehung, der in kartesischen Koordinaten die Form

$$\omega_{ij}^0 = -\omega_{ji}^0 = \frac{1}{2}\left(\frac{\partial u_i}{\partial x_j} - \frac{\partial u_j}{\partial x_i}\right) \tag{5.10}$$

hat. Dies entspricht der nach (1.27) stets möglichen Zerlegung. Oft ist nur der Verzerrungsanteil der Deformation von Interesse.[1])

### 5.1.2. Geometrische Eigenschaften des Verzerrungszustandes

Einen anschaulichen Eindruck vom Verzerrungszustand, der durch den Tensor $\overset{2\rightarrow}{\varepsilon}$ beschrieben wird, erhält man durch Darstellung des Verrückungsfeldes. Wegen (5.3) und (5.9) gilt für infinitesimale reine Verzerrung $\overset{2\rightarrow}{\omega^0} = \overset{2\rightarrow}{0}$, daß die Änderung der Verrückung

$$\mathrm{d}\vec{u} = \overset{2\rightarrow}{\varepsilon} \cdot \mathrm{d}\vec{r} \tag{5.11}$$

oder im Falle homogener Verzerrungszustände die Verrückung (5.7)

$$\vec{u} = \overset{2\rightarrow}{\varepsilon} \cdot \vec{r} = \vec{u}_0 \tag{5.12}$$

selbst ein Maß für $\overset{2\rightarrow}{\varepsilon}$ in jedem Raumpunkt und bezüglich jeder Richtung abgibt.

Es sei z. B. $\overset{2\rightarrow}{\varepsilon} = \varepsilon_2 \vec{e}_2 \vec{e}_2$ (vgl. auch (1.28)) und $\mathrm{d}\vec{r} = \mathrm{d}x_1\vec{e}_1 + \mathrm{d}x_2\vec{e}_2 + \mathrm{d}x_3\vec{e}_3$. Dann ist nach (5.11) $\mathrm{d}\vec{u} = \varepsilon_2\vec{e}_2\,\mathrm{d}x_2$ nur in Richtung $\vec{e}_2$ von Null verschieden. Schreitet man um $\mathrm{d}x_2$ parallel zu $\vec{e}_2$ fort, ändert sich die Verrückung des Mediums um $\mathrm{d}\vec{u}$. In Richtung $\vec{e}_2$ erfolgt eine Streckung im Verhältnis

$$\frac{|\mathrm{d}\vec{u}|}{\mathrm{d}x_2} = \varepsilon_2\,. \tag{5.13}$$

Für ortsunabhängiges $\varepsilon_2$ ist $\vec{u} = \varepsilon_2\vec{e}_2 x_2 + \vec{u}_0$. In Abb. 5.2 ist das graphisch dargestellt.

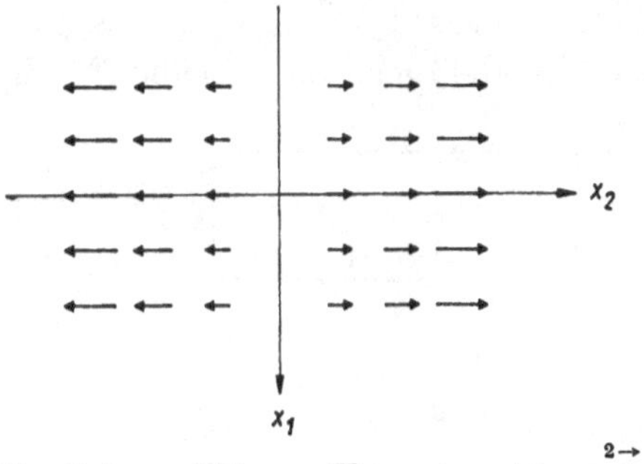


Abb. 5.2. Verrückungsfeld zum Verzerrungstensor $\overset{2\rightarrow}{\varepsilon} = 0{,}3\vec{e}_2\vec{e}_2$ ($\vec{u}_0 = 0$)

[1]) Als Existenzbedingung des Verrückungsfeldes gilt nach St. Venant $\partial/\partial\vec{r} \times \overset{2\rightarrow}{\varepsilon} \times \partial/\partial\vec{r} \equiv \operatorname{ink} \overset{2\rightarrow}{\varepsilon} = 0$. In der nächsten Umgebung von Kristallbaufehlern ist in der Regel $\operatorname{ink} \overset{2\rightarrow}{\varepsilon} \neq 0$.

Die Änderung der Verrückung $\mathrm{d}\vec{u}$ in einer beliebigen Richtung $\vec{n}$ ($|\vec{n}| = 1$) erhält man durch Projektion von (5.11) auf diese Richtung

$$\vec{n} \cdot \mathrm{d}\vec{u} = \vec{n} \cdot \overset{2\rightarrow}{\varepsilon} \cdot \mathrm{d}\vec{r} = \vec{n} \cdot \overset{2\rightarrow}{\varepsilon} \cdot \vec{n}\, \mathrm{d}r. \tag{5.14}$$

Die *relative Abstandsänderung* (lineare Dilatation) in Richtung $\vec{n}$ (vgl. Abb. 5.3) wird somit

$$\boxed{\frac{\Delta(\mathrm{d}r)}{\mathrm{d}r} = \frac{\vec{n} \cdot \mathrm{d}\vec{u}}{\mathrm{d}r} = \vec{n} \cdot \overset{2\rightarrow}{\varepsilon} \cdot \vec{n} = \varepsilon_{ij} n_i n_j} \qquad |\vec{n}| = 1. \tag{5.15}$$

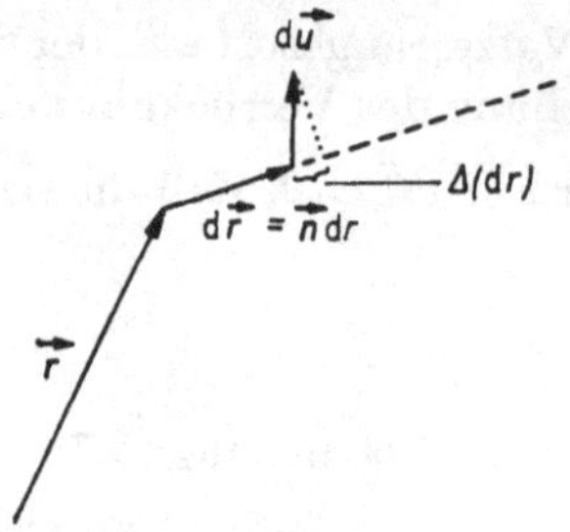


Abb. 5.3. Zur Änderung der Verrückung in einer vorgegebenen Richtung $\vec{n}$ im Verzerrungsfeld $\overset{2\rightarrow}{\varepsilon}$

Die *Winkeländerung* $2\gamma$ zweier Einheitsvektoren im Verzerrungsfeld $\overset{2\rightarrow}{\varepsilon}$ (Abb. 5.4) ergibt sich, wenn vor der Deformation $\vec{e}_1 \cdot \vec{e}_2 = \cos\varphi$ und nachher $\vec{e}_1{}' \cdot \vec{e}_2{}' = \cos\varphi'$ gilt, aus (5.8) und $\overset{2\rightarrow}{\omega}{}^0 = \overset{2\rightarrow}{0}$ zu

$$\begin{aligned}
\cos\varphi' &= \cos(\varphi - 2\gamma) \approx (\vec{e}_1 + \overset{2\rightarrow}{\varepsilon} \cdot \vec{e}_1) \cdot (\vec{e}_2 + \overset{2\rightarrow}{\varepsilon} \cdot \vec{e}_2) \\
&\approx \vec{e}_1 \cdot \vec{e}_2 + 2\vec{e}_1 \cdot \overset{2\rightarrow}{\omega} \cdot \vec{e}_2 \\
&= \sin\left(\frac{\pi}{2} - \varphi + 2\gamma\right) \approx \frac{\pi}{2} - \varphi + 2\gamma,
\end{aligned} \tag{5.16}$$

sofern das Argument der Sinusfunktion klein gegen Eins bleibt. Für die Winkeländerung hat man damit

$$\boxed{2\gamma = \vec{e}_1 \cdot \vec{e}_2 - \frac{\pi}{2} + \varphi + 2\vec{e}_1 \cdot \overset{2\rightarrow}{\varepsilon} \cdot \vec{e}_2}\,. \tag{5.17}$$

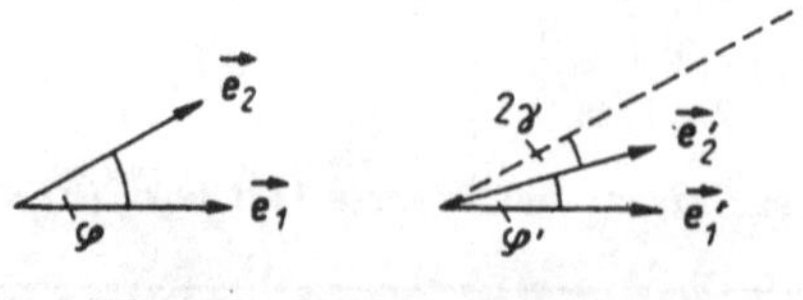


Abb. 5.4. Zur Winkeländerung $2\gamma$ zweier Einheitsvektoren $\vec{e}_1$ und $\vec{e}_2$ im Verzerrungsfeld $\overset{2\rightarrow}{\varepsilon}$. Die Orientierung von $\vec{e}_1$ nach der Verformung wurde willkürlich parallel zu der vorherigen festgelegt.

Bilden beide Einheitsvektoren vor der Deformation einen rechten Winkel $\varphi = \pi/2$, dann reduziert sich (5.17) auf

$$2\gamma = 2\vec{e}_1 \cdot \overset{2\rightarrow}{\varepsilon} \cdot \vec{e}_2. \tag{5.18}$$

Die *Volumenänderung* $\Delta V$ kann als Integral über die Oberfläche des deformierten Körpers gewonnen werden

$$\Delta V = \oint \vec{u} \cdot \mathrm{d}\vec{A},\text{[1]} \tag{5.19}$$

wo $\mathrm{d}\vec{A}$ das Flächenelement bezeichnet. Die relative Volumenänderung wird somit

$$\boxed{\frac{\Delta V}{V} = \lim_{V\to 0} \frac{\oint \vec{u} \cdot \mathrm{d}\vec{A}}{V} \equiv \frac{\partial}{\partial \vec{r}} \cdot \vec{u}}. \tag{5.20}$$

Dies ist gerade die Divergenz des Feldes $\vec{u}$ (vgl. z. B. LAGALLY, FRANZ), und wegen (5.1) und (5.5) hat man

$$\frac{\Delta V}{V} = \mathrm{Sp}\, \overset{2\rightarrow}{\varepsilon}.\text{[2]} \tag{5.20a}$$

## 5.2. Beschreibung des Spannungszustandes

Wir betrachten einen Festkörper, der durch Massen- und/oder Oberflächenkräfte deformiert sei und sich im mechanischen Gleichgewicht befinde. In diesem System soll der Begriff der mechanischen Spannung eingeführt werden. Dazu denken wir uns den Körper durch eine Schnittfläche $A$ in zwei Teile zerlegt (Abb. 5.5). Um die ursprüngliche Gleichgewichtsform zu erhalten, muß in jedem Punkt der Schnittfläche (Flächenelement $\mathrm{d}\vec{A} = \vec{N}\,\mathrm{d}A$, $\vec{N}$ Normaleneinheitsvektor) eine Ersatzkraft der Größe $\vec{\sigma}_N\,\mathrm{d}A$ angebracht

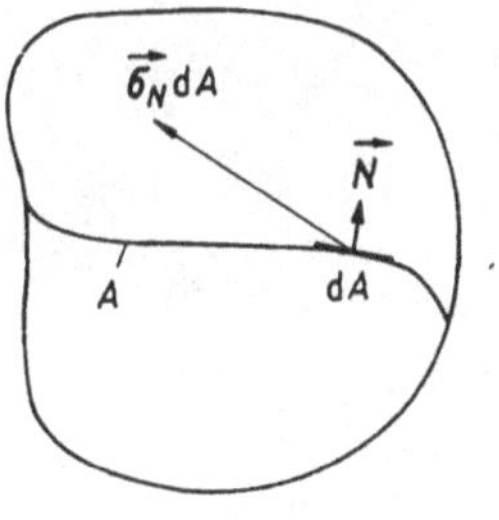


Abb. 5.5. Zur Definition der Spannung

[1]) Denn jedes Oberflächenelement überstreicht bei seiner Verschiebung einen Zylinder mit der Grundfläche $\mathrm{d}\vec{A}$ und dem Mantelvektor $\vec{u}$.

[2]) $\frac{\partial}{\partial \vec{r}} \cdot \vec{u} = \frac{\partial u_1}{\partial x_1} + \frac{\partial u_2}{\partial x_2} + \frac{\partial u_3}{\partial x_3} = \varepsilon_{11} + \varepsilon_{22} + \varepsilon_{33} \equiv \mathrm{Sp}\, \overset{2\rightarrow}{\varepsilon}$. Die Spur eines Tensors (Sp) ist invariant gegen Koordinatentransformation. Sie ist gleich der Summe der Hauptdiagonalelemente.

werden, durch die der Spannungsvektor $\vec{\sigma}_N$ definiert sei. Diese Kraft kompensiert gerade die inneren Kräfte, die als Folge der Verformung durch die Bindungskräfte zwischen den Kristallbausteinen ausgelöst werden. Die Ersatzkraft hängt nicht nur von der Größe des Flächenelementes d$A$, sondern auch von dessen Orientierung $\vec{N}$ ab. Die Verknüpfung der Vektoren $\vec{\sigma}_N$ und $\vec{N}$ erfolgt wegen (1.10) über einen Tensor 2. Stufe $\overset{2\rightarrow}{\sigma}$, den Spannungstensor entsprechend

$$\boxed{\vec{\sigma}_N \, \mathrm{d}A = \overset{2\rightarrow}{\sigma} \cdot \vec{N} \, \mathrm{d}A} \, . \tag{5.21}$$

In Koordinatendarstellung ist

$$\sigma_{Ni} = \sigma_{ij} N_j \, , \tag{5.22}$$

wenn $\overset{2\rightarrow}{\sigma} = \sigma_{ij} \vec{e}_i \vec{e}_j$ gewählt wird.

Eine anschauliche Interpretation der Komponente $\sigma_{ij}$ erhält man aus (5.22), wenn $\vec{N}$ parallel zu den Koordinatenachsen $\vec{N} = \vec{e}_i$ orientiert wird. Denn $\vec{\sigma}_N$ ist dann der Spannungsvektor, der an einem Flächenelement $\mathrm{d}\vec{A} = \vec{e}_1 \, \mathrm{d}A$ angreift und dessen Projektionen auf die Koordinatenachsen $\sigma_{1i}$, $\sigma_{2i}$ und $\sigma_{3i}$ sind. $\sigma_{ii}$ heißen Normalspannungen, $\sigma_{ij}$ $(i \neq j)$ Schubspannungen. Mit $\sigma_{ij}$ wird demnach die Spannungskomponente bezeichnet, bei der die Kraft in $i$-Richtung auf eine Fläche mit Normale in $j$-Richtung wirkt (Abb. 5.6). $\sigma_{ii} > 0$ bezeichnen Zug-, $\sigma_{ii} < 0$ Druck-Spannungen.

Der Spannungstensor $\overset{2\rightarrow}{\sigma}$ ist symmetrisch. Mit der Gleichgewichtsbedingung zwischen Volumenkräften $\vec{f}\,\mathrm{d}V$ und Oberflächenkräften $\overset{2\rightarrow}{\sigma} \cdot \mathrm{d}\vec{A}$

$$\vec{f} - \frac{\partial}{\partial \vec{r}} \cdot \overset{2\rightarrow}{\sigma} = 0 \tag{5.23}$$

erhält die Bedingung für das Gleichgewicht der Drehmomente

$$\oint \vec{r} \times (\mathrm{d}\vec{A} \cdot \overset{2\rightarrow}{\sigma}) + \int \vec{r} \times \vec{f} \, \mathrm{d}V = -\int \left[ \frac{\partial}{\partial \vec{r}} \cdot (\overset{2\rightarrow}{\sigma} \times \vec{r}) - \vec{r} \times \vec{f} \right] \mathrm{d}V = 0 \tag{5.24}$$

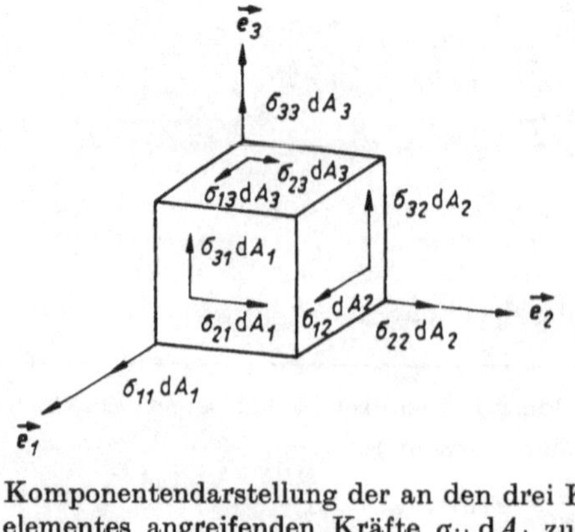


Abb. 5.6. Komponentendarstellung der an den drei Koordinatenebenen eines Volumenelementes angreifenden Kräfte $\sigma_{ij}\,\mathrm{d}A_j$ zur Veranschaulichung der Komponenten des Spannungstensors $\sigma_{ij}$

die Form

$$-\frac{\partial}{\partial \overleftarrow{\boldsymbol{r}}} \cdot \overset{\downarrow}{\overset{2\rightarrow}{\boldsymbol{\sigma}}} \times \vec{\boldsymbol{r}} - \frac{\partial}{\partial \vec{\boldsymbol{r}}} \cdot \overset{2\rightarrow}{\boldsymbol{\sigma}} \times \overset{\downarrow}{\vec{\boldsymbol{r}}} + \vec{\boldsymbol{r}} \times \vec{\boldsymbol{f}} = \frac{\partial}{\partial \vec{\boldsymbol{r}}} \cdot \overset{2\rightarrow}{\boldsymbol{\sigma}} \times \overset{\downarrow}{\vec{\boldsymbol{r}}} = 0, \tag{5.25}$$

woraus die Symmetrie

$$\overset{2\rightarrow}{\boldsymbol{\sigma}} = \overset{2\rightarrow}{\boldsymbol{\sigma}}^{\mathsf{T}} \tag{5.26}$$

folgt.

## 5.3. Matrixschreibweise

Zur Vereinfachung der Schreibung von Verzerrungs- und Spannungskomponenten wird oft die Matrixschreibweise (vgl. 1.3.3.9.) angewandt. Wir geben daher hier die Umrechnungsbeziehungen an.

Für die Komponenten des Verzerrungstensors $\varepsilon_{ij}$ bezüglich eines kartesischen Koordinatensystems ist

$$\boxed{\varepsilon_{ij} = \frac{\varepsilon_\lambda}{2 - \delta_{ij}}} \qquad (i, j = 1, 2, 3), \tag{5.27}$$

wo $\varepsilon_\lambda$ die Matrixkoeffizienten ($\lambda = 1, \ldots, 6$) und $\delta_{ij} = 1$ für $i = j$ und $\delta_{ij} = 0$ für $i \neq j$ ist.[1])

Im Unterschied dazu gilt für die Komponenten des Spannungstensors

$$\boxed{\sigma_{ij} = \sigma_\lambda} \qquad (i, j = 1, 2, 3;\ \lambda = 1, \ldots, 6). \tag{5.28}$$

Die 6 Koeffizienten werden nach Bedarf zu einer Zeilen- oder Spaltenmatrix zusammengefaßt, also z. B.

$$\overset{2\rightarrow}{\boldsymbol{\varepsilon}} = (\varepsilon_1\ \varepsilon_2\ \varepsilon_3\ \varepsilon_4\ \varepsilon_5\ \varepsilon_6)$$

oder

$$\overset{2\rightarrow}{\boldsymbol{\sigma}} = (\sigma_1\ \sigma_2\ \sigma_3\ \sigma_4\ \sigma_5\ \sigma_6). \tag{5.29}$$

Bei einem Wechsel des Koordinatensystems $\vec{e}_i{}' = a_{ik}\vec{e}_k$ $(i, k = 1, 2, 3)$ transformieren sich die Matrixkoeffizienten gemäß

$$\varepsilon_\lambda{}' = P_{\lambda\mu}\varepsilon_\mu \tag{5.30}$$

bzw.

$$\sigma_\lambda{}' = Q_{\mu\lambda}\sigma_\mu \tag{5.31}$$

mit der $6 \times 6$ Matrix $P_{\lambda\mu}$($\mu$ Spalten-, $\lambda$ Zeilenindex) und der gleichgroßen Matrix $Q_{\mu\lambda}$.

[1]) Die Beziehung (5.27) ist so gewählt, daß mit (5.28) das Hookesche Gesetz (8.12) möglichst einfache Gestalt erhält.

Beide Matrizen sind mit den Koeffizienten $a_{ik}$ der Koordinatentransformation über

$$\boxed{\frac{P_{\lambda\mu}}{2-\delta_{ij}} = \frac{Q_{\mu\lambda}}{2-\delta_{kl}} = \frac{1}{2}\,(a_{ik}a_{jl} + a_{il}a_{jk})} \tag{5.32}$$

verknüpft, wobei der Index $\lambda$ mit dem Paar $i, j$ und der Index $\mu$ mit dem Paar $k, l$ nach (1.48a) in Beziehung steht.[1]) Die Umkehrtransformationen sind

$$\varepsilon_\mu = Q_{\mu\lambda}\varepsilon_\lambda' \tag{5.33}$$

und

$$\sigma_\mu = P_{\lambda\mu}\sigma_\lambda' \tag{5.34}$$

(vgl. Sirotin, Šaskol'skaja).

[1]) Zum Beispiel ist $P_{46} = \frac{1}{2}\,(a_{21}a_{32} + a_{22}a_{31}) \cdot 2$.

# 6. Eigenschaftstensoren zweiter Stufe

Eigenschaftstensoren zweiter Stufe verknüpfen Skalare und Tensoren 2. Stufe oder Vektoren untereinander. Anhand von Tab. 1.3 ist zu erkennen, daß sich dafür zahlreiche Kombinationsmöglichkeiten ergeben. Wir behandeln zunächst Gleichgewichts- und anschließend Transporteigenschaften.

## 6.1. Thermische Ausdehnung

### 6.1.1. Experimenteller Befund

Daß sich Metalle beim Abkühlen zusammenziehen, war schon den Schmieden des Altertums bekannt. Im 18. Jahrhundert begann man Temperaturmeßinstrumente auf dem Phänomen der thermischen Längenänderung einer Flüssigkeits- oder Gassäule aufzubauen. Dulong und Petit[1]) maßen die Ausdehnungskoeffizienten von Eisen, Kupfer, Platin und Glas. Die Anisotropie der thermischen Ausdehnung fester Körper ist wohl erstmals von E. Mitscherlich[2]) messend verfolgt worden. Eine Bibliographie der vor 1922 erschienenen Meßergebnisse an festen Stoffen geht auf Schulz zurück.

Wird die zu untersuchende Probe von der Temperatur $T_0$ auf die Temperatur $T$ gebracht (vgl. Abb. 6.1), dann ändert sich deren Ausdehnung in Meßrichtung von $l_0$ auf $l$ entsprechend

$$\frac{l - l_0}{l_0} \equiv \frac{\Delta l}{l_0} = \alpha(T - T_0) \equiv \alpha \Delta T = \text{const}\ \Delta\psi. \qquad (6.1)$$

Eine Zusammenstellung moderner Meßanordnungen geben Krishnan, Srinavasan, Devanarayanan. $\alpha$ ist eine Materialeigenschaft, der *lineare thermische Ausdehnungskoeffizient.* Er hängt i. allg. von der Meßrichtung ab. Außerdem erweist er sich als temperaturabhängig in der Form

$$\alpha(T) = A + B(T - T_0) + C(T - T_0)^2 \qquad (T \gg \Theta_D) \qquad (6.2)$$

und

$$\alpha(T) = BT + DT^3 + ET^5 + \cdots \qquad (T \ll \Theta_D) \qquad (6.3)$$

mit $\Theta_D$ als Debye-Temperatur (vgl. 3.3.3.4.). Für $T \to 0$ geht auch $\alpha \to 0$. Beispielsweise liegen bei $T = 4$ K die $\alpha$-Werte der meisten Metalle im Bereich $10^{-10} \ldots 5 \cdot 10^{-8}$ K$^{-1}$.

---

[1]) P. L. Dulong (geb. 1785, gest. 1838), Professor der Chemie und Physik in Paris; A. T. Petit (geb. 1791, gest. 1820), Professor der Physik in Paris.

[2]) Eilhard Mitscherlich (geb. 1794, gest. 1863), Professor der Chemie in Berlin.

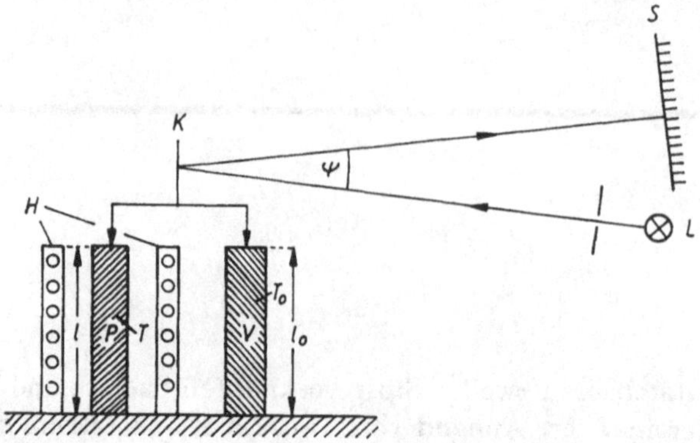


Abb. 6.1. Prinzip einer Meßanordnung zur Bestimmung des linearen thermischen Ausdehnungskoeffizienten $\alpha$ in Längsrichtung der Probe $P$, die durch eine Heizung (oder Kühlung) $H$ auf die Temperatur $T$ gebracht wird. Der Längenunterschied zur Vergleichsprobe $V$, die bei konstanter Temperatur $T_0$ gehalten wird, und $P$ wird über einen Kippspiegel $K$ dadurch gemessen, daß das Signal der Lichtquelle $L$ auf der Skale $S$ registriert wird. Die Längenänderung $l - l_0$ ist näherungsweise der Winkeländerung $\Delta\psi$ proportional (vgl. auch (6.1)).

Zahlenwerte enthält Tab. 6.1. $\alpha$ kann auch negative Werte annehmen. In niedrigsymmetrischen Kristallklassen wird dies häufig beobachtet. Aber auch in hochsymmetrischen Klassen tritt es gelegentlich auf (vgl. z. B. Filatov).

Die Orientierungsabhängigkeit von (6.2) oder (6.3) hat auch zur Folge, daß Winkel zwischen Netzebenen (auch zwischen äußeren Begrenzungsflächen) eines Kristalls temperaturabhängig werden. Darauf hat zum ersten Mal Mitscherlich 1824 hingewiesen. So vermindert sich z. B. der Winkel zwischen den Rhomboederflächen an Kalkspat von 105° 4;5′ bei 10°C um 8′32″ nach Erwärmung auf $T = 110$°C.

Auch das Volumen $V$ fester Stoffe erweist sich als temperaturabhängig. Analog zu (6.1) findet man für konstanten Druck

$$\frac{V - V_0}{V_0} = \frac{\Delta V}{V} = \beta(T - T_0) \equiv \beta \Delta T \qquad (p = \text{const}) \tag{6.4}$$

mit temperaturabhängigem *Volumenausdehnungskoeffizienten* $\beta$. Auch diese Werte sind von beiderlei Vorzeichen. In 6.1.2. wird sich zeigen, daß $\beta$ gleich der Summe der linearen Koeffizienten $\alpha$ in speziellen Richtungen ist. Tab. 3.2 enthält einige Zahlenwerte.

## 6.1.2. Phänomenologische Beschreibung

### 6.1.2.1. Tensor der linearen thermischen Ausdehnungskoeffizienten

Da die in (6.1) beteiligten Größen Temperaturänderung $\Delta T$ und relative Längenänderung $\Delta l/l$ Tensoren von nullter und zweiter Stufe bilden, muß die Materialgröße $\alpha$ nach den Überlegungen von 1.3.3. ein symmetrischer polarer Tensor 2. Stufe sein.

Tab. 6.1. Lineare thermische Ausdehnungskoeffizienten ausgewählter Stoffe (nach Krishnan, Srinivasan, Devanarayanan)*)

a) Parameter von Gl. (6.2)

| Substanz | Punktsymmetrie | $T_0$/K | $A/10^{-6}$K$^{-1}$ | $B/10^{-9}$K$^{-2}$ | $C/10^{-11}$ K$^{-3}$ | $T$/K |
|---|---|---|---|---|---|---|
| Cu | $m\bar{3}m$ | 273 | 16,872 | 1,773 | 1,146 | 323–623 |
| C (Diam.) | $m\bar{3}m$ | 273 | 0,87 | 9,228 | 0,699 | 273–828 |
| Au | $m\bar{3}m$ | 273 | 13,99 | 4,91 | 0 | 298–1151 |
| α-Fe | $m\bar{3}m$ | 273 | 11,45 | 14,0 | −1,089 | 272–970 |
| Si | $m\bar{3}m$ | 273 | 3,084 | 1,957 | 0 | 293–970 |
| Ag | $m\bar{3}m$ | 273 | 18,84 | 4,07 | 0,55 | 323–653 |
| Be | $6/mmm$ | ‖$c$ 87 | −0,54 | 43,10 | 1,967 | 105–250 |
| | | ‖$a$ 87 | 0,53 | 34,09 | 13,35 | 100–240 |
| Te | 32 | ‖$c$ 273 | −2,53 | 0 | 0 | 273–473 |
| | | ‖$a$ 273 | 37,63 | −56,78 | 0 | 273–473 |
| GaP | $\bar{4}3m$ | 273 | 5,81 | 0 | 0 | 211–473 |
| $GaAs_{0,5}P_{0,5}$ | $\bar{4}3m$ | 273 | 7,81 | 0 | 0 | 211–473 |
| MnSi | 23 | | −16,3 | 0 | 0 | 293–1073 |
| NaCl | $m\bar{3}m$ | 273 | 38,36 | 29,79 | 1,167 | 323–873 |
| $MgO \cdot Al_2O_3$ (Spinell) | $m\bar{3}m$ | 313 | 5,93 | 19,5 | 0 | 293–343 |
| $Al_2O_3$ | $\bar{3}m$ | | | | | |
| (Korund) | | ‖$c$ 273 | 6,23 | 1,8 | 0 | 273–1173 |
| | | ‖$a$ 273 | 5,85 | 2,05 | 0 | 273–1173 |
| $CaCO_3$ | $\bar{3}m$ | | | | | |
| (Kalkspat) | ‖$a$ 273 | ‖$c$ 273 | ·24,67 | 17,42 | −0,51 | 301–797 |
| | | ‖$a$ 273 | −3,660 | −0,7112 | −0,3339 | 301–797 |
| BiIn | $4/mmm$ | | | | | |
| | | ‖$c$ | −86 | | | ≈ 300 |
| | | ‖$a$ | 60 | | | ≈ 300 |
| $CaCO_3$ | $mmm$ | | | | | |
| (Aragonit) | | ‖$a$ 273 | 9,87 | −8,375 | −11,3 | 123–273 |
| | | ‖$b$ 273 | 15,88 | 9,17 | −23,05 | 123–273 |
| | | ‖$c$ 273 | 32,40 | 7,33 | −40,7 | 123–273 |

b) Parameter von Gl. (6.3)

| Substanz | Punktsymmetrie | $B/10^{-9}$ K$^{-2}$ | $D/10^{-11}$ K$^{-4}$ | $E/10^{-13}$ K$^{-6}$ | $T$/K |
|---|---|---|---|---|---|
| Cu | $m\bar{3}m$ | 0,13 | 2,8 | — | 2–10 |
| GaAs | $\bar{4}3m$ | — | 0,87 | — | 2–8 |
| Au | $m\bar{3}m$ | 0,1 | 24,4 | — | 2–12 |
| Si | $m\bar{3}m$ | — | 0,088 | — | 2–15,5 |
| Ag | $m\bar{3}m$ | 0,19 | 11,4 | 0,2 | < 7 |
| Zn | $6/mmm$ | | | | |
| | | ‖$c$ 0,076 | — | — | ≈ 10 |
| | | ‖$a$ −0,006 | — | — | ≈ 10 |

*) Bei nichtkubischer Symmetrie ist die Meßrichtung bezüglich der konventionellen Elementarzelle angegeben. $T$ bedeutet den Temperaturbereich der Gültigkeit der Gln. (6.2) oder (6.3).

Mit (5.15) wird $(\Delta l/l_0)_{ij} = \varepsilon_{ij}$, so daß (6.1) die Gestalt

$$\boxed{\overset{2\rightarrow}{\varepsilon} = \overset{2\rightarrow}{\alpha}\Delta T} \qquad (p = \text{const}) \tag{6.5a}$$

oder

$$\varepsilon_{ij} = \alpha_{ij}\Delta T \tag{6.5b}$$

erhält. $\overset{2\rightarrow}{\alpha}$ heißt *Tensor der linearen thermischen Ausdehnungskoeffizienten.* Aus (5.20a), (6.4) und (6.5) ergibt sich mit

$$\boxed{\beta = \operatorname{Sp} \overset{2\rightarrow}{\alpha}} \tag{6.6}$$

der in 6.1.1. erwähnte Zusammenhang zum (skalaren) Volumenausdehnungskoeffizienten.

Da $\overset{2\rightarrow}{\varepsilon}$ symmetrisch ist (vgl. (5.5)), trifft dies auch für $\overset{2\rightarrow}{\alpha}$ zu. Jeder polare Tensor zweiter Stufe ist invariant gegen Inversion $\vec{e}_i{}' = -\vec{e}_i$ (vgl. (1.28)). Er hat im isotropen Medium die Symmetrie der ruhenden Kugel, also ist nach (2.1)

$$G_K \subseteqq \infty\,\infty\, m \tag{6.7}$$

und nach 1.3.3.8. die innere Symmetrie $[V^2]$.

Alle Substanzen, deren Punktsymmetriegruppe eine Untergruppe von $\infty\,\infty\, m$ ist, können nichtverschwindende $\overset{2\rightarrow}{\alpha}$-Tensoren besitzen. Damit sind keine Stoffe aus Symmetriegründen vom Effekt der thermischen Ausdehnung ausgeschlossen.[1]) Die äußere Symmetrie von $\overset{2\rightarrow}{\alpha}$ hat nach 1.3.3.7. für die einzelnen Kristallsysteme die in Tab. 6.2 angegebene Form. Anhand von Tab. 1.5 läßt sich auch die Form des Tensors unmittelbar ablesen.

Tab. 6.2. Äußere Symmetrie $G_{K\alpha}$ des Tensors der thermischen Ausdehnungskoeffizienten

| Kristallsystem | $G_{K\alpha}$ | Kristallsystem | $G_{K\alpha}$ |
|---|---|---|---|
| kubisch | $\infty\,\infty\, m$ | monoklin | $\frac{2}{m}$ |
| tetragonal, hexagonal | | triklin | $\bar{1}$ |
| rhomboedrisch | $\frac{\infty}{m}\, m$ | | |
| rhombisch | $mmm$ | | |

Das Resultat der Tab. 1.5 erhält man auch als Folge jener Beschränkungen, die die Symmetrieelemente einer konkreten Punktgruppe dem Tensor auferlegen. Am Beispiel der Punktsymmetrie $4/m$ sei das erläutert. Zunächst wird das das Kristallsystem beherrschende Symmetrieelement $4_z$ untersucht. Seine Anwendung überführt den Kristall in eine kristallographisch äqui-

[1]) Speziallegierungen mit $\alpha = 0$ (vgl. Tab. 3.2) stehen dazu nicht im Widerspruch, zumal das Verschwinden nur für ein bestimmtes Temperaturintervall eintritt.

valente Lage, die um 90° gegenüber der Ausgangslage gedreht ist. Die Tensorkomponenten in der neuen Lage dürfen sich nicht von denen vor der Drehung unterscheiden. Aus dieser Forderung folgen Bedingungsgleichungen für die Komponenten untereinander. Wie in 1.3.3.3. ausgeführt, kann eine Transformation (hier also $4_z$) vom Typ (1.24) auf verschiedenem Wege praktisch ausgeführt werden. Geradlinig, aber oft mit mehr Schreibarbeit verbunden, ist die direkte Auswertung von (1.24), wobei die $a_{ik}$ aus Tab. A 5 entnommen werden. Im vorliegenden Falle ist der Weg über (1.24a) bis (1.24c) bequemer. Die Matrixschreibweise 1.3.3.9. analog (5.28) und (5.31)[1]) kann ebenfalls angewandt werden. Grundlage sind wieder die $a_{ik}$ nach Tab. A5, die über (5.32) in (5.31) einfließen. Im letztgenannten Falle hat man

$$\begin{pmatrix} \alpha_1' \\ \alpha_2' \\ \alpha_3' \\ \alpha_4' \\ \alpha_5' \\ \alpha_6' \end{pmatrix} = \begin{pmatrix} 0 & 1 & 0 & 0 & 0 & 0 \\ 1 & 0 & 0 & 0 & 0 & 0 \\ 0 & 0 & 1 & 0 & 0 & 0 \\ 0 & 0 & 0 & 0 & -1 & 0 \\ 0 & 0 & 0 & 1 & 0 & 0 \\ 0 & 0 & 0 & 0 & 0 & -1 \end{pmatrix} \begin{pmatrix} \alpha_1 \\ \alpha_2 \\ \alpha_3 \\ \alpha_4 \\ \alpha_5 \\ \alpha_6 \end{pmatrix}. \tag{6.8}$$

In jedem Falle ergibt sich $\alpha'_{11} = \alpha_{22} \stackrel{!}{=} \alpha_{11}$, $\alpha'_{33} = \alpha_{33} \stackrel{!}{=} \alpha_{33}$, $\alpha'_{23} = -\alpha_{13} \stackrel{!}{=} \alpha_{23}$, $\alpha'_{13} = \alpha_{23} \stackrel{!}{=} \alpha_{13}$, $\alpha'_{12} = -\alpha_{12} \stackrel{!}{=} \alpha_{12}$. Beziehungen wie die letzte oder die beiden vorletzten zusammengenommen sind typisch für Untersuchung der äußeren Symmetrie und können nur mit $\alpha_{12} = 0$ bzw. $\alpha_{13} = \alpha_{23} = 0$ erfüllt werden, entsprechend der Angabe in Tab. 1.5. Die Spiegelebene $m_z$ in dieser Punktgruppe schränkt die Komponenten nicht weiter ein.

In Tab. 6.1 waren für nichtkubische Substanzen Ausdehnungskoeffizienten angegeben, die parallel zu verschiedenen Translationsrichtungen der Elementarzelle gemessen worden sind. Der Zusammenhang zwischen dem Ausdehnungskoeffizienten in Richtung $\vec{n}$ und den Komponenten $\alpha_{ij}$ des Tensors $\overset{2\rightarrow}{\alpha}$ ist allgemein über

$$\boxed{\alpha(\vec{n}) = \vec{n} \cdot \overset{2\rightarrow}{\alpha} \cdot \vec{n}} \tag{6.9}$$

gegeben (vgl. (1.42)). In Richtung $\vec{n} = \vec{e}_3$ wird also $\alpha_{33}$ gemessen usw. (s. dazu auch (1.13)).

Ist $\vec{n} = \sin\vartheta \cos\varphi \vec{e}_1 + \sin\vartheta \sin\varphi \vec{e}_2 + \cos\vartheta \vec{e}_3$ mit den Winkeln $\vartheta$ und $\varphi$ gegeben (Abb. A1(c)), dann berechnet sich der Ausdehnungskoeffizient $\alpha(\vec{n})$ für Substanzen des tetragonalen, hexagonalen und rhomboedrischen Kristallsystems (d. h. mit einem Tensor der Symmetriegruppe $\infty/mm$ nach Tab. 1.5) entsprechend (6.9) aus

$$\begin{aligned} \alpha(\vec{n}) &= \sin^2\vartheta \cos^2\varphi\, \alpha_{11} + \sin^2\varphi \sin^2\vartheta\, \alpha_{11} + \cos^2\vartheta\, \alpha_{33} \\ &= \sin^2\vartheta\, \alpha_{11} + \cos^2\vartheta\, \alpha_{33} \equiv \sin^2\vartheta\, \alpha_\perp + \cos^2\vartheta\, \alpha_\parallel \\ &= \alpha_\perp + (\alpha_\parallel - \alpha_\perp) \cos^2\vartheta \end{aligned} \tag{6.10}$$

mit $\alpha_\perp \equiv \alpha\,(\vartheta = \pi/2)$ und $\alpha_\parallel \equiv \alpha\,(\vartheta = 0)$. Der Wert $\alpha_\perp$ entspricht in Tab. 6.1 den Angaben unter $\parallel a$, der Wert $\alpha_\parallel$ denjenigen unter $\parallel c$. Der Winkel $\varphi$ beeinflußt $\alpha(\vec{n})$ nicht.

Von niedrigsymmetrischen Kristallen müssen nach Tabelle 1.5 bis zu 6 Komponenten gemessen werden, um das Materialverhalten vollständig zu kennzeichnen. (6.9) ergibt für alle Orientierungen $\vec{n}$ ein Gleichungssystem für die $\alpha_{ij}$. Tab. 6.3 enthält Zahlenwerte für einige monokline Substanzen. Für weitere Angaben vgl. Dreyer.

[1]) (5.27) und somit (5.30) ist eine spezielle Matrixdarstellung, die hier unzweckmäßig wäre.

Tab. 6.3. Ausdehnungskoeffizienten $\alpha_{ij}$ monokliner Kristalle*) für verschiedene $(ij)$ bei Raumtemperatur (nach DREYER)

| Substanz | $\alpha_{ij}/10^{-6}\,K^{-1}$ |
|---|---|
| $K_2O \cdot Al_2O_3 \cdot 6SiO_2$ (Orthoklas) | (11) 18,5, (22) −2,29, (33) −1,47, (13) − 1,31 |
| $CaSO_4 \cdot 2H_2O$ (Gips) | (11) 12,0, (22) 41,4, (33) 17,99, (13) −13,3 |
| $2CaO \cdot Al_2O_3 \cdot Fe(OH)O \cdot 3SiO_2$ (Epidot) | (11) 3,13, (22) 8,62, (33) 10,1, (13) − 1,12 |

*) Koordinatensystem in 2. Aufstellung, s. Abb. 1.1 (b).

### 6.1.2.2. Tensorflächen

In 1.3.3.6. wurden Flächen zur Veranschaulichung der Richtungsabhängigkeit tensorieller Eigenschaften eingeführt, die auch auf $\overset{2\rightarrow}{\alpha}$ angewandt werden können. Da die Vorzeichen der $\alpha_{ij}$ mit Ausnahme der Vertreter des kubischen Kristallsystems an einer Substanz verschieden sein können, kommen i. allg. die in Abb. 1.4 angegebenen Flächenformen für Flächen vom Typ (1.39) in Frage. Von praktischem Interesse ist die Orientierung der Hauptachsen dieser Flächen bezüglich des zugrunde liegenden Koordinatensystems. Man findet sie als Lösungen der Eigenwertaufgabe, die in 1.3.3.5. behandelt wurde. In Tab. 6.4 ist die Lage der Hauptachsen der charakteristischen Flächen gekennzeichnet. Im monoklinen bzw. triklinen System kann sich die Orientierung zweier bzw. aller drei Hauptachsen z. B. mit der Temperatur ändern (vgl. Abb. 6.2).

Die Lage der beiden variablen Hauptachsen im monoklinen System läßt sich auch durch Umkehrung der Konstruktion des MOHRschen Kreises (1.24g) (vgl. auch Abb. 1.3a)

Tab. 6.4. Form und Orientierung der charakteristischen Fläche $\vec{r} \cdot \overset{2\rightarrow}{\alpha} \cdot \vec{r} = 1$ für verschiedene Kristallsysteme

| Kristallsystem | Form | Hauptachsenorientierung |
|---|---|---|
| kubisch | Kugel | beliebig |
| tetragonal<br>hexagonal<br>rhomboedrisch | Rotations-Ellipsoid oder -Hyperboloid | ausgezeichnete Achse der Fläche parallel zur ausgezeichneten kristallographischen Achse |
| rhombisch | Ellipsoid oder Hyperboloid (vgl. Abb. 1.4) | parallel Koordinatenachsen a, b, c |
| monoklin | | eine Hauptachse parallel 2 oder senkrecht auf $m$, die beiden anderen nicht durch Symmetrie festgelegt und damit variabel |
| triklin | | nicht durch Kristallsymmetrie festgelegt, variabel |

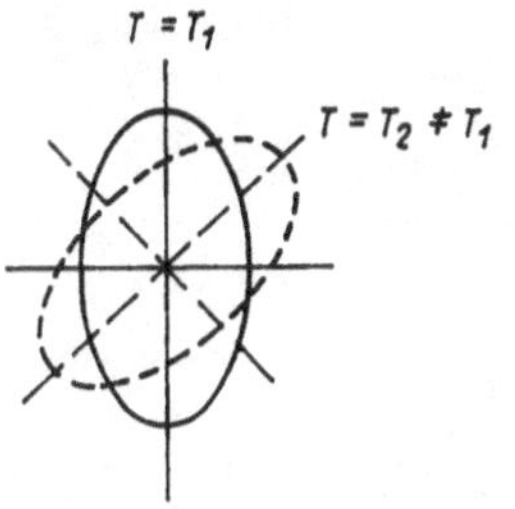


Abb. 6.2. Drehung des Ellipsoids $\vec{r} \cdot \overset{2\rightarrow}{\alpha} \cdot \vec{r} = 1$ mit einer Temperaturänderung im monoklinen Kristallsystem. Die zweizählige Achse bzw. die Normale auf der Spiegelebene stehen auf der Zeichenebene senkrecht (schematisch).

gewinnen. Gegeben sei der Tensor (2. Aufstellung)

$$\overset{2\rightarrow}{\alpha} = \begin{pmatrix} \alpha_{11} & 0 & \alpha_{13} \\ 0 & \alpha_{22} & 0 \\ \alpha_{13} & 0 & \alpha_{33} \end{pmatrix}. \tag{6.11}$$

Dann sind die Hauptwerte nach Abb. 1.3

$$\begin{aligned} T_1 &= OM - MT_1 = \frac{1}{2}(\alpha_{11} + \alpha_{33}) - r_M, \\ T_2 &= OM + MT_2 = \frac{1}{2}(\alpha_{11} + \alpha_{33}) + r_M, \end{aligned} \tag{6.12}$$

wobei $r_M{}^2 = \frac{1}{4}(\alpha_{33} - \alpha_{11})^2 + \alpha_{13}^3$ ist und

$$\tan 2\varphi = \frac{2\alpha_{13}}{\alpha_{33} - \alpha_{11}} \tag{6.13}$$

den Winkel $\varphi$ angibt, um den die Hauptachse $\alpha_3$ gegen die $\vec{c}$-Achse in der Ebene $\vec{a}, \vec{c}$ gedreht ist. Im triklinen System wird man auf die Eigenwertbestimmung zurückgreifen.

Die Indexfläche (1.43) bzw. (6.9) gestattet, den Ausdehnungskoeffizienten $\alpha$ einer bestimmten Richtung $\vec{n}$ direkt abzulesen (vgl. z. B. Abbn. 6.3 und 6.4). Richtungen

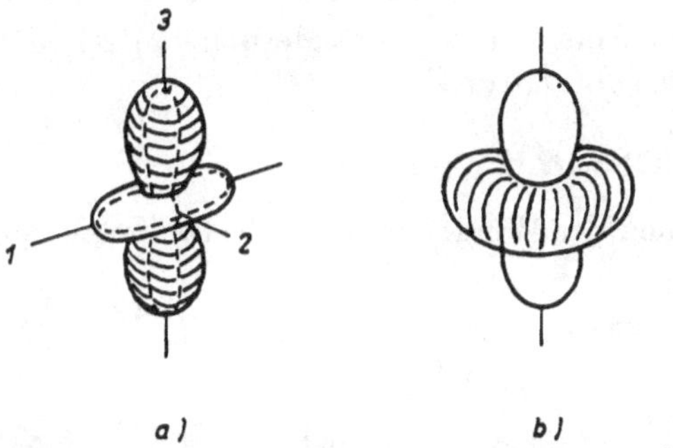


Abb. 6.3. Indexflächen $\alpha = \vec{n} \cdot \overset{2\rightarrow}{\alpha} \cdot \vec{n}$ für einen Tensor $\overset{2\rightarrow}{\alpha}$ der Symmetrie $mmm$ mit $\alpha_1 > \alpha_2 > 0 > \alpha_3$ (a) und der Symmetrie $\infty/mm$ mit $\alpha_{\|} > 0 > \alpha_{\perp}$ (b). Flächenteile $\alpha_i < 0$ sind schraffiert dargestellt.

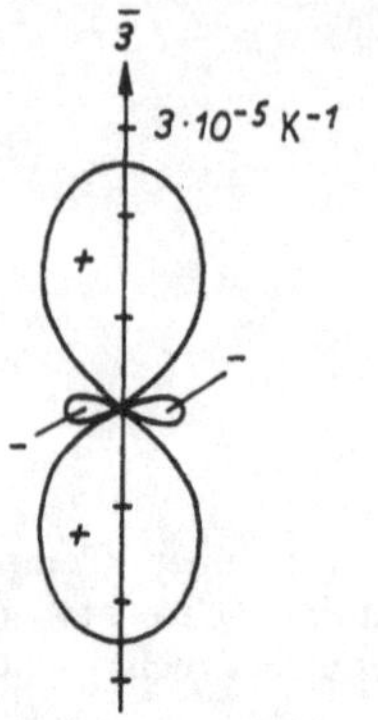


Abb. 6.4. Schnitt durch die Indexfläche von Kalkspat (Kristallklasse $\bar{3}m$) parallel zu $\bar{3}$. Positive und negative Werte von $\alpha$ sind gekennzeichnet (vgl. auch Tab. 6.1) (nach Butabaev, Siròtin).

$\vec{n}$ mit verschwindendem $\alpha$ folgen aus

$$\vec{n} \cdot \overset{2\rightarrow}{\alpha} \cdot \vec{n} = 0. \tag{6.14}$$

Ist $\vec{n}$ in der Form $\vec{n} = (n_1, n_2, n_3) = (\sin\vartheta\cos\varphi, \sin\vartheta\sin\varphi, \cos\vartheta)$ gesucht, hat man nach (6.14) für Kristalle des tetragonalen, hexagonalen und rhomboedrischen Systems

$$(n_1^2 + n_2^2)\,\alpha_{11} + n_3^2\alpha_{33} = (1 - n_3^2)\,\alpha_{11} + n_3^2\alpha_{33} = 0 \tag{6.15}$$

oder

$$\frac{\sin^2\vartheta}{\cos^2\vartheta} = -\frac{\alpha_{33}}{\alpha_{11}}. \tag{6.16}$$

Für Kalkspat mit $\alpha_{33} = 23{,}6 \cdot 10^{-6}\,\mathrm{K}^{-1}$ und $\alpha_{11} = -5{,}2 \cdot 10^{-6}\,\mathrm{K}^{-1}$ ergibt sich $\vartheta = 64{,}9°$.

### 6.1.2.3. Winkeländerung

Die Normalen auf zwei Netzebenen seien durch die Vektoren des reziproken Gitters $\vec{H}_1$ und $\vec{H}_2$ gegeben. Eine Temperaturänderung um $\Delta T$ hat nach (5.12) und (6.5) die Verschiebung jedes Vektors zur Folge:

$$\vec{H}_i(T + \Delta T) = \vec{H}_i(T) + \overset{2\rightarrow}{\alpha} \cdot \vec{H}_i\Delta T. \tag{6.17}$$

Damit ändert sich i. allg. auch der Winkel zwischen Netzebenen, denn es ist

$$\cos\varphi(T + \Delta T) = \frac{\vec{H}_1(T + \Delta T) \cdot \vec{H}_2(T + \Delta T)}{|\vec{H}_1|\,|\vec{H}_2|}$$

$$= \cos\varphi(T) + \frac{2\vec{H}_1 \cdot \overset{2\rightarrow}{\alpha} \cdot \vec{H}_2}{|\vec{H}_1|\,|\vec{H}_2|}\,\Delta T + \frac{\vec{H}_1 \cdot \overset{2\rightarrow}{\alpha} \cdot \overset{2\rightarrow}{\alpha} \cdot \vec{H}_2}{|\vec{H}_1|\,|\vec{H}_2|}\,(\Delta T)^2. \tag{6.18}$$

Bei kleinen Temperaturänderungen $\Delta T \ll T$ ist

$$\cos \varphi(T + \Delta T) \approx \cos \varphi(T) + \frac{2\vec{H}_1 \cdot \overset{2\rightarrow}{\alpha} \cdot \vec{H}_2}{|\vec{H}_1|\,|\vec{H}_2|}\,\Delta T\,, \tag{6.19}$$

wobei $|\vec{H}_1|$ und $|\vec{H}_2|$ gleich den reziproken Netzebenenabständen bei der Temperatur $T$ sind.

Wenn die Winkel zwischen den Basisvektoren der Elementarzelle eines Kristalls infolge von Symmetriebeziehungen nicht temperaturunabhängig sein müssen, ist das Auftreten negativer Ausdehnungskoeffizienten zu erwarten (vgl. Abb. 6.5).

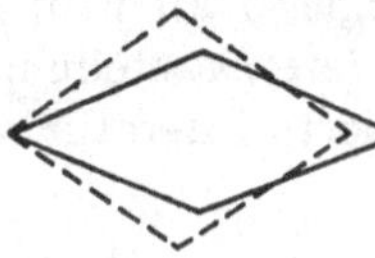

Abb. 6.5. Winkeländerung von Netzebenen geht mit Verlängerung ($\alpha > 0$) der einen und Verkürzung ($\alpha < 0$) der anderen Diagonalen einher.

## 6.1.3. Atomistische Interpretation

### 6.1.3.1. Wärmeschwingungen

Mit zunehmender Temperatur wächst die Amplitude der Wärmeschwingungen aller Atome (vgl. auch 3.3.3.). Damit gewinnen anharmonische Terme in der freien Energie des Kristalls an Einfluß, die die mittlere (Gleichgewichts-) Lage aller Teilchen so weit verschieben, daß bei der veränderten Temperatur die freie Energie wieder minimal ist. Dies kann entweder eine Abstandsvergrößerung oder eine -verkleinerung bedeuten.

Entwickelt man die potentielle Energiedichte des Kristalls $v$ in eine Taylor-Reihe nach Verrückungen $\vec{u}^{\vec{m}}$ aus einer Anfangsgleichgewichtslage $\vec{r}^{\vec{m}} = \vec{R}^{\vec{m}}$, dann ergibt sich (vgl. Paufler, Schulze I)

$$v(\ldots \vec{R}^{\vec{m}} + \vec{u}^{\vec{m}} \ldots) = v_0(\ldots \vec{R}^{\vec{m}} \ldots) + \frac{1}{V}\left\{\frac{1}{2!}\sum_{mn} \Phi^{\vec{m}\vec{n}} : (\vec{u}^{\vec{m}}\vec{u}^{\vec{n}}) + \frac{1}{3!}\sum_{mnp} \Phi^{\vec{m}\vec{n}\vec{p}} : (\vec{u}^{\vec{m}}\vec{u}^{\vec{n}}\vec{u}^{\vec{p}}) + \cdots\right\}, \tag{6.20}$$

wobei die Koeffizienten $\Phi^{\vec{m}\cdots}$ in $\nu$-ter Ordnung Tensoren $\nu$-ter Stufe sind, deren Komponenten *Kopplungsparameter* oder *Kraftkonstanten* heißen.

Die anschauliche Bedeutung läßt sich an der zu (6.20) gehörigen Bewegungsgleichung

$$M\ddot{\vec{u}}^{\vec{m}} = -\sum_{\vec{n}} \Phi^{\vec{m}\vec{n}} \cdot \vec{u}^{\vec{n}} - \frac{1}{2}\sum \Phi^{\vec{m}\vec{n}\vec{p}} : (\vec{u}^{\vec{n}}\vec{u}^{\vec{p}}) - \cdots \tag{6.21}$$

ablesen ($\Phi^{\vec{m}} = 0$ wegen des Impulssatzes). Die Komponente $-\Phi_{ij}^{\vec{m}\vec{n}} u_j^{\vec{n}}$ ist die Kraft, die das Teilchen $\vec{m}$ in Richtung $\vec{e}_i$ erfährt, wenn das Teilchen $\vec{n}$ in Richtung $\vec{e}_j$ um $u_j^{\vec{n}}$ verschoben wird. Analog ist $-\frac{1}{2} \Phi_{ijk}^{\vec{m}\vec{n}\vec{p}} u_j^{\vec{n}} u_k^{\vec{p}}$ die Kraftwirkung auf $\vec{m}$ in Richtung $\vec{e}_i$, wenn $\vec{n}$ um $u_j^{\vec{n}}$ in Richtung $\vec{e}_j$ und $\vec{p}$ um $u_k^{\vec{p}}$ in Richtung $\vec{e}_k$ verschoben wird, usw. Dieser Term ist in (6.20) vornehmlich für die Änderung der mittleren Teilchenabstände verantwortlich. Es liegt auf der Hand, daß seine Berechnung eine sehr genaue Kenntnis von $v(\ldots \vec{u}^{\vec{m}} \cdots \ldots)$ voraussetzt.

Durch Aufsuchen des Minimums von $v$ bezüglich der Gitterkonstanten ergeben sich die Gitterkonstanten in Abhängigkeit von der Temperatur. Eine wesentliche Schwierigkeit der quantitativen Durchführung dieses Gedankengangs besteht in der Abhängigkeit von Auslenkungen in allen drei Raumrichtungen gleichzeitig. Hinzu kommt, daß die Minimalisierung der potentiellen Energie (6.20) nicht ausreicht, sondern die freie Energie zu betrachten ist. Für eine eingehendere Darstellung muß auf KRISHNAN, SRINIVASAN, DEVANARAYANAN und die dort zitierte Literatur verwiesen werden.

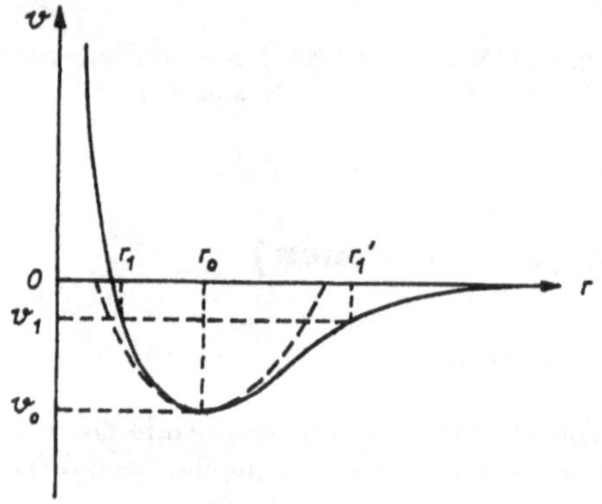


Abb. 6.6. Potentialverlauf für ein Teilchen im Kraftfeld eines ruhenden zweiten in Abhängigkeit vom Abstand $r$. Im Zustand $V_0$ beträgt der Abstand $r_0$; wenn die Gesamtenergie auf $V_1$ wächst, hält sich das Teilchen zwischen $r_1$ und $r_1'$ auf. Im symmetrischen Potential (gestrichelt) ändert sich der mittlere Abstand auch dann nicht (nach SCHULZE 1974).

Die Wirkung des anharmonischen Beitrags in der potentiellen Energie auf die mittleren Teilchenabstände läßt sich indessen mit geringem Aufwand am Verhalten eines Teilchens unter der Einwirkung nur eines (ruhenden) anderen demonstrieren (vgl. Abb. 6.6)[1]. Der Verlauf der potentiellen Energie $V(r)$ als Funktion des Abstandes $r$ der Teilchen ist bezüglich des Potentialminimums bei $r_0$ unsymmetrisch.[2]) Während bei harmonischen Schwingungen (gestrichelter Potentialverlauf in Abb. 6.6) die Auslenkungen $u = r - r_0$ im zeitlichen Mittel verschwinden, muß die Bewegung im anharmonischen Potential zu einer mittleren Abstandsänderung $\overline{u} = \overline{r - r_0}$ führen. Zur Berechnung von $\overline{u}$ mitteln wir über die möglichen Verrückungszustände. Als Gewichtsfaktor (Wahrscheinlichkeit des Zustandes) verwenden wir den BOLTZMANN-Faktor $\exp\left(-V(u)/k_B T\right)$.

[1]) Vgl. auch MIE; GRÜNEISEN 1912. Es ist $V = vV$.
[2]) Ausführlichere Darstellungen s. z. B. GRÜNEISEN 1926, BORN 1923, 1926.

Damit wird

$$\overline{u} = \frac{\int\limits_{-\infty}^{+\infty} u\, e^{-V(u)/k_B T}\, du}{\int\limits_{-\infty}^{+\infty} e^{-V(u)/k_B T}\, du}. \tag{6.22}$$

Das Potential werde nahe $u = 0$ näherungsweise durch

$$V(u) = f_1 u^2 - f_2 u^3 \tag{6.23}$$

beschrieben. Die Exponentialfunktion in (6.22) kann für hohe Temperaturen $V/k_B T \ll 1$ und kleine Verrückungen $u$ in eine Reihe entwickelt werden, die nach dem 1. Glied abbricht:

$$\exp([-f_1 u^2 + f_2 u^3]/k_B T) \approx \exp(-f_1 u^2/k_B T)\,(1 + f_2 u^3/k_B T).$$

Aus (6.22) wird somit[1])

$$\overline{u} = \frac{\int\limits_{-\infty}^{+\infty} e^{-f_1 u^2/k_B T}\left(u + f_2 \frac{u^4}{k_B T}\right) du}{\int\limits_{-\infty}^{+\infty} e^{-f_1 u^2/k_B T}\left(1 + f_2 \frac{u^3}{k_B T}\right) du} = \frac{\frac{3}{4} f_2 \sqrt{\frac{\pi (k_B T)^3}{f_1^5}}}{\sqrt{\frac{\pi k_B T}{f_1}}} = \frac{3}{4} f_2 \frac{k_B T}{f_1^2}, \tag{6.24}$$

und für den linearen thermischen Ausdehnungskoeffizienten

$$\alpha = \frac{1}{r_0} \frac{dr}{dT} = \frac{1}{r_0} \frac{d\overline{u}}{dT} = \frac{3}{4} \frac{f_2}{f_1^2 r_0} k_B. \tag{6.25}$$

Im symmetrischen Potential $f_2 = 0$ ist auch $\alpha = 0$.[2]) Aus Messungen von $\alpha$ kann auf anharmonische Potentialbeiträge geschlossen werden. Das direkte „Ausloten" des Potentialtopfes haben z. B. Zucker, Schulz durch Vermessen der thermisch-diffusen Streuung von Röntgenstrahlen unternommen (vgl. Abb. 6.7). Die Erweiterung des Zweiteilchenmodells auf eine Kette liegt auf der Hand. Fällt ein Atom mit einem Inversionszentrum zusammen, hätte man Abb. 6.6 an der $V$-Achse zu spiegeln.

Häufig wird die Interpretation des thermischen Ausdehnungskoeffizienten nach dem Vorgehen von Grüneisen (1912) auf die der Wärmekapazität $C_V$ zurückgeführt. Wegen der Definition des isothermen Kompressionsmoduls $K = V\,\partial p/\partial V$ ist mit (6.4)

$$K\beta = \left.\frac{\partial p}{\partial T}\right|_V = \left.\frac{\partial S}{\partial V}\right|_T, \tag{6.26}$$

1) $\int x^n e^{-ax^2} dx = -(1/2a)\,[x^{n-1} e^{-ax^2} - (n-1) \int x^{n-2} e^{-ax} dx]$ und $\int\limits_{-\infty}^{+\infty} e^{-ax^2} dx = \sqrt{\pi/a}$.

2) In diesem einfachen Modell ist $\alpha$ temperaturunabhängig im Gegensatz zur Beobachtung. Faßt man in (6.24) $k_B T$ als mittlere Energie eines eindimensionalen Oszillators auf und verallgemeinert die Gleichung dahingehend, daß $\bar{u}$ auch bei tiefen Temperaturen dieser Energie proportional ist, läßt sich $\alpha \to 0$ für $T \to 0$ erhalten. Denn dann ist $k_B T$ durch den quantenmechanischen Ausdruck $h\nu/(e^{h\nu/k_B T} - 1)$ zu ersetzen.

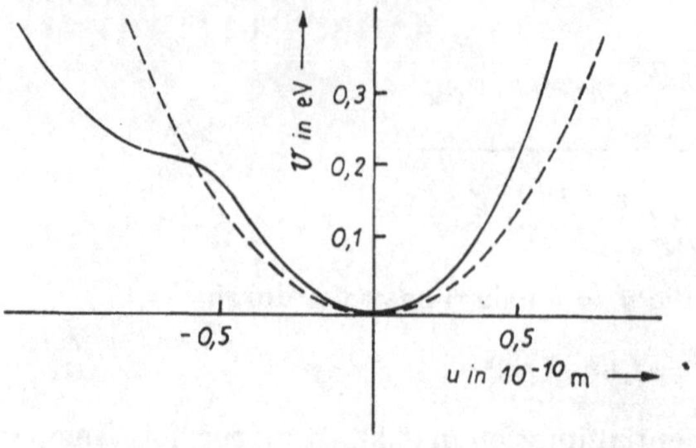


Abb. 6.7. Potential eines Li-Atoms $\left(\frac{1}{3}\,\frac{2}{3}\,0\right)$ in $Li_3N$ in der Richtung N—Li —Li—N. Messung bei 888 K. Zum Vergleich ist das harmonische Potential angegeben (gestrichelt) (nach ZUCKER, SCHULZ).

wobei $V, p, S$ Volumen, Druck, Entropie des Systems bedeuten. Da sich die Entropie aus der freien Energie $F$ über $S = -\partial F/\partial T$ bestimmt und sich die freie Energie in quasiharmonischer Näherung aus den Schwingungsbeiträgen der $p$ Atome/(primitive) Elementarzelle, summiert über $N_{EZ}$ Elementarzellen, berechnet, gewinnt man mit

$$F = k_B T \sum_{j=1}^{3p} \sum_{i=1}^{N_{EZ}} \left\{\frac{1}{2} \frac{\hbar\omega_j(\vec{k}_i)}{k_B T} + \ln\left[1 - e^{-(\hbar\omega_j(\vec{k}_i))/k_B T}\right]\right\} \tag{6.27}$$

aus (6.26)

$$K\beta V = k_B \sum_{j=1}^{3p} \sum_{i=1}^{N_{EZ}} \gamma_{j,i}\sigma_{j,i}, \tag{6.28}$$

wo $\sigma_{j,i} \equiv \left(\hbar\omega_j(\vec{k}_i)/k_B T\right)^2 \exp\left(\hbar\omega_j(\vec{k}_i)/k_B T\right)/\left[1 - \exp\left(\hbar\omega_j(\vec{k}_i)/k_B T\right)\right]^2$ gesetzt wurde. $\boldsymbol{k}_i$ ist der Wellenzahlvektor zum Zustand $i$. Weiterhin sind

$$\gamma_{j,i} = -\frac{\partial \ln\left(\hbar\omega_j(\vec{k}_i)/k_B T\right)}{\partial \ln V} = -\frac{\partial \ln \omega_j(\vec{k}_i)}{\partial \ln V} \tag{6.29}$$

die GRÜNEISEN-*Parameter* zur Normalschwingung mit der Frequenz $\omega_j(\vec{k}_i)$. Sie sind ein Maß für die Änderung der Wärmeschwingungsfrequenzen mit dem Volumen.

Die Popularität der Darstellung (6.28) rührt daher, daß über

$$k_B \sum_{j=1}^{3p} \sum_{i=1}^{N} \sigma_{j,i} = T \left.\frac{\partial S}{\partial T}\right|_v = NC_V \tag{6.30}$$

die Wärmekapazität $C_V$ (vgl. (3.8)) eingeführt und die Summation in (6.28) durch ein gewogenes Mittel über alle GRÜNEISEN-Parameter

$$\gamma = \frac{\sum_{j=1}^{3p} \sum \gamma_{j,i}\sigma_{j,i}}{\sum_{j=1}^{3p} \sum_{i=1}^{N} \sigma_{j,i}} \tag{6.31}$$

ersetzt werden kann. Dann wird aus (6.28)

$$\boxed{\frac{\beta K V}{N C_V} = \gamma} \tag{6.32}$$

mit der GRÜNEISEN-Konstanten $\gamma$.[1]) Sie ist naturgemäß temperaturabhängig (vgl. z. B. Abb. 6.8).

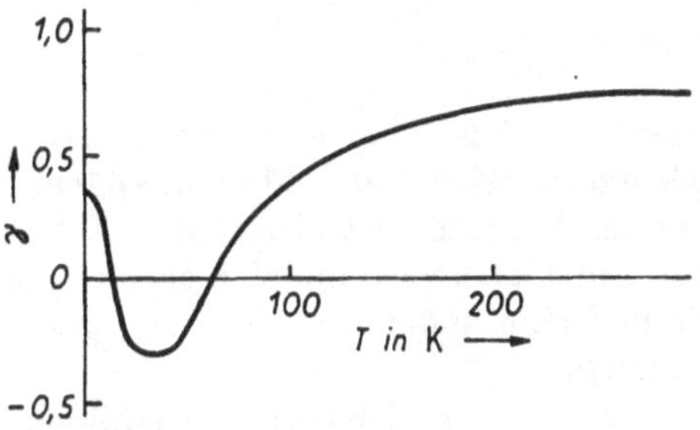


Abb. 6.8. Temperaturabhängigkeit der GRÜNEISEN-Konstanten $\gamma(T)$ von GaAs (nach SOMA, SATOK, MATSUO).

### 6.1.3.2. Andere Einflüsse

Neben den Wärmeschwingungen geben auch freie Elektronen und magnetische Momente Beiträge zur freien Energie des Systems (vgl. hierzu auch 3.3.3.5.). In der Darstellung (6.32) läßt sich dieser Einfluß näherungsweise durch

$$\beta = \frac{N}{KV} (\gamma_w C_V^w + \gamma_e C_V^e + \gamma_m C_V^m) \tag{6.33}$$

beschreiben, wo die Indizes w, e, m für Wärmeschwingungen, Elektronen bzw. Magnonen stehen. Weiterhin ändern Phasenumwandlungen den Wert des thermischen Ausdehnungskoeffizienten (vgl. dazu auch KRISHNAN, SRINIVASAN, DEVANARAYANAN).

## 6.1.4. Anwendungen

Das Phänomen der thermischen Ausdehnung wird in vielfältiger Weise praktisch genutzt. Dazu gehört die Anwendung als Thermometer und Thermorelais. Die Längenänderung eines Ringes z. B. kann ausgenutzt werden, um ihn mit einem anderen fest zu verbinden (aufzuschrumpfen). Ein sich ausdehnender Festkörper ermöglicht einen stoßfreien Vortrieb usw. Auf dem Gebiet der Materialprüfung dient die Messung der Temperaturabhängigkeit des Ausdehnungskoeffizienten als Indikator von Phasenumwandlungen.

[1]) GRÜNEISEN (1926) zeigte anhand umfangreichen experimentellen Materials, daß $\gamma$ von Stoff zu Stoff nur wenig (gesetzmäßig) schwankt.

Thermische Ausdehnung hat auch oft unerwünschte Nebenwirkungen, so z. B. in der Dünnschichttechnik, wo schädliche Spannungen zwischen epitaktischen Schichten und Substraten entstehen, oder im Bereich von Präzisionsinstrumenten, die bei kleinen Temperaturänderungen schon unerwünschte Dimensionsänderungen in Kauf nehmen müssen. Hierher gehört auch die Entstehung der gefürchteten inneren Spannungen beim Erstarren aus der Schmelze (vgl. 6.2) und die Verwerfung von Eisenbahngleisen. Durch Manipulation der $\alpha$-Werte gelingt es oft, die Störung klein zu halten.

### 6.1.5. Vielkristalle

Will man das Verhalten von Vielkristallen auf die Materialgrößen von Einkristallen zurückführen, ist in geeigneter Weise über alle vorhandenen Kristallitorientierungen unter Berücksichtigung der Kristallitgrößen und der Orientierungsverteilungsfunktion zu mitteln.[1]) Die Schwierigkeit besteht einmal in der Ermittlung der genannten Parameter im konkreten Falle und zum anderen in der Festlegung eines realistischen physikalischen Modells (vgl. Hashin).

Wir betrachten den vereinfachten Fall der Mittelwertbildung bei regelloser Verteilung der Kristallite. Inkompatibilitäten an den Korngrenzen seien vernachlässigt. Dann ist der Mittelwert über alle möglichen Orientierungen der Elementarzelle im Raum durch

$$\overset{2\rightarrow}{\bar{\alpha}} = \frac{1}{8\pi^2} \int\limits_0^{2\pi} \int\limits_0^{4\pi} \overset{2\rightarrow}{\alpha}\, \mathrm{d}\Omega\, \mathrm{d}\psi \tag{6.33a}$$

gegeben, wo $\mathrm{d}\Omega = \sin\vartheta\, \mathrm{d}\vartheta\, \mathrm{d}\varphi$ (vgl. Abb. A1) das Raumwinkelelement und $\psi$ die Winkelkoordinate um einen Radiusvektor $\vec{r}$ als Achse bedeuten.

Für Substanzen des tetragonalen, hexagonalen und rhomboedischen Kristallsystems ist der Mittelwert des Koeffizienten $\alpha_{11}$

$$\bar{\alpha}_{11} = \frac{1}{8\pi^2} \int\limits_0^{2\pi} \int\limits_0^{4\pi} \alpha'_{11}\, \mathrm{d}\Omega\, \mathrm{d}\psi \tag{6.33b}$$

mit $\alpha'_{11} = (a_{11}^2 + a_{12}^2)\,\alpha_{11} + a_{13}^2\alpha_{33}$ (vgl. (1.24) und Tab. 6.2). Wegen $a_{11} = \cos\varphi\cos\psi - \sin\varphi \times \cos\vartheta\sin\psi$, $a_{12} = \cos\varphi\sin\psi + \sin\varphi\cos\vartheta\cos\psi$ und $a_{13} = \sin\varphi\sin\vartheta$ wird (6.33b)

$$\bar{\alpha}_{11} = \frac{1}{3}\,(2\alpha_{11} + \alpha_{33}) = \bar{\alpha}_{22} = \bar{\alpha}_{33}.^{2)} \tag{6.33c}$$

Im rhombischen Kristallsystem ergibt sich analog $\bar{\alpha}_{ii} = (\alpha_{11} + \alpha_{22} + \alpha_{33})/3$, im mono- und triklinen dagegen $\bar{\alpha}_{ii} = (\alpha_I + \alpha_{II} + \alpha_{III})/3$, wobei $\alpha_I$, $\alpha_{II}$, $\alpha_{III}$ die Hauptachsenwerte bezeichnen.

Liegt eine Textur vor, kann die Orientierungsverteilungsfunktion als Gewichtsfaktor in (6.33a) verwendet werden. Für Einzelheiten sei auf Dreyer verwiesen.

---

[1]) Der noch allgemeinere Fall von Phasengemischen wird von Pompe behandelt.

[2]) Es ist $(1/2\pi) \int_0^{2\pi} \sin^2\varphi\, \mathrm{d}\varphi = 1/2$ und $\int_0^{\pi} \sin^2\vartheta \sin\vartheta\, \mathrm{d}\vartheta = 4/3$.

## 6.2. Thermoelastizität

### 6.2.1. Einführung der Materialgrößen

Eng verwandt mit dem experimentellen Befund von 6.1.1. ist die Entstehung von Spannungen infolge einer Temperaturänderung. Wir führen die Erscheinung auf die thermische Ausdehnung zurück und können uns daher kurz fassen.

Im Unterschied zur Versuchsführung von Abb. 6.1 erfolgt die Temperaturänderung des Probekörpers nicht bei konstantem Druck, sondern bei konstanter Länge oder konstantem Volumen. Abb. 6.9 zeigt das Schema. Die beiden miteinander zu verknüpfenden Größen sind die Temperaturänderung $\Delta T$ und die daraus resultierende Spannung(sänderung) $\overset{2\rightarrow}{\sigma}$

$$\boxed{\overset{2\rightarrow}{\sigma} = -\overset{2\rightarrow}{\beta}\Delta T}, \tag{6.34}$$

wo $\overset{2\rightarrow}{\beta}$ der *Tensor der thermoelastischen Koeffizienten* ist. Er ist wie $\overset{2\rightarrow}{\sigma}$ symmetrisch.[1])

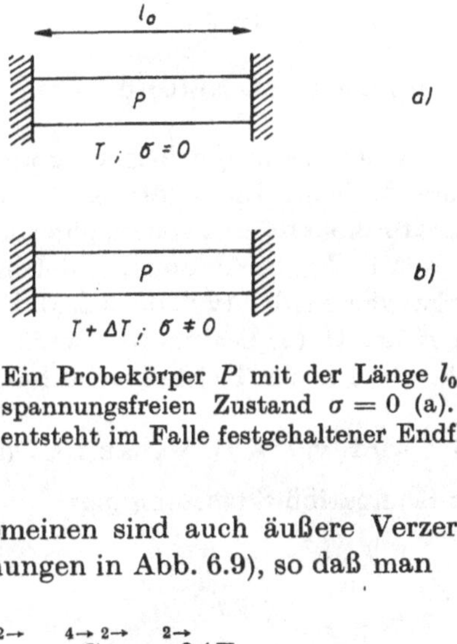


Abb. 6.9. Ein Probekörper $P$ mit der Länge $l_0$ befinde sich bei der Temperatur $T$ im spannungsfreien Zustand $\sigma = 0$ (a). Nach einer Temperaturänderung $\Delta T$ entsteht im Falle festgehaltener Endflächen die Spannung $\sigma$ in $P$ (b).

Im allgemeinen sind auch äußere Verzerrungen beteiligt (z. B. deformieren sich die Einspannungen in Abb. 6.9), so daß man

$$\overset{2\rightarrow}{\sigma} = \overset{4\rightarrow}{C} : \overset{2\rightarrow}{\varepsilon} - \overset{2\rightarrow}{\beta}\Delta T \tag{6.35}$$

zu schreiben hat. Der Anteil $\overset{4\rightarrow}{C} : \overset{2\rightarrow}{\varepsilon}$ (Hookesches Gesetz) wird später behandelt (s. 8.2.).

Da die Verzerrung $\overset{2\rightarrow}{\varepsilon}$ in (6.35) ihrerseits durch die Spannung und thermische Ausdehnung bestimmt ist, hat man

$$\overset{2\rightarrow}{\varepsilon} = \overset{4\rightarrow}{S} : \overset{2\rightarrow}{\sigma} + \overset{2\rightarrow}{\alpha}\Delta T \tag{6.36}$$

1) Zur Vorzeichenfestlegung in (6.34) vgl. 5.2.

mit $\overset{4\rightarrow}{\boldsymbol{S}}:\overset{2\rightarrow}{\sigma}$ als dem ebenfalls später zu betrachtenden HOOKEschen Anteil.[1]) Einsetzen von (6.36) in (6.35) führt auf die Identität

$$\overset{2\rightarrow}{\sigma} = \overset{4\rightarrow}{\boldsymbol{C}}:\overset{4\rightarrow}{\boldsymbol{S}}:\overset{2\rightarrow}{\sigma} + (\overset{4\rightarrow}{\boldsymbol{C}}:\overset{2\rightarrow}{\alpha} - \overset{2\rightarrow}{\beta})\,\Delta T\,. \tag{6.37}$$

Sie ist erfüllt, wenn

$$\overset{4\rightarrow}{\boldsymbol{C}}:\overset{4\rightarrow}{\boldsymbol{S}} = \overset{4\rightarrow}{1} \tag{6.38}$$

und

$$\boxed{\overset{2\rightarrow}{\beta} = \overset{4\rightarrow}{\boldsymbol{C}}:\overset{2\rightarrow}{\alpha}} \tag{6.39}$$

bzw.

$$\beta_{ij} = C_{ijkl}\alpha_{kl} \qquad (i, j, k, l = 1, 2, 3)\,. \tag{6.40}$$

Die Materialgrößen $\beta_{ij}$, die das thermoelastische Verhalten beschreiben, lassen sich also auf die Koeffizienten der thermischen Ausdehnung $\alpha_{kl}$ und die noch zu besprechenden elastischen Koeffizienten $C_{ijkl}$ zurückführen.

### 6.2.2. Inhomogene Temperaturverteilung

Von besonderem praktischen Interesse in der kristallographischen Arbeit ist die Wirkung räumlich und zeitlich veränderlicher Temperaturen. Wenn in einem Probekörper Bereiche verschiedener Temperatur koexistieren sollen, ohne daß der Zusammenhang des Körpers verloren geht, müssen i. allg. Spannungen entstehen. Auf deren Berechnung kann hier nicht näher eingegangen werden (vgl. dazu z. B. PARKUS; SNEDDON; SIROTIN 1956; UZDALEV; INDENBOM 1979). Unter bestimmten Bedingungen sind Temperaturfelder auch spannungsfrei. Dies ist für den Kristallzüchter von Bedeutung und soll daher noch Erwähnung finden.

Wie in der Mechanik gezeigt wird (vgl. z. B. MACKE 1962 (a), S. 443; WEMPNER), muß das Verzerrungsfeld $\overset{2\rightarrow}{\varepsilon}$ die Kompatibilitätsbedingung

$$\frac{\overset{\rightarrow}{\partial}}{\partial\vec{\boldsymbol{r}}} \times \overset{2\rightarrow}{\varepsilon} \times \frac{\overset{\leftarrow}{\partial}}{\partial\vec{\boldsymbol{r}}} \equiv \operatorname{ink}\overset{2\rightarrow}{\varepsilon} = 0\;{}^{2)} \tag{6.41}$$

erfüllen. Mit (6.36) führt dies auf

$$\operatorname{ink}(\overset{4\rightarrow}{\boldsymbol{S}}:\overset{2\rightarrow}{\sigma}) = -\operatorname{ink}(\overset{2\rightarrow}{\alpha}\Delta T)\,. \tag{6.42}$$

[1]) $\overset{4\rightarrow}{\boldsymbol{C}}$ und $\overset{4\rightarrow}{\boldsymbol{S}}$ sind Eigenschaftstensoren 4. Stufe mit den Komponenten $C_{ijkl}$ und $S_{ijkl}$. In der kürzeren Matrixschreibweise 5.3. nehmen (6.35) und (6.36) die Form $\sigma_\lambda = c_{\lambda\mu}\varepsilon_\mu - \beta_\lambda \Delta T$ und $\varepsilon_\lambda = S_{\lambda\mu}\sigma_\mu + \alpha_\lambda \Delta T$ an ($\mu, \lambda = 1, \ldots, 6$).

[2]) Die Pfeile über dem Nablaoperator geben die Richtung an, in der er hier angewandt werden muß.

Inkompatibilitäten der thermischen Verformung wirken als Spannungsquellen $\overset{2\rightarrow}{\sigma} \neq 0$.[1]) Keine thermischen Spannungen treten auf, wenn $\overset{2\rightarrow}{\varepsilon} = \overset{2\rightarrow}{\alpha \Delta T}$ mit

$$\text{ink}\,(\overset{2\rightarrow}{\alpha \Delta T}) = 0 \tag{6.43}$$

gilt. In kartesischen Koordinaten bedeutet (6.41)

$$\begin{aligned} \frac{\partial^2 \varepsilon_{11}}{\partial x_2^{\,2}} + \frac{\partial^2 \varepsilon_{22}}{\partial x_1^{\,2}} &= 2\,\frac{\partial^2 \varepsilon_{12}}{\partial x_1\,\partial x_2}, \\ \frac{\partial^2 \varepsilon_{11}}{\partial x_1\,\partial x_2} &= \frac{\partial}{\partial x_1}\left(-\frac{\partial \varepsilon_{23}}{\partial x_1} + \frac{\partial \varepsilon_{31}}{\partial x_2} + \frac{\partial \varepsilon_{12}}{\partial x_3}\right) \end{aligned} \tag{6.44}$$

usw. (durch zyklische Vertauschung der Indizes). In kubischen oder höhersymmetrischen Körpern ist $\varepsilon_{ij} = \alpha \Delta T$. Also nimmt (6.44) die Form

$$\begin{aligned} \frac{\partial^2(\alpha \Delta T)}{\partial x_1^{\,2}} + \frac{\partial^2(\alpha \Delta T)}{\partial x_2^{\,2}} &= 0, \\ \frac{\partial^2(\alpha \Delta T)}{\partial x_2^{\,2}} + \frac{\partial^2(\alpha \Delta T)}{\partial x_3^{\,2}} &= 0, \\ \frac{\partial^2(\alpha \Delta T)}{\partial x_3^{\,2}} + \frac{\partial^2(\alpha \Delta T)}{\partial x_1^{\,2}} &= 0 \end{aligned} \tag{6.45}$$

an, woraus

$$\frac{\partial^2(\alpha \Delta T)}{\partial x_1^{\,2}} = \frac{\partial^2(\alpha \Delta T)}{\partial x_2^{\,2}} = \frac{\partial^2(\alpha \Delta T)}{\partial x_3^{\,2}} = 0$$

und

$$\frac{\partial^2(\alpha\,\Delta T)}{\partial x_1\,\partial x_2} = 0, \quad \frac{\partial^2(\alpha\,\Delta T)}{\partial x_2\,\partial x_3} = 0, \quad \frac{\partial^2(\alpha\,\Delta T)}{\partial x_3\,\partial x_1} = 0 \tag{6.46}$$

folgt. (6.46) haben nur die Lösung

$$\alpha \Delta T = a_0 + a_1 x_1 + a_2 x_2 + a_3 x_3, \tag{6.47}$$

wo $a_0, \ldots, a_3$ beliebige Funktionen der Zeit sind. Hängt das Temperaturfeld $\Delta T = \vec{a} \cdot (\vec{r}/\alpha)$ linear vom Ort ab, treten keine thermischen Spannungen auf.[2])

[1]) Die Größe der Spannung $\sigma$ kann aus der Krümmung der Temperaturverteilung abgeschätzt werden: $\sigma_{ij} \approx \alpha E L^2\, \partial^2 T/\partial x_i\, \partial x_j$, wobei $E$ der Youngsche Modul und $L$ eine charakteristische Länge des Problems ist (vgl. Indenbom 1979).

[2]) Sind keine Wärmequellen vorhanden, ist das Temperaturfeld stationär und die $a_i$ sind Konstanten. Liegen Wärmequellen vor, müssen diese linear über den Körper verteilt sein. Die $a_i$ sind dann zeitabhängig.

## 6.3. Umkehreffekte

Beide Versuchsführungen der Abschnitte 6.1. und 6.2. lassen sich in dem Sinne umkehren, daß eine Änderung $\overset{2\rightarrow}{\varepsilon}$ oder $\overset{2\rightarrow}{\sigma}$ vorgegeben wird, aus der dann eine Temperaturänderung folgt.

Der Zusammenhang mit $\Delta T$ hängt von den Versuchsbedingungen ab. Wir betrachten als Beispiel adiabatische Deformation. Die Entropieänderung eines Körpers vom Volumen $V$

$$S - S_0 = \Delta S = \frac{NC_\varepsilon}{T_0}(T - T_0) + V \overset{2\rightarrow}{\beta} : \overset{2\rightarrow}{\varepsilon} \tag{6.48}$$

oder

$$S - S_0 = \Delta S = \frac{NC_\sigma}{T_0}(T - T_0) + V \overset{2\rightarrow}{\alpha} : \overset{2\rightarrow}{\sigma} \tag{6.49}$$

muß verschwinden, wobei $C_\varepsilon$ bzw. $C_\sigma$ die auf die Teilchenzahl $N$ bezogene Wärmekapazität bedeuten (vgl. 3.3.2.). Also hat man

$$\boxed{\Delta T = T - T_0 = -\frac{VT_0}{NC_\varepsilon} \overset{2\rightarrow}{\beta} : \overset{2\rightarrow}{\varepsilon}} \tag{6.50}$$

oder

$$\boxed{\Delta T = T - T_0 = -\frac{VT_0}{NC_\sigma} \overset{2\rightarrow}{\alpha} : \overset{2\rightarrow}{\sigma}} \tag{6.51}$$

je nach Versuchsbedingungen. Der Kristall erwärmt sich also i. allg. bei Kompression ($\sigma < 0$), sofern der Ausdehnungskoeffizient positiv ist. Typisch für den kristallinen Zustand sind die Unterschiede der Temperaturänderung bei Beanspruchung in verschiedener Richtung. In kubischen Kristallen erfolgt die Temperaturänderung unabhängig davon. Hier liefern auch Schubspannungen keine Temperaturänderung im Gegensatz zu niedrigersymmetrischen Systemen.

## 6.4. Dielektrizitätskonstante

### 6.4.1. Experimentelles

#### 6.4.1.1. Dielektrische Polarisation

Elektrisch geladene Stoffe waren schon im Altertum bekannt (z. B. Bernstein), bis gegen Ende des 18. Jahrhunderts beruhten die Beobachtungen an derartigen Substanzen auf Reibungselektrizität. WILKE[1]) (1758) verdankt man die Erkenntnis, daß Stoffe im elektrischen Feld polare Eigenschaften erhalten (polarisiert werden).

[1]) JOHANN KARL WILKE (geb. 1732, gest. 1796), Prof. d. Physik in Stockholm.

Wird die Ladung $Q$ gemessen, die auf einen leeren ($Q_V$) und auf einen materialgefüllten ($Q_M$) Kondensator (s. Abb. 6.10) fließt, dann erhält man ohne Material (Vakuum)

$$Q_V = \varepsilon_0 \frac{A}{d} U, \tag{6.52}$$

mit Material dagegen

$$Q_M = \varepsilon_r Q_V = \varepsilon_r \varepsilon_0 \frac{A}{d} U, \tag{6.53}$$

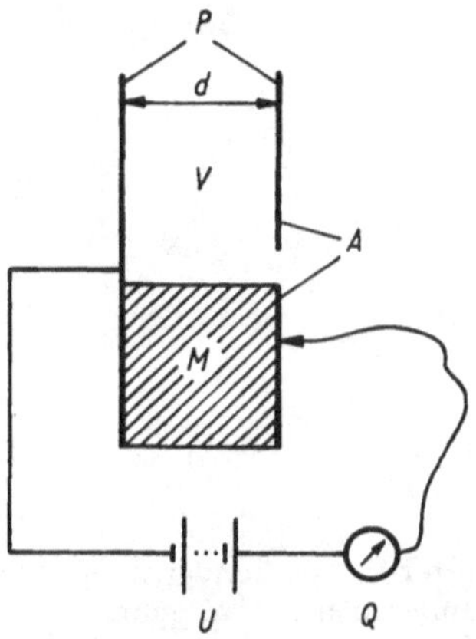


Abb. 6.10. An die Platten $P$ eines Kondensators im Abstand $d$ kann die Spannung $U$ angelegt werden. Dabei fließt die Ladung $Q$ über ein ballistisches Galvanometer. Eine Platte ist geteilt (beide Flächen $A$), so daß materialgefüllter ($M$) und leerer ($V$) Kondensator unmittelbar durch die bewegliche Stromzuführung verglichen werden können.

eine um den Faktor $\varepsilon_r$ größere Ladung ($\varepsilon_0$ Influenzkonstante). Die relative Dielektrizitätskonstante $\varepsilon_r$ ist eine Materialgröße. Die Beziehung für die Spannung

$$U = \frac{Q_V}{C_V'} = \frac{Q_M}{C_V' \varepsilon_r} \quad (C_V' \text{ Kapazität}) \tag{6.54}$$

läßt sich so interpretieren, daß von der Gesamtladung $Q_M$ nur der Anteil $Q_M/\varepsilon_r$, die freie Ladung, zur Spannung beiträgt, während der Rest gebunden (und damit neutralisiert) wird. Zum Meßverfahren vgl. z. B. Kohlrausch.

Die auf die Fläche bezogene gebundene Ladung ist ein Maß für die mit dem Festkörper vor sich gegangene dielektrische Polarisation $P$

$$\boxed{\frac{1}{A}(Q_M - Q_M/\varepsilon_r) \equiv P}. \tag{6.55}$$

Die gebundenen Ladungen sind Quellen von $-P$, d. h. die Feldlinien der Polarisation entspringen an den negativen gebundenen Ladungen (Abb. 6.11). In der Elektrostatik wird (z. B. RECKNAGEL 1959, POHL 1960) die dielektrische Verschiebung für Vakuum und Material $D_V = \varepsilon_0 E = Q_V/A$ und $D_M = \varepsilon_r \varepsilon_0 E = Q_M/A$ eingeführt, so daß aus (6.55)

$$D_M - D_V = (\varepsilon_r - 1)\,\varepsilon_0 E = P \tag{6.56}$$

wird mit $E = U/d$ als elektrischer Feldstärke.

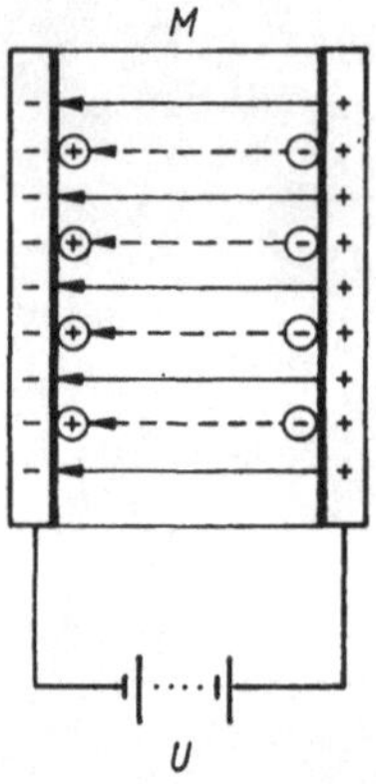


Abb. 6.11. Mit dem Isolierstoff $M$ gefüllter Plattenkondensator. Auf der einen Seite von $M$ treten positive, auf der anderen negative gebundene Ladungen auf (umrandet) und erzeugen eine Polarisation $P$ von $M$ (gestrichelt ist $-P$ eingetragen, ausgezogene Pfeile $E$).

Zahlenwerte von $\varepsilon_r$ enthält Tab. 6.5. Sie erweisen sich unter anderem als abhängig von der Frequenz $f = \omega/2\pi$ des elektrischen Feldes $E$. Eine Reihe von Substanzen verliert die Polarisation $P$ nach Abschalten von $E$ nicht vollständig. Dabei handelt es sich um Ferroelektrika mit spontaner Polarisation. $BaTiO_3$ gehört z. B. dazu. Sie werden hier nicht weiter untersucht (vgl. aber SONIN, STRUKOW).

Tab. 6.5. Relative Dielektrizitätskonstante $\varepsilon_r$ einiger Stoffe bei der Frequenz $f$ und Raumtemperatur

| Stoff | $\varepsilon_r$ | $f$/Hz |
|---|---|---|
| Bernstein | 2,8 | $10^6$ |
| Kieselglas ($SiO_2$) | 3,8 | $10^3 \cdots 10^8$ |
| Quarz | 4,55 ($\perp c$) | |
| | 4,49 ($\parallel c$) | |
| NaCl | 6,0 | |
| $CaCO_3$ (Kalkspat) | 8,5 ($\perp c$) | |
| | 8,0 ($\parallel c$) | |
| Eis ($T = -5\,°C$) | 75 | 0 |
| $BaTiO_3$ | 1200 | $10^3$ |

### 6.4.1.2. Doppelbrechung

Bartholinus[1]) entdeckte 1669, daß das senkrecht auf ein Spaltrhomboeder von Kalkspat (Calcit $CaCO_3$, Kristallklasse $\bar{3}m$) einfallende Lichtbündel nach dem Durchtritt durch die Kristallplatte in zwei Teilbündel aufgespalten war, von denen eines die Platte geradlinig durchsetzte (ordentliches Teilbündel *o*), das andere hingegen eine zweimalige Ablenkung erfuhr (außerordentliches Teilbündel *e*) (s. Abb. 6.12).

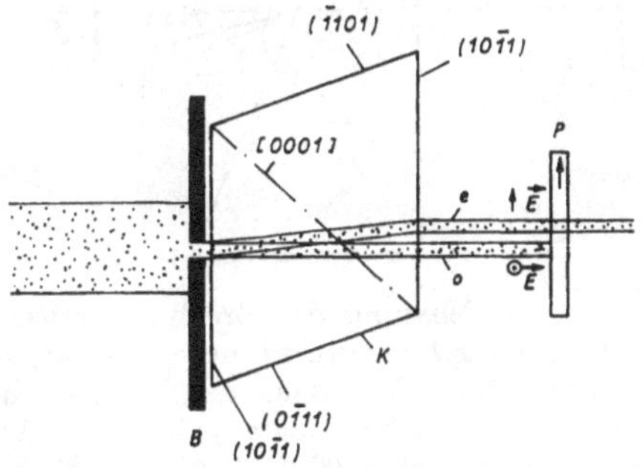


Abb. 6.12. Ein paralleles Lichtbündel fällt von der Lichtquelle $L$ auf eine Blende $B$ und erfährt durch den Kalkspatkristall $K$ Doppelbrechung. Der Abstand des außerordentlichen (*e*) vom ordentlichen (*o*) Bündel wächst mit dem im Kristall zurückgelegten Weg. Mit dem Polarisator $P$ (Durchlaßrichtung Pfeil) kann der Polarisationszustand nachgewiesen werden. Die Richtung des Vektors der elektrischen Feldstärke $\vec{E}$ für beide Bündel ist eingetragen. Die Begrenzungsflächen von $K$ sind Spaltflächen des Typs $\{10\bar{1}1\}$. Jeder Schnitt durch $K$ parallel zur Zeichenebene liefert das gleiche Ergebnis. Die eingetragene Richtung [0001] liegt parallel zur kurzen Diagonale des Spaltrhomboeders.

Wird der Kalkspatkristall um das einfallende Bündel als Achse gedreht, dann bewegt sich *e* um *o* auf einem Kreis. Die Verschiebung von *e* erfolgt stets in einer Ebene, die die [0001]-Achse und *o* enthält (Hauptschnitt). Beide Bündel sind vollständig und senkrecht zueinander polarisiert. Der Vektor der elektrischen Feldstärke $\vec{E}$ ist im Bündel *e* parallel zum Hauptschnitt orientiert. Die Lichtstärke beider Bündel ist jeweils gleich der halben einfallenden. Die Erscheinung heißt Doppelbrechung.

Zur quantitativen Kennzeichnung kann der Brechungsindex $n$ nach Abb. 6.12 A ermittelt werden. Für Licht der Wellenlänge $\lambda = 589$ nm erhält man (Šubnikov 1958, Rinne 1922)

$$n_o = n_u \frac{\sin(A + \delta_0)}{\sin A} = 1{,}6583$$

und (6.57)

$$n_e = n_u \frac{\sin(A + \delta_e)}{\sin A} = 1{,}4864 .$$

Dabei ist $n_u$ der Brechungsindex des umgebenden Mediums. Während der ordentliche

[1]) Erasmus Bartholinus (geb. 1625, gest. 1698), Professor der Mathematik und Medizin in Kopenhagen.

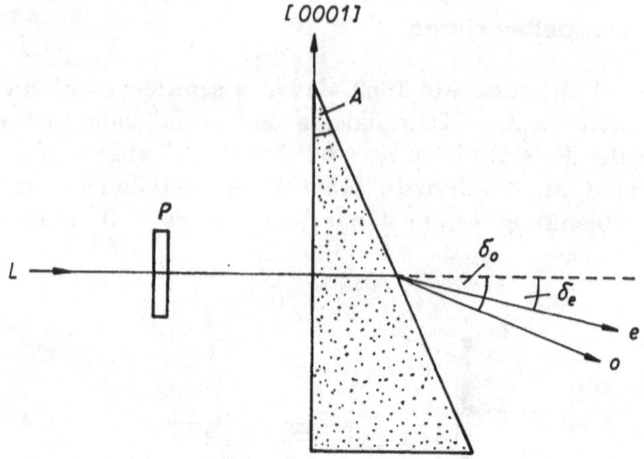


Abb. 6.12A. Prismenmethode zur Messung der Brechungsindizes. Ein Lichtbündel $L$ fällt durch den Polarisator $P$ senkrecht auf ein Kalkspatprisma mit der angegebenen Orientierung. Nach Verlassen des Prismas (brechender Winkel $A$) sind zwei Bündel $o$ und $e$ zu beobachten, die durch Drehen von $P$ getrennt ausgelöscht werden können ($P \parallel [0001]$ liefert $e$). Messung der Ablenkwinkel $\delta_o$ und $\delta_e$ ergibt die Brechungsindizes $n_o$ und $n_e$. Das Verfahren kann auch auf Substanzen mit drei Brechungsindizes angewandt werden. Die Stirnfläche des Prismas muß dazu zwei Hauptachsen der Indikatrix (vgl. 6.4.3.3. und 6.4.3.5.) enthalten (nach RINNE 1922).

Strahl das SNELLIUSsche Brechungsgesetz erfüllt, gelten für den außerordentlichen weniger einfache Beziehungen, und $n_e$ erweist sich als vom Einfallswinkel abhängig (vgl. 6.4.3.5.).

Doppelbrechung wird auch anderen Substanzen beobachtet (vgl. z. B. Tab. 6.6). Dort sind auch solche Beispiele angeführt, deren Brechungsverhalten nicht durch zwei

Tab. 6.6. Brechungsindizes einiger doppelbrechender Kristalle

| Kristall | Punktsymmetrie | $n_o$ | $n_e$ | |
|---|---|---|---|---|
| Quarz ($SiO_2$) | 32 | 1,544 | 1,553 | |
| Rutil ($TiO_2$) | $4/mmm$ | 2,616 | 2,903 | |
| Zirkon ($ZrSiO_4$) | $4/mmm$ | 1,92 | 1,97 | |
| Turmalin | | | | |
| $NaMg_3B_3Al_6Si_6O_{27}(OH)_4$ | $3m$ | 1,637 | 1,619 | |
| Apatit $Ca_5[F/(PO_4)_3]$ | $6/m$ | 1,646 | 1,642 | |
| | | $n_1$ | $n_2$ | $n_3$ |
| Aragonit ($CaCO_3$) | $mmm$ | 1,530 | 1,681 | 1,686 |
| Gips ($CaSO_4 \cdot 2\,H_2O$) | $2/m$ | 1,520 | 1,523 | 1,530 |
| Muskovit ($KAl_2[(OH, F)\,(AlSi_3O_{10})]$) | $2/m$ | 1,572 | 1,611 | 1,615 |

$(n_o, n_e)$, sondern durch drei Zahlen $(n_1, n_2, n_3)$ vollständig beschrieben wird. Die Brechungsindizes sind Materialgrößen, die aber auf die relative Dielektrizitätskonstante $\varepsilon_r$ zurückgeführt werden können (vgl. 6.4.3.3.). Für Einzelheiten des Meßverfahrens vgl. KOHLRAUSCH; RAAZ, TERTSCH; POCKELS.

### 6.4.1.3. Starke Absorption

Glanz und Färbung der Metalle dienen dem Menschen seit Jahrtausenden zur Identifizierung dieser Stoffklasse und als schmückende Materialeigenschaft. JAMIN legte 1847 die ersten quantitativen Untersuchungen vor. Ein monochromatisches linear polarisiertes Lichtbündel der Intensität $I_e$ fällt unter kleinem Einfallswinkel $\alpha_e$ auf eine ebene Oberfläche des Untersuchungsobjekts. Das reflektierte Bündel habe die Intensität $I_r$ (vgl. Abb. 6.13). Dann ist das Reflexionsvermögen

$$r = \frac{I_r}{I_e} \quad (\alpha_e \to 0) \tag{6.58}$$

für eine Reihe von Metallen im sichtbaren Bereich des Spektrums größer als 80%.

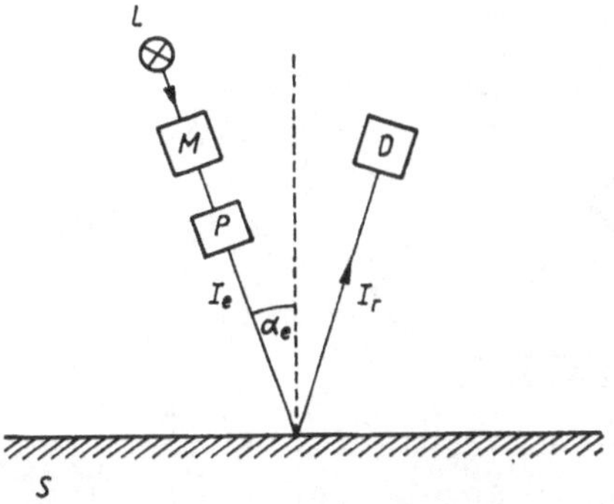


Abb. 6.13. Meßanordnung zur Bestimmung des Reflexionsvermögens $r = I_r/I_e$. Von der Lichtquelle $L$ fällt ein paralleles Bündel durch Monochromator $M$ und Polarisator $P$ auf die ebene Fläche der Substanz $S$. Die reflektierte Intensität $I_r$ wird durch den Detektor $D$ in Abhängigkeit vom Einfallswinkel $\alpha_e$ bestimmt. Extrapolation der Ergebnisse auf $\alpha_e = 0$ liefert die Materialgröße $r$, die nur noch vom Winkel zwischen Polarisationsebene und Symmetrieelementen des Kristalls abhängt.

Metalle mit charakteristischer Eigenfarbe, wie Kupfer und Gold, weisen über den sichtbaren Bereich hinweg eine deutliche Änderung von $r$ auf (vgl. Abb. 6.14). Bei nichtkubischen Substanzen ist $r$ von der Orientierung der Polarisationsebene bezüglich der Symmetrieelemente abhängig (Abb. 6.15). Im Material wird die elektromagnetische Welle des Lichts mit der Eindringtiefe $z$ gemäß

$$I = I_e \, e^{-K'z} \tag{6.59}$$

geschwächt ($K'$ Extinktionskonstante). Metalle sind stark absorbierende Stoffe, d. h.

die Eindringtiefe $\bar{z} = 1/K'$, nach der $I$ nur noch den Bruchteil $1/e = 37\%$ von $I_e$ aufweist, ist sehr klein (vgl. Tab. 6.7). Der Oberflächenzustand beeinflußt die Meßergebnisse sehr stark. Für experimentelle Einzelheiten sei auf HUMMEL; PELLS; AZZAM, BASHARA verwiesen. Wie die nähere Betrachtung zeigt, läßt sich die Materialgröße $r$ ebenfalls auf $\varepsilon_r$ zurückführen (s. dazu 6.4.4.3. u. 6.4.4.1.).

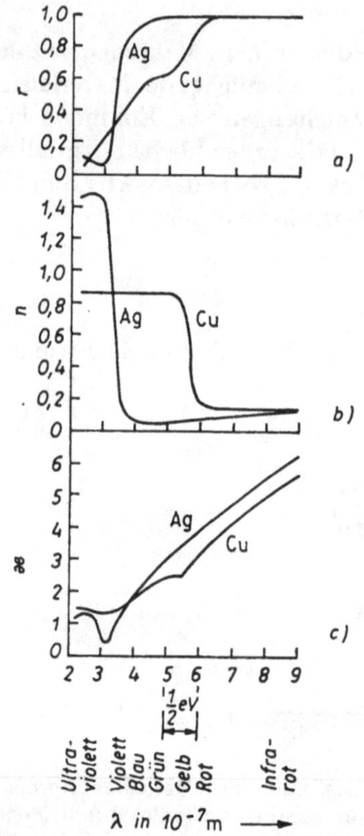


Abb. 6.14. (a) Abhängigkeit des Reflexionsvermögens $r$ bei senkrechtem Einfall von der Wellenlänge des Lichts $\lambda$ für Silber und Kupfer. In (b) ist der Brechungsindex $n$ und in (c) der Absorptionskoeffizient $\varkappa$ angegeben (vgl. dazu (6.113)) (nach Messungen von L. G. SCHULZ, entnommen aus WEISS).

Auch bei Stoffen mit schwacher Absorption findet man eine Abhängigkeit der Extinktionskonstanten $K'$ von der Ausbreitungsrichtung und der Polarisationsrichtung (Pleochroismus). Blickt man z. B. durch einen Würfel von Diaspor (AlOOH, Punktsymmetrie $mmm$), der parallel zu den drei Symmetrieebenen geschnitten ist, in Tageslicht, so erscheint dieser in den drei Richtungen in verschiedenen Farbtönen ((100) spargelgrün, (010) violblau, (001) pflaumenblau). Eine Platte aus Turmalin (Punktsymmetrie $3m$) läßt viel mehr Licht durch, wenn sie parallel zur optischen Achse geschnitten ist, als senkrecht dazu.

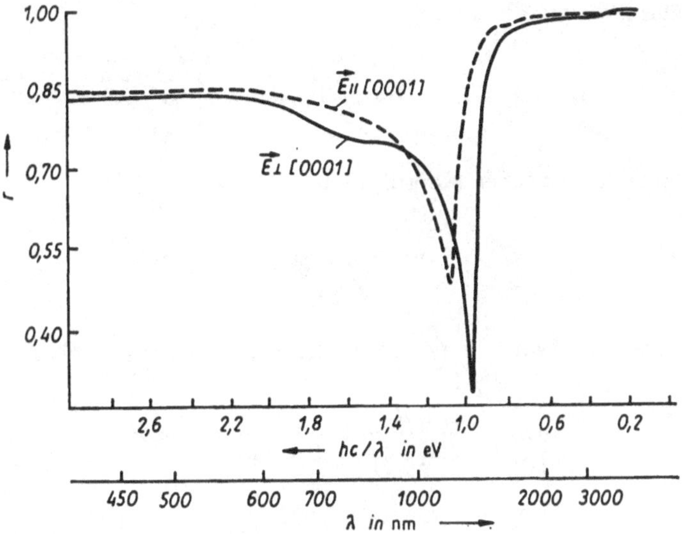


Abb. 6.15. Reflexionsvermögen von Cd bei $T = 4{,}2$ K für Polarisationsebene parallel und senkrecht zur Richtung [0001] in Abhängigkeit von der Wellenlänge $\lambda$ ($h$ PLANCKsche Konstante, $c$ Lichtgeschwindigkeit) (nach BARTLETT, LYNCH, ROSEI).

Tab. 6.7. Mittlere Eindringtiefe $\bar{z}$ von Licht der Wellenlänge $\lambda = 589{,}3$ nm für ausgewählte Stoffe (nach HUMMEL)

| Stoff | Wasser | Graphit | Gold |
|---|---|---|---|
| $\bar{z}/m$ | 0,32 | $6 \cdot 10^{-8}$ | $1{,}5 \cdot 10^{-8}$ |
| $\bar{z}/\lambda$ | $5{,}5 \cdot 10^{5}$ | 0,1 | 0,02 |

## 6.4.2. Phänomenologische Beschreibung

Die für die Beobachtungen in 6.4.1.1. maßgebenden Größen sind dielektrische Verschiebung $\vec{D}$ und elektrische Feldstärke $\vec{E}$ oder Polarisation $\vec{P}$ und $\vec{E}$. Aus (6.56) wird

$$\vec{P} = \varepsilon_0(\overset{2\to}{\varepsilon_r} - \overset{2\to}{1}) \cdot \vec{E} \equiv \varepsilon_0 \overset{2\to}{\chi_e} \cdot \vec{E} \tag{6.60}$$

mit $\overset{2\to}{\varepsilon_r}$ als polarem Tensor der Dielektrizitätskonstanten und $\overset{2\to}{\chi_e}$ als Tensor der dielektrischen Suszeptibilität. $\vec{P}$ und $\vec{E}$ sind i. allg. nicht parallel zueinander (vgl. Abb. 6.16). Für den Zusammenhang $\vec{D}(\vec{E})$ gilt sinngemäß

$$\vec{D} = \varepsilon_0 \overset{2\to}{\varepsilon_r} \cdot \vec{E}. \tag{6.61}$$

In der Elektrizitätslehre wird gezeigt (vgl. z. B. MACKE 1960), daß die Dichte der Gesamtarbeit zur Realisierung einer bestimmten Feldänderung d$\vec{E}$ und der zugehörigen

Dipolverteilung $\vec{P}$ (vgl. auch (1.5))

$$d\eta = \frac{1}{2}\,\varepsilon_0\vec{E}\cdot d\vec{E} + \frac{1}{2}\vec{P}\cdot d\vec{E} = \frac{1}{2}\vec{D}\cdot d\vec{E} = \frac{1}{2}\,\varepsilon_0\overset{2\to}{\varepsilon}_r : \vec{E}\, d\vec{E} \tag{6.62}$$

beträgt, oder in kartesischen Koordinaten

$$d\eta = \frac{1}{2}\,\varepsilon_0\varepsilon_{rij}E_i\, dE_j \qquad (i, j = 1, 2, 3)\,. \tag{6.63}$$

Für eine solche Form sind die partiellen Ableitungen vertauschbar,

$$\frac{1}{2}\,\varepsilon_0\varepsilon_{rij} = \frac{\partial^2\eta}{\partial E_i\,\partial E_j} = \frac{\partial^2\eta}{\partial E_j\,\partial E_i} = \frac{1}{2}\,\varepsilon_0\varepsilon_{rji}, \tag{6.64}$$

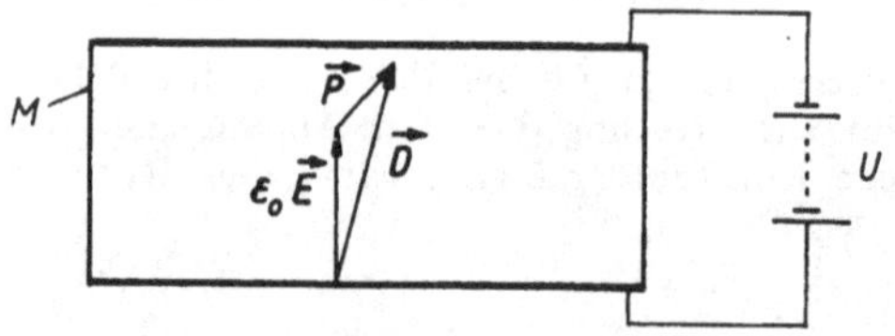


Abb. 6.16. Elektrische Feldstärke $\boldsymbol{E}$ und dielektrische Verschiebung $\vec{D}$ zwischen den Platten eines mit dem dielektrisch anisotropen Material $M$ gefüllten Kondensators. Wegen $\partial/\partial\vec{r} \times \vec{E} = \vec{0}$ muß $\vec{E}$ senkrecht auf den Platten stehen (außerhalb des Kondensators sei $\vec{E} = \vec{0}$).

der Tensor $\overset{2\to}{\varepsilon}_r$ ist mithin symmetrisch.[1]) Seine äußere Symmetrie ist mindestens $mmm$ (vgl. Tab. 1.5). Äußere und innere Symmetrie stimmen mit der von $\overset{2\to}{\alpha}$ in 6.1.2.1. überein. $\overset{2\to}{\varepsilon}_r$ muß aus Symmetriegründen in keiner Substanz verschwinden.

Für die in 6.4.1.2. erwähnte Doppelbrechung kann folgende Symmetriebetrachtung angestellt werden. Das erzeugende Feld ist eine ebene elektromagnetische Welle der Symmetriegruppe $\frac{\infty}{m}m$. Notwendige Bedingung[2]) für Doppelbrechung ist (2.2) in der Form $mmm \supseteqq \frac{\infty}{m}m \cap G_K$. Bekanntlich werden durch (2.2) auch die relativen Orientierungen von Feld und Kristall erfaßt. Eine quantitative Erklärung für die Beobachtungen von 6.4.1.2. und auch 6.4.1.3. werden in den nächsten Abschnitten gegeben.

---

[1]) Die Argumentation (6.62) fußt auf der Annahme thermodynamischen Gleichgewichts, gilt also nur für den Grenzfall $\omega \to 0$. Im veränderlichen Feld einer elektromagnetischen Welle sind die $\varepsilon_{rij}$ kinetische Koeffizienten, für die (2.4) gilt.

[2]) aber nicht hinreichende

## 6.4.3. Optik bei schwacher Absorption (Kristalloptik)[1])

Mit (6.61) ist die grundlegende Materialgleichung formuliert, mit deren Hilfe die Beobachtungen beschrieben werden können. Es ist allerdings zweckmäßig, schwach und stark absorbierende Medien getrennt zu untersuchen. Bei den erstgenannten wird die Absorption vernachlässigt. Weiterhin soll im Falle der optischen Eigenschaften von Kristallen die phänomenologische Beschreibung ausführlicher als bei den übrigen Eigenschaften auf die Anwendung zugeschnitten werden. Dies scheint angesichts der besonderen Stellung der optischen Untersuchungsverfahren im Rahmen der kristallographischen Forschung gerechtfertigt. Dennoch müssen zahlreiche Einzelheiten unerwähnt bleiben. Für deren Darstellung wird auf SZIVESSY verwiesen.

### 6.4.3.1. Grundgleichung der Kristalloptik

(6.61) ist zum quantitativen Verständnis der Doppelbrechung unmittelbar noch nicht geeignet. Zunächst muß berücksichtigt werden, daß Licht ein elektromagnetisches Feld bedeutet und daher den Grundgleichungen der Elektrodynamik zu unterwerfen ist (vgl. dazu z. B. MACKE 1960; LENK; BECKER; LANDAU, LIFSCHITZ VIII). Wir suchen also Lösungen der MAXWELLschen Gleichungen

$$\frac{\partial}{\partial \vec{r}} \cdot \vec{D} = \varrho_e \quad \text{(a)}; \qquad \frac{\partial}{\partial \vec{r}} \times \vec{H} = \vec{j} + \dot{\vec{D}} \quad \text{(b)};$$
$$\frac{\partial}{\partial \vec{r}} \times \vec{E} = -\dot{\vec{B}} \quad \text{(c)}; \qquad \frac{\partial}{\partial \vec{r}} \cdot \vec{B} = 0 \quad \text{(d)} \tag{6.65}$$

mit den zugehörigen Materialgleichungen

$$\vec{D} = \varepsilon_0 \vec{E} + \vec{P} \quad \text{(a)}; \qquad \vec{B} = \mu_0 \vec{H} + \vec{I}^0 \quad \text{(b)}. \tag{6.66}$$

Links stehen die elektrischen, rechts die magnetischen Feldgleichungen. Über $\dot{\vec{D}} \equiv \partial/\partial t\, \vec{D}$ und $\dot{\vec{B}} \equiv \partial/\partial t\, \vec{B}$ sind beide gekoppelt. (6.65a, b) beschreiben die Erzeugung des Verschiebungsfeldes $\vec{D}$ durch die Ladungsdichte $\varrho_e$ und des Magnetfeldes $\vec{H}$ durch die Stromdichte $\vec{j}$ einschließlich der Verschiebungsstromdichte $\dot{\vec{D}}$. (6.65c, d) enthalten Grundeigenschaften der Felder $\vec{E}$ und $\vec{B}$ (magnetische Induktion), nämlich das Induktionsgesetz und das Fehlen magnetischer Ladungen. In (6.66) ist der Einfluß elektrischer ($\vec{P}$) und magnetischer ($\vec{I}^0$) Dipoldichten erfaßt.

Im Rahmen der Kristalloptik durchsichtiger Medien werden folgende vereinfachende Annahmen getroffen: $\varrho_e = 0$ (Gesamtladung verschwindet), $\vec{j} = \vec{0}$ (keine Ladungsträgerströme), $\vec{I}^0 = \vec{0}$ (keine spontane Magnetisierung).

[1]) Unter Kristalloptik wird gewöhnlich das Verhalten elektromagnetischer Wellen von Wellenlängen $\lambda \approx 400 \ldots 800$ nm in Kristallen verstanden ($\lambda \gg$ Atomabstand $a$). Auch im Bereich von Röntgenstrahlen ($\lambda \approx a$) gelten zahlreiche Ergebnisse dieses Abschnittes, die sich aus dem Tensorcharakter von $\overset{2\rightarrow}{\varepsilon_r}$ oder $\overset{2\rightarrow}{\chi_e}$ ergeben (vgl. z. B. DIMITRENKO). Es gibt aber auch grundsätzliche Unterschiede, auf die EWALD (1918) aufmerksam gemacht hat (vgl. dazu auch PINSKER; COWLEY).

Wir suchen Lösungen in Form ebener Wellen

$$\vec{D} = \vec{D}_0 \, e^{-i(\omega t - \vec{k} \cdot \vec{r})} \tag{6.67}$$

mit der Wellennormalen $\vec{k} = 2\pi \vec{e}_k/\lambda = (\omega/v)\,\vec{e}_k = (\omega n/c)\,\vec{e}_k$, $|\vec{e}_k| = 1$, der Kreisfrequenz $\omega$ und der Wellenausbreitungsgeschwindigkeit $v$ im Material mit dem Brechungsindex $n$ (Abb. 6.17) ($c$ Lichtgeschwindigkeit im Vakuum). Analoge Ansätze sollen für $\vec{E}$, $\vec{H}$ und $\vec{B}$ gelten. Setzt man diese in (6.65) ein, bleiben die Exponentialfunktionen unverändert

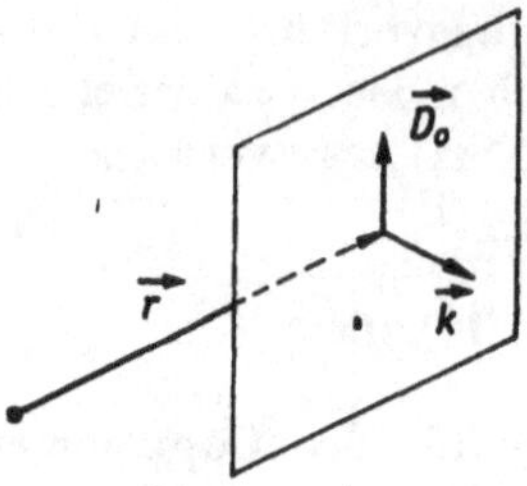


Abb. 6.17. Wellenfront mit Lage von $\vec{D}_0$, $\vec{k}$ und Ortsvektor $\vec{r}$.

erhalten und können gekürzt werden. Die Differentialoperatoren können in ihrer Wirkung wie folgt durch algebraische Größen ersetzt werden: $(\partial/\partial\vec{r}) \to i\vec{k}$, $(\partial/\partial t) \to -i\omega$. Berücksichtigt man dies in (6.65), dann ergibt sich

$$\begin{aligned} \vec{k} \cdot \vec{D} &= 0, & \vec{k} \times \vec{H} &= -\omega \vec{D}, \\ \vec{k} \times \vec{E} &= \mu_0 \omega \vec{H}, & \vec{k} \cdot \vec{H} &= 0, \end{aligned} \tag{6.68}$$

woraus nach Ersetzen von $\vec{k}$ und Eliminieren von $\vec{H}$

$$\frac{1}{\mu_0} \frac{n^2}{c^2} \vec{e}_k \times (\vec{e}_k \times \vec{E}) = -\vec{D}$$

bzw.

$$\vec{e}_k \vec{e}_k \cdot \vec{E} - \vec{E} = -\frac{\mu_0 c^2}{n^2} \vec{D} \tag{6.69}$$

wird (vgl. Tab. A2). Wir führen nun die reziproke Dielektrizitätskonstante durch Umkehrung von (6.61) ein,

$$\vec{E} = \frac{1}{\varepsilon_0} (\overset{2\rightarrow}{\varepsilon_r})^{-1} \cdot \vec{D} \equiv \frac{1}{\varepsilon_0} \overset{2\rightarrow}{\eta} \cdot \vec{D}, \tag{6.70}$$

und eliminieren damit $\vec{E}$ in (6.69)[1])

$$\boxed{(-\vec{e}_k \vec{e}_k \cdot \overset{2\rightarrow}{\eta} + \overset{2\rightarrow}{\eta}) \cdot \vec{D} = \frac{1}{n^2} \vec{D}}\,, \tag{6.71}$$

[1]) Elimination von $\vec{D}$ hätte den Nachteil, daß die Feldgröße $\vec{E}$ nicht überall senkrecht auf der Ausbreitungsrichtung stände. Nach (6.71) ist aber stets $\vec{D} \cdot \vec{e}_k = 0$.

wobei $\mu_0 \varepsilon_0 = 1/c^2$ berücksichtigt wurde. Bei vorgegebener Lichtausbreitungsrichtung $\vec{k} = (\omega n/c)\, \vec{e}_k$ sind nur solche dielektrischen Verschiebungen möglich, die dieser Grundgleichung der Kristalloptik gehorchen.[1])

### 6.4.3.2. Lösung der Grundgleichung für eine spezielle Orientierung $\vec{e}_k$

Wir nehmen die Auswertung von (6.71) in kartesischen Koordinaten für die spezielle Ausbreitungsrichtung $\vec{e}_k \times \vec{e}_3 = \vec{0}$ vor. Dann ist $\vec{D} = (D_1, D_2, 0)$ und aus (6.71) wird

$$\begin{aligned} \eta_{11} D_1 + \eta_{12} D_2 &= \frac{1}{n^2} D_1, \\ \eta_{12} D_1 + \eta_{22} D_2 &= \frac{1}{n^2} D_2, \end{aligned} \tag{6.72}$$

wobei $\eta_{ij}$ die Komponenten von $\overset{2\rightarrow}{\eta}$ sind. Die Lösbarkeitsbedingung für (6.72)

$$\begin{vmatrix} \eta_{11} - \dfrac{1}{n^2} & \eta_{12} \\ \eta_{12} & \eta_{22} - \dfrac{1}{n^2} \end{vmatrix} = 0 \tag{6.73}$$

führt auf die Eigenwerte $n^{(1)}$ und $n^{(2)}$ aus

$$\boxed{\frac{1}{n^{(1,2)2}} = \frac{1}{2}\left[(\eta_{11} + \eta_{22}) \pm \sqrt{(\eta_{11} - \eta_{22})^2 + (2\eta_{12})^2}\right].} \tag{6.74}$$

In der vorgegebenen Ausbreitungsrichtung $\vec{e}_3 = \vec{e}_k$ sind daher die beiden Ausbreitungsgeschwindigkeiten des Lichts

$$v^{(1)} = \frac{c}{n^{(1)}} \quad \text{und} \quad v^{(2)} = \frac{c}{n^{(2)}} \tag{6.75}$$

Lösungen des Problems (Doppelbrechung)[2]).

Aus (6.72) bestimmt sich die Orientierung der zugehörigen Eigenvektoren $\vec{D}^{(1)}$ und $\vec{D}^{(2)}$. Wegen

$$\begin{aligned} \left(\eta_{11} - \frac{1}{n^{(1)2}}\right) D_1{}^{(1)} + \eta_{12} D_2{}^{(1)} &= 0, \\ \eta_{12} D_1{}^{(1)} + \left(\eta_{22} - \frac{1}{n^{(1)2}}\right) D_2{}^{(1)} &= 0 \end{aligned} \tag{6.76}$$

---

[1]) Dem Charakter nach ist (6.71) ein System von Eigenwertgleichungen, denn neben $\vec{D}$ ist auch $n$ unbekannt. $n$ sind die Eigenwerte von $\overset{2\rightarrow}{\eta}$, $\vec{D}$ ist der zugehörige Eigenvektor (vgl. 1.3.3.5.).

[2]) In der Nähe von Phasenübergängen kann eine Substanz gleichzeitig 4 Lösungen aufweisen (Vierfachbrechung, vgl. z. B. SEMENCHENKO, BODNAR, ISUPOV).

wird

$$\boxed{\frac{D_1^{(1)}}{D_2^{(1)}} = -\frac{\eta_{12}}{\eta_{11} - \dfrac{1}{n^{(1)2}}}}, \quad \eta_{11} \neq 1/n^{(1)2}, \tag{6.77}$$

und analog

$$\boxed{\frac{D_1^{(2)}}{D_2^{(2)}} = -\frac{\eta_{12}}{\eta_{11} - \dfrac{1}{n^{(2)2}}}}, \quad \eta_{11} \neq 1/n^{(2)2}. \tag{6.78}$$

Sind die Eigenwerte $n^{(1)}$, $n^{(2)}$ verschieden, stehen die Eigenvektoren senkrecht aufeinander (s. 1.3.3.5.). Man kann daher oft bequemer $\vec{D}^{(2)}$ über die Bedingung $\vec{D}^{(1)} \cdot \vec{D}^{(2)} = 0$ ermitteln. Damit ist der experimentelle Befund von 6.4.1.2., wonach die beiden Bündel senkrecht zueinander linear polarisiert sind, auf den Tensorcharakter von $\overset{2\rightarrow}{\eta}$ bzw. $\overset{2\rightarrow}{\varepsilon}$ zurückgeführt.

Die relative Orientierung der 4 Feldvektoren folgt aus (6.68). $\vec{D}$, $\vec{H}$ bzw. $\vec{B}$, $\vec{k}$ bilden ein orthogonales Achsenkreuz. $\vec{E}$ liegt in der von $\vec{D}$ und $\vec{k}$ aufgespannten Ebene. Die Ebene $\vec{D}$, $\vec{E}$ heißt Schwingungsebene, die Ebene $\vec{H}$, $\vec{k}$ Polarisationsebene[1]) (vgl. Abb. 6.18).

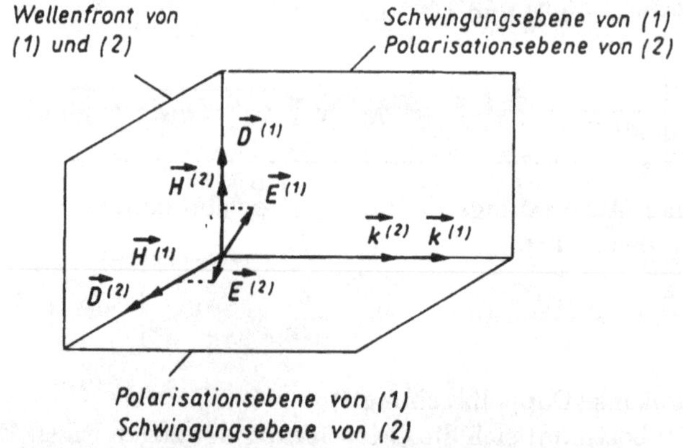


Abb. 6.18. Relative Orientierung der Feldvektoren für die beiden linear polarisierten Wellen (1) und (2) beim Auftreten von Doppelbrechung. Die Richtungen von $\vec{E}$ sind nach (6.70) substanz- und orientierungsabhängig.

[1]) Die Bezeichnung „Polarisationsebene" für $\vec{H}, \vec{k}$ ist nicht besonders glücklich. Sie wurde von E. L. Malus (geb. 1775, gest. 1812) im Zusammenhang mit Versuchen am Glasplattensatz eingeführt und bis heute beibehalten. Danach bezeichnet sie die Ebene der Lichtstrahlen, wenn keine Auslöschung erfolgt.

### 6.4.3.3. Lösung für beliebige Wellennormalenrichtung $\vec{e}_k$

In 6.4.3.2. war die Lösung der Grundgleichung besonders einfach möglich, weil die Wellennormale $\vec{e}_k$ parallel zu einer Koordinatenachse gerichtet war. Wir machen uns nun von dieser Beschränkung frei.

Zur weiteren Behandlung ist es zweckmäßig, auf die charakteristische Fläche des Tensors $\overset{2\rightarrow}{\eta}$ in der Polardarstellung (1.42) zurückzugreifen. Sie heißt in der Kristalloptik *Indikatrix*. Man kann nämlich die Grundgleichung (6.71) auf die Form (1.42) dadurch bringen, daß man sie mit $\vec{D}/D$ auf beiden Seiten multipliziert und den Vektor $\vec{D}/D$ mit $\vec{e}_r$ und $\overset{2\rightarrow}{\eta}$ mit $\overset{2\rightarrow}{T}$ aus (1.42) identifiziert.[1]) Dann hat der Abstand $r$ in (1.42) den Wert des Brechungsindex $n$ aus (6.71). Die Indikatrix ist ein Ellipsoid, weil alle Eigenwerte von $\overset{2\rightarrow}{\eta}$ positiv sind.

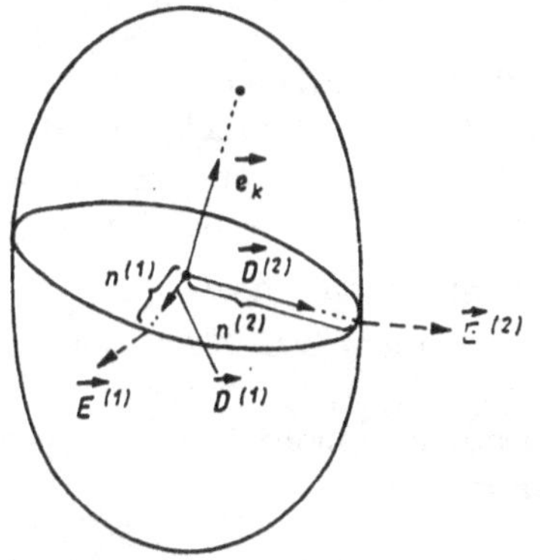


Abb. 6.19. Indikatrix zur Konstruktion der beiden Schwingungsrichtungen $\vec{D}^{(1)}$ und $\vec{D}^{(2)}$ bei Doppelbrechung. Die Wellennormale $\vec{e}_k$ ist vorgegeben. Die senkrecht darauf stehende Ebene durch den Mittelpunkt des Ellipsoids bildet mit diesem die Schnittellipse. Deren Halbachsen geben dem Betrage nach die Brechungsindizes $n^{(1)}$ und $n^{(2)}$, der Richtung nach die Schwingungsrichtungen $\vec{D}^{(1)}$ und $\vec{D}^{(2)}$. Die Vektoren der elektrischen Feldstärke $\vec{E}^{(1)}$ und $\vec{E}^{(2)}$ stehen in den Durchstoßpunkten von $\vec{D}^{(1)}$ und $\vec{D}^{(2)}$ senkrecht auf der Indikatrix.

Man schneide nun die Indikatrix mit einer Ebene senkrecht auf $\vec{e}_k$ (Abb. 6.19). Als Schnittkurve mit dem Ellipsoid entsteht eine Ellipse. Deren Hauptachsen sind die Richtungen $\vec{D}^{(1)}$ und $\vec{D}^{(2)}$, ihre Längen geben die Brechungsindizes $n^{(1)}$ und $n^{(2)}$ an.

Zum Beweis ist zu berücksichtigen, daß für die Hauptachsen der Abstand $r$ (oder $r^2$) einen Extremwert mit der Nebenbedingung annimmt, daß $\vec{r}$ sowohl in der Ebene $\vec{r} \cdot \vec{e}_k = 0$ als auch auf dem Ellipsoid $\vec{r} \cdot \overset{2\rightarrow}{\eta} \cdot \vec{r} = 1$ (s. (1.42)) liegt. Die Extremalforderung für $\vec{r}^2$ lautet $\vec{r} \cdot \delta\vec{r} = 0$, die Variation der Nebenbedingungen liefert $\vec{e}_k \cdot \delta\vec{r} = 0$ und $\delta\vec{r} \cdot \overset{2\rightarrow}{\eta} \cdot \vec{r} = 0$. Mit Hilfe der Lagrange-

[1]) Man beachte, daß $\vec{e}_k \cdot \vec{D} = 0$, also (6.71) zu $\frac{\vec{D}}{D} \cdot \overset{2\rightarrow}{\eta} \cdot \frac{\vec{D}}{D} = \frac{1}{n^2}$ wird.

schen Multiplikatoren $\lambda^*$ und $\mu^*$ erhält man

$$\overset{2\to}{\eta}\cdot\vec{r} - \lambda^*\vec{r} + \mu^*\vec{e}_k = 0. \tag{6.79}$$

Multipliziert man (6.79) der Reihe nach skalar mit $\vec{r}$ bzw. $\vec{e}_k$, dann wird daraus wegen $\vec{r}\cdot\vec{e}_k = 0$ und $\vec{r}\cdot\overset{2\to}{\eta}\cdot\vec{r} = 1$

$$\left.\begin{aligned} \lambda^* &= \frac{1}{r^2} \\ \text{und} \qquad & \\ \mu^* &= -\vec{e}_k\cdot\overset{2\to}{\eta}\cdot\vec{r}. \end{aligned}\right\} \tag{6.80}$$

Damit geht (6.79) in

$$\overset{2\to}{\eta}\cdot\vec{r} - \frac{\vec{r}}{r^2} - \vec{e}_k\cdot\overset{2\to}{\eta}\cdot\vec{r}\,\vec{e}_k = 0 \tag{6.81}$$

über, was mit (6.71) übereinstimmt, wenn $\vec{r} = \vec{D}$ und $r^2 = n^2$ gesetzt wird.

Aus dem Vergleich von (1.41) mit (6.70) wird deutlich, daß auch die Richtungen von $\vec{E}$ an der Indikatrix abgelesen werden können (Normalen auf der Indikatrix).

Diese anschauliche Interpretation der Eigenwertaufgabe hat sich für qualitative Überlegungen bewährt. Eine genaue quantitative Bestimmung von $n^{(1)}$ und $n^{(2)}$ bei Vorgabe von $\overset{2\to}{\eta}$ und $\vec{e}_k$ ist damit im allgemeinen praktisch nicht möglich. Wir gehen vielmehr von (6.79) aus und betrachten $\vec{r}$ und $\mu^*$ als Unbekannte. Mit $\vec{r}\cdot\vec{e}_k = 0$ liegen damit 4 Gleichungen für die 4 Unbekannten $x_1, x_2, x_3, \mu^*$ vor.

Die Lösbarkeitsbedingung dieses homogenen Gleichungssystems enthält dann nur noch die Koeffizienten der Unbekannten, also

$$\begin{vmatrix} \eta_{11} - \lambda^* & \eta_{12} & \eta_{13} & e_{k1} \\ \eta_{21} & \eta_{22} - \lambda^* & \eta_{23} & e_{k2} \\ \eta_{31} & \eta_{32} & \eta_{33} - \lambda^* & e_{k3} \\ e_{k1} & e_{k2} & e_{k3} & 0 \end{vmatrix} = 0. \tag{6.82}$$

(6.82) ist eine quadratische Gleichung für $\lambda^*$ mit den Lösungen $\lambda^{*(1)} = 1/n^{(1)2}$ und $\lambda^{*(2)} = 1/n^{(2)2}$ (vgl. (6.80)), also den gesuchten Eigenwerten für eine Wellenausbreitung in Richtung $\vec{e}_k = (e_{k1}, e_{k2}, e_{k3})$.

Im Hauptachsensystem habe $\overset{2\to}{\eta}$ die Form

$$\overset{2\to}{\eta} = \eta_1\vec{e}_1\vec{e}_1 + \eta_2\vec{e}_2\vec{e}_2 + \eta_3\vec{e}_3\vec{e}_3 = \frac{1}{n_1{}^2}\,\vec{e}_1\vec{e}_1 + \frac{1}{n_2{}^2}\,\vec{e}_2\vec{e}_2 + \frac{1}{n_3{}^2}\,\vec{e}_3\vec{e}_3. \tag{6.83}$$

In diesem Falle wird aus (6.82), wenn $\lambda^* = 1/n^2$ gesetzt wird,

$$\boxed{\begin{aligned} &n^4(n_1{}^2e_{k1}^2 + n_2{}^2e_{k2}^2 + n_3{}^2e_{k3}^2) - n^2[n_1{}^2(n_2{}^2 + n_3{}^2)\,e_{k1}^2 \\ &+ n_2{}^2(n_3{}^2 + n_1{}^2)\,e_{k2}^2 + n_3{}^2(n_1{}^2 + n_2{}^2)\,e_{k3}^2] + n_1{}^2n_2{}^2n_3{}^2 = 0 \end{aligned}} \tag{6.84}$$

(FRESNELsche Gleichung). Ihre Lösungen $n^{(1)2}$ und $n^{(2)2}$ geben die Brechungsindizes bei gegebener Lichtwellennormalenrichtung $\vec{e}_k$ an, wenn die Hauptachsenwerte $n_1, n_2, n_3$ bekannt sind.[1]) Die Schwingungsrichtungen $\vec{D}^{(1)}$ und $\vec{D}^{(2)}$ erhält man aus (6.71).

$$n_1 = \sqrt{1/\eta_1} = \sqrt{\varepsilon_{r1}}, \quad n_2 = \sqrt{1/\eta_2} = \sqrt{\varepsilon_{r2}}, \quad n_3 = \sqrt{1/\eta_3} = \sqrt{\varepsilon_{r3}}\ ^{2)}$$

heißen Hauptbrechungsindizes des betreffenden Kristalls. Sie werden konventionell so bezeichnet, daß $n_1 \leqq n_2 \leqq n_3$.[3]) Ihre Bedeutung ergibt sich aus (6.84). Zum Beispiel ist für $\vec{e}_k = (1, 0, 0)$ $n^{(1)2} = n_2^2$, $n^{(2)2} = n_3^2$. Obwohl die Richtungsabhängigkeit des Brechungsindex aus der der Dielektrizitätskonstanten folgt, hat der Brechungsindex keinen Tensorcharakter (vgl. 1.3.3.).

### 6.4.3.4. Strahlausbreitung

Die Überlegungen von 6.4.3.2. und 6.4.3.3. haben gezeigt, daß unpolarisiertes Licht nur Material kubischer und höherer Symmetrie in beliebiger Richtung ohne Änderung des Polarisationszustandes durchdringen kann. In allen übrigen Substanzen (d. h. den optisch anisotropen) kann sich unpolarisiertes Licht nicht fortpflanzen, vielmehr bleiben aus dem Angebot der einfallenden Wellen aller Polarisationsrichtungen im allgemeinen nur zwei übrig, die sich mit unterschiedlicher Geschwindigkeit ausbreiten sowie im Hauptschnitt und senkrecht dazu ihre Schwingungsrichtung haben. Es fehlt noch die Erklärung für den Befund von Abb. 6.12, wonach das außerordentliche Bündel auch bei senkrechtem Einfall in scheinbarem Widerspruch zu (6.57) abgelenkt wird.

Nun wird in der Elektrodynamik gezeigt (vgl. z. B. POYNTING; MACKE 1960; BECKER; LANDAU, LIFSCHITZ VIII), daß die Energiestromdichte durch den sog. POYNTING-Vektor

$$\vec{S} = \vec{E} \times \vec{H} \tag{6.85}$$

angezeigt wird,[4]) also durch $\vec{E}$ und nicht durch $\vec{D}$ festgelegt ist. Die Geschwindigkeit des Energietransports (Gruppengeschwindigkeit) ergibt sich dann zu

$$\boxed{\vec{v}_S = \frac{\vec{S}}{\vec{E} \cdot \vec{D}} = \frac{S\vec{e}_s}{\vec{E} \cdot \vec{D}} = \frac{c\vec{e}_s}{n\vec{e}_s \cdot \vec{e}_k}}\ .^{5)} \tag{6.86}$$

---

[1]) Da $n_i = n_i(\omega)$, hat man in (6.84) auch die Dispersionsrelation $\omega(\vec{k})$ des Problems.

[2]) Üblich sind anstelle der Indizes 1, 2, 3 auch $\alpha, \beta, \gamma$; $x, y, z$ oder $p, m, g$.

[3]) $\varepsilon_{r1}, \varepsilon_{r2}, \varepsilon_{r3}$ sind die Hauptwerte (vgl. 1.3.3.5.) von $\overset{2\rightarrow}{\varepsilon}_r$.

[4]) Stromdichten werden üblicherweise definiert als: transportierte Größe × Geschwindigkeit des Transports/Volumen. Entsprechend ist die Dimension von $\vec{S}$ Energie · Geschwindigkeit/Volumen.

[5]) $\vec{E} \cdot \vec{D}$ Energiedichte elektromagnetischer Wellen, $\vec{D} = n/c\ \vec{H} \times \vec{e}_k$ (vgl. (6.68)), $\vec{E} \cdot \vec{D} = n/c\ (\vec{E} \times \vec{H}) \cdot \vec{e}_k = n/c\ \vec{S} \cdot \vec{e}_k = n/c\ S\vec{e}_s \cdot \vec{e}_k$. Da $\vec{E}$ und $\vec{H}$ periodische Zeitfunktionen sind, schwankt auch $\vec{S}$ an einem bestimmten Ort periodisch zwischen Null und einem Maximalwert.

Sie ist nach Betrag und Richtung verschieden von der Phasengeschwindigkeit $c/n = v$. Für die Beträge hat man $v \leqq v_s \leqq c$. Im Experiment erkennt man die Richtung des Energietransports an der Bündelbegrenzung (vgl. Abb. 6.12, Abb. 6.18 und Abb. 6.20).

Die räumliche Aufspaltung des Bündels tritt also dann auf, wenn $\vec{E} = 1/\varepsilon_0 \; \vec{\eta} \cdot \vec{D}$ und $\vec{D}$ nicht parallel liegen. Handelt es sich wie bei Kalkspat um ein Rotationsellipsoid wie in Abb. 6.19, dann ist nur *ein* Eigenvektor $\vec{D}$ nicht parallel zu $\vec{E}$. Dies ist gerade derjenige, der in der von $\vec{e}_k$ und der Achse des Rotationsellipsoids aufgespannten Ebene liegt, die früher als Hauptschnitt bezeichnet wurde. Damit ist auch die Beobachtung in 6.4.1.2. über die Polarisationsrichtungen richtig beschrieben. Der außerordentliche Strahl schwingt im Hauptschnitt.

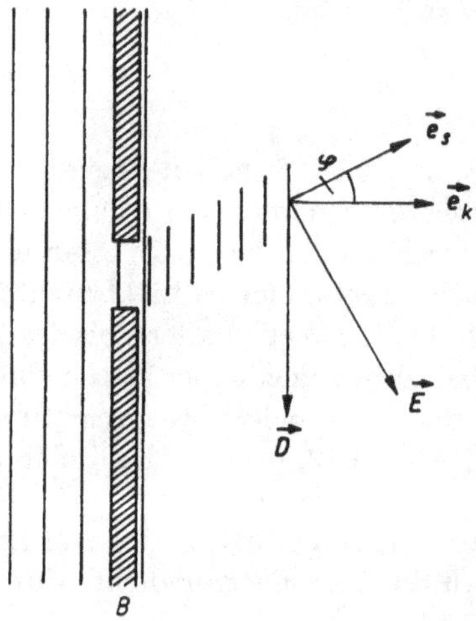


Abb. 6.20. Zur Strahlenausbreitung bei Doppelbrechung. Von links fällt eine ebene Welle auf die Blende $B$. Die parallelen Linien geben schematisch Orte gleicher Phase an. Hinter der Blende trifft die Wellenfront einen doppelbrechenden Kristall parallel zu dessen Oberfläche. Nach 6.4.3.2. werden im Kristall zwei ebene Wellen erzeugt, deren Wellennormalen $\vec{e}_k$ gleich, deren Brechungsindizes verschieden sind. Eine davon ist aus Gründen der Übersichtlichkeit weggelassen. Die Begrenzung der Wellenfront durch $B$ breitet sich im Kristall senkrecht zu $\vec{E}$ in Richtung $\vec{e}_s$ mit der Geschwindigkeit $v_s = c/n \cos \varphi$ aus, wo $n$ der Brechungsindex dieser Welle ist.

Die Beschreibungen der Lichtausbreitung anhand der Wellennormalen $\vec{e}_k$ und der Strahlrichtungen $\vec{e}_s$ sind gleichwertig. Mitunter ist es zweckmäßig, von einer Form zur anderen überzugehen. Da nach (6.85) für Strahlausbreitung anstelle von (6.68)

$$\vec{e}_s \cdot \vec{E} = 0, \qquad \vec{e}_s \cdot \vec{H} = 0 \tag{6.87a}$$

und mit einem Strahlen-Brechungsindex $n_s = v_s/c = 1/n \cos \varphi$ (vgl. Abb. 6.20) weiter

$$c n_s \vec{e}_s \times \vec{D} = \vec{H},$$

$$\frac{1}{c}\, n_s\vec{e}_s \times \vec{H} = -\vec{E}\varepsilon_0{}^{1)} \tag{6.87b}$$

gilt, kann dieser Übergang in unmagnetischen Substanzen durch folgende Ersetzung in beiden Richtungen vollzogen werden:[2])

$$\begin{array}{ccc} \text{Wellenbeschreibung} & & \text{Strahlenbeschreibung} \\ \varepsilon_0\vec{E} & \leftrightarrow & \vec{D} \\ \vec{D} & \leftrightarrow & \varepsilon_0\vec{E} \\ \vec{H} & \leftrightarrow & \vec{H} \\ \vec{e}_k & \leftrightarrow & \vec{e}_s \\ n = \dfrac{c}{v} & \leftrightarrow & n_s = \dfrac{v_s}{c} \\ (\overset{2\to}{\varepsilon_r})^{-1} & \leftrightarrow & \overset{2\to}{\varepsilon_r}. \end{array} \tag{6.88}$$

Dieser Dualismus zwischen Wellennormale und Strahlrichtung ist dem zwischen Raumgitter und reziprokem Gitter analog.

### 6.4.3.5. Tensorflächen und Symmetrieeinfluß

Die Symmetrie des Tensors $\overset{2\to}{\varepsilon_r}$ war in 6.4.2 untersucht worden. Sie ist die gleiche wie die von $\overset{2\to}{\eta}$. Für Form und Orientierung der Indikatrix in den verschiedenen Kristallsystemen gelten die Angaben von Tab. 6.4 mit positiv definiten Tensorkomponenten $\eta_{ij}$. In kubischen und höhersymmetrischen Substanzen hat die Indikatrix Kugelform (Radius $1/\sqrt{\eta_{11}}$). $\vec{E}$ und $\vec{D}$ liegen stets parallel. Wegen $\eta_{11} = \eta_{22}$ hat man nach (6.74) nur *einen* Brechungsindex für alle Wellen. Strahlrichtung $\vec{e}_s$ und Wellennormalenrichtung $\vec{e}_k$ fallen stets zusammen. Das Verhalten ist optisch isotrop.

Den Vertretern des tetragonalen, hexagonalen und rhomboedrischen Kristallsystems wird die Indikatrix in Form eines Rotations-Ellipsoids zugeordnet, dessen ausgezeichnete Achse parallel zur vier-, sechs- oder dreizähligen Dreh- oder Drehinversionsachse des Kristalls liegt. Die Schnittebene der Schwingungsrichtungen $\vec{D}^{(1)}$, $\vec{D}^{(2)}$ mit dem Ellipsoid erzeugt nur dann einen Kreis als Schnittkurve, wenn $\vec{e}_k$ parallel zur Achse des Ellipsoids liegt. Dann tritt keine Doppelbrechung auf. Diese optisch ausgezeichnete Richtung heißt optische Achse oder Binormale, das Verhalten der Stoffe optisch einachsig. Man bezeichnet den Unterschied

$$\Delta n = n_e - n_o \tag{6.89}$$

[1]) Es ist $\vec{S} \times \vec{D} = (n/c)\,(\vec{E} \times \vec{H}) \times (\vec{H} \times \vec{e}_k) = \vec{E} \cdot \vec{D}\vec{H}$ (vgl. (6.85), Fußn. 5, Seite 109 und Tab. A 2) und $S = v_s\vec{E} \cdot \vec{D}$ (vgl. (6.86)). Weiterhin hat man $\vec{S} \times \vec{H} = \vec{S} \times (\vec{k} \times \vec{E})/\mu_0\omega = -\vec{E}\vec{S} \cdot \vec{k}/\mu_0\omega$ (vgl. (6.68) und (6.85)). Außerdem ist $\vec{S} \cdot \vec{k} = \vec{e}_s \cdot \vec{e}_k\, S\omega n/c$ und $\mu_0 = 1/c^2\varepsilon_0$.

[2]) Die letzte Ersetzung von (6.88) muß mit Rücksicht auf die Gültigkeit von (6.70) vorgenommen werden.

als Doppelbrechung des Materials. Stoffe mit $\Delta n > 0$ heißen optisch positiv, solche mit $\Delta n < 0$ optisch negativ. In Tab. 6.6 sind Vertreter beider Typen enthalten. Die Form der Indikatrix erläutert Abb. 6.21.

Jede Ausbreitungsrichtung $\vec{e}_k$, die nicht parallel zur optischen Achse orientiert ist, erzeugt eine Schnittellipse, deren eine Halbachse (die kleine in Abb. 6.21 (a), die große in (b)) die Länge $n_o$ hat. Die Doppelbrechung $\Delta n$ hat also ihren größten Wert, wenn die Wellennormale $\vec{e}_k$ des Lichts senkrecht auf der optischen Achse steht. Ein Eigenwert aus (6.82) ist richtungsunabhängig (ordentliche Welle), der andere dagegen richtungsabhängig. $\vec{e}_s$ und $\vec{e}_k$ liegen im Hauptschnitt.

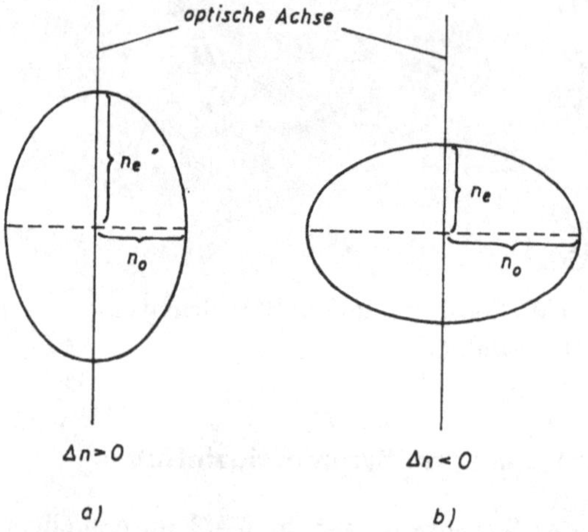


Abb. 6.21. Schnitt durch die Indikatrix optisch einachsiger Stoffe parallel zur Achse des Rotations-Ellipsoids (optische Achse). Die Spur der kreisförmigen Schnittkurve zwischen Ellipsoid und Schwingungsebene ist gestrichelt angegeben. (a) optisch positiv, (b) optisch negativ. Die Hauptachsen des Ellipsoids geben die Brechungsindizes für ordentliche ($n_o$) und außerordentliche ($n_e$) Welle an. Die Abweichung von der Kugelgestalt ist bei den meisten Stoffen nicht größer als einige Prozent.

Die Indikatrix der Kristalle des rhombischen, monoklinen und triklinen Kristallsystems hat die Form eines allgemeinen Ellipsoids (vgl. Tab. 6.4) mit den Hauptachsen $n_1$, $n_2$ und $n_3$. Es gibt zwei Ebenen, deren Schnittkurven mit dem Ellipsoid Kreisform besitzen.

Demnach gibt es auch zwei Ausbreitungsrichtungen $\vec{e}_k$ des Lichts (senkrecht auf diesen Ebenen) ohne Doppelbrechung (optische Achsen oder Binormalen). Die beiden Ebenen schneiden sich in der mittleren Hauptachse $n_2$ des Ellipsoids (optische Normale). Große und kleine Hauptachsen $n_3$ und $n_1$ halbieren die Winkel zwischen den optischen Achsen (positive ($n_3$) und negative ($n_1$) Bisektrix). Der Winkel mit der Halbachse $n_3$ wird mit $V$ bezeichnet. Für ihn gilt

$$\tan V = \sqrt{\frac{n_1^{-2} - n_2^{-2}}{n_2^{-2} - n_3^{-2}}} = \sqrt{\frac{\varepsilon_{r3}(\varepsilon_{r2} - \varepsilon_{r1})}{\varepsilon_{r1}(\varepsilon_{r3} - \varepsilon_{r2})}} \text{ }^{1)} \qquad (6.90)$$

1) $V$ berechnet sich aus dem Schnitt des Kreises $x_1^2 + x_3^2 = n_2^2 = \varepsilon_{r2}$ und der Ellipse $x_1^2/\varepsilon_{r1} + x_3^2/\varepsilon_{r3} = 1 = x_1^2/n_1^2 + x_3^2/n_3^2$ über $\tan V = x_3/x_1$.

(vgl. Abb. 6.22). Falls $2V < \pi/2$, heißt der Kristall optisch zweiachsig positiv, für $2V > \pi/2$ negativ. Für $2n_2^{-2} = n_1^{-2} + n_3^{-2}$ ist $2V = \pi/2$. Dann weicht das Verhalten am stärksten vom optisch einachsigen ab.[1,2]

Neben der Indikatrix werden für kristalloptische Überlegungen noch 7 weitere Tensorflächen benutzt (vgl. z. B. Pockels; Šubnikov 1958; Tab. 6.8), die zur umfassenden Charakterisierung des Problems sämtlich zu betrachten sind. Wir gehen zunächst noch auf das Fresnelsche Ellipsoid ein. Es ist die charakteristische Fläche des Tensors

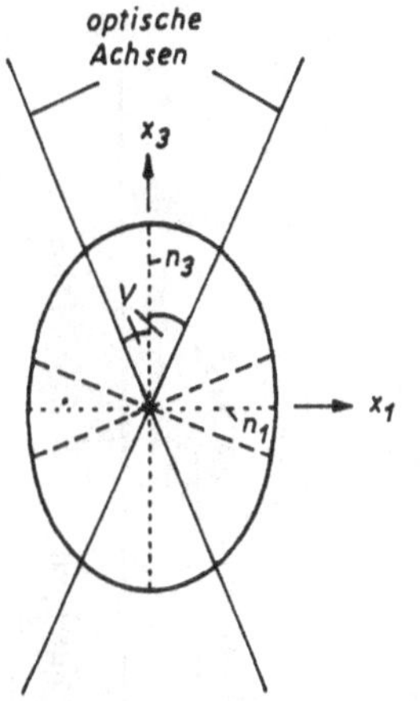


Abb. 6.22. Schnitt durch die Indikatrix optisch zweiachsiger Stoffe parallel zur kleinsten ($n_1$) und größten ($n_3$) Halbachse (punktiert). Die Spuren der kreisförmigen Schnittkurven zwischen Ellipsoid und Schwingungsebenen sind gestrichelt eingezeichnet. Die beiden optischen Achsen schließen den Winkel $2V$ ein.

$\overset{2\rightarrow}{\varepsilon}_r$, die mit der Indikatrix über die Ersetzung (6.88) verbunden ist. Das Fresnelsche Ellipsoid beschreibt die Strahlgeschwindigkeit. Aus (6.71) folgt mit (6.88) nach Multiplikation mit $\vec{E}$

$$\vec{E} \cdot \overset{2\rightarrow}{\varepsilon}_r \cdot \vec{E} = \frac{c^2}{v_s^2} E^2. \tag{6.91}$$

Trägt man in Richtung $\vec{E}$ die zugehörigen Strahlgeschwindigkeiten $v_s$ auf, d. h., setzt man $\vec{r} = (v_s/c)\, \vec{E}/E$ in (1.42), dann ist die Gleichung des Fresnelschen Ellipsoids

$$\vec{r} \cdot \overset{2\rightarrow}{\varepsilon}_r \cdot \vec{r} = 1. \tag{6.92}$$

Die Halbmesser der Hauptachsen des Ellipsoids (6.92) betragen $(\varepsilon_{r1})^{-1/2} = n_1^{-1}$, $(\varepsilon_{r2})^{-1/2} = n_2^{-1}$, $(\varepsilon_{r3})^{-1/2} = n_3^{-1}$. Durch eine Ebene senkrecht auf der Strahlrichtung $\vec{e}_s$ wird auf

[1] Da Brechungsindizes von der Wellenlänge des Lichts, der Temperatur u. a. abhängen, sind derartige Einteilungen auch davon betroffen.

[2] Die Einteilung in optisch isotrope, ein- und zweiachsige trifft auch auf Gläser unter Einwirkung elektrischer, magnetischer, mechanischer Felder, auf Flüssigkristalle, Texturen usw. zu. Maßgebend ist die Symmetrie von $\overset{2\rightarrow}{\varepsilon}_r$.

Tab. 6.8. Tensorfläche zur Beschreibung der Doppelbrechung in Kristallen (nach ŠUBNIKOV 1958)

| a) *einschalige* Bezeichnung | (1) Geschwindigkeits-Ovaloid | (2) FRESNELsches Ellipsoid | (3) optische Indikatrix | (4) Index-Ovaloid |
|---|---|---|---|---|
| Gleichung der Fläche*) | $\sin^2\vartheta\cos^2\varphi\, v_1^2 + \sin^2\vartheta\sin^2\varphi\, v_2^2 + \cos^2\vartheta\, v_3^2 = v^2$ | $\frac{\sin^2\vartheta\cos^2\varphi}{v_1^2} + \frac{\sin^2\vartheta\sin^2\varphi}{v_2^2} + \frac{\cos^2\vartheta}{v_3^2} = \frac{1}{v_s^2}$ | $\frac{x_1^2}{n_1^2} + \frac{x_2^2}{n_2^2} + \frac{x_3^2}{n_3^2} = 1;$ $\frac{\sin^2\vartheta\cos^2\varphi}{n_1^2} + \frac{\sin^2\vartheta\sin^2\varphi}{n_2^2} + \frac{\cos^2\vartheta}{n_3^2} = \frac{1}{n^2}$ | $\sin^2\vartheta\cos^2\varphi\, n_1^2 + \sin^2\vartheta\sin^2\varphi\, n_2^2 + \cos^2\vartheta\, n_3^2 = n_s^2$ |
| b) *zweischalige* Bezeichnung | (5) Normalgeschwindigkeitsfläche | (6) Strahlengeschwindigkeitsfläche (Wellenfläche) | (7) Indexfläche | (8) reziproke Strahlengeschwindigkeitsfläche |
| Gleichung der Fläche*) | $\frac{\sin^2\vartheta\cos^2\varphi}{v^2 - v_1^2} + \frac{\sin^2\vartheta\sin^2\varphi}{v^2 - v_2^2} + \frac{\cos^2\vartheta}{v^2 - v_3^2} = 0$ | $\frac{\sin^2\vartheta\cos^2\varphi\, v_1^2}{v_s^2 - v_1^2} + \frac{\sin^2\vartheta\sin^2\varphi\, v_2^2}{v_s^2 - v_2^2} + \frac{\cos^2\vartheta\, v_3^2}{v_s^2 - v_3^2} = 0$ | $\frac{\sin^2\vartheta\cos^2\varphi\, n_1^2}{n^2 - n_1^2} + \frac{\sin^2\vartheta\sin^2\varphi\, n_2^2}{n^2 - n_2^2} + \frac{\cos^2\vartheta\, n_3^2}{n^2 - n_3^2} = 0$ | $\frac{\sin^2\vartheta\cos^2\varphi}{n_s^2 - n_1^2} + \frac{\sin^2\vartheta\sin^2\varphi}{n_s^2 - n_2^2} + \frac{\cos^2\vartheta}{n_s^2 - n_3^2} = 0$ |

*) Zum Koordinatensystem vgl. Abb. A 1 (c) . $v_i$ Hauptphasengeschwindigkeiten. $v_s \parallel \vec{E}/E$, $n \parallel \vec{D}/D$.

dem Ellipsoid eine Schnittellipse erzeugt, deren Hauptachsen die Richtungen von $\vec{E}^{(1)}$ und $\vec{E}^{(2)}$ anzeigen. Analog zu Abb. 6.22 sind in Kristallen rhombischer und niedrigerer Symmetrie zwei Strahlrichtungen ausgezeichnet, für die nur eine Strahlgeschwindigkeit existiert. Sie heißen ***Biradialen*** oder ***sekundäre optische Achsen*** und sind i. allg. den ***Binormalen*** nicht parallel. Dadurch gibt es in optisch zweiachsigen Kristallen keine Richtung, die sich sowohl bezüglich der Wellennormalen als auch der Strahlen optisch isotrop verhält. Die Biradialen schließen den Winkel $2V'$ ein, wobei

$$\tan V' = \sqrt{\varepsilon_{r1}/\varepsilon_{r3}} \tan V \tag{6.93}$$

ist.

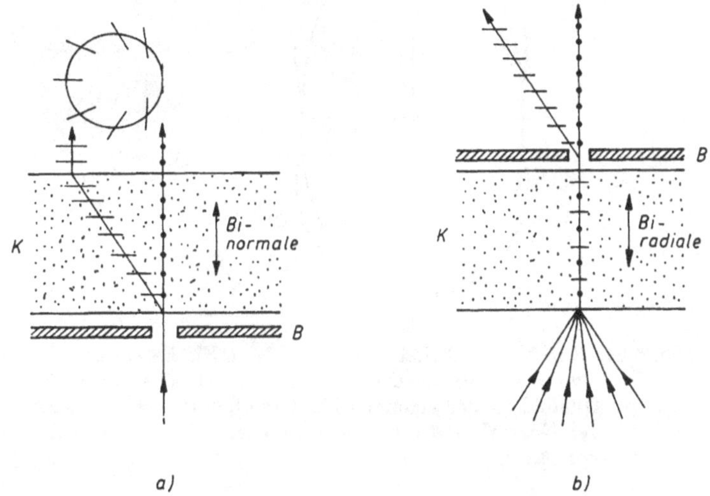


Abb. 6.23. Schematische Darstellung der inneren (a) und äußeren (b) konischen Refraktion. In (a) fällt ein paralleles Bündel über eine feine Blende $B$ senkrecht auf den optisch zweiachsigen Kristall $K$ parallel zu dessen Binormale. Von dem entstehenden Lichtkegel (bzw. Zylinder) sind zwei Mantellinien gezeichnet. Die Schwingungsrichtungen sind durch Striche bzw. Punkte angegeben. Im Falle (b) fällt ein konvergentes Bündel ein und verläßt $K$ als Lichtkegel.

Fällt die Wellennormale $\vec{e}_k$ in Richtung der optischen Achse (Binormale) eines zweiachsigen Kristalls, ist nach Abb. 6.19 keine Schwingungsrichtung $\vec{D}$ und somit auch keine Strahlrichtung $\vec{e}_s$ mehr ausgezeichnet. Zu $\vec{e}_k$ gehören unendlich viele $\vec{e}_s$, die im Innern des Kristalls auf einem Kegelmantel und nach Austritt auf einem Kreiszylinder liegen (innere konische Refraktion[1]), vgl. Abb. 6.23). Den dualen Effekt zur Doppelbrechung des Strahls erhält man nach Abb. 6.23 (b) dadurch, daß ein konvergentes Bündel auffällt und durch eine Lochblende ein bestimmter Strahl ausgeblendet wird. Dieser erfährt eine Doppelbrechung, weil zu ihm unendlich viele Normalenrichtungen mit unterschiedlichem Brechungsindex gehören, die auf einem Kegelmantel liegen (äußere konische Refraktion).[2])

[1]) Von Lloyd 1833 auf Anregung Hamiltons nachgewiesen.
[2]) Einen Demonstrationsversuch für konische Refraktion beschreiben Veličkina, Vasil'eva, Izrailenko, Jakovlev.

Die verbleibenden einschaligen Flächen in Tab. 6.8 sind Ovaloide, die sich aus den Ellipsoiden direkt ableiten lassen (und zwar (1) aus (2) und (4) aus (3)). Das ist in Abb. 6.24 erläutert. Die zweischaligen Flächen geben die unterschiedliche Ausbreitung von Wellen und Strahlen im Raum für einen bestimmten Zeitpunkt unmittelbar an und werden vorzugsweise zur konstruktiven Behandlung der Doppelbrechung verwendet. Eine ausführliche Darstellung gibt POCKELS bzw. SZIVESSY.

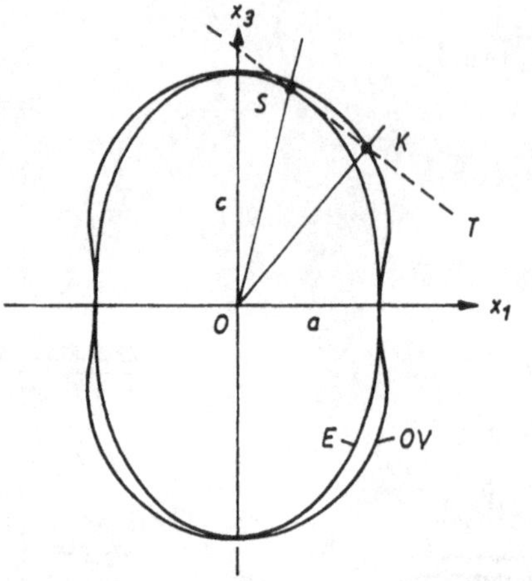


Abb. 6.24. Zur Konstruktion des Ovaloids ($OV$). Es sei das Ellipsoid $E$ gegeben, das eine dem Abstand $OS$ proportionale Strecke veranschaulicht. Das zugehörige Ovaloid ist der geometrische Ort aller Punkte $K$, deren Abstand in Richtung der Normale auf die Tangentialebene $T$ an $E$ in $S$ $OK$ beträgt. Koordinaten von $K$: $x_1^0 = q^2 x_1/a^2$, $x_3^0 = q^2 x_3/c^2$, $q^{-2} = (x_1/a)^2 + (x_3/c)^2$, von $S$: $x_1$, $x_3$.

Die Flächen leiten sich aus Bedingungen der Transversalität $\vec{D} \cdot \vec{e}_k = 0$ (5) (8) bzw. $\vec{E} \cdot \vec{e}_s = 0$ (6) (7) her. (6) und (7) sind Flächen, die in optisch einachsigen Kristallen aus Ellipsoid und Kugel bestehen, (5) und (8) aus Ovaloid und Kugel. In (5) ist für $OK$ von Abb. 6.24 die Phasengeschwindigkeit $v$ zu setzen. Die Radiusvektoren in (6) sind die Gruppengeschwindigkeiten $v_s$. (7) geht aus (5) dadurch hervor, daß alle Radiusvektoren durch ihre reziproken Größen $\sim v^{-1}$ ersetzt werden, (8) aus (6) durch Ersetzen von $v_s$ durch $v_s^{-1}$.

### 6.4.3.6. Reflexion und Brechung

#### 6.4.3.6.1. Einfallende Welle

Wir betrachten nun eine ebene Grenzfläche zwischen zwei verschiedenen Kristallen. Das Koordinatensystem $\vec{e}_i{}'$ sei so orientiert, daß $\vec{e}_3{}'$ parallel zur Grenzflächennormale liegt und $\vec{e}_3{}'$, $\vec{e}_1{}'$ die Einfallsebene mit der Richtung $\vec{e}_k$ des einfallenden Bündels bezeichnet (Abb. 6.25).

Die einfallende Welle ist nach (6.67) durch

$$\vec{D} = \vec{D}_0 \, e^{-i\omega(t-(n/c)\vec{e}_k \cdot \vec{r})} \tag{6.94}$$

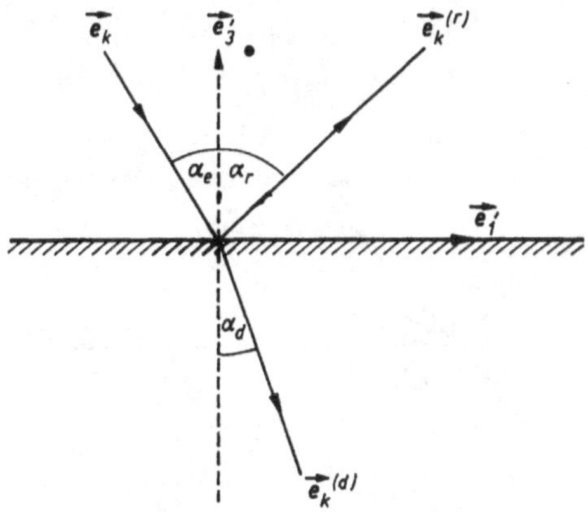


Abb. 6.25. Eine ebene Welle $\vec{e}_k$ fällt auf die Grenzfläche $\vec{e}_1'$, $\vec{e}_2'$ zweier Kristalle. Dabei entstehen reflektierte ($r$) und gebrochene (durchgelassene) ($d$) Wellen, deren Normalen in der Einfallsebene $\vec{e}_3'$, $\vec{e}_1'$ liegen. Die Winkel mit dem Lot auf der Grenzfläche sind angegeben.

beschrieben. Bei vorgegebenem $\vec{e}_k$ liegen $n$ und $\vec{D}_0$ fest. Für beliebige Kristallorientierung kann $n$ z. B. über die Indikatrix (Tab. 6.8 (3)) ermittelt werden, die dann die Form

$$\frac{1}{n_{11}^2} x_1'^2 + \frac{1}{n_{22}^2} x_2'^2 + \frac{1}{n_{33}^2} x_3'^2 + \frac{2}{n_{23}^2} x_2'x_3' + \frac{2}{n_{31}^2} x_3'x_1' + \frac{2}{n_{12}^2} x_1'x_2' - 1 = 0 \tag{6.95}$$

hat, wobei sich die Koeffizienten $n_{ij}$ aus den Hauptbrechungsindizes (vgl. 6.4.3.3.) $n_i$ entsprechend

$$\frac{1}{n_{11}^2} = \frac{\bar{\alpha}_1^2}{n_1^2} + \frac{\bar{\beta}_1^2}{n_2^2} + \frac{\bar{\gamma}_1^2}{n_3^2}, \qquad \frac{1}{n_{22}^2} = \frac{\bar{\alpha}_2^2}{n_1^2} + \frac{\bar{\beta}_2^2}{n_2^2} + \frac{\bar{\gamma}_2^2}{n_3^2},$$

$$\frac{1}{n_{33}^2} = \frac{\bar{\alpha}_3^2}{n_1^2} + \frac{\bar{\beta}_3^2}{n_2^2} + \frac{\bar{\gamma}_3^2}{n_3^2}, \qquad \frac{1}{n_{23}^2} = \frac{\bar{\alpha}_2\bar{\alpha}_3}{n_1^2} + \frac{\bar{\beta}_2\bar{\beta}_3}{n_2^2} + \frac{\bar{\gamma}_2\bar{\gamma}_3}{n_3^2}, \tag{6.96}$$

$$\frac{1}{n_{31}^2} = \frac{\bar{\alpha}_3\bar{\alpha}_1}{n_1^2} + \frac{\bar{\beta}_3\bar{\beta}_1}{n_2^2} + \frac{\bar{\gamma}_3\bar{\gamma}_1}{n_3^2}, \qquad \frac{1}{n_{12}^2} = \frac{\bar{\alpha}_1\bar{\alpha}_2}{n_1^2} = \frac{\bar{\beta}_1\bar{\beta}_2}{n_2^2} + \frac{\bar{\gamma}_1\bar{\gamma}_2}{n_3^2}$$

berechnen. $\bar{\alpha}_i$, $\bar{\beta}_i$, $\bar{\gamma}_i$ sind die Richtungskosinus der optischen Hauptachsen des ersten Kristalls mit den Koordinatenachsen $\vec{e}_1'$, $\vec{e}_2'$, $\vec{e}_3'$.

Die Ebene senkrecht zu $\vec{e}_k$

$$x_1' \sin\varphi + x_3' \cos\varphi = 0 \tag{6.97}$$

($\varphi$ = Winkel zwischen $\vec{e}_k$ und positiver $\vec{e}_3$-Achse $= \pi - \alpha_e$) enthält nach Abb. 6.19 die Polarisationsrichtung $\vec{D}_0 = D_0 (\cos\eta' \cos\varphi, \ \sin\eta', \ -\cos\eta' \sin\varphi)$ (vgl. Abb. 6.26) mit dem Azimut $\eta'$ gegen die Einfallsebene $\vec{e}_3'$, $\vec{e}_1'$. Wir identifizieren wie in 6.4.3.3.

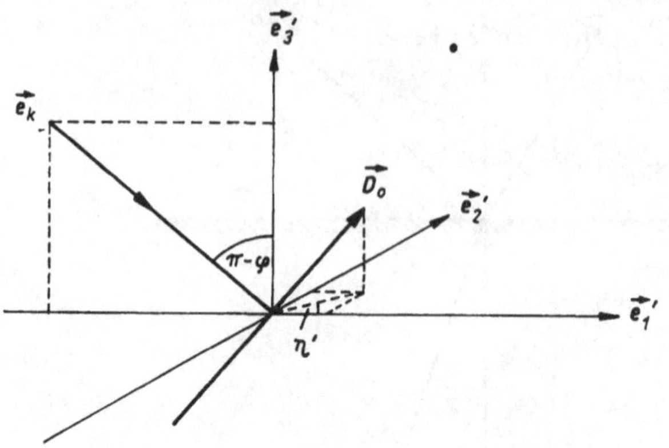


Abb. 6.26. Zum Azimut $\eta'$ der Schwingungsrichtung $\vec{D}_0$ gegen die Einfallsebene einer einfallenden Welle der Normale $\vec{e}_k$, die mit $\vec{e}_3{}'$ den Winkel $\varphi$ einschließt.

$\vec{D}_0$ mit $\vec{r}' = (x_1', x_2', x_3')$ und erhalten damit aus (6.95) als Gleichung des ebenen Ellipsoidschnittes von Abb. 6.19

$$\frac{1}{D_0{}^2} = \left(\frac{1}{n_{11}^2}\cos^2\varphi + \frac{1}{n_{33}^2}\sin^2\varphi - \frac{2}{n_{31}^2}\sin\varphi\cos\varphi\right)\cos^2\eta' + \frac{1}{n_{22}^2}\sin^2\eta' + 2\left(\frac{1}{n_{12}^2}\cos\varphi - \frac{1}{n_{23}^2}\sin\eta'\right)\sin\eta'\cos\eta', \tag{6.98}$$

wobei $\sin^2\eta' + \cos^2\eta' = 1$.

Die größte und kleinste Halbachse der Ellipse kann nach der Methode mit LAGRANGE-Multiplikator (vgl. 6.4.3.3.) bestimmt werden. Dieser stellte sich als $n^{-2}$ heraus. Aus (6.98) wird

$$\left(\frac{1}{n_{11}^2}\cos^2\varphi + \frac{1}{n_{33}^2}\sin^2\varphi - \frac{2}{n_{31}^2}\sin\varphi\cos\varphi - \frac{1}{n^2}\right)\cos\eta' + \left(\frac{1}{n_{12}^2}\cos\varphi - \frac{1}{n_{23}^2}\sin\varphi\right)\sin\eta' = 0 \tag{6.99}$$

und

$$\left(\frac{1}{n_{12}^2}\cos\varphi - \frac{1}{n_{23}^2}\sin\varphi\right)\cos\eta' + \left(\frac{1}{n_{22}^2} - \frac{1}{n^2}\right)\sin\eta' = 0.$$

(6.99) hat eine Lösung, falls die Determinante des Gleichungssystems verschwindet, also wenn gilt

$$\boxed{\left(\frac{1}{n_{11}}\cos^2\varphi + \frac{1}{n_{33}^2}\sin^2\varphi - \frac{2}{n_{31}^2}\sin\varphi\cos\varphi - \frac{1}{n^2}\right) \times \left(\frac{1}{n_{22}^2} - \frac{1}{n^2}\right) - \left(\frac{1}{n_{12}^2}\cos\varphi - \frac{1}{n_{23}^2}\sin\varphi\right)^2 = 0.} \tag{6.100}$$

Aus (6.100) folgt für gegebenes $\varphi$ der zugehörige Brechungsindex $n$.

Das Azimut $\eta'$ (vgl. Abb. 6.26) läßt sich dann z. B. aus der zweiten Gleichung von (6.99)

$$\boxed{\cot \eta' = \frac{\dfrac{1}{n^2} - \dfrac{1}{n_{22}^2}}{\dfrac{1}{n_{12}^2}\cos\varphi - \dfrac{1}{n_{23}^2}\sin\varphi}} \tag{6.101}$$

gewinnen.

#### 6.4.3.6.2. Reflektierte und gebrochene Wellen

Die reflektierten und gebrochenen Wellen seien von der Form (6.94). Wir unterscheiden sie durch die Indizierung $r = I, II, \ldots$ (reflektierte) und $d = 1, 2, \ldots$ (gebrochene). Die reflektierten haben nach (6.94) demnach die Form $\vec{D}^{(r)} = \vec{D}_0^{(r)} \times e^{-i\omega(t - n^{(r)}\vec{e}_k^{(r)} \cdot \vec{r}^{(r)}/c)}$. An der Grenzfläche der beiden Kristalle $x_3' = 0$ muß wegen (6.65a) mit $\varrho_e = 0$

$$\vec{D} \cdot \vec{e}_3{}' + \vec{D}^{(I)} \cdot \vec{e}_3{}' + \vec{D}^{(II)} \cdot \vec{e}_3{}' + \cdots = \vec{D}^{(1)} \cdot \vec{e}_3{}' + \vec{D}^{(2)} \cdot \vec{e}_3{}' + \cdots \tag{6.102}$$

gelten. Dies ist für jeden Punkt der $x_1'$, $x_2'$-Ebene zu erfüllen.

Es folgt somit wegen $\vec{e}_{k2} = \vec{0}$ (Einfallsebene $x_1'$, $x_3'$)

$$\vec{e}_{k2}^{(I)} = \vec{e}_{k2}^{(II)} = \cdots = \vec{e}_{k2}^{(1)} = \vec{e}_{k2}^{(2)} = \cdots = \vec{0}, \tag{6.103}$$

d. h., reflektierte und gebrochene Wellennormalen liegen in der Einfallsebene, und

$$n\vec{e}_{k1} = n^{(I)}\vec{e}_{k1}^{(I)} = \cdots = n^{(1)}\vec{e}_{k1} = n^{(2)}\vec{e}_{k1} = \cdots. \tag{6.104}$$

Die letzte Beziehung läßt sich mit Hilfe der Winkel $\varphi$ bzw. $\alpha$ (Abb. 6.25), die die Wellennormalen mit $\vec{e}_3{}'$ bilden, wegen $\vec{e}_{k1} = \sin(\pi - \alpha_e) = \sin\varphi$, $\vec{e}_{k1}^{(I)} = \sin\alpha_r{}^{(I)} = \sin\varphi^{(I)}$, $\vec{e}_{k1}^{(1)} = \sin(\pi - \alpha_d{}^{(1)}) = \sin\varphi^{(1)}, \ldots$ umschreiben als

$$\sin\varphi : \sin\varphi^{(I)} : \sin\varphi^{(II)} : \ldots : \sin\varphi^{(1)} : \sin\varphi^{(2)} : \ldots$$
$$= \frac{1}{n} : \frac{1}{n^{(I)}} : \frac{1}{n^{(II)}} : \ldots : \frac{1}{n^{(1)}} : \frac{1}{n^{(2)}} : \ldots.$$

Reflexion und Brechung werden demnach durch

$$\boxed{n \sin\varphi = n^{(r)} \sin\varphi^{(r)} = n^{(d)} \sin\varphi^{(d)}} \tag{6.105}$$

beschrieben, wobei jedes Wertepaar $n$, $\varphi$ einer Gleichung (6.100) gehorchen muß.

Eliminiert man mittels (6.105) den Brechungsindex der reflektierten bzw. gebrochenen Welle in (6.100), dann hat man[1])

$$\left[\frac{1}{n_{11}^2} - \frac{2}{n_{31}^2}\tan\varphi^{(i)} + \left(\frac{1}{n_{33}^2} - \frac{1}{n^2\sin^2\varphi}\right)\tan^2\varphi^{(i)}\right] \times \left[\frac{1}{n_{22}^2} + \left(\frac{1}{n_{22}^2} - \frac{1}{n^2\sin^2\varphi}\right)\tan^2\varphi^{(i)}\right] - \left(\frac{1}{n_{12}^2} - \frac{1}{n_{23}^2}\tan\varphi^{(i)}\right)^2 (1 + \tan^2\varphi^{(i)}) = 0, \tag{6.106}$$

woraus $\varphi^{(i)}$ für $i = r$ und $d$ berechnet werden kann,[2]) wenn die einfallende Welle $n, \varphi$ vorgegeben ist und die Brechungsindizes $n_{ij}$ desjenigen Kristalls bekannt sind, in dem sich die Welle ausbreitet (nach (6.96) ist die Kristallorientierung ebenfalls enthalten).[3])

Die Schwingungsazimute lassen sich gleichfalls durch Einsetzen von (6.105) in (6.101) vom Brechungsindex der reflektierten bzw. gebrochenen Welle befreien. Man erhält

$$\cot\eta'^{(i)} = \frac{\left(\frac{1}{n^2\sin^2\varphi} - \frac{1}{n_{22}^2}\right)\tan^2\varphi^{(i)} - \frac{1}{n_{22}^2}}{\left(\frac{1}{n_{12}^2} - \frac{1}{n_{23}^2}\tan\varphi^{(i)}\right)\sqrt{1 + \tan^2\varphi^{(i)}}}. \tag{6.107}$$

Zu jedem Wert von $\tan\varphi^{(i)}$ aus (6.106) gehört nach (6.107) eine Schwingungsrichtung $\vec{D}^{(i)}$ im ersten oder zweiten Kristall. Da sich experimentell nur Fälle mit einer einfallenden Welle realisieren lassen, treten neben dieser im allgemeinen noch zwei reflektierte und zwei gebrochene Wellen auf (vgl. Szivessy, S. 704). Deren Schwingungsazimute sind nach (6.107) reell, alle Wellen sind linear polarisiert.

Für die Diskussion der praktisch wichtigen Interferenzerscheinungen im durchgehenden Licht sei auf Kleber; Beljankin, Petrow; Ramachandran, Ramaseshan; Pockels verwiesen.

### 6.4.4. Optik bei starker Absorption

#### 6.4.4.1. Lösung der Maxwellschen Gleichungen

Die Grundgleichungen (6.65) und (6.66) sind nun auf Metalle als Beispiel stark absorbierender Stoffe anzuwenden. Wir setzen wieder $\varrho_e = 0$ (jede etwa entstehende freie Ladung wird wegen der leichten Beweglichkeit der Leitungselektronen sehr schnell

[1]) Unter Verwendung der Identität $1/\cos^2\varphi^{(i)} = 1 + \tan^2\varphi^{(i)}$.
[2]) Für beliebige Kristallorientierung ist dies nur näherungsweise möglich.
[3]) Zur Berechnung der Reflexionswinkel $\varphi^{(r)}$ sind in (6.106) die Brechungsindizes $n_{ij}$ des oberen Kristalls von Abb. 6.25 einzusetzen, für die Brechungswinkel $\varphi^{(d)}$ die des unteren. Man beachte, daß $\alpha_e = \pi - \varphi$, $\alpha_r = \varphi^{(r)}$, $\alpha_d = \pi - \varphi^{(d)}$.

kompensiert) und ergänzen (6.66) durch die Materialgleichung

$$\boxed{\vec{j} = \overset{2\rightarrow}{\sigma}_e \cdot \vec{E}} \qquad \text{(Ohmsches Gesetz)}, \tag{6.108}$$

die den Zusammenhang zwischen elektrischer Stromdichte $\vec{j}$ und Feldstärke $\vec{E}$ regelt, wenn frei bewegliche Elektronen den Strom beherrschen. Auf sie wird in 6.8. eingegangen ($\overset{2\rightarrow}{\sigma}_e$ elektrische Leitfähigkeit).

Differenziert man (6.65b) nach der Zeit, bildet von (6.65c) den Rotor und setzt beide Ergebnisse gleich, dann wird daraus

$$\frac{\partial}{\partial \vec{r}} \times \dot{\vec{H}} = \varepsilon_0 \overset{2\rightarrow}{\varepsilon}_r \cdot \ddot{\vec{E}} + \overset{2\rightarrow}{\sigma}_e \cdot \dot{\vec{E}} = -(\overset{2\rightarrow}{\mu}_r)^{-1} \cdot \frac{1}{\mu_0} \frac{\partial}{\partial \vec{r}} \times \left(\frac{\partial}{\partial \vec{r}} \times \vec{E}\right)$$

$$= -(\overset{2\rightarrow}{\mu}_r)^{-1} \cdot \frac{1}{\mu_0} \left(\frac{\partial}{\partial \vec{r}} \frac{\partial}{\partial \vec{r}} \cdot \vec{E} - \Delta \vec{E}\right) = \frac{1}{\mu_0} (\overset{2\rightarrow}{\mu}_r)^{-1} \cdot \Delta \vec{E}. \tag{6.109}$$

$\overset{2\rightarrow}{\mu}_r$ ist die relative Permeabilität und $\Delta \equiv \frac{\partial}{\partial \vec{r}} \cdot \frac{\partial}{\partial \vec{r}}$ der Laplace-Operator.

(6.109) ist eine Wellengleichung für gedämpfte elektrische Wellen. Wir schreiben sie in der Form

$$\left[\mu_0 \varepsilon_0 \overset{2\rightarrow}{\varepsilon}_r \cdot \frac{\partial^2}{\partial t^2} + \mu_0 \overset{2\rightarrow}{\sigma}_e \cdot \frac{\partial}{\partial t} - (\overset{2\rightarrow}{\mu}_r)^{-1} \cdot \Delta\right] \vec{E} = 0, \tag{6.110}$$

wobei

$$\mu_0 \varepsilon_0 \overset{2\rightarrow}{\varepsilon}_r = c^{-2} (\overset{2\rightarrow}{\mu}_r)^{-1}.$$

Zur Lösung dieser partiellen Differentialgleichung diene der Ansatz einer ebenen Welle analog (6.67) bzw. (6.94)

$$\vec{E} = \vec{E}_0 \, e^{-i\omega(t - (\hat{n}/c)\vec{e}_k \cdot \vec{r})} \tag{6.111}$$

mit $\omega \hat{n}/c \equiv \hat{k}$ als Wellenzahl und $\hat{n}$ als Brechungsindex der gedämpften Welle. Wie in 6.4.3.1. geht dadurch die Differentialgleichung in eine algebraische Gleichung zwischen $\hat{n}$ und $\omega$ über; denn die Differentialoperatoren lassen sich auf folgendem Wege ersetzen: $\partial/\partial t \to -i\omega$, $\partial/\partial \vec{r} \to i\omega \hat{n} \vec{e}_k/c$, $\partial^2/\partial t^2 \to -\omega^2$, $\partial^2/\partial \vec{r}^2 \to -\omega^2 \hat{n}^2/c^2$. Es ist

$$\boxed{(c^2 \mu_0 \overset{2\rightarrow}{\mu}_r)^{-1} \hat{n}^2 = \varepsilon_0 \overset{2\rightarrow}{\varepsilon}_r + i \overset{2\rightarrow}{\sigma}_e/\omega} \tag{6.112}$$

eine komplexe Bestimmungsgleichung für $\hat{n}$. Da in der Wellenfunktion (6.111) nur $\hat{n}$ auftritt, empfiehlt sich die Trennung von Real- und Imaginärteil nach folgender Vorschrift:

$$\hat{n} = n + i\varkappa \tag{6.113}$$

bzw.

$$\hat{k} = \frac{\omega}{c}(n + i\varkappa).$$

$\varkappa$ heißt Absorptionskoeffizient.[1])

In Analogie zur Kristalloptik führen wir eine komplexe Dielektrizitätskonstante der Form

$$\overset{2\to}{\hat{\varepsilon}}_r = \overset{2\to}{\varepsilon}_r + i\,\frac{\overset{2\to}{\sigma}_e}{\varepsilon_0\omega} = (\varepsilon_0\mu_0 c^2 \overset{2\to}{\mu}_r)^{-1}\,\hat{n}^2 = \overset{2\to}{\varepsilon}_{r1} + i\,\overset{2\to}{\varepsilon}_{r2} \tag{6.114}$$

ein. Sie hat eine verallgemeinerte Verschiebung

$$\vec{D} = \varepsilon_0\,\overset{2\to}{\hat{\varepsilon}}_r \cdot \vec{E}\,^{2)} \tag{6.115}$$

zur Folge. Nach Übergang zu komplexen Materialgrößen sind die Beziehungen vollständig analog denen nichtabsorbierender Medien. Quadrieren von (6.113) ergibt

$$\hat{n}^2 = n^2 - \varkappa^2 + 2in\varkappa. \tag{6.116}$$

Real- und Imaginärteile von (6.112) und (6.116) müssen für sich genommen gleich sein. Damit sind elektrische und optische Größen miteinander verknüpft:

$$\begin{aligned} (c^2\mu_0\overset{2\to}{\mu}_r)^{-1}\,(n^2 - \varkappa^2) &= \varepsilon_0\overset{2\to}{\varepsilon}_r = \varepsilon_0\overset{2\to}{\varepsilon}_{r1} \\ (c^2\mu_0\overset{2\to}{\mu}_r)^{-1}\,2n\varkappa &= \frac{1}{\omega}\,\overset{2\to}{\sigma}_e = \varepsilon_0\overset{2\to}{\varepsilon}_{r2}. \end{aligned} \tag{6.117}$$

Infolge des komplexen Brechungsindex enthält die Wellenfunktion (6.111) eine stark mit der Ortskoordinate abklingende Amplitude. Es ist nämlich wegen (6.113)

$$\boxed{\vec{E} = \vec{E}_0\,\mathrm{e}^{-(\omega\varkappa/c)\vec{e}_k\cdot\vec{r}}\,\mathrm{e}^{-i\omega(t - n\vec{e}_k\cdot\vec{r}/c)}}\,. \tag{6.118}$$

---

1) $\varkappa$ ist ein Maß für absorbierte Leistung/Gesamtleistung. Aus (6.65b) folgt mit $\partial/\partial\vec{r} \cdot \vec{H} = \vec{j}_{ges} = -i\omega\varepsilon_0(\varepsilon_r + i\sigma_e/\varepsilon_0\omega)\,\vec{E}$, (6.112) und (6.116) für $\vec{j}_{ges} \cdot \vec{E} = -i\omega\varepsilon_0\hat{n}^2E^2 = -i\omega\varepsilon_0(n^2 - \varkappa^2 + 2in\varkappa)\,E^2$, woraus die JouLEsche Leistung bezogen auf die Leistung des Feldes $\mathrm{Re}\,\vec{j}_{ges} \cdot \vec{E}/n\varepsilon_0 cE^2 = 2\varkappa\omega/c$ folgt.

2) (6.115) kann nicht mit beliebigem $\overset{2\to}{\hat{\varepsilon}}_r$ der Forderung nach Kausalität genügen. Die Verschiebung kann nicht früher entstehen als die elektrische Feldstärke zu wirken begonnen hat. Real- und Imaginärteil sind daher nicht unabhängig voneinander. Sie müssen der KRAMERS-KRONIG-Beziehung der Form $\varepsilon_{r1}(\omega) = \left(\frac{2}{\pi}\right)\int\limits_0^\infty \frac{\omega'\varepsilon_{r2}(\omega')\,\mathrm{d}\omega'}{\omega'^2 - \omega^2} + \mathrm{const}$ genügen.

Da die Intensität der eindringenden Welle (senkrechter Einfall $\vec{e}_k \cdot \vec{r} = z$) gegeben ist durch $I/I_e = E^2/E_0^2$, ergibt sich für die Extinktionskonstante in (6.59)

$$K' = \frac{2\omega\varkappa}{c} = \frac{4\pi}{\lambda}\varkappa.^{1)} \qquad (6.119)$$

Flächen konstanter Phase bewegen sich wegen (6.118) nach $\vec{r} \cdot \vec{e}_k - ct/n = \text{const.}$ Ihre Phasengeschwindigkeit ist daher $v = c/n$. Wie im dämpfungsfreien Fall beschreibt der Realteil des Brechungsindex das Verhältnis von Phasengeschwindigkeit im Vakuum zu der im Metall. Die Wellenlänge ist $\lambda = 2\pi c/\omega n$.

#### 6.4.4.2. Symmetrieeinfluß

Aus (6.112) wird deutlich, daß das optische Verhalten des stark absorbierenden Kristalls durch zwei Tensoren $\overset{2\rightarrow}{\varepsilon}_r$ und $\overset{2\rightarrow}{\sigma}_e$ bestimmt ist, wenn man, was häufig geschieht, $\overset{2\rightarrow}{\mu}_r \approx \overset{2\rightarrow}{\underline{1}}$ setzt. Für die einzelnen Kristallsysteme hat man damit insgesamt die in Tab. 6.9 angegebenen unabhängigen Koeffizienten als Materialgrößen zu betrachten.

Tab. 6.9. Parameter zur Beschreibung der optischen Eigenschaften stark absorbierender (nicht optisch aktiver) Kristalle ($\varepsilon_{rij}$ Dielektrizitätskonstante, $\sigma_{eij}$ elektrische Leitfähigkeit)

| Kristallsystem | unabhängige Parameter | Anzahl |
|---|---|---|
| triklin | $\varepsilon_{r11}, \varepsilon_{r22}, \varepsilon_{r33}, \varepsilon_{r23}, \varepsilon_{r31}, \varepsilon_{r12},$<br>$\sigma_{e11}, \sigma_{e22}, \sigma_{e33}, \sigma_{e23}, \sigma_{e31}, \sigma_{e12}$ | 12 |
| monoklin | $\varepsilon_{r11}, \varepsilon_{r22}, \varepsilon_{r33}, \varepsilon_{r12}, \sigma_{e11}, \sigma_{e22}, \sigma_{e33}, \sigma_{e12}$<br>$\varepsilon_{r23} = \varepsilon_{r31} = 0, \sigma_{e23} = \sigma_{e31} = 0$ | 8 |
| rhombisch | $\varepsilon_{r11}, \varepsilon_{r22}, \varepsilon_{r33}, \sigma_{e11}, \sigma_{e22}, \sigma_{e33}$<br>$\varepsilon_{r23} = \varepsilon_{r31} = \varepsilon_{r21} = 0, \sigma_{e23} = \sigma_{e31} = \sigma_{e12} = 0$ | 6 |
| rhomboedrisch<br>tetragonal<br>hexagonal | $\varepsilon_{r11} = \varepsilon_{r22}, \varepsilon_{r33}, \sigma_{e11} = \sigma_{e22}, \sigma_{33}$<br>$\varepsilon_{r23} = \varepsilon_{r31} = \varepsilon_{r12} = 0, \sigma_{e23} = \sigma_{e31} = \sigma_{e12} = 0$ | 4 |
| kubisch | $\varepsilon_{r11} = \varepsilon_{r22} = \varepsilon_{r33}, \sigma_{e11} = \sigma_{e22} = \sigma_{e33}$<br>$\varepsilon_{r23} = \varepsilon_{r31} = \varepsilon_{r12} = 0, \sigma_{e23} = \sigma_{e31} = \sigma_{e12} = 0$ | 2 |

#### 6.4.4.3. Reflexion und Brechung

Wir betrachten den senkrechten Einfall einer Welle (6.111) aus dem Vakuum auf ein stark absorbierendes Medium. Es entstehe eine reflektierte $\vec{E}^{(r)}$ und eine gebrochene Welle $\vec{E}^{(d)}$. Aus (6.65a) folgt mit $\varrho_e = 0$ die Grenzbedingung

$$\vec{E}_0 + \vec{E}_0^{(r)} = \overset{2\rightarrow}{\varepsilon}_r \cdot \vec{E}_0^{(d)} \qquad (6.120)$$

[1]) Bei der Bezeichnung „Absorptionskoeffizient“ für $\varkappa$ muß beachtet werden, daß der ideale Leiter $\sigma_e \to \infty$ nicht durch $\varkappa \to \infty$, sondern durch $\varkappa \to n$ gekennzeichnet ist. Division von Real- mit Imaginärteil in (6.117) liefert $(n^2 - \varkappa^2)/2\varkappa n = \varepsilon_0\varepsilon_r\omega/\sigma_e$, also $\varkappa \to n$ für $\sigma_e \to \infty$. Weiter folgt dann $n \to \infty$ für $\sigma_e \to \infty$ (vgl. Sommerfeld 1959, S. 32)

und aus (6.65b) nach Divergenzbildung und Vergleich mit (6.112)

$$\vec{E}_0^{(r)} - \vec{E}_0 = \hat{n}\vec{E}_0^{(d)}. \tag{6.121}$$

Für $\overset{2\to}{\varepsilon_r} \approx \overset{2\to}{\underline{1}}$ erhält man durch Eliminieren von $E_0^{(d)}$ daraus

$$\frac{|\vec{E}_0^{(r)}|^2}{|\vec{E}_0|^2} = r = \frac{|1-\hat{n}|^2}{|1+\hat{n}|^2} = \frac{(1-n)^2+\varkappa^2}{(1+n)^2+\varkappa^2}, \tag{6.122}$$

wenn $\hat{n}$ nach (6.113) ersetzt wird. (6.122) heißt Beersches Gesetz.[1]) Bei Metallen geht das hohe Reflexionsvermögen (vgl. (6.58) und Abb. 6.14) auf den großen Absorptionskoeffizienten $\varkappa$ zurück. Metalloxide und -sulfide (wie z. B. Bleiglanz PbS, Hämatit $Fe_2O_3$) dagegen zeigen hohe $r$-Werte infolge hoher Brechungsindizes $n$.

Der allgemeine Fall schiefer Inzidenz und anisotropen Mediums kann ganz analog zu 6.4.3.6.2. behandelt werden. Die Lösungen sind übertragbar, Brechungsindizes und Winkel sind jedoch i. allg. komplexe Größen. Dies bedeutet, daß aus einer einfallenden linear polarisierten Welle eine elliptisch polarisierte reflektierte hervorgeht.

Das Brechungsgesetz (6.105) nimmt nach den bisherigen Überlegungen für den Übergang Vakuum/Metall die Gestalt

$$\boxed{\sin\varphi = \hat{n}^{(d)} \sin\varphi^{(d)}} \tag{6.123}$$

an. Da $\hat{n}^{(d)}$ komplex ist, muß es auch $\varphi^{(d)}$ sein. Komplexe Werte der Brechungswinkel $\pi - \varphi^{(d)}$ bedeuten, daß die Amplituden von $\vec{D}^{(d)}$ längs der Wellenfront nicht konstant sind.

Nach (6.123) ist

$$\sin\varphi^{(d)} = \frac{\sin\varphi}{n+i\varkappa} = \frac{n-i\varkappa}{n^2+\varkappa^2}\sin\varphi. \tag{6.124}$$

Das Argument der Wellenfunktion (6.111) erhält damit die Form[2])

$$\begin{aligned}\frac{\omega}{c}\,\hat{n}\vec{e}_k^{(d)}\cdot\vec{r} &= \frac{\omega}{c}\,(n+i\varkappa)\,x_1'\sin\varphi^{(d)} + x_3'\cos\varphi^{(d)})\\ &= \frac{\omega}{c}\,(n+i\varkappa)\left(\frac{x_1'(n-i\varkappa)}{(n^2+\varkappa^2)}\sin\varphi + x_3'[q\cos\gamma + iq\sin\gamma]\right)\\ &= \frac{\omega}{c}\,[x_1'\sin\varphi + x_3'q(n\cos\gamma - \varkappa\sin\gamma)\\ &\quad + ix_3'q(\varkappa\cos\gamma + n\sin\gamma)].\end{aligned} \tag{6.125}$$

Flächen konstanter Amplitude sind also Flächen $x_3' = \text{const}$ (Imaginärteil des Arguments, vgl. (6.118)), liegen demnach parallel zur Oberfläche (Abb. 6.25). Die Flächen konstanter Phase hingegen gehorchen der Gleichung

$$x_1'\sin\varphi + x_3'q(n\cos\gamma - \varkappa\sin\gamma) = \text{const}, \tag{6.126}$$

1) August Beer (geb. 1825, gest. 1863), Professor der Physik in Bonn.

2) Wir setzen $\cos\varphi^{(d)} = \sqrt{1-\sin^2\varphi^{(d)}} \equiv q\,e^{i\gamma} = q(\cos\gamma + i\sin\gamma)$, $q$ und $\gamma$ reell.

d. h., es sind Ebenen mit Normalen in der $x_1'$, $x_3'$-Ebene mit dem Brechungswinkel

$$\sin \varphi'^{(d)} = \frac{\sin \varphi}{\sqrt{\sin^2 \varphi + q^2(n \cos \gamma - \varkappa \sin \gamma)^2}}. \tag{6.127}$$

Auch die Schwingungsazimute (6.107) werden komplex. Damit ist also das Verhältnis der zur Einfallsebene parallelen und senkrechten Komponente von $\vec{D}^{(d)}$ komplex, diese Welle also auch elliptisch polarisiert.

Für ausführlichere Darstellungen sei auf BORN, WOLF; AZZAM, BASHARA verwiesen. Bezüglich komplexer Indikatrix vgl. RATH, ANSORGE.

## 6.4.5. Mikroskopische Interpretation

### 6.4.5.1. Schwache Absorption

Die elektrische Polarisation $\vec{P}$ entsteht im äußeren elektrischen Feld $\vec{E}_a$ durch eine Auslenkung $\vec{u}$ von Ladungsträgern (Elektronen, Ionen). Dabei ist es zweckmäßig, drei Anteile zu unterscheiden:

a) elektronischer Anteil (Verschiebung von Elektronen relativ zum Kern), b) ionischer Anteil (Verschiebung von Ionen unterschiedlicher Ladung relativ zueinander) und c) Orientierungsanteil (Ausrichtung permanenter Dipole).

Bei niedrigen und mittleren Frequenzen (einschließlich $\omega = 0$ tragen alle Mechanismen zur Polarisation bei.[1]) Im Bereich des sichtbaren Lichtes verlaufen b) und c) i. allg. zu träge. Wir haben es daher nur mit dem elektronischen Beitrag zu tun.

Das elektrische Feld am Ort des Ions $k$ erzeugt einen Dipol

$$\vec{p}_{ek} = q_k \vec{u}_k = \overset{2\rightarrow}{\alpha}_{ek} \cdot \vec{E}_{\text{lok}}, \tag{6.128}$$

wo $\overset{2\rightarrow}{\alpha}_{ek}$ der Tensor der dielektrischen Polarisierbarkeit des Ions $k$ und $\vec{E}_{\text{lok}}$ die am Ion wirksame elektrische Feldstärke ist ($q_k$ Ladung des Ions). Die Wirkung aller Dipolmomente äußert sich in der Polarisation des Volumens $V$

$$\vec{P} = \frac{1}{V} \sum_k N_k \vec{p}_{ek} \tag{6.129}$$

($N_k$ Anzahl der Ionen $k$).

$\vec{P}$ überlagert sich dem Vakuumfeld zur Verschiebung (6.66a)

$$\vec{D} = \varepsilon_0 \vec{E} + \frac{1}{V} \sum_k N_k \overset{2\rightarrow}{\alpha}_{ek} \cdot \vec{E}_{\text{lok}} = \varepsilon_0 \overset{2\rightarrow}{\varepsilon}_r \cdot \vec{E}. \tag{6.130}$$

$\vec{E}$ hat die Bedeutung eines mittleren Feldes, gemittelt über die Elementarzelle oder ein größeres Volumen. Es ist das Feld, das in der phänomenologischen Elektrodynamik

[1]) Als Grenzen für das Verschwinden der Beiträge können gelten: Orientierungsanteil $\omega \approx 10^{11}$ s$^{-1}$ (Mikrowellen), ionischer Anteil $\omega \approx 10^{14}$ s$^{-1}$ (Ultrarot), elektronischer Anteil $\omega \approx 10^{16}$ s$^{-1}$ (Ultraviolett).

auftritt (auch makroskopisches elektrisches Feld). $\vec{E}_{\text{lok}}$ muß mit $\vec{E}$ verknüpft werden, um $\overset{2\rightarrow}{\varepsilon_r}$ auf $\overset{2\rightarrow}{\alpha_e}$ zurückführen zu können.

Das geschieht nach der Methode von LORENTZ (1909). Aus einer makroskopischen Probe wird ein kugelförmiger mikroskopischer Bereich ausgewählt, der groß genug ist, um die makroskopischen dielektrischen Eigenschaften zu besitzen. Innerhalb der Kugel wird die Wechselwirkung der Dipole unter Berücksichtigung der Kristallstruktur berechnet. Der Rest des Kristalls wird als Kontinuum betrachtet.

Das lokale Feld $\vec{E}_{\text{lok}}$ wird folgendermaßen in Bestandteile zerlegt:

$$\vec{E}_{\text{lok}} = \vec{E}_a + \vec{E}_1 + \vec{E}_2 + \vec{E}_3, \tag{6.131}$$

wobei $\vec{E}_1$ das Feld der homogen verteilten Dipole außerhalb der Kugel darstellt. In der Elektrostatik wird gezeigt, daß dieses Feld ersetzt werden kann durch ein Feld von Oberflächenladungen $\vec{n} \cdot \vec{P}$, so daß $\vec{E}_1 = -(A\varepsilon_0)^{-1} \oint \vec{n} \cdot \vec{P}\, \mathrm{d}A$ ($A$ Kugelfläche, $\vec{n}$ Normale). $\vec{E}_2 = \vec{P}/3\varepsilon_0$ ist das Feld der Polarisationsladungen an der Oberfläche der fiktiven Kugel (LORENTZ-Feld). $\vec{E}_3$ ist das Feld der Dipole innerhalb der Kugel. Dieses hängt von der Kristallstruktur ab. Weiterhin ist $\vec{E}_a + \vec{E}_1 = \vec{E}$. Für ein aus diskret verteilten Dipolen $\vec{P}_{ek}$ am Ort $\vec{r}_k$ erzeugtes Feld hat man (vgl. z. B. MACKE 1960)

$$\vec{E}_3 = \frac{1}{4\pi\varepsilon_0} \sum_k \frac{3(\vec{p}_{ek} \cdot \vec{r}_k)\,\vec{r}_k - \vec{r}_k^{\,2}\vec{p}_{ek}}{r_k^5}. \tag{6.132}$$

Nehmen wir den einfachen Fall $\vec{p}_{ek} = p_e\vec{e}_3$ als Beispiel. Alle Ionen seien gleichwertig. Dann ist die Komponente von $\vec{E}_3$ in Richtung $\vec{e}_3$

$$\vec{E}_3 \cdot \vec{e}_3 = -\frac{p_e}{4\pi\varepsilon_0} \sum_k \left(\frac{1}{r_k^3} - \frac{3x_{3k}^2}{r_k^5}\right). \tag{6.133}$$

Die Komponenten in Richtung $\vec{e}_1$ und $\vec{e}_2$ verschwinden aus Symmetriegründen. Der Term mit $\vec{p}_{ek}$ liefert von vornherein keinen Beitrag, derjenige mit $\vec{r}_k$ hat in Strukturen mit Inversionszentrum zu jedem $x_{1k}$ und $x_{2k}$ auch ein negatives Glied.
Im Falle kubischer Symmetrie ist

$$\sum_k \frac{x_{1k}^2}{r_k^5} = \sum_k \frac{x_{2k}^2}{r_k^5} = \sum_k \frac{x_{3k}^2}{r_k^5} \tag{6.134}$$

und damit

$$\sum_k \frac{3x_{3k}^2}{r_k^5} = \sum \frac{x_{1k}^2 + x_{2k}^2 + x_{3k}^2}{r_k^5} = \sum \frac{1}{r_k^3}, \tag{6.135}$$

woraus $\vec{E}_3 \cdot \vec{e}_3 = 0$ folgt. In Fällen nichtkubischer Symmetrie hat man dagegen i. allg. $\vec{E}_3 \cdot \vec{e}_3 \neq 0$.

Nun läßt sich die Verbindung zwischen $\vec{E}_{\text{lok}}$ und $\vec{E}$ herstellen. Wir beschränken uns auf kubische Symmetrie der Ionenlagen. (6.131) in (6.129) und (6.128) eingesetzt, ergibt

$$\vec{P} = \frac{1}{V} \sum_k N_k \overset{2\to}{\alpha}_{ek} \cdot \left(\vec{E} + \frac{1}{3\varepsilon_0} \vec{P}\right). \tag{6.136}$$

Auflösung nach $\vec{P}$ führt auf

$$\vec{P} = \left(\overset{2\to}{1} - \frac{1}{3\varepsilon_0 V} \sum_k N_k \overset{2\to}{\alpha}_{ek}\right)^{-1} \cdot \frac{1}{V} \left\{\sum_k N_k \overset{2\to}{\alpha}_{ek} \cdot \vec{E}\right\}. \tag{6.137}$$

Aus dem Vergleich mit (6.60) erhält man schließlich

$$\boxed{\overset{2\to}{\varepsilon}_r - \overset{2\to}{1} = \left(\overset{2\to}{1} - \frac{1}{3\varepsilon_0 V} \sum_k N_k \overset{2\to}{\alpha}_{ek}\right)^{-1} \cdot \frac{1}{V} \sum_k N_k \overset{2\to}{\alpha}_{ek}}, \tag{6.138}$$

das CLAUSIUS-MOSSOTTI-Gesetz. Sieht man vom Tensorcharakter der beteiligten Größen ab,[1]) hat es die Form

$$\varepsilon_r - 1 = \frac{\frac{1}{V} \sum_k N_k \alpha_{ek}}{1 - \frac{1}{3\varepsilon_0 V} \sum_k N_k \alpha_{ek}} \tag{6.139}$$

oder

$$\frac{\varepsilon_r - 1}{\varepsilon_r + 2} = \frac{1}{3\varepsilon_0 V} \sum_k N_k \alpha_{ek}. \tag{6.140}$$

Damit ist die makroskopisch eingeführte Dielektrizitätskonstante auf eine zwar immer noch phänomenologische, aber für jedes Atom definierte Größe Polarisierbarkeit zurückgeführt. Der Anteil $\vec{E}_3$ ist in (6.138) nicht berücksichtigt. Die Erscheinung der Doppelbrechung ist darauf zurückzuführen, daß die Polarisation und das erzeugende Feld im allgemeinen verschiedene Richtungen aufweisen. Nach EWALD (1916) gibt allein die Ungleichheit der Abstände der Dipole Anlaß zu starker Doppelbrechung. Für eine eingehendere Darstellung vgl. z. B. FRÖHLICH. Zur Beschreibung der Dispersion von $\varepsilon_r$ sei auf den folgenden Abschnitt verwiesen.

#### 6.4.5.2. Starke Absorption

Die wichtige Besonderheit der zugehörigen Substanzgruppe sind freie Ladungsträger. Wir untersuchen deren Verhalten unter Lichteinwirkung, gehen zuvor aber noch auf gebundene Ladungen ein. Damit läßt sich die Frequenzabhängigkeit auch für schwach absorbierende Stoffe in groben Zügen beschreiben. Pionierarbeit hat hier DRUDE (1890 u. 1900) geleistet. Um das Wesentliche zu erkennen, genügt das Modell des gedämpften harmonischen Oszillators (Ladung gebunden an Atomkern) mit periodischer Anregung (elektrisches Wechselfeld). Die Bewegungsgleichung (vgl. z. B. MACKE

[1]) Im kubischen Falle ist $\overset{2\to}{\varepsilon}_r = \varepsilon_r \overset{2\to}{1}$ und $\overset{2\to}{\alpha}_{ek} = \alpha_{ek} \overset{2\to}{1}$.

1958)

$$m_e(\ddot{\vec{u}} + \gamma'\dot{\vec{u}} + \omega_0^2\vec{u}) = \vec{F} \tag{6.141}$$

($m_e$ Masse des Elektrons, $\vec{u}$ Auslenkung eines gebundenen Elektrons aus der Ruhelage, $\gamma'$ Dämpfungskonstante, $\omega_0^2$ Bindungsstärke) mit elektrischer Feldkraft $\vec{F} = -e\vec{E}_0\, e^{-i\omega t}$[1]) wird für den stationären Fall gelöst, in dem sich eine Schwingung mit der Frequenz $\omega$ eingestellt hat.[2]) Dann kann in (6.141) die Ersetzung $\partial/\partial t \to -i\omega$ vorgenommen werden. Auflösung nach $\vec{u}$ liefert

$$\vec{u}(t) = \frac{-e\vec{E}/m_e}{\omega_0^2 - \omega^2 - i\gamma'\omega}.^{3)} \tag{6.142}$$

Ursache von $\gamma'$ ist die Strahlungsdämpfung.

Die Ladungsverschiebungen bedeuten einen Strom der Dichte

$$\vec{j} = -en_g\dot{\vec{u}} = -\frac{n_g i\omega e^2\vec{E}/m_e}{\omega_0^2 - \omega^2 - i\gamma'\omega}\ ^{4)} \tag{6.143}$$

($n_g$ mittlere Zahl der bewegten gebundenen Ladungsträger pro Volumen).

Aus dem Vergleich mit (6.108) ergibt sich eine frequenzabhängige elektrische Leitfähigkeit[5])

$$\sigma_e = -i\omega\frac{n_g e^2/m_e}{\omega_0^2 - \omega^2 - i\gamma'\omega}. \tag{6.144}$$

In (6.142) ist (6.131) nicht berücksichtigt. Die Beachtung des lokalen Feldes äußert sich in (6.144) wie eine Änderung der Eigenfrequenz $\omega_0$ zu $\omega_0'$ mit $\omega_0'^2 = \omega_0^2 - \psi Ne^2/m_e\varepsilon_0$, wenn $\vec{E}_{\text{lok}} = \vec{E}_a + \psi\vec{P}/\varepsilon_0$ ist. Wir behalten aber im folgenden die Bezeichnung $\omega_0$ bei.

Damit wird (6.114)

$$\boxed{\begin{aligned}\hat{\varepsilon}_r = \varepsilon_r + i\frac{\sigma_e}{\varepsilon_0\omega} &= \varepsilon_r + \frac{(n_g e^2/m_e\varepsilon_0)(\omega_0^2 - \omega^2)}{(\omega_0^2 - \omega^2)^2 + \gamma'^2\omega^2}\\ &+ i\,\frac{(n_g e^2/m_e\varepsilon_0)\,\gamma'\omega}{(\omega_0^2 - \omega^2)^2 + \gamma'^2\omega^2} = \varepsilon_{r1} + i\varepsilon_{r2}\end{aligned}}\,. \tag{6.145}$$

Betrachten wir nur den elektronischen Beitrag (d. h. setzen wir $\varepsilon_r = 0$), beträgt die Phasenverschiebung $\bar{\varphi}$ zwischen elektromagnetischem Feld und Ladungsauslenkung

$$\tan\bar{\varphi} = \frac{\operatorname{Im}\hat{\varepsilon}_r}{\operatorname{Re}\hat{\varepsilon}_r} = \frac{\gamma'\omega}{\omega_0^2 - \omega^2}. \tag{6.146}$$

---

[1]) Der magnetische Anteil $\dot{\vec{u}} \times \vec{B}$ kann vernachlässigt werden, solange $|\dot{\vec{u}}| \ll c$ ist (vgl. z. B. Macke 1958).

[2]) Das Modell läßt sich auch auf den ionischen Beitrag anwenden. Dann ist $m_e$ durch die Ionenmasse $m_i$ zu ersetzen. Außerdem ändern sich die Zahlenwerte von $\gamma'$ und $\omega_0$.

[3]) Die tatsächliche Auslenkung wird durch den Realteil Re $\vec{u}$ beschrieben.

[4]) Die Differentiation nach der Zeit wurde wieder durch den Faktor $-i\omega$ ersetzt.

[5]) Wir betrachten vereinfachend kubische Symmetrie $\overset{2\rightarrow}{\sigma_e} = \sigma_e\overset{2\rightarrow}{1}$.

Bei schwacher Dämpfung ist die Phasenverschiebung $\bar{\varphi} \to 0$ für $\omega \ll \omega_0$, $\bar{\varphi} = \pi/2$ für $\omega = \omega_0$ und $\varphi \to \pi$ für $\omega \gg \omega_0$. Die Amplitude $|\hat{\varepsilon}_r|$ weist bei $\omega = \sqrt{\omega_0^2 - \gamma'^2/2} \approx \omega_0$ ein Maximum auf, das mit abnehmender Dämpfungskonstante $\gamma'$ schärfer wird. Die dem äußeren Feld von den Elektronen entzogene Leistung ist proportional zu $|\hat{\varepsilon}_r|^2$ und hat qualitativ den Verlauf von Abb. 6.27.

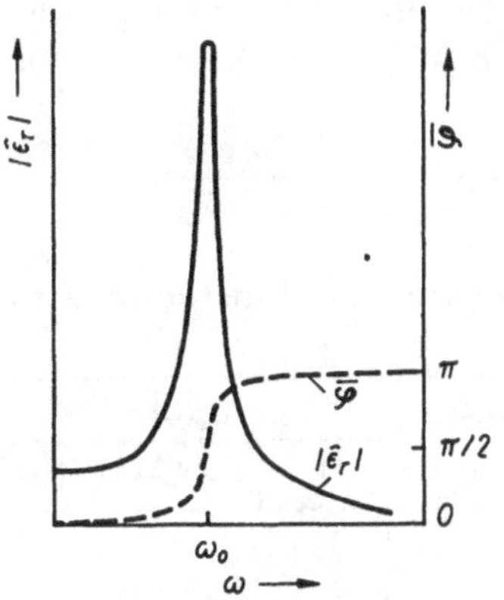


Abb. 6.27. Schematische Darstellung der Frequenzabhängigkeit von $|\hat{\varepsilon}_r|$ und Phasenwinkel $\bar{\varphi} = \arctan\,(\mathrm{Im}\,\hat{\varepsilon}_r/\mathrm{Re}\,\hat{\varepsilon}_r)$ der komplexen relativen Dielektrizitätskonstante im Modell des harmonischen gedämpften Oszillators (Eigenfrequenz $\approx \omega_0$).

In der Metalloptik ist es üblich geworden, $\varepsilon_{r1}$ und $\varepsilon_{r2}$ (vgl. (6.114)) getrennt aufzutragen. Abb. 6.28 zeigt deren Verlauf nach (6.145).

Wenden wir uns nun den freien Elektronen zu. Die Bewegungsgleichung (6.141) kann mit $\omega_0 = 0$ (keine Bindung) formal übernommen werden. Im stationären Zustand werden die Leitungselektronen nach einer mittleren Stoßzeit $\bar{\tau}$ abgebremst (vgl. 6.8.4.6.), d. h. $\gamma''^{-1} = \bar{\tau}/2$. Im statischen elektrischen Feld stellt sich im stationären Fall die

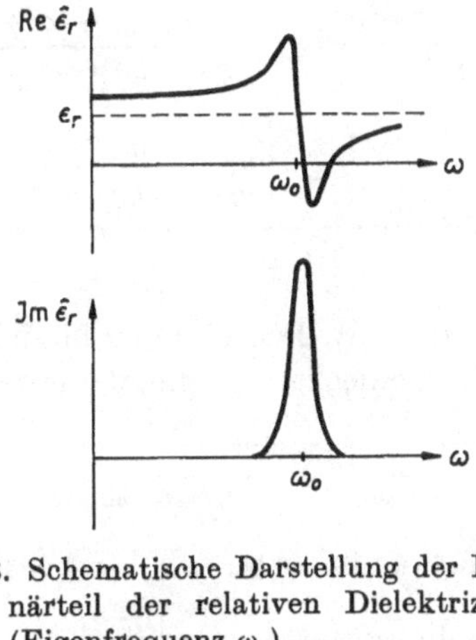


Abb. 6.28. Schematische Darstellung der Frequenzabhängigkeit von Real- und Imaginärteil der relativen Dielektrizitätskonstante nach dem Oszillatormodell (Eigenfrequenz $\omega_0$).

Stromdichte $\vec{j} = -en_f\dot{\vec{u}} = \sigma_e\vec{E}$ ein. Der Kristall hat also eine statische Leitfähigkeit

$$\sigma_e(0) = \frac{e^2 n_f}{m_e \gamma''}, \tag{6.147}$$

wo $n_f$ die Dichte der freien Elektronen ist und $\dot{\vec{u}}$ aus (6.141) entnommen wurde.

Werden elektromagnetische Felder angelegt, ist die gleiche Rechnung wie im Falle gebundener Elektronen durchzuführen. Man erhält mit $\omega_0 = 0$

$$\sigma_e = \frac{n_f e^2(\gamma'' + i\omega)}{m_e(\omega^2 + \gamma''^2)} = \sigma_e(0)\,\frac{(1 + i\omega/\gamma'')}{(1 + \omega^2/\gamma''^2)}. \tag{6.148}$$

Für die Dielektrizitätskonstante bzw. die optischen Konstanten wird nunmehr ($\mu_r = 1$)

$$\boxed{\hat{\varepsilon}_r = \hat{n}^2 \left(\varepsilon_r - \frac{\sigma_e(0)}{\gamma''\varepsilon_0(1 + \omega^2/\gamma''^2)} + i\,\frac{\sigma_e(0)}{\omega\varepsilon_0}\,\frac{1}{(1 + \omega^2/\gamma''^2)}\right)} \tag{6.149}$$

und nach (6.116)

$$\begin{aligned} n^2 - \varkappa^2 &= \varepsilon_{r1} = \left(\varepsilon_r - \frac{\sigma_e(0)}{\gamma''\varepsilon_0(1 + \omega^2/\gamma''^2)}\right), \\ 2n\varkappa &= \varepsilon_{r2} = \frac{\sigma_e(0)}{\omega\varepsilon_0(1 + \omega^2/\gamma''^2)}.\,^{1,2)} \end{aligned} \tag{6.150}$$

Den Verlauf $\varepsilon_r(\omega)$ enthält Abb. 6.29.

Da i. allg. $n_g$ und $n_f$ Elektronen gleichzeitig wirken, müssen die Anteile (6.145) und (6.149) addiert werden. Bei den gebundenen Teilchen muß man einräumen, daß mehrere verschiedene Bindungsstärken $\omega_{0i}^2$ existieren, die jede für sich mit einem Gewicht $f_i$ (Oszillatorenstärke) zur Gesamtleitfähigkeit beiträgt. Damit wird schließlich

$$\boxed{\begin{aligned} \varepsilon_{1r} &= \varepsilon_r - \frac{\omega_p^2/\gamma''^2}{1 + \omega^2/\gamma''^2} + \frac{n_g e^2}{m_e\varepsilon_0}\sum_i \frac{f_i(\omega_{0i} - \omega^2)}{(\omega_{0i}^2 - \omega^2)^2 + \gamma'^2\omega^2} \\ \varepsilon_{2r} &= \frac{\omega_p^2/\gamma''^2}{\omega(1 + \omega^2/\gamma''^2)} + \frac{n_g e^2}{m_e\varepsilon_0}\sum_i \frac{f_i\gamma'\omega}{(\omega_{0i}^2 - \omega^2)^2 + \gamma'\omega^2} \end{aligned}} \tag{6.151}$$

mit $\omega_p$ als Plasmafrequenz.[3]

In Abb. 6.29 ist der Verlauf dargestellt. Das einfache Modell muß allerdings insbesondere durch Erkenntnisse der Quantenmechanik ergänzt werden, wenn es quan-

[1] Gelegentlich wird die Plasmafrequenz $\omega_p = \sqrt{n_f e^2/m_e\varepsilon_0}$ eingeführt. Damit ist z. B. $\varepsilon_{r1} = \varepsilon_r - (\omega_p^2/\gamma'^2)/(1 + \omega^2/\gamma'^2)$.

[2] Meist setzt man $\varepsilon_r = 1$ in (6.149) und (6.145), d. h., man vernachlässigt die Polarisierbarkeit der Ionen (vgl. (6.140)).

[3] Der Beitrag $\varepsilon_r$ darf nur einmal gezählt werden.

titativ mit dem Experiment verglichen werden soll.[1]) Wir müssen dazu z. B. auf PANTELL, PUTHOFF; MOSS, BURRELL, ELLIS; KREHER; HAUG I verweisen.

Das optische Verhalten der Festkörper wird nach diesen Modellüberlegungen zweckmäßigerweise für Isolatoren und Metalle getrennt und außerdem noch nach Frequenzbereichen gesondert diskutiert. Für Isolatoren ist $\sigma_e \approx 0$ im langwelligen Be-

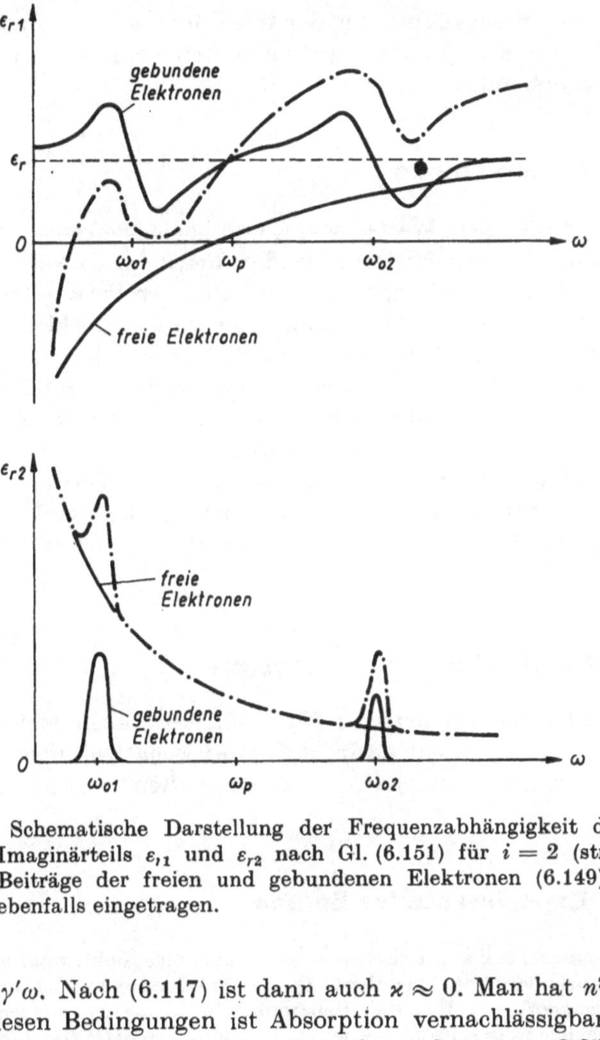


Abb. 6.29. Schematische Darstellung der Frequenzabhängigkeit des Real- und des Imaginärteils $\varepsilon_{r1}$ und $\varepsilon_{r2}$ nach Gl. (6.151) für $i = 2$ (strichpunktiert). Die Beiträge der freien und gebundenen Elektronen (6.149) und (6.145) sind ebenfalls eingetragen.

reich $\omega_0^2 - \omega^2 \gg \gamma'\omega$. Nach (6.117) ist dann auch $\varkappa \approx 0$. Man hat $n^2 \approx \varepsilon_{r1}$ (vgl. auch 6.4.3.3.). Unter diesen Bedingungen ist Absorption vernachlässigbar gegenüber Brechung (durchsichtiger Kristall). Wegen $\omega_0^2 - \omega^2 \approx \omega_0^2$ ist $\varepsilon_{r1} \approx 2{,}25$ und $n \approx 1{,}5$ für $\omega_0 \approx 10^{16}\,\mathrm{s}^{-1}$. In der Umgebung $\omega \approx \omega_0$ tritt auch in Isolatoren Absorption auf ($\varkappa \neq 0$). Im langwelligen Bereich $\omega < \omega_0$ ist $\varepsilon_{r1} > \varepsilon_r \approx 1$ und $n > 1$ (normale Dispersion), im

[1]) Die Größen $\omega_{0i}$ und $f_i$ erfahren dabei eine andere Interpretation. Die Übereinstimmung des klassischen Bildes mit dem Experiment läßt sich, was die freien Elektronen angeht, durch Ersetzung der Masse $m_e$ durch die effektive Masse $m_e^* = \hbar^2(\mathrm{d}^2E/\mathrm{d}k^2)^{-1}$ schon wesentlich verbessern (s. auch (6.211)).

kurzwelligen $\omega^2 - \omega_0^2 \gg \gamma'\omega$ ist $\varepsilon_{r1} < \varepsilon_r \approx 1$ und $n < 1$ (anomale Dispersion). Auch negative Werte $\varepsilon_{r1}$ sind möglich (wegen $\sigma_e \approx 0$ und $n \approx 0$ bedeutet dies $\varkappa = \sqrt{-\varepsilon_{r1}}$, d. h. Totalreflexion).

Metallelektronen haben zur Folge, daß bei langen Wellen starke Absorption auftritt, Metalle aber im kurzwelligen Bereich durchsichtig werden ($n < 1$).

In Kristallen niedriger Symmetrie wird die Orientierung des Tensorellipsoids frequenzabhängig. Die Berücksichtigung der Orientierungs- und Frequenzabhängigkeit der Materialgrößen bereits im Ansatz umgeht eine Reihe von Schwierigkeiten und wurde z. B. von Claus vorgenommen.

### 6.4.6. Anwendungen

Substanzen mit hohen Werten von $\varepsilon_r$ und hohem elektrischen Widerstand werden im Kondensatorenbau vielfältig verwendet, um hohe Kapazitäten zu realisieren. Die Eigenschaft der Doppelbrechung findet beim Bau von Polarisatoren ebenso Anwendung wie die des Pleochroismus. Polarisationsfilter werden aus kleinen pleochroitischen Kristallen gefertigt. Ein Einbettungsmittel (z. B. Nitrozellulose) sorgt für den Zusammenhalt und die Erhaltung einer Vorzugsorientierung. Aus Herapathit, einem Perjodid des Chininsulfats, lassen sich auch einkristalline dünne Schichten herstellen („Herotare“, „Bernotare“), die stark pelochroitisch wirken.

Metallschichten finden als Strahlungsreflektoren Verwendung. Im optischen Gerätebau werden sowohl die unterschiedlichen Beträge der Brechungsindizes als auch deren unterschiedliche Richtungs- und Frequenzabhängigkeit in weitem Umfang genutzt.

## 6.5. Magnetische Polarisation

Dielektrische und magnetische Eigenschaften haben vieles gemeinsam. Der grundlegende Unterschied besteht darin, daß elektrische Ladungen eines Vorzeichens getrennt auftreten können, magnetische Eigenschaften dagegen auf magnetischen Dipolen beruhen.

### 6.5.1. Experimenteller Befund

Über den Zusammenhang zwischen Magnetismus und Elektrizität wurde um die Wende vom 18. zum 19. Jahrhundert oft spekuliert. Daraus entstand eine wichtige Triebfeder für die Beschäftigung mit magnetischen Eigenschaften unterschiedlicher Substanzen. Plücker[1]) untersuchte als erster eingehend die Anisotropie der para- und diamagnetischen Eigenschaften von Kristallen in einer Reihe von Arbeiten zwischen 1847 und 1851.

Zum besseren Verständnis werde folgender Versuch durchgeführt. Zwischen die Polschuhe eines Elektromagneten wird an einem Faden der Länge $l$ ein Kügelchen (Masse $M$, Volumen $V$) des zu untersuchenden Materials gehängt. Beim Einschalten des inhomogenen Magnetfeldes $H$ erfährt die Probe eine Auslenkung $d$ aus der Ruhelage

[1]) Julius Plücker (geb. 1801, gest. 1868), Professor der Physik in Bonn.

(Abb. 6.30) der Größe

$$d = \frac{\mu_0 V}{Mg} l \chi_m H \frac{\partial H}{\partial x_1}, \tag{6.152}$$

die sich aus dem Gleichgewicht einer Kraft magnetischen Ursprungs

$$F = \mu_0 V \chi_m H \frac{\partial H}{\partial x_1} \tag{6.153}$$

(vgl. auch (4.13)) und der Horizontalkomponente der Schwerkraft $Mgd/l$ ergibt. $\mu_0$ ist die Permeabilität des Vakuums, $g$ die Fallbeschleunigung und $x_1$ die Ortskoordinate in

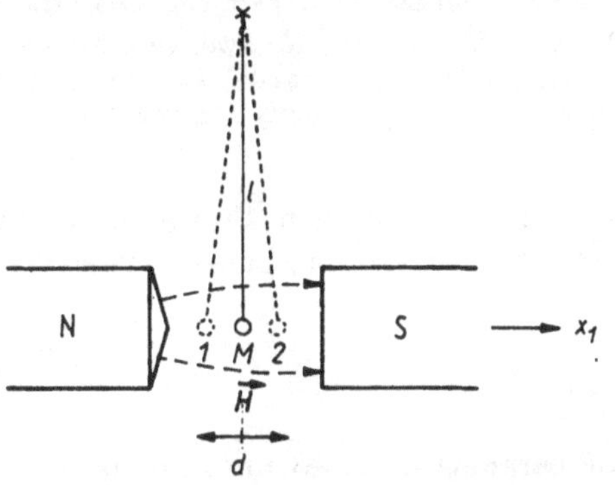


Abb. 6.30. Probekörper der Masse $M$ im inhomogenen Magnetfeld $H$. Erfolgt die Auslenkung nach Einschalten von $H$ nach 1, liegt paramagnetisches Verhalten vor, nach 2 diamagnetisches.

Richtung der Achse des Magneten. Die Materialgröße $\chi_m$ heißt *magnetische Suszeptibilität.* Oft findet auch die *relative Permeabilität*

$$\mu_r = \chi_m + 1 \tag{6.154}$$

als Maß des Stoffverhaltens Verwendung.

Die Auslenkung (6.152) kann von beiderlei Vorzeichen sein. Falls $\chi_m < 0$ oder $\mu_r < 1$ heißt der Stoff *diamagnetisch,* im Falle $\chi_m > 0$ oder $\mu_r > 1$ *paramagnetisch.*[1]) Zahlenbeispiele enthält Tab. 6.10. Die Auslenkung hängt i. allg. von der Orientierung der einkristallinen Probe im Magnetfeld ab (vgl. Abb. 6.31 und Tab. 6.10).

Wird der Kristall im homogenen Magnetfeld aufgehängt, neigt er dazu, die Richtung der kleinsten diamagnetischen oder der größten paramagnetischen Suszeptibilität parallel zum Feld zu stellen. Das Drehmoment kann ebenfalls zur Messung von $\chi_m$ herangezogen werden. Für Einzelheiten und weitere Meßverfahren vgl. WOOSTER 1958; EDER III.

1) Die Bezeichnungen sind vom Verhalten im inhomogenen Feld abgeleitet (Abb. 6.30). Paramagnetische Körper werden an den Ort höherer Feldstärke gedrängt (πᾰρᾰ́ von ... her, δῐᾰ́ durch ... hin (griech.)).

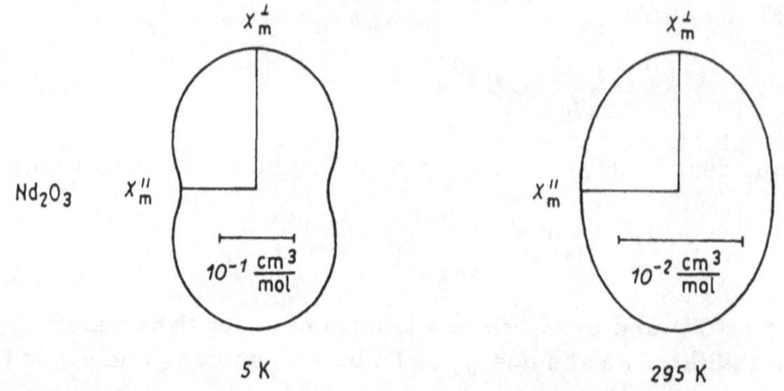


Abb. 6.31. Magnetische Suszeptibilität von paramagnetischem hexagonalen $Nd_2O_3$ ($\chi_m^{\parallel}: \vec{H} \parallel [0001]$, $\chi_m^{\perp}: \vec{H} \perp [0001]$) für zwei verschiedene Temperaturen. Aufgetragen ist $V_m \chi_m$ in Polarkoordinaten, $V_m$ Molvolumen. Der Maßstab ist eingetragen (nach LANDOLT-BÖRNSTEIN III/12c).

Die Suszeptibilität der diamagnetischen Stoffe ist praktisch temperaturunabhängig, die der paramagnetischen befolgt das CURIE-WEISSsche Gesetz

$$\chi_m(T) = \frac{C_0}{T - \Theta_c}, \tag{6.155}$$

wo $C_0$ eine Konstante und $\Theta_c$ die paramagnetische CURIE-Temperatur (ebenfalls charakteristisch für das Material) ist. Eine Reihe von Substanzen erfährt im Bereich tiefer

Tab. 6.10. Magnetische Suszeptibilitäten $\chi_m$ einiger Stoffe bei 20 °C (nach LANDOLT-BÖRNSTEIN)

| Substanz | $\chi_m/10^{-6}$ | Punktsymmetrie |
|---|---|---|
| Al | 20,8 | $m\bar{3}m$ |
| Bi ∥ [111] | −129 | $\bar{3}m$ (rhomboedrisch) |
| ⊥ [111] | −182 | |
| $CaF_2$ | −11,4 | $m\bar{3}m$ |
| Cu | −9,64 | $m\bar{3}m$ |
| Ga ∥ [100] | −11,1 | $mmm$ |
| ∥ [010] | −37,7 | |
| ∥ [001] | −20,7 | |
| Ge | −7,08 | $m\bar{3}m$ |
| NaCl | −13,9 | $m\bar{3}m$ |
| Pd | 801,5 | $m\bar{3}m$ |
| Pt | 264 | $m\bar{3}m$ |
| $SiO_2$ (Quarz) ∥ [0001] | −15,2 | 32 (hexagonal) |
| ⊥ [0001] | −15,1 | |
| β-Sn ∥ [001] | 2,208 | $4/mmm$ |
| ⊥ [001] | 2,471 | |
| $TiO_2$ (Rutil) ∥ [001] | 112 | $4/mmm$ |
| ⊥ [001] | 105 | |
| Zn ∥ [0001] | −15,11 | $6/mmm$ |
| ⊥ [0001] | −8,84 | |

Temperaturen eine magnetische Ordnung (Ferro-, Ferri-, Antiferromagnetismus) (Abb. 6.32).

$\chi_m$ wird in diesen Fällen abhängig vom Magnetfeld und weist überdies Hystereseerscheinungen auf. Auf diese Erscheinungen wird hier nicht eingegangen. Wir verweisen auf SCHULZE 1974; BIRSS; BOZORTH.

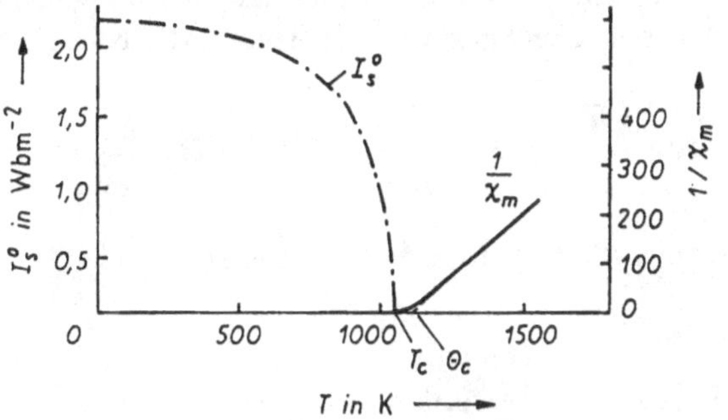


Abb. 6.32. Temperaturabhängigkeit der reziproken magnetischen Suszeptibilität $\chi_m^{-1}(T)$ von Eisen (nach BOZORTH). Die paramagnetische CURIE-Temperatur $\Theta_c = 1093$ K ergibt sich als Schnittpunkt mit der $T$-Achse. Unterhalb der ferromagnetischen CURIE-Temperatur $T_c = 1043$ K geht Eisen in den magnetisch geordneten (ferromagnetischen) Zustand über. Dann ist die Sättigungsmagnetisierung $I_s^0$ ein geeigneteres Maß des Zustands (strichpunktiert eingetragen) (entnommen aus SCHULZE 1974).

## 6.5.2. Phänomenologische Beschreibung

Durch das Magnetfeld wird im Innern des Festkörpers eine Zustandsänderung ausgelöst, die zweckmäßigerweise durch die *magnetische Polarisation*

$$\boxed{\vec{I}^0 = \frac{\vec{m}^0}{V} = \mu_0 \overset{2\rightarrow}{\chi}_m \cdot \vec{H} = \mu_0(\overset{2\rightarrow}{\mu}_r - \overset{2\rightarrow}{\underline{1}}) \cdot \vec{H}} \tag{6.156}$$

beschrieben wird ($\vec{m}^0$ magnetisches Moment der Probe, vgl. auch 4.3.).

Die Tensoren $\overset{2\rightarrow}{\chi}_m$ und $\overset{2\rightarrow}{\mu}_r$ sind polare Tensoren zweiter Stufe, denn sie verbinden zwei axiale Vektoren. (6.156) und (6.60) sind formal analog. Es lassen sich wie für die übrigen bisher betrachteten Tensoren 2. Stufe Tensorflächen konstruieren[1]) (vgl. z. B. Abb. 6.31), aus denen bei Vorgabe von $\vec{H}$ dann $\vec{I}^0$ (oder umgekehrt) bestimmt werden kann. Wie in 4.3.2. erörtert, werden dia- und paramagnetische Kristalle den 32 grauen Gruppen zugeordnet. Jede graue Gruppe enthält das Element $\mathfrak{R}$ explizit. Eine Betrachtung der 90 magnetischen Klassen ist nicht erforderlich. Eine Besonderheit des Tensors $\overset{2\rightarrow}{\chi}_m$ oder $\overset{2\rightarrow}{\mu}_r$ wird bei der Untersuchung des antisymmetrischen Teils deutlich. Dieser verknüpft nämlich zwei axiale Vektoren durch einen dritten axialen. Die Symmetrie dieses Dreibeins von Vektoren ist $\bar{3}$ (oder bei Berücksichtigung der Antisymmetrie $\bar{3}\underline{m}$) im Unterschied zu dem Fall der Verknüpfung zweier polarer Vektoren durch einen axialen. Dort hat das Dreibein die Symmetrie $m$ (bzw. $\underline{m}m\underline{2}$).

---

1) PLÜCKER stellt 1849 eine Beziehung zur Symmetrie von optischen Eigenschaften her. Er unterscheidet dia- und paramagnetisch positiv und negativ ein- und zweiachsige Kristalle.

Der Vektor der magnetischen Polarisation $\vec{I}^0$ oder der nur durch eine Konstante von ihm unterschiedene Vektor der Magnetisierung

$$\vec{M}^0 = \frac{1}{\mu_0} \vec{I}^0 \tag{6.157}$$

ist demnach in diamagnetischen Stoffen dem äußeren Feld entgegengerichtet (induziert), in paramagnetischen dagegen gleichgerichtet (permanent). Nun läßt sich auch (6.153) verallgemeinern zu

$$\vec{F} = \vec{m}^0 \cdot \frac{\partial \vec{H}}{\partial \vec{r}} = V\vec{I}^0 \cdot \frac{\partial \vec{H}}{\partial \vec{r}} = V\mu_0(\overset{2\rightarrow}{\chi}_{\mathrm{m}} \cdot \vec{H}) \cdot \frac{\partial \vec{H}}{\partial \vec{r}}, \tag{6.158}$$

was wegen $\partial/\partial\vec{r} \times \vec{H} = 0$ (s. (6.65 b)) und der Symmetrie

$$\overset{2\rightarrow}{\chi}_{\mathrm{m}} = \overset{2\rightarrow}{\chi}_{\mathrm{m}}{}^{\mathrm{T}} \text{ [1]} \tag{6.159}$$

auch in der Form (4.13) geschrieben werden kann.[2,3]

Analog zu (6.131) unterscheidet sich auch im magnetischen Falle lokales $\vec{H}_{\mathrm{lok}}$ und äußeres Feld $\vec{H}_a$ durch den Einfluß der Polarisation. Es ist

$$\vec{H}_{\mathrm{lok}} = \vec{H}_a + \vec{H}_e \tag{6.159 A}$$

mit $\vec{H}_e$ als dem Entmagnetisierungs-Feld des Kristalls. Dieser Beitrag ist abhängig von der Probenform (vgl. z. B. SOMMERFELD III). Wegen $\vec{H}_e = -N_e\vec{M}^0 = -N_e\vec{I}^0/\mu_0$ ist nach (6.156) $\vec{I}^0 \cdot (\overset{2\rightarrow}{1} + \overset{2\rightarrow}{\chi}_{\mathrm{m}} N_e) = \mu_0 \overset{2\rightarrow}{\chi}_{\mathrm{m}} \cdot \vec{H}_a$. $N_e$ heißt *Entmagnetisierungsfaktor*. Durch dessen Einfluß ist anstelle der probenformunabhängigen Suszeptibilität $\overset{2\rightarrow}{\chi}_{\mathrm{m}}$ in (6.156) formal die formabhängige Suszeptibilität $(\overset{2\rightarrow}{1} + N_e\overset{2\rightarrow}{\chi}_{\mathrm{m}})^{-1} \cdot \overset{2\rightarrow}{\chi}_{\mathrm{m}}$ zu setzen. Wegen des Tensorcharakters der beteiligten Größen ist der letztgenannte Ausdruck als Operator zu betrachten.

### 6.5.3. Atomistische Betrachtung

Die Gesamtheit der Elektronen verursacht infolge permanenter und induzierter magnetischer Momente das para- und diamagnetische Verhalten. Es ist zweckmäßig, den Magnetismus der an die Atomkerne gebundenen Elektronen von dem der freien Elektronen zu unterscheiden. Ein grobes quantitatives Verständnis ist bereits möglich, wenn man die Grenzfälle des Dia- und Paramagnetismus freier Atome einerseits und freier Elektronen andererseits kennt.

---

[1] Analog zu (6.62) ist mit (6.66 b) $d\eta = (1/2)\,\vec{H} \cdot \vec{B} = (1/2)\,\mu_0\overset{2\rightarrow}{\mu}_r : \vec{H}\,d\vec{H}$, woraus dann wegen der Eigenschaft des totalen Differentials die Symmetrie $\mu_{rij} = \mu_{rji}$ bzw. $\chi_{mij} = \chi_{mji}$ (6.159) folgt.

[2] Aus $\left(\frac{\partial}{\partial \vec{r}} \times \vec{H}\right) \times (\overset{2\rightarrow}{\chi}_m \cdot \vec{H}) = \overset{\downarrow}{\vec{H}} \frac{\partial}{\partial \vec{r}} \cdot (\overset{2\rightarrow}{\chi}_m \cdot \vec{H}) - \frac{\partial}{\partial \vec{r}} (\overset{\downarrow}{\vec{H}} \cdot \overset{2\rightarrow}{\chi}_m \cdot \vec{H})$ wird mit $\frac{\partial}{\partial \vec{r}} \times \vec{H} = 0$: $(\overset{2\rightarrow}{\chi}_m \cdot \vec{H}) \cdot \frac{\partial}{\partial \vec{r}} \overset{\downarrow}{\vec{H}} = \frac{1}{\mu_0} \frac{\partial}{\partial \vec{r}} (\vec{H} \cdot \vec{I}^0)$.

[3] Das Experiment im homogenen Feld (vgl. 6.5.1) wird entsprechend durch das Drehmoment $\vec{D} = \vec{m}^0 \times \vec{H} = V\vec{I}^0 \times \vec{H} = V\mu_0(\overset{2\rightarrow}{\chi}_m \cdot \vec{H}) \times \vec{H}$ beherrscht.

Der Diamagnetismus freier Atome kann auf der Grundlage der klassischen Physik anhand des Induktionsgesetzes gedeutet werden (vgl. z. B. MACKE 1960; JOOS). Danach ist

$$\boxed{\chi_m^{\text{dia}} = -\frac{NZ\mu_0 e^2}{6Vm_e}\,\overline{r^2}}, \tag{6.160}$$

wobei sich $N$ Atome der Ordnungszahl $Z$ im Volumen $V$ befinden und deren Elektronen (Masse $m_e$, Ladung $e$) Bahnen vom mittleren Radienquadrat $\overline{r^2}$ durchlaufen. Die räumliche Ladungsverteilung bestimmt demnach $\chi_m^{\text{dia}}$. Dieser Anteil ist stets vorhanden, wird aber wegen seiner Kleinheit ($\chi_m^{\text{dia}} \approx 10^{-8}$) oft von anderen überdeckt. Er ist praktisch temperaturunabhängig.

Freie Atome mit resultierendem Bahndrehimpuls und Spin streben eine Ausrichtung im magnetischen Feld an (Paramagnetismus). Die Temperaturbewegung wirkt entgegen, so daß sich ein Gleichgewichtszustand einstellt, bei dem nur ein Teil der Dipole parallel zum Feld liegt. Die sich daraus ergebende Temperaturabhängigkeit ist in 4.3.5. behandelt worden. Für die Suszeptibilität ergibt sich

$$\boxed{\chi_m^{\text{para}} = \frac{N\mu_0 m_J^2}{3Vk_B T}} \tag{6.161}$$

mit $|m_J| = g_L \sqrt{J(J+1)}\,\mu_B$ ($g_L$ und $J$ s. Fußn. 1, S. 67), sowie $\mu_B = e\hbar/2m_e = 9{,}273 \cdot 10^{-24}$ Am² als BOHRschem Magneton. Für $N/V = 10^{25}$ m$^{-3}$ und $m_J^2 \approx \mu_B^2$ wird $\chi_m^{\text{para}} \approx 2{,}6 \cdot 10^{-5}$ K/$T$ (CURIEsches Gesetz).[1]

Auch das Energiespektrum freier Elektronen (vgl. 6.8.4.2.) verändert sich bei Anlegen eines Magnetfeldes. Mit der Quantisierung der Elektronenbahnen ist eine Änderung der mittleren Energie der Elektronen (Landauscher Diagmanetismus) und damit eine Magnetisierung

$$M^0 = -\frac{1}{V}\left(\frac{\partial F}{\partial B}\right)_{T,V} \tag{6.162}$$

verbunden mit $F = F(\varepsilon)$ als freier Energie zu den Elektronenzuständen $\varepsilon$ und $B$ als magnetischer Flußdichte. Die Rechnung führt zu dem Ergebnis (vgl. z. B. KITTEL 1973a; HAUG I)

$$\boxed{\chi_m^{\text{dia}} = -\frac{1}{3}\,\mu_0\mu_B^2 g(\varepsilon_F^0)}, \tag{6.163}$$

wobei $g(\varepsilon_F^0)$ die Zustandsdichte der Elektronen an der FERMI-Grenze $\varepsilon_F^0$ bedeutet.

Unterschiedliche Spinrichtungen der freien Elektronen ändern ihre Energien m Magnetfeld auf verschiedene Weise. Solche mit zum Feld parallelem Spin erniedrigen

---

1) Atome oder Moleküle, die im Grundzustand kein magnetisches Moment besitzen, können beim Übergang in einen angeregten Zustand eine zusätzliche Magnetisierung durch Polarisation der beteiligten Zustände erfahren (VAN VLECKscher Paramagnetismus, vgl. z. B. HAUG I; MATTIS).

ihre Energie um $\mu_B \mu_0 H$, diejenigen mit antiparallelem erhöhen sie um den gleichen Betrag. Die resultierende magnetische Polarisation ist durch die Differenz der Elektronenzahlen beider Spinrichtungen bestimmt:

$$I = \mu_B \mu_0 (n_\uparrow - n_\downarrow) \tag{6.164}$$

woraus sich

$$\boxed{\chi_m^{\text{para}} = \mu_B^2 \mu_0 g(\varepsilon_F^0)}$$

ergibt (PAULIscher Paramagnetismus).

## 6.6. Magnetoelektrische Polarisierung

### 6.6.1. Experimenteller Befund

Auf Vorschlag von DZJALOŠINSKIJ (1959) führte ASTROV (1960) folgendes Experiment durch, mit dem die Kopplung elektrischer und magnetischer Eigenschaften von Kristallen nachgewiesen wurde. Ein Einkristall von antiferromagnetischem[1]) $Cr_2O_3$ (Punktsymmetrie $\underline{\bar{3}m}$) wurde in ein elektrisches (Wechsel-) Feld $\vec{E}$ gebracht (Abb. 6.33). Über ein astatisches Spulenpaar, das durch eine elektrostatische Abschirmung vom elektrischen Feld getrennt ist, war eine (zeitabhängige) magnetische Polarisation $I^0$ bzw. Flußdichte $B$ nachzuweisen, deren Größe von der Temperatur $T$ und $|\vec{E}|$

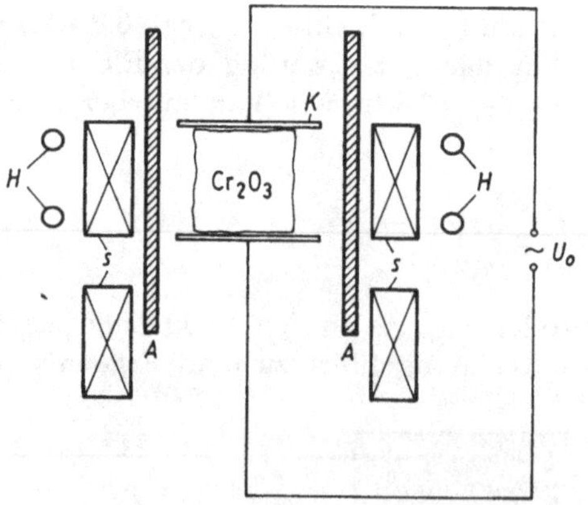


Abb. 6.33. Nachweis des magnetoelektrischen Effekts (schematisch). Der Kristall (z. B. $Cr_2O_3$) befindet sich zwischen den Platten eines Kondensators $K$. Das elektrische Feld $|\vec{E}| \sim U_0(t)$ ruft in der antiferromagnetischen Substanz eine magnetische Polarisation $I^0(t)$ bzw. eine magnetische Flußdichte $B(t)$ hervor, die in dem astatischen Spulenpaar $S$ eine Spannung $U$ induziert. Mit einer Heizung $H$ kann die Temperaturabhängigkeit $U(T)$ gemessen werden. $A$ elektrostatische Abschirmung (nach ASTROV).

[1]) In antiferromagnetischen Substanzen liegt eine geordnete Verteilung magnetischer Momente vor. Die resultierende Magnetisierung ist jedoch bei vollständiger Ordnung Null.

abhängt (Abb. 6.34). Wir schreiben dies in der Form

$$B = A\,|\vec{E}| \tag{6.166}$$

mit $A$ als materialabhängigem magnetoelektrischen Koeffizienten. Der Umkehreffekt wurde ebenfalls an $Cr_2O_3$ von RADO, FOLEN nachgewiesen.

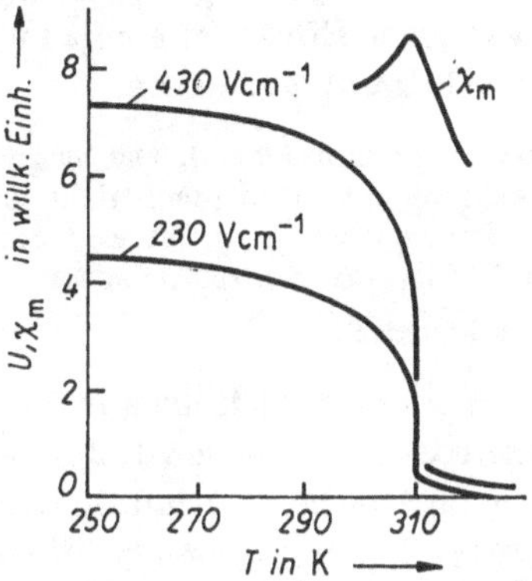


Abb. 6.34. Signal $U$ am Ausgang des Spulenpaares $S$ von Abb. 6.33 in Abhängigkeit von der Temperatur für zwei verschiedene Feldstärken $|\vec{E}|$ im Kondensator (Frequenz $10^4$ Hz). Die Abwesenheit ferromagnetischer Verunreinigungen, die einen ähnlichen Verlauf $U(T)$ vorgetäuscht hätten, wurde durch Messung der Suszeptibilität $\chi_m$ in der Nähe des NÉEL-Punktes bei 307 K geprüft. Der magnetoelektrische Koeffizient $A = B/E$ beträgt für $Cr_2O_3 \approx 1{,}2 \cdot 10^{-5}$ $\mu_0\varepsilon_0 C$ bei 0° C. Die Orientierung des Kristalls bezüglich $\vec{E}$ wurde nicht bestimmt (nach ASTROV).

## 6.6.2. Phänomenologische Beschreibung

Die Verknüpfung eines elektrischen und eines magnetischen Feldes, d. h. eines polaren und eines axialen Vektors, wird von einem unsymmetrischen[1]) axialen Tensor 2. Stufe vermittelt. Wir schreiben (6.166) als

$$\boxed{\vec{B} = \overset{2\rightarrow}{A} \cdot \vec{E}} \tag{6.167}$$

oder

$$\vec{I}^0 = \overset{2\rightarrow}{a} \cdot \vec{E}, \tag{6.168}$$

wobei $\overset{2\rightarrow}{A}$ die *magnetoelektrischen Koeffizienten* und $\overset{2\rightarrow}{a}$ die *magnetoelektrischen Polarisierbarkeiten* sind. Sie beschreiben den *magnetoelektrischen Effekt* (z. B. Abb. 6.34) und dessen

[1]) Im vorliegenden Falle ist nämlich die Energiedichte $\eta$ von der Form (vgl. auch DZJALOŠINSKIJ 1959) $\eta = 1/2\,\varepsilon_0\,\overset{2\rightarrow}{\varepsilon}_r{:}\vec{E}\vec{E} + 1/2\,\mu_0\overset{2\rightarrow}{u}_r{:}\vec{H}\vec{H} + \vec{H}\cdot\overset{2\rightarrow}{A}\cdot\vec{E}$. Gegenüber (6.63) und Fußn. 1, S. 36 tritt hier ein in magnetischem und elektrischem Feld linearer Zusatzterm auf. In kartesischen Koordinaten hat er die Gestalt $\vec{H}\cdot\overset{2\rightarrow}{A}\cdot\vec{E} = (H_1A_{11} + H_2A_{21} + H_3A_{31})\,E_1 + (H_1A_{12} + H_2A_{22} + H_3A_{32})\,E_2 + \cdots$. Aus $\partial^2(\vec{H}\cdot\overset{2\rightarrow}{A}\cdot\vec{E})/\partial H_1\,\partial E_2 = \partial^2(\vec{H}\cdot\overset{2\rightarrow}{A}\cdot\vec{E})/\partial E_2\,\partial H_1$ folgt also z. B. nicht $A_{12} = A_{21}$, denn für beide zweite Ableitungen ergibt sich $A_{12}$.

Reziprokes (magnetisches Feld erzeugt elektrische Polarisation)

$$\vec{D} = \vec{H} \cdot \overset{2\rightarrow}{A}. \tag{6.169}$$

Der axiale Tensor $\overset{2\rightarrow}{A}$ (bzw. $\overset{2\rightarrow}{a}$) wechselt bei Zeitinversion (Operation $\mathfrak{R}$) sein Vorzeichen (vgl. 4.3.). In paramagnetischen Stoffen ist die zugehörige Materialgröße $\overset{2\rightarrow}{\mu_r}$ invariant bezüglich $\mathfrak{R}$ (vgl. 6.5.2.). Der magnetoelektrische Effekt ist somit nur in den Kristallen nicht identisch Null, die eine magnetische Ordnung aufweisen.

Diese Bedingung ist notwendig, aber nicht hinreichend. Die magnetische Punktgruppe (vgl. Tab. A6) darf die Zeitinversion nicht explizit enthalten (darf nicht grau sein, vgl. 4.3.2.). Es gibt indessen Antiferromagnetika, deren Punktgruppe grau ist und deren Raumgruppe die Antitranslation enthält (Antiferromagnetika 2. Art, vgl. SIROTIN, ŠASKOL'SKAJA). Sie sind zwar magnetisch geordnet, $\overset{2\rightarrow}{A}$ verschwindet dennoch identisch.

Unter den 90 magnetischen Gruppen ist der Effekt aus Symmetriegründen in folgenden nicht zu erwarten: in den 11 zentrosymmetrischen $\bar{1}$, $2/m$, $mmm$, $4/m$, $4/mmm$, $\bar{3}$, $\bar{3}m$, $6/m$, $6/mmm$, $m\bar{3}$, $m\bar{3}m$, in den 10 magnetischen Varianten dieser Gruppen, die $\bar{1}$ enthalten $\underline{2}/\underline{m}$, $m\underline{m}\underline{m}$, $\underline{4}/m$, $4/m\underline{m}\underline{m}$, $\underline{4}/mm\underline{m}$, $\bar{3}\underline{m}$, $\underline{6}/\underline{m}$, $6/m\underline{m}\underline{m}$, $\underline{6}/\underline{m}m\underline{m}$, $m\bar{3}\underline{m}$, darüber hinaus in den 11 Gruppen 6, $\underline{6}$, $\underline{6}/m$, $\bar{6}m2$, $\bar{6}\underline{m}\underline{2}$, $\underline{6}\underline{m}m$, $\underline{6}2\underline{2}$, $\underline{6}/mm\underline{m}$, $\bar{4}3m$, $\underline{4}3\underline{2}$, $\underline{m}\bar{3}m$. Die letzten elf folgen aus deren speziellen Transformationseigenschaften (vgl. BHAGAVANTAM). In den übrigen 58 der 90 kristallographischen Gruppen ist der magnetoelektrische Effekt prinzipiell möglich.[1]) Die Form des Tensors für die verschiedenen möglichen Gruppen enthält Tab. 6.11 (vgl. auch INDENBOM 1960). $Cr_2O_3$ ist daher erst durch 2 Koeffizienten vollständig charakterisiert. FOLEN, RADO, STALDER fanden bei 200 K $A_{33}/A_{11} \approx 10$.

Kristalle mit der Symmetrie $4\underline{2}\underline{2}$, $4mm$, $\underline{\bar{4}}\underline{2}m$, $4/\underline{m}mm$, $3\underline{2}$, $3m$, $\underline{\bar{3}}m$, $6\underline{2}\underline{2}$, $6mm$, $\underline{\bar{6}}m\underline{2}$, $6/\underline{m}mm$ sind durch einen Tensor $(A_{ij})$ gekennzeichnet, dessen Form zur Folge hat, daß ein magnetisches (elektrisches) Feld ein senkrecht darauf stehendes elektrisches (magnetisches) Feld hervorruft.

Von den 58 möglichen magnetoelektrischen Klassen weisen 31 nichtsymmetrische Tensoren auf. Unter diesen Symmetriebedingungen läßt sich ein invarianter POYNTING-Vektor $\vec{E} \times \vec{H}$ (6.85) oder $\vec{E} \times \vec{B}$ konstruieren. Dieser besitzt gegenüber $\bar{1}$ und $\underline{1}$ die gleichen Transformationseigenschaften wie die Stromdichte $\vec{j}$. Das wiederum bedeutet, daß in den genannten 31 Klassen ein spontaner Strom fließen kann. Ein solches Verhalten heißt *Pyroleitfähigkeit.*

Beispielsweise läßt der Tensor $\overset{2\rightarrow}{A}$ für die Symmetriegruppe $2/m$ nach Tab. 6.11 zwei antisymmetrische Invarianten zu: $E_1B_3 - E_3B_1 = (\vec{E} \times \vec{B})_2$ und $E_2B_3 - E_3B_2 = (\vec{E} \times \vec{B})_1$. Es ist demnach ein spontaner Strom in der $x_1 - x_2$-Ebene möglich (vgl. SIVARDIÈRE, WAINTAL).

Die atomistische Betrachtung schließt an 6.5.3. und 6.4.5.1. an. Ein elektrisches Feld deformiert die Elektronenverteilung um ein magnetisches Ion. Infolge der Spin-Bahn-Kopplung ändert sich die Spinkonfiguration und gibt Anlaß zu induziertem magnetischen Moment (vgl. RADO 1961; s. auch A. J. FREEMAN, H. SCHMID, Magnetoelectric Interaction Phenomena in Crystals, New York 1975).

[1]) Dies entspricht 18 Kristallklassen ohne Berücksichtigung der magnetischen Symmetrie.

Tab. 6.11. Form des Tensors $\overset{2\rightarrow}{A}$ der magnetoelektrischen Koeffizienten in kartesischen Koordinaten (nach BHAGAVANTAM)

| magnetische Punktsymmetrie | $(A_{ij})$ |
|---|---|
| $1, \underline{\bar{1}}$ | $\begin{pmatrix} A_{11} & A_{12} & A_{13} \\ A_{21} & A_{22} & A_{23} \\ A_{31} & A_{32} & A_{33} \end{pmatrix}$ |
| $\underline{2}, m, \underline{2}/m$ (1. Aufstellung) | $\begin{pmatrix} 0 & 0 & A_{13} \\ 0 & 0 & A_{23} \\ A_{31} & A_{32} & 0 \end{pmatrix}$ |
| $2, \underline{m}, 2/\underline{m}$ (1. Aufstellung) | $\begin{pmatrix} A_{11} & A_{12} & 0 \\ A_{21} & A_{22} & 0 \\ 0 & 0 & A_{33} \end{pmatrix}$ |
| $222, \underline{m}\underline{m}2, \underline{m}\underline{m}\underline{m}$ | $\begin{pmatrix} A_{11} & 0 & 0 \\ 0 & A_{22} & 0 \\ 0 & 0 & A_{33} \end{pmatrix}$ |
| $\underline{2}\underline{2}2, mm2, m\underline{m}\underline{2}, \underline{m}mm$ | $\begin{pmatrix} 0 & A_{12} & 0 \\ A_{21} & 0 & 0 \\ 0 & 0 & 0 \end{pmatrix}$ |
| $4, \underline{\bar{4}}, 4/\underline{m}, 3, \underline{\bar{3}}, 6, \underline{\bar{6}}, 6/\underline{m}$ | $\begin{pmatrix} A_{11} & A_{12} & 0 \\ -A_{12} & A_{11} & 0 \\ 0 & 0 & A_{33} \end{pmatrix}$ |
| $\underline{4}, \bar{4}, \underline{4}/\underline{m}$ | $\begin{pmatrix} A_{11} & A_{12} & 0 \\ A_{12} & -A_{11} & 0 \\ 0 & 0 & 0 \end{pmatrix}$ |
| $422, 4\underline{m}\underline{m}, \underline{\bar{4}}2\underline{m}, 4/\underline{m}\underline{m}\underline{m}$, $32, 3\underline{m}, \underline{\bar{3}}\underline{m}, 622, 6\underline{m}\underline{m}$, $\underline{\bar{6}}\underline{m}2, 6/\underline{m}\underline{m}\underline{m}$ | $\begin{pmatrix} A_{11} & 0 & 0 \\ 0 & A_{11} & 0 \\ 0 & 0 & A_{33} \end{pmatrix}$ |
| $\underline{4}2\underline{2}, \underline{4}m\underline{m}, \bar{4}2m, \bar{4}\underline{2}\underline{m}$, $\underline{4}/\underline{m}m\underline{m}$ | $\begin{pmatrix} A_{11} & 0 & 0 \\ 0 & -A_{11} & 0 \\ 0 & 0 & 0 \end{pmatrix}$ |
| $4\underline{2}\underline{2}, 4mm, \underline{\bar{4}}\underline{2}m, 4/\underline{m}mm$ $3\underline{2}, 3m, \underline{\bar{3}}m, 6\underline{2}\underline{2}, 6mm$ $\underline{6}m\underline{2}, 6/\underline{m}mm$ | $\begin{pmatrix} 0 & A_{12} & 0 \\ -A_{12} & 0 & 0 \\ 0 & 0 & 0 \end{pmatrix}$ |
| $23, \underline{m}3, 432, \underline{\bar{4}}3m, \underline{m}\bar{3}\underline{m}$ | $\begin{pmatrix} A_{11} & 0 & 0 \\ 0 & A_{11} & 0 \\ 0 & 0 & A_{11} \end{pmatrix}$ |

## 6.7. Drehung der Polarisationsebene und Doppelbrechung

### 6.7.1. Experimenteller Befund

Wir schließen an die Beobachtungen in 3.4.1. und 6.4.1.2. an. Breitet sich das Licht in Richtung der optischen Achsen aus, wird die Drehung der Polarisationsebene durch Doppelbrechung nicht beeinflußt.[1]) Für eine beliebige Ausbreitungsrichtung sind infolge der Doppelbrechung zwei verschiedene Wellen zu beobachten, diese erweisen sich aber im allgemeinen als elliptisch polarisiert, wenn der Kristall aus optisch aktiven Bestandteilen besteht. Die Hauptachsen der Ellipsen fallen mit den Schwingungsrichtungen des Lichts ohne Drehungseinfluß zusammen. Die Elliptizität ist richtungsabhängig. Sie variiert zwischen 1 (zirkular polarisiert) und 0 (linear polarisiert). Unter Verwendung einer der Tensorflächen aus 6.4.3.5., wie z. B. der Wellenfläche Tab. 6.8 (6), läßt sich der gewöhnlich schwache Störeinfluß der Drehung auf die Doppelbrechung durch eine leichte Deformation der Tensorfläche veranschaulichen, die im Falle der Wellenfläche zur Folge hat, daß sich Berührungspunkte entlang der optischen Achsen auflösen (Abb. 6.35). Die Erscheinung ist sowohl temperatur- als auch frequenzabhängig.

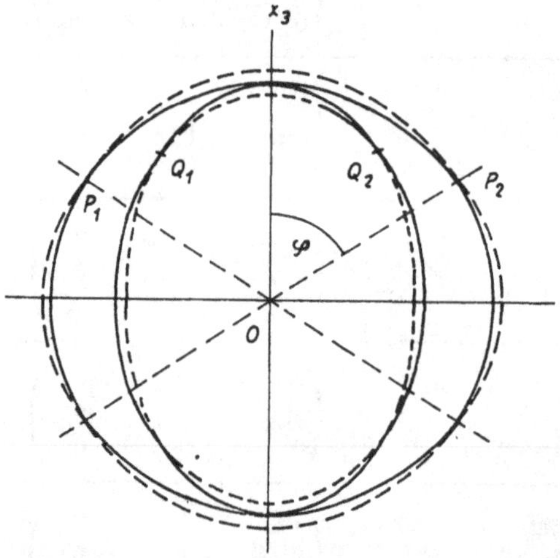


Abb. 6.35. Schematische Darstellung des Einflusses der Drehung auf die Form der Wellenfläche am Beispiel eines optisch einachsigen Kristalls (z. B. $\alpha$-Quarz). *Ohne* Berücksichtigung der Drehung hat sie die Form der ausgezogenen, *mit* deren Berücksichtigung die der gestrichelten Linien. Die Richtungen $OP_1$ und $OP_2$ sind dadurch ausgezeichnet, daß Licht dieser Wellennormalen linear polarisiert ist (Elliptizität Null). Die Wellenfläche der ordentlichen Welle ist dort unabhängig von der Drehung. $OQ_2$ bzw. $OQ_1$ und die analogen Punkte auf der Unterseite der Figur ergeben sich als tangentiale Berührungspunkte des Lotes auf die ausgezeichneten Wellennormalenrichtungen (vgl. auch Abb. 6.24). Für $\alpha$-Quarz ($\varphi = 56° 10'$) sind die Abweichungen des gestrichelten Verlaufs quantitativ sehr gering. In Richtung der optischen Achse $x_3$ beträgt sie $\pm 2{,}4 \cdot 10^{-5}$ des mittleren Ellipsoidradius, in den Richtungen senkrecht dazu sogar nur $\pm 2{,}7 \cdot 10^{-8}$ (nach Nye 1957).

[1]) Es breiten sich also zwei zirkular polarisierte Wellen entgegengesetzten Drehsinnes aus (vgl. 3.4.3.).

## 6.7.2. Phänomenologische Beschreibung

### 6.7.2.1. Gyrationstensor

In Kap. 6.4 hatte es sich als zweckmäßig erwiesen, das Studium von Polarisationszuständen des Lichts anhand einer Materialgleichung vom Typ (6.70) vorzunehmen. Es wird sich sogleich herausstellen, daß die Beobachtungen von 6.7.1. durch die Änderung der dielektrischen Verschiebung $\vec{D}$ in der Nachbarschaft des untersuchten Raumpunktes beschrieben werden können. Mathematisch läßt sich diese als zweites Glied in einer TAYLOR-Entwicklung der elektrischen Feldstärke $\vec{E}$ nach $\vec{D}$ erfassen:

$$\vec{E} = \frac{1}{\varepsilon_0} \overset{2\rightarrow}{\eta} \cdot \vec{D} + \frac{1}{\varepsilon_0} \overset{3\rightarrow}{\gamma} : \frac{\partial \vec{D}}{\partial \vec{r}} \tag{6.170}$$

oder in kartesischen Koordinaten

$$E_i = \frac{1}{\varepsilon_0} \eta_{ij} D_j + \frac{1}{\varepsilon_0} \gamma_{ijk} \frac{\partial D_j}{\partial x_k} \qquad (i, j = 1, 2, 3). \tag{6.171}$$

Im Falle ebener monochromatischer Wellen (6.67) vereinfacht sich (6.170) zu

$$\vec{E} = \frac{1}{\varepsilon_0} (\overset{2\rightarrow}{\eta} + i \overset{3\rightarrow}{\gamma} \cdot \vec{k}) \cdot \vec{D}, \tag{6.172}$$

d. h., von dem Tensor dritter Stufe $\overset{3\rightarrow}{\gamma}$ wirkt die Komponente in $\vec{k}$-Richtung als Ergänzung der (zweistufigen) reziproken Dielektrizitätskonstante. In nichtabsorbierenden Stoffen muß der Imaginärteil von $\overset{2\rightarrow}{\eta}_{\text{eff}} = \overset{2\rightarrow}{\eta} + i \overset{3\rightarrow}{\gamma} \cdot \vec{k}$ antisymmetrisch bezüglich zweier Indizes sein.[1]) Dadurch hat man die Möglichkeit, den Tensor dritter Stufe durch einen Pseudotensor 2. Stufe $\overset{2\rightarrow}{G}$, den Gyrationstensor,[2]) zu ersetzen. Denn jede antisymmetrische Dyade läßt sich darstellen durch das antisymmetrische Produkt zweier Vektoren (vgl. LAGALLY). Demnach ist

$$\overset{3\rightarrow}{\gamma} = \frac{1}{k} \overset{3\rightarrow}{1} \times \overset{2\rightarrow}{G} \;^{3)} \tag{6.173}$$

---

[1]) Die Verlustleistung ist (vgl. z. B. MACKE 1960)

$$\text{Re} \int \vec{E} \cdot \dot{\vec{D}} \, \mathrm{d}V = \frac{1}{2} \int (\vec{E} \cdot \dot{\vec{D}}^* + \vec{E}^* \cdot \dot{\vec{D}}) \, \mathrm{d}V = \frac{i\omega}{2} \int (\vec{E} \cdot \vec{D}^* - \vec{E}^* \cdot \vec{D}) \, \mathrm{d}V.$$

Sie soll verschwinden. $\vec{E}^*$ ist die zu $\vec{E}$ konjugiert komplexe Größe. Da $\overset{2\rightarrow}{\eta}$ in durchsichtigen Medien reell ist (vgl. 6.4.4.1.), wird damit $0 = \int [\gamma_{ijk}^* E_i (\partial E_j^* / \partial x_k) - \gamma_{ijk} E_i^* (\partial E_j / \partial x_k)] \, \mathrm{d}V = \int [\gamma_{ijk}^* E_i \times (\partial E_j^* / \partial x_k) + \gamma_{ijk} E_j (\partial E_i^* / \partial x_k)] \, \mathrm{d}V = \int (\gamma_{ijk}^* + \gamma_{jik}) \, E_i \, (\partial E_j^* / \partial x_k) \, \mathrm{d}V$. Es muß daher auch $\gamma_{ijk}$ reell sein und $\gamma_{ijk}^* = \gamma_{ijk} = -\gamma_{jik}$ gelten.

[2]) Auch Tensor der optischen Aktivität genannt (vgl. z. B. RAMACHANDRAN, RAMASESHAN).

[3]) In kartesischen Koordinaten hat (6.173) die Gestalt $\gamma_{ijk} = e_{ijl} G_{lk}$ $(i, \ldots, l = 1, 2, 3)$, wobei $e_{ijl} = (1/2)\,(i - j)\,(j - l)\,(l - i)$.

mit $\vec{k} = k\vec{e}_k$ und $k = 2\pi/\lambda$ als Maßstabsfaktor, und aus (6.172) wird

$$\boxed{\vec{E} = \frac{1}{\varepsilon_0} (\overset{2\rightarrow}{\eta} \cdot \vec{D} + i\vec{D} \times \overset{2\rightarrow}{G} \cdot \vec{e}_k)} \,. \tag{6.174}$$

$\overset{3\rightarrow}{1}$ ist der total antisymmetrische Einheitstensor 3. Stufe (Levi-Civita-Tensor).

#### 6.7.2.2. Lösung der Grundgleichung

Wie in 6.4.3.2. suchen wir nun nach Lösungen von (6.174), die im speziellen Falle $\vec{e}_k \times \vec{e}_3 = \vec{0}$ auftreten. $\vec{e}_1$ und $\vec{e}_2$ mögen mit den Hauptachsen des Schnittes der Wellenfront mit der Indikatrix (vgl. Abb. 6.19) so zusammenfallen, daß $\vec{e}_1$ parallel zur größeren liegt. Aus (6.174) wird

$$\begin{aligned} E_1 &= \frac{1}{\varepsilon_0} (\eta_{11} D_1 + iG_{33} D_2), \\ E_2 &= \frac{1}{\varepsilon_0} (-iG_{33} D_1 + \eta_{22} D_2). \end{aligned} \tag{6.175}$$

Nach (6.69) ist bei der vorliegenden Ausbreitungsrichtung $E_1 = D_1/n^2\varepsilon_0$ und $E_2 = D_2/n^2\varepsilon_0$. Eliminiert man damit $E_1$ und $E_2$ aus (6.175), ergibt sich analog zu (6.72)

$$\begin{aligned} (\eta_{11} - n^{-2})\, D_1 + iG_{33} D_2 &= 0, \\ -iG_{33} D_1 + (\eta_{22} - n^{-2})\, D_2 &= 0 \end{aligned} \tag{6.176}$$

mit einer Lösbarkeitsbedingung (vgl. auch (6.73))

$$(\eta_{11} - n^{-2})(\eta_{22} - n^{-2}) - G_{33} = 0\,. \tag{6.177}$$

Eigenwerte $n^{(1)}$ und $n^{(2)}$ des Problems (6.176) sind die Brechungsindizes aus

$$\begin{aligned} \frac{1}{n^{(1)2}} &= \eta_{11} - vG_{33}, \\ \frac{1}{n^{(2)2}} &= \eta_{22} + vG_{33}, \end{aligned} \tag{6.178}$$

wobei $v = \left(\sqrt{(\eta_{11} - \eta_{22})^2 + (2G_{33})^2} + \eta_{11} - \eta_{22}\right)/2G_{33}$[1]) ein Maß für die Elliptizität des Lichtes ist. Mit den Abkürzungen $\eta_{11} \equiv 1/n_1^2$, $\eta_{22} \equiv 1/n_2^2$ und angesichts der Kleinheit von $|G_{33}| \ll 1$ läßt sich (6.178) vereinfachen zu

$$\boxed{\begin{aligned} n^{(1)} &\approx n_1 + \frac{1}{2} n_1^3 v G_{33}, \\ n^{(2)} &\approx n_2 - \frac{1}{2} n_2^3 v G_{33}. \end{aligned}} \tag{6.179}$$

1) Für $|2G_{33}^2/(\eta_{11} - \eta_{22})^2| \ll 1$ ist $v \approx G_{33}/(\eta_{22} - \eta_{11})$.

Der Koeffizient $G_{33}$ des Gyrationstensors bestimmt die Änderung des Brechungskoeffizienten. Er ist beiderlei Vorzeichen fähig.

Das Verhältnis der Komponenten der Eigenvektoren $\vec{D}^{(1)}$ und $\vec{D}^{(2)}$ wird im Unterschied zu (6.77), (6.78) imaginär. Denn aus (6.176) und (6.178) folgt

$$\frac{D_2^{(1)}}{D_1^{(1)}} = \frac{D_2^{(2)}}{D_1^{(2)}} = \mathrm{i}v\,. \tag{6.180}$$

Die Lösungen sind also Wellen, die im Unterschied zu (6.67) eine komplexe Amplitude aufweisen. Man hat für die beiden Eigenvektoren

$$\boxed{\begin{aligned}\vec{D}^{(1)} &= D^{(1)}(\vec{e}_1 + iv\vec{e}_2)\,\mathrm{e}^{-i(\omega t - k^{(1)}x_3 + \varphi^{(1)})},\\ \vec{D}^{(2)} &= D^{(2)}(iv\vec{e}_1 + \vec{e}_2)\,\mathrm{e}^{-i(\omega t - k^{(2)}x_3 + \varphi^{(2)})}.\end{aligned}} \tag{6.181}$$

$\varphi^{(1)}$, $\varphi^{(2)}$ sind Phasenverschiebungen, und im vorliegenden Spezialfall ist $k^{(i)} = \omega n^{(i)}/c$ $(i = 1, 2)$. Im Zeitablauf rotiert der Vektor der Verschiebung um die Wellennormalenrichtung, wobei sich gleichzeitig seine Amplitude periodisch um einen Faktor $v$ ändert.[1]) Abb. 6.36 enthält die Projektionen der Eigenvektoren in die Ebene der Wellenfront für unterschiedliche Vorzeichen der Komponente des Gyrationstensors. Meist ist $G_{33}^2/(n_2^{-2} - n_1^{-2}) \ll 1$, so daß der Polarisationszustand nur wenig elliptisch ist. Fehlt Doppelbrechung, hat man $|v| = 1$, d. h. zirkular polarisiertes Licht.

Wir kommen nun auf das Experiment von Abschn. 3.4.1. zurück (Abb. 3.7). Von links fällt $\vec{D} = D_0\vec{e}_1 \cos \omega t$ auf die Kristalloberfläche $x_3 = 0$ parallel zur optischen Achse ein. Im Kristall zerfällt die linear polarisierte Welle in zwei zirkular polarisierte. Wir verfolgen nur den Polarisationszustand. Die linksdrehende (vgl. 3.4.1.) Welle ist von der Form $\vec{e}_1 \cos(\omega t - k^{(l)}x_3) + \vec{e}_2 \sin(\omega t - k^{(l)}x_3)$, die rechtsdrehende ist $\vec{e}_1 \cos(\omega t - k^{(r)}x_3) - \vec{e}_2 \sin(\omega t - k^{(r)}x_3)$ mit den Phasengeschwindigkeiten $v^{(l)} = c/n^{(1)}$ und $v^{(r)} = c/n^{(2)}$, wobei $n^{(1)}$, $n^{(2)}$ aus (6.179) zu entnehmen sind. Nach Durchlaufen des Kristalls der Länge $l$ entsteht wieder eine Welle durch Überlagerung der beiden zirkular polarisierten. Sie hat die Form $\vec{e}_1[\cos(\omega t - k^{(l)}l) + \cos(\omega t - k^{(r)}l)] + \vec{e}_2[\sin(\omega t - k^{(l)}l) - \sin(\omega t - k^{(r)}l)]$. Mit $k^{(l)} + k^{(r)} = 2\omega n_\mathrm{m}/c$, $k^{(l)} - k^{(r)} = 2\pi n_\mathrm{m}{}^3 G_{33}/\lambda_0$ und $n_\mathrm{m} = (1/2)\,(n^{(1)} + n^{(2)})$ läßt sich dieser Ausdruck umformen zu

$$\left(\vec{e}_1 \cos \frac{\pi n_\mathrm{m}{}^3 G_{33} l}{\lambda^0} - \vec{e}_2 \sin \frac{\pi n_\mathrm{m}{}^3 G_{33} l}{\lambda_0} \cos\left[\omega\left(t - \frac{n_\mathrm{m} l}{c}\right)\right]\right). \tag{6.182}$$

$n_\mathrm{m}$ hat die Bedeutung eines mittleren Brechungskoeffizienten. $\lambda_0$ bezeichnet die Vakuumwellenlänge des Lichts. Nach (6.182) verläßt das Licht den Kristall linear polarisiert, aber um den Winkel

$$\alpha = \frac{\pi n_\mathrm{m}{}^3 G_{33}}{\lambda_0}\, l \tag{6.183}$$

im Uhrzeigersinn gedreht. Die spezifische Drehung $[\alpha]$ nach (3.33) läßt sich damit auf die allgemeineren Materialgrößen $G_{33}$ und $n_\mathrm{m}$ zurückführen.

---

[1]) Aus (6.181) folgt z. B. $\mathrm{Re}\,\vec{D}^{(1)} = D^{(1)}\,[\vec{e}_1 \cos(\omega t - k^{(1)}x_3 + \varphi^{(1)}) + v\vec{e}_2 \sin(\omega t - k^{(1)}x_3 + \varphi^{(1)})]$, und das Verhältnis der beiden Komponenten ist $\mathrm{Re}\,D_2^{(1)}/\mathrm{Re}\,D_1^{(1)} = v \sin(\omega t - k^{(1)}x_3 + \varphi^{(1)})/\cos(\omega t - k^{(1)}x_3 + \varphi^{(1)})$.

Zur Berechnung der Wellenform in beliebigen Richtungen werde auf SZIVESSY; RAMACHANDRAN, RAMASESHAN verwiesen.

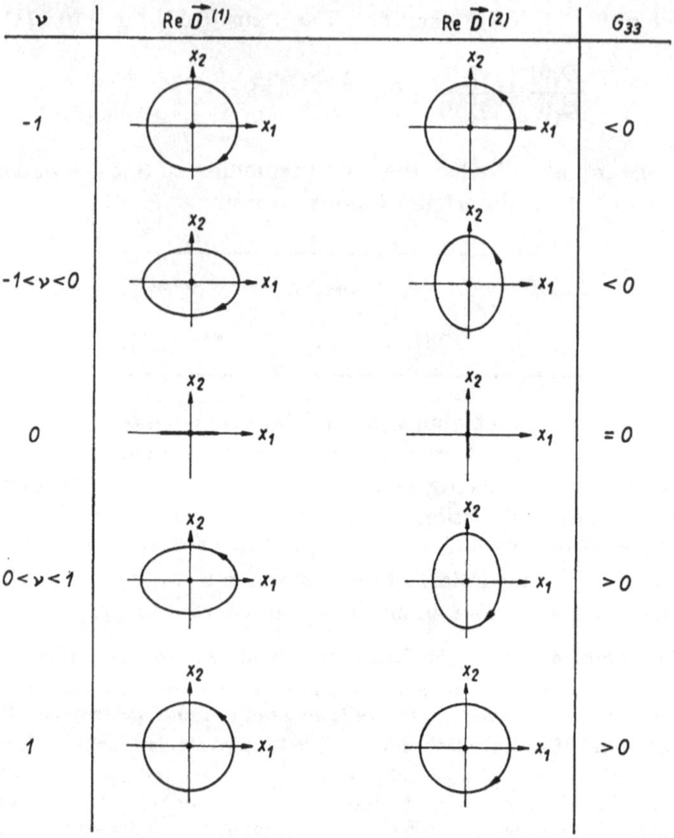


Abb. 6.36. Darstellung der Polarisationszustände für verschiedene Parameterbereiche der Brechungsindizes (die in die Elliptizität $v$ eingehen) und des Koeffizienten $G_{33}$. Die Pfeile geben die Bewegungsrichtung der Induktion im Zeitablauf an. Die Darstellung ist für $n^{(1)} > n^{(2)}$ gezeichnet, d. h., die zweite Welle ist die schnellere.

### 6.7.2.3. Symmetrieeinfluß

Der Pseudoskalar $[\alpha]$ hat diese Eigenschaft nur in ausgewählten Richtungen. Das Phänomen wird erst vollständig durch den Pseudotensor $\overset{2\rightarrow}{G}$ beschrieben. Es stellt sich aber heraus, daß in alle Ausdrücke für die Drehung nur der symmetrische Anteil von $\overset{2\rightarrow}{G}$ eingeht (s. (6.174)). Dessen Symmetrie ist $\varepsilon[V^2]$. Die Pseudoeigenschaft erhält $\overset{2\rightarrow}{G}$ durch die Invarianz des Effektes der Drehung gegen eine Umkehr der Lichtausbreitungsrichtung. Damit eine Substanz die Eigenschaft der Drehung zeigt, muß in der Ausbreitungsrichtung $\vec{e}_k$ die Komponente $\vec{e}_k \cdot \overset{2\rightarrow}{G} \cdot \vec{e}_k \neq 0$ sein. Dies ist gleichbedeutend mit der Existenz einer Richtung mit Schraubencharakter (vgl. z. B. SIROTIN, ŠASKOL'SKAJA).

Eine solche Richtung kann nur dann vorliegen, wenn folgende Symmetrieeigenschaften fehlen: Inversionszentrum, Spiegelebene senkrecht und parallel zu $\vec{e}_k$, Drehinversionsachse parallel zu $\vec{e}_k$. Kristalle mit $\bar{1}$ können in keiner Richtung optisch aktiv werden, solche ohne Symmetrieoperationen 2. Art in jeder Richtung (enantiomorphe Kristalle). Der Beweis erfolgt anhand des Transformationsverhaltens des Tensors (vgl. 1.3.3.), wobei der Vorzeichenwechsel beim Übergang vom Rechts- zum Linkssystem zu beachten ist.[1])

Die Form des symmetrischen Pseudotensors 2. Stufe ist für die verschiedenen Punktsymmetrien in Tab. 6.12 wiedergegeben. In den Klassen $\bar{1}$, $2/m$, $mmm$, $\bar{3}$, $3m$, $\bar{3}m$, $4/m$, $4mm$, $\bar{6}$, $6/m$, $6mm$, $\bar{6}m2$, $6/mmm$, $m\bar{3}$, $\bar{4}3m$, $m\bar{3}m$, $\infty/m$, $\infty m$, $\infty/mm$, $\infty\infty m$ verschwinden alle Komponenten von $G_{ij}$.

Tab. 6.12. Form des symmetrischen Teils des Gyrationstensors

| Punktsymmetrie | $G_{ij}$ | Punktsymmetrie | $G_{ij}$ |
|---|---|---|---|
| 1 | $\begin{pmatrix} G_{11} & G_{12} & G_{13} \\ & G_{22} & G_{23} \\ & & G_{33} \end{pmatrix}$ | $\bar{4}$ | $\begin{pmatrix} G_{11} & G_{12} & 0 \\ & -G_{11} & 0 \\ & & 0 \end{pmatrix}$ |
| 2 (1. Aufstellung) | $\begin{pmatrix} G_{11} & G_{12} & 0 \\ & G_{22} & 0 \\ & & G_{33} \end{pmatrix}$ | 4, 422, 3, 32, 6, 622, $\infty$, $\infty$ 2 | $\begin{pmatrix} G_{11} & 0 & 0 \\ & G_{11} & 0 \\ & & G_{33} \end{pmatrix}$ |
| $m$ (1. Aufstellung) | $\begin{pmatrix} 0 & 0 & G_{13} \\ & 0 & G_{23} \\ & & 0 \end{pmatrix}$ | $\bar{4}2m$ | $\begin{pmatrix} 0 & G_{12} & 0 \\ & 0 & 0 \\ & & 0 \end{pmatrix}$ |
| 222 | $\begin{pmatrix} G_{11} & 0 & 0 \\ & G_{22} & 0 \\ & & G_{33} \end{pmatrix}$ | 23, 432, $\infty\infty$ | $\begin{pmatrix} G_{11} & 0 & 0 \\ & G_{11} & 0 \\ & & G_{11} \end{pmatrix}$ |
| $mm2$ | $\begin{pmatrix} 0 & G_{12} & 0 \\ & 0 & 0 \\ & & 0 \end{pmatrix}$ | | |

Daß in Kristallen der Klassen $4mm$, $3m$, $\bar{6}$, $\bar{6}m2$, $6mm$ und $\bar{4}3m$ trotz Fehlens eines Inversionszentrums keine Drehung auftreten kann, folgt aus dem Satz von HERMANN (1934): Wenn ein Tensor $r$-ter Stufe eine Symmetrieachse der Zähligkeit $n > r$ besitzt, weist dieser Tensor auch eine Symmetrieachse der Zähligkeit $\infty$ auf. Die Klassen $\bar{6}$, $\bar{6}m2$ und $\bar{4}3m$ gehen in die zentrosymmetrischen $\infty/m$, $\infty/mm$ und $\infty\infty m$ über, wenn die dreizähligen Achsen durch $\infty$ ersetzt werden.

Zur Atomistik des Phänomens vgl. 3.4.3.

[1]) Inversion führt z. B. auf die Bedingungsgleichung $G'_{ij} = -G_{ij} = G_{ij}$ also $G_{ij} = 0$. Eine Spiegelebene $m \perp x_2$ bedeutet nach Tab. A 5 eine Indexvertauschung des Typs $1 \to 1$, $2 \to -2$, $3 \to 3$ und somit die Koeffiziententransformation $G_{11} \to -G_{11}$, $G_{12} \to G_{12}$, $G_{31} \to -G_{31}$, $G_{22} \to -G_{22}$, $G_{23} \to G_{23}$, $G_{33} \to -G_{33}$, denn auch in diesem Falle geht das Rechts- in ein Linkssystem über.

## 6.8. Elektrische Leitfähigkeit

Die folgenden Materialgrößen des Teils 6 beziehen sich auf Transportvorgänge, die irreversibel im Sinne der Thermodynamik ablaufen. Transportiert werden dabei Elektronen, Phononen oder Ionen. Eine Besonderheit gegenüber den bisher behandelten Gleichgewichtseigenschaften wurde schon in 2.3. erörtert. Wir beschränken uns auf kleine Ströme und beginnen mit dem Transport von Elektronen und Ionen.

### 6.8.1. Erfahrungstatsachen

Kenntnisse von den elektrischen Eigenschaften fester Körper gehen zurück au , Beobachtung elektrostatischer Erscheinungen, z. B. auf die der Wirkung von Bernstein. Sie sind qualitativ vermutlich schon viele hundert Jahre bekannt.[1]) Die Beschäftigung mit fließenden Ladungen wurde durch GALVANI[2]) 1786 eingeleitet. Die elektrische Leitfähigkeit als Materialgröße führte OHM[3]) 1825–1826 ein. Zunächst galt das Hauptinteresse den metallischen Leitern. Auf die Anisotropie der elektrischen Leitfähigkeit machte erstmals MATTEUCHI 1855 aufmerksam. Quantitative Untersuchungen setzten mit der Züchtung großer Metalleinkristalle ein (GRÜNEISEN, GOENS 1923, 1924). Bei der Untersuchung von Mineralen stieß man auch bald auf Halbleiter (z. B. PbS, BRAUN 1874).

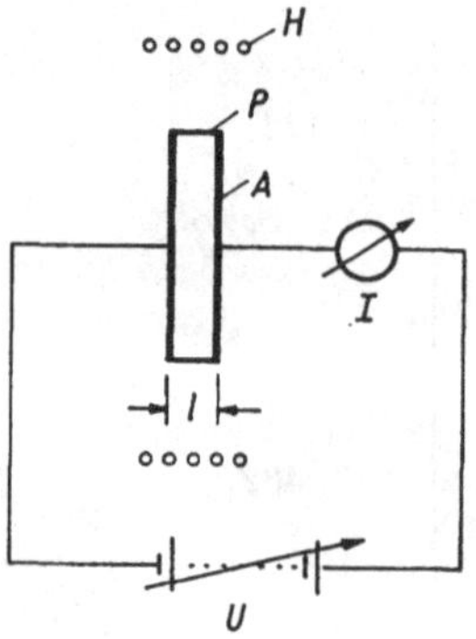


Abb. 6.37. Anordnung zur Messung der elektrischen Leitfähigkeit $\sigma_e$ einer Probe $P$ (Länge $l$, Querschnitt $A$). Nach Anlegen der Spannung $U$ fließt der Strom $I$. Eine Heiz- (oder Kühl-) Einrichtung $H$ sorgt für konstante Probentemperatur $T$. Der Innenwiderstand des Strommeßgerätes ist $R_i$. Falls $l/A\sigma_e \lesssim R_i$, hat man $I = U/[R_i + l/A\sigma_e]$ mit $R = l/A\sigma_e$ als Widerstand von $P$.

Ausgangspunkt sei ein Experiment nach Art der Abb. 6.37. Folgende Ergebnisse wollen wir hervorheben.

a) Beim Anlegen eines elektrischen Feldes $|\vec{E}| = U/l$ an einen Kristall fließt ein konstanter Strom

$$\boxed{I = \sigma_e \frac{UA}{l}} \quad \text{(OHMsches Gesetz).} \tag{6.184}$$

[1]) Zur Geschichte vgl. z. B. LIPSON 1968.
[2]) ALIOSO (LUIGI) GALVANI (geb. 1737, gest. 1798), Professor der Anatomie in Bologna.
[3]) GEORG SIMON OHM (geb. 1787, gest. 1854), Gymnasiallehrer in Köln, Berlin und Nürnberg; Professor in München.

$\sigma_e$ ist eine Materialkonstante. Sie heißt elektrische Leitfähigkeit. $\varrho_{el} = \sigma_e^{-1}$ wird als spezifischer elektrischer Widerstand bezeichnet. Tabelle 6.13 gibt Beispiele.

b) Der Kristall erwärmt sich. Die Wärmeleistungsdichte ist

$$\nu_e = \frac{I^2 \varrho_{el}}{\cdot A^2} \tag{6.185}$$

(JOULEsche Wärme).

Tab. 6.13. Zahlenwerte des spezifischen elektrischen Widerstandes $\varrho_{el}$ einiger Stoffe bei Raumtemperatur

| Stoff | $\varrho_{el}/\Omega m$ | Symmetrie | Stoff | $\varrho'_{el}/\Omega m$ | Symmetrie |
|---|---|---|---|---|---|
| Bernstein | $10^{23}$ | $\infty\infty m$ | Bi | $\parallel c$ 1,30 $\cdot 10^{-6}$ | $\bar{3}m$ |
| Quarzglas | $\geqq 10^{16}$ | $\infty\infty m$ | | $\perp c$ 1,02 $\cdot 10^{-6}$ | |
| NaCl | $10^{15}$ | $m\bar{3}m$ | Kanthal A 1 | $1{,}45 \cdot 10^{-6}$ | |
| Diamant | $10^{10}...10^{11}$ | $m\bar{3}m$ | (Fe, Cr, Al, | | |
| Porzellan | $10^{10}...10^{13}$ | $\infty\infty m$ | Co) | | |
| B | $1{,}8 \cdot 10^{10}$ | *) | Mn | $2{,}78 \cdot 10^{-6}$ | $\bar{4}3m$ |
| Ge | 0,46 | $m\bar{3}m$ | Cu | $1{,}55 \cdot 10^{-8}$ | $m\bar{3}m$ |
| Te | $\parallel c$ $2{,}8 \cdot 10^{-4}$ | | Ag | $1{,}49 \cdot 10^{-8}$ | $m\bar{3}m$ |
| | $\perp c$ $6{,}1 \cdot 10^{-4}$ | 32 (hex) | | | |
| Ga | $\parallel c$ 50,5 $\cdot 10^{-8}$ | $mmm$ | | | |
| | $\parallel a$ 16,1 $\cdot 10^{-8}$ | | | | |
| | $\parallel b$ 7,5 $\cdot 10^{-8}$ | | | | |

*) Modifikation nicht angegeben

c) $\varrho_{el}$ hängt von der Temperatur $T$ ab. Bezüglich der Form der Temperaturabhängigkeit $\varrho_{el}(T)$ ist es zweckmäßig, drei Substanzklassen zu unterscheiden:

— Metalle $\varrho_{el}(T) = B_M T + \varrho_0$ (Abb. 6.38), (6.186)

— Halbleiter $\varrho_{el}(T) = B_H \, e^{E_g/2k_BT}$ (Abb. 6.39), (6.187)

— Ionenleiter $\varrho_{el}(T) = T B_I \, e^{\Delta H_I/k_BT}$ (Abb. 6.40). (6.188)

Dabei sind $B_M$, $B_H$, $B_I$, $E_g$, $\Delta H_I$ unter bestimmten Umständen temperaturunabhängige, aber substanzabhängige Größen. Eine derartige Einteilung ist nicht frei von Willkür, zumal es fließende Übergänge zwischen den drei Klassen gibt, selbst an der gleichen Substanz. Der Temperaturkoeffizient

$$\alpha_{el} = \frac{1}{\varrho_{el}} \frac{d\varrho_{el}}{dT} \tag{6.190}$$

liegt bei Raumtemperatur für typische Metalle in der Größenordnung $\alpha_{el} \approx 4 \cdot 10^{-3} \, K^{-1}$. Nichtmetalle sind durch $\alpha_{el} < 0$ gekennzeichnet (Tab. 6.14). Im Bereich hoher und tiefer Temperaturen werden Abweichungen von (6.186)—(6.188) beobachtet. Anhand des Absolutwertes des spezifischen Widerstandes wird oft eine Einteilung in Metalle ($\varrho_{el} \leqq 10^{-2} \, \Omega m$), Halbleiter ($10^{-2}...10^{2} \, \Omega m$), Elektrolyte ($10^{2}...10^{8} \, \Omega m$) und Isolatoren ($> 10^{8} \, \Omega m$) vorgenommen. Substanzen, die weit unterhalb ihres Schmelzpunktes Ionenleitfähigkeiten größer als $10 \, \Omega^{-1} m^{-1}$ aufweisen, nennt man Superionenleiter. Im Falle

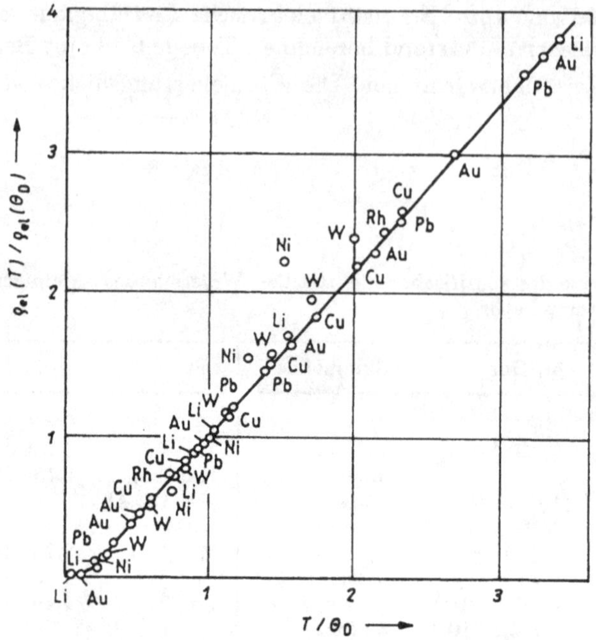


Abb. 6.38. Temperaturabhängigkeit des spezifischen elektrischen Widerstandes $\varrho_{el}(T)$ von Metallen. Bezieht man Ordinaten- und Abszissenwerte auf die DEBYE-Temperatur $\Theta_D$, erhält man für die Mehrzahl der Metalle eine einheitliche Darstellung der Form $\varrho_{el}(T) \sim T/\Theta_D$. Bei tiefen Temperaturen ist $\varrho_T(T) \approx 498 B_M{}' \; T^5/\Theta_D{}^5 \; (T \ll \Theta_D)$. $B_M{}' = 14{,}9$ (Fe), $1{,}8$ (Cu), $3{,}75$ (Al) $\mu\Omega$ cm (nach GRÜNEISEN).

elektronischer Leitung mit Widerständen kleiner als $10^{-16}$ $\Omega$m spricht man von Supraleitern.

d) Der temperaturunabhängige Anteil $\varrho_0$ wird als Restwiderstand bezeichnet. Typische Werte liegen bei (0,1...1 $\mu\Omega$ cm/% Punktfehler).

Für weitere Einzelheiten über die vielfältigen Einflußfaktoren vgl. z. B. JUSTI.

Abweichungen vom OHMschen Gesetz werden bei hohen Stromdichten und elektrischen Wechselfeldern hoher Frequenz (vgl. 6.4.4.) beobachtet. Wir verweisen dazu auf JUSTI.

## 6.8.2. Phänomenologische Beschreibung

Die Verknüpfung der beiden polaren Vektoren der elektrischen Feldstärke und der Stromdichte $\vec{j} = \vec{I}/A$ erfolgt über den polaren Tensor der elektrischen Leitfähigkeit $\overset{2\rightarrow}{\sigma}_e$ nach der Beziehung (6.108).[1])

[1]) $\vec{E}$ hat die Bedeutung der in der Probe wirkenden Feldstärke. Der in (6.184) auftretende Innenwiderstand des Meßgerätes ist eliminiert.

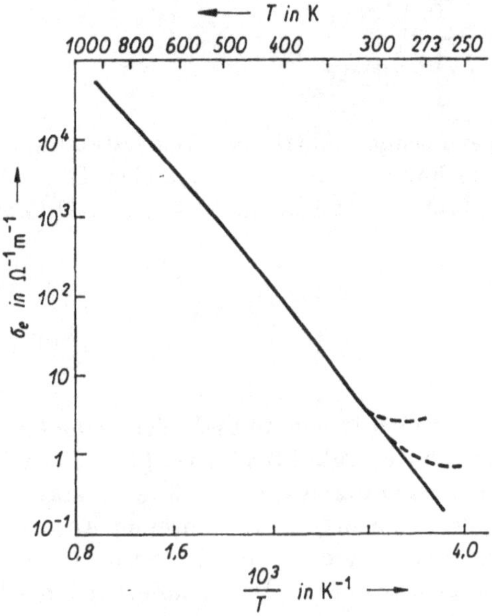


Abb. 6.39. Temperaturabhängigkeit der elektrischen Leitfähigkeit $\sigma_e = \varrho_{el}^{-1}$ des Halbleiters Germanium. Im Bereich der ausgezogenen (praktisch geraden) Kurve bestimmt Eigenleitung den Verlauf. Bei tieferen Temperaturen dominiert der Fremdatomgehalt. Zwei unterschiedliche Gehalte an Verunreinigungen sind gestrichelt angegeben (nach Morin, Maita).

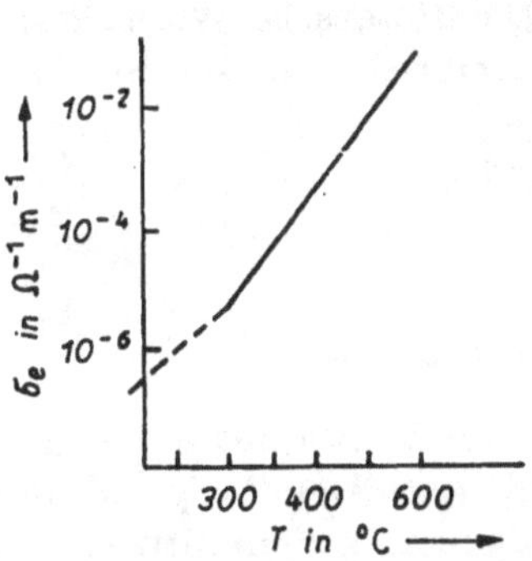


Abb. 6.40. Elektrische Leitfähigkeit $\sigma_e$ des Ionenleiters NaJ in Abhängigkeit von $T^{-1}$ (nach links wachsend) ($T$ Temperatur). Bei hohen Temperaturen liegt Eigenleitung vor (ausgezogene Kurve), man hat $\sigma_e \sim \exp(-\Delta H_I/k_B T)$. Unterhalb 300 °C bestimmen Fremdatome die Leitfähigkeit (nach Lehfeldt).

Tab. 6.14. Temperaturkoeffizient $E_g = 2k_B\alpha_{el}$ nach (6.190) und (6.187) einiger Halbleiter bei 300 K

| Substanz | $E_g$/eV · Atom$^{-1}$ | Substanz | $E_g$/eV · Atom$^{-1}$ |
|---|---|---|---|
| Diamant | 5,4 | Si | 1,14 |
| GaP | 2,26 | Ge | 0,67 |
| GaAs | 1,43 | PbTe | 0,30 |
| InP | 1,35 | | |

Die Umkehrung

$$\boxed{\vec{E} = \overset{2\rightarrow}{\varrho_{\text{el}}} \cdot \vec{j}} \tag{6.191}$$

vermittelt den Tensor des spezifischen elektrischen Widerstandes. (6.108) oder (6.191) bildet die passende Materialgleichung zu den MAXWELLschen Gleichungen (6.65).

Wegen des hier gültigen ONSAGER-Prinzips (2.4) sind beide Materialeigenschaftstensoren symmetrisch:

$$\overset{2\rightarrow}{\sigma_e} = \overset{2\rightarrow}{\sigma_e}^{\mathsf{T}}$$

und (6.192)

$$\overset{2\rightarrow}{\varrho_{\text{el}}} = \overset{2\rightarrow}{\varrho}{}^{\mathsf{T}}_{\text{el}},$$

sofern keine geordneten magnetischen Momente und/oder keine äußeren Magnetfelder wirksam sind. Die innere Symmetrie (vgl. 1.3.3.8.) ist $[V^2]$. Bezüglich der Form der Tensoren in den verschiedenen Kristallklassen und ihrer charakteristischen Flächen gilt somit das in 6.1.2. für den Tensor der thermischen Ausdehnungskoeffizienten Gesagte. Bezüglich der Absolutwerte gibt es einen wesentlichen Unterschied: Alle Koeffizienten $\sigma_{eij}$ und $\varrho_{\text{el}ij}$ sind positiv definit. Darin äußert sich der Transportvorgang.

Die Existenz einer spontanen Magnetisierung (vgl. 4.3.4.) äußert sich in folgenden Änderungen gegenüber Tab. 1.5. Für Punktsymmetrien $6/m$, 6, $\bar{6}$, 3, $\bar{3}$, $\bar{4}$, $4/m$ und 4 wird $\sigma_{e12} = -\sigma_{e21} \neq 0$, im monoklinen System hat man $\sigma_{e12} = \sigma_{e21} \neq 0$ und im triklinen geht die Symmetrie verloren. $\sigma_{eij} \neq \sigma_{eji}$. $\varrho_{\text{el}ij}$ und $\sigma_{eij}$ verhalten sich in dieser Beziehung gleich.

Abweichungen vom OHMschen Gesetz lassen sich durch Potenzreihenentwicklung von (6.108) bzw. (6.191) erfassen. Die JOULEsche Wärmeleistungsdichte (6.185) nimmt in der koordinateninvarianten Schreibweise die Gestalt

$$\nu_e = \vec{E} \cdot \overset{2\rightarrow}{\sigma_e} \cdot \vec{E} = \vec{j} \cdot \overset{2\rightarrow}{\varrho_{\text{el}}} \cdot \vec{j} \tag{6.193}$$

an.

### 6.8.3. Ströme in Platten und Stäben

Daß die durch Tensoren verknüpften Vektorgrößen i. allg. verschiedene Richtungen aufweisen, gehört zu den Grunderkenntnissen der physikalischen Kristallographie (vgl. dazu 1.3.3.). Einige Konsequenzen sind von unmittelbarer Bedeutung für die experimentelle Arbeit. Auf sie soll anhand der nachstehenden Bemerkung aufmerksam gemacht werden.

Wir berechnen zunächst den Widerstand einer dünnen Platte aus einem Experiment wie in Abb. 6.37 angegeben. Es sei $l \ll \sqrt{A}$. Die Normale $\vec{n}$ der Platte liegt parallel zum elektrischen Feld $\vec{E} = U\vec{n}/l$ (Abb. 6.41a). Nach (6.108) ist die Stromdichte

$$\vec{j} = \frac{U}{l} \overset{2\rightarrow}{\sigma_e} \cdot \vec{n}, \tag{6.194}$$

und der Gesamtstrom beträgt

$$I = A\vec{n} \cdot \vec{j} = \frac{AU}{l} \vec{n} \cdot \overset{2\rightarrow}{\sigma_e} \cdot \vec{n}. \tag{6.195}$$

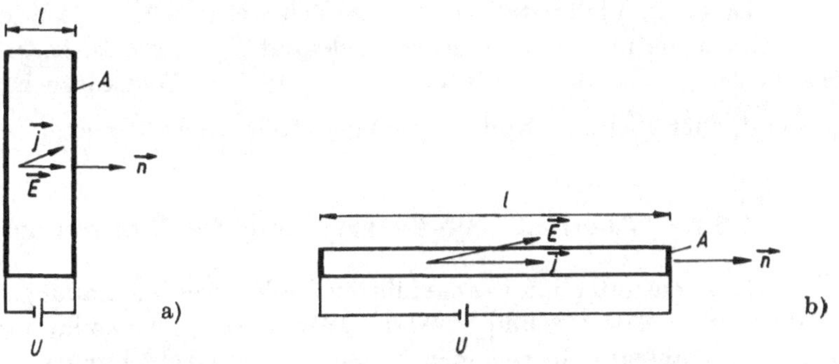


Abb. 6.41. Zur Messung des Widerstandes an Platten (a) und Stäben (b).

Der Gesamtwiderstand der Platte ist

$$R = \frac{U}{I} = \frac{l}{A} \frac{1}{\vec{n} \cdot \overset{2\rightarrow}{\sigma_e} \cdot \vec{n}}, \tag{6.196}$$

also durch $(\vec{n} \cdot \overset{2\rightarrow}{\sigma_e} \cdot \vec{n})^{-1}$ gegeben, was i. allg. von $\vec{n} \cdot \overset{2\rightarrow}{\varrho_{el}} \cdot \vec{n}$ verschieden ist. In diesem Falle ist die Richtung von $\vec{E}$ durch das Experiment vorgegeben. Je nach Probenorientierung stellt sich die Richtung von $\vec{j}$ ein.

Betrachten wir nun die gleiche Messung an einem dünnen Stab $l \gg \sqrt{A}$, dann ist die Richtung des Stromflusses von der Probengeometrie festgelegt.[1]). Man hat also $\vec{j} = I\vec{n}/A$, wenn $\vec{n}$ wieder die Endflächennormale des Stabes ist (Abb. 6.41 b). Nach (6.191) wird

$$\vec{E} = \frac{I}{A} \overset{2\rightarrow}{\varrho_{el}} \cdot \vec{n} \tag{6.197}$$

mit einem Spannungsabfall

$$U = l\vec{n} \cdot \vec{E} = \frac{Il}{A} \vec{n} \cdot \overset{2\rightarrow}{\varrho_{el}} \cdot \vec{n} \tag{6.198}$$

an den Stabenden.

In diesem Falle ist der Gesamtwiderstand

$$R = \frac{U}{I} = \frac{l}{A} \vec{n} \cdot \overset{2\rightarrow}{\varrho_{el}} \cdot \vec{n} \tag{6.199}$$

durch die Projektion des Widerstandstensors in die Richtung $\vec{n}$ gegeben.

Obwohl Leitfähigkeits- und Widerstandstensoren zueinander reziprok sind, gilt das nicht für ihre Projektionen in eine bestimmte Richtung. Ein Experiment nach Abb. 6.37 liefert also je nach Geometrie unmittelbar den Widerstand oder die Leitfähigkeit.

---

1) Die frei beweglichen Elektronen werden durch eine Potentialschwelle am Austritt aus dem Kristall gehindert. Der Strom der Ladungsträger ist daher im Mittel über große Entfernungen um so besser parallel zu $\vec{n}$, je dünner der Stab ist.

Liegt ein Vielkristall vor, ist ähnlich wie in 6.1.5. beschrieben ein Mittelwert zu berechnen. Je nach dem zugrunde gelegten Modell (z. B. kann in zwei parallelen Körnern der gleiche Strom fließen oder die gleiche Feldstärke herrschen) wird über $\overset{2\rightarrow}{\varrho}_{el}$ oder $\overset{2\rightarrow}{\sigma}_{e}$ oder über eine Kombination gemittelt. Auch hier sei auf DREYER verwiesen.

## 6.8.4. Atomistische Betrachtung des Elektronentransports

In allen unter 6.8.1. angeführten Fällen werden Ladungsträger bewegt. Für Metalle konnten TOLMAN und STEWART 1916 unmittelbar nachweisen, daß freie Elektronen den Transport übernehmen können. Die Verschiebung von Ionen ist dagegen vernachlässigbar. Im Falle von Ionenleitung ist es umgekehrt. Wir wenden uns zunächst dem Elektronentransport zu, der, betrachtet man alle Festkörper zusammen, der wichtigere Mechanismus ist. Da er auch andere Eigenschaften beherrscht, gehen wir etwas ausführlicher darauf ein. Für die physikalischen Grundlagen verweisen wir auf ZIMAN 1960, 1974; DONOVAN; BRAUER; ALTMANN.

### 6.8.4.1. Elektronen als Wellenpakete

Bei ihrer Bewegung im Festkörper verhalten sich die (quasi-)freien Elektronen nicht wie geladene Kugeln, sondern eher wie Wellen. Die Diskussion dieses Phänomens erfolgt im Rahmen der Quantenphysik (vgl. z. B. RENNERT). Um diese Eigenart quantitativ beschreiben zu können, wird die skalare Wellenfunktion

$$\psi_k(\vec{r}, t) = \frac{1}{\sqrt{V}}\, e^{i(\vec{k}\cdot\vec{r}-\omega t)} \tag{6.200}$$

eingeführt, wobei $\vec{r}$, $t$, $\vec{k}$ und $\omega$ die in (6.67) verwendete Bedeutung haben. $V$ ist das Volumen, in dem sich das Elektron aufhalten kann. Der Faktor vor der Exponentialfunktion sorgt für die Normierung gemäß $\int \psi_k{}^*\psi_k \, \mathrm{d}V = 1$. (6.200) beschreibt eine ebene unendlich ausgedehnte Wellenerscheinung. Das Elektron läßt sich indessen an einem bestimmten Ort nachweisen, wie man es von Teilchen erwartet. Wellen- und Teilchencharakter sind vereinbar durch die Darstellung als Wellenpaket. Wellenpakete sind aus der Mechanik der Schwingungen gekoppelter Systeme als Schwebungen bekannt (vgl. z. B. MACKE 1958). Sie entstehen durch Überlagerung ebener Wellen unterschiedlicher Wellenlänge. Addiert man z. B. zwei Wellen (6.200), so wird daraus

$$e^{-i[\omega t-(\vec{k}+\mathrm{d}\vec{k}/2)\cdot\vec{r}]} + e^{-i[\omega t-(\vec{k}-\mathrm{d}\vec{k}/2)\cdot\vec{r}]} = e^{-i(\omega t-\vec{k}\cdot\vec{r})} \cos\left(\frac{\mathrm{d}\vec{k}}{2}\cdot\vec{r}\right) \tag{6.201}$$

ohne Berücksichtigung der Normierung. Die ebene Welle ist moduliert. In Abständen $\pi/|\mathrm{d}\vec{k}|$ verschwindet die Amplitude. Dazwischen liegt jeweils ein Paket.

Überlagert man nicht nur zwei, sondern sehr viele Wellen wenig verschiedener Wellenlänge, dann bleibt nur ein einzelnes Wellenpaket übrig (Abb. 6.42).

Die zugehörigen Wellenzahlen bilden ein Spektrum $f(k)$ mit der Halbwertsbreite $\Delta k$ um den Schwerpunkt $k_0$ (Abb. 6.43).

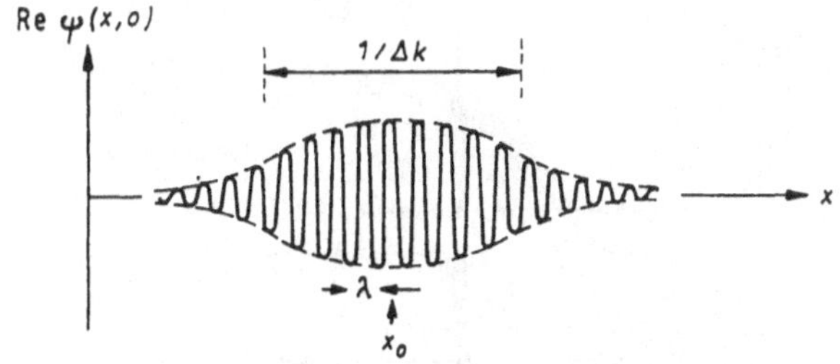


Abb. 6.42. Schematische Darstellung eines Wellenpakets in einer Dimension. Die Wellenfunktion $\psi(x, t)$ ist durch Summation von ebenen Wellen mit wenig um eine mittlere Wellenzahl $k_0$ schwankenden Wellenzahlen $k$ entstanden. In Abständen vom Schwerpunkt, die größer als $1/\Delta k$ sind, löschen sich die einzelnen Anteile praktisch aus. $\Delta k$ ist die Schwankungsbreite der verwendeten Wellenzahlen. Um den Charakter als Pakct hervortreten zu lassen, sind die Amplitudenwerte für einen bestimmten Zeitpunkt $t = 0$ durch eine gestrichelte Linie verbunden worden.

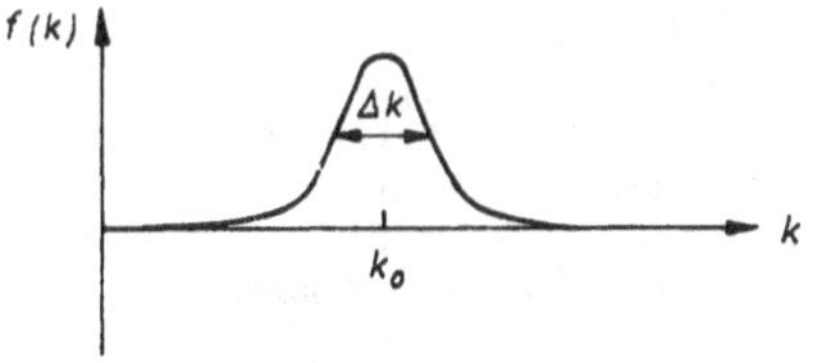


Abb. 6.43. Schematische Darstellung des Spektrums der Wellenzahlen, die das Wellenpaket Abb. 6.42 erzeugen. Der Verlauf ist durch $f(k) = C \exp[-1/2 (k - k_0)^2/\Delta k^2]$ gegeben. $\psi$ und $f$ stehen über eine FOURIER-Transformation in Verbindung: $\psi(x, t) = \int_{-\infty}^{+\infty} f(k) \exp[-i(\omega t - kx)] \, dk/2\pi$. Je schmaler $f(k)$, desto breiter $\psi(x)$ und umgekehrt.

### 6.8.4.2. Energiespektrum

Die Energie von Elektronen im Festkörper ist nicht beliebiger Werte fähig. Die möglichen Zustände $\varepsilon$ eines Elektrons lassen sich, wie in der Quantenphysik gezeigt wird, als Funktion seiner (mittleren) Wellenzahl (vgl. 6.8.4.1.) darstellen. Wir schreiben dafür $k$ anstelle von $k_0$ aus dem vorangegangenen Abschnitt. Abb. 6.44 zeigt $\varepsilon(k)$ für einen typischen kristallinen Festkörper. Bestimmte Energiezustände können nicht auftreten (Energielücken, Bandlücken), die anderen können sehr dicht (wenn nicht mit unterschiedlicher Dichte) belegt sein (Energiebänder, getrennt durch Energielücken). In der Nähe der unteren und oberen Bandkante verhält sich die Funktion näherungsweise wie $\varepsilon \sim k^2$ bzw. $\varepsilon \sim a - bk^2$ (vgl. 6.8.4.4.).

Für die elektronischen Eigenschaften sind nicht nur die verfügbaren Energiezustände, sondern auch deren Besetzung wesentlich. Diese ist abhängig von der Zahl der im Kristall verfügbaren frei verschiebbaren Elektronen. Die Zustände werden mit steigender Energie besetzt, jeder Zustand nur durch ein Elektron (PAULI-Prinzip). Maßgebend ist die FERMI-DIRAC-Verteilungsfunktion $f(\varepsilon)$ (s. 6.8.4.5.). Die höchste Energie aller besetzten Zustände heißt FERMI-*Energie* (bei $T = 0\,\mathrm{K}$). Im $\vec{k}$-Raum bilden alle diese FERMI-Energiewerte eine Fläche, die FERMI-*Fläche*.

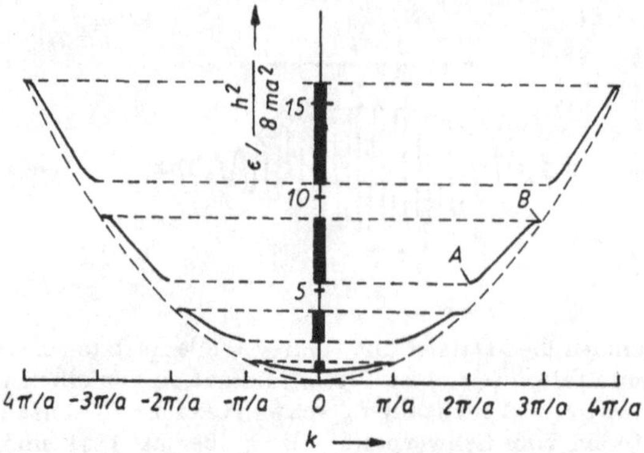


Abb. 6.44. Energie $\varepsilon(k)$ eines Elektrons in einem eindimensionalen rechteckförmigen periodischen Potential (KRONIG-PENNEY-Potential) der Höhe $V_0$, Breite $b$ und Periode $a + b$. Die ausgezogenen Linien gelten für $P = \lim\limits_{\substack{b\to 0\\ V_0\to\infty}} \left(\frac{m_e a b V_0}{\hbar^2}\right) = \frac{3}{2}\pi$.
Der Grenzfall freier Elektronen (räumlich konstantes Potential) ist gestrichelt eingetragen. Auf der Ordinatenachse sind die Energiewerte, die zu einem Band gehören, durch eine zusammenhängende Schwärzung gekennzeichnet. Insgesamt wurden 4 Bänder dargestellt. Dazwischen liegen Lücken. Im $k$-Raum faßt man die Zustände eines Bandes zur BRILLOUIN-Zone zusammen. Innerhalb $-\pi/a \leqq k \leqq \pi/a$ liegt die erste, innerhalb $-2\pi/a \leqq k \leqq -\pi/a$ und $\pi/a \leqq k \leqq 2\pi/a$ die zweite usw. (nach SCHULZE 1967).

### 6.8.4.3. Dynamik von Kristallelektronen

Wir betrachten ein Wellenpaket im Zeitablauf. Seine Form sei durch

$$\begin{aligned}\psi(\vec{r}, t) &= e^{i(\vec{k}_0\cdot\vec{r}-\omega t)} A\{(\vec{k}-\vec{k}_0)\cdot\vec{r}\}\\ &= e^{i(\vec{k}_0\cdot\vec{r}-\varepsilon(\vec{k})t/\hbar)} A\{(\vec{k}-\vec{k}_0)\cdot\vec{r}\}\end{aligned} \tag{6.202}$$

in Anlehnung an (6.201) gegeben. $A$ bedeutet eine Amplitudenfunktion, deren genaue Form nicht weiter interesssiert. $\vec{k}_0$ ist wieder der Schwerpunkt des Wellenpakets in der $\vec{k}$-Darstellung. Wie in der Quantenphysik gezeigt wird, besteht zwischen Frequenz $\omega$ der Welle und der Energie $\varepsilon$ die Beziehung $\varepsilon(\vec{k}) = \hbar\omega(\vec{k})$.

Für Wellenzahlvektoren $\vec{k}$ nahe $\vec{k}_0$ kann man $\varepsilon(\vec{k})$ näherungsweise durch

$$\varepsilon(\vec{k}) \approx \varepsilon(\vec{k}_0) + \frac{d\varepsilon}{d\vec{k}}\cdot(\vec{k}-\vec{k}_0) \tag{6.203}$$

ersetzen. Damit wird aus (6.202)

$$\psi(\vec{r}, t) = e^{i(\vec{k}_0\cdot\vec{r}-\varepsilon(\vec{k}_0)t/\hbar)} A\left\{(\vec{k}-\vec{k}_0)\cdot\left(\vec{r}-\frac{d\varepsilon}{d\vec{k}}\frac{t}{\hbar}\right)\right\}. \tag{6.204}$$

Die Amplitude verändert im Zeitablauf ihre Lage entsprechend

$$\vec{r}(t) = \frac{1}{\hbar}\frac{d\varepsilon}{d\vec{k}}t \tag{6.205}$$

in Richtung $\vec{k} - \vec{k}_0$. Die Geschwindigkeit des Wellenpakets ist demnach

$$\boxed{\vec{v} = \frac{\mathrm{d}\vec{r}}{\mathrm{d}t} = \frac{1}{\hbar}\frac{d\varepsilon(\vec{k})}{\mathrm{d}\vec{k}}}\,. \tag{6.206}$$

Sie ergibt sich direkt aus der Bandstruktur $\varepsilon(\vec{k})$. Das Ergebnis stimmt mit Beziehungen aus der Teilchenphysik überein, wenn dem Paket der (Quasi-) Impuls $\vec{p} = \hbar\vec{k}$ zugeordnet wird. In der Mechanik wird nämlich gezeigt (vgl. z. B. MACKE 1962a), daß

$$\vec{v} = \frac{\mathrm{d}\varepsilon}{\mathrm{d}\vec{p}} \tag{6.207}$$

ist. Die Gruppengeschwindigkeit des Elektrons mit der Wellenzahl $\vec{k}$ steht nach (6.206) senkrecht auf der FERMI-Fläche im Punkt $\vec{k}$.

Wirken äußere Felder bzw. Kräfte $\vec{F}$, ändert sich die Energie des Wellenpakets zeitlich um

$$\frac{\mathrm{d}\varepsilon}{\mathrm{d}t} = \frac{\mathrm{d}\vec{k}}{\mathrm{d}t}\cdot\frac{\mathrm{d}\varepsilon(k)}{\mathrm{d}\vec{k}} = \vec{F}\cdot\vec{v} = \frac{1}{\hbar}\vec{F}\cdot\frac{\mathrm{d}\varepsilon(\vec{k})}{\mathrm{d}\vec{k}}\,. \tag{6.208}$$

Wir erhalten daher eine Bewegungsgleichung für $\vec{k}$

$$\boxed{\hbar\frac{\mathrm{d}\vec{k}}{\mathrm{d}t} = \vec{F}}\,. \tag{6.209}$$

Die Analogie zur NEWTONschen Bewegungsgleichung wird vollständig, wenn (6.206) nach der Zeit differenziert und mit Hilfe von (6.209) umgeordnet wird:

$$\frac{\mathrm{d}\vec{v}}{\mathrm{d}t} = \frac{\mathrm{d}\vec{k}}{\mathrm{d}t}\cdot\frac{\mathrm{d}}{\mathrm{d}\vec{k}}\vec{v} = \frac{1}{\hbar^2}\vec{F}\cdot\frac{\mathrm{d}}{\mathrm{d}\vec{k}}\frac{\mathrm{d}}{\mathrm{d}\vec{k}}\varepsilon(\vec{k})\,. \tag{6.210}$$

Der Ausdruck auf der rechten Seite neben $\vec{F}$ hat die Dimension einer reziproken Masse. Wir führen schließlich den Tensor zweiter Stufe der effektiven Masse (bzw. den dazu inversen) über

$$\boxed{(\overset{2\rightarrow}{m_e}{}^*)^{-1} \equiv \frac{1}{\hbar^2}\frac{\mathrm{d}}{\mathrm{d}\vec{k}}\frac{\mathrm{d}}{\mathrm{d}\vec{k}}\varepsilon(\vec{k})} \tag{6.211}$$

ein. Beschleunigung und Kraft sind, wie auch bei anderen tensoriellen Verknüpfungen, nicht mehr einander parallel. Die komplizierte Wechselwirkung der Elektronen mit den Ionenrümpfen läßt sich aber in der vorgeführten Näherung (Näherung der effektiven Masse) pauschal sehr einfach beschreiben.

### 6.8.4.4. Bewegung im elektrischen Feld

Im elektrischen Feld $\vec{E}$ ändert sich der Wellenzahlvektor $\vec{k}$ eines Teilchens der Ladung $q$ wegen (6.209) nach

$$\hbar \frac{d\vec{k}}{dt} = q\vec{E}. \tag{6.212}$$

Im Ortsraum wird nach (6.210)

$$\frac{d\vec{v}}{dt} = q\vec{E} \cdot (\overset{2\rightarrow}{m_e}{}^*)^{-1}. \tag{6.213}$$

Das elektrische Feld verursacht eine Verschiebung aller besetzten Zustände gleichmäßig in Richtung ($q > 0$) oder antiparallel ($q < 0$) zu sich selbst.[1])

Betrachten wir das Verhalten in der Nähe der Bandgrenzen (Abb. 6.44). In der Umgebung des Punktes $A$ im dritten Band ist z. B.[2])

$$\varepsilon \approx \frac{\hbar^2 k^2}{2m_e}, \quad \frac{\partial^2 \varepsilon}{\partial k^2} > 0, \qquad (m_e^*)^{-1} > 0 \tag{6.214}$$

und in $B$

$$\varepsilon \approx \text{const} - \frac{\hbar^2 k^2}{2m_e}, \quad \frac{\partial^2 \varepsilon}{\partial k^2} < 0, \quad (m_e^*)^{-1} < 0. \tag{6.125}$$

In der Nähe der oberen Bandgrenze verhält sich das Elektron wie ein Teilchen negativer Masse. Es ist üblich geworden, die Bewegung des Elektrons so zu beschreiben, als habe es die gewohnte positive Masse, aber das Negative der wahren Ladung, d. h. eine positive Ladung $q$. In (6.213) tritt nur das Produkt der beiden Größen auf, ein Vorzeichenwechsel bei beiden ändert nichts. Zustände im Elektronensystem, deren Verhalten sich mit $q > 0$ erfassen läßt, werden Lochzustände oder Löcher genannt.

### 6.8.4.5. Leiter—Halbleiter—Nichtleiter

Wir suchen nun den Zusammenhang mit dem elektrischen Strom. Die Kristallelektronen reagieren nach (6.212) beim Einschalten von $\vec{E}$ mit einer Verschiebung der Zustände. Die resultierende Stromdichte im Ortsraum ist[3])

$$\vec{j} = (-e/4\pi^3) \int_{\text{bZ}} \vec{v}(\vec{k})\, f^+(\vec{k})\, d\vec{k} \tag{6.216}$$

[1]) Eine nähere Betrachtung zeigt, daß die Zustände an den Brillouin-Zonengrenzen (z. B. $\pi/a$, $2\pi/a$ usw. in Abb. 6.44) reflektiert zu werden scheinen. Erreicht also nach (6.212) ein Zustand die Grenze bei $\pi/a$, dann setzt er die Bewegung anschließend in gleicher Richtung (im gleichen Band) bei $-\pi/a$ fort (vgl. Altmann).

[2]) Der Koordinatenursprung sei nach $A$ verschoben.

[3]) Vgl. Fußn. 4, S. 109. $d\vec{k} = dk_1\, dk_2\, dk_3$ ist das Volumenelement im $\vec{k}$-Raum, $(2/8\pi)\, d\vec{k}$ ist die Zahl der Elektronenzustände/Volumen (2 Spinzustände).

mit der FERMI-DIRAC-Verteilungsfunktion $f^+ = f(\vec{E} \neq 0)$, die durch

$$\boxed{f(\varepsilon) = \frac{1}{e^{(\varepsilon-\varepsilon_F)/k_B T} + 1}} \tag{6.217}$$

gegeben ist (vgl. z. B. MACKE 1962b). Sie gibt die Wahrscheinlichkeit dafür an, daß ein Zustand $\varepsilon$ im thermischen Gleichgewicht bei der Temperatur $T$ besetzt ist. $\varepsilon_F$ ist das chemische Potential (auch FERMI-Energie), bei Anwesenheit äußerer Felder das elektrochemische Potential.

Integriert wird in (6.216) über alle besetzten Zustände (bZ). (6.216) verschwindet i. allg. nicht, denn unter der Wirkung von $\vec{E}$ wird die Besetzung $f^+$ unsymmetrisch bzgl. $\vec{k} = 0$. Wenn aber ein Band vollständig besetzt ist, heben sich positive und negative Beiträge zu jedem Zeitpunkt gegenseitig auf. Der resultierende Strom ist Null, obwohl sich Elektronen bewegen.

Im Energiebandschema stellt sich demnach der experimentell beobachtete Unterschied der elektrischen Leitfähigkeiten qualitativ als Folge verschiedener Besetzung dar. In Abb. 6.45 ist das erläutert.

Das Bild kann aber den Befund nicht erklären, daß die Stromdichte konstant bleibt und nicht pulsiert, wie nach (6.212) zu erwarten. Wir ergänzen die Modellvorstellung in 6.8.4.6.

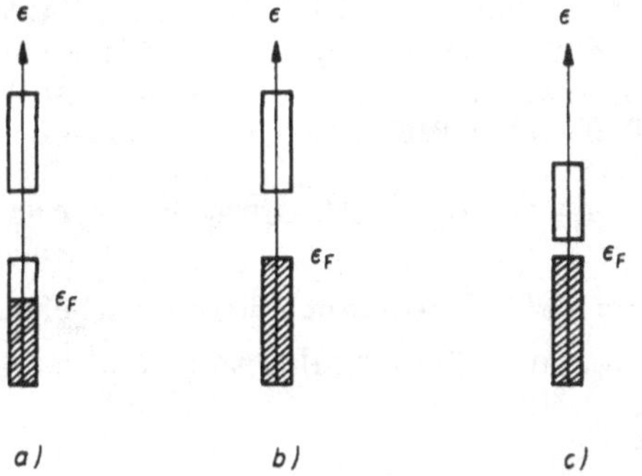


Abb. 6.45. Schematische Darstellung der Besetzungsverhältnisse der Energiebänder (eingerahmt) in Leitern (a), Isolatoren (b) und (Eigen-) Halbleitern (c). $\varepsilon_F$ ist die FERMI-Energie. Im Halbleiter ist die Lücke $E_g$ zwischen voll besetztem Valenzband und leerem Leitungsband so klein, daß sie durch Aufnahme thermischer Energie nach (6.217) in weitaus größerem Umfang übersprungen werden kann als im Isolator. Jedes Elektron im Leitungsband hat ein Loch im Valenzband zur Folge. $\varepsilon_F$ in (6.217) liegt dazwischen.

### 6.8.4.6. Elektrischer Widerstand

Im $\vec{k}$-Raum äußert sich eine konstante Stromdichte formal dadurch, daß die Verteilung der besetzten Zustände um einen festen Betrag $\Delta\vec{k}$ aus der Verteilung bei $\vec{E} = 0$ ausgelenkt wird. Wegen (6.212) bedeutet dies

$$\Delta\vec{k} = \frac{-e}{\hbar}\vec{E}\tau, \tag{6.218}$$

mit der Relaxationszeit $\bar{\tau}$, nach der die Verschiebung des Zustandspunktes aufgehalten wird. Streuprozesse sorgen dafür, daß die ursprüngliche Verteilung laufend wiederhergestellt wird. $\bar{\tau}$ kann man auch als Stoßzeit interpretieren, nach der ein Elektron im Ortsraum auf ein Hindernis stößt (vgl. Abb. 6.46).

Wir gehen noch auf den Zusammenhang zwischen dieser offenbar substanzabhängigen Stoßzeit $\bar{\tau}$ und dem Elektronentransport im Ortsraum ein.

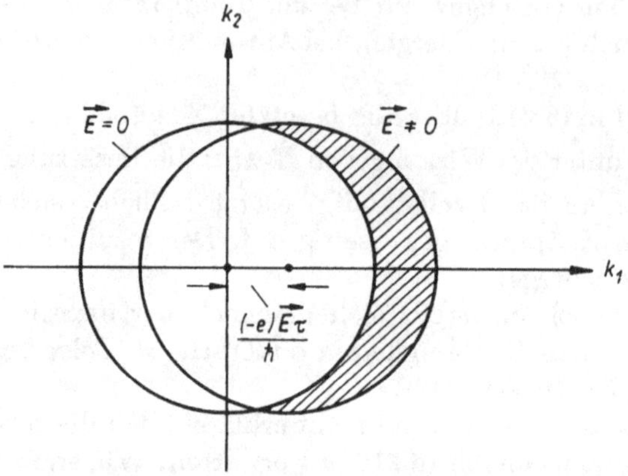


Abb. 6.46. Schematische Darstellung der Zustandsbesetzung im $\vec{k}$-Raum ohne ($\vec{E} = 0$) und mit ($\vec{E} \neq 0$) äußerem elektrischen Feld. Durch Anlegen des Feldes verschiebt sich die Kugel (innerhalb der alle Zustände mit Elektronen besetzt sind, Fermi-Kugel) um einen Vektor $\Delta\vec{k}$ (vgl. (6.218)). Dadurch entsteht die für den Stromfluß nach (6.216) notwendige Asymmetrie im $k$-Raum, hervorgehoben durch die Schraffur.
Streuprozesse sorgen dafür, daß die Auslenkung der Kugel konstant bleibt.

Der konstante Strom im Feld $\vec{E}$ bedeutet eine im zeitlichen Mittel konstante Driftgeschwindigkeit $\vec{u}_{\mathrm{d}}$ der Elektronen, denn analog zu (6.216) muß

$$\vec{j} = (-e)\, n_e \vec{u}_{\mathrm{d}} \tag{6.219}$$

gelten ($n_e$ Zahl der Leitungselektronen pro Volumen). $\vec{u}_{\mathrm{d}}$ ergibt sich als erstes Integral der Bewegungsgleichung[1])

$$\ddot{\vec{r}} + \frac{1}{\bar{\tau}}\dot{\vec{r}} = (-e)\,\vec{E}\cdot(\overset{2\rightarrow}{m}_{\mathrm{e}}{}^*)^{-1} \tag{6.220}$$

in der Form

$$\begin{aligned} \dot{\vec{r}} &= \vec{u}_0\, \mathrm{e}^{-t/\bar{\tau}} + (-e)\,\bar{\tau}\vec{E}\cdot(\overset{2\rightarrow}{m}_{\mathrm{e}}{}^*)^{-1} \\ &= (-e)\,\bar{\tau}\vec{E}\cdot(\overset{2\rightarrow}{m}_{\mathrm{e}}{}^*)^{-1}_{t\gg\bar{\tau}} = \vec{u}_{\mathrm{d}}.^{2)} \end{aligned} \tag{6.221}$$

1) Das (geschwindigkeitsabhängige) Reibungsglied in (6.220) wurde so gewählt, daß die Lösung eine mit (6.218) verträgliche Form besitzt. Die Überlegungen gehen auf Drude zurück.

2) Die Driftgeschwindigkeit ist nicht mit der Fermi-Geschwindigkeit $\vec{v}$ aus (6.206) zu verwechseln. Sie ist sehr viel kleiner. Bei einer Stromdichte von 6 A/mm² beträgt $u_d$ in Kupfer z. B. $5 \cdot 10^{-4}$ m/s.

Damit wird (6.219)

$$\vec{j} = n_e e^2 \bar{\tau} \vec{E} \cdot (\overset{2\rightarrow}{m_e^*})^{-1} = n_e e^2 \bar{\tau} (\overset{2\rightarrow}{m_e^*})^{-1} \cdot \vec{E}.^{1)} \tag{6.222}$$

Aus dem Vergleich von (6.222) mit (6.108) oder (6.191) erhalten wir eine Interpretation der elektrischen Materialgrößen durch Größen des verwendeten Modells der Elektronenbewegung:

$$\begin{aligned} \overset{2\rightarrow}{\sigma_e} &= n_e e^2 \bar{\tau} (\overset{2\rightarrow}{m_e^*})^{-1}, \\ \overset{2\rightarrow}{\varrho_{el}} &= (n_e e^2 \bar{\tau})^{-1} (\overset{2\rightarrow}{m_e^*}). \end{aligned} \tag{6.223}$$

Bis auf skalare Faktoren bestimmt der Tensor der effektiven Masse den Transport. Materialspezifisch sind außerdem $n_e$ und $\bar{\tau}$.

#### 6.8.4.7. Temperaturabhängigkeit in Metallen

Als Streuzentren für die Elektronen nach 6.8.4.6. treten alle Störungen der Translationssymmetrie auf.[2]) Die charakteristische Temperaturabhängigkeit (6.186) muß unsere Aufmerksamkeit auf die temperaturabhängigen Verschiebungen der Ionen aus ihrer Ruhelage lenken (vgl. Wärmeschwingungen 3.3.3.). Zur Beschreibung verwenden wir die Wellenvorstellung. Im Punkte $\vec{r}_0$ falle die ebene Welle $\psi_1 \sim \exp(i\vec{k}_1 \cdot \vec{r}_0)$ ein und rufe dort die Streuwelle $\psi_2$ hervor, die in großer Entfernung $\vec{r}$ von $\vec{r}_0$ als ebene Welle

$$\psi_2 = A\, e^{i\vec{k}_2 \cdot (\vec{r} - \vec{r}_0)} = A_0\, e^{i(\vec{k}_1 - \vec{k}_2) \cdot \vec{r}_0}\, e^{i\vec{k}_2 \cdot \vec{r}} \tag{6.224}$$

angesehen werden kann $\left(A = A_0 \psi_1(\vec{r}_0)\right)$.

Aus der Optik ist bekannt, daß sich die Wirkung der Streuzentren so überlagert, daß in Primärstrahlrichtung Verstärkung, in anderen Richtungen Auslöschung eintritt. Wenn aber ein Ion aus der Ideallage um $\vec{s}$ ausgelenkt ist, kann dessen Streuanteil nicht mehr in Phase mit den übrigen sein.

Als Resultierende hat man mit (6.224)

$$\psi = \psi_2(\vec{r}_0 + \vec{s}) - \psi_2(\vec{r}_0) \approx \vec{s} \cdot \frac{\partial \psi_2}{\partial \vec{r}_0} = i\vec{s} \cdot (\vec{k}_1 - \vec{k}_2)\, \psi_2. \tag{6.225}$$

Der Streuquerschnitt $Q'$ des fehlgeordneten Ions, bezogen auf den eines isolierten Ions $Q_0'$ ist dann

$$\frac{Q'}{Q_0'} = \frac{|\psi|^2}{|\psi_2|^2} = |\vec{s} \cdot (\vec{k}_1 - \vec{k}_2)|^2. \tag{6.226}$$

---

1) Es wurde $(\overset{2\rightarrow}{m_e^*})^{-1} = [(\overset{2\rightarrow}{m_e^*})^{-1}]^T$ vorausgesetzt.

2) Drude vermutete zunächst, daß die Streuung von Leitungselektronen untereinander den Widerstand bestimme.

Dies ist über alle Richtungen $\vec{s}$ und alle Streuwinkel $\vec{k}_1, \vec{k}_2$ zu mitteln:

$$\bar{Q}' = \frac{2}{3} \overline{k^2 s^2 Q_0} \tag{6.227}$$

mit $k = |\vec{k}_1|, |\vec{k}_2|$. Wenn die Auslenkungen $\vec{s}$ durch Wärmeschwingungen verursacht sind, wird $\overline{s^2} \sim T$ und damit wegen (6.223) und (6.227)

$$\sigma_e \sim \bar{\tau} \sim \bar{Q}'^{-1} \sim T^{-1} \tag{6.228}$$

in Übereinstimmung mit der Erfahrung (6.186).[1] Der Restwiderstand $\varrho_0$ geht auf jene Störungen zurück, die praktisch temperaturunabhängig sind (z. B. Punktfehler, vgl. Paufler, Leuschner).

### 6.8.4.8. Temperaturabhängigkeit in Halbleitern

Der wesentliche Unterschied zwischen Metallen und Halbleitern bezüglich ihrer elektrischen Leitung besteht darin, daß in (6.219) bei Halbleitern auch $n_e$ stark von der Temperatur abhängt. In dem Fall, daß sowohl Elektronen als auch Löcher (vgl. 6.8.4.4.) vorhanden sind, zerlegen wir die Leitfähigkeit in Elektronen($n$)- und Loch($p$)-Anteil:

$$\sigma = \sigma_n + \sigma_p = e(\mu_n n + \mu_p p), \tag{6.229}$$

wobei die für Halbleiter üblichen Bezeichnungen der Beweglichkeiten $\mu_{\substack{n\\p}} = |u_{\substack{n\\p}}|/|\vec{E}|$ und Ladungsträgerkonzentrationen $n, p$ benutzt wurden. Im Falle von Eigenleitung[2]) ist $n = p \equiv n_i$. Die Konzentration der Elektron-Loch-Paare ist thermisch aktiviert (vgl. auch Abb. 6.45)

$$n_i = \sqrt{n_0 p_0}\, \mathrm{e}^{-E_g/2k_B T}. \tag{6.230}$$

Für $p_0$ und $n_0$ liefert eine genauere Betrachtung (vgl. z. B. Seeger; Dalven) $n_0 = 2(2\pi m_n^* k_B T/h^2)^{3/2}$ und $p_0 = 2(2\pi m_p^* k_B T/h^2)^{3/2}$ wobei $m^*$ wieder die effektiven Massen der Ladungsträgertypen $n$ und $p$ bedeuten. Die Beweglichkeiten in (6.229) verändern sich mit der Temperatur meist nach einem Potenzgesetz, z. B. $\sim T^{-3/2}$, so daß für die Leitfähigkeit die exponentielle Temperaturabhängigkeit (6.230) bestimmend ist. Im Unterschied zu den Metallen nimmt die Leitfähigkeit mit wachsender Temperatur zu, weil die Zahl der frei beweglichen Elektronen stark ansteigt.[3])

Wie in 6.8.4.5. auseinandergesetzt, gilt qualitativ das gleiche für Isolatoren.

---

[1]) Stoßzeit $\bar{\tau}$ und momentane Geschwindigkeit $v$ sind über die mittlere freie Weglänge $l$ miteinander verknüpft. $l = \bar{\tau} v$. Da der Streuquerschnitt $\bar{Q}'$ nach der kinetischen Gastheorie über $\bar{Q}' = (nl)^{-1}$ mit $l$ zusammenhängt ($n$ Dichte der Streuzentren), hat man $\bar{\tau} \sim \bar{Q}'^{-1}$.

[2]) Alle Ladungsträger stammen von Atomen der ungestörten Struktur.

[3]) Neben dem geschilderten Halbleitertyp gibt es noch die technisch sehr wichtige Gruppe der Störstellenhalbleiter, deren Leitungsmechanismus durch Fremdatome bestimmt wird. Wir verweisen dazu auf die Spezialliteratur (z. B. Dalven).

### 6.8.5. Ionenleitung

Im Unterschied zu Elektronenleitern bestimmt in Ionenleitern der Ionentransport die elektrischen Materialeigenschaften. Eine solche Verschiebung ohne Aufhebung der Kristallstruktur ist nur über Kristallbaufehler, vor allem über Punktfehler möglich. Die elektrische Leitfähigkeit schreiben wir wieder als $\sigma_e = qn_q\mu_q$, wobei $n_q$ die Dichte der beweglichen Ladungsträger mit Ladung $q$ und $\mu_q$ deren Beweglichkeit ist. Wegen der Verknüpfung mit Punktfehlern ist $n_q$ gleich deren Dichte. Diese ist aber exponentiell von $T$ abhängig. Das Problem läßt sich auf das der Diffusion (vgl. 6.11.) zurückführen. Für Einzelheiten sei auf LIDIARD verwiesen.

Superionenleiter sind vom strukturellen Standpunkt her dadurch ausgezeichnet, daß eine Ionensorte ohne großen Energieaufwand in kristallographisch gleichwertige Lagen verschoben werden kann. Diese leichte Beweglichkeit kann, wie z. B. im Falle des $\alpha$ — AgJ, auftreten, wenn eine andere (langsam bewegliche) Ionensorte eine Unterstruktur mit Lücken bildet, die von der schnell beweglichen Sorte nur zu einem geringen Teil besetzt werden und voneinander nur durch kleine Potentialbarrieren getrennt sind.[1]) Es liegen also hohe konstitutionelle Leerstellenkonzentrationen und kleine Aktivierungsenthalpien für die Ionenbewegung vor. Insofern beruht die Superionenleitung nicht auf grundsätzlich neuem Leitungsmechanismus. Sie ist lediglich eine quantitative Besonderheit im Unterschied zur Supraleitung.

Der Zustand hoher Leitfähigkeit kann von Kationen (z. B. $Ag^+$ in AgJ) oder Anionen (z. B. $F^-$ in $CaF_2$) bestimmt sein. Zu Anionensuperionenleitern gehören z. B. auch Metalloxide wie $ZrO_2$, die durch Dotierungen (z. B. mit CaO) bei hohen Temperaturen hohe Leitfähigkeitswerte erreichen. Für Übersicht vgl. GOODENOUGH.

### 6.8.6. Supraleitung

#### 6.8.6.1. Experimenteller Befund

An einer Reihe von Festkörpern wird folgende Temperaturabhängigkeit von $\varrho_{el}$ bei tiefen Temperaturen beobachtet (Abb. 6.47). Innerhalb eines schmalen Temperaturintervalls nahe der kritischen Temperatur $T_c$ sinkt der Gleichstromwiderstand auf einen unmeßbar kleinen Wert $\varrho_{el} < 3{,}6 \cdot 10^{-25}\ \Omega\text{m}$, d. h., er ist um einen Faktor $\approx 10^{14}$ niedriger als der Widerstand von hochreinem Kupfer bei $T \approx 4\,\text{K}$. Das Phänomen heißt daher *Supraleitung*.[2])

Die zahlreichen heute bekannten Supraleiter (vgl. z. B. „Supraleitende Werkstoffe") weisen Sprungtemperaturen bis zu etwa $T_c = 23\,\text{K}$ auf (höchster Wert $T_c = 23{,}2\,\text{K}$ für $Nb_3Ge$). Eine zweite Besonderheit, der MEISSNER-OCHSENFELD-*Effekt*, besteht darin, daß die magnetische Flußdichte $B = \mu_r B_a$ im Innern des Supraleiters verschwindet, wie es im Fall des idealen Diamagnetismus mit der Permeabilität $\mu_r = 0$ im äußeren Magnetfeld $H_a$ der Flußdichte $B_a = \mu_0 H_a$ zu erwarten ist.[3]) Mit (6.66b) wird

$$I^0 = -\mu_0 H_a \tag{6.231}$$

[1]) Vgl. z. B. ZEYHER; RABENAU.

[2]) 1911 von ONNES an Quecksilber entdeckt.

[3]) Beim Übergang vom normal- in den supraleitenden Zustand werden die magnetischen Flußlinien aus dem Leiter verdrängt.

und wegen (6.156)

$$\chi_m = \mu_r - 1 = -1. \tag{6.232}$$

Der Supraleiter geht in den normalleitenden Zustand über, wenn das äußere Magnetfeld $H_a$ einen kritischen Wert $H_c$ übersteigt. $H_c$ ist substanzspezifisch und hängt in der Form

$$H_c(T) \approx H_c(0) \left[1 - (T/T_c)^2\right] \tag{6.233}$$

von der Temperatur $T$ ab, wobei $H_c(0) = H_c(T = 0)$ ist.

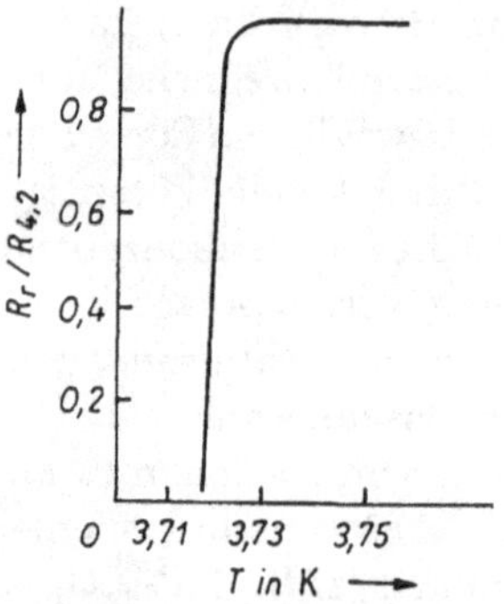


Abb. 6.47. Widerstandsverhältnis $R_r/R_{4,2}$ von Zinn (A5-Typ, grobkristallin) in Abhängigkeit von der Temperatur $T$. Die kritische Temperatur des Supraleiters ist $T_c \approx 3{,}73$ K (nach DE HAAS, VOOGD).

Je nach Verlauf der magnetischen Polarisation $I^0(H_a)$ unterscheidet man *Supraleiter 1. Art* (oder Typ I-Supraleiter) und *2. Art* (Typ II). Beim Supraleiter 2. Art erfolgt der Übergang in den normalleitenden Zustand nicht sprunghaft. Die magnetischen Flußlinien dringen in Quanten $\Phi_0$ des Flusses $\Phi = \vec{B} \cdot \vec{A}$ in den Supraleiter ein ($A$ Querschnitt einer Flußlinie). Dabei ist $\Phi_0 = h/2e \approx 2 \cdot 10^{-15}$ Wb.

Tab. 6.15 enthält Zahlenbeispiele.

Tab. 6.15. Eigenschaften einiger supraleitender Elemente (nach „Supraleitende Werkstoffe")

| Element | Strukturtyp | Punktsymmetrie | $T_c$/K | $\mu_0 H_c$/mT |
|---|---|---|---|---|
| Al | Cu-Typ | $m\bar{3}m$ | 1,175 | 10,49 |
| Ga | Ga-Typ | $mmm$ | 1,0833 | 5,93 |
| Hg | Hg-Typ | $R\bar{3}m$ | 4,154 | 41,1 |
| In | In-Typ | $4/mmm$ | 3,4087 | 28,15 |
| Nb | W-Typ | $m\bar{3}m$ | 9,25 | 206,1 |
| Pb | Cu-Typ | $m\bar{3}m$ | 7,196 | 80,34 |
| Tc | Mg-Typ | $6/mmm$ | 7,77 | 141,0 |
| V | W-Typ | $m\bar{3}m$ | 5,46 | 140,8 |
| W | W-Typ | $m\bar{3}m$ | 0,0154 | 0,115 |

### 6.8.6.2. Phänomenologische Beschreibung

Mit $\overset{2\to}{\varrho}_{el} = 0$ oder $\overset{2\to}{\sigma}_e \to \infty$ in (6.191) oder (6.108) läßt sich das Verhalten des Supraleiters nicht zufriedenstellend beschreiben. F. und H. LONDON haben 1935 eine Ergänzung zu den MAXWELLschen Gleichungen (6.65) angegeben, die die wesentlichen Beobachtungen in guter Näherung wiedergeben.[1]) Die Gesamtstromdichte wird zerlegt in den Anteil der normalleitenden Elektronen $\vec{j}_n$ und der supraleitenden $\vec{j}_s$:

$$\vec{j} = \vec{j}_n + \vec{j}_s. \tag{6.234a}$$

$\overset{2\to}{\sigma}_e$ in (6.108) ist dann die Leitfähigkeit der normalleitenden Elektronen. Zwischen den Wirbeln des supraleitenden Stromes und der magnetischen Flußdichte besteht die Beziehung

$$\frac{\partial}{\partial \vec{r}} \times \vec{j}_s = -n_s e^2 (\overset{2\to}{m}_e{}^*)^{-1} \cdot \vec{B} \tag{6.234b}$$

$$= -\frac{1}{\mu_0} (\overset{2\to}{\lambda_L{}^2})^{-1} \cdot \vec{B} \tag{6.234c}$$

und anstelle von (6.108) tritt für den Suprastrom

$$\frac{\partial}{\partial t} \boldsymbol{j}_s = \frac{1}{\mu_0} (\overset{2\to}{\lambda_L{}^2})^{-1} \cdot \vec{E} \tag{6.235}$$

($n_s$ Dichte der supraleitenden Elektronen). Hierbei ist $\lambda_L$ die LONDONsche Eindringtiefe des magnetischen Flusses in den Supraleiter ($10^{-7} \ldots 10^{-8}$ m), eine weitere Materialgröße.

Im stationären Zustand, wenn sich Felder und Ströme zeitlich nicht ändern, fließt im Supraleiter nur der Suprastrom ($\vec{j}_n = \vec{0}$). In diesem Falle braucht man lediglich (6.234c) und (6.235), die nach Eliminieren von $\vec{j}_s$ mit Hilfe von (6.65c) die Gestalt

$$\Delta \vec{B} = (\overset{2\to}{\lambda_L{}^2})^{-1} \cdot \vec{B} \tag{6.236}$$

annehmen (vgl. z. B. ROSE-INNES, RHODERICK).

### 6.8.6.3. Mikroskopische Beschreibung

Der Suprastrom $\vec{j}_s$ kommt durch eine quantenmechanisch begründete Paarbildung der Leitungselektronen zustande (COOPER-Paare). Ihr liegt eine anziehende Wechselwirkung zugrunde, die die Gesamtenergie des Systems erniedrigt. Sie tritt auf, wenn ein Elektron mit dem Impuls $\vec{p} = \hbar\vec{k}$ ein Phonon emittiert, das unmittelbar darauf von einem zweiten mit Impuls $-\vec{p} = -\hbar\vec{k}$ und entgegengesetztem Spin absor-

[1]) Eine genauere, aber aufwendigere Theorie geht auf GINZBURG, LANDAU zurück.

biert wird. Nach BARDEEN, COOPER, SCHRIEFFER werden von der COOPER-*Paar-Bildung* alle Elektronen erfaßt, deren Zustände Energien zwischen $\varepsilon_F$ und $\varepsilon_F - \Delta$ aufweisen (BCS-Theorie, $\Delta(0) \approx 1{,}76 k_B T_c$).

Im Energiespektrum der Elektronen des Supraleiters tritt eine temperaturabhängige Energielücke $2\Delta$ auf. Die FERMI-Kugel (vgl. Abb. 6.46) ist dadurch unterhalb $T_c$ mit einer Schicht von Elektronen bedeckt, die COOPER-Paare bilden. Sie verhindert, daß beim Verschieben der Kugel im elektrischen Feld Elektronen in Nähe der Fermigrenze zurückgestreut werden. Eine solche Streuung erforderte nämlich zusätzlichen Energieaufwand, um das COOPER-Paar zu zerstören. Gleichströme werden verlustlos transportiert.[1])

Die Energielücke ist i. allg. anisotrop. Zwischen Energie $\varepsilon$ und Impuls $\vec{p}$ der Elektronen besteht die Beziehung

$$\varepsilon(\vec{p}) = \sqrt{\Delta^2\left(\frac{\vec{p}}{p}\right) + v_F^2\left(\frac{\vec{p}}{p}\right)\left[p - p_F\left(\frac{\vec{p}}{p}\right)\right]^2}, \tag{6.237}$$

wo $p_F$ und $v_F$ die Beträge von Impuls und Geschwindigkeit der Elektronen an der FERMI-Fläche sind.

## 6.8.7. Anwendungen

Metalle werden ihres geringen elektrischen Widerstandes wegen in breitem Umfang zur Energie- und Signalübertragung genutzt. Im Zusammenhang mit dem Wunsche nach guter Verarbeitbarkeit bevorzugt man Vertreter des kubischen Kristallsystems. Die Anisotropie elektrischer Eigenschaften wird daher kaum angewandt. Die Einzelheiten sind Gegenstand der Elektroingenieurwissenschaften mit eigener umfangreicher Spezialliteratur.

Die Anwendung von Supraleitern beruht vorwiegend auf der Nutzung des verlustlosen Stromtransports bei Einwirkung hoher Magnetfelder. Das diamagnetische Verhalten und die Flußquantisierung haben Verwendung in der Meßtechnik gefunden (vgl. „Supraleitende Werkstoffe"; BUCKEL).

Das Hauptanwendungsgebiet von Superionenleitern sind wiederaufladbare Batteriesysteme (vgl. z. B. ZEYHER).

Halbleiter finden noch immer ein wachsendes Anwendungsfeld. Das verdanken sie in erster Linie der Möglichkeit, Elektronen und Lochzustände räumlich benachbart (mit hoher örtlicher Auflösung) und in steuerbarer Konzentration unterzubringen, woraus nichtlineare und/oder bezüglich des Koordinatenursprungs nichtsymmetrische Strom-Spannungs-Kennlinien z. T. mit negativem Anstieg erzeugt werden können. Beispiele für Anwendungen sind die verschiedenen Typen von Transistoren. Die Anregung der Elektronen- und Lochzustände bzw. deren Umkehrung ist mit Absorption bzw. Emission von Strahlung im technisch interessanten Spektralbereich des sichtbaren und ultraroten Lichts verbunden (Anwendung z. B. als Fotodioden, Laser) (vgl. z. B. DALVEN; WALTHER, GERBER).

[1]) Liegt eine Wechselspannung am Supraleiter, entsteht infolge der Trägheit der Elektronen eine Phasenverzögerung des Suprastromes und damit ein elektrisches Feld, das normalleitende Elektronen beschleunigt.

# 6.9. Thermische Leitfähigkeit

## 6.9.1. Erfahrungstatsachen

Beim Umgang mit dem Feuer lernte der Mensch bereits vor Jahrtausenden den Unterschied im Wärmeleitvermögen z. B. von Metallen und Tonmineralen kennen. Eine quantitative Untersuchung setzte aber erst im 19. Jahrhundert ein. De Sénarmont maß 1847 die Schmelzfiguren einer Wachsschicht auf verschiedenen Kristallen mit unterschiedlicher Orientierung. Duhamel teilte 1848 eine Theorie des Vorgangs mit, aufgrund der die Verhältnisse der Durchmesser der Isothermenellipsen materialtypisch sein sollten, was durch die Experimente bestätigt wurde. Kurze Zeit darauf veröffentlichte Stokes (1851) eine Beschreibung der Wärmeströmung, die im Unterschied zu Duhamel keine Annahmen über den Mechanismus enthielt und noch heute verwendet wird.

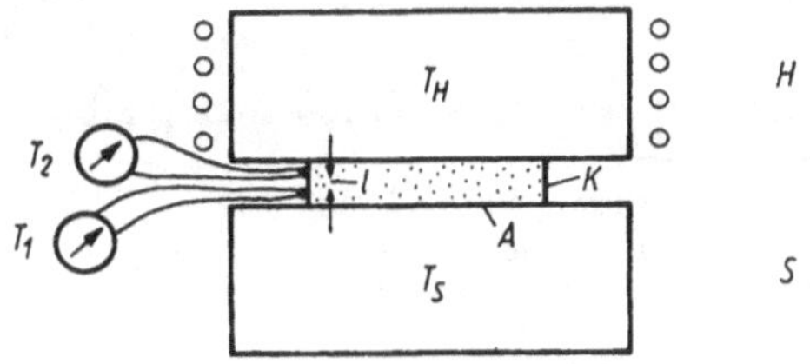


Abb. 6.48. Schema der Versuchsanordnung zur Messung der Wärmeleitfähigkeit einer Kristallplatte $K$ vom Querschnitt $A$. Kühlung von $S$ und Heizung von $H$ wird so bemessen, daß die Temperaturen $T_H$, $T_2$, $T_1$, $T_S$ im Zeitablauf konstant bleiben. Im Abstand $l$ sind zwei Temperaturmeßfühler angebracht. $\Delta T = T_2 - T_1$ wird möglichst klein gehalten. Das Meßergebnis (6.238) wird der Temperatur $T = (T_1 + T_2)/2$ zugeordnet.

Wir betrachten zur Illustration des Verhaltens eines Kristalls beim Wärmetransport die Anordnung der Abb. 6.48. An den beiden Enden der zu untersuchenden Platte ist ein Heizer H (Temperatur $T_H$) und eine Wärmesenke S (Temperatur $T_S$) angebracht. Die Anordnung befinde sich im Vakuum und bei Temperaturen, die den Wärmefluß durch die Mantelfläche des Stabes zu vernachlässigen gestatten. Wird H auf $T_H > T_S$ erwärmt, steigt $T_S$. Es wird Wärmemenge durch den Kristallstab übertragen („geleitet"). Sorgt man durch Regelung der Heizleistung $N_Q$ und durch Kühlung von S für $T_H, T_S = \text{const}$, dann sind bei gleicher Probengeometrie unterschiedliche Heizleistungen $N$ je nach Kristallqualität und -orientierung erforderlich, um eine vorgegebene Temperaturdifferenz $T_2 - T_1$ konstant zu halten. Für moderne Meßverfahren vgl. Tye, Vol. 1. Als Materialgröße zur Kennzeichnung des Wärmeübertragungsvermögens dient die *Wärmeleitfähigkeit* $\lambda$

$$\lambda = \frac{N_Q}{A} \frac{l}{(T_2 - T_1)} \equiv q \frac{l}{\Delta T}, \qquad (6.238)$$

wobei $q \equiv N_Q/A$ = Wärmemenge/Zeit · Fläche = Wärmestrom $Q/t \cdot A$ ist.

Eine aus der Wärmeleitfähigkeit abgeleitete Größe ist die *Temperaturleitfähigkeit*

$$a_T \equiv \frac{\lambda}{\varrho c}, \tag{6.239}$$

wo $\varrho$ die Massendichte und $c$ die spezifische Wärmekapazität ist. Sie wird bei Wärmeausgleichsproblemen ohne Wärmequellen bevorzugt.

Zahlenwerte für $\lambda$ enthält Tab. 6.16. Wärmedämmstoffe weisen $\lambda$-Werte ähnlich von Luft (0,0256 $Wm^{-1}\,K^{-1}$) auf, denn sie enthalten luftgefüllte Poren. Mit Porendurchmessern von $\leqq 10^{-7}$ m werden sogar noch kleinere Werte erreicht ($7 \cdot 10^{-3}$ $Wm^{-1}\,K^{-1}$ bei Microtherm, vgl. Parrott, Stuckes). $\lambda$ erweist sich als stark temperaturabhängig mit unterschiedlichem Verlauf bei elektrischen Leitern und Nichtleitern (s. Abb. 6.49), wobei aber stets $\lambda \to 0$ für $T \to 0$ beobachtet wird. Wie im Falle der elektrischen Leit-

Tab. 6.16. Wärmeleitfähigkeiten einiger fester Körper bei Raumtemperatur

| Substanz | Punktsymmetrie | $\lambda/Wm^{-1}\,K^{-1}$ | | | | | |
|---|---|---|---|---|---|---|---|
| $CaSO_4$ (Anhydrit) | *mmm* | $\parallel a$ | 5,6 | $\parallel b$ | 5,3 | $\parallel c$ | 5,9 |
| $BaSO_4$ (Baryt) | *mmm* | $\parallel a$ | 1,8 | $\parallel b$ | 1,7 | $\parallel c$ | 1,6 |
| $Al_2[(F, OH)_2/SiO_4]$ (Topas) | *mmm* | $\parallel a$ | 21,9 | $\parallel b$ | 22,3 | $\parallel c$ | 23,4 |
| $CaCO_3$ (Calcit) | $\bar{3}m$ | $\perp c$ | 4,2 | $\parallel c$ | 5,0 | | |
| $Fe_2O_3$ (Hämatit) | $\bar{3}m$ | $\perp c$ | 14,7 | $\parallel c$ | 12,1 | | |
| $Al_2O_3$ (Korund) | $\bar{3}m$ | $\perp c$ | 31,2 | $\parallel c$ | 38,9 | | |
| $SiO_2$ ($\alpha$-Quarz) | 32 | $\perp c$ | 6,5 | $\parallel c$ | 11,3 | | |
| Cd | $6/mmm$ | $\perp c$ | 105 | $\parallel c$ | 83,7 | | |
| Zn | $6/mmm$ | $\perp c$ | 120,4 | $\parallel c$ | 124,2 | | |
| C (Graphit) | $6/mmm$ | $\perp c$ | 355,0 | $\parallel c$ | 89,4 | | |
| $H_2O$ (Eis) (0°C) | | $\perp c$ | 1,9 | $\parallel c$ | 2,3 | | |
| Te | 32 | $\perp c$ | 20,2 | $\parallel c$ | 39,4 | | |
| $TiO_2$ (Rutil) | $4/mmm$ | $\perp c$ | 9,3 | $\parallel c$ | 12,9 | | |
| $ZrO_2 \cdot SiO_2$ (Zirkon) | $4/mmm$ | $\perp c$ | 3,9 | $\parallel c$ | 4,8 | | |
| $Fe_3O_4$ (Magnetit) | $m\bar{3}m$ | | 9,7 | | | | |
| $MgO \cdot Al_2O_3$ (Spinell) | $m\bar{3}m$ | | 13,8 | | | | |
| NaCl | $m\bar{3}m$ | | 6,5 | | | | |
| $TeBr_4 \cdot TeJ_4$ | | | 0,2 | | | | |
| $SiO_2$ (Glas) | $\infty\infty m$ | | 1,3 | | | | |
| Sand (trocken) | $\infty\infty m$ | | 0,3 | | | | |
| Si | $m\bar{3}m$ | | 136,5 | | | | |
| Ge | $m\bar{3}m$ | | 54,2 | | | | |
| GaP | $\bar{4}3m$ | | 77 | | | | |
| InAs | $\bar{4}3m$ | | 6,7 | | | | |
| Ag | $m\bar{3}m$ | | 422 | | | | |
| Cu | $m\bar{3}m$ | | 402 | | | | |
| Fe | $m\bar{3}m$ | | 73,3 | | | | |
| Cs | $m\bar{3}m$ | | 18,4 | | | | |
| Ni | $m\bar{3}m$ | | 58,6 | | | | |
| W | $m\bar{3}m$ | | 168 | | | | |
| C (Diamant) | $m\bar{3}m$ | | 545,3 (300 K)<br>$\sim$3000 (55 K) | | | | |

fähigkeit wirken sich Punktfehler leitfähigkeitserniedrigend aus und das besonders bei tiefen Temperaturen (Abb. 6.50).

Für weiteres Beobachtungsmaterial vgl. Klemens; Erdmann; Parrott, Stuckes.

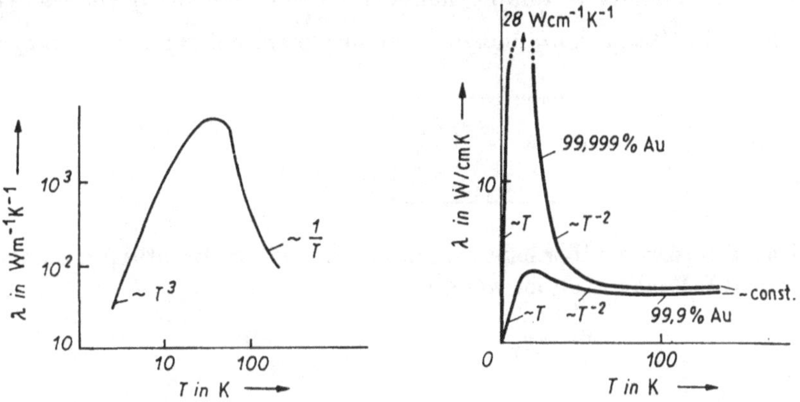


a) b)

Abb. 6.49. (a) Temperaturabhängigkeit der Wärmeleitfähigkeit $\lambda$ von einkristallinem synthetischem Saphir (⌀ 3 mm). Bei Temperaturen $T \approx \Theta_D/30$ erreicht $\lambda$ das Maximum. Für Saphir ist die Debye-Temperatur $\Theta_D \approx 1000$ K (nach Berman).

(b) $\lambda(T)$ von Gold ($\Theta_D = 185$ K) unterschiedlicher Reinheit. Drei für Metalle typische Bereiche der Temperaturabhängigkeit sind angegeben (nach White).

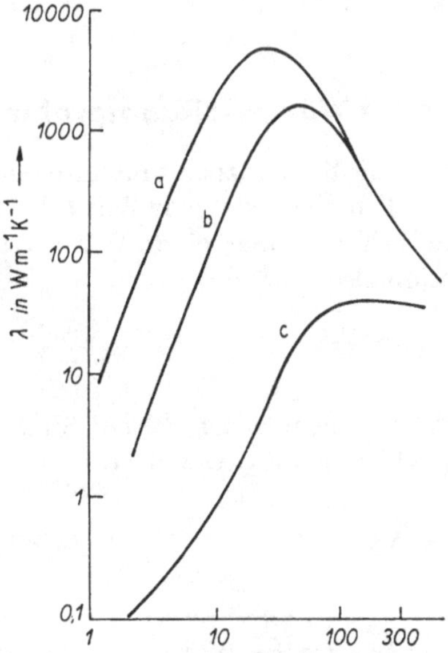


Abb. 6.50. Einfluß der Dotierung auf die Wärmeleitfähigkeit von Silicium. Dotierung mit $1 \cdot 10^{13}$ cm$^{-3}$ (a), $4 \cdot 10^{16}$ cm$^{-3}$ (b) und $5 \cdot 10^{20}$ cm$^{-3}$ (c) Boratomen ($p$-Leitung) (entnommen aus Tye).

### 6.9.2. Phänomenologische Beschreibung

Nach (6.238) sind zwei Vektorgrößen über die Materialgröße Wärmeleitfähigkeit mit einander verknüpft, nämlich der Wärmestrom $\vec{q}$ und der Temperaturgradient $\partial T/\partial \vec{r}$. Die Wärmeleitfähigkeit ist demnach ein polarer Tensor 2. Stufe $\overset{2\to}{\lambda}$, und man hat

$$\boxed{\vec{q} = -\overset{2\to}{\lambda} \cdot \frac{\partial T}{\partial \vec{r}}}. \tag{6.240}$$

Das Minuszeichen berücksichtigt, daß Energie in Richtung abnehmender Temperatur strömt.[1]) Wegen (2.4) ist weiterhin

$$\overset{2\to}{\lambda} = \overset{2\to}{\lambda}{}^T.^{2)} \tag{6.241}$$

Die innere Symmetrie von $\overset{2\to}{\lambda}$ ist $[V^2]$. Bezüglich der Form des Tensors in den verschiedenen Kristallklassen und seiner charakteristischen Flächen gilt das gleiche wie für $\overset{2\to}{\sigma}_e$ (vgl. 6.8.2.).

Die Anisotropie kristalliner Stoffe wirkt sich wie im Falle der elektrischen Leitfähigkeit in ungewohnten Richtungsbeziehungen aus. Der Temperaturgradient steht stets auf Isothermen senkrecht. Der Wärmestrom hingegen hat i. allg. eine andere Richtung. Wird Wärme über einen dünnen Kristallstab geleitet und damit $\vec{q}$ parallel zur Stabachse gezwungen, können die Isothermen i. allg. nicht senkrecht auf der Stabachse stehen usw.

### 6.9.3. Grundgleichung des Wärmeleitungsproblems

Wegen ihrer Bedeutung für die Kristallzüchtung untersuchen wir nun die Wärmebilanz im Raum. Im Volumen $V$ befinde sich zur Zeit $t$ die Wärmemenge $Q(t)$. Da $Q$ Erhaltungsgröße ist, kann sie sich nur über einen Wärmestrom durch die Begrenzungsfläche von $V$ ändern. Es muß also

$$-\Delta Q = \Delta t \oint \vec{q} \cdot \mathrm{d}\vec{A} \tag{6.242}$$

mit dem nach außen gerichteten Flächenelement $\mathrm{d}\vec{A}$ gelten. Sind im Inneren von $V$ Wärmequellen mit der Leistung $N_Q$ wirksam, wird aus (6.242)

$$\frac{\Delta Q}{\Delta t} + \oint \vec{q} \cdot \mathrm{d}\vec{A} = N_Q. \tag{6.243}$$

[1]) Die Komponente $\lambda_{ij}$ ist also ein Maß für den Wärmestrom in Richtung $i$, verursacht durch einen Temperaturgradienten in Richtung $j$.

[2]) Im eindimensionalen Fall ist $X = -(\partial T/\partial x)/T^2$ und $\lambda = L/T^2$. Der strenge Beweis der Gültigkeit von (6.241) im dreidimensionalen Fall ist ohne weitere Annahmen nicht möglich. Für eine ausführliche Darstellung verweisen wir auf de Groot, S. 36ff.

Geht man zu Dichtegrößen über, ergibt sich

$$\frac{\partial(\varrho\varkappa)}{\partial t} + \frac{\partial}{\partial \vec{r}} \cdot \vec{q} = \nu_Q .^{1)} \tag{6.244}$$

Hierbei wurde $Q(t) \equiv \int \varrho\varkappa(\vec{r}, t)\, \mathrm{d}V$ und $N_Q(t) \equiv \int \nu_Q(\vec{r}, t)\, \mathrm{d}V$ eingeführt. $\varrho$ ist die Massendichte, $\nu$ die Leistungsdichte und $\varkappa$ die spezifische Wärmemenge.

Führt man die Temperatur über $\Delta\varkappa = c\Delta T$ ein ($c$ spezifische Wärmekapazität), erhält man bei zeitunabhängigem $\varrho$ mit (6.240) die Grundgleichung der Wärmeleitung

$$\frac{\partial T}{\partial t} = \frac{1}{\varrho c} \frac{\partial}{\partial \vec{r}} \cdot \overset{2\rightarrow}{\lambda} \cdot \frac{\partial T}{\partial \vec{r}} + \frac{\nu_Q}{\varrho c}. \tag{6.245}$$

Falls $\overset{2\rightarrow}{\lambda} \neq \overset{2\rightarrow}{\lambda}(\vec{r})$[2] und weiter $\varrho \neq \varrho(t)$, $c \neq c(t)$, vereinfacht sich (6.245) zu

$$\frac{\partial T}{\partial t} = \frac{1}{\varrho c} \overset{2\rightarrow}{\lambda} : \frac{\partial}{\partial \vec{r}} \frac{\partial}{\partial \vec{r}} T + \frac{\nu_Q}{\varrho c} \equiv \overset{2\rightarrow}{a}_\mathrm{T} : \frac{\partial}{\partial \vec{r}} \frac{\partial}{\partial \vec{r}} T + \frac{\nu_Q}{\varrho c}. \tag{6.246}$$

$\overset{2\rightarrow}{a}_\mathrm{T}$ ist der Tensor der Temperaturleitfähigkeit.

Wenn überall $\partial T/\partial t = 0$ gilt, heißt der Wärmestrom *stationär*. Dann bleibt von (6.246) die Differentialgleichung

$$\overset{2\rightarrow}{\lambda} : \frac{\partial}{\partial \vec{r}} \frac{\partial}{\partial \vec{r}} T = 0 \tag{6.247}$$

zur Bestimmung der Temperaturverteilung $T(\vec{r})$ übrig.

### 6.9.4. Einfache Lösungen

Zunächst werde die homogene Gleichung (6.246) (d. h. mit $\nu_Q = 0$) im Eindimensionalen untersucht:

$$\frac{\partial T}{\partial t} = a_\mathrm{T} \frac{\partial^2 T}{\partial x^2}. \tag{6.248}$$

Der Wärmestrom hat die Form $q = -\lambda\, \partial T/\partial x$.

Es liege eine Temperaturverteilung $T(x, 0)$ vor, die in einem Intervall $\mathrm{d}x$ die Gestalt einer Geraden habe. In diesem Falle verschwindet die Krümmung der Kurve und damit auch $\partial^2 T/\partial x^2$. Es ist dann an beiden Enden des Intervalls $\partial T/\partial x$ gleich groß. Es wird soviel Wärme zu- wie abgeführt (stationäre Temperaturverteilung).

Geht man stattdessen von einer Anfangsverteilung $\partial^2 T/\partial x^2 > 0$ aus, fließt mehr Wärme von links in das Intervall hinein als rechts heraus, die Temperatur nimmt zu. Die Kurve glättet sich (Abb. 6.51). Das gilt auch für $\partial^2 T/\partial x^2 < 0$.

---

1) Es wurde der Gausssche Satz $\oint \vec{q} \cdot \mathrm{d}\vec{A} = \int \frac{\partial}{\partial \vec{r}} \cdot \vec{q}\, \mathrm{d}V$ angewandt.

2) $\overset{2\rightarrow}{\lambda} \neq \overset{2\rightarrow}{\lambda}(\vec{r})$ ist nicht gleichbedeutend mit Unabhängigkeit von der Orientierung. Es bedeutet lediglich $\partial\lambda_{ij}/\partial x_{ij} = 0$.

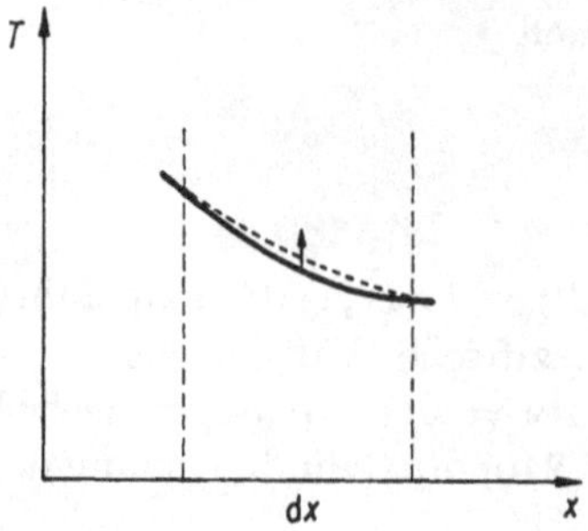


Abb. 6.51. Zum Verhalten der Temperatur im Zeitablauf bei einer Anfangsverteilung $\partial^2 T/\partial x^2 > 0$.

Die Lösung von (6.248) erfolgt über einen Exponentialansatz der Form

$$T(x, t) = A_0 \, e^{\gamma' t + \beta' x} = A_0 \, e^{a_T \beta'^2 t + \beta' x}, \tag{6.249}$$

während die Lösung des dreidimensionalen Problems (6.245) von der Gestalt

$$T(\vec{r}, t) = \int d\vec{r}' \int ds' \, \frac{\nu_Q(\vec{r}', t - s') \exp\left(-\frac{1}{4s'}\left[\frac{(x_1 - x_1')^2}{a_{T1}} + \frac{(x_2 - x_2')^2}{a_{T2}} + \frac{(x_3 - x_3')^2}{a_{T3}}\right]\right)}{\varrho c (4\pi s')^{3/2} \sqrt{a_{T1} a_{T2} a_{T3}}} \tag{6.250}$$

ist (vgl. DUHAMEL 1848). Hierbei wurden $s' \equiv t - t'$ gesetzt und die Hauptwerte des Tensors $\overset{2\to}{a_T}$ mit $a_{T1}$, $a_{T2}$, $a_{T3}$ eingeführt. Die Isothermen bei punktförmiger Quelle sind nach (6.250) offenbar Ellipsoide (vgl. 6.9.1.).

Stationäre Wärmequellen mit $\nu_Q = \nu_Q(\boldsymbol{r})$ haben die einfachere Temperaturverteilung

$$T(\vec{r}) = \int \frac{\nu_Q(\vec{r})' \, d\vec{r}'}{4\pi\lambda \, |\vec{r} - \vec{r}'|} \tag{6.251}$$

zur Folge.

Ist eine Anfangsverteilung $T_0(\vec{r}, 0)$ gegeben, nimmt die Temperatur $T$ zur Zeit $t$ am Ort $\vec{r} = (x_1, x_2, x_3)$ den Wert

$$T(\vec{r}, t) = \int T_0(\vec{r}') \, G(\vec{r} - \vec{r}', t) \, d\vec{r}' \tag{6.252}$$

an, wo $G(\vec{r}, t) \equiv \Theta_H(t) \exp\left[-(x_1^2/a_{T1} + x_2^2/a_{T2} + x_3^2/a_{T3})/4t\right]/8\pi^{3/2} t^{3/2} \sqrt{a_{T1} a_{T2} a_{T3}}$ mit $\Theta_H(t) = 0$ für $t < 0$ und $\Theta_H(t) = 1$ für $t > 0$ ist.[1]) Zu Lösungsverfahren vgl. MACKE (1962b); LANDAU, LIFSCHITZ VI.

[1]) $G$ heißt GREENsche Funktion des Problems. Man beachte, daß das Argument von $G$ in (6.252) $\vec{r} - \vec{r}' = (x_1 - x_1', x_2 - x_2', x_3 - x_3')$ ist. Für eine Reihe spezieller Lösungen von (6.252) vgl. DUHAMEL (1848) und VOIGT.

### 6.9.5. Umkehreffekt

Die formale Umkehrung des Versuchs zu Abb. 6.48 besteht darin, einen Wärmestrom $\vec{q}$ vorzugeben und das entstehende Temperaturgefälle zu vermessen.[1]) Es beträgt

$$\boxed{\frac{\partial T}{\partial \vec{r}} = -\overset{2\rightarrow}{\varrho_t} \cdot \vec{q}} \tag{6.253}$$

mit $\overset{2\rightarrow}{\varrho_t}$ als Tensor des thermischen Widerstandes.

### 6.9.6. Mikroskopische Interpretation

Der Transport der Wärmeenergie erfolgt über freie Elektronen (soweit vorhanden, vgl. dazu 6.8.4.5.) und über die Wärmeschwingungen der Ionen (vgl. dazu 3.3.3., 6.8.4.6.). Beide Mechanismen werden gesondert behandelt.

#### 6.9.6.1. Elektronenanteil

Wenn $g(\varepsilon)\,\mathrm{d}\varepsilon$ die Zahl der freien Elektronen im Energieintervall $\varepsilon \ldots \varepsilon + \mathrm{d}\varepsilon$ bedeutet, dann berechnet sich deren Gesamtzahl $N_e$ aus

$$\int_0^\infty g(\varepsilon)\, f^0(\varepsilon, \varepsilon_\mathrm{F}, T)\, \mathrm{d}\varepsilon = N_e \tag{6.254}$$

mit $f^0$ als Gleichgewichtswert von (6.217). I. allg. ist damit die FERMI-Energie $\varepsilon_\mathrm{F}$ von $N_e$ und $T$ abhängig. Bei Temperaturänderung muß sich $\varepsilon_\mathrm{F}$ so verschieben, daß $N_e$ konstant bleiben kann. Dies bedeutet bei Temperaturerhöhung im allgemeinen eine Verschiebung zu Energien $\varepsilon$, für die $g(\varepsilon)$ niedriger ist. In Metallen, Halbmetallen und Halbleitern liegen unterschiedliche Situationen vor (Abb. 6.52).

Im Temperaturgefälle $\partial T/\partial\vec{r} \neq \vec{0}$ wird $f^0$ ortsabhängig. An einem bestimmten Ort $\vec{r}$ treffen Elektronen mit der Geschwindigkeit $\vec{v}$ aus Gebieten anderer Temperatur ein. Die Besetzungszahl $f$ ändert sich somit gemäß

$$\frac{\partial f}{\partial t} = \frac{\partial \vec{r}}{\partial t} \cdot \frac{\partial}{\partial \vec{r}} f^0 = \vec{v} \cdot \frac{\partial T}{\partial \vec{r}} \frac{\mathrm{d}f^0}{\mathrm{d}T} \tag{6.255}$$

mit $\vec{v}$ aus (6.206).

Wie im Falle der elektrischen Leitung sorgt ein Streumechanismus dafür, daß die Besetzung nicht unbegrenzt geändert wird. Ohne diesen im einzelnen zu kennen, ordnen wir ihm wie in 6.8.4.6. eine Relaxationszeit $\bar{\tau}(\vec{k})$ zu, nach der die Änderung

[1]) Anstelle der Kristallplatte könnte ein Stab verwendet werden.

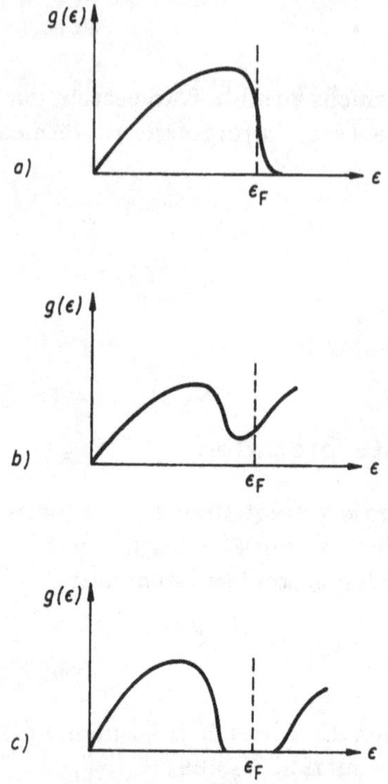


Abb. 6.52. Lage der FERMI-Energie $\varepsilon_F$ im Verlauf der Zustandsdichtefunktion $g(\varepsilon)$ für Metalle (a), Halbmetalle (b) und Halbleiter (c).

praktisch abgeschlossen ist. Somit ist

$$\frac{\mathrm{d}f(\vec{\boldsymbol{k}})}{\mathrm{d}t} = -\frac{f(\vec{\boldsymbol{k}}) - f^0(\vec{\boldsymbol{k}})}{\bar{\tau}(\vec{\boldsymbol{k}})}. \tag{6.256}$$

Es stellt sich ein stationärer Nichtgleichgewichtszustand ein, das System strebt ständig den Gleichgewichtszustand an. Die Wärmestromdichte ist nun die Geschwindigkeit des Energietransports durch freie Elektronen, also von der Form

$$\vec{\boldsymbol{q}}_e = \frac{2}{(2\pi)^3} \int (\varepsilon - \varepsilon_F)(f - f^0)\, \vec{\boldsymbol{v}}\, \mathrm{d}\vec{\boldsymbol{k}}, \tag{6.257}$$

denn die transportierte Größe ist hier die Wärmeenergie (= innere Energie − freie Energie). $\varepsilon_F$ erweist sich als chemisches Potential des Elektronengases.

Wir suchen nun die Nichtgleichgewichtsverteilung $f$ durch die uns bekannte Gleichgewichtsverteilung auszudrücken. Wegen (6.256) und (6.255) ist

$$f = f^0 - \bar{\tau}\frac{\mathrm{d}f}{\mathrm{d}t} = f^0 - \bar{\tau}\vec{\boldsymbol{v}} \cdot \frac{\partial T}{\partial \vec{\boldsymbol{r}}}\frac{\mathrm{d}f^0}{\mathrm{d}T}. \tag{6.258}$$

Weiter wird die Temperaturabhängigkeit von $\varepsilon_F$ durch einen Wechsel der Differentiale berücksichtigt.[1])

$$\frac{\mathrm{d}f^0}{\mathrm{d}T} = -\frac{\mathrm{d}f^0}{\mathrm{d}\varepsilon}\frac{\mathrm{d}\varepsilon}{\mathrm{d}T} = -\frac{\mathrm{d}f^0}{\mathrm{d}\varepsilon}\left(\frac{\varepsilon-\varepsilon_F}{T}+\frac{\mathrm{d}\varepsilon_F}{\mathrm{d}T}\right). \tag{6.259}$$

Übrig bleibt

$$f - f^0 = \bar{\tau}\vec{v}\cdot\frac{\partial T}{\partial \vec{r}}\frac{\mathrm{d}f^0}{\mathrm{d}\varepsilon}\left(\frac{\varepsilon-\varepsilon_F}{T}+\frac{\partial\varepsilon_F}{\partial T}\right). \tag{6.260}$$

Mit (6.257) läßt sich nun der Elektronenanteil der Materialgröße Wärmeleitfähigkeit auf mikroskopische Eigenschaften der Elektronen zurückführen:

$$\boxed{\vec{q}_e = \frac{1}{4\pi^3}\int \mathrm{d}\vec{k}(\varepsilon-\varepsilon_F)\,\bar{\tau}\left(\frac{\varepsilon-\varepsilon_F}{T}+\frac{\mathrm{d}\varepsilon_F}{\mathrm{d}T}\right)\frac{\mathrm{d}f^0}{\mathrm{d}\varepsilon}\,\vec{v}\vec{v}\cdot\frac{\partial T}{\partial\vec{r}}}\,. \tag{6.261}$$

Der Tensor $\overset{2\rightarrow}{\lambda}$ aus (6.240) wird somit $\sim -\overrightarrow{\overrightarrow{vv}}$; er ergibt sich in diesem Bild demnach als Integral über alle Elektronengeschwindigkeiten, alle Energiezustände und Relaxationszeiten. Für eine eingehendere Darstellung vgl. Klemens 1969; Ziman 1974.

Wärmeenergie gelangt also dadurch vom heißen zum kalten Ende des Kristalls, daß Elektronen hoher Energie vorzugsweise in diese Richtung und solche niedriger Energie in die Gegenrichtung gestreut werden (Abb. 6.53).

Auf die infolge von Elektronenumverteilung entstehenden elektrischen Felder wird in 6.10. eingegangen.

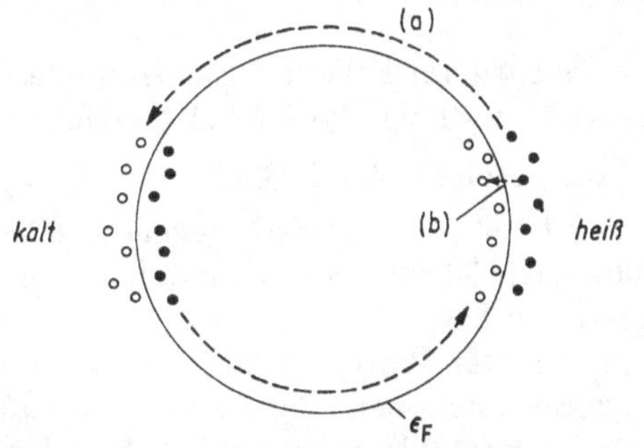


Abb. 6.53. Elektronenzustände im $\vec{k}$-Raum. Zur Vereinfachung ist die Besetzung in der Nähe der Fermi-Grenze $\varepsilon_F$ für zwei verschiedene Temperaturen in eine Figur schematisch eingetragen worden. Leere Kreise bezeichnen unbesetzte, volle besetzte Zustände. Ein „heißes" Elektron (rechts) ändert seinen Impuls (elastische Streuung, (a)) und gelangt in einen unbesetzten Zustand (links). Wenn insgesamt keine Ladung transportiert wird, muß dann ein „kaltes" Elektron von links nach rechts gestreut werden. Auch sog. vertikale Streuprozesse (unelastische Streuung, (b)) können zu einer Änderung der Energieverteilung beitragen.

[1]) Man fasse die Funktion $f^0 - \{\exp[(\varepsilon-\varepsilon_F)/k_BT]+1\}^{-1}$ als implizite Funktion der Variablen $f^0$, $\varepsilon$, $T$ auf. Dann ist $\mathrm{d}\varepsilon/\mathrm{d}T = -(\mathrm{d}f^0/\mathrm{d}T)/(\mathrm{d}f^0/\mathrm{d}\varepsilon)$. Weiter folgt aus (6.217) $\varepsilon = \varepsilon_F + k_BT\ln[f^{0-1}-1]$ und daher $\mathrm{d}\varepsilon/\mathrm{d}T = k_B\ln[f^{0-1}-1] + \mathrm{d}\varepsilon_F/\mathrm{d}T$, was auf (6.259) führt.

### 6.9.6.2. Zusammenhang mit Wärmekapazität

Aus der kinetischen Gastheorie läßt sich für die Wärmeleitfähigkeit folgende Transportgleichung gewinnen (vgl. z. B. Joos 4/3,3):

$$\lambda = \frac{1}{3}\, cvl = \frac{1}{3}\, cv^2\bar{\tau}, \tag{6.262a}$$

oder in Tensorform

$$\overset{2\to}{\lambda} = \frac{1}{3}\, c\bar{\tau}\vec{v}\vec{v}, \tag{6.262b}$$

mit $c$ als der spezifischen Wärmekapzität der Wärmeträger, $v$ als ihrer Geschwindigkeit und $l$ als ihrer mittleren freien Weglänge. Anhand von (6.262) läßt sich auf der Grundlage der Ergebnisse von 3.3. das Verhalten der Wärmeleitfähigkeit $\lambda$ oft einfacher übersehen, als mit Hilfe detaillierter Modelle.[1])

Im Falle des Elektronenanteils $\lambda_e$ ist $c \sim T$ (vgl. (3.29)) und $\lambda_e \sim Tv_F l = T\bar{\tau}$. Bei hohen Temperaturen hat man $\bar{\tau} \sim T^{-1}$ (vgl. (6.228)) und somit $\lambda_e = \text{const}$, bei $T \to 0$ ist die mittlere Stoßzeit $\bar{\tau}$ nur noch von Verunreinigungen bestimmt ($\bar{\tau} \approx \text{const}$), so daß $\lambda_e \sim T$ folgt. Dazwischen liegt ein Bereich starker Elektron-Phonon-Wechselwirkung $\bar{\tau} \sim T^{-3}$ (vgl. Abb. 6.49 (b)).

### 6.9.6.3. Wärmeschwingungsanteil

Ein Temperaturgradient hat wie im Falle der Elektronen auch eine Änderung der Besetzung der Phononenzustände zur Folge (vgl. 3.3.3.3.). Die Diskussion des Einflusses auf $\overset{2\to}{\lambda}$ kann analog zu 6.9.6.1. erfolgen. An die Stelle von $f$ tritt $f_B$ nach (3.23). Der Wärmestrom ist durch $\vec{q}_g = (2\pi)^{-3} \int \hbar\omega(f_B - f_B{}^0)\, \vec{v}\, d\vec{k}$ gegeben. Über (6.262) ist auch der direkte Anschluß an die Debyesche Theorie 3.3.3.4. möglich, die sich für die Mehrzahl der Fälle als ausreichend erwiesen hat.

Die Temperaturabhängigkeit der Wärmeleitfähigkeit wird von der Streuung der Phononen an Elektronen, anderen Phononen oder an Kristallbaufehlern beeinflußt. Ihre Messung hat sich als Methode der Baufehlerspektroskopie bewährt. Wir gehen daher noch kurz darauf ein. Grundlage ist wieder (6.262). Die mittlere freie Weglänge $l$ von Phononen der Frequenz $\omega$ ist

$$\frac{1}{l(\omega)} = \sum_{i=1}^{r} \frac{1}{l_i(\omega)}, \tag{6.263}$$

---

[1]) Insbesondere gelten die Überlegungen von 3.3.3.5. zu weiteren Beiträgen zur Wärmeleitfähigkeit. Als dominierend hat man anzusehen: Metalle — Elektronen ($\lambda_e$) und Wärmeschwingungen ($\lambda_g$), Dielektrika — neben $\lambda_g$ noch magnetischer ($\lambda_m$) und Photonenbeitrag ($\lambda_{ph}$), d. h. Wärmeübertragung durch elektromagnetische Strahlung, Halbleiter — neben $\lambda_g$, $\lambda_e$, $\lambda_{ph}$, $\lambda_m$ die bipolare Wärmeleitung infolge Elektron-Loch-Paar-Diffusion ($\lambda_b$) sowie Excitonenbeitrag durch Diffusion von Excitonen ($\lambda_{ex}$).

wenn $r$ unterschiedliche Streuprozesse wirken. Von $l(\omega)$ läßt sich ein frequenzabhängiger Faktor abspalten

$$l(\omega) \sim F(T)\, \omega^{-n}. \tag{6.264}$$

Wegen (3.27) und (6.262) ist

$$\lambda_g(T) \sim T^3 \int_0^{\Theta_D/T} \frac{x^4\, e^x}{(e^x - 1)^2}\, l(\omega)\, dx \tag{6.265}$$

und damit

$$\begin{aligned} \lambda_g(T) &\sim F(T)\, T^{3-n} & T &< \Theta_D \\ &\sim F(T) & T &> \Theta_D. \end{aligned} \tag{6.266}$$

Bei tiefen Temperaturen geht der Exponent der Frequenzabhängigkeit $n$ in den Verlauf $\lambda_g(T)$ ein.

Im Grenzfall hoher Temperaturen $T > \Theta_D$ spiegelt $\lambda_g(T)$ die Temperaturabhängigkeit $F(T)$ der mittleren freien Weglänge wider.

Der Exponent $n$ in (6.264) ist für eine Reihe von Streumechanismen für Phononen an Baufehlern berechnet worden. Die Ergebnisse enthält Tab. 6.17. Phonon-Phonon-Wechselwirkung (Umklappprozesse vgl. Abb. 6.53, Mechanismus (a)) und Phonon-Elektron-Wechselwirkung sind mit aufgenommen worden. Für eine ausführliche Darstellung des Problemkreises vgl. z. B. Oskotskij, Smirnov.

Tab. 6.17. Temperaturabhängigkeit des Wärmeschwingungsanteils $\lambda_g$ der Wärmeleitfähigkeit für verschiedene Streumechanismen (nach Klemens 1958 und Reissland)

| Streumechanismen | $n$ | $\lambda_g(T)$*) | |
|---|---|---|---|
| | | $(T < \Theta_D)$ | $(T > \Theta_D)$ |
| Kristalloberfläche | 0 | $T^3$ | $T^0$ |
| Korngrenzen | 0 | $T^3$ | $T^0$ |
| Stapelfehler | −2 | $T^1$ | |
| Versetzungen | | | |
| (außer Kern) | −1 | $T^2$ | |
| (Kern) | −3 | $T^0$ | |
| Punktfehler | −4 | $T^{-1}$ | |
| Umklappprozesse | −1 | $T^3\, e^{\alpha \Theta_D/T}$ | $T^{-1}$ |
| freie Elektronen | −1 | $T^2$ | |

*) Anstelle von $\Theta_D$ findet man empirisch oft $\Theta_D/30 \ldots \Theta_D/20$.

## 6.9.7. Anwendungen

Stoffe mit hoher Wärmeleitfähigkeit werden als Temperaturmeßfühler oder als Teile von Relais eingesetzt. Dabei wird jedoch in den meisten Fällen die Substanzauswahl durch Zusatzforderungen, wie Hochtemperaturbeständigkeit, hohe Bruchzähigkeit, Korrosionsbeständigkeit, niedriger Dampfdruck, gute Umformbarkeit usw. eingeschränkt.

In noch breiterem Maße werden Stoffe besonders niedriger Wärmeleitfähigkeit gesucht und technisch angewandt. Im Vordergrund steht meist die Aufgabe, einen hohen Temperaturgradienten zwischen Nutzraum und Umgebung aufrechtzuerhalten. Wie aus dem allgemeinen Verhalten von Abb. 6.49 hervorgeht, ist die Einsatztemperatur von wesentlichem Einfluß auf die Stoffauswahl. Poriges Gefüge wird meist kompaktem vorgezogen. Im Hochtemperaturbereich dominieren Stoffe mit hohen Anteilen $SiO_2$, $Al_2O_3$ und Zusätzen von $Fe_2O_3$, CaO, $TiO_2$ u. a.

## 6.10. Thermoelektrische Effekte

Zu den thermoelektrischen Effekten gehören alle Erscheinungen, die auf der Kopplung eines Wärme- und eines Elektronen-Stromes bei Ausschluß weiterer Felder beruhen. Wir wenden uns den einzelnen Effekten der Reihe nach zu. Wegen ihrer engen Verknüpfung ist es jedoch zweckmäßig, sie bei Anwendungen im Zusammenhang zu betrachten. Ausführlichere Darstellungen geben z. B. MacDonald; Harman, Honig; Justi. Eine Bibliographie der Arbeiten vor 1963 enthält Žuze, Gusenkova.

### 6.10.1. Seebeck-Effekt

#### 6.10.1.1. Erfahrungstatsachen

Seebeck[1]) berichtete 1822, daß eine Temperaturdifferenz an einem geschlossenen Kreis aus unterschiedlichem Material magnetische Wirkungen hervorruft. Diese sind Folge eines Stromflusses. Der Effekt wird nach seinem Entdecker benannt. Die ersten Versuche an Einkristallen gehen auf Svanberg und Franz zurück. Sie fanden bei nichtkubischer Symmetrie eine Abhängigkeit dieses *thermoelektrischen Effektes* von der Kristallorientierung.

1916 gaben Borelius, Lindh quantitative Resultate an synthetischen Metalleinkristallen bekannt.

Bei der in zahlreichen Arbeiten über Nichtmetalle von Hankel (z. B. 1875, 1878, 1880) angegebenen Thermoelektrizität handelt es sich um Piezo- und Pyroelektrizität.

Ein Leiter $B$ werde zwischen zwei Platten aus dem Material $A$ (z. B. Kupfer) geklemmt (vgl. Abb. 6.54). Über einen äußeren Widerstand und einen Strommesser wird ein geschlossener Stromkreis gebildet. Werden nun die beiden Kontaktstellen $A-B$ auf unterschiedliche Temperatur $T_1$, $T_2$ gebracht, alle übrigen Kontakte unterschiedlicher Materialien aber auf konstanter Vergleichstemperatur $T_0$ gehalten, erzeugt die Kombination $A-B$ eine elektromotorische Kraft $\Delta U^{AB}$ (thermoelektrische Kraft oder Thermokraft), die der Temperaturdifferenz $\Delta T = T_2 - T_1$ proportional ist. Für kleine $\Delta T$ ist

$$\Delta U^{AB} = \Sigma^{AB} \Delta T. \qquad (6.267)$$

Falls, wie in Abb. 6.54, die Messung von $\Delta U^{AB}$ stromlos geführt wird, ist $\Delta U^{AB}$ unabhängig von den Abmessungen (Länge, Querschnitt) der Kristalle $A$ und $B$[2]) und nur eine Funktion von $\Delta T$

[1]) Thomas Johann Seebeck (geb. 1770, gest. 1831), Dr. med., seit 1818 Mitglied der Akademie der Wissenschaften zu Berlin.

[2]) Die Abmessungen dürfen allerdings eine bestimmte untere Grenze nicht unterschreiten, die durch den atomistischen Mechanismus gegeben ist (s. 6.10.6).

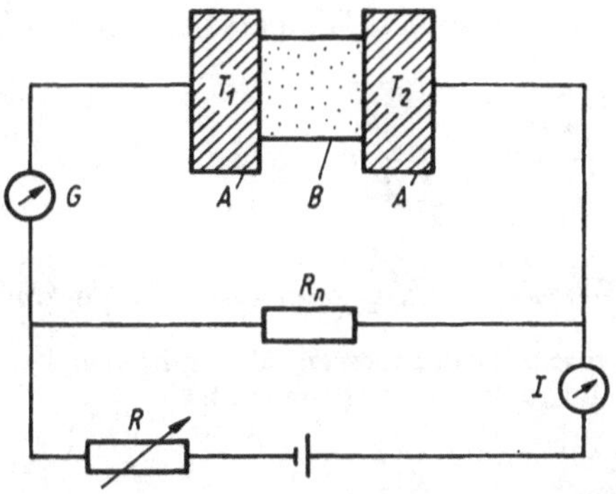


Abb. 6.54. Messung der Thermospannung $\Delta U^{AB}$ des Paares $A-B$. $R$ wird so geregelt, daß der Spannungsabfall $U_n$ über dem Präzisionswiderstand $R_n$ gerade die von der Anordnung $A-B-A$ abgegebene Thermospannung kompensiert (Nullinstrument $G$ zeigt keinen Ausschlag). Dann ist $\Delta U^{AB} = IR_n$. Alle Kontakte außerhalb der interessierenden Materialkombination werden auf einheitlicher konstanter Temperatur gehalten.

(bei homogenen Leitern $A$, $B$ auch unabhängig vom Temperaturverlauf zwischen den Berührungsstellen) und der Materialkombination $A-B$ (einschließlich Orientierung). Für Meßmethoden vgl. BLATT et al. 1976; BIGOT; BEYE.

$\Sigma^{AB}$ ist eine Materialgröße und heißt relative differentielle Thermospannung oder SEEBECK-Koeffizient der Kombination $A-B$. Sie ist i. allg. eine Funktion der Temperatur. Der erste Index von $\Sigma^{AB}$ gibt dasjenige Material an, von dem aus der Strom (positive Ladungsträger) am wärmeren Kontakt $T_2 > T_1$ über den Kontakt fließt. Als Vorzeichenfestlegung gilt $\Sigma^{AB} = -\Sigma^{BA} < 0$.[1])

Die bei beliebigem Temperaturunterschied im Versuch der Abb. 6.54 ermittelte Thermospannung ist

$$\Delta U^{AB} = \int_{T_1}^{T_2} \mathrm{d}U^{AB} = \int_{T_1}^{T_2} \Sigma^{AB}\,\mathrm{d}T. \qquad (6.268)$$

Zwischen drei Leitern $A$, $B$ und $C$ gilt erfahrungsgemäß

$$\Sigma^{AB} = \Sigma^{AC} + \Sigma^{CB} = \Sigma^{AC} - \Sigma^{BC}. \qquad (6.269)$$

Weiterhin wird $\Sigma^{AB} \to 0$ für $T \to 0$ beobachtet (vgl. Abb. 6.56 und (6.271)).

Die Temperaturabhängigkeit ist, wie die Experimente weiterhin zeigen, in der Form

$$\frac{\mathrm{d}\Sigma^{AB}}{\mathrm{d}T} = -\frac{\tau^A(T)}{T} + \frac{\tau^B(T)}{T} \qquad (6.270)$$

darstellbar, also durch zwei Summanden, die nur jeweils von einer Substanz abhängen. $\tau^A$ heißt THOMSON-*Koeffizient* von $A$ (vgl. 6.10.3.).

[1]) Als Beispiel werde ein Paar aus Antimon und Kupfer betrachtet. Nach Tab. 6.18 und (6.271) ist $\Sigma^{\mathrm{CuSb}} < 0$. Am warmen Kontakt $T_2 > T_1$ fließt in diesem Fall der Elektronenstrom von Sb zu Cu. Die konventionelle Stromrichtung $j$ zeigt von Cu zu Sb. Cu lädt sich gegenüber Sb negativ auf. Das Potential $U$ steigt in Richtung Sb an.

Damit läßt sich $\Sigma^{AB}$ für eine beliebige Temperatur $T$ durch Integration finden

$$\Sigma^{AB}(T) = -\int_0^T \frac{\tau^A}{T}\,\mathrm{d}T + \int_0^T \frac{\tau^B}{T}\,\mathrm{d}T \equiv \Sigma^A - \Sigma^B. \tag{6.271}$$

$\Sigma^A$ heißt *absolute differentielle Thermospannung* oder *absolute Thermospannung* von $A$.

Um $\Sigma^A$ zu bestimmen, hat man $\tau^A(T)$ zu messen. $\Sigma^B$ ergibt sich dann aus (6.271). Wegen $\Sigma^A - \Sigma^B \equiv \Sigma^A - \Sigma^C + \Sigma^C - \Sigma^B$ folgt (6.269) und allgemein ist

$$\Sigma^{AZ} = \Sigma^{AB} + \Sigma^{BC} + \cdots + \Sigma^{YZ} \tag{6.272}$$

für eine Kette verschiedener Stoffe $A \ldots Z$. Im supraleitenden Zustand (vgl. 6.8.6.) ist $\Sigma^A = 0$ und somit $\tau^A = 0$. Dies läßt sich zur Messung absoluter differentieller Thermospannungen aus-

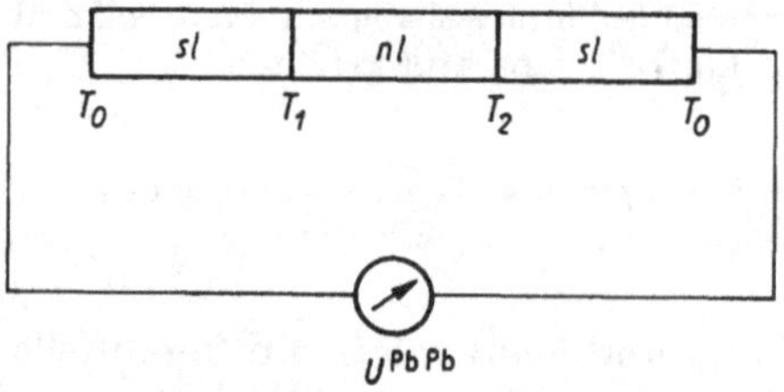


Abb. 6.55. Zur Messung absoluter differentieller Thermospannungen nach (6.271). Das Element besteht aus 3 Stücken Blei, die sich im normal(nl)- bzw. im supraleitenden(sl) Zustand befinden. Es ist $T_c > T_2 > T_1$. Den nl-Zustand erreicht man durch Einschalten eines Magnetfeldes $H > H_c$ (vgl. 6.8.6.). So kann $\Sigma^{\mathrm{Pb}}(T) \equiv \Sigma^B$ bei Temperaturen $T < T_c$ bestimmt und als Eichgröße für andere Stoffe auch oberhalb $T_c$ verwendet werden ($\Sigma^A = 0$).

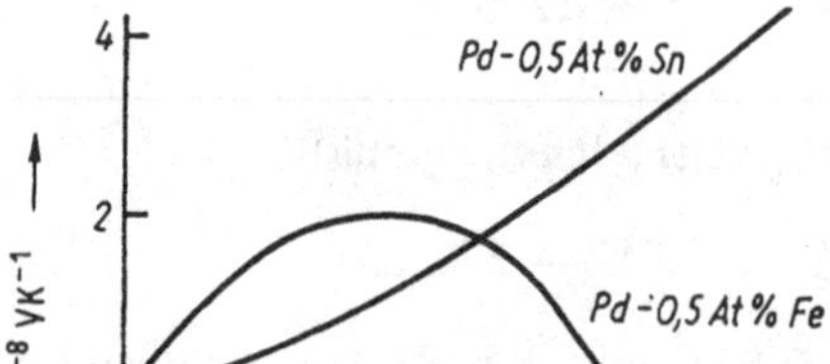


Abb. 6.56. Absolute differentielle Thermospannung von Pd-Legierungen bei tiefen Temperaturen (nach MacDonald, Pearson, Templeton 1960).

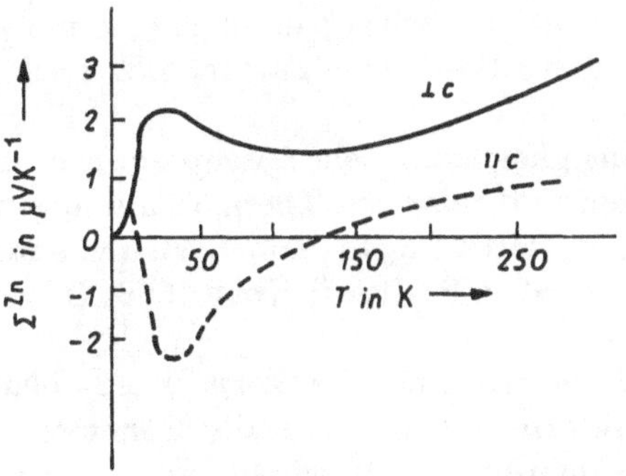


Abb. 6.57. Absolute differentielle Thermospannung von Zinkeinkristallen parallel und senkrecht zur sechszähligen Achse in Abhängigkeit von der Temperatur (nach Rowe, Schroeder). Die Extrema bei $T \approx 30 \ldots 40$ K entsprechen $\Theta_D/(8 \ldots 6)$.

nutzen (Abb. 6.55) (zu diesem Verfahren vgl. Christian et al. 1958; Roberts 1977, 1981)[1]). Für alle übrigen Stoffe ist $\Sigma^A \to 0$ für $T \to 0$ zu beobachten (vgl. Abb. 6.56).

Die idealisierte Temperaturabhängigkeit der Thermokraft eines Metalls folgt bei Temperaturen $T \ll \Theta_D$ einem $T^3$-Verlauf und bei $T \gtrsim \Theta_D$ einem $T^{-1}$-Verlauf. Dadurch entsteht ein Minimum (oder Maximum) im Bereich von $\approx \Theta_D$ (vgl. Abb. 6.57). Tab. 6.18 enthält Ergebnisse. Nach ihrem thermoelektrischen Verhalten ordnet man

Tab. 6.18. Absolute differentielle Thermospannungen einiger Stoffe (vorwiegend nach Landolt-Börnstein II, 6; 1959).

| $A$ | | $\Sigma^A(T)/\mu\text{VK}^{-1}$ | $T/°\text{C}$ |
|---|---|---|---|
| Se | | $\sim +1000$ | |
| Sb | ∥ ⟨111⟩ | +20,6 | |
| | ⊥ ⟨111⟩ | +46,8 | |
| Cr | | +20,0 | 0 |
| Fe | | +17,0 | 0 |
| Li | | +11,5 | 0 |
| Mg | ∥ [0001] | $+3,3_8$ | 0 |
| | ⊥ [0001] | $+3,5_8$ | 0 |
| Zn | ∥ [0001] | +0,4 | |
| | ⊥ [0001] | +2,1 | |
| Cu | | $+1,7_3$ | 0 |
| Au | | +1,1 | 0 |
| Pb | | $-1,2_2$ | 0 |
| Pt | | $-4,4_2$ | 0 |
| Na | | −8,3 | 0 |
| Ni | | $-19,9_8$ | 20 |
| InSb | | −340 | 20 |

[1]) Als Bezugsmetall dient bis etwa 600 K Blei. Dann ist $\Sigma^{Pb}(T) = \Sigma^{Pb}(T_1) + \int_{T_1}^{T} [\tau^{Pb}(T)/T]\, dT$. Von 300 bis 850 K kann auch Kupfer verwendet werden. Für beide Skalen gibt Roberts 1977, 1980 neue Werte. Er verwendet $T_1 = 10$ K. Zwischen 7,2 K und 10 K wird gegen supraleitendes $Nb_3Sn$ gemessen.

Stoffe $A$ gelegentlich in eine thermoelektrische Spannungsreihe mit abnehmendem $\Sigma^A$. Beim Aufheizen der Kontaktstelle wird derjenige Partner elektrisch positiv, der in der Spannungsreihe voransteht.

Die Orientierungsabhängigkeit kann sehr ausgeprägt sein (z. B. Abb. 6.57).

Die Werte der absoluten und relativen Thermospannungen hängen überdies empfindlich von Verunreinigungen (Dotierungen) (Abb. 6.56) und äußeren sowie inneren Spannungen ab. Für Einzelheiten vgl. z. B. JUSTI; KOPP 1968; BLATT et al. 1976; MAC DONALD et al. 1962, WAGNER 1908.

Wenn das chemische Potential eines Festkörpers ortsabhängig ist[1]), wirken die verschiedenen Bereiche qualitativ wie unterschiedliche homogene Stoffe $A, B, \ldots$ Auf die Konsequenzen für eine quantitative Beschreibung gehen wir in 6.10.5.2. ein (vgl. dazu auch NYE; BILLINGS).

### 6.10.1.2. Phänomenologische Beschreibung

(6.267) verknüpft zwei polare Vektoren. $\Sigma^{AB}$ ist demnach ein polarer Tensor 2. Stufe, der *Tensor der* SEEBECK-*Koeffizienten* oder der *relativen differentiellen Thermospannung* für die homogenen Stoffe $A$ und $B$. Anstelle von (6.267) schreiben wir unter Berücksichtigung der Kristallanisotropie im stromlosen Fall wegen $\vec{E} = -\partial U/\partial \vec{r}$

$$\boxed{\vec{E}^{AB} = -\overset{2\to}{\Sigma}{}^{AB} \cdot \frac{\partial T}{\partial \vec{r}} \qquad (\vec{j} = 0)} . \tag{6.273}$$

Wie in 6.10.5. erläutert wird, ist im allgemeinen

$$\overset{2\to}{\Sigma}{}^{AB} \neq (\overset{2\to}{\Sigma}{}^{AB})^{\mathsf{T}} . \tag{6.274}$$

Die äußere Symmetrie des Tensors $\overset{2\to}{\Sigma}{}^{AB}$ entspricht der von Tab. 1.5. Punktgruppen des triklinen, monoklinen und rhombischen Systems gehören zu derjenigen Tensorsymmetrie, die die Holoedrie des Systems ausmacht. Eine Tensorsymmetrie $\infty/m$ zeigen $\infty/m$ und ihre Untergruppen im hexagonalen, rhomboedrischen und tetragonalen Kristallsystem ($6$, $\bar{6}$, $6/m$, $3$, $\bar{3}$, $4$, $\bar{4}$, $4/m$) sowie $\infty$; die Tensorsymmetrie $\infty/mm$ wird von den dazu gehörigen Untergruppen angenommen ($422$, $4mm$, $\bar{4}2m$, $4/mmm$, $32$, $3m$, $\bar{3}m$, $622$, $6mm$, $\bar{6}m2$, $6/mmm$, $\infty 2$, $\infty m$, $\infty/mm$), und weiterhin werden kubische und isotrope Substanzen durch einen Koeffizienten des Tensors mit der Symmetrie $\infty\infty m$ beschrieben (neben $\infty\infty m$ selbst und $\infty\infty$ alle kubischen Gruppen).

$\overset{2\to}{\Sigma}{}^{AB}$ hängt von der Substanzkombination und der relativen Orientierung der Partnerkristalle $A$, $B$ ab. Aus (6.271) wird

$$\overset{2\to}{\Sigma}{}^{AB} = \overset{2\to}{\Sigma}{}^{A} - \overset{2\to}{\Sigma}{}^{B} , \tag{6.274 a}$$

[1]) Dies ist der Fall, wenn sich z. B. die chemische Zusammensetzung, die Phasenzusammensetzung oder aber die Versetzungsdichte innerhalb eines scheinbar homogenen Körpers ändern. Ein Thermoelement-Draht (vgl. 6.10.7.) darf deshalb beispielsweise nicht geknickt werden, will man die Anzeige nicht undefiniert verändern.

wo $\overset{2\rightarrow}{\Sigma}{}^{A}$, $\overset{2\rightarrow}{\Sigma}{}^{B}$ die Tensoren der absoluten differentiellen Thermospannung von $A$ und $B$ sind. Für ihre Symmetrie gilt das gleiche wie für die von $\overset{2\rightarrow}{\Sigma}{}^{AB}$.

Wegen (6.273) ist in Kristallen ein thermoelektrischer Potentialunterschied i. allg. nicht nur entlang des Temperaturgradienten, sondern auch quer dazu zu erwarten.

## 6.10.2. Peltier-Effekt

### 6.10.2.1. Erfahrungstatsachen

Die Umkehrung des SEEBECK-Effektes wurde 1834 von PELTIER[1]) entdeckt. Abb. 6.58 zeigt das Prinzip. Hält man die Temperatur im Kreis konstant ($\partial T/\partial \vec{r} = 0$), dann wird bei einem Stromfluß $I$ an beiden Kontaktstellen der Kette $B-A-B$ eine Wärmemenge $Q$ umgesetzt entsprechend

$$\left.\frac{\mathrm{d}Q}{\mathrm{d}t}\right|^{BA} = RI^2 + \Pi^{BA}I \qquad (6.275)$$

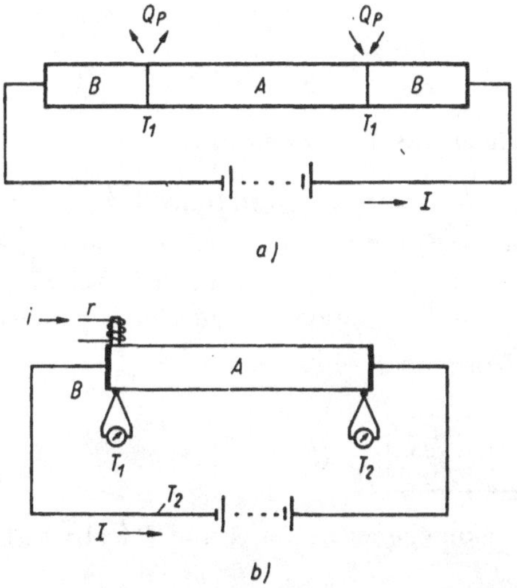


Abb. 6.58. (a) Prinzip einer Meßanordnung zur Bestimmung des PELTIER-Koeffizienten $\Pi^{AB}$ der Leiterkombination $A-B$. Die Temperaturen der Kontaktstellen $AB$ und $BA$ werden konstant auf $T_1$ gehalten. Teilbild (b) zeigt eine Anordnung, die nach TRODAHL als Maß für die umgesetzte Wärme die (kleine) Temperaturdifferenz $T_1 - T_2 = \Delta T_p$ verwendet, die infolge des Stromflusses $I$ entsteht. Leiter $B$ befindet sich im supraleitenden Zustand. Nach Abschalten von $I$ wird über einen Heizer mit bekanntem elektrischen Widerstand $r$ die Leistung $i^2r$ so zugeführt, daß die gleiche Temperaturdifferenz $\Delta T_p$ entsteht. Es ist $\Pi^{AB} \approx i^2r/I$.

[1]) JEAN CHARLES ATHANASE PELTIER (geb. 1785, gest. 1845), Uhrmacher in Paris.

und

$$\left.\frac{dQ}{dt}\right|^{AB} = RI^2 + \Pi^{AB}I = RI^2 - \Pi^{BA}I, \tag{6.276}$$

wenn $R$ den Kontaktwiderstand der Materialkombination bezeichnet und $A, B$ jeweils homogene Stoffe im Sinne von 6.10.1.1. sind. Die eine Kontaktstelle erwärmt sich, die andere kühlt sich ab. $RI^2$ gibt die JOULEsche Wärme an, deren Vorzeichen stets positiv ist (vom System abgegebene Wärmemenge), unabhängig von der Stromrichtung. Der zweite Term beschreibt den angekündigten Umkehreffekt, die PELTIER-*Wärme* $Q_P$. $\Pi^{AB}$ heißt der PELTIER-*Koeffizient* der Leiterkombination $AB$, wobei der Strom $I$ im Kontakt von $A$ nach $B$ fließt. $\Pi^{AB}$ ist $> 0$, wenn am Kontakt $Q_P > 0$ beobachtet wird.[1,2])

Die Wärmeentwicklung erfolgt stets in dem Sinn, daß der zugehörige Thermostrom (6.267) dem eingeleiteten Strom entgegengerichtet ist.

Obwohl im Falle homogener Stoffe $A$ und $B$ die Wärme direkt an der Kontaktfläche entwickelt bzw. absorbiert wird, ist weder der PELTIER- noch der SEEBECK-Effekt ein Kontaktphänomen. Er ist vielmehr eine Materialgröße, die dreidimensionale Eigenschaften der beteiligten Partner beschreibt. Nach dem Schema von Abb. 6.55 können die Partnereinflüsse auch getrennt werden.

Die experimentellen Ergebnisse lassen sich auf $\Sigma^{AB}$ (vgl. 6.267) anhand von

$$\Pi^{AB} = T\Sigma^{AB} \tag{6.277}$$

zurückführen (2. THOMSON*sche Beziehung*).

### 6.10.2.2. Phänomenologische Beschreibung

Der PELTIER-Anteil der Wärmetönung von (6.275) wird durch die beiden polaren Vektoren Wärmestromdichte $\vec{q}^{AB}$ und elektrische Stromdichte $\vec{j}^{AB}$ bestimmt. Dabei ist $[q]$ = Wärmemenge/Fläche · Zeit ($q^{AB} > 0$, wenn nach außen abgegeben).

Die Materialeigenschaften sind demnach von einem polaren Tensor 2. Stufe, dem Tensor der PELTIER-Koeffizienten $\overset{2\to}{\Pi}{}^{AB}$, über

$$\boxed{\vec{q}^{AB} = (\overset{2\to}{\Pi}{}^{AB})^{\mathsf{T}} \cdot \vec{j}^{AB}} \qquad (T = \text{const}) \tag{6.278}$$

ür eine bestimmte Kombination homogener Leiter $A$ und $B$ festgelegt. Weiter ist wegen (6.274a) und (6.277)

$$\vec{q}^{AB} = (\overset{2\to}{\Pi}{}^{A} - \overset{2\to}{\Pi}{}^{B})^{\mathsf{T}} \cdot \vec{j}^{AB} = \vec{q}^{A} - \vec{q}^{B} \tag{6.279}$$

sowie

$$\overset{2\to}{\Pi}{}^{A} = T\overset{2\to}{\Sigma}{}^{A} \tag{6.279a}$$

[1]) Eine genauere Betrachtung geht zweckmäßigerweise davon aus, daß die Kontaktfläche in Wahrheit ein Volumenelement ist.

[2]) Als Beispiel werde wieder das Paar Sb–Cu (vgl. Fußn. 1, S. 179) betrachtet. Der Elektronenstrom fließe am betrachteten Kontakt von Cu zu Sb (konventionelle Stromrichtung Sb → Cu). Da $\Pi^{\mathrm{SbCu}} > 0$, erwärmt sich der Kontakt. Der dadurch erzeugte Thermostrom (Elektronen) fließt von Sb zu Cu.

mit $\overset{2\rightarrow}{\Pi}{}^{A}$ als *absolutem* PELTIER-*Koeffizienten* des Leiters $A$. Über die Symmetrie von $\overset{2\rightarrow}{\Pi}{}^{AB}$ gilt das gleiche wie für $\overset{2\rightarrow}{\Sigma}{}^{AB}$ (s. 6.10.1.2.). Die Wärmeströme weisen i. allg. in andere Richtungen als die elektrischen Ströme. Daher ist auch mit einem *transversalen* PELTIER-*Effekt* zu rechnen (vgl. Abb. 6.59).

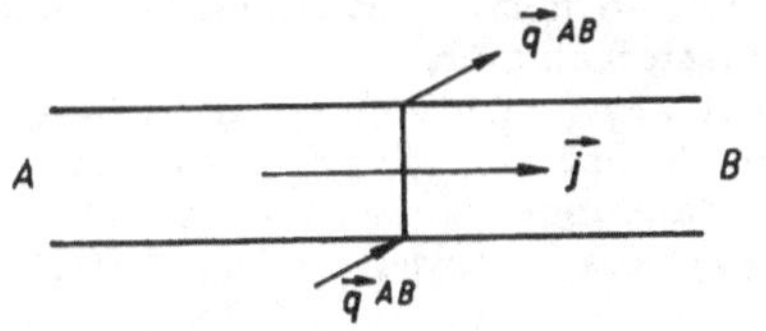


Abb. 6.59. Schematische Darstellung der Richtungsbeziehungen zwischen Wärmestromdichte $\vec{q}$ und elektrischer Stromdichte $\vec{j}$ am Kontakt $A-B$ ($T$ = const) nichtkubischer Substanzen. Auf der Oberseite wird Wärme abgegeben, auf der Unterseite dagegen aufgenommen.

## 6.10.3. Thomson-Effekt

### 6.10.3.1. Erfahrungstatsachen

Bei seiner Analyse des SEEBECK- und PELTIER-Effektes sah sich THOMSON[1]) 1854 gezwungen, die Existenz eines weiteren thermoelektrischen Effektes zu postulieren, der später nach ihm benannt wurde.

Wenn ein homogener Körper $A$ (Widerstand $R$) von einem elektrischen Strom $I$ durchflossen und gleichzeitig entlang des Stromes ein Temperaturgefälle $\partial T/\partial x$ eingestellt wird, ist eine Wärmeleistung

$$\dot{Q} = RI^2 - \tau^A I \frac{\partial T}{\partial x} \qquad \left(\frac{\partial T}{\partial x} I > 0\right) \tag{6.280}$$

bzw.

$$\dot{Q} = RI^2 + \tau^A I \frac{\partial T}{\partial x} \qquad \left(\frac{\partial T}{\partial x} I < 0\right) \tag{6.281}$$

zu beobachten. Der erste Summand auf der rechten Seite ist wie in (6.275), (6.276) die JOULEsche Wärme, der zweite beschreibt die THOMSON-*Wärme*. $\tau^A$ ist der schon in (6.270) auftretende THOMSON-*Koeffizient* des homogenen Stoffes $A$. Er ist eine temperaturabhängige Materialgröße mit der Eigenschaft $\tau^A \to 0$ für $T \to 0$. Im supraleitenden Zustand verschwindet er ebenfalls. Aufgrund von (6.270) gelten auch die für die absolute Thermospannung zutreffenden weiteren Einflüsse, von denen in 6.10.1.1. berichtet wurde.

Das Vorzeichen von $\tau^A$ ist positiv, sofern $\dot{Q}_{\mathrm{Th}} > 0$ (Wärmeabgabe durch den Körper) und $I\,\partial T/\partial x < 0$. Mit Hilfe von (6.270) läßt sich demnach der THOMSON-Koeffi-

1) WILLIAM THOMSON (geb. 1824, gest. 1907), Professor der Naturphilosophie an der Universität Glasgow, 1858 in den unteren Adelsstand als SIR THOMSON und 1892 in den oberen als LORD KELVIN erhoben.

zient des Stoffes $A$ aus Thermokraftmessungen am Paar $A-B$ bestimmen, denn es ist

$$\tau^A = \tau^B + T\,\mathrm{d}\Sigma^{AB}/\mathrm{d}T. \tag{6.282}$$

Die Messungen bedürfen besonderer Sorgfalt. Eine auch heute noch verwendete Meßreihe geht auf CHRISTIAN et al. 1958 zurück. Sie bestimmten die Thermospannung des Paares Pb—Sn im Temperaturbereich (3,72...7,2) K, in dem Pb supraleitend und somit $\tau^{Pb}/T = 0$ ist. Aus (6.282) folgt dann $\tau^{Sn}$. Im Temperaturintervall 20 K $< T <$ 300 K wurden Thermospannungen der Kombination Pb — Ag+0,37At%Au[1]) und Sn — Ag+0,37At%Au durchgeführt. Die notwendigen Absolutwerte von $\tau^{Sn}$ im Bereich (7,2...10) K wurden auf dem Wege der Interpolation ermittelt, so daß über Thermospannungsmessungen an Pb—Sn und Ag + 0,37At% Au—Sn auf $\tau^{Pb}/T$ und $\tau^{Ag+0{,}37At\%Au}$ geschlossen werden konnte. $\tau^{Pb}(T)$ bildet nach (6.271) die Grundlage von $\Sigma^{Pb}(T)$.

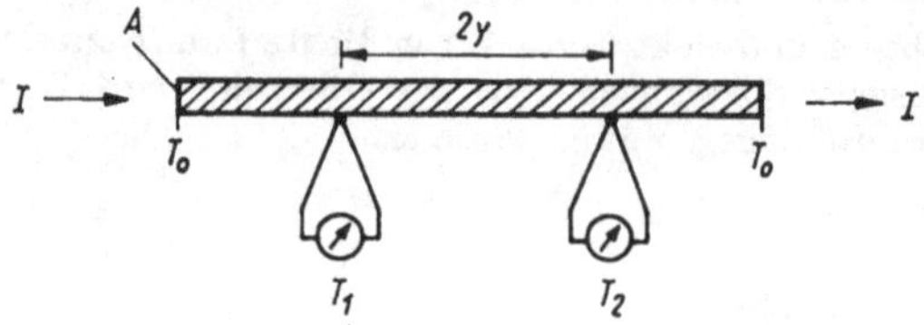


Abb. 6.60. Prinzip der Meßanordnung von $\tau^A$ nach BORELIUS et al. (1928). Der zu untersuchende Draht vom Querschnitt $A$ wird an beiden Enden auf konstanter Temperatur $T_0$ gehalten, während der Strom $I$ fließt. Dazwischen erhitzt er sich mit Maximum im Mittelteil vor allem als Folge der JOULEschen Wärmeentwicklung. Die Temperaturen $T_1$ und $T_2$ sind aber verschieden, da links und rechts von der Mitte die THOMSON-Wärme unterschiedliches Vorzeichen hat (s. (6.280), (6.281)). Die Temperaturänderung gegenüber $T_0$ ist demnach $\Delta T = \Delta T_{\text{JOULE}} \pm \Delta T_{\text{THOMSON}}$. Durch Reihenschaltung und Gegeneinanderschalten der beiden Thermoelemente lassen sich $\Delta T_{\text{JOULE}}$ und $\Delta T_{\text{THOMSON}}$ trennen. Dann ist $\tau^A = (3A\varphi\lambda/Iy)\,(\Delta T_{\text{THOMSON}}/\Delta T_{\text{JOULE}})$. Die Wärmeleitfähigkeit $\lambda$ der Probe wird in einem gesonderten Experiment ermittelt. $\varphi$ ist ein Korrekturfaktor.

Ein auf BORELIUS et al. (1928) zurückgehendes Meßverfahren für $\tau^A$ ist in Abb. 6.60 in seinen Grundzügen dargestellt. Bezüglich weiterer experimenteller Verfahren sei auf BLATT et al. (1976) verwiesen. Die experimentellen Ergebnisse bestätigten die THOMSONsche Annahme. Tab. 6.19 enthält einige Zahlenbeispiele.

Tab. 6.19. THOMSON-Koeffizienten $\tau$ einiger Stoffe (nach LANDOLT-BÖRNSTEIN II,6 1959)

| Stoff | Temperatur | $\tau^A/\mu VK^{-1}$ |
|---|---|---|
| Zn $\perp c$ | 49,5°C | 4,1 |
| Zn $\parallel c$ | 49,5°C | 1,6 |
| Au | 300 K | 1,61 |
| Pb | 300 K | −0,68 |

[1]) Diese Silberlegierung zeichnet sich durch praktisch temperaturunabhängige Wärmeleitfähigkeit im betrachteten Temperaturbereich aus.

### 6.10.3.2. Phänomenologische Beschreibung

Die in einem Festkörper beim Stromfluß $\vec{j}$ im Temperaturgradienten $\partial T/\partial\vec{r}$ auftretende THOMSONsche Wärmeleistungsdichte ist eine skalare Größe. Entsprechend den Beobachtungen in 6.10.3.1. hat man unter Berücksichtigung des Vektorcharakters von $\vec{j}$ und $\partial T/\partial\vec{r}$

$$\boxed{\frac{\mathrm{d}\dot{Q}}{\mathrm{d}V} = -\vec{j}\cdot\overset{2\rightarrow}{\boldsymbol{\tau}}{}^{A}\cdot\frac{\partial T}{\partial\vec{r}}} \tag{6.283}$$

zu schreiben, wobei $\mathrm{d}\dot{Q}/\mathrm{d}V$ die Wärmeleistungsdichte und $\overset{2\rightarrow}{\boldsymbol{\tau}}{}^{A}$ der polare Tensor zweiter Stufe der THOMSON-Koeffizienten eines Stoffes sind.

(6.283) steht mit (6.271) im Einklang, wie man aus einer Wärmeleistungsbilanz an einem homogenen Leiter erkennt, der vom elektrischen Strom $\vec{j}$ und vom PELTIER-Strom $\vec{q}^{A}$ durchflossen wird (vgl. (6.279), (6.279a)).

Für diesen ist

$$\begin{aligned}\dot{Q} &= \oint \vec{q}^{A}\cdot\mathrm{d}\vec{A} = \oint T(\overset{2\rightarrow}{\boldsymbol{\Sigma}}{}^{A}\cdot\vec{j})\cdot\mathrm{d}\vec{A}\\ &= \int T\frac{\partial}{\partial\vec{r}}\cdot(\overset{2\rightarrow}{\boldsymbol{\Sigma}}{}^{A})\cdot\vec{j}\,\mathrm{d}V = \int T\frac{\partial}{\partial\vec{r}}\cdot(\overset{\downarrow}{\overset{2\rightarrow}{\boldsymbol{\Sigma}}}{}^{A})^{\mathsf{T}}\cdot\vec{j}\,\mathrm{d}V\\ &\quad + \int T\frac{\partial}{\partial\vec{r}}\cdot(\overset{2\rightarrow}{\boldsymbol{\Sigma}}{}^{A})^{\mathsf{T}}\cdot\overset{\downarrow}{\vec{j}}\,\mathrm{d}V.\end{aligned} \tag{6.284}$$

Im stationären Zustand ist der letzte Summand Null, also bleibt

$$\begin{aligned}\dot{Q} &= \int T\frac{\partial}{\partial\vec{r}}\cdot(\overset{\downarrow}{\overset{2\rightarrow}{\boldsymbol{\Sigma}}}{}^{A})^{\mathsf{T}}\cdot\vec{j}\,\mathrm{d}V = \int T\frac{\partial T}{\partial\vec{r}}\cdot\frac{\partial(\overset{2\rightarrow}{\boldsymbol{\Sigma}}{}^{A})^{\mathsf{T}}}{\partial T}\cdot\vec{j}\,\mathrm{d}V\\ &= -\int\frac{\partial T}{\partial\vec{r}}\cdot(\overset{2\rightarrow}{\boldsymbol{\tau}}{}^{A})^{\mathsf{T}}\cdot\vec{j}\,\mathrm{d}V = -\int\vec{j}\cdot\overset{2\rightarrow}{\boldsymbol{\tau}}{}^{A}\frac{\partial T}{\partial\vec{r}}\,\mathrm{d}V\end{aligned} \tag{6.285}$$

in Übereinstimmung mit (6.283) und (6.271).

Für den Tensor der THOMSON-Koeffizienten hat man also

$$\boxed{\overset{2\rightarrow}{\boldsymbol{\tau}}{}^{A} = -T\frac{\partial\overset{2\rightarrow}{\boldsymbol{\Sigma}}}{\partial T}}\,. \tag{6.286}$$

Die Symmetrieeigenschaften von $\overset{2\rightarrow}{\boldsymbol{\tau}}{}^{A}$ stimmen mit denen von $\overset{2\rightarrow}{\boldsymbol{\Sigma}}$ überein. Auch hier ist ein *transversaler* THOMSON-*Effekt* im Falle nichtkubischer Symmetrie zu erwarten.

### 6.10.4. Bridgman-Effekt

Der zweite Summand in (6.284) verschwindet dann nicht, wenn die Stromdichte ortsabhängig wird. In diesem Falle wird zusätzlich zur THOMSON-Wärme die Wärmeleistung

$$\dot{Q} = \int T \frac{\partial}{\partial \vec{r}} \cdot (\overset{2\rightarrow}{\Sigma}{}^{A})^{\mathrm{T}} \cdot \vec{j} \, \mathrm{d}V \tag{6.287}$$

entwickelt, deren Dichte in der Form

$$\boxed{\frac{\mathrm{d}\dot{Q}}{\mathrm{d}V} = T\overset{2\rightarrow}{\Sigma}{}^{A} : \frac{\partial}{\partial \vec{r}} \vec{j}} \tag{6.288}$$

geschrieben werden kann. Nach NYE wird dieser Anteil als BRIDGMAN-*Wärme* bezeichnet.

Der Effekt ist also zu erwarten, wenn sich die Stromdichte bezüglich der Kristallorientierung ändert. Dies wiederum kann die Folge einer Querschnittsveränderung, einer speziellen Kontakt- oder speziellen Probengeometrie sein. Abb. 6.61 zeigt Beispiele.

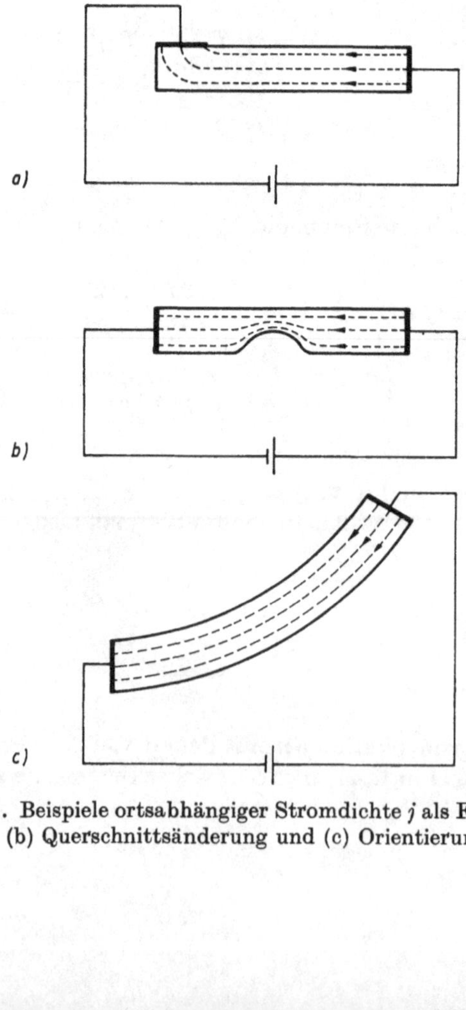


Abb. 6.61. Beispiele ortsabhängiger Stromdichte $j$ als Folge der (a) Kontaktasymmetrie, (b) Querschnittsänderung und (c) Orientierungsänderung.

## 6.10.5. Thermodynamische Beschreibung und Zusammenspiel aller thermoelektrischen Effekte

### 6.10.5.1. Homogene isotrope Substanzen

Wir geben nun die isolierte Betrachtung der thermoelektrischen Effekte auf und suchen eine zusammenfassende Beschreibung. Dazu sei nach (2.3) die Entropieänderung in einem System vom Typ der Abb. 6.54 untersucht. Anstelle von $R_n$ denke man sich einen Kondensator vernachlässigbarer Wärmekapazität eingesetzt, und der dann überflüssige Kompensationskreis mit $R$ sei entfernt. An dem Kondensator bildet sich eine Potentialdifferenz $\Delta U^{AB}$ aus, wenn die Ladung $Q^e$ auf die Platten geflossen ist. Die Kontaktstellen $A-B$ und $B-A$ werden durch zwei Wärmebäder auf den Temperaturen $T_1 \equiv T$ und $T_2 = T + \Delta T$ gehalten. Die Entropieänderung des Gesamtsystems infolge der Aufladung des Kondensators ist

$$\frac{dS}{dt} = -\frac{dQ^e}{dt}\frac{\Delta U^{AB}}{T} - \frac{dU}{dt}\frac{\Delta T}{T^2}.^{1)} \tag{6.289}$$

Vergleich mit (2.3) gestattet, Kräfte $X_i$ und Flüsse $J_i$ abzulesen:

$$X_1 = -\frac{\Delta U^{AB}}{T}, \quad X_2 = -\frac{\Delta T}{T^2},$$
$$J_1 = \frac{dQ^e}{dt}, \quad J_2 = \frac{dU}{dt}. \tag{6.290}$$

Damit nimmt (1.7) die Gestalt

$$J_1 = -L_{11}\frac{\Delta U^{AB}}{T} - L_{12}\frac{\Delta T}{T^2},$$
$$J_2 = -L_{21}\frac{\Delta U^{AB}}{T} - L_{22}\frac{\Delta T}{T^2} \tag{6.291}$$

an. $J_1$ bedeutet den Ladungs-, $J_2$ den Wärmetransport.[2)]

Die Bedeutung der Koeffizienten $L_{ij}$ erkennt man durch Spezialisierung. Für $\Delta T = 0$ ist $J_1 = -L_{11}\Delta U^{AB}/T$, demnach $L_{11} = +(TA/l)\,\sigma_e$ entsprechend (6.108) ein Maß für die elektrische Leitfähigkeit $\sigma_e$ ($A$ Leiterquerschnitt, $l$ Leiterlänge). Weiterhin ist im Falle verschwindenden elektrischen Stromes ($J_1 = 0$) der Wärmetransport $J_2 = -[(L_{11}L_{22} - L_{12}L_{21})/L_{11}T^2]\,\Delta T$. Aus dem Vergleich mit (6.238) findet man die Wärmeleitfähigkeit $\lambda = l(L_{11}L_{22} - L_{12}L_{21})/AL_{11}T^2$.

---

1) Wenn eine Energiemenge $dU$ von dem Kontakt $T$ nach $T + \Delta T$ übergeführt wird und die elektrische Ladung $dQ^e$ auf die Platten des Kondensators fließt, ist $dS = -dU/T + dU/(T + \Delta T) - \Delta U^{AB}\,dQ^e/T$. Für $\Delta T \ll T$ läßt sich die Reihenentwicklung des zweiten Summanden nach dem zweiten Glied abbrechen, und man erhält (6.289) (vgl. z. B. de Groot).

2) (6.291) berücksichtigt nur Glieder $\sim\Delta T$ und $\Delta U^{AB}$; Anteile höherer Ordnung, wie z. B. die Jouleсche Wärme $\sim J_1^2 \sim (\Delta T)^2$ und die Thomsonsche Wärme $\sim J_1\Delta T \sim (\Delta T)^2$ werden vernachlässigt.

Die thermoelektrischen Materialgrößen sind nach (6.291) wie folgt mit den Koeffizienten $L_{ij}$ verknüpft. Fließt kein elektrischer Strom ($J_1 = 0$), wird wegen (6.267)

$$\frac{\Delta U^{AB}}{\Delta T} = -\frac{L_{12}}{L_{11}T} = \Sigma^{AB}. \tag{6.292}$$

Hält man die Temperatur räumlich konstant ($\Delta T = 0$), folgt daraus unter Berücksichtigung von 6.10.2.1.

$$\frac{J_2}{J_1} = \frac{L_{21}}{L_{11}} = \Pi^{AB} = T\frac{\Delta U^{AB}}{\Delta T}, \tag{6.293}$$

denn die dem Peltier-Effekt zuzuschreibende Wärmemenge ist $\Pi^{AB}J_1 = J_2$, wenn anstelle der Bezeichnungen von (6.276) die allgemeineren (6.290) verwendet werden.

Das Onsager-Prinzip (2.4) führt (6.292) und (6.293) in (6.277) über. Andererseits macht es, wie schon durch (6.274) angekündigt, keine Aussage über die Symmetrie der Tensoren $\overset{2\rightarrow}{\Sigma}{}^{AB}$ und $\overset{2\rightarrow}{\Pi}{}^{AB}$.

Der Zusammenhang mit den Thomson-Koeffizienten folgt aus dem I. Hauptsatz der Thermodynamik. Danach wird die insgesamt abgegebene Wärme aus der elektrischen Arbeit entnommen:

$$J_1\Pi^{AB} - J_1(\Pi^{AB} + \Delta\Pi^{AB}) + (\tau^B - \tau^A)\, J_1\Delta T = -J_1\Delta U^{AB}. \tag{6.294}$$

Elimination von $\Delta U^{AB}$ mit Hilfe von (6.293) ergibt

$$\tau^B - \tau^A = \frac{\mathrm{d}\Pi^{AB}}{\mathrm{d}T} - \frac{\Pi^{AB}}{T}. \tag{6.295}$$

Ersetzt man umgekehrt $\Pi^{AB}$ durch $\Delta U^{AB}$, so hat man

$$\tau^A - \tau^B = -T\frac{\mathrm{d}^2U^{AB}}{\mathrm{d}T^2}. \tag{6.296}$$

### 6.10.5.2. Inhomogene isotrope Substanzen

Es muß als Zufall gelten, daß die ersten quantitativen Untersuchungen der thermoelektrischen Effekte an verhältnismäßig homogenen Substanzen und deren Kombinationen erfolgten und somit die Definitionen darauf Bezug nahmen. Homogenität ist indessen ein Grenzfall, der selten hinreichend genau realisiert ist. Vielmehr sind lokale Schwankungen der chemischen Zusammensetzung, der Ladungsträgerkonzentrationen, der Realstruktur usw. die Regel. Für eine ausführliche Darstellung muß auf Billings verwiesen werden. Wir geben hier nur die Grundgedanken an. Die Inhomogenitäten lassen sich dadurch berücksichtigen, daß die Kraft $X_1$ nicht wie in (6.290) aus der (räumlichen) Änderung des elektrischen Potentials $\Delta U^{AB}$ folgt, sondern die Änderung des chemischen Potentials $\mu$ (vgl. z. B. Paufler) der Substanz mit berücksichtigt wird. Anstelle von $\Delta U^{AB}$ ist dann das *elektrochemische Potential*

$$\bar{\mu} = \mu - e\Delta U^e \tag{6.297}$$

zu setzen. $\Delta U^e$ steht hier für den elektrischen Potentialunterschied innerhalb eines inhomogenen Leiters. Die Kraft $X_1$ in (6.290) ist nun $\sim \partial\bar{\mu}/\partial\vec{r}$.

### 6.10.5.3. Anisotrope Substanzen

Im dreidimensionalen Kristall sind die Kräfte und Flüsse von (6.290) Vektoren mit je 3 Komponenten. Wir bezeichnen elektrische und thermische Stromdichten wie in 6.10.2. mit $\vec{j} = (j_1, j_2, j_3)$ und $\vec{q} = (q_1, q_2, q_3)$. (6.291) umfaßt damit 6 Gleichungen. Faßt man $\vec{j}$ und $\vec{q}$ zu einer Flußmatrix mit 6 Koeffizienten zusammen und $(1/T)\ \partial\bar{\mu}/\partial\vec{r}$ bzw. $(1/T^2)\ \partial T/\partial\vec{r}$ (vgl. 6.10.5.2. und (6.290)) zu einer 6komponentigen Kraftmatrix, dann ergibt sich anstelle von (6.291) mit anderen $L_{ij}$

$$-\begin{pmatrix} j_1 \\ j_2 \\ j_3 \\ q_1 \\ q_2 \\ q_3 \end{pmatrix} = \frac{1}{T}\begin{pmatrix} L_{11} & L_{12} & L_{13} & L_{14} & L_{15} & L_{16} \\ L_{21} & L_{22} & L_{23} & L_{24} & L_{25} & L_{26} \\ L_{31} & L_{32} & L_{33} & L_{34} & L_{35} & L_{36} \\ L_{41} & L_{42} & L_{43} & L_{44} & L_{45} & L_{46} \\ L_{51} & L_{52} & L_{53} & L_{54} & L_{55} & L_{56} \\ L_{61} & L_{62} & L_{63} & L_{64} & L_{65} & L_{66} \end{pmatrix}\begin{pmatrix} \frac{\partial\bar{\mu}}{\partial x_1} \\ \frac{\partial\bar{\mu}}{\partial x_2} \\ \frac{\partial\bar{\mu}}{\partial x_3} \\ \frac{e}{T}\frac{\partial T}{\partial x_1} \\ \frac{e}{T}\frac{\partial T}{\partial x_2} \\ \frac{e}{T}\frac{\partial T}{\partial x_3} \end{pmatrix}. \qquad (6.298)$$

Die Matrix der $L_{ij}$ ist wegen (2.4) symmetrisch. (6.298) läßt sich auch in koordinatenunabhängiger Form schreiben:

$$\begin{aligned} -\vec{j} &= \frac{1}{T}\,\overset{2\rightarrow}{L}{}^{11}\cdot\frac{\partial\bar{\mu}}{\partial\vec{r}} + \frac{e}{T^2}\,\overset{2\rightarrow}{L}{}^{12}\cdot\frac{\partial T}{\partial\vec{r}}, \\ -\vec{q} &= \frac{1}{T}\,\overset{2\rightarrow}{L}{}^{21}\cdot\frac{\partial\bar{\mu}}{\partial\vec{r}} + \frac{e}{T^2}\,\overset{2\rightarrow}{L}{}^{22}\cdot\frac{\partial T}{\partial\vec{r}}, \end{aligned} \qquad (6.299)$$

mit den kinetischen Koeffizienten $\overset{2\rightarrow}{L}{}^{ij}$. $\overset{2\rightarrow}{L}{}^{11}$ und $\overset{2\rightarrow}{L}{}^{22}$ sind wegen (2.4) und (6.298) symmetrische Tensoren. Für die übrigen gilt aus den gleichen Gründen

$$\overset{2\rightarrow}{L}{}^{12} = (\overset{2\rightarrow}{L}{}^{21})^{\mathsf{T}} \qquad (6.300)$$

oder

$$L_{ij}^{12} = L_{ji}^{21}.$$

Die Tensoren $\overset{2\rightarrow}{L}{}^{21}$ und $\overset{2\rightarrow}{L}{}^{12}$ sind also für sich genommen nicht symmetrisch.

Für Anwendungen wird (6.299) in folgender Darstellung benötigt:

$$
\begin{aligned}
-\frac{\partial\bar{\mu}}{\partial\vec{\boldsymbol{r}}} &= T\overset{2\to}{\boldsymbol{M}}{}^{11}\cdot\vec{\boldsymbol{j}} + T\overset{2\to}{\boldsymbol{M}}{}^{12}\cdot\vec{\boldsymbol{q}},\\
-\frac{\partial T}{\partial\vec{\boldsymbol{r}}} &= \frac{T^2}{e}\overset{2\to}{\boldsymbol{M}}{}^{21}\cdot\vec{\boldsymbol{j}} + \frac{T^2}{e}\overset{2\to}{\boldsymbol{M}}{}^{22}\cdot\vec{\boldsymbol{q}}.
\end{aligned}
\tag{6.301}
$$

Dabei sind

$$
\begin{aligned}
\overset{2\to}{\boldsymbol{M}}{}^{11} &= [\overset{2\to}{\boldsymbol{L}}{}^{22}\cdot\overset{2\to}{\boldsymbol{L}}{}^{11} - \overset{2\to}{\boldsymbol{L}}{}^{21}\cdot\overset{2\to}{\boldsymbol{L}}{}^{21}]^{-1}\cdot\overset{2\to}{\boldsymbol{L}}{}^{22},\\
\overset{2\to}{\boldsymbol{M}}{}^{22} &= [\overset{2\to}{\boldsymbol{L}}{}^{11}\cdot\overset{2\to}{\boldsymbol{L}}{}^{22} - \overset{2\to}{\boldsymbol{L}}{}^{12}\cdot e\overset{2\to}{\boldsymbol{L}}{}^{12}]^{-1}\cdot\overset{2\to}{\boldsymbol{L}}{}^{21},\\
\overset{2\to}{\boldsymbol{M}}{}^{12} &= (\overset{2\to}{\boldsymbol{M}}{}^{21})^{T} = [\overset{2\to}{\boldsymbol{L}}{}^{21}\cdot\overset{2\to}{\boldsymbol{L}}{}^{21} - \overset{2\to}{\boldsymbol{L}}{}^{22}\cdot\overset{2\to}{\boldsymbol{L}}{}^{11}]^{-1}\cdot\overset{2\to}{\boldsymbol{L}}{}^{21}
\end{aligned}
\tag{6.302}
$$

Koeffizienten, die den Charakter von Widerständen besitzen.

Aber auch eine Separation von $\partial\bar{\mu}/\partial\vec{\boldsymbol{r}}$ und $\vec{\boldsymbol{q}}$ ist gelegentlich nützlich:

$$
\begin{aligned}
-\frac{\partial\bar{\mu}}{\partial\vec{\boldsymbol{r}}} &= T\overset{2\to}{\boldsymbol{N}}{}^{11}\cdot\vec{\boldsymbol{j}} + \frac{e}{T}\overset{2\to}{\boldsymbol{N}}{}^{12}\cdot\frac{\partial T}{\partial\vec{\boldsymbol{r}}},\\
-\vec{\boldsymbol{q}} &= \overset{2\to}{\boldsymbol{N}}{}^{21}\cdot\vec{\boldsymbol{j}} + \frac{1}{T^2}\overset{2\to}{\boldsymbol{N}}{}^{22}\cdot\frac{\partial T}{\partial\vec{\boldsymbol{r}}}.
\end{aligned}
\tag{6.303}
$$

In diesem Falle besteht folgender Zusammenhang zwischen den Koeffizienten $\overset{2\to}{\boldsymbol{N}}{}^{ij}$ und $\overset{2\to}{\boldsymbol{L}}{}^{ij}$:

$$
\begin{aligned}
&\overset{2\to}{\boldsymbol{N}}{}^{11} = (\overset{2\to}{\boldsymbol{L}}{}^{11})^{-1},\quad \overset{2\to}{\boldsymbol{N}}{}^{22} = \overset{2\to}{\boldsymbol{L}}{}^{22} - \overset{2\to}{\boldsymbol{L}}{}^{21}\cdot(\overset{2\to}{\boldsymbol{L}}{}^{11})^{-1}\cdot\overset{2\to}{\boldsymbol{L}}{}^{12} = T^2\overset{2\to}{\lambda}/e,\\
&\overset{2\to}{\boldsymbol{N}}{}^{12} = (\overset{2\to}{\boldsymbol{L}}{}^{11})^{-1}\cdot\overset{2\to}{\boldsymbol{L}}{}^{12} = T\overset{2\to}{\boldsymbol{\Sigma}},\quad \overset{2\to}{\boldsymbol{N}}{}^{21} = -\overset{2\to}{\boldsymbol{L}}{}^{21}\cdot(\overset{2\to}{\boldsymbol{L}}{}^{11})^{-1},
\end{aligned}
\tag{6.304}
$$

mit $\overset{2\to}{\boldsymbol{\Sigma}}$ von (6.273) und $\overset{2\to}{\lambda}$ aus (6.240).

Die drei Effekte, bei denen die freigesetzte bzw. aufgenommene Wärmemenge als Wirkung anzusehen ist, erhalten wir in Kristallen aus einer Bilanz des vektoriellen Gesamtenergiestromes $\vec{\boldsymbol{j}}_{\text{ges}}$.

Für diesen gilt

$$
\vec{\boldsymbol{j}}_{\text{ges}} \equiv \vec{\boldsymbol{q}} + \frac{1}{(-e)}\bar{\mu}\vec{\boldsymbol{j}}.
\tag{6.305}
$$

Nun enthält der Wärmestrom $\vec{\boldsymbol{q}}$ einen Beitrag, der von den bewegten Ladungsträgern erzeugt wird und einen zweiten als Folge des Temperaturgradienten (vgl. dazu (6.278) und (6.240)). Somit wird aus (6.305) unter Berücksichtigung von (6.279a)

$$
\vec{\boldsymbol{j}}_{\text{ges}} = \left(T\overset{2\to}{\boldsymbol{\Sigma}} + \frac{1}{(-e)}\bar{\mu}\overset{2\to}{\boldsymbol{1}}\right)\cdot\vec{\boldsymbol{j}} - \overset{2\to}{\lambda}\cdot\frac{\partial T}{\partial\vec{\boldsymbol{r}}}.
\tag{6.306}
$$

Der Umfang erzeugter oder verbrauchter Wärmemenge folgt aus der Divergenz von (6.306):

$$\begin{aligned} -\frac{\partial}{\partial \vec{r}} \cdot \vec{j}_{\text{ges}} &= -\left(\frac{\partial T}{\partial \vec{r}} \cdot \overset{2\rightarrow}{\boldsymbol{\Sigma}} + \frac{1}{(-e)} \frac{\partial \bar{\mu}}{\partial \vec{r}} \cdot \overset{2\rightarrow}{\mathbf{1}}\right) \cdot \vec{j} \\ &\quad - T \frac{\partial}{\partial \vec{r}} \cdot (\vec{j} \cdot \overset{2\rightarrow}{\boldsymbol{\Sigma}}{}^{\mathsf{T}}) + \frac{\partial}{\partial \vec{r}} \cdot \left(\overset{2\rightarrow}{\lambda} \cdot \frac{\partial T}{\partial \vec{r}}\right). \end{aligned} \tag{6.307}$$

Das Glied in der ersten Klammer auf der rechten Seite ist wegen der ersten Zeile von (6.303) gleich $\big(T/(-e)\big) (\overset{2\rightarrow}{\boldsymbol{L}}{}^{11})^{-1} \cdot \vec{j}$, der gesamte erste Summand stellt also die JOULEsche Wärme dar. Der zweite Term enthält die Wärmemenge, die auf thermoelektrische Effekte zurückgeht, der dritte beschreibt den Beitrag der Wärmeleitung.

Im Rahmen dieses Kapitels interessiert besonders der thermoelektrische Beitrag zur Wärmebilanz:

$$\boxed{\begin{aligned} -T \frac{\partial}{\partial \vec{r}} \cdot (\vec{j} \cdot \overset{2\rightarrow}{\boldsymbol{\Sigma}}) &= -T(\vec{j} \cdot \overset{2\rightarrow}{\boldsymbol{\Sigma}}{}^{\mathsf{T}}) \cdot \frac{\partial}{\partial \vec{r}} \\ &\quad - T\left(\vec{j} \cdot \frac{\partial \overset{2\rightarrow}{\boldsymbol{\Sigma}}{}^{\mathsf{T}}}{\partial T}\right) \cdot \frac{\partial T}{\partial \vec{r}} - T(\overset{\downarrow}{\vec{j}} \cdot \overset{2\rightarrow}{\boldsymbol{\Sigma}}{}^{\mathsf{T}}) \cdot \frac{\partial}{\partial \vec{r}} \end{aligned}}\,. \tag{6.308}$$

Der vertikale Pfeil bezeichnet die zu differenzierende Größe. Mit dem zweiten Summanden auf der rechten Gleichungsseite wurde berücksichtigt, daß $\overset{2\rightarrow}{\boldsymbol{\Sigma}}$ auch dadurch vom Ort abhängen kann, daß sich die Temperatur ändert. Die drei Summanden bedeuten der Reihe nach PELTIER-, THOMSON- und BRIDGMAN-Wärme.

## 6.10.6. Atomistische Interpretation der thermoelektrischen Effekte

Da sich alle in 6.10. untersuchten Erscheinungen auf die Materialgröße $\overset{2\rightarrow}{\boldsymbol{\Sigma}}$ zurückführen lassen, beschränken wir uns auf einige Erläuterungen zum SEEBECK-Koeffizienten. Zuvor sei ein oft benutzter Weg der Diskussion aller Transporteigenschaften in groben Zügen skizziert. Für eingehendere Darstellungen sei z. B. auf BLATT; ZIMAN; DONOVAN; HARMAN, HONIG; LUDWIG verwiesen.

### 6.10.6.1. Boltzmann-Gleichung

Ausgangspunkt der quantitativen Betrachtungen sind die Vorstellungen von der Ladungsträgerbewegung im $\vec{k}$-Raum, wie sie in 6.8.4. Verwendung fanden. In dieser Näherung hat ein Elektron den Impuls $\hbar\vec{k}$. Ein äußeres Feld wirkt beschleunigend auf die Ladungsträger; Wärmeschwingungen und statische Kristallbaufehler führen zur Streuung und damit Abbremsung der Teilchen (vgl. 6.8.4.6.). Um die kombinierte Wirkung dieser Vorgänge beschreiben zu können, wird eine Verteilungsfunktion $f$ der

Elektronen eingeführt, so daß

$$\frac{1}{4\pi^3} f(\vec{k}, \vec{r}, t)\, \mathrm{d}\vec{k}\, \mathrm{d}\vec{r} \tag{6.309}$$

die Zahl der Elektronen im Volumenelement $\mathrm{d}\vec{k}$ des $\vec{k}$-Raums und $\mathrm{d}\vec{r}$ des Ortsraums zur Zeit $t$ bedeutet. Zu einem späteren Zeitpunkt $t + \mathrm{d}t$ hat $f$ die Form

$$f(\vec{k} + \dot{\vec{k}}\,\mathrm{d}t, \vec{r} + \vec{v}\,\mathrm{d}t, t + \mathrm{d}t) = f(\vec{k}, \vec{r}, t) + \left(\frac{\partial f}{\partial t}\right)_{\text{Stöße}} \mathrm{d}t, \tag{6.310}$$

wobei die Änderung von $f$ durch die erwähnten Stöße erfolgt. Die Reihenentwicklung der linken Gleichungsseite von (6.310) führt auf die BOLTZMANN-Gleichung

$$\boxed{\frac{\partial f}{\partial t} + \dot{\vec{k}} \cdot \frac{\partial f}{\partial \vec{k}} + \vec{v} \cdot \frac{\partial f}{\partial \vec{r}} = \left(\frac{\partial f}{\partial t}\right)_{\text{Stöße}}}\,. \tag{6.311}$$

Im Gleichgewichtszustand ist $f$ gleich der FERMI-DIRAC-Verteilungsfunktion (6.217). Stationäre Zustände können durch $\partial f/\partial t = 0$ in (6.311) erfaßt werden.

Wirkt nun ein äußeres Feld über eine Kraft $\vec{F}$ auf das Elektron, verändert sich dessen Zustand $\vec{k}$ entsprechend (6.209).

Aus (6.311) wird

$$\frac{1}{\hbar} \vec{F} \cdot \frac{\partial f}{\partial \vec{k}} + \vec{v} \cdot \frac{\partial f}{\partial \vec{r}} = \left(\frac{\partial f}{\partial t}\right)_{\text{Stöße}}. \tag{6.312}$$

Es ist zweckmäßig, eine Lösung von (6.312) durch Bezug auf die Gleichgewichtsverteilung (6.217) auf die Form

$$f(\vec{k}, \vec{r}) = f^0(\vec{k}) - \vec{v} \cdot \vec{\Phi}(\vec{k}, \vec{r})\, \frac{\partial f^0}{\partial \varepsilon} \tag{6.313}$$

zu bringen. Dann ist

$$\left(\frac{\partial f}{\partial t}\right)_{\text{Stöße}} = -\frac{f - f^0}{\bar{\tau}} = \frac{1}{\bar{\tau}}\, \vec{v} \cdot \vec{\Phi}\, \frac{\partial f^0}{\partial \varepsilon}, \tag{6.314}$$

wenn wie in 6.8.4.6. die Relaxationszeitnäherung mit der Relaxationszeit $\bar{\tau}$ benutzt wird.

Zur weiteren Vereinfachung ersetzen wir auf der linken Seite von (6.312) $f$ durch die Gleichgewichtsverteilung (6.217), wodurch sich wegen (6.206) $\partial f/\partial \vec{k} \approx \hbar \vec{v}\, \partial f^0/\partial \varepsilon$ und $\partial f/\partial \vec{r} \approx (\partial f^0/\partial T)\, (\partial T/\partial \vec{r}) = -(\partial f^0/\partial \varepsilon)\, (\partial \varepsilon/\partial T)\, (\partial T/\partial \vec{r})$ ergibt. Der letzte Ausdruck folgt aus (6.217).

Mit diesen Näherungen nimmt (6.312) die Gestalt

$$\vec{F} \cdot \vec{v}\, \frac{\partial f^0}{\partial \varepsilon} - \vec{v} \cdot \frac{\partial T}{\partial \vec{r}} \left\{\frac{\varepsilon - \varepsilon_F}{T} + \frac{\partial \varepsilon_F}{\partial T}\right\} \frac{\partial f^0}{\partial \varepsilon} = \frac{1}{\bar{\tau}}\, \vec{v} \cdot \vec{\Phi}\, \frac{\partial f^0}{\partial \varepsilon} \tag{6.315}$$

an. Hierbei ist für $\partial \varepsilon/\partial T$ das Ergebnis von Fußn. 1, S. 175 eingefügt worden.

Durch Vergleich der beiden Seiten von (6.315) ergibt sich nun ein Ausdruck für die bisher unbekannte Vektorfunktion $\vec{\Phi}$ in (6.313)

$$\vec{\Phi}(\vec{k}, \vec{r}) = \tau \left\{ \vec{F} - \frac{\partial \varepsilon_F}{\partial \vec{r}} - \frac{\varepsilon - \varepsilon_F}{T} \frac{\partial T}{\partial \vec{r}} \right\}. \tag{6.316}$$

Sie hat die Bedeutung einer effektiven Kraftwirkung auf das Elektron, das äußeren Feldern $\vec{F}$ und Temperaturgradienten ausgesetzt ist.

#### 6.10.6.2. Kinetische Koeffizienten

Um den Anschluß an die phänomenologischen Beziehungen (6.299) zu finden, müssen die Stromdichten $\vec{j}$ und $\vec{q}$ im Bild von 6.10.6.1. formuliert werden.

Die elektrische Stromdichte ist nach (6.216)

$$\vec{j} = -\frac{e}{4\pi^3} \int \vec{v} f \, d\vec{k}, \tag{6.317}$$

und unter Berücksichtigung von (6.313) und (6.316)

$$\begin{aligned} \vec{j} = &-\frac{e^2}{4\pi^3 \hbar} \int \tau \vec{v}\vec{v} \cdot \left( \vec{E} + \frac{1}{e} \frac{\partial \varepsilon_F}{\partial \vec{r}} \right) \frac{\partial f^0}{\partial \varepsilon} \frac{dA \, d\varepsilon}{v} \\ &- \frac{e}{4\pi^3 \hbar} \int \tau \vec{v}\vec{v} \cdot \left( -\frac{\partial T}{\partial \vec{r}} \right) \left( -\frac{\partial f^0}{\partial \varepsilon} \right) \left( \frac{\varepsilon - \varepsilon_F}{T} \right) \frac{dA \, d\varepsilon}{v}. \end{aligned} \tag{6.318}$$

Die Integration im $\vec{k}$-Raum wurde durch eine über Flächen $dA$ konstanter Energie $\varepsilon$ und über die Energie $d\varepsilon$ ersetzt, wobei $d\vec{k} = dA \, d\varepsilon/\hbar v$ und $-\int e\vec{v}f^0 \, d\vec{k} = 0$ ist ($v$ Elektronengeschwindigkeit).

Für den Wärmestrom gilt entsprechend (6.257) und (6.313)

$$\vec{q} = \frac{1}{4\pi^3} \int \vec{v} (\varepsilon - \varepsilon_F)(f - f^0) \, d\vec{k} = -\frac{1}{4\pi^3} \int \vec{v} (\varepsilon - \varepsilon_F)(\vec{v} \cdot \vec{\Phi}) \frac{\partial f^0}{\partial \varepsilon} \, d\vec{k}. \tag{6.319}$$

Transportierte Größe ist die Differenz zwischen innerer Energie $\varepsilon$ und freier Energie $\varepsilon_F$, die Wärmeenergie eines Elektrons. (6.318) und (6.319) im Verein mit (6.316) ergeben die zu (6.299) analogen Transportgleichungen, diesmal mit Begriffen der elektronischen Struktur des Kristalls formuliert. Man hat

$$\begin{aligned} -\vec{j} &= \overset{2\rightarrow}{L}{}'^{11} \cdot \left( \vec{E} + \frac{1}{e} \frac{\partial \varepsilon_F}{\partial \vec{r}} \right) + \frac{e}{T} \overset{2\rightarrow}{L}{}'^{12} \cdot \frac{\partial T}{\partial \vec{r}}, \\ \vec{q} &= \overset{2\rightarrow}{L}{}'^{21} \cdot \left( \vec{E} + \frac{1}{e} \frac{\partial \varepsilon_F}{\partial \vec{r}} \right) + \frac{1}{T} \overset{2\rightarrow}{L}{}'^{22} \cdot \frac{\partial T}{\partial \vec{r}}, \end{aligned} \tag{6.320}$$

wobei die kinetischen Koeffizienten $\overset{2\rightarrow}{L}'^{ij}$ bis auf einen Maßstabsfaktor denen von (6.299) gleich sind.

Im einzelnen ist

$$\begin{aligned}
\overset{2\rightarrow}{L}'^{11} &= \frac{e^2}{4\pi^3\hbar}\int \tau\vec{v}\vec{v}\,\frac{\partial f^0}{\partial\varepsilon}\,\frac{\mathrm{d}A\,\mathrm{d}\varepsilon}{v},\\
\overset{2\rightarrow}{L}'^{12} &= \frac{1}{4\pi^3\hbar}\int \tau\vec{v}\vec{v}(\varepsilon-\varepsilon_F)\,\frac{\partial f^0}{\partial\varepsilon}\,\frac{\mathrm{d}A\,\mathrm{d}\varepsilon}{v} = \overset{2\rightarrow}{L}'^{21}\\
&= \frac{1}{3}\,\pi^2(k_BT)^2\left[\frac{\partial}{\partial\varepsilon}\,\overset{2\rightarrow}{L}'^{11}(\varepsilon)/e^2\right]_{\varepsilon=\varepsilon_F},\\
\overset{2\rightarrow}{L}'^{22} &= \frac{1}{4\pi^3\hbar}\int \tau\vec{v}\vec{v}(\varepsilon-\varepsilon_F)^2\,\frac{\partial f^0}{\partial\varepsilon}\,\frac{\mathrm{d}A\,\mathrm{d}\varepsilon}{v}.
\end{aligned} \tag{6.321}$$

Der Tensorcharakter wird also vom unbestimmten Produkt der Elektronengeschwindigkeit $\vec{v}$ bestimmt. Man beachte, daß $\partial f^0/\partial\varepsilon < 0$ ist.

### 6.10.6.3. Seebeck-Koeffizient

Es liege ein Temperaturgradient im stromlosen Zustand $\vec{j} = \vec{0}$ vor. Dann ist nach (6.320)

$$\vec{E}_{\text{eff}} = -\frac{e}{T}\,(\overset{2\rightarrow}{L}'^{11})^{-1}\cdot\overset{2\rightarrow}{L}'^{12}\cdot\frac{\partial T}{\partial\vec{r}}, \tag{6.322}$$

wobei $\vec{E}_{\text{eff}} \equiv \vec{E} + \dfrac{1}{e}\,\dfrac{\partial\varepsilon_F}{\partial\vec{r}}$ das effektive elektrische Feld für den Fall darstellt, daß die FERMI-Energie $\varepsilon_F$ vom Ort abhängt und dadurch eine zusätzliche Kraftwirkung auf die Elektronen ausgeübt wird.

Der Vergleich mit (6.273) ermöglicht eine atomistische Interpretation des SEEBECK-Koeffizienten.

$$\overset{2\rightarrow}{\Sigma} = \frac{e}{T}\,(\overset{2\rightarrow}{L}'^{11})^{-1}\cdot\overset{2\rightarrow}{L}'^{12}, \tag{6.323}$$

denn wegen (6.320) und (6.108) ist $\overset{2\rightarrow}{L}'^{11} = -\overset{2\rightarrow}{\sigma}_e$. Setzt man nun noch $\overset{2\rightarrow}{L}'^{12}$ aus (6.321) in (6.323) ein, ergibt sich

$$\boxed{\overset{2\rightarrow}{\Sigma} = -\frac{\pi^2}{3}\,\frac{k_B{}^2}{e}\,T\left(\frac{\partial\ln\overset{2\rightarrow}{\sigma}_e}{\partial\varepsilon}\right)_{\varepsilon=\varepsilon_F}}. \tag{6.324}$$

Der Tensor des SEEBECK-Koeffizienten ist somit auf die Energieabhängigkeit des Tensors der elektrischen Leitfähigkeit an der FERMI-Grenze $\varepsilon_F$ zurückgeführt. Die Interpretation von $\overset{2\rightarrow}{\sigma}_e$ war in 6.8.4.6. vorgenommen worden.

Für Anwendungen auf Halbleiter zerlegt man die Leitfähigkeit in den Anteil der Ladungsträgerkonzentration und der effektiven Beweglichkeit $\overset{2\to}{\mu}$:

$$\overset{2\to}{\sigma}_e(\varepsilon) = -n(\varepsilon)\, e\, \overset{2\to}{\mu}(\varepsilon). \tag{6.325}$$

Dann hat man

$$\overset{2\to}{\Sigma} = -\frac{\pi^2}{3}\frac{k_B^2}{e} T \left[ -\frac{1}{n} \overset{2\to}{1} \frac{\partial n}{\partial \varepsilon} + \frac{\partial \ln \overset{2\to}{\mu}}{\partial \varepsilon} \right]. \tag{6.326}$$

Für Metalle ist auch eine andere Darstellung üblich. Wegen

$$\overset{2\to}{\sigma}_e = \frac{1}{4\pi^3}\frac{e^2\bar{\tau}}{\hbar}\int \frac{\vec{v}\vec{v}\,\mathrm{d}A}{v} = \frac{1}{4\pi^3}\frac{e^2 l}{\hbar}\int \frac{\vec{v}}{v}\frac{\vec{v}}{v}\,\mathrm{d}A = \frac{e^2}{4\pi^3\hbar}\, l(\varepsilon)\, \overset{2\to}{A}_F(\varepsilon) \tag{6.327}$$

mit $l = v\bar{\tau}$ als mittlerer freier Weglänge wird

$$\boxed{\overset{2\to}{\Sigma} = -\frac{\pi^2}{3}\frac{k_B^2}{e} T \left[ \overset{2\to}{1} \frac{1}{l}\frac{\partial l}{\partial \varepsilon} + \frac{\partial \ln \overset{2\to}{A}_F}{\partial \varepsilon} \right]}. \tag{6.328}$$

$\overset{2\to}{A}_F$ ist der Tensor der Fermi-Fläche. (6.328) ist nur für hohe Temperaturen $T \geqq \Theta_D$ anwendbar.

$\overset{2\to}{\Pi}$ und $\overset{2\to}{\tau}$ können mit Hilfe von (6.279a) und (6.286) berechnet werden.

### 6.10.6.4. Einfluß der elektronischen Struktur

Bei Kenntnis der elektronischen Struktur eines Materials lassen sich die kinetischen Koeffizienten (6.320) und damit auch die thermoelektrischen Eigenschaften berechnen. Die praktische Durchführung stößt indessen auf verschiedene Schwierigkeiten, so daß man sich mit Näherungen begnügen muß. Dem Materialforscher stehen oft bestenfalls Angaben zu den Fermi-Flächen, zu den Zustandsdichten von Elektronen und Phononen und zu einfacheren Materialgrößen zur Verfügung, anhand deren er die Eignung einer Substanz für Anwendungen zu beurteilen hat. In derartigen Situationen sind einfache Modellvorstellungen nützliche Ratgeber. Die Ausführungen der vorangegangenen Abschnitte sind in diesem Sinne zu verstehen.

Wir geben nun eine Zusammenfassung auf anschaulicher Grundlage.

Die Thomson*sche Wärme* ist näherungsweise die Wärmekapazität der (positiven) Ladungsträger, also $\tau^A \approx C^e/e$. In Metallen ist $C^e \approx (\pi^2/2)\, k_B(k_BT/\varepsilon_F)$, wie in 3.3.3.5. erörtert wurde. Die Fermi-Energie $\varepsilon_F$ wächst mit der Konzentration freier Elektronen eines Metalls. $\tau^A$ sollte daher entsprechend abnehmen. Mitunter stimmen die Erwartungen nicht einmal bezüglich des Vorzeichens mit dem Experiment überein. So hat z. B. Li einen negativen Wert von $\tau^A$. Hier liegen anscheinend starke Abweichungen vom Verhalten freier Elektronen vor (vgl. z. B. Charlé).

Da die mittlere kinetische Energie der Ladungsträger $(3/2)\, k_BT$ beträgt, erwartet man im Metall einen Fluß der Elektronen vom heißen zum kalten Ende des Leiters (d. h. $\Sigma^A < 0$). Das trifft auch auf Elektronen im periodischen Potential zu, denn in diesem Falle wächst sowohl die FERMI-Fläche $A_F$ mit der Elektronenenergie $\varepsilon$ als auch die mittlere freie Weglänge $l$ mit $\varepsilon$. Nach (6.328) bedeutet das $\Sigma^A < 0$. Für Metalle, deren FERMI-Fläche die BRILLOUIN-Zone berührt (vgl. 6.8.4.4.), nimmt dagegen $A_F$ mit $\varepsilon$ ab, und die Richtung des SEEBECK-*Feldes* kehrt sich um (Elektronenfluß von kalt nach heiß, da die Gesamtenergie der Elektronen an der FERMI-Grenze wegen der größeren Zahl verfügbarer Zustände am kalten Ende größer ist als am heißen[1])).

Die PELTIER-*Spannung* entspricht der von den Ladungsträgern transportierten Energie dividiert durch die Ladung. Jeder Ladungsträger liefert einen Anteil zur PELTIER-Spannung entsprechend seinem Beitrag zum elektrischen Strom. Beim Übertritt in ein anderes Metall ändert sich diese Energie (etwa gemessen bezüglich des Grundzustandes eines Bandes). Ist sie größer, muß Energie in Form von Wärme aufgenommen werden, andernfalls wird Wärme frei.

In Halbleitern stehen bei Raumtemperatur nur verhältnismäßig wenige Elektronen zur Leitung zur Verfügung (vgl. 6.8.4.8.). Deren Dichte $n_e$ ist im Unterschied zu Metallen stark temperaturabhängig. Dadurch entstehen zwischen heißem und kaltem Ende des Halbleiters i. allg. höhere SEEBECK-Feldstärken. Weiterhin ist die Breite der verbotenen Zone (vgl. 6.8.4.5.) temperaturabhängig. Es diffundieren Ladungsträger von hohen Energieniveaus in energetisch tiefer liegende. Das entstehende elektrische Gegenfeld liefert einen Beitrag zur Thermospannung.

Neben Ladungsträgern wird im Temperaturgradienten auch Energie in Form von Phononen (vgl. 3.3.3.3.) transportiert. Falls eine nennenswerte Wechselwirkung zwischen Elektronen und Phononen vorliegt (vgl. z. B. 6.8.4.7.), üben die Phononen eine Sogwirkung auf die Elektronen aus (Phononensog oder Phononenmitführung). Bei genügend niedrigen Temperaturen ist der Impulsaustausch zwischen beiden groß, so daß dieser Effekt einen wesentlichen Beitrag zum SEEBECK-Effekt liefert. Da andererseits die Wärmeschwingungen der Atome bei Temperaturerniedrigung sehr schnell ihren Anteil an der Gesamtenergie $\sim (T/\Theta_D)^3$ verlieren, verschwindet auch der Sog-Beitrag. Auf diese Weise kommt es zu den Extrema in Abb. 6.57. Für eine ausführlichere Diskussion vgl. z. B. KADEN.

Die thermoelektrischen Effekte werden noch von einem dritten Einfluß bestimmt. Das ist der Beitrag der Streuung von Elektronen (oder Löchern) an Baufehlern, z. B. Verunreinigungsatomen. Der Mechanismus ist bereits in 6.8.4.7. behandelt worden. Diese Streuung wird hier wirksam, weil der Streuquerschnitt von der Elektronenenergie, also von der Temperatur, abhängt. Abb. 6.56 läßt allerdings auch erkennen, daß die quantitative Beschreibung dieser empfindlichen Abhängigkeit mit einfachen Hilfsmitteln nicht gelingt.

### 6.10.7. Anwendungen

Die thermoelektrischen Effekte werden vornehmlich zur Energiewandlung und zur Temperaturmessung (einschließlich der Fotometrie) genutzt. Thermoelektrische Generatoren erzeugen eine elektrische Leistung $P$ durch Nutzung eines Temperaturgefälles (z. B. Abb. 6.62).

[1]) Die Teile der FERMI-Fläche, die die BRILLOUIN-Zonengrenze berühren, stehen für eine Besetzung nicht mehr zur Verfügung, denn sie entsprechen energetisch niedrigeren, bereits besetzten Zuständen. Beispiele für derartige Berührung sind Cu, Ag, Au mit $\Sigma^A > 0$.

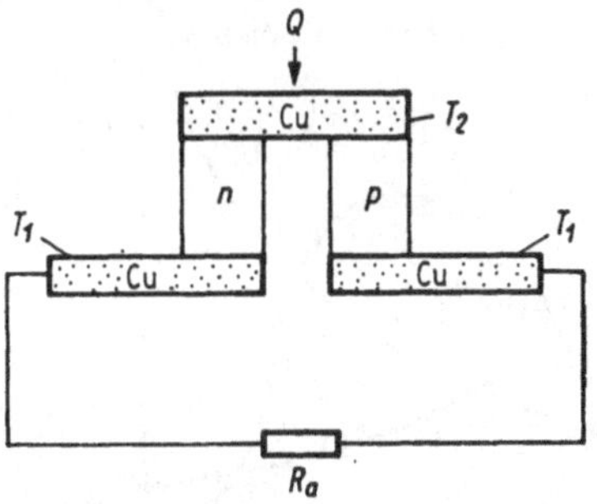


Abb. 6.62. Prinzip eines thermoelektrischen Generators aus zwei verschiedenen Halbleitern $n$ und $p$, die in Kupferblöcke eingeschlossen sind. Bei der Temperatur $T_2 > T_1$ wird die Wärmemenge $Q$ zugeführt. Über den Außenwiderstand $R_a$ wird die elektrische Leistung $P$ entnommen.

Der maximale Wirkungsgrad[1]) eines einstufigen Generators ist nach ALTENKIRCH (1911)

$$\eta_{\max} = \frac{T_2 - T_1}{T_2} \left( \frac{\sqrt{1 + z\overline{T}} - 1}{\sqrt{1 + z\overline{T}} + T_1/T_2} \right), \tag{6.329}$$

wobei $\overline{T} \equiv (T_1 + T_2)/2$ und

$$z \equiv \frac{\Sigma^2 \sigma_e}{\lambda} \tag{6.330}$$

die *thermoelektrische Effektivität* bedeuten ($\lambda$ Wärmeleitfähigkeit, $\sigma_e$ elektrische Leitfähigkeit, $\Sigma$ differentielle absolute Thermokraft). Die Optimierung von $z$ ist ein wichtiges Ziel der Entwicklung neuer Thermoelektrika (vgl. dazu z. B. HEIKES, URE; JUSTI; BIGOT). Nimmt man an, daß sich die Wärmeleitfähigkeit wenig mit der Elektronenkonzentration ändert, ist Max $(z) \approx$ Max $(\Sigma^2\sigma_e)$.

Abb. 6.63 zeigt, daß Max $(z)$ im Bereich der halbleitenden Materialien zu finden sein sollte.

Gegenwärtig werden z. B. PbTe-Generatoren erfolgreich angewandt. Die heiße Lötstelle wird gewöhnlich bei 570 °C betrieben. Die Effektivität liegt bei $zT \approx 0{,}5$. Weitere aussichtsreiche Substanzen für diese Anwendung sind Si—Ge (dotiert mit GaP) ($T_2 = 1000$ °C, $T_1 = 150$ °C, $\eta = 12{,}5\%$) und $La_2S_3$ ($T_2$, $T_1$ wie Si—Ge, $\eta = 20{,}5\%$) (vgl. RAO 1982).

Der PELTIER-Effekt wird zur *Kühlung* dort angewandt, wo es auf Geräuschlosigkeit, Erschütterungsfreiheit, Unabhängigkeit von Flüssigkeiten oder anderen Chemikalien, lange Lebensdauer, Wartungsarmut, geringe Masse und stufenlosen Übergang von Kühlung auf Heizung ankommt. Mit Reihenschaltung von ca. 20 Elementen des Typs der Abb. 6.62 können z. B. Haushaltkühlgeräte bestückt werden. Die Größe $z$ von (6.330) ist auch hier für die Materialauswahl maßgebend.

[1]) Wirkungsgrad $\eta$ = (dem Widerstand zugeführte Leistung)/(als Wärme bei $T_2 > T_1$ dem Generator zugeführte Leistung) $= P/\dot{Q}$.

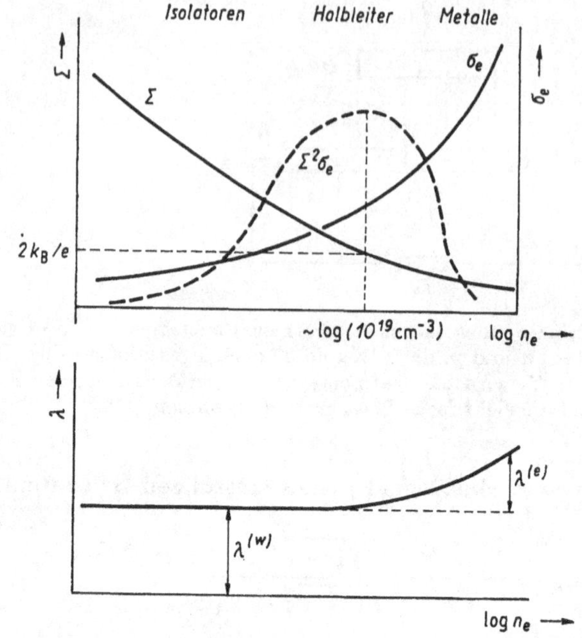


Abb. 6.63. Schematische Darstellung der Abhängigkeit der Thermokraft $\Sigma$, der elektrischen Leitfähigkeit $\sigma_e$ und der Wärmeleitfähigkeit $\lambda$ ($\lambda_g$ Wärmeschwingungsanteil, $\lambda_e$ Elektronenanteil) von der Ladungsträgerkonzentration $n_e$. $\Sigma^2\sigma_e$ durchläuft im Gebiet der hochdotierten Halbleiter ein Maximum. In diesem Falle ist $\Sigma \approx 2k_B/e = 172\ \mu V/K$ (vgl. z. B. Bigot).

Beim Betrieb eines Elementes der Art Abb. 6.58a als *Wärmepumpe* liegt der maximale Wirkungsgrad bei

$$\eta_{max} = \frac{T_2}{T_2 - T_1} \left(1 - 2\, \frac{\sqrt{1 + z(T_1 + T_2)/2} - 1}{zT}\right) \quad (T_2 > T_1). \tag{6.331}$$

Als Nutzeffekt wird die bei hoher Temperatur $T_2$ abgegebene Wärmemenge angesehen (vgl. z. B. Justi). Hier sind z. B. $(Bi, Sb)_2\,(Te, Se)_3$-Legierungen geeignet ($z \geqq 3 \cdot 10^{-3}\ K^{-1}$, vgl. Rao 1982).

Vielseitige Anwendung erfährt der Seebeck-Effekt auch zur Temperaturmessung. Bei tiefen Temperaturen werden vorzugsweise Halbleiterthermoelemente (z. B. Kohlrausch I), bei Temperaturen oberhalb Raumtemperatur wegen ihrer mechanischen Eigenschaften Metallpaare (z. B. Pt—Pt/Rh) eingesetzt.

## 6.11. Diffusion

Im Zusammenhang mit der Superionenleitung (vgl. 6.8.5.) waren wir auf den Transport von Teilchen atomarer Masse durch den Festkörper gestoßen. Dieses Phänomen besitzt Bedeutung über den Ladungstransport hinaus und soll im folgenden beschrieben werden. Ausführliche Darstellungen dazu geben Girifalco 1964; Shewmon; Flynn; Manning; „Diffusion in metallischen Werkstoffen"; Seith; Adda, Philibert; Jost. Vom thermodynamischen Standpunkt vgl. dazu de Groot; Ebeling.

## 6.11.1. Experimentelle Tatsachen

Wie in zahlreichen anderen Fällen auch nutzte der Mensch die Erscheinung des Transports von chemischen Elementen im festen Zustand praktisch lange bevor der Prozeß überhaupt als solcher erkannt worden war. Die Verbesserung der Eiseneigenschaften (Damaszener Klingen, 6. Jahrhundert) über das Eindringen des Kohlenstoffs im Verlaufe einer Nachbehandlung des festen Grundmaterials ist ein bekanntes frühes Beispiel dafür. Homberg berichtete 1713 von der außergewöhnlichen Geschwindigkeit, mit der Quecksilber in Zinnbarren eindringt.

Wegen der i. allg. sehr viel höheren Bewegungsgeschwindigkeit in Flüssigkeiten und Gasen stand aber zunächst der Transport chemischer Elemente und Verbindungen in diesen Aggregatzuständen bei der quantitativen Erforschung im Vordergrund. A. Fick[1]) formulierte 1855 bei der Untersuchung gelöster Salze Diffusionsgesetze, die auch im Festkörper gültig sind. Wir kommen noch darauf zurück. Die ersten ausführlichen Messungen im festen Zustand führte Roberts-Austen am Au—Pb-System aus.

Einen wichtigen experimentellen Fortschritt erzielten Groh, v. Hevesy 1920 durch den Einsatz radioaktiver Isotope. Damit war die Messung der Bewegung einer Atomsorte in chemisch gleicher Umgebung möglich (Selbstdiffusion) (auch in Verbindungen, s. Abb. 6.64).

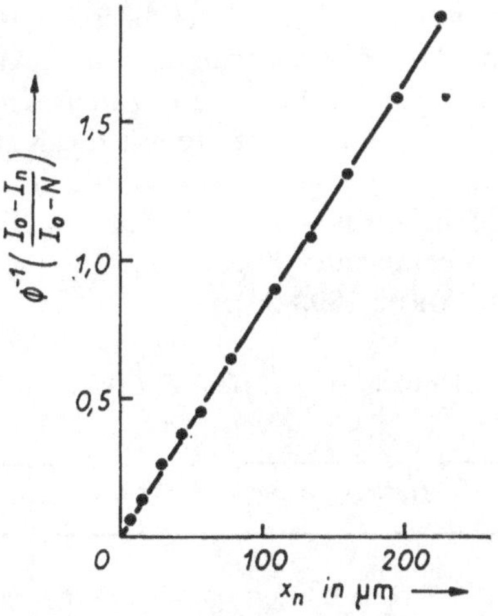


Abb. 6.64. Diffusion von (radioaktivem) $Zn^{65}$ in einen $MgZn_2$-Einkristall parallel zu [0001]. Der Kristall wurde elektrolytisch mit aktiviertem $ZnSO_4$ und $ZnCl_2$ beschichtet und bei $T = 500\,°C$ drei Stunden lang geglüht. Anschließend wurde der Kristall bei Raumtemperatur schichtweise abgetragen und jeweils die Restaktivität gemessen. Das Integral in (6.344) werde mit $\Phi$ bezeichnet. Dann ist $\Phi \sim (I_0 - I_n)/(I_0 - N)$, wo $I_0$ die Aktivität (γ-Strahlung) der Probe vor der Schichtenteilung, $I_n$ die Aktivität nach der $n$-ten Schichtenteilung, $x_n$ die Gesamthöhe der abgetrennten Schichten, $N$ den Nulleffekt bedeuten. $\Phi^{-1}$ ist die Umkehrfunktion von $\Phi$. Nach Korrektur der Poreneinflüsse ergibt $\Phi^{-1}$ über $x_n$ eine Gerade mit dem Anstieg $1/2\sqrt{Dt}$. Im vorliegenden Falle ist $D = 6{,}9 \cdot 10^{-13}\ m^2\,s^{-1}$ (nach Günzel, Paufler, Schulze).

[1]) Adolf Fick (geb. 1829, gest. 1901), Professor der Physiologie an der Universität Würzburg.

Bezeichnet man die in einem Experiment nach Abb. 6.64 ermittelte Zahl $N$ der in einer Richtung $x$ bewegten Atome $i$ dividiert durch den Querschnitt $A$ und die Meßzeit $t$ als Diffusionsstrom $j^{(i)} = N_i/At$, dann besteht zwischen diesem und dem Gradienten der Dichte dieser Atomsorte $c_i = N_i/V$ eine Beziehung der Form (FICK 1855)

$$\boxed{j^{(i)} = -D^{(i)} \frac{\partial c_i}{\partial x}} \tag{6.332}$$

(*1. FICKsches Gesetz*). Dabei ist der *Diffusionskoeffizient* $D^{(i)}$ für die bewegte Atomsorte $i$ und die Matrix kennzeichnend. $D^{(i)}$ erweist sich als stark temperaturabhängig in der Form

$$D^{(i)} = D_0^{(i)} \, \mathrm{e}^{-\Delta H^{(i)}/k_B T} \tag{6.333}$$

mit $D_0^{(i)}$ als einem temperaturunabhängigen Vorfaktor und $\Delta H^{(i)}$ als der *Aktivierungsenthalpie der Diffusion.* $D^{(i)}$ ist überdies i. allg. richtungsabhängig. Zahlenbeispiele enthält Tab. 6.20. $D_0^{(i)}$ und $\Delta H^{(i)}$ sind erfahrungsgemäß nur in einem begrenzten Temperaturintervall temperaturunabhängig. Wirken äußere Kräfte (z. B. Schwerkraft, Temperaturgradient, elektrische Feldstärke), ändert sich der Diffusionsstrom um einen Beitrag $c_i v_D^{(i)}$, wobei $v_D^{(i)}$ die Driftgeschwindigkeit der betreffenden Atomsorte ist. Die Bewegung im elektrischen Feld wird als Elektrotransport, -migration oder -diffusion bezeichnet. So bewegt sich z. B. Cu in GaAs bei 820 °C unter dem Einfluß eines elektrischen Feldes $E$ mit $v_D/E \approx 10^{-5}$ cm² V⁻¹ s⁻¹ in Richtung auf die Kathode. Für Einzelheiten dieses Verhaltens muß auf PRATT, SELLORS verwiesen werden.

Wird an ein homogenes Mehrkomponentensystem ein Temperaturgradient angelegt, entsteht ein Gradient der chemischen Zusammensetzung (Thermodiffusion, Thermotransport oder SORET-Effekt, SORET 1893/94).

Tab. 6.20. Parameter $D_0^{(i)}$ und $\Delta H^{(i)}$ des Diffusionskoeffizienten $D^{(i)}$ (nach LANDOLT-BÖRNSTEIN 1968) bei Versuchstemperaturen $T$

| Matrix | | $i$ | $D_0^{(i)}/\mathrm{cm}^{+2}\,s^{-1}$ | $\Delta H^{(i)}/\mathrm{kJ\,mol}^{-1}$ | $T/°\mathrm{C}$ |
|---|---|---|---|---|---|
| Bi | $\parallel c$ | Bi | $1{,}0 \cdot 10^{-3}$ | 130 | 210–270 |
| | $\perp c$ | Bi | $10^{47}$ | 586 | |
| In | $\parallel c$ | In | 2,7 | 78,3 | 44–144 |
| | $\perp c$ | In | 3,7 | 78,3 | |
| Si | | Si | $9 \cdot 10^{3}$ | 496 | 1100–1300 |
| Zn | $\parallel c$ | Zn | 0,13 | 91 | 240–410 |
| | $\perp c$ | | 0,58 | 106 | |
| NaCl | | $Na^+$ | 0,6 | 158 | 560–780 |
| | | $Cl^-$ | $1{,}1 \cdot 10^{2}$ | 215 | 630–800 |
| MgO | | $Mg^{++}$ | 0,25 | 323 | 1400–1600 |
| | | $O^{--}$ | $2{,}5 \cdot 10^{-6}$ | 261 | 1300–1750 |
| GaAs | | Ga | $1{,}0 \cdot 10^{7}$ | 540 | 1125–1230 |
| | | As | $4 \cdot 10^{21}$ | 983 | 1200–1230 |
| | | Cu | $3{,}0 \cdot 10^{-2}$ | 50,3 | 100–600 |
| InP | | In | $1{,}0 \cdot 10^{5}$ | 371 | 830–980 |
| | | P | $7{,}0 \cdot 10^{10}$ | 544 | 904–1020 |

Es ist

$$\frac{\partial}{\partial x} \ln a_i = -\sigma^{(i)} \frac{\partial T}{\partial x} \tag{6.334}$$

mit dem SORET-Koeffizienten $\sigma^{(i)}$ und der Aktivität $a_i$. Umgekehrt entsteht ein Temperaturgefälle, wenn zwei Komponenten von ursprünglich der gleichen Temperatur ineinander diffundieren (DUFOUR-Effekt). DOUFOUR konnte 1872 den Nachweis für die Diffusion von Gasen führen. Im Festkörper sollte dieser Effekt sehr klein sein.

Der Transport im Festkörper hängt weiterhin stark von der Art, Dichte und Verteilung der vorhandenen Kristallbaufehler ab. An Oberflächen, Korngrenzen und Versetzungen diffundieren die atomaren Bestandteile des Festkörpers mit sehr unterschiedlichen Geschwindigkeiten, in allen Fällen aber schneller als im ungestörten Volumen (vgl. Abb. 6.65).

Von zwei Isotopen des gleichen Elements diffundiert das leichtere schneller (vgl. z. B. LE CLAIRE 1970). Beispiele enthält Tab. 6.21.

Der Diffusionskoeffizient ist abhängig von mechanischen Spannungen. Als Maß der Abhängigkeit vom hydrostatischen Druck $p$ dient das Aktivierungsvolumen $v_{Ak} = -(k_B T/D)\,(\partial D/\partial p)$. Für die Diffusion von Zn in Zn $\perp$ $c$ ist $v_{Ak} = 3{,}0\ \mathrm{cm^3\ mol^{-1}}$, für Zn $\parallel$ $c$ dagegen ist $v_{Ak} = 8{,}3\ \mathrm{cm^3\ mol^{-1}}$ (vgl. FLYNN).

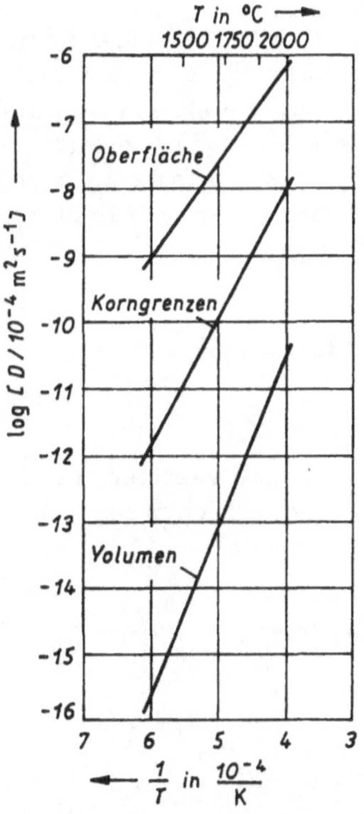


Abb. 6.65. Temperaturabhängigkeit des Diffusionskoeffizienten $D^{Th}$ von Thorium in Wolfram, wenn der Transport entlang der Oberfläche, der Korngrenzen oder durch das Volumen erfolgt (nach SEITH).

Tab. 6.21. Einfluß der Atommasse auf den Koeffizienten der Selbstdiffusion (nach LE CLAIRE 1970)

| diffundierende Isotope $\alpha/\beta$ | Matrix | $D^\alpha/D^\beta$ |
|---|---|---|
| $Ag^{105}/Ag^{111}$ | Ag | 1,0184 |
| $Fe^{52}/Fe^{59}$ | $\alpha$-Fe | 1,0272 |
| $Na^{22}/Na^{24}$ | NaCl | 1,032 |
| $Na^{22}/Na^{24}$ | Na | 1,0163 |

In (6.332) ist die Beobachtung enthalten, daß unterschiedliche Komponenten eines Mehrkomponentensystems verschieden schnell diffundieren. Besonders auffällige Effekte sind in Mischkristallsystemen zu beobachten, in denen ein Konzentrationsgradient vorliegt. SMIGELSKAS, KIRKENDALL fanden 1947 an einem Cu-30% Zn/Cu-Paar nach Glühung bei 785 °C (ca. 60 Tage lang) makroskopische Lochbildung auf der Seite des $\alpha$-Messings nahe der Berührungsfläche und überdies eine Verschiebung vorher eingebrachter Molybdän-Drähtchen (die nicht am Teilchenaustausch teilnehmen) bezüglich eines mit der äußeren Gestalt der Probe fest verbundenen Koordinatensystems (KIRKENDALL-Effekt). Die Drähtchen markieren das Koordinatensystem der Kristallstruktur. Diese Verschiebung der Koordinatensysteme ist bei der quantitativen Behandlung zu berücksichtigen (vgl. z. B. SCHMALZRIED).

Für weitere Einflußgrößen und experimentelle Methoden verweisen wir auf „Diffusion in metallischen Werkstoffen"; SEITH; JOST; SCHMALZRIED.

Teilchenbewegung unter verschiedenen Rand- und Anfangsbedingungen ist in der einschlägigen Literatur mit unterschiedlichen Namen belegt. Selbstdiffusion nennt man den Prozeß des Ausgleichs der Isotopenzusammensetzung. Fremddiffusion bezeichnet ebenso wie chemische Diffusion den Transport einer Atomsorte in der Umgebung anderer Sorten.

## 6.11.2. Phänomenologische Beschreibung

### 6.11.2.1. Ficksche Gesetze

Im Kristall verknüpft (6.332) zwei polare Vektoren. Der Diffusionskoeffizient ist somit ein polarer Tensor 2. Stufe. Bei Berücksichtigung äußerer Felder hat man anstelle von (6.332)

$$\boxed{\vec{j}^{(i)} = -\overset{2\rightarrow}{D}{}^{(i)} \cdot \frac{\partial c_i}{\partial \vec{r}} + c_i \vec{v}_D{}^{(i)}} \tag{6.335}$$

mit $\vec{j}^{(i)}$ als Teilchenstrom, $\partial c_i/\partial \vec{r}$ als Gradient der Teilchendichte (Volumenkonzentration) und $\vec{v}_D{}^{(i)}$ als *Driftgeschwindigkeit*. (6.335) läßt sich auf die Form (6.332) bringen. Dann ist

$$\vec{j}^{(i)} = -\overset{2\rightarrow}{D'}{}^{(i)} \cdot \frac{\partial c_i}{\partial \vec{r}} \tag{6.336}$$

mit $\overset{2\rightarrow}{\boldsymbol{D}}{}'^{(i)} = \overset{2\rightarrow}{\boldsymbol{D}}{}^{(i)} - \overset{2\rightarrow}{\boldsymbol{D}}{}''^{(i)}$, wobei $\overset{2\rightarrow}{\boldsymbol{D}}{}''^{(i)} \cdot \partial c_i/\partial\vec{\boldsymbol{r}} = c_i\vec{\boldsymbol{v}}_D{}^{(i)}$ den Drifteinfluß berücksichtigt und $\overset{2\rightarrow}{\boldsymbol{D}}{}'^{(i)}$ einen *effektiven Diffusionskoeffizienten* beschreibt.

Eine Untersuchung der Symmetrieeigenschaften des Diffusionskoeffizienten hat von (1.7) und (2.4) auszugehen.

Treibende Kraft ist

$$X^{(k)} = \vec{\boldsymbol{F}}^{(k)} - T\,\frac{\partial}{\partial\vec{\boldsymbol{r}}}\left(\frac{\mu_k}{T}\right) \tag{6.337}$$

mit $\mu_k$ als chemischem Potential der Komponente $k$ und $\vec{\boldsymbol{F}}^{(k)}$ als äußerer Kraft (vgl. z. B. DE GROOT). Damit wird (1.7) für Diffusion verschiedener Komponenten im kräftefreien Fall $\vec{\boldsymbol{F}} = 0$

$$j^{(i)} = -L_{ij}\,\frac{\partial\mu_j}{\partial x}. \tag{6.338}$$

Die Koeffizienten $L_{ij}$ sind den Diffusionskoeffizienten proportional und verknüpfen im isotropen und kubischen Material unterschiedliche Komponenten. Wegen (2.4) ist $L_{ji} = L_{ij}$. $L_{ij}$ heißt dann *partieller Diffusionskoeffizient* der Komponente $i$ im Konzentrationsgradienten $j$.

Man kann (6.338) auch als Gleichung für die $i$-te Komponente des Teilchenstromes einer bestimmten Teilchensorte lesen. Dann bedeutet (2.4) die Symmetrie des Diffusionskoeffizienten einer Teilchensorte (sofern $\vec{\boldsymbol{F}} = 0$):

$$\overset{2\rightarrow}{\boldsymbol{D}} = \overset{2\rightarrow}{\boldsymbol{D}}{}^{T}. \tag{6.339}$$

Bezüglich der äußeren und inneren Symmetrie gelten die Überlegungen für die elektrische Leitfähigkeit $\sigma_e$ (vgl. 6.8.2.). Werden die diffundierten Teilchen weder erzeugt noch vernichtet, gilt der Erhaltungssatz der Teilchenzahl (Kontinuitätsgleichung)

$$\frac{\partial c}{\partial t} + \frac{\partial}{\partial\vec{\boldsymbol{r}}}\cdot\vec{\boldsymbol{j}} = 0. \tag{6.340}$$

Einsetzen von (6.336) liefert das *2.* Fick*sche Gesetz*

$$\boxed{\frac{\partial c}{\partial t} = \frac{\partial}{\partial\vec{\boldsymbol{r}}}\cdot\left(\overset{2\rightarrow}{\boldsymbol{D}}{}'\cdot\frac{\partial c}{\partial\vec{\boldsymbol{r}}}\right)}\,. \tag{6.341}$$

Falls $\overset{2\rightarrow}{\boldsymbol{D}}{}'$ nicht vom Ort abhängt, hat man

$$\frac{\partial c}{\partial\vec{\boldsymbol{r}}} = \overset{2\rightarrow}{\boldsymbol{D}}{}' : \frac{\partial^2 c}{\partial\vec{\boldsymbol{r}}^2}. \tag{6.342}$$

### 6.11.2.2. Einfache Lösungen

(6.341) beschreibt den Zeitablauf der Diffusion. Für Lösungsmethoden vgl. z. B. CRANK. Diese partielle Differentialgleichung für $c(\vec{r}, t)$ ist vom gleichen Typ wie die Wärmeleitungsgleichung (6.245), ihre Lösung stößt auf die gleichen Schwierigkeiten. Die einfachen Lösungen von Abschn. 6.9.4. gelten auch hier, oft sind aber die Anfangsbedingungen andere als bei Wärmeleitungsproblemen.

Wir betrachten den einfachen eindimensionalen Fall zu Abb. 6.64 und setzen $D = \text{const}$. Dann wird aus (6.341)[1])

$$\frac{\partial c}{\partial t} = D \frac{\partial^2 c}{\partial x^2}. \tag{6.343}$$

Zu Beginn des Versuchs ist $c(x, 0) = c_2 \Theta_H(x) + c_1 \Theta_H(-x)$.[2]) Eine Lösung von (6.343) für diese Anfangsverteilung ist

$$\boxed{c(x, t) = \frac{c_1 + c_2}{2} - \frac{c_1 - c_2}{2} \frac{2}{\sqrt{\pi}} \int_0^{x/2\sqrt{Dt}} e^{-\xi^2} \, d\xi}. \tag{6.344}$$

An der Trennfläche $x = 0$ ist weiterhin

$$\frac{\partial c(x, t)}{\partial x} = \frac{(c_2 - c_1) \, \Theta_H(t) \, e^{-x^2/4Dt}}{\sqrt{4\pi Dt}}. \tag{6.345}$$

Der Verlauf $c(x, t)$ ist in Abb. 6.64 dargestellt. An der Trennfläche $x = 0$ gilt für alle Zeiten $c(0, t) = (c_1 + c_2)/2$. Weiterhin ist anhand von (6.344) zu erkennen, daß $c(x)$ unverändert bleibt, solange

$$\frac{x}{\sqrt{t}} = \text{const}. \tag{6.346}$$

Dieses parabolische Zeitgesetz wird häufig zur Beurteilung experimenteller Daten herangezogen. Abweichungen von (6.346) deuten auf Störungen der Diffusion.

Weitere einfache Situationen betreffen die punktförmige Anfangsverteilung in einer Dimension $c(x, 0) = \delta(x)$, für die (6.343) die Lösung

$$c(x, t) = \frac{S_0}{2(\pi Dt)^{1/2}} e^{-x^2/4Dt} \tag{6.347}$$

hat ($S_0$ Anfangskonzentration/Fläche in $x = 0$); analog gilt für die Lösung von (6.342), wenn eine Driftgeschwindigkeit $v_D$ nach (6.335) überlagert ist ($c = D \, \partial^2 c/\partial x^2 - v_D c$):

$$c(x, t) = \frac{S_0}{2(\pi Dt)^{1/2}} e^{-(x - v_D t)^2/4Dt}. \tag{6.348}$$

[1]) Wegen $\vec{F} = \vec{0}$ in (6.337) ist $D' = D$.
[2]) $\Theta_H(x)$ HEAVISIDE-Funktion. $\Theta_H(x < 0) = 0$, $\Theta_H(x > 0) = 1$.

### 6.11.3. Atomistische Vorgänge bei der Diffusion

Die Kristallstruktur erlegt den atomaren Bestandteilen des Festkörpers einschneidende Bedingungen bezüglich deren möglicher Aufenthaltsorte auf. Dennoch ist der Transport eines Ions durch den Kristall möglich. Den Schlüssel zum Verständnis des Vorganges stellen die Kristallbaufehler dar. Deren mögliche Formen und Eigenschaften bilden den Gegenstand umfangreicher Darstellungen, auf die hier nur verwiesen werden kann (z. B. ADDA, PHILIBERT; FLYNN; SEEGER 1955; QUÉRÉ; GIRIFALCO 1973; STONEHAM; TEODOSIU).

Wir wollen im folgenden nur die Grundgedanken an einfachen Beispielen erläutern und auf die besonderen Einflüsse der Kristallstruktur eingehen.

#### 6.11.3.1. Punktfehlerbewegung

Im thermodynamischen Gleichgewicht ist bei der Temperatur $T$ ein Bruchteil

$$c_L \approx \frac{N_L}{N} = e^{-\Delta G_{BL}/k_B T} \qquad (6.349)$$

der $N$ Atomlagen eines Kristalls unbesetzt. $\Delta G_{BL}$ heißt freie Enthalpie der Leerstellenbildung, $N_L$ ist die Anzahl der Leerstellen (vgl. dazu z. B. SEEGER 1955; QUÉRÉ; PAUFLER, SCHULZE I; GUY, OIKAWA). Dies ist möglich, weil die freie Enthalpie des Kristalls durch kleine $c_L$ erniedrigt werden kann. Zunächst ist nämlich der negative Beitrag der Entropieerhöhung $\Delta S_{BL}$ zur Änderung der freien Enthalpie größer als der der Erhöhung der Enthalpie $\Delta H_{BL}$ in $\Delta G_{BL} = \Delta H_{BL}(c_L) - T\Delta S_{BL}(c_L)$. Erst für große $c_L$ wird $\Delta G_{BL} > 0$.

Bewegt sich ein Nachbaratom der Leerstelle in Richtung unbesetzter Atomlage, ist damit eine Atommasse um einen Atomabstand gewandert, ohne die anderen

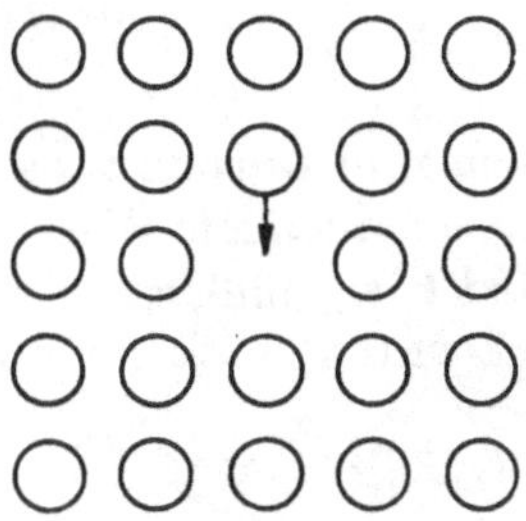

Abb. 6.66. Schematische Darstellung des Teilchentransports im Kristall über Leerstellen. Im Zentrum der Figur befindet sich eine Leerstelle, die z. B. durch das darüber befindliche Atom besetzt werden kann. Die nächsten Nachbarn der Leerstelle sind etwas aus ihren Gleichgewichtslagen in Richtung auf die Leerstelle verschoben (Relaxation). Zur Bewegung eines Atoms müssen Bindungen vorübergehend gelöst und die Relaxation aufgehoben werden.

besetzten Atompositionen nennenswert zu stören (Abb. 6.66).[1]) Diese Wanderung erfolgt thermisch aktiviert. Meist wird der insgesamt sehr komplexe Vorgang des Energie- und Impulsaustauschs durch eine einfache Betrachtung aus der Theorie der absoluten Reaktionsgeschwindigkeiten angenähert (vgl. z. B. PEGEL 1970). Danach beträgt die Frequenz eines Platzaustauschs Atom—Leerstelle

$$W = W_0 \, e^{-\Delta G_{WL}/k_B T} = W_0 \, e^{\Delta S_{WL}/k_B} \, e^{-\Delta H_{WL}/k_B T} \tag{6.350}$$

mit $W_0 = \text{const}$ und $\Delta G_W$, $\Delta S_W$, $\Delta H_W$ als thermodynamische Größen der Atomwanderung. Ein betrachtetes Atom kann seinen Platz über den Mechanismus von Abb. 6.66 nur dann verlassen, wenn eine der Nachbarpositionen leer ist. Die Wahrscheinlichkeit dafür beträgt $c_L$. Unter den Nachbarlagen gibt es eine Anzahl $K_z$, die zum Transport in der betrachteten Richtung beiträgt. Somit ist die Häufigkeit eines Sprunges des betrachteten Atoms

$$\nu = W c_L K_z = W_0' K_z \, e^{-(\Delta H_{BL} + \Delta H_{WL})/k_B T} \tag{6.351}$$

mit $W_0' = W_0 \, e^{(\Delta S_{WL} + \Delta S_{BL})/k_B}$. Experimentelle Werte von $\Delta H_{BL}$, $\Delta H_{WL}$ und $\Delta S_{BL}$ enthält Tab. 6.22.

Tab. 6.22. Bildungs- und Wanderungsenthalpien sowie Bildungsentropien für Leerstellen*)

| Kristall | $\Delta H_{BL}$/eV | $\Delta S_{BL}/k_B$ | $\Delta H_{WL}$/eV |
|---|---|---|---|
| Cu | 1,17 | 1,5 | 1,06 |
| Ag | 1,09 | 1,5 | 0,88 |
| Au | 0,9 | 1,0 | 0,9 |
| Al | 0,76 | 2,4 | 0,62 |
| W | 3,15 | 6,5 | |
| Ge | 2,07 | | 0,95 |

*) Entnommen aus PAUFLER, SCHULZE I, S. 70. Die Angaben beziehen sich auf ein Teilchen. Es ist 1 eV/Teilchen = 96,5 kJ mol⁻¹.

### 6.11.3.2. Kinetik der Diffusion

Ein herausgegriffenes Atom befinde sich zum Zeitpunkt $t$ am Ort $x$. Sein Aufenthalt zum Zeitpunkt $t + \tau$ sei mit der Wahrscheinlichkeit $W'(X, \tau)$ der Ort $x + X$. Nimmt man an, daß $W'$ unabhängig von $x$ und $t$ ist, muß sich die Anzahldichte der Atome am Ort $x$ darstellen lassen durch (vgl. MANNING)

$$c(x, t + \tau) = \sum_X c(x - X, t) \, W'(X, \tau), \tag{6.352}$$

[1]) Eine äquivalente Aussage bestünde darin, daß die Leerstelle nach oben gewandert ist. In einem weiteren Schritt der Leerstelle nach oben würde ein anderes Atom verschoben. Andererseits wäre zur Bewegung des ersten Atoms um einen weiteren Schritt nach unten eine weitere Leerstelle notwendig, oder die eine Leerstelle müßte um das erste Atom herumgeführt und erneut diesem von unten genähert werden.

weil im Zeitintervall $\tau$ von allen Orten $X$ Atome nach $x$ kommen können. Zu einem bestimmten Zeitpunkt müssen sich alle Atome irgendwo befinden, also ist $\sum_X W'(X,\tau) = 1$.

Bei Diffusionsbetrachtungen interessiert die zeitliche und räumliche Änderung von $c$. Reihenentwicklung von (6.352) um $\tau = 0$ und $X = 0$ führt auf

$$c(x,t) + \tau \frac{\partial c}{\partial t} + \cdots = \sum_X \left\{ c(x,t) - X \frac{\partial c}{\partial x} + \frac{X^2}{2} \frac{\partial^2 c}{\partial x^2} + \cdots \right\} W'(X,\tau). \tag{6.353}$$

Da $\sum_X c W' = c \sum W' = c$, kompensieren sich die Glieder auf beiden Seiten von (6.353) Übrig bleibt

$$\frac{\partial c}{\partial t} = -\frac{\langle X\rangle}{\tau} \frac{\partial c}{\partial x} + \frac{\langle X^2\rangle}{2\tau} \frac{\partial^2 c}{\partial x^2}, \tag{6.354}$$

wobei die Reihenentwicklung für $\tau$ nach dem ersten und für $X$ nach dem zweiten Glied abgebrochen wurde. Ausdrücke des Typs $\langle X^m\rangle \equiv \sum_X X^m W'(X,\tau)$ bezeichnen Mittelwerte von Potenzen der Verschiebung über eine große Zahl von Atomen. Die mittlere Verschiebung verschwindet bei regelloser Verteilung (isotrope Substanzen): $\langle X\rangle = 0$. Daher ist der unterschiedliche Abbruch in (6.354) gerechtfertigt. In diesem Falle bleibt eine Beziehung der Form (6.343)

$$\frac{\partial c}{\partial t} = \frac{\langle X^2\rangle}{2\tau} \frac{\partial^2 c}{\partial x^2} \tag{6.355}$$

übrig. Der empirisch eingeführte Diffusionskoeffizient $D$ ist damit wegen

$$\boxed{D = \lim_{\tau\to 0} \frac{\langle X^2\rangle}{2\tau}} \tag{6.356}$$

ein Maß für die mittlere quadratische Verschiebung der diffundierenden Teilchen (Einstein 1905).

Eine Auswertung der Mittelwerte $\langle X^2\rangle$ muß auf die Struktur des Festkörpers Bezug nehmen. Die einzelnen Sprünge sollen unabhängig voneinander erfolgen. Wir betrachten den Diffusionsstrom in einer Richtung. Die Gesamtverschiebung eines Teilchens nach $n$ Sprüngen ist in der betrachteten Richtung $X = x_1 + x_2 + \cdots + x_n$. Dann hat man $X^2 = \sum_{i=1}^{n} x_i^2 + 2 \sum_{i=1}^{n-1} \sum_{k=i+1}^{n} x_i x_k$. Wiederum verschwinden bei regelloser Verteilung die gemischten Glieder und es bleibt $\langle X^2\rangle = \sum_{i=1}^{n} \langle x_i^2\rangle$. Abweichungen davon werden in 6.11.3.3. behandelt.

Kristalline Strukturen sind dadurch gekennzeichnet, daß nur bestimmte Nachbarlagen für einen Sprung in Frage kommen, z. B. $z$ nächste Nachbarn. In diesem Falle wird

$$\langle X^2\rangle = \left\langle \sum_{j=1}^{z} n_j x_j^2 \right\rangle. \tag{6.357}$$

$n_j$ bezeichnet die Zahl der Sprünge in Richtung des $j$-ten nächsten Nachbarn und $x_i$ die Komponente des Sprunges nach $j$ bezüglich der Diffusionsstromrichtung. Wegen der Translationssymmetrie gibt es für ein bestimmtes $j$ nur einen Wert $x_j$. Somit vereinfacht sich (6.357) zu

$$\langle X^2 \rangle = \sum_{j=1}^{z} x_j^2 \langle n_j \rangle. \tag{6.358}$$

Definiert man nun noch eine Sprungfrequenz

$$\Gamma_j \equiv \frac{\langle n_j \rangle}{\tau}, \tag{6.359}$$

dann nimmt (6.356) die Gestalt

$$D = \frac{1}{2} \sum_{j=1}^{z} \Gamma_j x_j^2 \tag{6.360}$$

an.

Als Beispiel möge eine Struktur dienen, deren Atome die Punkte eines einfach-kubischen Gitters (Gitterkonstante $a$) belegen. Hier ist $D = 1/2\,[\Gamma_{100}a^2 + (\Gamma_{010} + \Gamma_{001} + \Gamma_{0\bar{1}0})\,(0) + \Gamma_{\bar{1}00}(-a)^2]$ mit $\Gamma_{uvw}$ als Sprungfrequenz in Richtung $[uvw]$. Aus Symmetriegründen ist $\Gamma_{100} = \Gamma_{\bar{1}00} \equiv \Gamma_0$ und somit $D = \Gamma_0 a^2 = \nu_{\text{ges}} a^2/6$, wenn die Gesamtzahl der Sprünge in beliebige Richtung pro Zeiteinheit $\nu_{\text{ges}}$ beträgt.[1])

Da $\Gamma_j \sim \nu$ aus (6.351), kann man den Diffusionskoeffizienten bei Leerstellendiffusion auf die Form

$$D = D_0\, \mathrm{e}^{-(\Delta H_{BL} + \Delta H_{WL})/k_B T} \tag{6.360a}$$

bringen in Übereinstimmung mit dem experimentellen Befund (6.333). Die Aktivierungsenthalpie und der Vorfaktor der Diffusion hängen also vom konkreten Fehlstellenmechanismus ab.

Das bedeutet auch, daß der Diffusionskoeffizient erheblich vergrößert werden kann, wenn z. B. die erforderlichen Leerstellen ohne thermische Aktivierung erzeugt werden (z. B. durch Abschrecken, Bestrahlen usw.). Dann ist $\Delta H_{BL}$ in (6.360a) praktisch Null.

Der in 6.11.1. erwähnte KIRKENDALL-Effekt findet nach den vorstehenden Ausführungen folgende Deutung. Zn-Atome tauschen mit Leerstellen schneller die Plätze als Cu-Atome. In Cu—30% Zn entsteht ein Leerstellenüberschuß, der teilweise in makroskopischen Poren kondensiert. Um lokales Leerstellengleichgewicht wiederherzustellen, werden Elementarzellen abgebaut. Die Legierung schrumpft (Verschiebung der Drähte). In die Bilanz der Ströme ist der Leerstellenstrom mit aufzunehmen.

#### 6.11.3.3. Korrelationseffekt

Die Überlegungen von 6.11.3.2. beruhten auf der Annahme, daß aufeinanderfolgende Sprünge eines bestimmten betrachteten Atoms unabhängig voneinander erfolgen. Ein Transport über Baufehler, wie z. B. über Leerstellen (vgl. 6.11.3.1.), führt

[1]) Die Wahrscheinlichkeit dafür, nach $n$ Sprüngen die Verschiebung $x$ zu erreichen, ist $(W'(x, n)) = (2/\pi n)^{1/2} \exp(-x^2/2n)$, wenn Rechts- und Linkssprünge gleichberechtigt sind. Erfolgen die Sprünge mit der Frequenz $\Gamma_0 = n/t$, hat man $W'(x, t) = [1/(\pi D t)^{1/2}] \exp(-x^2/4Dt)$. Damit kann $\langle X^2 \rangle$ ausgewertet werden. Die Summation wird durch eine Integration ersetzt: $\langle X^2 \rangle \approx \int_{-\infty}^{+\infty} x^2 W'(x, t)\,\mathrm{d}x = 2Dt$ in Übereinstimmung mit (6.356).

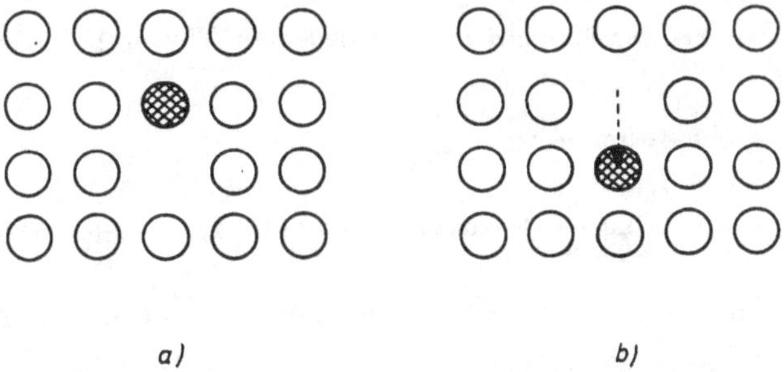

Abb. 6.67. Zur Korrelation. Das dunkel markierte Atom (a) tauscht mit der benachbarten Leerstelle den Platz und bewegt sich dabei nach unten (b). Der nächste Sprung des dunklen Teilchens ist nicht unabhängig vom vorangegangenen. Es ist nämlich nunmehr ein Sprung nach oben wahrscheinlicher als ein weiterer Sprung nach unten. Aufeinanderfolgende Sprünge in die gleiche Richtung treten mit geringerer Wahrscheinlichkeit als der mittleren auf. Insgesamt wird dadurch der Diffusionskoeffizient kleiner.

nun aber i. allg. zu einer Abhängigkeit (*Korrelation*) aufeinanderfolgender Sprünge. Abb. 6.67 soll das erläutern. Die Wirkung auf den Diffusionskoeffizienten berücksichtigt man durch einen *Korrelationsfaktor* $f$. Dann ist

$$D^{\text{korr}} \equiv f D^{\text{stat}}. \tag{6.361}$$

$D^{\text{stat}}$ bezeichnet den Diffusionskoeffizienten, wenn ein bestimmtes (z. B. radioaktiv markiertes) Atom eine bestimmte Zahl von statistisch unabhängigen Sprüngen ausführt, $D^{\text{korr}}$ dagegen berücksichtigt die Korrelation. Im allgemeinen ist $f$ selbst ein Tensor.

Bei eindimensionaler Diffusion gilt im Hinblick auf (6.356)

$$f = \lim_{\tau \to 0} \frac{\langle X^2 \rangle \text{ korr}}{\langle X^2 \rangle \text{ stat}}. \tag{6.362}$$

In 6.11.3.2. wurde erwähnt, daß die gemischten Produkte der Ortskoordinaten im Ausdruck $\langle X^2 \rangle$ bei fehlender Korrelation verschwinden. Einsetzen in (6.362) liefert

$$\boxed{f = 1 + \lim_{n \to \infty} \left( 2 \sum_{i=1}^{n-1} \sum_{j=i+1}^{n} \frac{\langle x_i x_j \rangle}{\sum_{i=1}^{n} \langle x_i^2 \rangle} \right)}.^{1)} \tag{6.363}$$

Für die weitere Auswertung beschränken wir uns auf die Behandlung des Leerstellenmechanismus in Kristallen kubischer Symmetrie. Alle Sprünge sind von gleicher Länge. Man hat

$$\langle x_i x_j \rangle = \langle x_i^2 \cos \Theta_{ij} \rangle, \tag{6.364}$$

1) Die Grenzwertbildung sorgt dafür, daß alle Sprünge und Korrelationen zwischen ihnen berücksichtigt werden.

wo $\Theta_{ij}$ die Winkel zwischen den Sprungrichtungen bedeuten. Wegen $\sum_{i=1}^{n} \langle x_i^2 \rangle = n\langle x_i^2 \rangle$ wird (6.363)

$$\begin{aligned} f &= 1 + \lim_{n\to\infty} \frac{2}{n} \sum_{i=1}^{n-1} \sum_{j=i+1}^{n} \langle \cos \Theta_{ij} \rangle \\ &= 1 + \lim_{n\to\infty} \frac{2}{n} \sum_{i=1}^{n-1} \langle \cos \Theta_{i,i+1} + \cos \Theta_{i,i+2} + \cdots + \cos \Theta_{i,n} \rangle \\ &= 1 + \lim \frac{2}{n} \{\langle \cos \Theta \rangle + (\langle \cos \Theta \rangle)^2 + \cdots + (\langle \cos \Theta \rangle)^n\} (n-1). \end{aligned} \tag{6.365}$$

Dabei wurde $\cos \Theta_{i,i+2}$ durch jeweils aufeinanderfolgende Sprungwinkel ausgedrückt: $\cos \Theta_{i,i+2} = \cos \Theta_{i,i+1} \cos \Theta_{i+1,i+2} + \sin \Theta_{i,i+1} \sin \Theta_{i+1,i+2} \cos \psi$. Die Ebenen der Sprungrichtungen $i, i+1$ und $i+1, i+2$ schließen den Winkel $\psi$ ein. Liegen die Sprungrichtungen parallel zu zwei- oder dreizähligen Achsen, verschwindet die Summe über alle möglichen $\psi$. Weiterhin unterscheidet im vorliegenden Fall die Korrelation der Sprünge $i$ und $i+1$ nicht von der der $i+1$ und $i+2$.[1]) Die Indizes können weggelassen werden. Der Korrelationsfaktor für Leerstellendiffusion ist damit aus Mittelwerten der Winkelfunktionen zu berechnen.[2])

$$\boxed{f = \frac{1 + \langle \cos \theta \rangle}{1 - \langle \cos \theta \rangle}}. \tag{6.366}$$

Allgemeine Berechnungsmethoden gibt Le Claire (1970b) an. Einige Zahlenwerte enthält Tab. 6.23, darunter auch für Diffusionsmechanismen, die hier nicht näher behandelt werden können. Der Einfluß kann etwa einen Faktor 2 erreichen.

Tab. 6.23. Korrelationsfaktoren für Selbstdiffusion (nach Le Claire 1970a)

| Diffusions-mechanismus | Strukturtyp | $f$ |
|---|---|---|
| Leerstellen | einfach-kubisch | 0,6531 |
| | Diamant | 0,50 |
| | Wolfram | 0,7272 |
| | Kupfer | 0,7815 |
| | Magnesium | $\perp c$ 0,7812 |
| | | $\parallel c$ 0,7815 |
| Doppelleerstellen | Kupfer | 0,475 |
| Zwischengitteratome, Ringtausch | beliebig | 1 |

[1]) Also ist $\langle \cos \Theta_{i,i+2} \rangle = \langle \cos \Theta_{i,i+1} \cos \Theta_{i+1,i+2} \rangle = \langle \cos \Theta_{i,i+1} \rangle \langle \cos \Theta_{i+1,i+2} \rangle = (\langle \cos \Theta_{i,i+1} \rangle)^2$ und $\langle \cos \Theta_{i,i+k} \rangle = (\langle \cos \Theta \rangle)^k$.

[2]) Hier wurde $\sum_{n=0}^{\infty} \cdot x^n = \frac{1}{1-x}$ für $|x| < 1$ benutzt.

### 6.11.4. Anwendungen

Die Diffusion im Festkörper beherrscht alle seine Reaktionen mit anderen festen, mit flüssigen und gasförmigen Phasen. Die technische Nutzung ist sehr verbreitet, die technische Bedeutung ist kaum zu überschätzen. Beispiele sind: Herstellen von Lötverbindungen, Eigenschaftsveränderung von Werkstoffen durch Wärmebehandlung, Oberflächenveredlung durch Bedampfen, Beschichten usw., Wasserstoffspeicherung im Festkörper, galvanische Festkörperketten, Synthese von Verbindungen durch Festkörperreaktion. Die Technologie der Mikroelektronik nutzt wohl am zielstrebigsten die Diffusion im festen Zustand zur Eigenschaftsveränderung. Diffusion beherrscht auch solche Prozesse, die der Wirtschaft teilweise großen Schaden zu fügen, wie Korrosion und Zundern. Für Einzelheiten sei auf Schmalzried; Engels; „Diffusion in metallischen Werkstoffen"; verwiesen.

# 7. Eigenschaftstensoren dritter Stufe

Betrachtet man die für eine lineare Beziehung (1.6b) verfügbaren Ursache-Wirkungs-Größen (Tab. 1.3), so erkennt man, daß nur wenige Kombinationen möglich sind, die als Materialgrößen Tensoren dritter Stufe liefern. Es kommen überhaupt nur Kombinationen eines Tensors zweiter mit einem anderen erster Stufe in Betracht. Im folgenden werden neben den speziellen Eigenschaften die Besonderheiten zu behandeln sein, die die höhere Stufe des Eigenschaftstensors im Vergleich zu den bisher betrachteten nach sich ziehen.

## 7.1. Piezoelektrizität

### 7.1.1. Experimenteller Befund

Daß elektrische Ladungen durch mechanische Spannung hervorgerufen werden können, war schon von R. J. Haüy und A. C. Becquerel vermutet worden. Ihre experimentellen Ergebnisse sind aber offenbar durch Störeinflüsse verfälscht worden. Die erste zuverlässige Untersuchung geht auf Pierre und Jaques Curie (1880)[1]) zurück. Sie führten[2]) die Bezeichnung piezoelektrischer Effekt[3]) dafür ein. Gegenstand der ersten Untersuchungen waren Turmalin, Kieselzinkerz, Rohrzucker, Weinsäure, Quarz, Zinkblende, Helvin und Natriumchlorat. Die ersten ausführlichen Betrachtungen galten dem Turmalin.

Wirkt eine Kraft $F$ über elektrisch isolierende Druckstempel auf einen Quarzkristall ($\alpha$-Quarz, $SiO_2$ hexagonal, 32) ein (vgl. Abb. 7.1), so wird bei konstanter Temperatur an dessen Endfläche die Ladung

$$\boxed{Q^e = dF} \tag{7.1}$$

beobachtet. Sie ist unabhängig von den Abmessungen des Quarzes. $d$ hängt von der Kristallorientierung bezüglich der Kraftrichtung und der Orientierung der Elektroden ab und ist außerdem materialabhängig (*piezoelektrischer Modul*). Beim Wechsel des Vorzeichens von $F$ wechselt auch $Q^e$ das Vorzeichen. Bezieht man auf die belastete Fläche $A$, wird aus (7.1)

$$Q^e/A = P = d\sigma, \tag{7.1a}$$

[1]) Paul-Jaques Curie (geb. 1855, gest. 1941), Professor der Mineralogie an der Universität Montpellier. Pierre Curie (geb. 1859, gest. 1906), Professor der Physik in Paris.

[2]) Auf Vorschlag von Hankel (vgl. Cady, S. 3).

[3]) πιέζω (griech.) drücken, pressen

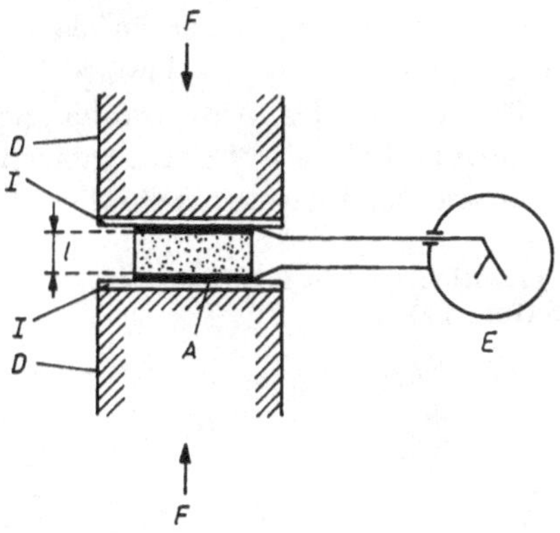


Abb. 7.1. Schema des Versuches zum Nachweis des piezoelektrischen Effektes an einem Quarzkristall $K$, der über ein dünnes metallisches Elektrodenpaar mit einem Elektrometer $E$ leitend verbunden ist. Wirkt die Kraft $F$ über Druckstempel $D$ ($I$ elektrisch isolierende Schicht, z. B. Glimmer) parallel zu einer zweizähligen Achse, zeigt $E$ die Ladung $Q^e$ nach (7.1) an. Infolge der eigenen elektrischen Leitfähigkeit von $K$ und mangelhafter Isolation fließt diese Ladung nach einiger Zeit von den Elektroden ab. $Q^e$ ist praktisch unabhängig von Länge $l$ und Querschnitt $A$ von $K$. Ordnet man zwei Quarzplatten mit entgegengesetzter Achsenrichtung aufeinander, dann können Druckstempel und Widerlager miteinander elektrisch verbunden werden. Die Ladung zwischen den beiden Platten wird zum Elektrometer geführt. Die elektrische Isolation gestaltet sich einfacher.

wobei $P$ die elektrische Polarisation (vgl. (6.55)) und $\sigma$ die mechanische Spannung (vgl. (5.21)) ist.

Die entstehenden Ladungen verteilen sich auf Kristall K und Meßanordnung M (z. B. Elektrometer $E$ und Zuleitungsdrähte für andere Meßanordnungen, vgl. z. B. Eder III; Kohlrausch; Scheibe; Truell, Elbaum, Chik; Annaka) und rufen die Spannung $U = Q^e/C$ hervor. $C$ ist die Gesamtkapazität der Meßanordnung.[1]) Falls die Kapazität des Kristalls $C_K$ die der Meßanordnung $C_M$ wesentlich übersteigt, können erhebliche Spannungen erzeugt werden. Nach (6.52) hat der Kristall von Abb. 7.1 die Kapazität $C_K = \varepsilon_0 \varepsilon_r A/l$. Der elektrische Potentialunterschied zwischen den Endflächen ist damit

$$U = \frac{Q^e}{C_K} = \frac{dFl}{\varepsilon_0 \varepsilon_r A}. \tag{7.2}$$

Für einen Quarzwürfel ($d_{\perp c} = 2{,}3 \cdot 10^{-12}\,\mathrm{CN^{-1}} = 2{,}3 \cdot 10^{-12}\,\mathrm{mV^{-1}}$, $\varepsilon_r = 4{,}5$) mit Kantenlänge 1 cm erhält man $U/F = 5{,}8\ \mathrm{VN^{-1}}$. Oft ist jedoch $C_M \gg C_K$, so daß $U \approx Q^e/C_M$ nicht durch Veränderung der Abmessungen des piezoelektrischen Kristalls beeinflußt werden kann. Hat man z. B. $C \approx C_M = 100$ pF, so wird $U/F = d/C_M = 0{,}023\ \mathrm{VN^{-1}}$.

Die Größe des piezoelektrischen Gebers wird auch durch seine Festigkeitswerte begrenzt. Für Quarz hat man z. B. eine Druckfestigkeit $(F^D/A)_{max} \approx (3\ldots4) \cdot 10^9$ Pa, eine Zugfestigkeit $(F^Z/A)_{max} \approx 10^8$ Pa und eine Biegefestigkeit senkrecht zur $c$-Achse $(F^B/A)_{max} \approx 1{,}3 \cdot 10^8$ Pa (vgl. Gohlke).

[1]) Im Falle von Parallelschaltung ist $C = C_K + C_M$, für Reihenschaltung der Kapazitäten hat man $C = C_K C_M/(C_K + C_M)$.

Der Effekt ist i. allg. temperaturabhängig, auch infolge der Änderung des elektrischen Widerstandes des Quarzes (vgl. 6.8). Beispielsweise ist bei 20 °C $\sigma_e^{-1}(\| c)$ $= 10^{12}$ Ωm, bei 100 °C dagegen $8 \cdot 10^9$ Ωm. Die Temperaturabhängigkeit von $\dot{d}$ ist in Tab. 7.1 dargestellt. Bei Temperaturen oberhalb 573 °C ist α-Quarz nicht mehr stabil. Die Hochtemperaturphase zeigt keinen piezoelektrischen Effekt.

Tab. 7.1. Temperaturabhängigkeit des piezoelektrischen Koeffizienten $d_{\perp c} = d_{11}$ von α-Quarz (nach Gohlke)

| $T$/°C | $d_{11}/10^{-12}$ CN$^{-1}$ |
|---|---|
| 150 | 1,83 |
| 300 | 1,83 |
| 500 | 1,74 |
| 568 | 0,94 |
| 573 | 0 |

Zahlenwerte von $d$ enthält Tab. 7.2. Sie beziehen sich jeweils auf eine bestimmte Orientierungsbeziehung zwischen $F$, $P$ (bzw. den Flächen mit der Ladung $Q^e$) und der Elementarzelle. Die Bedeutung der Indizes und piezoelektrischen Konstanten $e_{i\mu}$ wird in 7.1.2. erläutert.

Tab. 7.2. Piezoelektrische Materialeigenschaften bei Raumtemperatur (nach Šaskol'skaja 1982)

| Substanz | Punkt-symmetrie | piezoelektrische Konstanten $e_{i\mu}$/Cm$^{-2}$ | piezoelektrische Moduln $d_{i\mu}/10^{-12}$ CN$^{-1}$ |
|---|---|---|---|
| GaP | $\bar{4}3m$ | $e_{14} = -0{,}10$ | |
| InSb | $\bar{4}3m$ | $e_{14} = 0{,}08$ | |
| GaAs | $\bar{4}3m$ | $e_{14} = 0{,}154$ | $d_{14} = 2{,}6$ |
| ZnSe | $\bar{4}3m$ | $e_{14} = 0{,}049$ | $d_{14} = 1{,}1$ |
| CdS | $6mm$ | $e_{15} = -0{,}210$ | $d_{15} = -13{,}98$ |
| | | $e_{31} = -0{,}244$ | $d_{31} = -5{,}18$ |
| | | $e_{33} = 0{,}440$ | $d_{33} = 10{,}32$ |
| CdSe | $6mm$ | $e_{15} = -0{,}138$ | $d_{15} = -10{,}51$ |
| | | $e_{31} = -0{,}160$ | $d_{31} = -3{,}92$ |
| | | $e_{33} = 0{,}347$ | $d_{33} = 7{,}84$ |
| ZnO | $6mm$ | $e_{15} = 0{,}59$ | $d_{15} = -13{,}9$ |
| | | $e_{31} = -0{,}61$ | $d_{31} = -5{,}2$ |
| | | $e_{33} = 1{,}14$ | $d_{33} = 10{,}6$ |
| $SiO_2$ (α-Quarz) | 32 | | $d_{11} = 2{,}91$ |
| | | | $d_{14} = -0{,}727$ |
| $BaTiO_3$ | $4mmm$ | | $d_{31} = -34{,}7$; $d_{32} = -34{,}7$ |
| | | | $d_{33} = 85{,}7$, $d_{24} = 587$, |
| | | | $d_{15} = 587$ |
| SbSJ | $mmm$ | $e_{33} = 13$ | $d_{33} = 1\,300$, |
| $LiNbO_3$ | $3m$ | | $d_{15} = 69{,}2$, $d_{31} = -0{,}85$ |
| | | | $d_{22} = 20{,}8$, $d_{33} = 6{,}0$ |
| Seignette-Salz | 222 | | $d_{14} = 383$, $d_{25} = -53$, |
| ($NaKC_4H_4O_6 \cdot 4\,H_2O$) | | | $d_{36} = 12$ |

Qualitativ ist der piezoelektrische Effekt an mehr als tausend Substanzen nachgewiesen. Dazu gehören auch zahlreiche organische Kristalle (vgl. z. B. SCHEIBE). Eine Vielzahl quantitativer Untersuchungen verdanken wir HAUSSÜHL et al.

Wegen der technischen Bedeutung des Quarzes (vgl. 7.3.) sei noch an seinem Beispiel auf die Orientierungsabhängigkeit eingegangen. Abb. 7.2 zeigt die Form eines Rechtsquarzes mit der Bezeichnung wichtiger Flächen und Richtungen. Die stereographische Projektion dazu ist in Abb. 7.3 wiedergegeben.

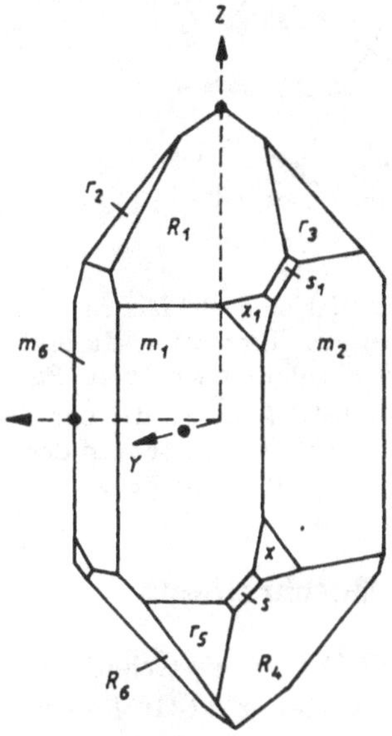


Abb. 7.2. Beispiel für einen Rechts-Quarz. Folgende Formen sind ausgebildet: hexagonales Prisma $m = \{10\bar{1}0\}$ (davon sichtbar $m_1 = (01\bar{1}0)$, $m_2 = (1\bar{1}00)$, $m_6 = (10\bar{1}0)$), positives Rhomboeder $R = \{0k\bar{k}l\}$ (z. B. $R_1 = (01\bar{1}1)$), negatives Rhomboeder $r = \{h0\bar{h}l\}$ (z. B. $r_2 = (10\bar{1}1)$), trigonale Dipyramide $s = \{hh2\bar{h}l\}$ (z. B. $s_1 = (\bar{1}2\bar{1}1)$), und das trigonale Trapezoeder $x = \{hkil\}$ (z. B. $x_1 = (\bar{1}6\bar{5}1)$) als allgemeine Form. Die rechtshändige Form wird von den $x$- und $s$-Flächen angezeigt. Die beiden nichtparallelen Kanten einer $x$-Fläche konvergieren nach rechts oben, im Links-Quarz nach links oben. Die Schnittkante von $s$ und $x$ hat eine Normale, die nach rechts weist (im Links-Quarz nach links). Das von VOIGT eingeführte Koordinatensystem $XYZ$ ist ebenfalls eingetragen.

Bezüglich der Wahl der Koordinatenachsen sind zwei Gepflogenheiten zu erwähnen. Nach VOIGT wird für Rechts- und Links-Quarz das gleiche rechtshändige Koordinatensystem verwendet (vgl. Abb. 7.2), CADY (1946, S. 407) hat sich indessen dafür ausgesprochen, Links-Quarz durch ein linkshändiges Koordinatensystem zu beschreiben, so daß beim Übergang von Rechts- zu Links-Quarz keine Vorzeichenänderung der Materialgrößen statt hat. Wir folgen hier dem Vorschlag VOIGTS. Die Richtung $X$ sei positiv, wenn im Rechts-Quarz auf der Fläche senkrecht zum positiven Ende der $X$-Achse eine negative Ladung unter Zugbelastung auftritt. Damit ist $d_{111}$ bzw. $d_{11}$ (vgl. Tab. 7.1, 7.2, 7.4) im Rechts-Quarz negativ, im Links-Quarz positiv.

Für ausführlichere Darstellungen verweisen wir auf FORSBERGH jr.; CADY; VOIGT; MASON 1950.

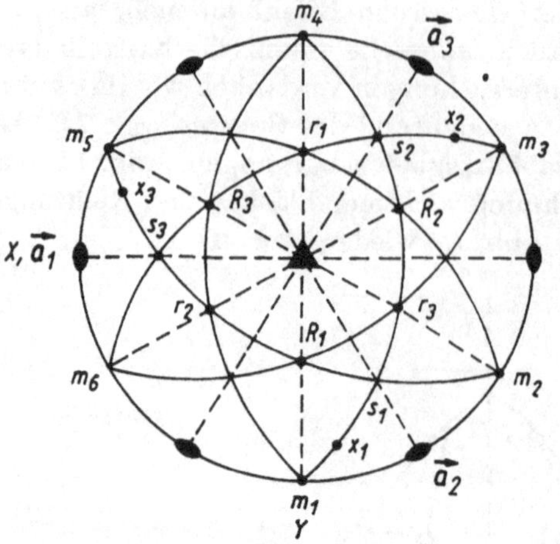


Abb. 7.3. Stereographische Projektion derjenigen Flächen von Abb. 7.2, deren Normalen die obere Halbkugel der Projektion durchstoßen. Die Symmetrieelemente von α-Quarz sind ebenfalls angegeben. Für die Lage der hexagonalen Achsen $\vec{a}_1, \vec{a}_2$ vgl. Abb. 1.1d. $\vec{a}_3$ ist die zur Festlegung der MILLER-BRAVAIS-Indizes notwendige dritte Koordinate in der Basisebene. Die Winkel zwischen den Flächennormalen sind: $mR = 38° 13'$, $ms = 37° 58'$, $mx = 12° 1'$.

## 7.1.2. Phänomenologische Beschreibung

Da die Wirkung der Kraft $F$ in (7.1) von der Orientierung der Fläche $A$ abhängt, sind die beiden dem Problem angepaßten Feld-Größen der polare Spannungstensor $\overset{2\rightarrow}{\sigma}$ (vgl. 5.2.) und der polare Vektor der dielektrischen Polarisation $\vec{P}$ (vgl. 6.60). Das Materialverhalten wird somit durch einen polaren Tensor dritter Stufe $\overset{3\rightarrow}{d}$ der piezoelektrischen Moduln beschrieben. Aus (7.1a) wird

$$\boxed{\vec{P} = \overset{3\rightarrow}{d} : \overset{2\rightarrow}{\sigma}} \tag{7.3}$$

oder, in kartesischen Koordinaten,

$$P_i = d_{ijk}\sigma_{jk} \qquad i, j, k = 1, 2, 3. \tag{7.3a}$$

$\overset{3\rightarrow}{d}$ hat 27 Komponenten (vgl. (1.18)). Wir untersuchen nun den Einfluß der Symmetrie des Untersuchungsobjekts auf diese Komponenten. Wie schon in 4.1.2. ausgeführt, muß eine polare Achse vorhanden sein, wenn eine Polarisation $\vec{P}$ entstehen soll. Nach dem NEUMANNschen Prinzip (2.1) ist die Symmetriegruppe des Kristalls, der eine Polarisation zeigen soll, an die Bedingung (4.3) geknüpft. Das CURIEsche Prinzip (2.2) erlegt dem piezoelektrischen Effekt noch die Beschränkung

$$\infty m \supseteqq G_K \cap G_F \tag{7.4}$$

auf, wobei $G_F$ die Symmetriegruppe des Feldes der mechanischen Spannung ist. Nach Tab. 1.7 bleibt also für die Symmetrie des Materials $G_K$, das einen piezoelektrischen

Effekt zeigen kann, die Forderung

$$\infty m \supseteqq G_K \cap mmm \tag{7.5}$$

zu erfüllen.[1])

Da nun aber $\infty m$ kein Inversionszentrum aufweist, kommt nur Material in Frage, für das

$$\boxed{\bar{1} \notin G_K} \tag{7.6}$$

gilt.[2])

(7.6) ist notwendige, aber nicht hinreichende Bedingung für das Auftreten des Effektes. Wie schon an Beispielen von Eigenschaftstensoren zweiter Stufe hervorgehoben, werden durch Auswahlkriterien vom Typ (7.6) nur sehr allgemeine Symmetrieforderungen berücksichtigt. Im vorliegenden Falle können aufgrund von Symmetrieüberlegungen überdies aus der Menge der nichtzentrosymmetrischen Symmetriegruppen zwei ausgeschlossen werden.

Die erste ist die Textur $\infty\,\infty$ (vgl. 1.4.), die (7.5) nicht erfüllt, obwohl sie (7.6) genügt. Es ist $\infty\,\infty \cap mmm = 222 \not\subseteq \infty m$. Sie kann also aus Symmetriegründen keine piezoelektrischen Eigenschaften zeigen.

Die zweite ist die nichtzentrosymmetrische Gruppe 432. Nach dem Theorem von HERMANN (vgl. 1.3.3.7., Fußn. 1, S. 25) enthält der Eigenschaftstensor in diesem Fall die Symmetrieachse $\infty$. Damit ist das Problem das gleiche wie bei der Textur $\infty\infty$. Die angeführten Überlegungen beziehen sich nur auf den linearen piezoelektrischen Effekt. Insgesamt sind somit 20 kristallographische und 3 kontinuierliche Klassen aus Symmetriegründen nicht von diesem Effekt ausgeschlossen (vgl. Tab. 7.4).

Eine allgemeine Aussage zur inneren Symmetrie des $\overset{3\rightarrow}{\boldsymbol{d}}$-Tensors erhält man aus der Betrachtung der freien Enthalpie $G$ des Systems. Wie in (6.62) ist der elektrische Anteil zu berücksichtigen. Man hat

$$G = U - TS - V\vec{\boldsymbol{D}} \cdot \vec{\boldsymbol{E}} - V \overset{2\rightarrow}{\sigma} : \overset{2\rightarrow}{\varepsilon} \tag{7.7}$$

mit $U$ als innerer Energie (vgl. (3.5)), $T$ Temperatur, $S$ Entropie, $V$ Volumen des Systems, $\vec{\boldsymbol{D}} = \varepsilon_0 \overset{2\rightarrow}{\varepsilon_r} \cdot \vec{\boldsymbol{E}} + \overset{3\rightarrow}{\boldsymbol{d}} : \overset{2\rightarrow}{\sigma}$ dielektrische Verschiebung (vgl. (6.61), (6.60)), $\overset{2\rightarrow}{\varepsilon_r}$ Dielektrizitätskonstante, $\vec{\boldsymbol{E}}$ elektrische Feldstärke, $\overset{2\rightarrow}{\sigma}$ Spannung nach (7.3) und $\overset{2\rightarrow}{\varepsilon}$ Verzerrung infolge der Spannung (vgl. (5.5) und (8.5)). Nach (7.7) ist $V\vec{\boldsymbol{D}} = -\partial G/\partial \vec{\boldsymbol{E}}$. Reihenentwickung von $\vec{\boldsymbol{D}}(\overset{2\rightarrow}{\sigma})$ führt auf

$$\vec{\boldsymbol{D}} = -\left(\frac{\partial G/V}{\partial \vec{\boldsymbol{E}}}\right)_0 - \left(\frac{\partial^2 G/V}{\partial \vec{\boldsymbol{E}}\, \partial \overset{2\rightarrow}{\sigma}}\right)_0 : (\overset{2\rightarrow}{\sigma} - \overset{2\rightarrow}{\sigma}_0) - \cdots, \tag{7.8}$$

wobei $\overset{2\rightarrow}{\sigma}_0$ einen Bezugswert von $\overset{2\rightarrow}{\sigma}$ und $(\partial G/\partial \vec{\boldsymbol{E}})_0$ die Verschiebung dieses Bezugszustandes bedeuten. Bezieht man auf den spannungsfreien Zustand und nimmt man an, daß keine

---

[1]) $mmm$ ist die Symmetrie eines allgemeinen Spannungszustandes mit der Eigenschaft (5.26), vgl. Tab. 1.5.

[2]) Allgemein verschwinden in zentrosymmetrischen Kristallen polare Eigenschaftstensoren ungerader und axiale gerader Stufe identisch.

spontane Polarisation vorliegt, wird aus (7.8)

$$\vec{D} = \overset{3\rightarrow}{d} : \overset{2\rightarrow}{\sigma} = -\left(\frac{\partial^2 G/V}{\partial \vec{E}\, \partial \overset{2\rightarrow}{\sigma}}\right)_0 : \overset{2\rightarrow}{\sigma}. \tag{7.9}$$

Aus dem Vergleich mit (7.3) folgt hieraus

$$\overset{3\rightarrow}{d} = -\left(\frac{\partial^2 G/V}{\partial \overset{2\rightarrow}{E}\, \partial \overset{2\rightarrow}{\sigma}}\right)_0 \tag{7.10}$$

oder koordinatenbezogen

$$d_{ikl} = \frac{1}{V}\left(\frac{\partial^2 G}{\partial E_j\, \partial \sigma_{kl}}\right)_0 \qquad (i, j, k, l = 1, 2, 3). \tag{7.11}$$

Wegen der Symmetrie von $\overset{2\rightarrow}{\sigma}$ (vgl. (5.26)) wird aus (7.11)

$$\boxed{d_{ikl} = d_{ilk}} \qquad (i, k, l = 1, 2, 3). \tag{7.12}$$

Die innere Symmetrie von $\overset{3\rightarrow}{d}$ ist $[V^2]\,V$ (vgl. 1.3.3.8.). Von den 27 Komponenten bleiben 18 unabhängig voneinander (9 Bedingungen (7.12)).

### 7.1.3. Matrixdarstellung von $\overset{3\rightarrow}{d}$

Die Symmetrie (7.12) veranlaßte Voigt zur Einführung der verkürzten Schreibweise nach dem Muster von 1.3.3.9. Der dreistufige Tensor kann auf diese Weise durch eine bequem handhabbare zweidimensionale 3 × 6-Matrix beschrieben werden. Im vorliegenden Falle werden die beiden vertauschbaren Indizes in (7.12) zu einem nach folgendem Schema zusammengefaßt (vgl. dazu (1.48a)):

$$\boxed{d_{hij} = \begin{cases} d_{h\lambda} & i = j, \quad \lambda = i = j = 1, 2, 3 \\ \frac{1}{2} d_{h\lambda} & i \neq j, \quad \lambda = 9 - (i + j) = 4, 5, 6 \end{cases}}. \tag{7.13}$$

(7.3) kann damit auch in der Form

$$P_h = d_{h\lambda}\sigma_\lambda \qquad (h = 1, 2, 3; \lambda = 1, \ldots, 6) \tag{7.14}$$

bzw.

$$\tilde{P} = \tilde{d} \cdot \tilde{\sigma} \tag{7.14a}$$

dargestellt werden. Für (7.14a) gelten die Regeln der Matrizenrechnung, was die praktische Arbeit sehr erleichtert. Die Bedeutung der einzelnen Koeffizienten der Matrix

$$d_{h\lambda} = \begin{pmatrix} d_{11} & d_{12} & d_{13} & d_{14} & d_{15} & d_{16} \\ d_{21} & d_{22} & d_{23} & d_{24} & d_{25} & d_{26} \\ d_{31} & d_{32} & d_{33} & d_{34} & d_{35} & d_{36} \end{pmatrix} \tag{7.15}$$

macht man sich durch Rücktransformation auf die Tensorkomponenten $d_{hij}$ klar. Zum Beispiel ist

$$d_{14} = d_{123} + d_{132} = 2d_{123} \tag{7.16}$$

und damit (7.3a)

$$P_1 = 2d_{123}\sigma_{23}. \tag{7.17}$$

Ruft eine Schubspannung $\sigma_{23}$ (Kraft in Richtung $x_2$, Flächennormale in Richtung $x_3$, vgl. 5.2.) eine Polarisation in Richtung $x_1$ hervor, dann ist $d_{14} = 2d_{123} \neq 0$.

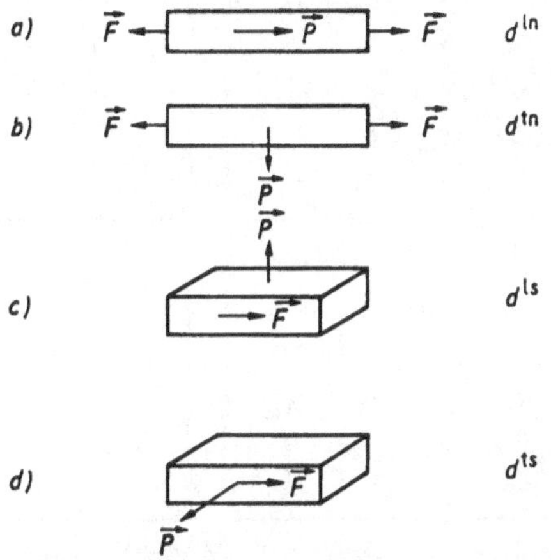


Abb. 7.4. Einteilung des piezoelektrischen Effektes in 4 Typen. (a) longitudinale Polarisation $\vec{P}$, Normalspannung durch Belastung mit $\vec{F}$: $d^{\text{ln}}$; (b) transversale Polarisation $\vec{P}$ infolge einer Normalspannung: $d^{\text{tn}}$; (c) Ebene der Schubspannung $\perp \vec{P}$ oder Schubspannungs„achse" $\parallel \boldsymbol{P}$, d. h. longitudinaler Effekt infolge Schubspannung: $d^{\text{ls}}$; (d) transversale Polarisation infolge Schubspannung: $d^{\text{ts}}$.

Die 18 piezoelektrischen Matrixkoeffizienten (7.13) lassen sich ihrem anschaulichen Gehalt entsprechend in 4 Typen ordnen (vgl. Šaskol'skaja), je nachdem, wie der Abgriff der Ladung und die Belastung erfolgt. Abb. 7.4 illustriert den Sachverhalt und Tab. 7.3 zeigt, wie die 18 möglichen Fälle danach eingeteilt werden können. Wir unterscheiden den longitudinalen und den transversalen Polarisationszustand sowie die Belastung durch Normal- und Schubspannung. Nicht jeder Typ ist in jedem der piezoelektrischen Materialien möglich (vgl. dazu Sirotin, Šaskol'skaja, S. 382).

Tab. 7.3. Die 4 Typen des piezoelektrischen Effekts (vgl. dazu Abb. 7.4)

| | $\sigma_1$ | $\sigma_2$ | $\sigma_3$ | $\sigma_4$ | $\sigma_5$ | $\sigma_6$ |
|---|---|---|---|---|---|---|
| $P_1$ | $d^{\text{ln}}$ | $d^{\text{tn}}$ | $d^{\text{tn}}$ | $d^{\text{ls}}$ | $d^{\text{ts}}$ | $d^{\text{ts}}$ |
| $P_2$ | $d^{\text{tn}}$ | $d^{\text{ln}}$ | $d^{\text{tn}}$ | $d^{\text{ts}}$ | $d^{\text{ls}}$ | $d^{\text{ts}}$ |
| $P_3$ | $d^{\text{tn}}$ | $d^{\text{tn}}$ | $d^{\text{ln}}$ | $d^{\text{ts}}$ | $d^{\text{ts}}$ | $d^{\text{ls}}$ |

Tab. 7.4. Matrizen der piezoelektrischen Moduln $d_{n\lambda}$ für verschiedene Punktsymmetrie

| Punkt-symmetrie | $(d_{h\lambda})$ | Anzahl der unabh. Komp. |
|---|---|---|
| 1 | $\begin{pmatrix} d_{11} & d_{12} & d_{13} & d_{14} & d_{15} & d_{16} \\ d_{21} & d_{22} & d_{23} & d_{24} & d_{25} & d_{26} \\ d_{31} & d_{32} & d_{33} & d_{34} & d_{35} & d_{36} \end{pmatrix}$ | 18 |
| 2 $(2 \parallel x_3)$ (1. Aufst.) | $\begin{pmatrix} 0 & 0 & 0 & d_{14} & d_{15} & 0 \\ 0 & 0 & 0 & d_{24} & d_{25} & 0 \\ d_{31} & d_{32} & d_{33} & 0 & 0 & d_{36} \end{pmatrix}$ | 8 |
| $(2 \parallel x_2)$ (2. Aufst.) | $\begin{pmatrix} 0 & 0 & 0 & d_{14} & 0 & d_{16} \\ d_{21} & d_{22} & d_{23} & 0 & d_{25} & 0 \\ 0 & 0 & 0 & d_{34} & 0 & d_{36} \end{pmatrix}$ | 8 |
| $m$ $(m \perp x_3)$ (1. Aufst.) | $\begin{pmatrix} d_{11} & d_{12} & d_{13} & 0 & 0 & d_{16} \\ d_{21} & d_{22} & d_{23} & 0 & 0 & d_{26} \\ 0 & 0 & 0 & d_{34} & d_{35} & 0 \end{pmatrix}$ | 10 |
| $(m \perp x_2)$ (2. Aufst.) | $\begin{pmatrix} d_{11} & d_{12} & d_{13} & 0 & d_{15} & 0 \\ 0 & 0 & 0 & d_{24} & 0 & d_{26} \\ d_{31} & d_{32} & d_{33} & 0 & d_{35} & 0 \end{pmatrix}$ | 10 |
| $mm2$ | $\begin{pmatrix} 0 & 0 & 0 & 0 & d_{15} & 0 \\ 0 & 0 & 0 & d_{24} & 0 & 0 \\ d_{31} & d_{32} & d_{33} & 0 & 0 & 0 \end{pmatrix}$ | 5 |
| 222 | $\begin{pmatrix} 0 & 0 & 0 & d_{14} & 0 & 0 \\ 0 & 0 & 0 & 0 & d_{25} & 0 \\ 0 & 0 & 0 & 0 & 0 & d_{36} \end{pmatrix}$ | 3 |
| 4, 6, $\infty$ | $\begin{pmatrix} 0 & 0 & 0 & d_{14} & d_{15} & 0 \\ 0 & 0 & 0 & d_{15} & -d_{14} & 0 \\ d_{31} & d_{31} & d_{33} & 0 & 0 & 0 \end{pmatrix}$ | 4 |
| $\bar{4}$ | $\begin{pmatrix} 0 & 0 & 0 & d_{14} & d_{15} & 0 \\ 0 & 0 & 0 & -d_{15} & d_{14} & 0 \\ d_{31} & -d_{31} & 0 & 0 & 0 & d_{36} \end{pmatrix}$ | 4 |
| $4mm$, $6mm$, $\infty m$ | $\begin{pmatrix} 0 & 0 & 0 & 0 & d_{15} & 0 \\ 0 & 0 & 0 & d_{15} & 0 & 0 \\ d_{31} & d_{31} & d_{33} & 0 & 0 & 0 \end{pmatrix}$ | 3 |
| $\bar{4}2m$ $(2 \parallel x_1)$ | $\begin{pmatrix} 0 & 0 & 0 & d_{14} & 0 & 0 \\ 0 & 0 & 0 & 0 & d_{14} & 0 \\ 0 & 0 & 0 & 0 & 0 & d_{36} \end{pmatrix}$ | 2 |

Tab. 7.4. (Fortsetzung)

| Punkt-symmetrie | $(d_{h\lambda})$ | Anzahl der unabh. Komp. |
|---|---|---|
| 422, 622<br>$\infty 2$ | $\begin{pmatrix} 0 & 0 & 0 & d_{14} & 0 & 0 \\ 0 & 0 & 0 & 0 & -d_{14} & 0 \\ 0 & 0 & 0 & 0 & 0 & 0 \end{pmatrix}$ | 1 |
| 3 | $\begin{pmatrix} d_{11} & -d_{11} & 0 & d_{14} & d_{15} & -2d_{22} \\ -d_{22} & d_{22} & 0 & d_{15} & -d_{14} & -2d_{11} \\ d_{31} & d_{31} & d_{33} & 0 & 0 & 0 \end{pmatrix}$ | 6 |
| 32<br>$(2 \parallel x_1)$ | $\begin{pmatrix} d_{11} & -d_{11} & 0 & d_{14} & 0 & 0 \\ 0 & 0 & 0 & 0 & -d_{14} & -2d_{11} \\ 0 & 0 & 0 & 0 & 0 & 0 \end{pmatrix}$ | 2 |
| $3m$<br>$(m \perp x_1)$ | $\begin{pmatrix} 0 & 0 & 0 & 0 & d_{15} & -2d_{22} \\ -d_{22} & d_{22} & 0 & d_{15} & 0 & 0 \\ d_{31} & d_{31} & d_{33} & 0 & 0 & 0 \end{pmatrix}$ | 4 |
| $\bar{6}$ | $\begin{pmatrix} d_{11} & -d_{11} & 0 & 0 & 0 & -2d_{22} \\ -d_{22} & d_{22} & 0 & 0 & 0 & -2d_{11} \\ 0 & 0 & 0 & 0 & 0 & 0 \end{pmatrix}$ | 2 |
| $\bar{6}m2$<br>$(m \perp x_1)$ | $\begin{pmatrix} 0 & 0 & 0 & 0 & 0 & -2d_{22} \\ -d_{22} & d_{22} & 0 & 0 & 0 & 0 \\ 0 & 0 & 0 & 0 & 0 & 0 \end{pmatrix}$ | 1 |
| $\bar{4}3m$, 23 | $\begin{pmatrix} 0 & 0 & 0 & d_{14} & 0 & 0 \\ 0 & 0 & 0 & 0 & d_{14} & 0 \\ 0 & 0 & 0 & 0 & 0 & d_{14} \end{pmatrix}$ | 1 |

Für Anwendungen ist auch die Belastung mit hydrostatischem Druck $\overset{2\to}{\sigma} = -p\,\overset{2\to}{\mathbf{1}}$ von Bedeutung. Ob eine bestimmte Substanz unter dieser Belastung nach (7.3) einen von Null verschiedenen Effekt gibt, entscheidet der Vektor $\overset{3\to}{\boldsymbol{d}} : \overset{2\to}{\mathbf{1}}$ oder nach (7.14a) das Matrizenprodukt $\tilde{d} \cdot (111000)$. Von den 23 in Tab. 7.4 angegebenen Punktsymmetrien weisen nur 10 kristallographische und 2 kontinuierliche einen von Null verschiedenen Wert des o. g. Produkts auf (1, 2, 3, 4, 6, $m$, $mm2$, $3m$, $4mm$, $6mm$, $\infty$, $\infty\, m$). Das sind genau die pyroelektrischen Punktsymmetrien (4.4).

### 7.1.4. Wirkung der Symmetrie des Materials auf die Form der Materialkonstantenmatrix

Als Tensor dritter Stufe hat $\overset{3\to}{\boldsymbol{d}}$ die Form (1.18). Im Falle einer Koordinatentransformation (1.20) ändern sich die Maßzahlen des Tensors gemäß

$$\boxed{d'_{ijk} = a_{il} a_{jm} a_{kn} d_{lmn}} \qquad (i, j, k, l, m, n = 1, 2, 3) \qquad (7.18)$$

(vgl. auch 1.3.3.3.). Damit ist über (7.13) auch eine Änderung der Matrixkoeffizienten verbunden.

Die Wirkung etwa im Material vorhandener Symmetrieelemente untersuchen wir wie in den früher behandelten Fällen von Tensoren niedrigerer Stufe (vgl. z. B. 6.1.2.1.). Sie wird wie früher zur Verringerung der Anzahl unabhängiger Komponenten führen.

Als Beispiel sei eine zweizählige Drehachse parallel zu $x_3$ gewählt. Mit der Methode nach FUMI (vgl. 1.3.3.3.) vereinfacht sich (7.18) zu

$$x_i' x_j' x_k' = a_{il} a_{jm} a_{kn} x_l x_m x_n \qquad (i, j, k, l, m, n = 1, 2, 3). \tag{7.19}$$

Die $a_{pq}$ sind die Koeffizienten der Drehmatrix (1.45) mit $\varphi = \pi$. Also hat man analog zu (1.24b)

$$x_1' = -x_1, \quad x_2' = -x_2, \quad x_3' = x_3. \tag{7.20}$$

Für die Koordinatenprodukte ergeben sich daraus Beziehungen wie

$$\begin{aligned} x_1'x_1'x_1' &= -x_1x_1x_1, \quad x_1'x_2'x_3' = x_1x_2x_3, \\ x_1'x_3'x_3' &= -x_1x_3x_3 \end{aligned} \tag{7.21}$$

usw., aus denen sich die Relationen (7.18) direkt ablesen lassen; im Falle der angeführten Beispiele also

$$d'_{111} = -d_{111}, \quad d'_{123} = d_{123}, \quad d'_{133} = -d_{133}. \tag{7.22}$$

Wenn die Koeffizienten $a_{pq}$ nur die Werte $\pm 1$ wie im vorliegenden Fall annehmen, empfiehlt sich die Kurzfassung von (7.20)

$$1 \to -1, \quad 2 \to -2, \quad 3 \to 3 \tag{7.23}$$

zu verwenden, die den Indexwechsel und den Vorzeichenwechsel der Tensorkomponente zusammenfaßt.

Insgesamt hat man für die Komponenten nach der Drehung des Koordinatensystems[1])

$$\begin{array}{ccc} -d_{111} & -d_{112} & d_{113} \\ & -d_{122} & d_{123} \\ & & -d_{133} \end{array} \qquad \begin{array}{ccc} -d_{211} & -d_{212} & d_{213} \\ & -d_{222} & d_{223} \\ & & -d_{233} \end{array} \qquad \begin{array}{ccc} d_{311} & d_{312} & -d_{313} \\ & d_{322} & -d_{323} \\ & & d_{333}. \end{array} \tag{7.24}$$

Die Existenz einer Symmetrieachse $2_z$ bedeutet nun aber gerade, daß sich diese neuen Komponenten nicht von denen vor der Drehung unterscheiden dürfen. In (7.24) hat dies Beziehungen des Typs $d_{111} = -d_{111}$ und $d_{113} = d_{113}$ zur Folge, deren erste das Verschwinden der Komponente erzwingt, während die zweite der Komponente keine Bedingungen auferlegt. Offenbar verschwinden sämtliche $d_{ijk}$, deren Indizes nicht entweder nur einmal oder dreimal die Drei enthalten.

In Matrixschreibweise (7.15) liest sich (7.24) dann

$$\begin{pmatrix} 0 & 0 & 0 & d_{14} & d_{15} & 0 \\ 0 & 0 & 0 & d_{24} & d_{25} & 0 \\ d_{31} & d_{32} & d_{33} & 0 & 0 & d_{36} \end{pmatrix}. \tag{7.25}$$

Die 18 Koeffizienten trikliner Symmetrie sind also auf 8 unabhängige im Falle der monoklinen Klasse 2 reduziert worden. Verwendet man die sog. zweite Aufstellung $2 \parallel x_2$, verändert sich die Position der nichtverschwindenden Koeffizienten in (7.25), aber nicht deren Anzahl. Zur Berechnung konkreter Koeffizienten $d_{h\lambda}$ ist natürlich (7.13) zu verwenden.

[1]) Die drei Felder sind drei Schichten aus dem dreidimensionalen Schema der Tensorkomponenten. Wegen der Symmetrie (7.12) ist jeweils nur die halbe Schicht ausgewiesen.

Im allgemeinen stellt (7.18) unter Beachtung der Symmetrieforderungen ein Gleichungssystem dar, dessen Lösungen die 18 Koeffizienten (7.15) sind. Die Drehachse $\infty$ hat hier nach dem Theorem von HERMANN (vgl. 1.3.3.7.) die gleiche Wirkung wie die Drehachsen 4 oder 6.[1]) Damit können auch Materialien mit Texturen erfaßt werden (vgl. z. B. ŠUBNIKOV 1946).

Die Ergebnisse der Untersuchung aller kristallographischen und kontinuierlichen Symmetriegruppen sind in Tab. 7.4 nach dem Indizierungsmuster (7.15)[2]) zusammengefaßt.[3])

20 Kristallklassen und 3 Texturen dieser Punktsymmetrie können piezoelektrische Eigenschaften aufweisen, müssen es aber nicht. Andererseits bleiben sämtliche Substanzen, die nicht einer dieser Symmetriegruppen angehören, vom linearen piezoelektrischen Effekt ausgeschlossen.

### 7.1.5. Charakteristische Tensorflächen

Anders als bei symmetrischen Tensoren 2. Stufe können die im Tensor 3. Stufe enthaltenen Informationen nicht mehr vollständig in einem Diagramm von der in 1.3.3.6. behandelten Art dargestellt werden. Dennoch lassen sich wichtige graphische Anschauungshilfen geben, wenn man sich auf eine Teilinformation beschränkt.

Von Interesse sei beispielsweise der longitudinale Effekt (s. Tab. 7.3):

$$P_1 = d^{\ln}\sigma_1 = d_{111}\sigma_{11}. \tag{7.26}$$

$d_{111}$ ist ein Maß für die Ladung/Fläche, die bei Belastung senkrecht zu dieser Fläche beobachtet wird. Um den Wert von $d_{111}$ für andere Kristallorientierungen zu finden, bedient man sich (7.18) und trägt $d'_{111}$ von einem Koordinatenursprung aus als Radiusvektor auf. Im Falle des $\alpha$-Quarzes hat (7.18) die Form

$$\begin{aligned} d'_{111} = a_{11}a_{11}a_{11}d_{111} &+ a_{11}a_{12}a_{12}d_{122} \\ &+ 2a_{11}a_{12}a_{13}d_{123} + 2a_{12}a_{11}a_{12}d_{212} \\ &+ 2a_{12}a_{11}a_{13}d_{213}, \end{aligned} \tag{7.27}$$

oder, unter Verwendung der Matrixkoeffizienten und Tab. 7.4

$$d'_{11} = a_{11}(a_{11}^2 - 3a_{12}^2)\, d_{11}. \tag{7.28}$$

Die so erhaltene Fläche (7.28) schneidet die $X-Y$-Ebene (s. Abb. 7.2) in einer Kurve dritter Ordnung, die aus (7.28) folgt, wenn $a_{11} = \cos\varphi$ und $a_{12} = \sin\varphi$ gesetzt wird

[1]) Die $a_{ij}$ von (7.18) haben für $\infty$ die Form (1.45) mit beliebigem $\varphi$. Somit ist z. B. $d'_{123} = a_{l1}a_{m2}a_{n3}d_{lmn} = a_{11}a_{22}a_{33}d_{123} + a_{11}a_{12}a_{33}d_{113} + a_{21}a_{22}a_{33}d_{223} + a_{21}a_{12}a_{33}d_{213} = (\cos^2\varphi + \sin^2\varphi) \times d_{123} = d_{123}$. Analoges gilt für die anderen Komponenten.

[2]) Steht z. B. im Falle der Punktsymmetrie 4 an der Position von $d_{24}$ der Koeffizient $d_{15}$, dann ist $d_{24} = d_{15}$ usw.

[3]) Obwohl die Matrizen für $\bar{6}$ und $\bar{6}m2$ in Tab. 7.4 unterschiedliche Form besitzen, ist die äußere Symmetrie beider Tensoren die gleiche. Die Lage der Koordinatenachsen $x_1$, $x_2$ im Falle $\bar{6}$ ist nämlich nicht durch Symmetrieelemente festgelegt. Durch eine Drehung des Koordinatensystems um $x_3$ läßt sich daher einer der beiden unabhängigen Koeffizienten zum Verschwinden bringen und die Form der Symmetriegruppe $\bar{6}m2$ erreichen.

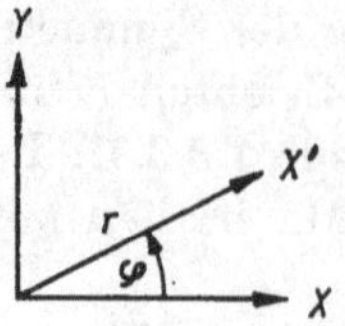


Abb. 7.5. Zur Polarkoordinatendarstellung von $d_{11}$

(Abb. 7.5). Identifiziert man $d'_{11}$ mit dem Radius $r$, dann wird durch

$$r(\varphi) = d_{11} \cos \varphi (\cos^2 \varphi - 3 \sin^2 \varphi) = d_{11} \cos 3\varphi \tag{7.29}$$

das Verhalten von $d_{11}$ in der X—$Y$-Ebene graphisch wiedergegeben.

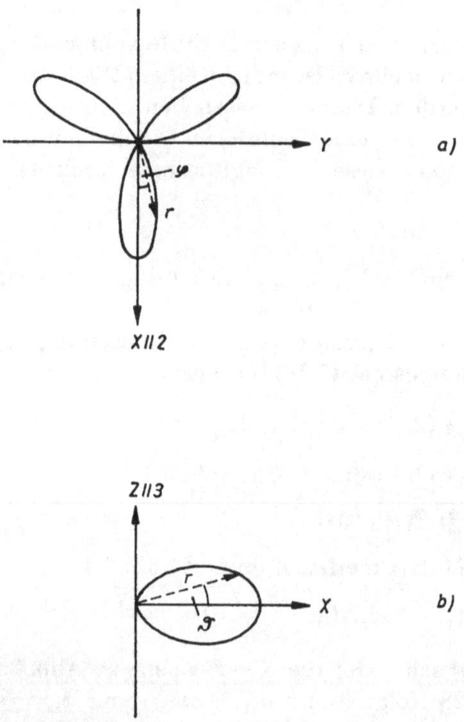


Abb. 7.6. Schnittkurven der charakteristischen Fläche des longitudinalen piezoelektrischen Effektes von α-(Links-)Quarz mit der $X—Y$- (a) und $X—Z$-Ebene (b). Für die Definition des Achsensystems vgl. Abb. 7.2 und Abb. 7.3. Eine Zugkraft in Richtung $X$ ruft am Durchstoßpunkt der positiven $X$-Achse durch die Kristallplatte eine positive Ladung hervor. Wird dagegen eine Kristallplatte mit einer Plattennormalen hergestellt, die um 30° gegen die $X$-Achse in der $X—Y$-Ebene gedreht ist, zeigt diese keinen Effekt. Eine um 60° gedrehte Orientierung zeigt wieder einen Effekt der Größe wie parallel zur $X$-Achse, aber mit entgegengesetztem Vorzeichen. Aus (b) liest man unter anderem ab, daß parallel zur $Z$-Achse kein longitudinaler piezoelektrischer Effekt möglich ist.

Ein Schnitt mit der $X-Z$-Ebene ergibt sich durch $a_{11} = \cos\vartheta$ und $a_{12} = 0$ zu

$$d'_{11} \equiv r(\vartheta) = d_{11} \cos^3 \vartheta. \tag{7.30}$$

Die Verläufe (7.29) und (7.30) sind in Abb. 7.6 illustriert.

### 7.1.6. Atomistische Interpretation

Die Verzerrung eines makroskopischen Bereichs im Festkörper spiegelt sich auf atomarem Niveau in Verschiebungen der Atomkerne und in der Veränderung der Elektronendichte $\varrho_e$ wider. Meist wird vereinfachend angenommen, daß alle Rumpfelektronen unpolarisierbar fest an die zugehörigen Kerne gebunden sind, so daß sich die piezoelektrische Polarisation $\vec{P}$ durch die inneren Verschiebungen der unterschiedlich geladenen Unterstrukturen sowie durch die Änderung der Valenzelektronendichte darstellen läßt.

In den MAXWELLschen Gleichungen (6.65) ist zwischen der Ladungsdichte $\varrho_e$ der ursprünglich in dem betrachteten Gebiet vorhandenen Ladungsträger und der infolge der Verzerrung in das Gebiet eingebrachten Dichte $\varrho_e^v$ zu unterscheiden:

$$\frac{\partial}{\partial \vec{r}} \cdot \vec{D} = \varrho_e^v, \quad \frac{\partial}{\partial \vec{r}} \cdot \vec{E} = \varrho_e + \varrho_e^v, \quad \frac{\partial}{\partial \vec{r}} \times \vec{E} = 0. \tag{7.31}$$

Mit (6.66a) hat man somit für das lokale Polarisationsfeld $\vec{P}(\vec{r})$

$$\frac{\partial}{\partial \vec{r}} \cdot \vec{P}(\vec{r}) = -\varrho_e(\vec{r}). \tag{7.32}$$

Dessen räumlicher Mittelwert

$$\vec{P} = \frac{1}{V} \int_V \vec{P}(\vec{r})\, \mathrm{d}V = \frac{1}{N_{\mathrm{EZ}} V_{\mathrm{EZ}}} \int_{N_{\mathrm{EZ}} V_{\mathrm{EZ}}} \vec{r} \varrho_e(\vec{r})\, \mathrm{d}V \tag{7.33}$$

ist gesucht. $V_{\mathrm{EZ}}$ ist das Volumen einer Elementarzelle, in der die spontane Polarisation verschwindet. Über Versuche zur quantitativen Auswertung von (7.33) sei auf ZELLER verwiesen.

Ein qualitatives Verständnis ist in Substanzen mit starker ionischer Bindung (d. h. Unterstrukturen mit Ionen unterschiedlichen Vorzeichens) verhältnismäßig einfach zu gewinnen. Abb. 7.7 enthält das Beispiel des Quarzes.

Auch das Auftreten piezoelektrischer Eigenschaften in anderen Substanzen ist mit dem Vorhandensein oder Entstehen elektrischer Dipolmomente verbunden. Dabei sind die strukturellen Träger der Momente (Moleküle, Ionengruppen u. a.) überwiegend dicht gepackt. Für eine kristallchemische Analyse vgl. z. B. KOPCIK (1963).

Unter den piezoelektrischen Substanzen finden sich auch pyroelektrische. Das sind 12 der 23 Punktsymmetrien der Tab. 7.4 (vgl. auch 7.1.3. und 4.1.). Darunter bilden die ferroelektrischen eine besondere Klasse, die wegen des nichtlinearen hysteresebehafteten Zusammenhanges zwischen $\overset{2}{\vec{\sigma}}$ und $\vec{P}$ hier nicht näher behandelt wird. Tab. 7.2 läßt indessen erkennen, daß deren piezoelektrische Materialgrößen auffällig hohe Werte aufweisen. Wir verweisen hier auf SONIN, STRUKOW.

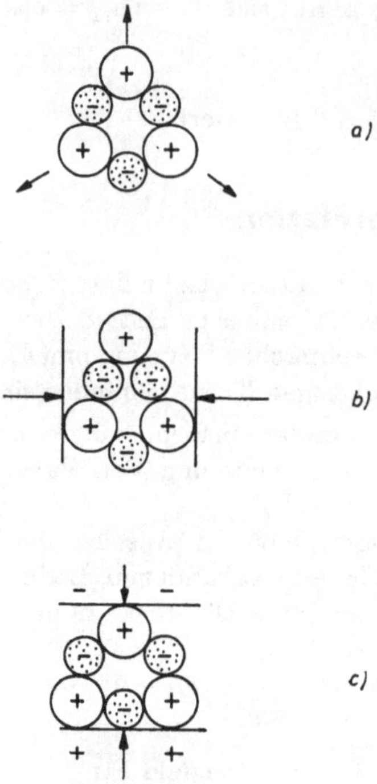


Abb. 7.7. Schematische Darstellung der Lagen positiver Si-Ionen und negativer $O^{--}$-Ionen im α-Quarz (P $3_1$2 oder P $3_2$2). Mit ⊕ ist ein Si-Ion, mit ⊖ der Ladungsschwerpunkt zweier $O^{--}$-Ionen gekennzeichnet. Dargestellt ist die Projektion der Ionenlagen in die (0001)-Ebene (vgl. dazu auch Abb. 7.3). (Im Zentrum der Figur (a) befindet sich die Schraubenachse $3_1$ oder $3_2$, d. h., die Ionen gleicher Ladung liegen in verschiedenen Ebenen.) Die Kristallsymmetrie sorgt dafür, daß die Summe der spontanen elektrischen Dipolmomente im unverformten Zustand verschwindet. Nach einer Beanspruchung senkrecht (b) und parallel (c) zur polaren Achse 2 wird die Symmetrie gebrochen (vgl. Kopcik 1962). Im Falle (b) ist kein longitudinaler Effekt zu erwarten. Das Vorzeichen der Ladungen auf den äußeren Begrenzungsflächen ist im Fall (c) angegeben.

# 7.2. Reziproker piezoelektrischer Effekt

## 7.2.1. Experimentelles

Ein Jahr nach der Entdeckung des piezoelektrischen Effektes durch die Gebrüder Curie (vgl. 7.1.1.) äußerte Lippmann im Zusammenhang mit thermodynamischen Überlegungen die Vermutung, daß es einen Umkehreffekt gäbe. Dieser wurde dann auch noch im gleichen Jahr gefunden (J. Curie, P. Curie, 1881).

Legt man an einen piezoelektrischen Kristall der Länge $l$ eine elektrische Spannung $U$ an, dann ändert sich dessen Abmessung unabhängig von seinem Querschnitt um

$$\frac{\Delta l}{l} = d\,\frac{U}{l} \tag{7.34}$$

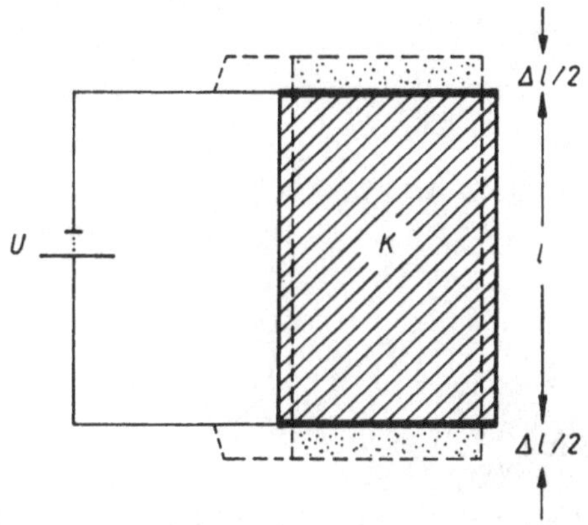


Abb. 7.8. Schematische Darstellung des reziproken piezoelektrischen Effektes. An einen piezoelektrischen Kristall $K$ geeigneter Orientierung wird die elektrische Spannung $U$ angelegt. Dadurch ändert sich seine Länge von $l$ auf $l + \Delta l$.

(vgl. Abb. 7.8). $d$ ist der piezoelektrische Modul von (7.1). Die Verzerrungen $\Delta l/l = \varepsilon$ sind klein. Für α-Quarz hat z. B. die Spannung von $U = 1$ V eine Längenänderung von etwa $2 \cdot 10^{-12}$ m zur Folge, unabhängig von $l$.

### 7.2.2. Phänomenologische Beschreibung

Durch (7.34) werden der polare Tensor $\overset{2\rightarrow}{\varepsilon}$ der Verzerrung (vgl. 5.1.) und die elektrische Feldstärke $\vec{E}$ über den Tensor $\overset{3\rightarrow}{d}$ der piezoelektrischen Moduln verknüpft. Den Orientierungseinfluß berücksichtigt die Beziehung

$$\boxed{\overset{2\rightarrow}{\varepsilon} = \vec{E} \cdot \overset{3\rightarrow}{d}}, \tag{7.35}$$

oder in kartesischen Koordinaten

$$\varepsilon_{jk} = E_i d_{ijk} \qquad (i, j, k = 1, 2, 3), \tag{7.36}$$

bzw. mit Matrixkoeffizienten

$$\varepsilon_\lambda = E_k d_{k\lambda}{}^{1)} \qquad (k = 1, 2, 3; \quad \lambda = 1, \ldots, 6). \tag{7.37}$$

Aufgrund der engen Beziehung zwischen Polarisation $\vec{P}$ und elektrischer Feldstärke $\vec{E}$ einerseits (vgl. 6.4.3.1.) sowie Verzerrung und mechanischer Spannung andererseits (vgl. (8.5)) werden gelegentlich auch andere Materialgrößen als $\overset{3\rightarrow}{d}$ zur Beschreibung beider Effekte (7.3) und (7.35) benutzt. Wir stellen sie im folgenden zusammen.

---

[1]) Man beachte, daß sich in (7.36) und (7.37) der erste Index von $d_{ijk}$ oder $d_{k\lambda}$ auf elektrische Größen, die beiden übrigen lateinischen oder der griechische auf mechanische Größen beziehen. Daher auch die Reihenfolge der Faktoren in (7.35).

Piezoelektrischer Effekt:

$$\vec{\boldsymbol{P}} = \overset{3\rightarrow}{\boldsymbol{d}} : \overset{2\rightarrow}{\sigma}, \tag{7.38a}$$

$$\vec{\boldsymbol{P}} = \overset{3\rightarrow}{\boldsymbol{e}} : \overset{2\rightarrow}{\varepsilon}, \tag{7.38b}$$

$$\vec{\boldsymbol{E}} = -\overset{3\rightarrow}{\boldsymbol{g}} : \overset{2\rightarrow}{\sigma}, \tag{7.38c}$$

$$\vec{\boldsymbol{E}} = -\overset{3\rightarrow}{\boldsymbol{h}} : \overset{2\rightarrow}{\varepsilon}; \tag{7.38d}$$

reziproker piezoelektrischer Effekt:

$$\overset{2\rightarrow}{\varepsilon} = \vec{\boldsymbol{E}} \cdot \overset{3\rightarrow}{\boldsymbol{d}}, \tag{7.39a}$$

$$\overset{2\rightarrow}{\sigma} = -\vec{\boldsymbol{E}} \cdot \overset{3\rightarrow}{\boldsymbol{e}}, \tag{7.39b}$$

$$\overset{2\rightarrow}{\varepsilon} = \vec{\boldsymbol{P}} \cdot \overset{3\rightarrow}{\boldsymbol{g}}, \tag{7.39c}$$

$$\overset{2\rightarrow}{\sigma} = -\vec{\boldsymbol{P}} \cdot \overset{3\rightarrow}{\boldsymbol{h}}. \tag{7.39d}$$

Dabei sind $\overset{3\rightarrow}{\boldsymbol{e}}, \overset{3\rightarrow}{\boldsymbol{h}}$ piezoelektrische Konstanten und $\overset{3\rightarrow}{\boldsymbol{g}}$ piezoelektrische Koeffizienten. Sie sind mit $\overset{3\rightarrow}{\boldsymbol{d}}$ verknüpft, wie z. B. $d_{qij} = S_{ijlm}e_{qlm}$ (für $S_{ijlm}$ vgl. (8.7)).

Wir wenden uns nun noch dem Beweis dafür zu, daß die Materialkonstanten von (7.35) und (7.3) identisch sind. Für reversible Prozesse folgt aus den beiden Hauptsätzen der Thermodynamik

$$\mathrm{d}U = V\vec{\boldsymbol{E}} \cdot \mathrm{d}\vec{\boldsymbol{D}} + V\overset{2\rightarrow}{\sigma} : \mathrm{d}\overset{2\rightarrow}{\varepsilon} + T\,\mathrm{d}S. \tag{7.40}$$

(Bedeutung der Größen wie in (7.7)). Damit wird aus (7.7) durch Bildung des totalen Differentials und Einsetzen von (7.40)

$$\mathrm{d}G = -V\vec{\boldsymbol{D}} \cdot \mathrm{d}\vec{\boldsymbol{E}} - V\overset{2\rightarrow}{\varepsilon} : \mathrm{d}\overset{2\rightarrow}{\sigma} - S\,\mathrm{d}T. \tag{7.41}$$

Andererseits ist

$$\mathrm{d}G = \left(\frac{\partial G}{\partial \vec{\boldsymbol{E}}}\right)_{\sigma,T} \cdot \mathrm{d}\vec{\boldsymbol{E}} + \left(\frac{\partial G}{\partial \overset{2\rightarrow}{\sigma}}\right)_{E,T} : \mathrm{d}\overset{2\rightarrow}{\sigma} + \left(\frac{\partial G}{\partial T}\right)_{\sigma,E} \mathrm{d}T. \tag{7.42}$$

Aus dem Koeffizientenvergleich von (7.41) und (7.42) folgt

$$\vec{\boldsymbol{D}} = -\frac{1}{V}\left(\frac{\partial G}{\partial \vec{\boldsymbol{E}}}\right)_{\sigma,T}, \quad \overset{2\rightarrow}{\varepsilon} = -\frac{1}{V}\left(\frac{\partial G}{\partial \overset{2\rightarrow}{\sigma}}\right)_{E,T}. \tag{7.43}$$

Wegen der Stetigkeit von $G$ bedeutet dies

$$-\frac{1}{V}\left(\frac{\partial^2 G}{\partial \overset{2\rightarrow}{\sigma}\,\partial \vec{\boldsymbol{E}}}\right)_T = \left(\frac{\partial \vec{\boldsymbol{D}}}{\partial \overset{2\rightarrow}{\sigma}}\right)_T = -\frac{1}{V}\left(\frac{\partial^2 G}{\partial \vec{\boldsymbol{E}}\,\partial \overset{2\rightarrow}{\sigma}}\right)_T = \left(\frac{\partial \overset{2\rightarrow}{\varepsilon}}{\partial \vec{\boldsymbol{E}}}\right)_T, \tag{7.44}$$

also auch

$$\left(\frac{\partial \overset{2\rightarrow}{\varepsilon}}{\partial \vec{E}}\right) = \left(\frac{\partial \vec{D}}{\partial \overset{2\rightarrow}{\sigma}}\right) = \left(\frac{\partial \vec{P}}{\partial \overset{2\rightarrow}{\sigma}}\right) = \overset{3\rightarrow}{d}, \tag{7.45}$$

wenn in (6.66a) das elektrische Feld konstant gehalten und damit $d\vec{D} = d\vec{P}$ gesetzt werden kann.[1])

### 7.2.3. Atomistische Beschreibung

Die physikalischen Ursachen der Kopplung elektrischer und mechanischer Felder sind die gleichen wie die in 7.1.6. behandelten.

## 7.3. Anwendungen

Substanzen, mit deren Hilfe elektrische und mechanische Feldgrößen gekoppelt werden können, haben sehr früh erhebliche technische Bedeutung erlangt. Auf Langevin geht der Vorschlag zurück, den reziproken piezoelektrischen Effekt zur Erzeugung, und später zum Empfang, von Ultraschallwellen im Wasser zu nutzen. Während und nach dem 1. Weltkrieg erlebte die Ultraschalltechnik (z. B. Echolot, Materialprüfung, Ultraschalltomographie in der Medizin) eine schnelle Verbreitung. Cady entwickelte um 1918 den piezoelektrischen Resonator, der ebenfalls in breitem Umfang als Frequenzstabilisator (z. B. Quarzuhr) und Filter Anwendung gefunden hat. Piezoelektrische Stellglieder werden z. B. in verschiedenen Servosteuerungen eingesetzt (z. B. Nachsteuern der Videoköpfe in Videorecordern). Ein Vorteil besteht im möglichen Analogbetrieb.[2])

Der piezoelektrische Effekt selbst verdankt seine Nutzung der hohen Genauigkeit und der bequemen Handhabung elektrischer Größen (z. B. Piezometer, Mikrophon, Seismograph, piezoelektrischer Kraftmesser, Beschleunigungsmesser). Der Maschinenbau hat hier durch den Einsatz kleiner Signalgeber an Maschinen während des Betriebes besonders nützliche Informationen gewinnen können. Inzwischen ist es gelungen, ein akustisches Mikroskop zu bauen (Quate). Der Umstand, daß schon mit geringem Kraftaufwand hohe Spannungen erzeugt werden können, findet im Haushalt Anwendung (Gasanzünder).

1957 wurde durch Fukada, Yasuda die Aufmerksamkeit der medizinischen Forschung auf den Umstand gelenkt, daß der piezoelektrische Effekt im menschlichen und tierischen Knochen eine wichtige Funktion für Wachstum und Heilung über die elektrische Stimulierung besitzt. Daraus ergaben sich auch Möglichkeiten der Beeinflussung dieser Prozesse durch elektrische Ströme (vgl. z. B. Hellinger, Kleditzsch,

---

[1]) Vgl. dazu auch 7.3.1.

[2]) Stoffe mit guten piezoelektrischen Eigenschaften zeigen oft Hysterese (vgl. Tab. 7.2), die hier unerwünscht ist. Sie kann umgangen werden, wenn statt des piezoelektrischen Effektes der elektrostriktive genutzt wird, der in ferroelektrischen Keramiken wenig oberhalb der Curie-Temperatur besonders hoch ist (vgl. Schnell).

Güttler). Der wichtigste mineralische Bestandteil der Knochen, der Apatit (Punktsymmetrie $6/m$), ist allerdings selbst nicht piezoelektrisch.

Auch in der Grundlagenforschung bedient man sich in verschiedener Weise dieses Effektes als methodischem Hilfsmittel. Wechselwirkungen des Ultraschalls mit Elektronen, Phononen, Magnonen (vgl. z. B. Mason 1965, 1966b; Tucker, Rampton; Truell, Elbaum, Chick) und Kristallbaufehlern (vgl. z. B. Mason 1966a; Postnikov) geben quantitative Informationen über die Eigenschaften der Elementaranregungen und Baufehler. Darüber hinaus lassen sich durch Ultraschallbehandlung Dichte und Verteilung der Baufehler beeinflussen (vgl. z. B. Tjapunina, Blagoveščenskij et al.; Tjapunina, Štrom).

Wir gehen im folgenden auf einige prinzipielle Probleme im Zusammenhang mit Anwendungen ein.

### 7.3.1. Elektromechanische Kopplung

Die beiden Effekte 7.1. und 7.2. sind in dem Sinne gekoppelt, daß die Rolle von Ursache- und Wirkungs-Größen vertauschbar ist. Die maßgebenden Größen lassen sich in einem Wirkungsschema wie folgt zuordnen

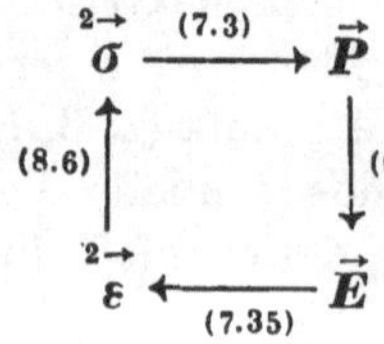


(7.46)

Nach (7.46) gibt es eine Rückkopplung, die bei der quantitativen Behandlung zu berücksichtigen ist. Die folgenden Beispiele sollen das zeigen.

Wir betrachten dazu eine piezoelektrische Platte der Dicke $l$ mit $l^2 \ll A$ (Fläche der Platte), die mit metallischen Kontakten versehen sei.[1]) Der Normalvektor

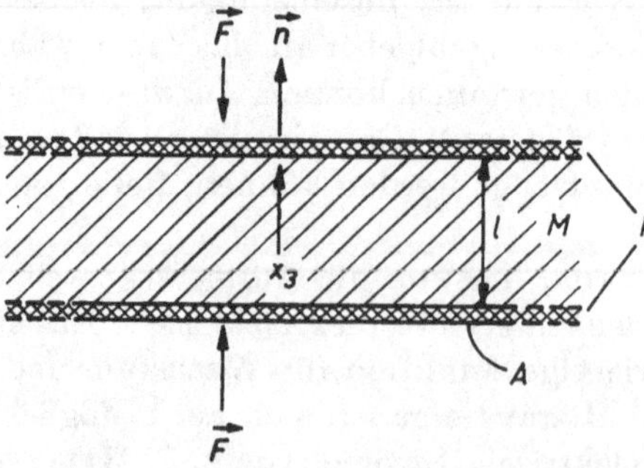


Abb. 7.9. Eine Platte (Dicke $l$, Fläche $A$) eines piezoelektrischen Materials $M$ sei mit zwei elektrischen Kontakten $K$ versehen. Die Kraft $\vec{F}$ rufe die Spannung $\overset{2\rightarrow}{\sigma}$ in der Platte hervor. Die Richtung der Plattennormalen sei parallel zur $x_3$-Achse.

[1]) Wir folgen hier im wesentlichen der Darstellung von Sirotin, Šaskol'skaja, S. 394ff.

auf der Plattenebene ist $\vec{n}$ (Abb. 7.9). Es wirke die mechanische Spannung $\overset{2\to}{\sigma}$ auf die Platte. Gesucht sind Ladung und Verzerrung. Die zugehörigen Materialgleichungen berücksichtigen (7.46). Es ist nach (6.61), (7.3) und (7.9)

$$\begin{aligned} \vec{D} &= \varepsilon_0 \overset{2\to}{\varepsilon_r} \cdot \vec{E} + \overset{3\to}{d} : \overset{2\to}{\sigma}, \\ \overset{2\to}{\varepsilon} &= \vec{E} \cdot \overset{3\to}{d} + \overset{4\to}{S} : \overset{2\to}{\sigma}. \end{aligned} \tag{7.47}$$

Dabei ist $\overset{4\to}{S}$ der Tensor der elastischen Koeffizienten (vgl. (8.5)).

Feldstärke $\vec{E}$ und Potential $U$ sind über $\vec{E} = -(\partial U/\partial x_3)\,\vec{n} \equiv -U'\vec{n}$ verknüpft. Damit wird (7.47)

$$\begin{aligned} \vec{D} &= -\varepsilon_0 \overset{2\to}{\varepsilon_r} \cdot \vec{n} U' + \overset{3\to}{d} : \overset{2\to}{\sigma}, \\ \overset{2\to}{\varepsilon} &= -\vec{n} \cdot \overset{3\to}{d} U' + \overset{4\to}{S} : \overset{2\to}{\sigma}. \end{aligned} \tag{7.48}$$

Wegen $(\partial/\partial\vec{r}) \cdot \vec{D} = 0$ (keine freien Ladungen (s. (6.65)) wird $\partial U'/\partial x_3 = 0$ und $U = \text{const}\, x_3$.

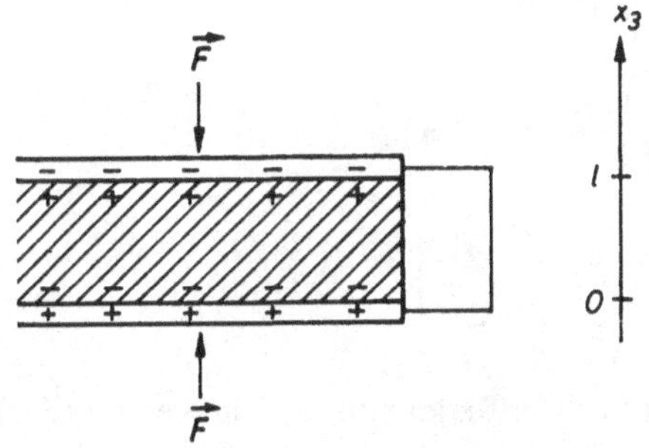


Abb. 7.10. Anordnung von Abb. 7.9 im Kurzschlußbetrieb.

Nun unterscheiden wir zwei Spezialfälle. Im *Kurzschlußbetrieb* (Abb. 7.10) ist $\vec{E} = \vec{0}$. Auf dem unteren Metallkontakt ist eine freie Ladung der Flächen-Dichte

$$\varrho_e = \vec{n} \cdot \vec{D} = \vec{n} \cdot \overset{3\to}{d} : \overset{2\to}{\sigma} \tag{7.49}$$

geflossen (auf den oberen die gleiche mit entgegengesetztem Vorzeichen). Dadurch werden die Ladungen infolge der entstandenen Polarisation $\vec{P}$ neutralisiert. Die dielektrische Verschiebung $\vec{D}$ wird allein von diesen freien Ladungen hervorgerufen. Sie wächst demnach mit der anliegenden mechanischen Spannung. Die Verzerrung ist für $U' = 0$ in (7.48)

$$\overset{2\to}{\varepsilon} = \overset{4\to}{S} : \overset{2\to}{\sigma}, \tag{7.50}$$

wie ohne Vorhandensein des piezoelektrischen Effektes. Für *Leerlaufbetrieb* ist $U(0) - U(l) = -l\, \partial U/\partial x_3 \neq 0$ (Abb. 7.11). Die Kontakte bleiben elektrisch neutral, d. h.

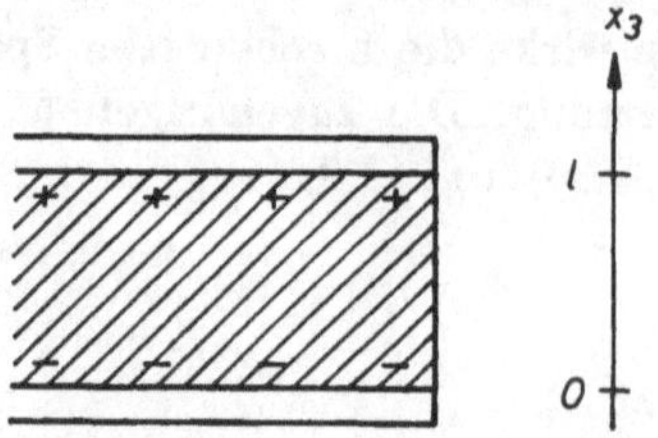


Abb. 7.11. Anordnung von Abb. 7.9 mit offenen Kontakten.

$\vec{D} = \vec{0}$. In diesem Falle ist

$$\vec{E} = -U'\vec{n} \tag{7.51}$$

mit

$$U' \equiv \frac{\partial U}{\partial x_3} = \frac{\vec{n} \cdot \overset{3\rightarrow}{d} : \overset{2\rightarrow}{\sigma}}{\varepsilon_0 \vec{n} \cdot \overset{2\rightarrow}{\varepsilon_r} \cdot \vec{n}} . \tag{7.52}$$

(7.52) folgt aus der ersten der Gleichungen (7.47) nach Multiplikation mit $\vec{n}$.

Die Verzerrung wird nunmehr abhängig von den piezoelektrischen Materialeigenschaften. Es ist nämlich nach (7.48)

$$\overset{2\rightarrow}{\varepsilon} = -\frac{(\vec{n} \cdot \overset{3\rightarrow}{d} : \overset{2\rightarrow}{\sigma})\, \vec{n} \cdot \overset{3\rightarrow}{d}}{\varepsilon_0 \vec{n} \cdot \overset{2\rightarrow}{\varepsilon_r} \cdot \vec{n}} + \overset{4\rightarrow}{S} : \overset{2\rightarrow}{\sigma}$$

$$= \left[ \overset{4\rightarrow}{S} - \frac{(\vec{n} \cdot \overset{3\rightarrow}{d})\,(\vec{n} \cdot \overset{3\rightarrow}{d})}{\varepsilon_0 \vec{n} \cdot \overset{2\rightarrow}{\varepsilon_r} \cdot \vec{n}} \right] : \overset{2\rightarrow}{\sigma} .\text{[1]} \tag{7.53}$$

Der Faktor in eckigen Klammern hat die Bedeutung effektiver elastischer Koeffizienten im Leerlaufbetrieb. Bei gleicher mechanischer Spannung ist die resultierende Verzerrung im zweiten Fall kleiner, da die zugeführte Energie teilweise zur Polarisation verwendet werden muß.

In einem Experiment zur Bestimmung piezoelektrischer Materialgrößen ist das Ergebnis streng genommen von der Versuchsführung abhängig. Dieser Unterschied kann sehr wesentlich werden, wenn elektrische und mechanische Wechselfelder anliegen (vgl. Cady). Man unterscheidet dann piezoelektrische Moduln für konstantes elektrisches Feld ($\vec{E} = \vec{0}$) und für konstante Verschiebung ($\vec{D} = \vec{0}$), darüber hinaus aber auch für freie (7.39c) und für festgehaltene (7.39d) Enden. Die bisherigen Darlegungen setzten isotherme Versuchsführung voraus. Dem steht adiabatische gegenüber. Bei den meisten Anwendungen liegen Mischbedingungen vor.

Für die Beurteilung eines derartigen Wandlers elektrischer in mechanische Energie und umgekehrt ist das Verhältnis beider wesentlich. Wir geben daher zunächst

---

[1] Unter Versuchsbedingungen konstanten elektrischen Feldes gilt (7.45). Damit ist $\overset{2\rightarrow}{\varepsilon} = \overset{4\rightarrow}{S} : \overset{2\rightarrow}{\sigma} - \dfrac{(\vec{n} \cdot \overset{3\rightarrow}{d} \cdot \overset{2\rightarrow}{\sigma})^2}{\varepsilon_0 \vec{n} \cdot \overset{2\rightarrow}{\varepsilon_r} \cdot \vec{n}}$.

die elastische Energiedichte an. Es ist

$$\eta_{\mathrm{elast}} = \frac{1}{2} \overset{2\rightarrow}{\sigma} : \overset{2\rightarrow}{\varepsilon} = \frac{1}{2} \overset{2\rightarrow}{\sigma} : \left[ \overset{4\rightarrow}{S} - \frac{(\vec{n} \cdot \overset{3\rightarrow}{d})(\vec{n} \cdot \overset{3\rightarrow}{d})}{\varepsilon_0 \vec{n} \cdot \overset{2\rightarrow}{\varepsilon_r} \cdot \vec{n}} \right] : \overset{2\rightarrow}{\sigma}, \tag{7.54}$$

und die elektrische Energiedichte des Kondensators beträgt

$$\eta_{\mathrm{elektr}} = \frac{1}{2} \frac{Q^e U}{V} = \frac{1}{2} \frac{\vec{n} \cdot \vec{D} A U}{V} = \frac{1}{2} \frac{(\vec{n} \cdot \overset{3\rightarrow}{d} : \overset{2\rightarrow}{\sigma})(\vec{n} \cdot \overset{3\rightarrow}{d} : \overset{2\rightarrow}{\sigma})}{\varepsilon_0 \vec{n} \cdot \overset{2\rightarrow}{\varepsilon_r} \cdot \vec{n}}. \tag{7.55}$$

Wird der piezoelektrische Stoff als Geber elektrischer Signale betrieben, dann ist der sogenannte elektromechanische Kopplungsfaktor in der Form[1])

$$\boxed{k_e = \sqrt{\frac{\eta_{\mathrm{elektr}}}{\eta_{\mathrm{elektr}} + \eta_{\mathrm{elast}}}} = \sqrt{\frac{(\vec{E} \cdot \overset{3\rightarrow}{d} : \overset{2\rightarrow}{\sigma})(\vec{E} \cdot \overset{3\rightarrow}{d} : \overset{2\rightarrow}{\sigma})}{\varepsilon_0 (\vec{E} \cdot \overset{2\rightarrow}{\varepsilon_r} \cdot \vec{E})(\overset{2\rightarrow}{\sigma} : \overset{4\rightarrow}{S} : \overset{2\rightarrow}{\sigma})}}} \tag{7.56}$$

ein Maß für die Ausbeute. In (7.56) wurde wieder $\vec{n}$ durch $\vec{E}$ ersetzt. $k_e$ hängt nicht vom Betrag $\vec{E}$ oder $\overset{2\rightarrow}{\sigma}$ ab, wohl aber von deren Orientierung. Je nach Anwendung sind auch andere Definitionen in Gebrauch (vgl. z. B. PERELOMOVA, TAGIEVA).

## 7.3.2. Orientierungsabhängigkeit

Da der piezoelektrische Effekt und seine Umkehrung empfindlich von der Orientierung der Kräfte und Polarisationen bezüglich der Symmetrieelemente des Materials abhängen, lassen sich durch geeignete Wahl der Orientierung zahlreiche Anwendungswünsche erfüllen. Bei den Herstellern haben sich bestimmte Bezeichnungen eingebürgert, von denen einige beispielhaft erwähnt seien. Das Bezugssystem ist für den α-Quarz in Abb. 7.2 und Abb. 7.3 angegeben. Platten parallel zu den Koordinatenebenen heißen nach der Richtung ihrer Normalen *X*-, *Y*- oder *Z*-Schnitt. Bildet die Normale gleiche Winkel mit allen drei Achsen, nennt man das *L*-Schnitt. Schräge Schnitte werden ebenfalls gesondert bezeichnet (Beispiele s. Abb. 7.12). Wünsche des Anwenders sind beispielsweise folgender Art: maximaler longitudinaler Effekt (*L*-Schnitt); Ansprechbarkeit des Gebers allein auf Normalspannungen; verschwindende Temperaturabhängigkeit der Eigenfrequenz der transversalen Schwingungen; Ausschaltung störender Schwingungszustände, d. h. reine Scher-, Biegungs-, Torsions-, Kompressionsschwingungen usw. Zur Ermittlung der gewünschten Orientierung bedient man sich meist der Gl. (7.14a) oder einer ihr äquivalenten aus dem Angebot (7.38b) bis (7.39d). Die zu einer wünschenswerten Gestalt der Matrix $\tilde{d}$ bzw. des Tensors $d_{ijk}$ gehörende Orientierung berechnet sich über (7.18). $\tilde{d}$ ist meist durch die angestrebte Form von $\tilde{\sigma}$ und $\tilde{P}$ festgelegt.

[1]) Vgl. Fußn. 1, S. 234.

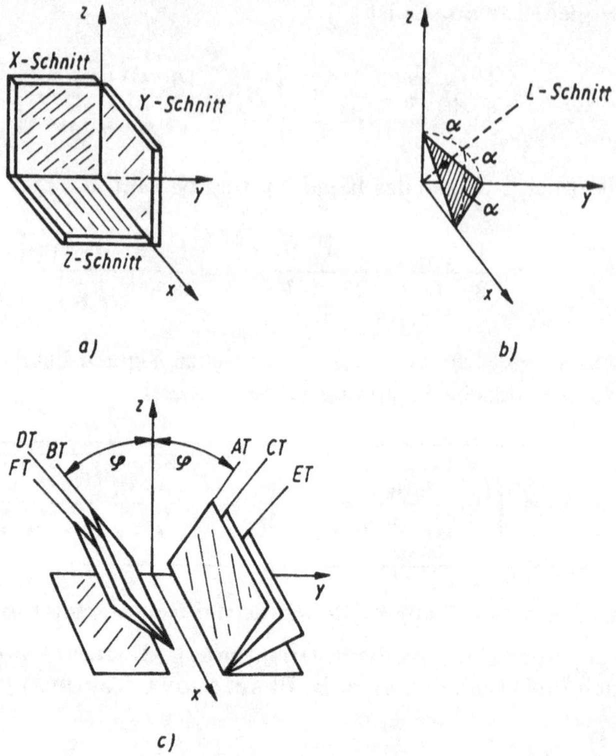


Abb. 7.12. Ausgewählte Schnittorientierungen plättchenförmiger Proben. (a) *X*-, *Y*-, *Z*-Schnitt, (b) *L*-Schnitt, (c) übliche Schnitte für Generatoren und Filter, wobei die Schnitte *AT* ($\varphi = 35° 15'$) und *BT* ($\varphi = -49°$) für hohe Frequenzen und *CT* (38°), *DT* (−52°), *ET* (56°), *FT* (−57°) für niedrige Frequenzen eingesetzt werden.

### 7.3.3. Piezoelektrische Texturen

Bis etwa zum Jahre 1940 wurden im wesentlichen α-Quarz, Turmalin und Seignettesalz, und diese in einkristalliner Form, verwendet. Šubnikov wies 1940 auf die Möglichkeit hin, polykristalline Substanzen geeigneter Textur (vgl. 1.4.) als Piezoelektrika zu nutzen (Šubnikov 1946). Damit entfiel die aufwendige Schnittorientierung. Aber selbst wenn die einzelnen Körner regellose Orientierungsverteilung (mit Symmetriezentren) aufweisen, kann durch Polarisation in einem starken äußeren elektrischen Feld eine resultierende Polarisation $\vec{P}$ „eingefroren" werden, die auch nach Abschalten des Feldes beständig ist. Von technischer Bedeutung ist die PZT-Keramik, die auf der Grundlage eines $\underline{P}b\underline{Z}rO_3$—$Pb\underline{T}iO_3$-Mischkristalls beruht. Weiterhin finden $BaTiO_3$ und $K_{1-x}Na_x(Nb_{1-y}Ta_y)O_3$ Anwendung (vgl. dazu z. B. Wannemacher).

Auch quarzhaltige Gesteine bilden piezoelektrische Texturen. Der Effekt ist jedoch klein (maximal 5% des einkristallinen Quarzes).

## 7.3.4. Resonator

Grundelement der mehrfach erwähnten Schwingungserzeugung ist ein piezoelektrisches Material, dem eine elektrische Wechselspannung geeigneter Frequenz zugeführt wird. Durch die Frequenzwahl wird die Schwingungsamplitude maßgeblich bestimmt. Betrachten wir als Beispiel α-Quarz. In der Anordnung von Abb. 7.13 führt er Longitudinalschwingungen aus. Das Äquivalentschaltbild dieses elektromechanischen Wandlers ist in vereinfachter Form in Abb. 7.14 angegeben. Der Quarzgeber ist mechanisch unbelastet und dient nur dem elektrischen Generator als Last.

Die Impedanz des Systems Abb. 7.14 ist [1])

$$Z = \frac{(L/C_0) - (CC_0\omega^2)^{-1} - iR/C_0\omega}{R + i[\omega L - (\omega C)^{-1} - (\omega C_0)^{-1}]}. \tag{7.57}$$

$R$ berücksichtigt die mechanische Dämpfung des Kristalls (vgl. z. B. PAUFLER, SCHULZE I). Das Problem kann durch eine Bewegungsgleichung der Form (6.141) mit periodischer

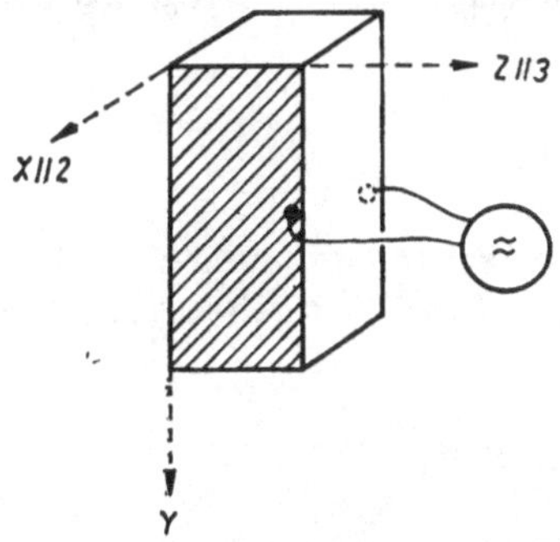


Abb. 7.13. Ein quaderförmiger α-Quarz-Kristall sei auf den beiden Begrenzungsflächen parallel zur $Y-Z$-Ebene mit Metallschichten bedampft, die an einen Hochfrequenzgenerator angeschlossen sind (zum Koordinatensystem vgl. Abb. 7.2). Als Folge von (7.35) führt er Schwingungen in $Y$-Richtung aus.

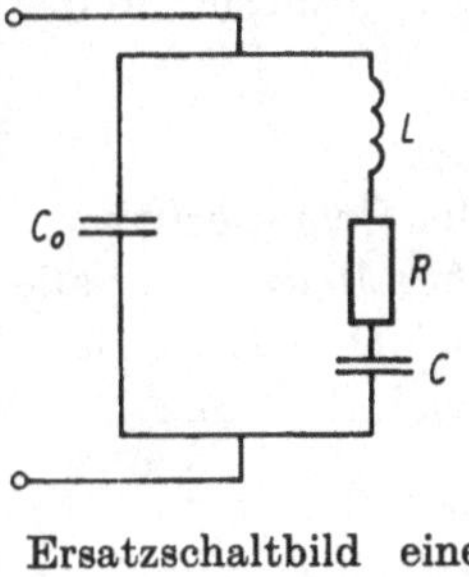


Abb. 7.14. Ersatzschaltbild eines mechanisch unbelasteten Quarzschwingers nach Abb. 7.13. Induktivität $L$, Widerstand $R$ und Kapazität $C$ beschreiben den Einfluß des mechanischen Verhaltens auf das elektrische. $C_0 = \varepsilon_0\varepsilon_r A/l$ ist die Eigenkapazität des Wandlers der Länge $l$ und einer schallabstrahlenden Fläche $A$.

[1]) Zur Berechnung von Zweipolen s. z. B. LUNZE.

Anregung $\vec{F}$ beschrieben werden. Im vorliegenden Falle ist $L \sim m_e$, $R \sim \gamma'$, $C \sim \omega_0^{-2}$. $\vec{u}$ kann für den Strom stehen. Wie in 6.4.5.2. treten Resonanzstellen von $|Z(\omega)|$ auf, die der Reihen- und Parallelresonanz des Systems Abb. 7.14 entsprechen (Abb. 7.15).

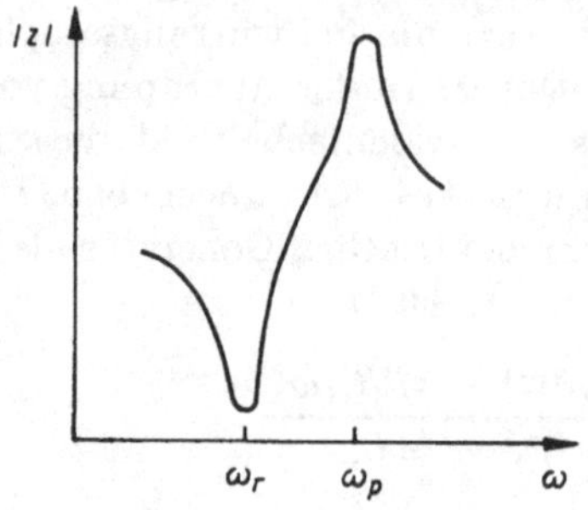


Abb. 7.15. Schematische Darstellung der elektrischen Impedanz $|Z|$ des Quarzes von Abb. 7.13 als Funktion der Anregungsfrequenz $\omega$. Es ist $\omega_r \approx \sqrt{(LC)^{-1} - R^2/4L^2}$ und $\omega_p \approx \omega_r(1 + C/2C_0)$ (nach BARANOV)

## 7.4. Piezomagnetismus

Auch die nach Tab. 1.3 weitere denkbare Kopplung eines Tensors zweiter Stufe mit einem axialen Vektor ist beobachtet worden. Wir gehen kurz darauf ein.

### 7.4.1. Experimenteller Befund

Den Einfluß einer mechanischen Spannung auf die Magnetisierung eines Festkörpers haben VOIGT (1928, S. 938) vorausgesagt, DZJALOŠINSKIJ (1957) theoretisch weiter untersucht und BOROVIK-ROMANOV (1959, 1960) experimentell an $CoF_2$ und $MnF_2$ nachgewiesen.

Wird ein $CoF_2$-Einkristall (magnetische Punktsymmetrie $\underline{4}/mm\underline{m}$, vgl. 4.3.2) bei tiefen Temperaturen einer Schubspannung $\sigma_{31}$ (vgl. 5.2.) ausgesetzt, entsteht eine der Schubspannung proportionale Magnetisierung $I_2^0$, die sich in der Form

$$I^0 = Q\sigma \tag{7.58}$$

schreiben läßt. $Q$ ist eine Materialgröße, die von der Orientierung von $\sigma$ und $I^0$ und von der Temperatur abhängt. Sie heißt *piezomagnetischer Modul*. Im Falle des beschriebenen Experiments bei einer Temperatur von 20,4 K ist $Q \approx 2{,}56 \cdot 10^{-11}$ T/Pa. $MnF_2$ zeigt einen etwa um den Faktor 100 kleineren Effekt (vgl. Tab. 7.5). Ähnlich wie der magneto-

Tab. 7.5. Piezomagnetische Moduln $Q_{i\nu}$ (vgl. dazu 7.4.2., nach BOROVIK-ROMANOV 1960)

| Substanz | $Q_{i\nu}/10^{-11}$ TPa$^{-1}$ |
|---|---|
| $CoF_2$ | $Q_{14} = 2{,}56$, $Q_{36} = 0{,}98$ |
| $MnF_2$ | $Q_{14} = 1{,}2 \cdot 10^{-2}$, $Q_{36} \approx 0$ |

elektrische Effekt (vgl. 6.6.) ist der piezomagnetische sehr klein. Er kann praktisch nur an antiferromagnetischen Stoffen nachgewiesen werden, die ohne äußere Spannung keine makroskopisch meßbare spontane Magnetisierung aufweisen. Er äußert sich im Auftreten einer Hysteresekurve (Abb. 7.16). Der piezomagnetische Modul ist temperaturabhängig. Er verschwindet bei Antiferromagnetika am NÉEL-Punkt (vgl. Abb. 7.17).

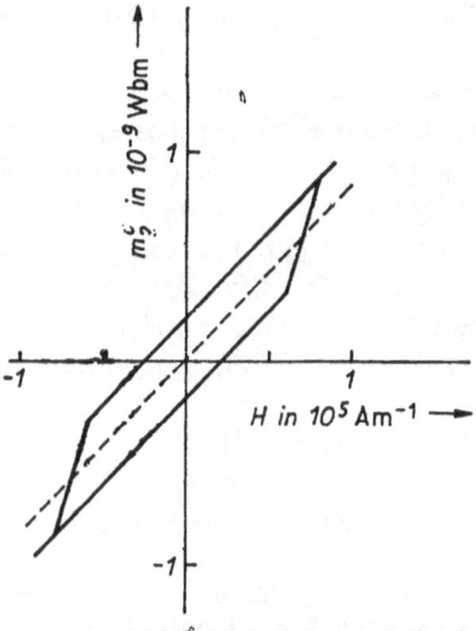


Abb. 7.16. Magnetisierungskurve von $CoF_2$ bei einer Schubspannung $\sigma_{13} = 33{,}3$ MPa. Die Abhängigkeit des magnetischen Moments $m_2^0$ in Richtung $x_2$ von der magnetischen Feldstärke $H$ ohne äußere Spannung ist gestrichelt angegeben (nach BOROVIK-ROMANOV 1960).

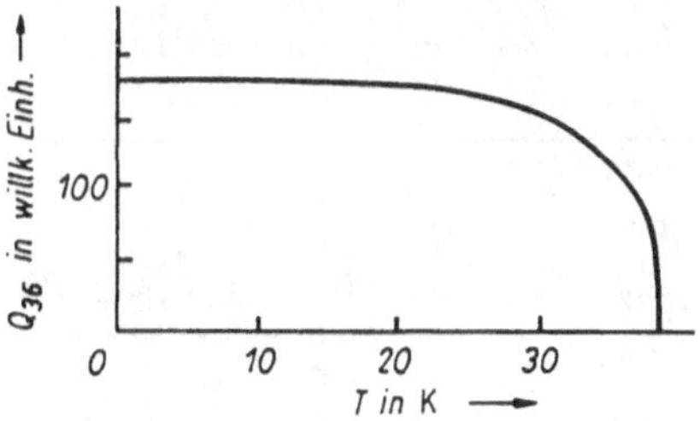


Abb. 7.17. Temperaturabhängigkeit des piezomagnetischen Moduls $Q_{36}$ von $CoF_2$ (nach BOROVIK-ROMANOV, ALEKSANJAN).

## 7.4.2. Phänomenologische Beschreibung

(7.58) verknüpft einen polaren Tensor zweiter Stufe mit einem axialen Vektor. Die piezomagnetischen Moduln bilden daher einen axialen Tensor dritter Stufe $\overset{3\rightarrow}{Q}$:

$$\boxed{\vec{I}^0 = \overset{3\rightarrow}{Q} : \overset{2\rightarrow}{\sigma}} \tag{7.59}$$

bzw.

$$I_i^0 = Q_{ijk}\sigma_{jk} \qquad (i, j, k = 1, 2, 3). \tag{7.60}$$

Wegen (5.26) ist $\overset{3\rightarrow}{Q}$ symmetrisch bezüglich der letzten beiden Indizes. Es ist

$$Q_{ijk} = Q_{ikj} \tag{7.61}$$

und die innere Symmetrie $V[V^2]$. Bei Zeitinversion (vgl. 4.3.1.) ändern alle Komponenten des Tensors ihre Vorzeichen.

Nun sind unmagnetische Substanzen (vgl. 4.3.2.a)) durch das Verschwinden eines Eigenschaftstensors statischer Eigenschaften gekennzeichnet, wenn der Tensor die genannte Antisymmetrie bezüglich der Zeit aufweist. Der piezomagnetische Effekt kann demnach in den unmagnetischen Gruppen nicht auftreten. Weiterhin verschwindet er in den folgenden 24 magnetischen Klassen $\underline{\bar{1}}$, $2/\underline{m}$, $\underline{2}/m$, $\underline{m}\underline{m}\underline{m}$, $\underline{m}mm$, $4/\underline{m}$, $\underline{4}/\underline{m}$, $4/\underline{m}\underline{m}\underline{m}$, $4/\underline{m}mm$, $\underline{4}/\underline{m}m\underline{m}$, $\underline{\bar{3}}$, $\underline{\bar{3}}\underline{m}$, $\underline{\bar{3}}m$, $6/\underline{m}$, $\underline{6}/m$, $6/\underline{m}\underline{m}\underline{m}$, $6/\underline{m}mm$, $\underline{6}/mm\underline{m}$, $\underline{m}\bar{3}$, $\underline{m}\bar{3}\underline{m}$, $\underline{m}\bar{3}m$, 432, $\bar{4}3m$, $m\bar{3}m$.[1]) Die 66 verbleibenden kristallinen Punktsymmetrien sowie die 5 Texturen, die den piezomagnetischen Effekt zeigen können, sind in Tab. 7.6 gemeinsam mit der Form der Matrix $Q_{i\nu}$ zusammengestellt. Dabei ist die Bildung dieser Matrizen aus den Tensoren $Q_{ijk}$ nach den Regeln von (1.48a) erfolgt. Von den 18 Koeffizienten bleibt durch Symmetrieeinfluß des Materials in einer Reihe von Fällen nur ein unabhängiger übrig. Der piezomagnetische Effekt liefert zur freien Enthalpie $G$ des

Tab. 7.6. Matrizen der piezomagnetischen Moduln $Q_{i\nu}$ für die magnetischen Punktsymmetrien, die den Effekt zulassen (vorwiegend nach BIRSS 1964)

| Punktsymmetrie | $(Q_{i\nu})$ | Zahl d. unabh. Koeffizienten |
|---|---|---|
| 1, $\bar{1}$ | $\begin{pmatrix} Q_{11} & Q_{12} & Q_{13} & Q_{14} & Q_{15} & Q_{16} \\ Q_{21} & Q_{22} & Q_{23} & Q_{24} & Q_{25} & Q_{26} \\ Q_{31} & Q_{32} & Q_{33} & Q_{34} & Q_{35} & Q_{36} \end{pmatrix}$ | 18 |
| $2$, $m$, $2/m$ | $\begin{pmatrix} 0 & 0 & 0 & Q_{14} & Q_{15} & 0 \\ 0 & 0 & 0 & Q_{24} & Q_{25} & 0 \\ Q_{31} & Q_{32} & Q_{33} & 0 & 0 & Q_{36} \end{pmatrix}$ | 8 |
| $\underline{2}$, $\underline{m}$, $\underline{2}/\underline{m}$ | $\begin{pmatrix} Q_{11} & Q_{12} & Q_{13} & 0 & 0 & Q_{16} \\ Q_{21} & Q_{22} & Q_{23} & 0 & 0 & Q_{26} \\ 0 & 0 & 0 & Q_{34} & Q_{35} & 0 \end{pmatrix}$ | 10 |
| $222$, $mm2$, $mmm$ | $\begin{pmatrix} 0 & 0 & 0 & Q_{14} & 0 & 0 \\ 0 & 0 & 0 & 0 & Q_{25} & 0 \\ 0 & 0 & 0 & 0 & 0 & Q_{36} \end{pmatrix}$ | 3 |
| $2\underline{2}\underline{2}$, $\underline{m}\underline{m}2$, $\underline{m}m\underline{2}$, $m\underline{m}\underline{m}$ | $\begin{pmatrix} 0 & 0 & 0 & 0 & Q_{15} & 0 \\ 0 & 0 & 0 & Q_{24} & 0 & 0 \\ Q_{31} & Q_{32} & Q_{33} & 0 & 0 & 0 \end{pmatrix}$ | 5 |

[1]) Für den Beweis vgl. BIRSS 1964.

Tab. 7.6. (Fortsetzung)

| Punkt-symmetrie | $(Q_{i\nu})$ | Zahl d. unabh. Koeffizienten |
|---|---|---|
| $4, \bar{4}, 4/m,$ $6, \bar{6}, 6/m, \infty$ | $\begin{pmatrix} 0 & 0 & 0 & Q_{14} & Q_{15} & 0 \\ 0 & 0 & 0 & Q_{15} & -Q_{14} & 0 \\ Q_{31} & Q_{31} & Q_{33} & 0 & 0 & 0 \end{pmatrix}$ | 4 |
| $\underline{4}, \underline{\bar{4}}, \underline{4}/m$ | $\begin{pmatrix} 0 & 0 & 0 & Q_{14} & Q_{15} & 0 \\ 0 & 0 & 0 & -Q_{15} & Q_{14} & 0 \\ Q_{31} & -Q_{31} & 0 & 0 & 0 & Q_{36} \end{pmatrix}$ | 4 |
| $422, 4mm, \bar{4}2m,$ $4/mmm, 622, 6mm,$ $\bar{6}m2, 6/mmm, \infty m,$ $\infty/m, \infty 2,$ $\infty/mmm$ | $\begin{pmatrix} 0 & 0 & 0 & Q_{14} & 0 & 0 \\ 0 & 0 & 0 & 0 & -Q_{14} & 0 \\ 0 & 0 & 0 & 0 & 0 & 0 \end{pmatrix}$ | 1 |
| $\underline{4}22, \underline{4}m\underline{m}, \bar{4}2\underline{m},$ $\underline{\bar{4}}\underline{2}m, \underline{4}/mm\underline{m}$ | $\begin{pmatrix} 0 & 0 & 0 & Q_{14} & 0 & 0 \\ 0 & 0 & 0 & 0 & Q_{14} & 0 \\ 0 & 0 & 0 & 0 & 0 & Q_{36} \end{pmatrix}$ | 2 |
| $422, 4\underline{m}\underline{m}, \bar{4}\underline{2}\underline{m},$ $4/m\underline{m}\underline{m}, 6\underline{2}\underline{2}, 6\underline{m}\underline{m},$ $\bar{6}\underline{m}\underline{2}, 6/m\underline{m}\underline{m}$ | $\begin{pmatrix} 0 & 0 & 0 & 0 & Q_{15} & 0 \\ 0 & 0 & 0 & Q_{15} & 0 & 0 \\ Q_{31} & Q_{31} & Q_{33} & 0 & 0 & 0 \end{pmatrix}$ | 3 |
| $3, \bar{3}$ | $\begin{pmatrix} Q_{11} & -Q_{11} & 0 & Q_{14} & Q_{15} & -2Q_{22} \\ -Q_{22} & Q_{22} & 0 & Q_{15} & -Q_{14} & -2Q_{11} \\ Q_{31} & Q_{31} & Q_{33} & 0 & 0 & 0 \end{pmatrix}$ | 6 |
| $32, 3m, \bar{3}m$ | $\begin{pmatrix} 0 & 0 & 0 & Q_{14} & 0 & -2Q_{22} \\ -Q_{22} & Q_{22} & 0 & 0 & -Q_{14} & 0 \\ 0 & 0 & 0 & 0 & 0 & 0 \end{pmatrix}$ | 2 |
| $3\underline{2}, 3\underline{m}, \bar{3}\underline{m}$ | $\begin{pmatrix} Q_{11} & -Q_{11} & 0 & 0 & Q_{15} & 0 \\ 0 & 0 & 0 & Q_{15} & 0 & -2Q_{11} \\ Q_{31} & Q_{31} & Q_{33} & 0 & 0 & 0 \end{pmatrix}$ | 4 |
| $\underline{6}, \underline{\bar{6}}, \underline{6}/\underline{m}$ | $\begin{pmatrix} Q_{11} & -Q_{11} & 0 & 0 & 0 & -2Q_{22} \\ -Q_{22} & Q_{22} & 0 & 0 & 0 & -2Q_{11} \\ 0 & 0 & 0 & 0 & 0 & 0 \end{pmatrix}$ | 2 |
| $\underline{6}2\underline{2}, \underline{6}m\underline{m}, \underline{\bar{6}}\underline{m}2,$ $\underline{\bar{6}}m\underline{2}, \underline{6}/\underline{m}m\underline{m}$ | $\begin{pmatrix} 0 & 0 & 0 & 0 & 0 & -2Q_{22} \\ -Q_{22} & Q_{22} & 0 & 0 & 0 & 0 \\ 0 & 0 & 0 & 0 & 0 & 0 \end{pmatrix}$ | 1 |
| $23, m\bar{3}, \underline{4}32,$ $\underline{4}3\underline{m}, m\bar{3}\underline{m}$ | $\begin{pmatrix} 0 & 0 & 0 & Q_{14} & 0 & 0 \\ 0 & 0 & 0 & 0 & Q_{14} & 0 \\ 0 & 0 & 0 & 0 & 0 & Q_{14} \end{pmatrix}$ | 1 |

Systems den Beitrag $-V\overset{3\rightarrow}{Q}:\vec{H}\overset{2\rightarrow}{\sigma}$. Für die Magnetisierung hat man somit

$$\vec{I}^0 = -\frac{1}{V}\frac{\partial G}{\partial \vec{H}} = \overset{3\rightarrow}{Q}:\overset{2\rightarrow}{\sigma}. \qquad (7.62)$$

Bezüglich der Darstellung durch Tensorflächen sei auf 7.1.5. verwiesen.

Analog zu den Überlegungen von 7.2.2. geben wir noch den Umkehreffekt zum piezomagnetischen Effekt an, die *lineare Magnetostriktion.*[1]) Als Folge des Magnetfeldes $\vec{H}$ entsteht die Verzerrung

$$\boxed{\overset{2\rightarrow}{\varepsilon} = -\frac{1}{V}\frac{\partial G}{\partial \overset{2\rightarrow}{\sigma}} = \overset{3\rightarrow}{Q}{}^{\mathsf{T}}\cdot\vec{H} = \vec{H}\cdot\overset{3\rightarrow}{Q}}, \qquad (7.63)$$

die von den gleichen Materialgrößen $\overset{3\rightarrow}{Q}$ beherrscht wird.

Anwendungen findet man namentlich von (7.63) auf dem Gebiet der Mikrowellenerzeugung. Die entsprechenden Wandler sind meist Ferrite, die Magnetfeldschwankungen in elastische Wellen und umgekehrt umsetzen. Man spricht oft von *magnetoelastischer Kopplung*[2]). Für eine ausführliche Darstellung verweisen wir auf LeCraw, Comstock.

Eine atomistische Interpretation von $\overset{3\rightarrow}{Q}$ geht auf die Änderung der Austauschenergie (4.21) infolge von Abstandsänderungen der Atome oder umgekehrt ein.

---

[1]) Sie unterscheidet sich von der Volumenmagnetostriktion.

[2]) Der Terminus „magnetoakustischer Effekt" bezeichnet dagegen die Energieverluste von Leitungselektronen im periodischen Verzerrungsfeld, dem ein Magnetfeld überlagert ist (vgl. z. B. Ziman 1969).

# 8. Eigenschaftstensoren vierter Stufe am Beispiel der elastischen Eigenschaften

Unter den Größen der Tab. 1.3 finden sich nur zwei Tensoren zweiter und kein Tensor höherer Stufe. Damit ist die Erörterung eines linearen Effektes, der durch einen Tensor 4. Stufe beschrieben wird, auf die Beziehung $\overset{2\to 2\to}{\varepsilon(\sigma)}$ festgelegt.

## 8.1. Experimenteller Befund

Robert Hooke (1678) war anscheinend der erste Forscher, der die Wirkung einer Kraft auf die Länge eines Drahtes, einer Schrauben- und einer Spiralfeder quantitativ untersuchte. Er hatte das Ergebnis bereits 1676 in Form eines Anagrams publiziert[1]) und die Auflösung zwei Jahre später mit einer Beschreibung der experimentellen Anordnung, aber ohne Angabe der Meßwerte, bekanntgegeben. Bald darauf setzten zahlreiche sorgfältige Untersuchungen anderer Autoren ein, die zeigten, daß die Hookeschen Ergebnisse nur für kleine Auslenkungen gelten können. Eine gründliche Darstellung der historischen Entwicklung hat Bell 1973 gegeben.

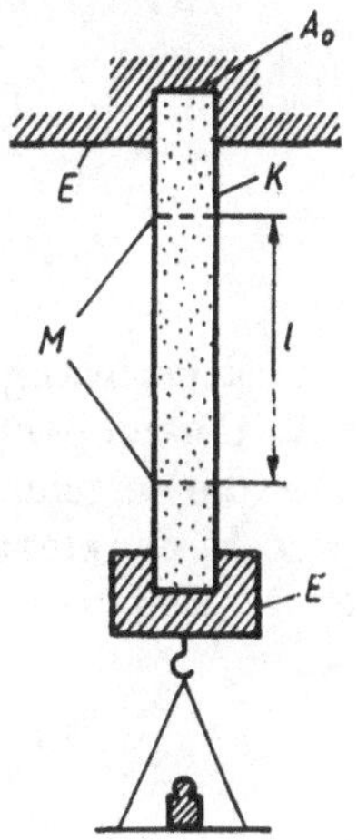


Abb. 8.1. Ein zylindrischer Stab $K$ wird über Einspannungen $E$ (oben fest, unten frei beweglich) einer Zugkraft $F$ unterworfen. Er ist mit zwei festen Marken $M$ versehen, die bei $F = 0$ den Abstand $l_0$ und nach Aufbringen der Last den Abstand $l > l_0$ besitzen. Der Querschnitt vor der Belastung beträgt $A_0$.

1) Es lautete „ceiiinosssttuu", entschlüsselt also „ut tensio sic vis".

Ein dünner Stab vom Querschnitt $A_0$ und der Länge $l_0$ des zu untersuchenden Materials werde am oberen Ende fest eingespannt und am unteren Ende mit der Kraft $F$ belastet (Abb. 8.1). Nach kurzer Zeit erhöht sich die Stablänge auf $l$, wobei der Zusammenhang

$$\frac{l - l_0}{l_0} = \frac{1}{E} \frac{F}{A_0} \tag{8.1}$$

beobachtet wird, solange $l - l_0 \ll l_0$ bleibt. Mit den Definitionen von Kapitel 5 erhält (8.1) die Form

$$\boxed{\varepsilon = \frac{\sigma}{E}} \tag{8.2}$$

Tab. 8.1. Elastizitätsmodul $E$ einiger Substanzen (vorwiegend nach LANDOLT-BÖRNSTEIN 1955)

| Material | $E/10^{10}$ Pa |
|---|---|
| Hartgummi (Ebonit) | 0,2...0,3 |
| Menschenhaar | 0,36 |
| Schafwolle | 0,1...0,5 |
| Nylon-Kunstseide (orientiert) | 4,97 |
| Supremaxglas | 8,96 |
| Eiche (‖ Faser) | 0,57 |
| Fichte (‖ Faser) | 1,59 |
| menschl. Knochen (bei Biegung) | 1,5...1,8 |
| Pb | 1,6 |
| W | 41,1 |
| Cu | 13 |
| Quarz | 7,3 |
| Marmor | 3 |

(HOOKE*sches Gesetz*). $E$ ist eine orientierungs- und temperaturabhängige Materialgröße, der Elastizitätsmodul oder YOUNGscher Modul. Nach Entlasten geht die Verzerrung $\varepsilon$ auf Null zurück. Die Zahlenwerte von $E$ schwanken über die verschiedenen Substanzen wenig, vergleicht man mit anderen Eigenschaften (wie z. B. der elektrischen Leitfähigkeit). Tab. 8.1 vermittelt davon einen Eindruck. Auch die Temperaturabhängigkeit ist schwach. Sie folgt der Beziehung

$$E(T) = E_0\{1 - \gamma(T - 273\ \mathrm{K})\}, \tag{8.3}$$

Tab. 8.2. Temperaturkoeffizient $\gamma$ des Elastizitätsmoduls $E$ nach (8.3)

| Material | $\gamma/10^{-4}\ \mathrm{K}^{-1}$ |
|---|---|
| Al | 4,8 |
| Stahl | 2,4 |
| Quarz | −1,5 |
| Cu | 3 |

wo $E_0$ den Wert bei 0°C bedeutet. Tab. 8.2 enthält Zahlenangaben. In 8.3 werden wir sehen, daß sich $E$ noch in andere Materialgrößen zerlegen läßt.

Abweichungen von der Linearität $\sigma(\varepsilon)$ in (8.2) werden deutlich an Kristallfäden (sogenannten Whiskers) des interessierenden Materials beobachtet (Abb. 8.2). Sie lassen sich durch

$$\varepsilon = \frac{\sigma}{E} + \left(\frac{\sigma}{E}\right)^2 \delta \qquad (8.4)$$

näherungsweise beschreiben. Der Entwicklungskoeffizient $\delta$ ist aus Tab. 8.3 zu entnehmen.

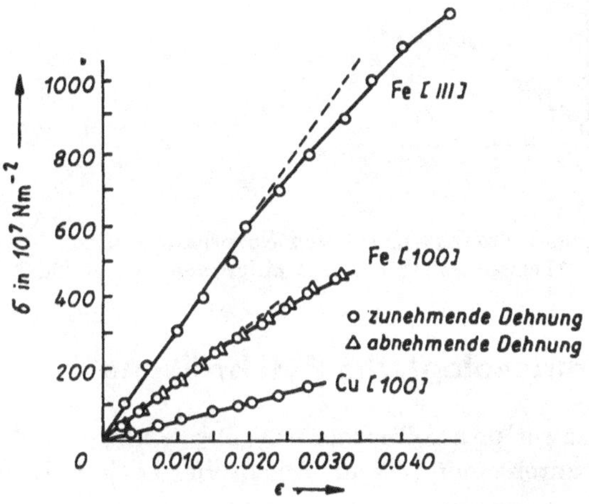


Abb. 8.2. Spannungs-Dehnungs-Kurven $\sigma(\varepsilon)$ im elastischen Bereich für Cu- und Fe-Whisker (nach BRENNER)

Für eine Übersicht der Meßmethodik verweisen wir auf ARMSTRONG.

Als eine besondere Form elastischen Verhaltens ist die *Gummi-* oder *Kautschukelastizität* anzusehen. Sie wird z. B. an Naturkautschuk beobachtet (Abb. 8.3).

Die Deformation kann reversibel sein und gleichzeitig Hysterese aufweisen. Dieses anelastische Verhalten tritt nach Überschreiten der Anelastizitätsgrenze $\sigma_A$ ein. Wie auch andere Hystereseerscheinungen wird das Phänomen hier nicht weiter behandelt. Wir verweisen z. B. auf PAUFLER, SCHULZE I.

Tab. 8.3. Krümmung $2\delta$ der Spannungs-Dehnungs-Beziehung (8.4) (nach BRENNER; KOBAYASHI, HIKI)

| Material | $2\delta$ | $E/10^{10}$ Pa |
|---|---|---|
| Fe-Whisker | | |
| ⟨111⟩ | 8,6 | 29,4 |
| ⟨011⟩ od. ⟨001⟩ | 7,6 | 18,2 |
| Cu-Whisker | | |
| ⟨100⟩ | −8,6 | 6 |
| ⟨110⟩ | 20,0 | 9 |
| ⟨111⟩ | 7,0 | 1,4 |

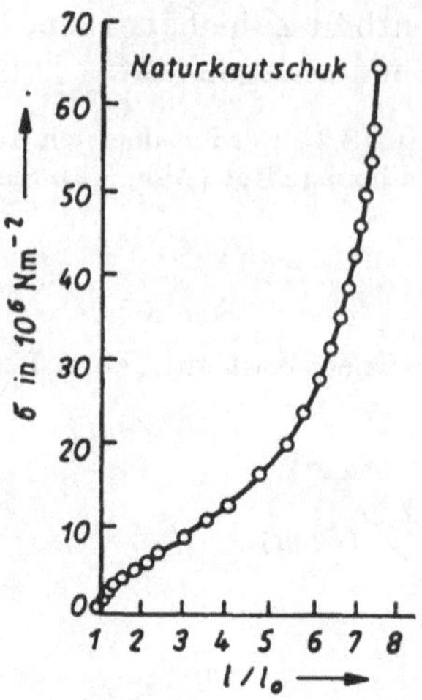


Abb. 8.3. Spannungs-Dehnungs-Kurve von Naturkautschuk.
Auf der Abszisse ist $l/l_0 = \varepsilon + 1$ aufgetragen (nach TRELOAR).

## 8.2. Phänomenologische Beschreibung

(8.2) verknüpft zwei polare Tensoren zweiter Stufe, das elastische Materialverhalten wird demnach durch einen polaren Tensor vierter Stufe beschrieben. Es ist

$$\boxed{\overset{2\to}{\varepsilon} = \overset{4\to}{S} : \overset{2\to}{\sigma}} \tag{8.5}$$

mit $\overset{4\to}{S}$ als *Tensor der elastischen Moduln*. Die Umkehrung von (8.5) hat die Form

$$\boxed{\overset{2\to}{\sigma} = \overset{4\to}{C} : \overset{2\to}{\varepsilon}} \tag{8.6}$$

mit $\overset{4\to}{C}$ als *Tensor der elastischen Konstanten*. In Koordinatenschreibweise hat man

$$\varepsilon_{ij} = S_{ijkl}\sigma_{kl} \qquad (i, \ldots, l = 1, 2, 3) \tag{8.7}$$

und

$$\sigma_{ij} = C_{ijkl}\varepsilon_{kl} \qquad (i, \ldots, l = 1, 2, 3). \tag{8.8}$$

Sowohl (8.5) als auch (8.6) werden als HOOKE*sches Gesetz* bezeichnet.

Angesichts der hohen Zahl von Koeffizienten des Materialeigenschaftstensors liegt der Übergang zur Matrixschreibweise nahe (vgl. 1.3.3.9.). Moduln und Konstanten transformieren sich unterschiedlich. Es gilt

$$C_{ijkl} = c_{\mu\nu}, \qquad \mu, \nu = \begin{cases} i, k & i, k = j, l \\ 9 - (i + j), & , \\ 9 - (k + l) & i, k \neq j, l \end{cases} \tag{8.9}$$

$$S_{ijkl} = \frac{s_{\mu\nu}}{(2-\delta_{ij})\,(2-\delta_{kl})}, \qquad \delta_{mn} = \begin{cases} 1 & m = n \\ 0 & m \neq n \end{cases}. \tag{8.10}$$

Beispielsweise ist

$$S_{1223} = s_{64}/4, \quad S_{2213} = s_{25}/2, \quad S_{2211} = s_{21}.$$

Moduln und Konstanten sind über die Matrixgleichung

$$\tilde{s}\tilde{c} = \tilde{1} \tag{8.11}$$

verknüpft (vgl. dazu (6.38)). Durch die Festlegungen (8.9) und (8.10) behält das HOOKEsche Gesetz die einfache Form

$$\boxed{\sigma_\mu = c_{\mu\nu}\varepsilon_\nu} \qquad (\mu, \nu = 1, \ldots, 6). \tag{8.12}$$

Ändert sich während des Versuchs die Temperatur, ist (6.35) anzuwenden.

## 8.3. Symmetrieeinfluß auf die elastischen Materialgrößen

Die Tensoren $\overset{4\rightarrow}{S}$ und $\overset{4\rightarrow}{C}$ enthalten je $3^4 = 81$ Summanden. Aus der Symmetrie von $\overset{2\rightarrow}{\sigma}$ und $\overset{2\rightarrow}{\varepsilon}$ (vgl. 5.1 und 5.2) folgt

$$C_{ijkl} = C_{jikl} = C_{jilk} \tag{8.13}$$

und analoge Beziehungen für $S_{ijkl}$. Dies ist die Grundlage der VOIGTschen Schreibweise (8.9) und (8.10). Von den 81 Koeffizienten bleiben $6 \times 6 = 36$ unabhängige übrig.

Weitere Symmetrieeigenschaften folgen aus einer allgemeinen Eigenschaft der elastischen Energiedichte, denn es ist

$$\eta_{\text{elast}} = \frac{1}{2}\overset{2\rightarrow}{\varepsilon} : \overset{2\rightarrow}{\sigma} = \frac{1}{2}\overset{2\rightarrow}{\varepsilon} : \overset{4\rightarrow}{C} : \overset{2\rightarrow}{\varepsilon} = \frac{1}{2}\overset{2\rightarrow}{\sigma} : \overset{4\rightarrow}{S} : \overset{2\rightarrow}{\sigma} \tag{8.14}$$

und daher

$$\overset{4\rightarrow}{C} = \frac{\partial^2 \eta_{\text{elast}}}{\partial \overset{2\rightarrow}{\varepsilon}\, \partial \overset{2\rightarrow}{\varepsilon}} \tag{8.15}$$

bzw.

$$\overset{4\rightarrow}{S} = \frac{\partial^2 \eta_{\text{elast}}}{\partial \overset{2\rightarrow}{\sigma}\, \partial \overset{2\rightarrow}{\sigma}}. \tag{8.16}$$

(8.15) und (8.16) zeigen die Vertauschbarkeit der Indexpaare

$$C_{ijkl} = C_{klij}, \quad S_{ijkl} = S_{klij}, \tag{8.17}$$

denn die Reihenfolge der Differentiation in (8.15) bzw. (8.16) ist vertauschbar. Die Matrizen $\tilde{c}$ und $\tilde{s}$ in (8.11) sind demnach symmetrisch:

$$\boxed{c_{\mu\nu} = c_{\nu\mu}, \qquad s_{\mu\nu} = s_{\nu\mu}}\,. \tag{8.18}$$

Die Zahl der unabhängigen Koeffizienten reduziert sich somit von 36 auf $[(36 - 6):2] + 6 = 21$. Die Symmetrie nach JAHN ist $[[V^2]^2]$. Eine weitere Verringerung dieser Zahl entsteht durch den Einfluß der Kristallsymmetrie. Um dies einsehen zu können, verwenden wir die gleiche Methode wie für die Tensoren dritter und niedrigerer Stufe.

Als Tensor 4. Stufe transformiert sich $\overset{4\rightarrow}{C}$ wie das vierfache Produkt der Koordinaten. Wo immer möglich, empfiehlt sich die Methode nach FUMI anzuwenden (vgl. 1.3.3.3.). Liegt im Kristall z. B. die Drehinversionsachse $\bar{4}_z$ vor, dann bestehen zwischen alten und neuen Koordinaten eines Punktes die Beziehungen

$$\begin{aligned} x_1' &= x_2, \\ x_2' &= -x_1, \\ x_3' &= -x_3. \end{aligned} \tag{8.19}$$

Damit wird z. B. $x_1'x_1'x_1'x_1' = x_2x_2x_2x_2$ und $C'_{1111} = C_{2222}$, $C'_{1123} = C_{2213}$ sowie $C'_{2213} = -C_{1123}$, d. h. $C'_{1123} = C'_{2213} = 0$ usw. In VOIGTscher Schreibweise entspricht dies den Relationen $c_{11} = c_{22}$, $c_{14} = c_{25} = 0$ usw.

Nach diesem Prinzip lassen sich 10 Matrixformen für alle Punktsymmetrien angeben (Tab. 8.4). Man beachte, daß die Vertreter des rhomboedrischen und des tetragonalen Kristallsystems jeweils 2 Klassen bilden. Experimentelle Daten finden sich in Tab. 8.5 und Tab. 8.6. Wir geben die Form des HOOKEschen Gesetzes (8.12) für kubische Symmetrie an:

$$\begin{aligned} \sigma_1 &= c_{11}\varepsilon_1 + c_{12}\varepsilon_2 + c_{12}\varepsilon_3, \\ \sigma_2 &= c_{12}\varepsilon_1 + c_{11}\varepsilon_2 + c_{12}\varepsilon_3, \\ \sigma_3 &= c_{12}\varepsilon_1 + c_{12}\varepsilon_2 + c_{11}\varepsilon_3, \\ \sigma_4 &= c_{44}\varepsilon_4, \\ \sigma_5 &= c_{44}\varepsilon_5, \\ \sigma_6 &= c_{44}\varepsilon_6. \end{aligned} \tag{8.20}$$

(Man beachte, daß $2\varepsilon_{23} = \varepsilon_4$ usw.).

Im isotropen Fall wird gewöhnlich die Darstellung mit den *LAMÉschen Konstanten*

$$\mu \equiv c_{44} = \frac{1}{2}(c_{11} - c_{12}), \quad \lambda \equiv c_{12} \tag{8.21}$$

oder

$$c_{11} = 2\mu + \lambda$$

Tab. 8.4. Matrizen der elastischen Moduln $s_{\mu\nu}$****) und Konstanten $c_{\mu\nu}$

| Punkt-symmetrie | $c_{\mu\nu}$*) | | | | | | Anzahl unabh. Koeffizienten |
|---|---|---|---|---|---|---|---|
| 1, $\bar{1}$ | 11 | 12 | 13 | 14 | 15 | 16 | 21 |
| | | 22 | 23 | 24 | 25 | 26 | |
| | | | 33 | 34 | 35 | 36 | |
| | | | | 44 | 45 | 46 | |
| | | | | | 55 | 56 | |
| | | | | | | 66 | |
| 2, *m*, 2/*m* (1. Aufstellg.) | 11 | 12 | 13 | 0 | 0 | 16 | 13 |
| | | 22 | 23 | 0 | 0 | 26 | |
| | | | 33 | 0 | 0 | 36 | |
| | | | | 44 | 45 | 0 | |
| | | | | | 55 | 0 | |
| | | | | | | 66 | |
| 222, *mm*2 *mmm* | 11 | 12 | 13 | 0 | 0 | 0 | 9 |
| | | 22 | 23 | 0 | 0 | 0 | |
| | | | 33 | 0 | 0 | 0 | |
| | | | | 44 | 0 | 0 | |
| | | | | | 55 | 0 | |
| | | | | | | 66 | |
| 3, $\bar{3}$ | 11 | 12 | 13 | 14 | 15 | 0 | 7 |
| | | 11 | 13 | −14 | −15 | 0 | |
| | | | 33 | 0 | 0 | 0 | |
| | | | | 44 | 0 | −15 | |
| | | | | | 44 | 14 | |
| | | | | | | 66**) | |
| 32, 3*m*, $\bar{3}$*m* | 11 | 12 | 13 | 14 | 0 | 0 | 6 |
| | | 11 | 13 | −14 | 0 | 0 | |
| | | | 33 | 0 | 0 | 0 | |
| | | | | 44 | 0 | 0 | |
| | | | | | 44 | 14 | |
| | | | | | | 66**) | |
| 4, $\bar{4}$, 4/*m* | 11 | 12 | 13 | 0 | 0 | 16 | 7 |
| | | 11 | 13 | 0 | 0 | −16 | |
| | | | 33 | 0 | 0 | 0 | |
| | | | | 44 | 0 | 0 | |
| | | | | | 44 | 0 | |
| | | | | | | 66 | |

**Tab. 8.4.** (Fortsetzung)

| Punkt-symmetrie | $c_{\mu\nu}$*) und $s_{\mu\nu}$****) | Anzahl unabh. Koeffizienten |
|---|---|---|
| 422, 4*mm*, $\bar{4}2$, 4/*mmm* | $\begin{pmatrix} 11 & 12 & 13 & 0 & 0 & 0 \\ & 11 & 13 & 0 & 0 & 0 \\ & & 33 & 0 & 0 & 0 \\ & & & 44 & 0 & 0 \\ & & & & 44 & 0 \\ & & & & & 66 \end{pmatrix}$ | 6 |
| 6, $\bar{6}$, 6/*m*, 622, 6*mm*, $\bar{6}m2$, 6/*mmm*, ∞, ∞/*m*, ∞ 2, ∞ *m*, ∞/*mm* | $\begin{pmatrix} 11 & 12 & 13 & 0 & 0 & 0 \\ & 11 & 13 & 0 & 0 & 0 \\ & & 33 & 0 & 0 & 0 \\ & & & 44 & 0 & 0 \\ & & & & 44 & 0 \\ & & & & & 66^{**)} \end{pmatrix}$ | 5 |
| 23, $m\bar{3}$, 432, $\bar{4}3m$, $m\bar{3}m$ | $\begin{pmatrix} 11 & 12 & 12 & 0 & 0 & 0 \\ & 11 & 12 & 0 & 0 & 0 \\ & & 11 & 0 & 0 & 0 \\ & & & 44 & 0 & 0 \\ & & & & 44 & 0 \\ & & & & & 44 \end{pmatrix}$ | 3 |
| ∞ ∞, ∞ ∞ *m* | $\begin{pmatrix} 11 & 12 & 12 & 0 & 0 & 0 \\ & 11 & 12 & 0 & 0 & 0 \\ & & 11 & 0 & 0 & 0 \\ & & & 44^{***)} & 0 & 0 \\ & & & & 44^{***)} & 0 \\ & & & & & 44^{***)} \end{pmatrix}$ | 2 |
| 3, $\bar{3}$****) | $\begin{pmatrix} 11 & 12 & 13 & 14 & 15 & 0 \\ & 11 & 13 & -14 & -15 & 0 \\ & & 33 & 0 & 0 & 0 \\ & & & 44 & 0 & x_1 \\ & & & & 44 & x_2 \\ & & & & & 66 \end{pmatrix}$ | 7 |
| 32, 3*m*, $\bar{3}m$****) | $\begin{pmatrix} 11 & 12 & 13 & 14 & 0 & 0 \\ & 11 & 13 & -14 & 0 & 0 \\ & & 33 & 0 & 0 & 0 \\ & & & 44 & 0 & 0 \\ & & & & 44 & x_2 \\ & & & & & 66 \end{pmatrix}$ | 6 |

Tab. 8.5. Adiabatische elastische Konstanten bei Raumtemperatur (in $10^{11}$ Pa) für einige Vertreter des kubischen Kristallsystems (nach PAUFLER, SCHULZE I)

| Substanz | $c_{11}$ | $c_{12}$ | $c_{44}$ |
|---|---|---|---|
| Al | 1,068 | 0,607 | 0,282 |
| C (Dia) | 10,76 | 1,25 | 5,76 |
| Cu | 1,68 | 1,21 | 0,754 |
| Ge | 1,284 | 0,482 | 0,666 |
| K | 0,037 | 0,0314 | 0,0188 |
| Si | 1,657 | 0,639 | 0,796 |
| W | 5,23 | 2,05 | 1,61 |
| InSb | 0,670 | 0,365 | 0,302 |
| GaAs | 1,188 | 0,538 | 0,594 |
| MgO | 2,971 | 0,954 | 1,561 |
| NaCl | 0,494 | 0,127 | 0,128 |
| $CaF_2$ | 1,64 | 0,440 | 0,337 |

Tab. 8.6. Adiabatische elastische Konstanten bei Raumtemperatur (in $10^{11}$ Pa) für einige Vertreter nichtkubischer Symmetrie (nach PAUFLER, SCHULZE I)

| hexagonales Kristallsystem | Mg | tetragonales Kristallsystem 4/*mmm* | Sn |
|---|---|---|---|
| $c_{11}$ | 0,592 | $c_{11}$ | 0,735 |
| $c_{33}$ | 0,615 | $c_{33}$ | 0,87 |
| $c_{44}$ | 0,163 | $c_{44}$ | 0,22 |
| $c_{12}$ | 0,257 | $c_{66}$ | 0,227 |
| $c_{13}$ | 0,208 | $c_{12}$ | 0,234 |
| | | $c_{13}$ | 0,28 |

bevorzugt. Dann ist

$$\sigma_1 = (2\mu + \lambda)\,\varepsilon_1 + \lambda\varepsilon_2 + \lambda\varepsilon_3,$$
$$\sigma_2 = \lambda\varepsilon_1 + (2\mu + \lambda)\,\varepsilon_2 + \lambda\varepsilon_3,$$
$$\sigma_3 = \lambda\varepsilon_1 + \lambda\varepsilon_2 + (2\mu + \lambda)\,\varepsilon_3, \qquad (8.22)$$

---

*) Anstelle der Koeffizienten $c_{\mu\nu}$ sind nur deren Indizes $\mu$, $\nu$ angegeben. Wegen der Symmetrie der Matrix sind die Koeffizienten unterhalb der Hauptdiagonale weggelassen. Eine Null zeigt das Verschwinden des zugehörigen Koeffizienten an. Steht z. B. an der Position für $c_{24}$ die Eintragung $-14$, so bedeutet das $c_{24} = -c_{14}$ usw.

**) $c_{66} = (c_{11} - c_{12})/2$

***) $c_{44} = (c_{11} - c_{12})/2$

****) Es sind nur die Matrizen angegeben, die sich von $c_{\mu\nu}$ wesentlich unterscheiden. Es ist nämlich $x_1 = 2s_{25}$ und $x_2 = 2s_{14}$ zu setzen. Weiterhin steht in den Matrizen $s_{\mu\nu}$ für rhomboedrische und hexagonale Materialien an der mit 66 in den Matrizen $c_{\mu\nu}$ gekennzeichneten Position $2(s_{11} - s_{12})$; für isotrope Materialien hat man denselben Ausdruck für die Eintragung 44 in der $c_{\mu\nu}$-Matrix zu setzen.

$$\sigma_4 = \mu\varepsilon_4, \tag{8.22}$$
$$\sigma_5 = \mu\varepsilon_5,$$
$$\sigma_6 = \mu\varepsilon_6.$$

Für isotrope Körper ist auch noch eine dritte Schreibweise in Gebrauch, die die Materialgrößen

$$E \equiv \frac{3\lambda + 2\mu}{\lambda + \mu}\,\mu,$$
$$G \equiv \mu \tag{8.23}$$

und

$$\nu \equiv \frac{\lambda}{2(\lambda + \mu)}$$

verwendet. $E$ ist der schon von (8.2) bekannte Elastizitätsmodul, $G$ der Schubmodul und $\nu$ die POISSONsche Konstante. (8.22) läßt sich dann auch in Tensorform wie folgt schreiben:

$$\boxed{\overset{2\rightarrow}{\sigma} = 2G\left(\overset{2\rightarrow}{\varepsilon} + \frac{\nu}{1 - 2\nu}\,\overset{2\rightarrow}{1}\,\mathrm{Sp}\,\overset{2\rightarrow}{\varepsilon}\right)}\,. \tag{8.24}$$

Aus einer Drehung des Koordinatensystems leiten sich auch Bedingungen für zufällige Isotropie ab. In (8.20) sei z. B. nur $\varepsilon_{11} \neq 0$. Drehung um $\pi/4$ parallel zur $x_3$-Achse ergibt $\varepsilon'_{12} = -\varepsilon_{11}/2$ und $\sigma'_{12} = (c_{12} - c_{11})\,\varepsilon_{11}/2$ bzw. $\sigma'_{12} = 2c_{44}\varepsilon'_{12}$. Falls nach der Drehung das elastische Verhalten des Kristalls unverändert sein soll, muß $A = 1$ gelten, wo

$$A = \frac{2c_{44}}{c_{11} - c_{12}} \tag{8.25}$$

das sogenannte Anisotropieverhältnis kubischer Kristalle für elastische Konstanten 2. Ordnung ist. Es beträgt z. B. für Kalium 6,3, für Eisen 2,4, für Aluminium 1,2 und für Wolfram 1,00 (also zufällig isotrop) bei Raumtemperatur.

## 8.4. Spezielle Spannungs- und Verzerrungszustände

Wir untersuchen einige einfache Spannungs- und Verzerrungszustände. Zunächst werden die homogenen Spannungszustände mit $\overset{2\rightarrow}{\sigma} \neq \overset{2\rightarrow}{\sigma}(\vec{r})$ betrachtet.

*Hydrostatischer Druck:* Ein Körper mit der Oberflächennormalen $\vec{n}(\vec{r})$ stehe unter hydrostatischem Druck $p$. Dann ist

$$\boxed{\overset{2\rightarrow}{\sigma} \cdot \vec{n} = -p\vec{n}}\,, \tag{8.26}$$

d. h., der Spannungstensor hat die Form

$$\overset{2\rightarrow}{\sigma} = -p\overset{2\rightarrow}{1}. \tag{8.27}$$

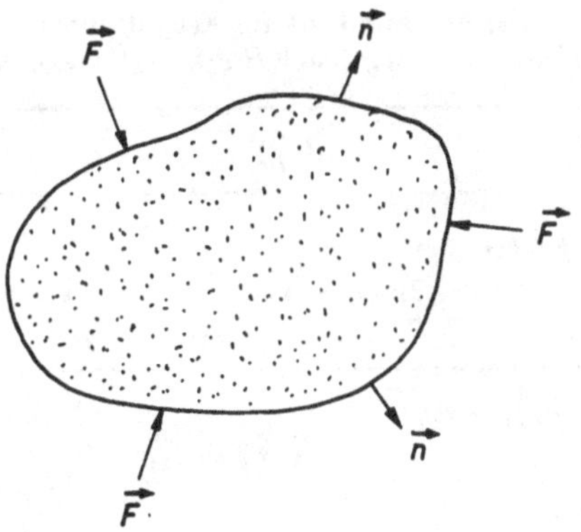


Abb. 8.4. Zum hydrostatischen Druck auf einen Körper der Oberflächennormalen $\vec{n}$, der unter Kraftwirkung $\vec{F}$ steht.

Nach (5.21) ist also die Kraft $\vec{F}$ an allen Stellen der Oberfläche des Körpers $\vec{n}$ entgegengerichtet (Abb. 8.4). Der zugehörige Verzerrungstensor $\overset{2\rightarrow}{\varepsilon}$ hat nach (8.5) die Gestalt

$$\overset{2\rightarrow}{\varepsilon} = -p\overset{4\rightarrow}{\mathbf{S}} : \overset{2\rightarrow}{\mathbf{1}} = -p\overset{2\rightarrow}{\chi} \tag{8.28}$$

mit $\overset{2\rightarrow}{\chi}$ als *Tensor der Kompressibilität.* Dessen Komponenten lassen sich auf die Matrixkoeffizienten $s_{\mu\nu}$ (8.18) zurückführen (s. Tab. 8.7).

Unter hydrostatischem Druck ändert sich das Volumen um

$$\frac{\delta V}{V} = \operatorname{Sp} \overset{2\rightarrow}{\varepsilon} = -p \operatorname{Sp} \overset{2\rightarrow}{\chi} = -p \operatorname{Sp} (\overset{3\rightarrow}{\mathbf{S}} : \overset{2\rightarrow}{\mathbf{1}}) \,. \tag{8.29}$$

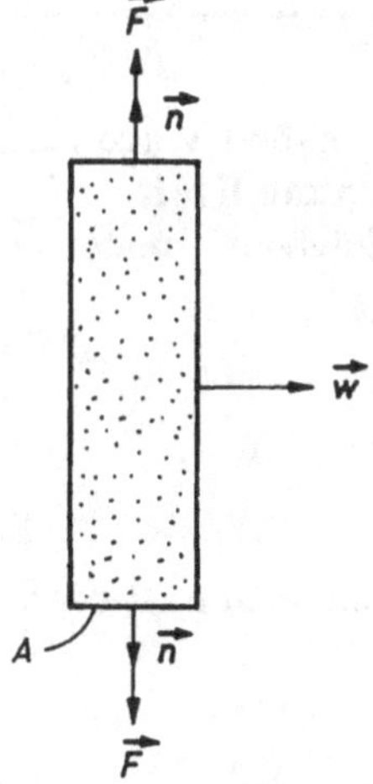


Abb. 8.5. Zum einachsigen Zug. Der Körper mit den Endflächennormalen $\vec{n}$ werde durch die Kraft $\vec{F}$ belastet (Querschnitt der Probe $A$). $\vec{w}$ ist eine Normale der Seitenfläche.

Tab. 8.7. Komponenten des Tensors der Kompressibilität im kristallphysikalischen Koordinatensystem für verschiedene Punktsymmetrien (nach SIROTIN, ŠASKOL'SKAJA)

| Kristallsystem | $(\chi_{ij})$ |
|---|---|
| kubisch und isotrop | $\begin{pmatrix} s_{11}+2s_{12} & 0 & 0 \\ 0 & s_{11}+2s_{12} & 0 \\ 0 & 0 & s_{11}+2s_{12} \end{pmatrix}$ |
| rhomboedrisch, tetragonal, hexagonal, sowie Texturen | $\begin{pmatrix} s_{11}+s_{12}+s_{13} & 0 & 0 \\ 0 & s_{11}+s_{12}+s_{13} & 0 \\ 0 & 0 & s_{33}+2s_{13} \end{pmatrix}$ |
| rhombisch | $\begin{pmatrix} s_{11}+s_{31}+s_{12} & 0 & 0 \\ 0 & s_{22}+s_{12}+s_{23} & 0 \\ 0 & 0 & s_{33}+s_{23}+s_{31} \end{pmatrix}$ |
| monoklin (1. Aufstellung) | $\begin{pmatrix} s_{11}+s_{31}+s_{12} & \frac{1}{2}(s_{16}+s_{26}+s_{36}) & 0 \\ \frac{1}{2}(s_{16}+s_{26}+s_{36}) & s_{22}+s_{12}+s_{23} & 0 \\ 0 & 0 & s_{33}+s_{23}+s_{31} \end{pmatrix}$ |
| triklin | $\begin{pmatrix} s_{11}+s_{31}+s_{12} & \frac{1}{2}(s_{16}+s_{26}+s_{36}) & \frac{1}{2}(s_{15}+s_{25}+s_{35}) \\ \frac{1}{2}(s_{16}+s_{26}+s_{36}) & s_{22}+s_{12}+s_{23} & \frac{1}{2}(s_{14}+s_{24}+s_{34}) \\ \frac{1}{2}(s_{15}+s_{25}+s_{35}) & \frac{1}{2}(s_{14}+s_{24}+s_{34}) & s_{33}+s_{23}+s_{31} \end{pmatrix}$ |

Für kubische und höhere Symmetrie des Materials haben Verzerrung und Verrückung Kugelsymmetrie. $p < 0$ bedeutet nach außen gerichtete Kraft.

*Einachsiger Zug:* Ein Stab mit den Endflächennormalen $\vec{n}$ und einer Seitenflächennormalen $\vec{w}$ (Abb. 8.5) werde der Spannung

$$\boxed{\overset{2\to}{\sigma} = \sigma \vec{n}\vec{n} = \frac{F}{A}\vec{n}\vec{n}} \tag{8.30}$$

unterworfen. Sie heißt *einachsig.* Die zugehörige Verzerrung ist nach (8.5)

$$\overset{2\to}{\varepsilon} = \sigma \overset{4\to}{S} : \vec{n}\vec{n}. \tag{8.31}$$

Die relative Längenänderung in Richtung $\vec{n}$ ist nach (5.15)

$$(\Delta l/l)_{\vec{n}} = \vec{n} \cdot \overset{2\to}{\varepsilon} \cdot \vec{n} = \sigma \vec{n}\vec{n} : \overset{3\to}{S} : \vec{n}\vec{n}. \tag{8.32}$$

Der Vergleich von (8.32) mit (8.1) und (8.2) führt auf eine für alle Symmetrien gültige Darstellung des YOUNG*schen Moduls*

$$\boxed{\frac{1}{E} \equiv \vec{n}\vec{n} : \overset{4}{\vec{S}} : \vec{n}\vec{n}} . \tag{8.33}$$

(8.33) läßt sich durch Übergang zur Matrixschreibweise vereinfachen. Mit der Abkürzung

$$(\vec{n}\vec{n})_\lambda \equiv n_i n_j, \quad \lambda = \begin{cases} i & i = j \\ 9 - (i + j) & i \neq j \end{cases}, \quad (i, j = 1, 2, 3) \tag{8.33a}$$

wird

$$\frac{1}{E(\vec{n})} = s_{\lambda\mu} (\vec{n}\vec{n})_\lambda (\vec{n}\vec{n})_\mu \qquad (\lambda, \mu = 1, \dots 6). \tag{8.33b}$$

$n_i$ sind die Komponenten von $\vec{n}$ im kartesischen Koordinatensystem. Faßt man die Koeffizienten (8.33a) zu einer sechszeiligen Spaltenmatrix zusammen, kann die Matrizenrechnung auf die Matrizen von Tab. 8.4 angewandt werden.[1])

Bei der Belastung (8.30) tritt eine relative Querkontraktion in Richtung $\vec{w}$ von

$$(\Delta l/l)_{\vec{w}} = \vec{w} \cdot \overset{2}{\vec{\varepsilon}} \cdot \vec{w} = \sigma \vec{w}\vec{w} : \overset{4}{\vec{S}} : \vec{n}\vec{n} \tag{8.34}$$

ein. Die dafür bestimmende Materialgröße ist die POISSONsche Konstante $\nu$, die durch Eliminieren von $\sigma$ aus (8.32) und (8.34) gewonnen wird:

$$\boxed{\nu = -\frac{(\Delta l/l)_{\vec{w}}}{(\Delta l/l)_{\vec{n}}} = -\frac{\vec{w}\vec{w} : \overset{4}{\vec{S}} : \vec{n}\vec{n}}{\vec{n}\vec{n} : \overset{3}{\vec{S}} : \vec{n}\vec{n}}} . \tag{8.35}$$

In Matrixschreibweise analog zu (8.33b) hat (8.35) die Form

$$\nu = -\frac{s_{\lambda\mu} (\vec{w}\vec{w})_\lambda (\vec{n}\vec{n})_\mu}{s_{\xi\pi} (\vec{n}\vec{n})_\xi (\vec{n}\vec{n})_\pi} \qquad (\lambda, \mu, \xi, \pi = 1, \dots, 6), \tag{8.35a}$$

wobei die Ausdrücke in Klammern wie (8.33a) gebildet werden.

*Scherung:* In einen Körper mit den Endflächennormalen $\vec{n}$ werden Kräfte über diese Endflächen in der Richtung $\vec{w}$ eingeleitet ($\vec{w} \cdot \vec{n} = 0$, s. Abb. 8.6), die den Scher-

---

1) So erhält $(\vec{n}\vec{n})_\lambda$, $\lambda = 1, \dots, 6$, die Form $(n_1^2 n_2^2 n_3^2 n_2 n_3 n_3 n_1 n_1 n_2)^{\mathsf{T}}$. Der YOUNGsche Modul im kubischen Kristallsystem wird damit nach (8.33b): $E^{-1} = s_{11}(n_1^4 + n_2^4 + n_3^4) + 2(s_{12} + s_{44}/2) \times n_2^2 n_3^2 + n_3^2 n_1^2 + n_1^2 n_2^2) = s_{11} - 2(s_{11} - s_{12} - 1/2\, s_{44}) (n_2^2 n_3^2 + n_3^2 n_1^2 + n_1^2 n_2^2)$, denn es ist $n_1^2 + n_2^2 + n_3^2 = 1$.

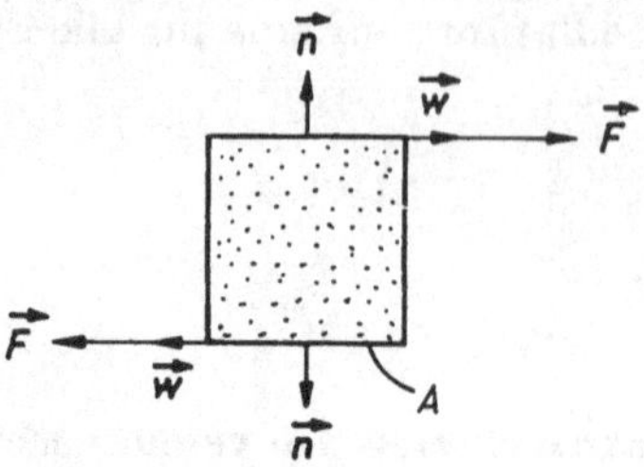


Abb. 8.6. Zur Scherung eines Körpers mit den Endflächen $\vec{n}$ (Querschnitt $A$) durch Kräfte $\vec{F}$ in Richtung $\vec{w}$. Für die Scherspannung gilt $\sigma_{\vec{w}\vec{n}} = F/A$.

spannungszustand

$$\boxed{\overset{2\rightarrow}{\sigma} = \sigma_{\vec{w}\vec{n}}(\vec{w}\vec{n} + \vec{n}\vec{w})} \tag{8.36}$$

zur Folge haben. Die Verzerrung ist nach (8.5)

$$\overset{2\rightarrow}{\varepsilon} = \overset{4\rightarrow}{S} : \overset{2\rightarrow}{\sigma} = 2\sigma_{\vec{w}\vec{n}} \overset{4\rightarrow}{S} : \vec{w}\vec{n}. \tag{8.37}$$

Interessiert man sich für die Scherkomponente von $\overset{2\rightarrow}{\varepsilon}$, hat man auf die beiden fraglichen Richtungen $\vec{w}$ und $\vec{n}$ zu projizieren. Es ist

$$\varepsilon_{\vec{w}\vec{n}} \equiv \vec{w} \cdot \overset{2\rightarrow}{\varepsilon} \cdot \vec{n} = 2\sigma_{\vec{w}\vec{n}} \vec{w}\vec{n} : \overset{4\rightarrow}{S} : \vec{n}\vec{w}. \tag{8.38}$$

Wird nach (5.18) der Schubmodul $G \equiv \sigma_{\vec{w}\vec{n}}/2\gamma$ über den Scherwinkel $\gamma = \varepsilon_{\vec{w}\vec{n}}$ als eine weitere Materialgröße eingeführt, dann hat man für diesen nach (8.38) und (8.37) für den reziproken Schubmodul

$$\boxed{\frac{1}{G} = 4\vec{w}\vec{n} : \overset{4\rightarrow}{S} : \vec{n}\vec{w}} \tag{8.39}$$

oder in Matrixform

$$\frac{1}{G} = s_{\lambda\mu}(\vec{w}\vec{n} + \vec{n}\vec{w})_\lambda \, (\vec{w}\vec{n} + \vec{n}\vec{w})_\mu, \tag{8.40}$$

wobei

$$(\vec{w}\vec{n} + \vec{n}\vec{w})_\lambda = w_i n_j + n_i w_j \quad \text{für} \quad \lambda = \begin{cases} i & i = j \\ 9 - (i + j) & i \neq j \end{cases}$$

$$(i, j = 1, 2, 3). \tag{8.41}$$

Die durch diese homogenen Spannungszustände definierten Materialgrößen stehen für Materialien höherer als kubischer Symmetrie in dem von Tab. 8.8 angegebenen

Tab. 8.8. Beziehungen zwischen den elastischen Materialgrößen für isotrope Körper

| Konstante | $E, \nu$ | $E, G$ | $\lambda, \mu$ | $K, G$ | $\mu, \nu$ |
|---|---|---|---|---|---|
| $E$ | $E$ | $E$ | $\frac{(3\lambda + 2\mu)\,\mu}{\lambda + \mu}$ | $\frac{9KG}{3K + G}$ | $2(1 + \nu)\,\mu$ |
| $\nu$ | $\nu$ | $\frac{1}{2}\frac{E}{G} - 1$ | $\frac{\lambda}{2(\lambda + \mu)}$ | $\frac{3K - 2G}{6K + 2G}$ | $\nu$ |
| $K$ | $\frac{E}{3(1 - 2\nu)}$ | $\frac{EG}{3(3G - E)}$ | $\lambda + \frac{2}{3}\mu$ | $K$ | $\frac{2\mu(1 + \nu)}{3(1 - 2\nu)}$ |
| $G$ | $\frac{E}{2(1 + \nu)}$ | $G$ | $\mu$ | $G$ | $\mu$ |
| $\lambda$ | $\frac{\nu E}{(1 + \nu)(1 - 2\nu)}$ | $\frac{G(E - 2G)}{3G - E}$ | $\lambda$ | $K - \frac{2}{3}G$ | $\frac{2\mu\nu}{1 - 2\nu}$ |

Zusammenhang. In diesem Falle ist

$$\overset{2\rightarrow}{\chi} = \chi\overset{2\rightarrow}{1} \equiv K^{-1}\overset{2\rightarrow}{1} \tag{8.42}$$

mit $K$ als *Kompressionsmodul.*

Als Beispiel eines *inhomogenen* Spannungs- und Verzerrungszustandes betrachten wir die *Biegung einer Platte* (Abb. 8.7). An den Endflächen $2a \times 2b$ wirken Biegemomente, die durch eine Verteilung von Kräftepaaren ($\alpha = \text{const}$)

$$\vec{F} = \alpha x_2' \vec{w}, \qquad x_3' = c,$$

und

$$\vec{F} = -\alpha x_2' \vec{w}, \qquad x_3' = -c \tag{8.43}$$

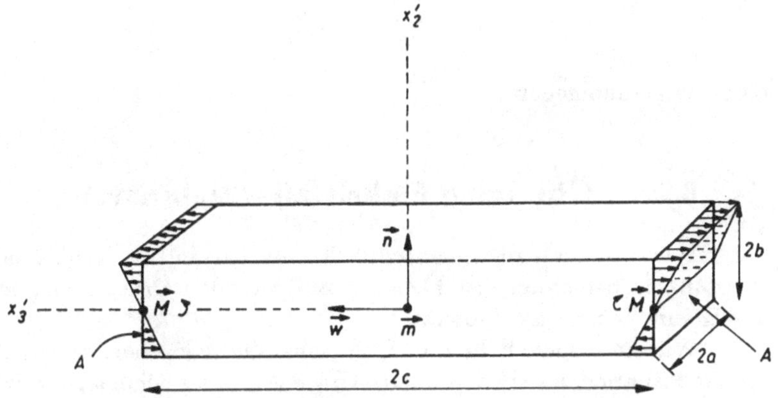


Abb. 8.7. Zur Biegung einer Platte der Abmessung $8abc$. Um die Achsen $x_3' = \pm c$, $x_2' = 0$, wirken Drehmomente $\vec{M}$ entgegengesetzten Vorzeichens, die durch eine Verteilung von Kräftepaaren $\vec{F}$ auf den Endflächen A hervorgerufen werden (sogenannte reine Biegung).

entstehen. Das Drehmoment am Plattenende $x_3' = c$ ist

$$\vec{M} = \int_A x_2'\vec{n} \times \vec{F}\, \mathrm{d}A = \int_{-a}^{a} \int_{-b}^{b} x_2'\vec{n} \times \alpha x_2' \vec{w}\, \mathrm{d}x_1'\, \mathrm{d}x_2'$$

$$= \alpha\vec{m} \int_{-a}^{a} \int_{-b}^{b} x_2'^2\, \mathrm{d}x_1'\, \mathrm{d}x_2' = \frac{4}{3} ab^3 \alpha \vec{m}, \tag{8.44}$$

d. h., es ist konstant.

Um die Form von $\overset{2\rightarrow}{\sigma}$ zu gewinnen, bedienen wir uns folgender Eigenschaft. Die Projektion von $\overset{2\rightarrow}{\sigma}$ auf die Endflächen muß gerade die dort angreifende Kräfteverteilung liefern, also es muß gelten

$$\overset{2\rightarrow}{\sigma} \cdot (\pm\vec{w}) = \pm\vec{F} = \pm\alpha x_2'\vec{w}. \tag{8.45}$$

Damit sollte $\overset{2\rightarrow}{\sigma}$ die Gestalt

$$\overset{2\rightarrow}{\sigma} = \alpha x_2' \vec{w}\vec{w} \tag{8.46}$$

besitzen. $\alpha$ läßt sich bei bekanntem Gesamtdrehmoment $M$ aus (8.44) entnehmen:

Die Richtung von $\vec{M}$ ist durch $\vec{m}$ gegeben. In den Koordinaten $x_1'$, $x_2'$, $x_3'$ hat dann $\overset{2\rightarrow}{\sigma}$ die Form

$$\overset{2\rightarrow}{\sigma} = \frac{3M}{4ab^3} x_2' \begin{pmatrix} 0 & 0 & 0 \\ 0 & 0 & 0 \\ 0 & 0 & 1 \end{pmatrix}. \tag{8.48}$$

Es ist also $\sigma_{33}' = \sigma_3' = 3Mx_2'/4ab^3$ ortsabhängig, $\sigma_\mu' = 0$ für $\mu \neq 3$.

Die Verzerrungen sind nach (8.7) in Matrixform

$$\varepsilon_\mu' = s_{\mu\nu}'\sigma_\nu' = \frac{3Mx_2'}{4ab^3} s_{\mu 3}',\text{[1]} \tag{8.49}$$

also ebenfalls inhomogen.

## 8.5. Übergang Einkristall—Vielkristall

Wünscht man die elastischen Eigenschaften des Vielkristalls aus denen des Einkristalls zu berechnen, ist über alle auftretenden Orientierungen zu mitteln. Dies ist i. allg. eine schwierige Aufgabe.

Wir untersuchen hier nur 2 Grenzfälle, zwischen denen die praktisch auftretenden Situationen liegen können. Abb. 8.8 gibt sie schematisch wieder.

[1]) Die Moduln $s_{\mu 3}'$ beziehen sich auf das Koordinatensystem $\vec{m}$, $\vec{n}$, $\vec{w}$, das i. allg. verschieden vom kristallphysikalischen ist. Man hat also gewöhnlich Tabellenwerte von $s_{\mu\nu}$ auf das gestrichene Koordinatensystem zu transformieren.

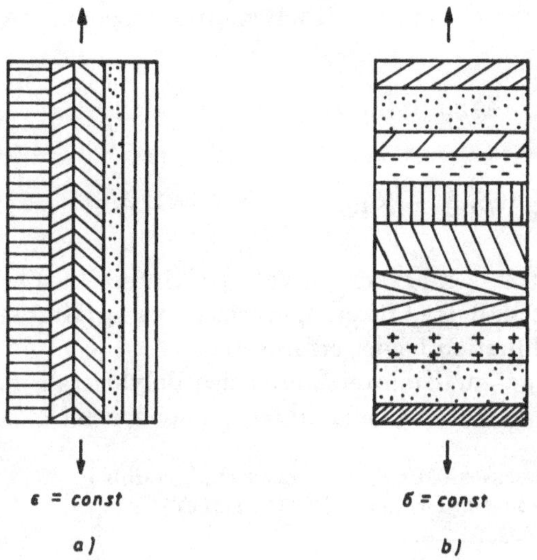


Abb. 8.8. Grenzfälle der VOIGTschen (a) und REUSSschen (b) Mittelwertbildung. Im linken Teilbild liegen die Bereiche unterschiedlicher Orientierung parallel zu einer Zugkraft an den Endflächen, im rechten Teilbild senkrecht dazu. Trotz unterschiedlicher Orientierung im linken Bild erfahren die säulenförmigen Bestandteile eine einheitliche Verzerrung $\varepsilon$. Die entstehenden Spannungen werden wegen der Orientierungsabhängigkeit der $c_{ij}$ verschieden sein. Im rechten Bild ist die Orientierung der Bereiche über den gesamten Querschnitt einheitlich, eine vorgegebene Endflächenverschiebung hat demnach einheitliche Spannung $\sigma$ zur Folge, die im Gleichgewichtszustand an die angrenzenden Bereiche mit gleichem Betrag weitergeleitet wird.

Liegt einheitliche Verzerrung vor, wird zweckmäßig über die elastischen Konstanten $c_{ij}$ gemittelt. Ist dagegen mit gleicher Spannung in allen Volumenbereichen zu rechnen, wird man über die elastischen Moduln $s_{ij}$ mitteln. Man verschafft sich zu diesem Zwecke Invarianten der Matrizen $c_{ij}$ bzw. $s_{ij}$ gegenüber Orientierungsänderungen und vergleicht diese mit entsprechenden Invarianten für den isotropen Körper. Als solche erweisen sich die Spur des Tensors[1]) und die Energiedichte des deformierten Körpers.[2]) Für die elastischen Konstanten ergeben sich daraus folgende Beziehungen (vgl. HIRTH, LOTHE) zwischen den mittleren elastischen Kenngrößen des isotropen Mediums (Polykristall) und den Einkristalldaten (sog. VOIGT*sche Mittelwerte*):

$$\mu_v = \frac{1}{30}\,(3C_{ijij} - C_{iijj}),$$

$$\lambda_v = \frac{1}{15}\,(2C_{iijj} - C_{ijij}) \qquad (i, j = 1, 2, 3). \tag{8.50}$$

[1]) $\mathrm{Sp}\,\overset{4\to}{C} = C_{ijij} = C_{1111} + C_{1212} + C_{1313} + C_{2121} + C_{2222} + C_{2323} + C_{3131} + C_{3232} + C_{3333}$.

[2]) $\eta_{\mathrm{elast}} = 1/2\,C_{ijkl}\varepsilon_{ij}\varepsilon_{kl}$. Für $\varepsilon_{ij} = 0$ $(i \neq j)$ wird $\eta_{\mathrm{elast}} = 1/2\,C_{iijj}\varepsilon_{ii}\varepsilon_{jj} = (1/2)\,(1/9)\,(\mathrm{Sp}\,\overset{2\to}{\varepsilon})^2 \times C_{iijj}$, d. h., $C_{iijj}$ ist ebenfalls eine Invariante.

Mittelwertbildungen über die elastischen Koeffizienten (sogenannte REUSSsche *Mittelwerte*) führt auf

$$\frac{1}{E_R} = \frac{1}{15}(2S_{ijij} + S_{iijj}),$$
$$\frac{1}{\mu_R} = \frac{1}{15}(6S_{ijij} - 2S_{iijj}) \qquad (i, j = 1, 2, 3). \tag{8.51}$$

Zahlenbeispiele in Tab. 8.9 lassen erkennen, daß der Unterschied erheblich sein kann. Daher muß in jedem Einzelfall das Mittelungsverfahren sorgfältig ausgewählt werden; ggf. macht sich eine Kombination beider erforderlich.

Die Materialgrößen zur Kennzeichnung des Polykristalls sind natürlich auch direkt meßbar, etwa durch einen Zug- und einen Torsionsversuch.

Tab. 8.9. VOIGTsche und REUSSsche Mittelwerte des Schubmoduls $\mu$ kubischer Kristalle in $10^{10}$ Pa (nach HIRTH, LOTHE)

| Substanz | $\mu_v$ | $\mu_R$ |
|---|---|---|
| Al | 2,65 | 2,63 |
| Cu | 5,46 | 4,00 |
| Fe | 8,6 | 7,30 |
| Ni | 9,47 | 7,78 |
| W | 16,0 | 16,0 |
| MgO | 12,9 | 12,4 |
| NaCl | 1,48 | 1,43 |

## 8.6. Elastische Wellen in Kristallen

Eine sehr ergiebige Methode zur experimentellen Bestimmung elastischer Materialeigenschaften beruht auf Messungen der Ausbreitungsgeschwindigkeit von Ultraschall. Ohne auf methodische Einzelheiten einzugehen (vgl. dazu z. B. ARMSTRONG), sollen im weiteren einige Grundprinzipien erläutert werden, zumal diese auch andere Eigenschaften tangieren (wie z. B. thermische, vgl. 3.3.3.2. und 6.9.6.3.).

Ausgangspunkt ist die Bewegungsgleichung der Kontinuumsmechanik

$$\varrho \ddot{\vec{u}} = \frac{\partial}{\partial \vec{r}} \cdot \overset{2}{\vec{\sigma}} \text{ [1]} \tag{8.52}$$

für ein Volumenelement d$V$, das unter dem Einfluß von Kräften um $\vec{u}$ aus der Gleichgewichtslage verschoben wird. (8.52) vernachlässigt Volumenkräfte. Ersetzt man in

[1] Sie folgt aus der NEWTONschen Gleichung $m\ddot{\vec{r}} = \vec{F}$, wenn zu kontinuierlicher Massenverteilung übergegangen wird; $m \to \mathrm{d}m = \varrho(\vec{r})\,\mathrm{d}V$, $\vec{F} \to \mathrm{d}\vec{F} = (\vec{f} + \partial/\partial\vec{r} \cdot \overset{2}{\vec{\sigma}})\,\mathrm{d}V$, $\vec{r}'(\vec{r}) = \vec{r} + \vec{u}(\vec{r}, t)$ (vgl. 5.1.1.) mit $\varrho$ als Massendichte, $\vec{f}$ als Volumenkraftdichte, $(\partial/\partial\vec{r}) \cdot \overset{2}{\vec{\sigma}}$ als Dichte der Oberflächenkräfte.

(8.52) $\overset{2\to}{\sigma}$ über (8.6), (5.5) und (5.1) durch die Verrückung $\vec{u}$, ergibt sich

$$\boxed{\varrho\ddot{\vec{u}} = \overset{4\to}{C} : \frac{\partial}{\partial\vec{r}}\frac{\partial}{\partial\vec{r}}\vec{u}}\ ^{1)} \tag{8.53}$$

oder, in Koordinatenschreibweise

$$\varrho\ddot{u}_i = C_{ijkl}\frac{\partial^2 u_l}{\partial x_j\,\partial x_k} \qquad (i, j, k, l = 1, 2, 3). \tag{8.54}$$

(8.53) ist eine lineare homogene Differentialgleichung 2. Ordnung für $\vec{u}$. Mit dem Ansatz einer ebenen Welle

$$\vec{u} = \vec{u}_0\,\mathrm{e}^{-i(\vec{k}\cdot\vec{r}-\omega t)} \tag{8.54}$$

(Amplitude $\vec{u}_0$, Wellenzahl $\vec{k} = (\omega/v)\,\vec{n}$, Frequenz $\nu = \omega/2\pi$, Ausbreitungsgeschwindigkeit $v$) wird aus (8.53)

$$-\varrho\omega^2\vec{u}_0 = -\overset{4\to}{C} : \vec{k}\vec{k}\vec{u}_0 \tag{8.55}$$

oder

$$\boxed{\varrho v^2\vec{u}_0 = (\vec{n}\cdot\overset{4\to}{C}\cdot\vec{n})\cdot\vec{u}_0}\,. \tag{8.56}$$

(8.56) heißt CHRISTOFFEL*sche Gleichung* (CHRISTOFFEL 1877). Ist die Massendichte $\varrho$ des Materials bekannt, läßt sich aus der Messung von $v^2$, $\vec{u}_0$ und $\vec{n}$ auf $\overset{4\to}{C}$ schließen.

Beispielsweise breite sich eine longitudinale Welle in [100]-Richtung eines kubischen Kristalls aus. (8.54) hat die Form

$$\vec{u} = (u_1, 0, 0) = u_0\vec{e}_1\,\mathrm{e}^{-i(k_1x_1-\omega t)}. \tag{8.57}$$

Aus (8.56) wird

$$\varrho v_l^2\vec{e}_1u_0 = (\vec{e}_1\cdot\overset{4\to}{C}\cdot\vec{e}_1)\cdot\vec{e}_1u_0. \tag{8.58}$$

Die Ausführung des Produkts auf der rechten Seite liefert einen Vektor $\vec{e}_1$ (vgl. dazu die Tensordarstellung als Dyade in 1.3.3.2.). Auf beiden Seiten kann somit der Vektor weggelassen werden. Man hat

$$\varrho v_l^2 = C_{1111} = c_{11} \tag{8.59}$$

und

$$v_l = \sqrt{\frac{c_{11}}{\varrho}}, \qquad \vec{k} \parallel \langle 100\rangle. \tag{8.60}$$

Die Messung der Schallgeschwindigkeit $v_l$ longitudinaler Wellen liefert direkt die Konstante $c_{11}$. Praktisch wird meist die Laufzeit einzelner Impulse bestimmt.

---

1) Nach (5.9) ist $\overset{2\to}{\varepsilon} = \partial\vec{u}/\partial\vec{r} - \overset{2\to}{\omega}{}^0$. Wegen der Antisymmetrie (5.10) ist $\overset{4\to}{C} : \overset{2\to}{\omega}{}^0 = \overset{2\to}{0}$, so daß (8.6) auch auf die Form $\overset{2\to}{\sigma} = \overset{4\to}{C} : (\partial/\partial\vec{r})\,\vec{u}$ gebracht werden kann.

Um alle unabhängigen Konstanten zu bestimmen, müssen Messungen in unterschiedlichen Richtungen erfolgen. Tab. 8.10 macht eine quantitative Aussage über die Anisotropie in kubischen Substanzen. Dabei ist auch der Polarisationszustand von Einfluß. Neben der longitudinalen sind auch zwei transversale Wellen aufgeführt (vgl. dazu 3.3.3.2.).

Elastische Wellen sehr hoher Frequenz sind die Wärmeschwingungen. Deren Dispersionsrelationen gehen für $\omega \to 0$ in die der Schallwellen über (vgl. 3.3.3.2.).

Tab. 8.10. Schallgeschwindigkeiten $v$ longitudinaler (l) und transversaler (t) elastischer Wellen in verschiedenen Richtungen kubischer Kristalle (nach Hellwege I) in $10^3$ ms$^{-1}$

| Substanz | $v_l^{\langle 100\rangle}$ | $v_l^{\langle 110\rangle}$ | $v_l^{\langle 111\rangle}$ | $v_t^{\langle 100\rangle}$ | $v_{t1}^{\langle 110\rangle}$ | $v_{t2}^{\langle 110\rangle}$ |
|---|---|---|---|---|---|---|
| Fe | 5,12 | 6,14 | 6,36 | 3,81 | 2,45 | 3,81 |
| CsJ | 2,33 | 2,20 | 2,16 | 1,18 | 1,40 | 1,18 |

## 8.7. Zum Tensorflächenproblem

Die im Teil 7 bei der Darstellung von Tensoren dritter Stufe erwähnten Schwierigkeiten treten bei denen vierter vermehrt auf, d. h. man braucht noch mehr ebene Kurven, um das Materialverhalten darzustellen. Deren Anzahl hängt von der Zahl unabhängiger Matrixkoeffizienten (Tab. 8.4) und dem Kristallsystem ab.

Man geht nun i. allg. nicht den Weg, alle $c_{\mu\nu}$ oder $s_{\mu\nu}$ einzeln darzustellen, sondern wählt statt dessen die im Kap. 8.4. eingeführten, durch einfache Versuchsbedingungen definierten Größen $E$, $G$, $\nu$, $K$. Sie können dabei zufällig mit einzelnen $c_{\mu\nu}$ oder $s_{\mu\nu}$ identisch sein. An die Stelle von Gleichungen der Form (1.39) oder (1.43) treten z. B. (8.33), (8.35) oder (8.39). Wenn man eine einzelne Tensorkomponente in ihrer Abhängigkeit von der Richtung darzustellen wünscht, bedient man sich der zu (1.24) analogen Beziehung

$$\boxed{t'_{ijkl} = a_{im}a_{jn}a_{kp}a_{lq}t_{mnpq}}\,, \tag{8.61}$$

wobei $t'_{ijkl}$ den Wert der Komponente nach Drehung des Koordinatensystems (oder des Richtungsvektors) entsprechend (1.23) angibt. Beispiele enthalten Abb. 8.9 und Abb. 8.10.

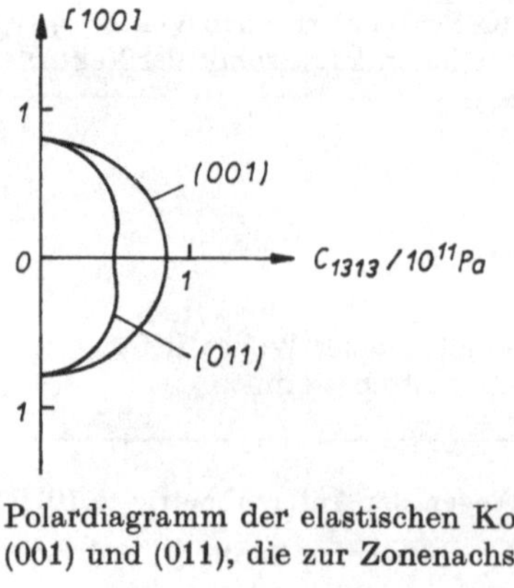


Abb. 8.9. Polardiagramm der elastischen Konstanten $C_{1313}$ von Silizium in den Ebenen (001) und (011), die zur Zonenachse [100] gehören (nach Šaskol'skaja 1982).

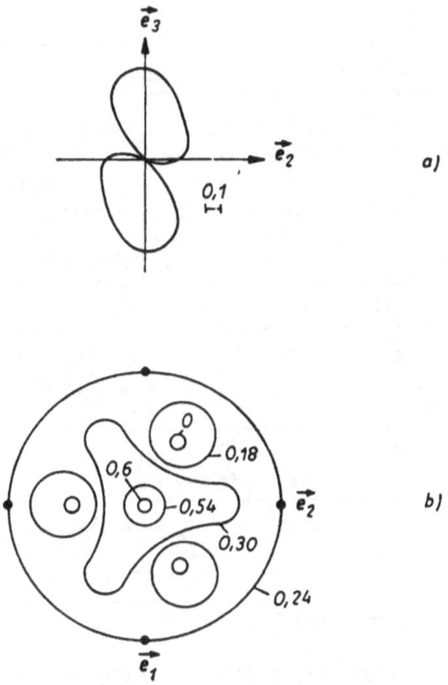


Abb. 8.10. POISSON-Konstante $\nu$ von Tellur (Punktsymmetrie 32) (a) in der Ebene $\vec{e}_3, \vec{e}_2$, (b) in der stereographischen Projektion mit [111] als Mittelpunkt. In der Ebene $\vec{e}_1, \vec{e}_2$ ist das Verhalten isotrop (nach SIROTIN, ŠASKOL'SKAJA).

Tab. 8.11. Reziproker YOUNGscher Modul $E^{-1}$ in Abhängigkeit von der Kraftrichtung $[uvw]$ und Schubmodul $G^{-1}$ in Abhängigkeit vom Gleitsystem $(hkl) \perp \vec{n}$ und $[uvw] \parallel \vec{w}$ (nach SIROTIN, SASKOL'SKAJA)

| Kristallsystem | $E^{-1}$, $G^{-1}$*) |
|---|---|
| triklin | $E^{-1} = s_{11}Q_1{}^2 + s_{22}Q_2{}^2 + s_{33}Q_3{}^2 + (s_{44} + 2s_{23})\, Q_2Q_3 + (s_{55} + 2s_{31})\, Q_3Q_1 + (s_{66} + 2s_{12})\, Q_1Q_2 + 2(s_{14} + s_{56})\, Q_1Q_4 + 2(s_{25} + s_{64})\, Q_2Q_5 + 2(s_{36} + s_{45})\, Q_3Q_6 + 2s_{15}Q_1Q_5 + 2s_{16}Q_1Q_6 + 2s_{26}Q_2Q_6 + 2s_{24}Q_2Q_4 + 2s_{34}Q_3Q_4 + 2s_{35}Q_3Q_5$<br>mit $Q_1 \equiv (ha \sin\beta - kb \sin\alpha \cos\gamma^*)^2/g$<br>$Q_2 \equiv (k/b^*)^2/g$<br>$Q_3 \equiv (ha \cos\beta + kb \cos\alpha + lc)^2/g$<br>$Q_4 \equiv (k/b^*)\,(ha \cos\beta + kb \cos\alpha + lc)/g$<br>$Q_5 \equiv (ha \cos\beta + kb \cos\alpha + lc)\,(ha \sin\beta - kb \sin\alpha \times \cos\gamma^*)/g$<br>$Q_6 \equiv (k/b^*)\,(ha \sin\beta - kb \sin\alpha \cos\gamma^*)/g$<br>$g \equiv h^2a^2 + k^2b^2 + l^2c^2 + 2klbc \cos\alpha + 2hlca \cos\beta + 2hkab \cos\gamma$ |
| | (100) [001] $G^{-1} = s_{44} \cos^2\gamma^* + s_{55} \sin^2\gamma^* + 2s_{45} \sin\gamma^* \cos\gamma^*$ |

Tab. 8.11. (Fortsetzung)

| Kristallsystem | $E^{-1}$, $G^{-1}$*) |
|---|---|
| monoklin<br>(2. Aufstellung) | $E^{-1} = s_{11}Q_1^2 + s_{22}Q_2^2 + s_{33}Q_3^2 + (s_{44} + 2s_{23})\,Q_2Q_3$<br>$+ (s_{55} + 2s_{31})\,Q_3Q_1 + (s_{66} + 2s_{12})\,Q_1Q_2$<br>$+ 2(s_{25} + s_{64})\,Q_2Q_5 + 2s_{15}Q_1Q_5 + 2s_{35}Q_3Q_5$<br>mit $Q_1 \equiv (ha \sin\beta)^2/g$, $Q_2 \equiv (kb)^2/g$, $Q_3 \equiv (ha\cos\beta + lc)^2/g$,<br>$Q_5 \equiv ha \sin\beta(ha\cos\beta + lc)/g$.<br>$g \equiv h^2a^2 + k^2b^2 + l^2c^2 + 2lhca\cos\beta$ |
| | (010) [001] $G^{-1} = s_{44}$ |
| rhombisch | $E^{-1} = [h^4a^4s_{11} + k^4b^4s_{22} + l^4c^4s_{33} + k^2l^2b^2c^2(s_{44} + 2s_{23})$<br>$+ l^2h^2c^2a^2(s_{55} + 2s_{31}) + h^2k^2a^2b^2(s_{66} + 2s_{12})]/(h^2a^2$<br>$+ k^2b^2 + l^2c^2)^2$ |
| | (010) [100] $G^{-1} = s_{66}$<br>(010) [001] $G^{-1} = s_{44}$ |
| tetragonal | $E^{-1} = \{a^4[(h^4 + k^4)\,s_{11} + h^2k^2(s_{66} + 2s_{12})$<br>$+ 2hk(h^2 - k^2)\,s_{16}] + l^4c^4s_{33} + (h^2 + k^2)\,l^2a^2c^2$<br>$\times (s_{44} + 2s_{13})\}/[(h^2 + k^2)\,a^2 + l^2c^2]^2$ |
| | (100) [001], (110) [011]: $G^{-1} = s_{44}$<br>$(1\bar{1}0)$ [111] $G^{-1} = [4a^2(s_{11} - s_{12}) + c^2s_{44}]/[2a^2 + c^2]$ |
| rhomboedrisch<br>und hexagonal<br>(in hexagonalen<br>Koordinatensystem) | $E^{-1} = \{(h^2 + k^2 - hk)^2\,a^4s_{11} + l^4c^4s_{33}$<br>$+ (h^2 + k^2 - hk)\,l^2a^2c^2(s_{44} + 2s_{13})$<br>$+ a^3c[3\sqrt{3}\,hkl(h - k)\,s_{14} + l(2h - k)$<br>$\times (2k^2 - h^2 + hk)\,s_{25}]\}/[(h^2 + k^2 - hk)\,a^2 + l^2c^2]^2$ |
| | (0001) $[\bar{1}2\bar{1}0]$ $G^{-1} = s_{44}$<br>(rhomb. u. hex.)<br>$(10\bar{1}1)$ $[\bar{1}2\bar{1}0]$ $G^{-1} = \{8c^2(s_{11} - s_{12}) + 3a^2s_{44} - 8ac\sqrt{3}\,s_{44}\}/(3a^2 + 4c^2)$<br>(rhomb.)<br>$(10\bar{1}1)$ $[\bar{1}2\bar{1}0]$ $G^{-1} = \{8c^2(s_{11} - s_{12}) + 3a^4s_{44}\}/(3a^2 + 4c^2)$<br>(hex.)<br>$(01\bar{1}0)$ $[\bar{2}110]$ $G^{-1} = 2(s_{11} - s_{12})$<br>(hex.) |
| kubisch | $E^{-1} = s_{11} - 2(s_{11} - s_{12} - s_{44}/2)\,(k^2l^2 + l^2h^2 + h^2k^2)/$<br>$(h^2 + k^2 + l^2)^2$ |
| | (001) [100], (001) [110], (110) [001]: $G^{-1} = s_{44}$<br>(110) $[1\bar{1}0]$ $G^{-1} = 2(s_{11} - s_{12})$<br>(111) $[1\bar{1}0]$, $(1\bar{1}0)$ [111], $(11\bar{2})$ [111], $(12\bar{3})$ [111]: $G^{-1} = 4(s_{11} - s_{12})/3 + s_{44}/3$ |

*) Man beachte die in Tab. 8.4 angegebenen Besonderheiten der Koeffizienten des tetragonalen und rhomboedrischen Kristallsystems

Auch stereographische Projektionen der Richtungen konstanter elastischer Materialgrößen sind üblich (Abb. 8.10). Eine Reihe von Beispielen geben SIROTIN, ŠASKOL'SKAJA an.

Die Richtungsabhängigkeiten von $E^{-1}$ und $G^{-1}$ für alle Punktsymmetrien enthält Tab. 8.11.

## 8.8. Mikroskopische Deutung elastischer Konstanten

Unter der Wirkung eines Spannungsfeldes werden die Atome i. allg. nach Betrag und Richtung unterschiedliche Verrückungen $\vec{u}^{\vec{m}}$ aus ihren Gleichgewichtslagen erfahren. Die dadurch veränderte potentielle Energiedichte $\nu$ (s. (6.20)) wird mit der phänomenologischen

$$\nu(\varepsilon_{ij}) = \nu_0 + \frac{1}{2!} C_{ijkl}\varepsilon_{ij}\varepsilon_{kl} + \cdots \tag{8.62}$$

verglichen, nachdem die Verzerrungen durch Verrückungen ersetzt worden sind. Für das Verfahren verweisen wir auf LEIBFRIED; LUDWIG.

Die unterschiedlichen Nachbargleichgewichtslagen eines betrachteten Atoms gehen über Differenzen $\vec{R}^{\vec{n}} - \vec{R}^{\vec{m}}$ in die Energiedichte (6.20) ein. Diese werden durch

$$\vec{R}^{\vec{n}} - \vec{R}^{\vec{m}} \equiv \tilde{A}\vec{h} \tag{8.63}$$

abgekürzt mit $\tilde{A}$ als Gittermatrix.[1])

Damit läßt sich das Resultat des erwähnten Koeffizientenvergleichs von (6.20) mit (8.62) in der Form

$$\hat{C}_{ijkl} = -\frac{1}{2V_{\mathrm{EZ}}} \sum \Phi_{ij}^{0\vec{h}} (\tilde{A}\vec{h})_k (\tilde{A}\vec{h})_l \tag{8.64}$$

schreiben, woraus die phänomenologischen elastischen Konstanten über

$$C_{ijkl} = \hat{C}_{ikjl} + \hat{C}_{jkil} - \hat{C}_{jikl} \tag{8.65}$$

berechnet werden. Die $\hat{C}_{ijkl}$ heißen BORN-HUANG-Tensoren.

Als Beispiel betrachten wir den $W$-Typ. Wegen der kubischen Symmetrie reduziert sich (8.65) auf

$$C_{1111} \equiv c_{11} = \hat{C}_{1111}, \quad C_{1122} \equiv c_{12} = 2\hat{C}_{1212} - \hat{C}_{1122},$$
$$C_{2323} \equiv c_{44} = \hat{C}_{2233}. \tag{8.66}$$

Die Kopplungsparameter $\Phi^{0\vec{h}}$ in (8.64) haben für kubische Symmetrie die in Tab. 8.12 angegebene Form. Im Falle des $W$-Typs ist die Reihenfolge der Richtungen nächster und übernächster Nachbarn ⟨111⟩, ⟨200⟩. Bezieht man bis zu zweitnächste Nachbarn in die Summation (8.64) ein, erhält man mit Tab. 8.12 für die elastischen Konstanten des

[1]) Wir beschränken uns auf Kristalle, deren Struktur mit ihrem BRAVAIS-Gitter identisch ist.

Tab. 8.12. Kopplungsparameter kubischer Kristalle

| $\vec{h}$ | $\Phi^{0\vec{h}}$ | $\vec{h}$ | $\Phi^{0\vec{h}}$ |
|---|---|---|---|
| $[h00]$ u. $[\bar{h}00]$ | $-\begin{pmatrix}\alpha_1 & 0 & 0\\ 0 & \beta_1 & 0\\ 0 & 0 & \beta_1\end{pmatrix}$ | $[hhh]$ u. $[\bar{h}\bar{h}\bar{h}]$ | $-\begin{pmatrix}\alpha_3 & \gamma_3 & \gamma_3\\ \gamma_3 & \alpha_3 & \gamma_3\\ \gamma_3 & \gamma_3 & \alpha_3\end{pmatrix}$ |
| $[0h0]$ u. $[0\bar{h}0]$ | $-\begin{pmatrix}\beta_1 & 0 & 0\\ 0 & \alpha_1 & 0\\ 0 & 0 & \beta_1\end{pmatrix}$ | $[\bar{h}hh]$ u. $[h\bar{h}\bar{h}]$ | $-\begin{pmatrix}\alpha_3 & -\gamma_3 & -\gamma_3\\ -\gamma_3 & \alpha_3 & \gamma_3\\ -\gamma_3 & \gamma_3 & \alpha_3\end{pmatrix}$ |

$W$-Typs ($a$ Gitterkonstante)

$$\begin{aligned} c_{11} &= (2\alpha_3 + 2\alpha_1)/a, \\ c_{12} &= (4\gamma_3 - 2\alpha_3 - 2\beta_1)/a, \\ c_{44} &= (2\alpha_3 + 2\beta_1)/a.^{1)} \end{aligned} \tag{8.67}$$

Anhand der anschaulichen Interpretation der Parameter $\Phi^{\vec{m}\vec{n}}$ in 6.1.3.1. kann man nun auch erkennen, welche Wechselwirkungen in diesem einfachen Kraftkonstantenmodell die verschiedenen elastischen Konstanten bestimmen. Der Koeffizient $\alpha_3$ ist z. B. ein Maß für die Kraft, die das Atom im Koordinatenursprung in Richtung $\vec{e}_2$ erfährt, wenn das Nachbaratom bei 1/2 1/2 1/2 in Richtung $\vec{e}_2$ ausgelenkt wird, $\beta_1$ beschreibt dagegen die Wirkung auf das gleiche Atom, wenn der übernächste Nachbar bei 100 in Richtung $\vec{e}_2$ ausgelenkt wird. Vernachlässigt man zweitnächste Nachbarn, dann besteht nach (8.67) kein Unterschied zwischen $c_{11}$ und $c_{44}$ mehr. Wie das Experiment zeigt (Tab. 8.5), haben diese Nachbarn erheblichen Einfluß.

In einem axialsymmetrischen Modell der Teilchenkopplung sind je zwei Teilchen durch eine Konstante $\alpha$ für Auslenkungen in Richtung der Verbindungslinie der Teilchen und durch eine Konstante $\beta$ für Auslenkungen senkrecht dazu gekoppelt (Feder mit Quersteifigkeit). Dann ist $\alpha_3 = (\alpha + 2\beta)/3$, $\beta_1 = \beta$, $\gamma_3 = (\alpha - \beta)/3$, $\alpha_1 = \alpha$ in (8.67).

Geht man nun zu reinen Zentralkräften ($\beta = 0$) über, erhält man

$$c_{11} = \frac{8}{3a}\alpha, \quad c_{12} = \frac{2\alpha}{3a} = c_{44}. \tag{8.68}$$

Die Gleichung auf der rechten Seite heißt CAUCHYsche Beziehung.

Würde man sich nur auf Wechselwirkungen nächster Nachbarn und reine Zentralkräfte beschränken, erhielte man

$$c_{11} = c_{12} = c_{44} = 2\alpha/3a, \tag{8.69}$$

aber keine stabile Struktur.[2])

---

1) Zum Beispiel $c_{44} = \hat{C}_{2233} = -\frac{1}{2V_{\mathrm{EZ}}}(\Phi_{22}^{0[111]} + \Phi_{22}^{0[\bar{1}\bar{1}\bar{1}]} + \Phi_{22}^{0[\bar{1}11]} + \Phi_{22}^{0[1\bar{1}\bar{1}]} + \Phi_{22}^{0[1\bar{1}1]} + \Phi_{22}^{0[\bar{1}1\bar{1}]} + \Phi_{22}^{0[1\bar{1}1]} + \Phi_{22}^{0[\bar{1}\bar{1}1]} + 4\Phi_{22}^{0[002]} + 4\Phi_{22}^{0[00\bar{2}]})\frac{a^2}{4} = \frac{2(\alpha_3 + \beta_1)}{a}$, da $V_{\mathrm{EZ}} = a^3/2$ (primitive Zelle) und $\tilde{A}\vec{h} = (1/2)\langle 111\rangle$ bzw. $(1/2)\langle 200\rangle$.

2) Die Struktur kann auf einer (110)-Ebene zusammengeklappt werden, ohne daß sich der Abstand nächster Nachbarn ändert.

Diese Kraftkonstantenmodelle werden zur Interpretation von Meßergebnissen vielfach angewandt, auch wenn sie die physikalischen Ursachen nicht anhand erster Prinzipien zu erkennen gestatten. Aber auch bei dem Versuche, auf der Grundlage elektronischer Struktur ein quantitatives Verständnis der elastischen Konstanten zu gewinnen, sind Fortschritte erzielt worden. Wir verweisen hier auf LEHMANN, PEGEL; BAUMANN.

Die bisherigen Überlegungen zum elastischen Verhalten von Kristallen sind im wesentlichen im 19. Jahrhundert entstanden und haben sich inzwischen bei zahlreichen Anwendungen bewährt. Ihnen haftet aber eine prinzipielle Schwäche an. Der Übergang zu infinitesimal kleinen Volumina, wie er in Teil 5 notwendig ist, setzt vollständig homogenes Medium voraus. Gerade das ist beim Kristall nicht gegeben. Wenn allerdings die Kristallbausteine mit Inversionszentren zusammenfallen und die Wechselwirkungskräfte reine Zentralkräfte sind, ist der Grenzübergang erlaubt, wie LAVAL 1951 gezeigt hat.

Andernfalls sind zur korrekten Beschreibung des triklinen Kristalls nicht 21, sondern 45 Konstanten erforderlich, denn die in 8.2 angestellten Symmetriebetrachtungen zu $C_{ijkl}$ gelten nur noch zum Teil.

# 9. Effekte höherer Ordnung

Bisher wurden nur lineare Beziehungen zwischen intensiven und (reduzierten) extensiven Größen (vgl. Tab. 1.3) betrachtet.[1]) Die zugehörigen Materialgrößen konnten Tensoren höchstens vierter Stufe sein. Das tatsächlich beobachtete und das aus allgemeinen Erwägungen darüberhinaus noch zu erwartende Verhalten kristalliner und nichtkristalliner Stoffe ist aber wesentlich vielfältiger. Man kann diese Vielfalt auf der Basis der Systematik des vorliegenden Buches aber bequem ordnen, wenn nichtlineare Erweiterungen der bisher untersuchten Materialgleichungen sowie Inhomogeneffekte ins Auge gefaßt werden. Sie können von folgender Art sein:

a) In der bereits betrachteten Relation zweier Größen werden *Glieder in zweiter und höherer Potenz* berücksichtigt. Das entspricht dem Sachverhalt, daß alle linearen Beziehungen nur näherungsweise für kleine Feldgrößen richtig sind. (Beispiel: (6.61) wird erweitert zu $\vec{D} = \varepsilon_0 \overset{2\to}{\varepsilon_r} \cdot \vec{E} + \overset{3\to}{T} : \vec{E}\vec{E}$. $\overset{3\to}{T}$ ist dann ein dreistufiger Tensor, der die quadratische Dielektrizitätskonstante beschreibt.)

b) Zu den bisher betrachteten zwei Größen wird eine dritte (oder noch mehr) hinzugefügt. Man erhält sogenannte *Kreuz-* oder *Kopplungseffekte*. (Beispiel: Überlagert man (6.273) ein Magnetfeld, ergibt sich $\vec{E} = \overset{3\to}{T} : \vec{H}(\partial T/\partial \vec{r})$. Hier beschreibt $\overset{3\to}{T}$ den kombinierten Einfluß von Temperaturgradienten und Magnetfeld, den ETTINGSHAUSEN-NERNST-Effekt). Diese können aufgefaßt werden als zusätzliche Glieder in einer Reihenentwicklung der bekannten Materialgröße nach dem neuen Feldeinfluß. (Beispiel: In (6.273) wird der SEEBECK-Koeffizient $\overset{2\to}{\Sigma}$ nach $\vec{H}$ entwickelt. $\overset{2\to}{\Sigma}(\vec{H}) = \overset{2\to}{\Sigma}_0 + \overset{3\to}{T} \cdot \vec{H}$. $\overset{2\to}{\Sigma}_0$ beschreibt dann den schon bekannten SEEBECK-Effekt ohne Magnetfeld.)

c) Zu den bisher betrachteten Feldgrößen werden die *Ableitungen nach dem Ort* hinzugezogen. Das geschah bisher nur im Zusammenhang mit Transportproblemen (z. B. Wärmeleitung, Diffusion), kann aber auch auf statische Eigenschaften ausgedehnt werden. Dazu müssen Inhomogenitäten vorliegen. (Beispiel: Im inhomogenen Verzerrungsfeld $\overset{2\to}{\varepsilon}$ ist $\overset{2\to}{\sigma} = \overset{5\to}{T} \cdot \partial\overset{2\to}{\varepsilon}/\partial\vec{r}$. Der fünfstufige Tensor $\overset{5\to}{T}$ beschreibt die akustische Drehung.) Das Verhalten wird durch mehr als einen Tensor festgelegt.

Die Untersuchung des Symmetrieeinflusses auf die nach diesem Verfahren gewonnenen neuen Eigenschaftstensoren erfolgt nach den bislang vorgeführten Prin-

---

[1]) Unter den rund 20 untersuchten Materialgleichungen befand sich eine nichtlineare, nämlich die Gleichung zur Definition der THOMSON-Koeffizienten (6.283), sowie mit (6.170) eine Beziehung, die zwei Tensoren enthält.

Tab. 9.1. Nichtlineare Materialgleichungen

a) Erweiterung von (6.70) $\vec{E} = \overset{2\rightarrow}{\eta} \cdot \vec{D}/\varepsilon_0$

| Zusatzterm in (6.70) | Bezeichnung des Effektes | Stufe des Eigenschaftstensors |
|---|---|---|
| $\sim \vec{E}\vec{D}$ | elektrooptischer Effekt (POCKELS-Effekt) | 3 |
| $\sim \vec{H}\vec{D}$ | FARADAY-Effekt | 3 |
| $\sim \overset{2\rightarrow}{\sigma}\vec{D}$ | piezooptischer Effekt | 4 |
| $\sim \vec{E}\vec{E}\vec{D}$ | quadratischer elektrooptischer Effekt (KERR-Effekt) | 4 |
| $\sim \vec{H}\vec{H}\vec{D}$ | COTTON-MOUTON-Effekt | 4 |

b) Erweiterung von (6.191) $\vec{E} = \overset{2\rightarrow}{\varrho}_{el} \cdot \vec{j}$

| Zusatzterm in (6.191) | Bezeichnung des Effektes | Stufe des Eigenschaftstensors |
|---|---|---|
| $\sim \vec{H}\vec{j}$ | HALL-Effekt | 3 |
| $\sim \vec{H}\vec{H}\vec{j}$ | Magnetowiderstand | 4 |
| $\sim \overset{2\rightarrow}{\sigma}\vec{j}$ | piezoresistiver Effekt | 4 |

c) Erweiterung von (6.61) $\vec{D} = \varepsilon_0 \overset{2\rightarrow}{\varepsilon_r} \cdot \vec{E}$

| Zusatzterm in (6.61) | Bezeichnung des Effektes | Stufe des Eigenschaftstensors |
|---|---|---|
| $\sim \vec{E}\vec{E}$ | quadratische dielektrische Permittivität | 3 |
| $\sim \overset{2\rightarrow}{\sigma}\vec{E}$ | Elektrostriktion | 4 |

d) Erweiterung von (6.240) $\vec{q} = -\overset{2\rightarrow}{\lambda} \cdot \frac{\partial T}{\partial \vec{r}}$

| Zusatzterm in (6.240) | Bezeichnung des Effektes | Stufe des Eigenschaftstensors |
|---|---|---|
| $\sim \vec{H} \frac{\partial T}{\partial \vec{r}}$ | RIGHI-LEDUC-Effekt | 3 |

e) Erweiterung von (6.273) $\vec{E} = -\overset{2\rightarrow}{\Sigma} \cdot \frac{\partial T}{\partial \vec{r}}$

| Zusatzterm (in 6.273) | Bezeichnung des Effektes | Stufe des Eigenschaftstensor |
|---|---|---|
| $\sim \vec{H} \frac{\partial T}{\partial \vec{r}}$ | ETTINGSHAUSEN-NERNST-Effekt | 3 |

f) Erweiterung von (6.278) $\vec{q} = \overset{2\rightarrow}{\Pi} \cdot \vec{j}$

| Zusatzterm zu (6.278) | Bezeichnung des Effektes | Stufe des Eigenschaftstensors |
|---|---|---|
| $\sim \vec{H}\vec{j}$ | ETTINGSHAUSEN-Effekt ($\vec{q} \perp \vec{j}$), NERNST-Effekt ($\vec{q} \parallel \vec{j}$) | 3 |

zipien. Der Leser kann sich so selbst anhand der Methoden a) bis c) Eigenschaften zusammenstellen und analysieren. Wir geben in Tab. 9.1 einige nichtlineare Homogeneffekte an, die bereits gut untersucht und mit speziellen Bezeichnungen versehen sind. Einige davon werden in praxi durch einen Tensor mit einer um eins niedrigeren Stufe beschrieben als in Tab. 9.1 angegeben. Das ist bei antisymmetrischen Tensoren möglich, wie am Beispiel des Gyrationstensors 6.7.2.1. erläutert wurde. Somit tritt z. B. der Tensor der HALL-Konstanten gewöhnlich als zweistufiger Tensor $\overset{2\rightarrow}{\boldsymbol{R}}$ in $\vec{\boldsymbol{E}} = (\overset{2\rightarrow}{\boldsymbol{R}} \cdot \vec{\boldsymbol{B}}) \times \vec{\boldsymbol{j}}$ auf und nicht als dreistufiger wie in $\vec{\boldsymbol{E}} = \overset{3\rightarrow}{\boldsymbol{R}} : \vec{\boldsymbol{B}}\vec{\boldsymbol{j}}$ oder $\vec{\boldsymbol{E}} = \overset{3\rightarrow}{\boldsymbol{R}} : \vec{\boldsymbol{H}}\vec{\boldsymbol{j}}$.

# 10. Zusammenfassung aller Materialgleichungen

Die behandelten Materialgleichungen sollen zur besseren Übersicht und Zusammenfassung anhand von Graphen für die beteiligten Größen dargestellt werden.

## 10.1. Systeme im thermodynamischen Gleichgewicht

Abb. 10.1 enthält diejenigen Größen, die an Gleichgewichtseigenschaften im Rahmen dieses Buches beteiligt waren. Die Materialgleichungen lassen sich daraus auf folgendem Wege ablesen:

a) Es werden je eine intensive Größe (verallg. Kräfte) und eine (reduzierte) extensive (verallg. Koordinaten) durch eine gerade Linie verbunden. Diese stellt die Material-

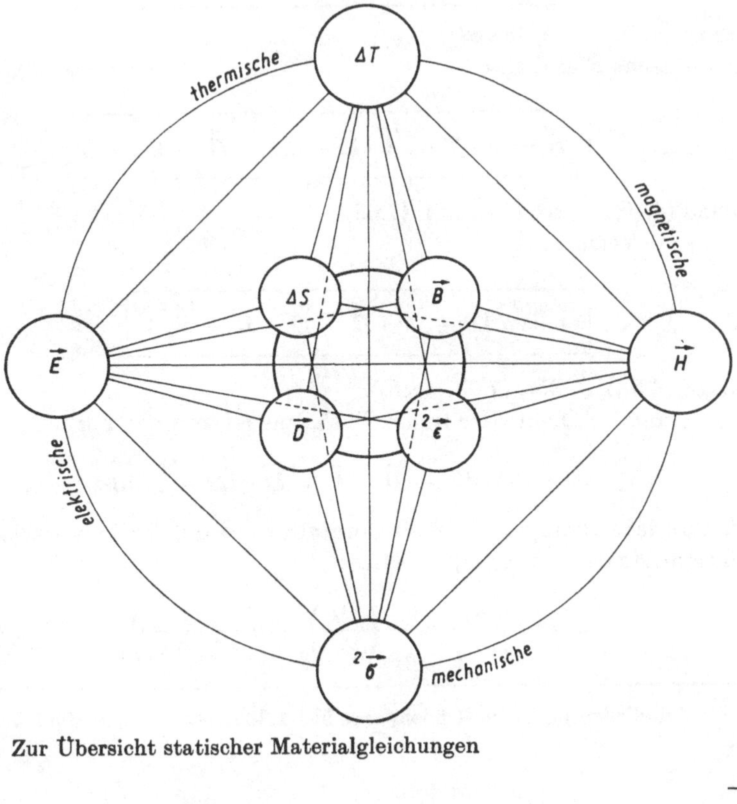


Abb. 10.1. Zur Übersicht statischer Materialgleichungen

gleichung dar. Die verwendeten Größen sind Ausdruck der Tatsache, daß im Festkörper die elektromagnetische Wechselwirkung dominiert. Andere Wechselwirkungen, wie z. B. Gravitation, spielen keine Rolle.

b) Es sind auch die inversen Effekte enthalten, die durch Vertauschen der jeweiligen Größen mit ihren konjugierten entstehen.[1])

c) Es lassen sich auch mehr als zwei Größen kombinieren (nichtlineare Effekte). Die zugehörigen Verbindungslinien sind nicht eingezeichnet.

d) Auch die Kombination intensiver Größen ergeben Materialgleichungen. Sie bedeuten, daß die jeweils konjugierten extensiven konstant gehalten werden und die Rückwirkung auf die intensive explizit untersucht wird. Das gleiche gilt, wenn die Termini „intensiv“ und „extensiv“ vertauscht sind.

Wir schreiben die extensiven Größen auf die linke Seite und betrachten sie als „Wirkungen“. Dann ist die Entropieänderung

$$\boxed{\Delta s = \frac{C}{V_m T}\,\Delta T + \vec{\boldsymbol{p}} \cdot \vec{\boldsymbol{E}} + \vec{\boldsymbol{q}}^0 \cdot \vec{\boldsymbol{H}} + \overset{2\rightarrow}{\alpha} : \overset{2\rightarrow}{\sigma}} \tag{10.1}$$

(vgl. dazu (3.2), (4.8), (4.25), (6.49));
die dielektrische Verschiebung

$$\boxed{\vec{\boldsymbol{D}} = \vec{\boldsymbol{p}}\Delta T + \varepsilon_0 \overset{2\rightarrow}{\varepsilon_r} \cdot \vec{\boldsymbol{E}} + \overset{2\rightarrow}{\boldsymbol{A}}{}^{\mathsf{T}} \cdot \vec{\boldsymbol{H}} + \overset{3\rightarrow}{\boldsymbol{d}} : \overset{2\rightarrow}{\sigma}} \tag{10.2}$$

(vgl. dazu (4.2), (6.61), (6.169), (7.3));
die magnetische Flußdichte

$$\boxed{\vec{\boldsymbol{B}} = \vec{\boldsymbol{q}}^0 \Delta T + \overset{2\rightarrow}{\boldsymbol{A}} \cdot \vec{\boldsymbol{E}} + \mu_0 \overset{2\rightarrow}{\mu_r} \cdot \vec{\boldsymbol{H}} + \overset{3\rightarrow}{\boldsymbol{Q}} : \overset{2\rightarrow}{\sigma}} \tag{10.3}$$

(vgl. dazu (4.15), (6.167), (6.156), (7.59));
die elastische Verzerrung

$$\boxed{\overset{2\rightarrow}{\varepsilon} = \overset{2\rightarrow}{\alpha}\Delta T + \overset{3\rightarrow}{\boldsymbol{d}}{}^{\mathsf{T}} \cdot \vec{\boldsymbol{E}} + \overset{3\rightarrow}{\boldsymbol{Q}}{}^{\mathsf{T}} \cdot \vec{\boldsymbol{H}} + \overset{4\rightarrow}{\boldsymbol{S}} : \overset{2\rightarrow}{\sigma}} \tag{10.4}$$

(vgl. dazu (6.5a), (7.35), (7.63), (8.5)).
Die Änderung der Dichte der freien Enthalpie ist von der Form

$$\mathrm{d}g = -s\,\mathrm{d}T - \vec{\boldsymbol{D}} \cdot \mathrm{d}\vec{\boldsymbol{E}} - \vec{\boldsymbol{B}} \cdot \mathrm{d}\vec{\boldsymbol{H}} - \overset{2\rightarrow}{\varepsilon} : \mathrm{d}\overset{2\nearrow}{\sigma} = -x_i\,\mathrm{d}X_i, \tag{10.4}$$

so daß man jede verallgemeinerte Koordinate $x_i$ durch Differentiation nach den verallgemeinerten Kräften $X_i$ erhalten kann:

$$x_i = -\frac{\partial g}{\partial X_i} = -\left(\frac{\partial g}{\partial X_i}\right)_0 - \left(\frac{\partial^2 g}{\partial X_i\,\partial X_j}\right)_0 (X_j - X_j^{(0)}) - \cdots. \tag{10.5}$$

[1]) Vgl. die konjugierten Größenpaare in 1.1.3., deren Produkt die Dimension einer Energie besitzt.

(10.5) enthält dazu noch eine Reihenentwicklung der Koordinate $x_i$ um den Gleichgewichtswert $(\partial g/\partial X_i)_0$, der i. allg. Null gesetzt werden kann. Damit ist das Verhalten des Kristalls (10.1) bis (10.4) einheitlich durch zweite Ableitungen der freien Enthalpie

$$\frac{\partial^2 g}{\partial X_i\,\partial X_j} \equiv M_{ij} \tag{10.6}$$

darstellbar. Die $M_{ij}$ bilden ihrerseits eine Matrix, die wir unter Verwendung der Materialgrößen von (10.1) bis (10.4) in deren Matrixschreibweise angeben:

$$\left\{\begin{array}{lllllllllllll}
\dfrac{C}{V_m T} & p_1 & p_2 & p_3 & q_1{}^0 & q_2{}^0 & q_3{}^0 & \alpha_1 & \alpha_2 & \alpha_3 & \alpha_4 & \alpha_5 & \alpha_6 \\
p_1 & \varepsilon_{r1} & \varepsilon_{r6} & \varepsilon_{r5} & A_{11} & A_{21} & A_{31} & d_{11} & d_{12} & d_{13} & d_{14} & d_{15} & d_{16} \\
p_2 & \varepsilon_{r6} & \varepsilon_{r2} & \varepsilon_{r4} & A_{12} & A_{22} & A_{32} & d_{21} & d_{22} & d_{23} & d_{24} & d_{25} & d_{26} \\
p_3 & \varepsilon_{r5} & \varepsilon_{r4} & \varepsilon_{r3} & A_{13} & A_{23} & A_{33} & d_{31} & d_{32} & d_{33} & d_{34} & d_{35} & d_{36} \\
q_1{}^0 & A_{11} & A_{12} & A_{13} & \mu_{r1} & \mu_{r6} & \mu_{r5} & Q_{11} & Q_{12} & Q_{13} & Q_{14} & Q_{15} & Q_{16} \\
q_2{}^0 & A_{21} & A_{22} & A_{23} & \mu_{r6} & \mu_{r2} & \mu_{r4} & Q_{21} & Q_{22} & Q_{23} & Q_{24} & Q_{25} & Q_{26} \\
q_3{}^0 & A_{31} & A_{32} & A_{33} & \mu_{r5} & \mu_{r4} & \mu_{r3} & Q_{31} & Q_{32} & Q_{33} & Q_{34} & Q_{35} & Q_{36} \\
\alpha_1 & d_{11} & d_{21} & d_{31} & Q_{11} & Q_{21} & Q_{31} & s_{11} & s_{12} & s_{13} & s_{14} & s_{15} & s_{16} \\
\alpha_2 & d_{12} & d_{22} & d_{32} & Q_{12} & Q_{22} & Q_{32} & s_{12} & s_{22} & s_{23} & s_{24} & s_{25} & s_{26} \\
\alpha_3 & d_{13} & d_{23} & d_{33} & Q_{13} & Q_{23} & Q_{33} & s_{13} & s_{23} & s_{33} & s_{34} & s_{35} & s_{36} \\
\alpha_4 & d_{14} & d_{24} & d_{34} & Q_{14} & Q_{24} & Q_{34} & s_{14} & s_{24} & s_{34} & s_{44} & s_{45} & s_{46} \\
\alpha_5 & d_{15} & d_{25} & d_{35} & Q_{15} & Q_{25} & Q_{35} & s_{15} & s_{25} & s_{35} & s_{45} & s_{55} & s_{56} \\
\alpha_6 & d_{16} & d_{26} & d_{36} & Q_{16} & Q_{26} & Q_{36} & s_{16} & s_{26} & s_{36} & s_{46} & s_{56} & s_{66}
\end{array}\right\} \tag{10.7}$$

Diese Matrix faßt das statische Materialverhalten (10 unabhängige Materialgleichungen) im äußeren Feld zusammen. Sie ist symmetrisch.

## 10.2. Systeme im stationären Zustand

In 6.10.5.3. sind bereits Kräfte und Flüsse eingeführt worden, die eine ähnliche Verallgemeinerung des Materialverhaltens im stationären Nichtgleichgewichtszustand vorzunehmen gestatten. Zu den transportierten Größen Energie und Ladung muß noch eine dritte, die Masse oder Teilchenzahl, kommen, will man alle in diesem Buch untersuchten Materialgleichungen erfassen.

# Literaturverzeichnis


ADDA, Y., PHILIBERT, J., La diffusion dans les solides, Presses Univ. de France, Paris 1966

AEPINUS, F. U. T., Quelq. nouv. expériences électriques remarquables, Mém. Akad. Berlin 1756, S. 105

ALTENKIRCH, E., Elektrothermische Kälteerzeugung und reversible elektrische Heizung, Physikal. Zeitschrift **12** (1911) 920–924

ALTMANN, S. L., Band Theory of Metals. The Elements, Pergamon Press, Oxford 1970

ANNAKA, S., Piezoelectric constants of $\alpha$-quartz determined from dynamical X-ray diffraction curves, J. Appl. Cryst. **10** (1977) 354–355

ARAGO, D. F. J., Sur une modification remarquable qu'éprouvent les rayons lumineux dans leurs passages à travers certain corps diaphanes et sur quelques autres nouv. phénomènes d'optiques, Mém. Inst. XII, 1811

ARMSTRONG, P. E., Measurements of Elastic Constants, in: R. F. Bunshah, ed., Techniques of Metals Research, Bd. 5, Teil 2, Measurement of Mechanical Properties, Interscience Publ. N. Y. 1971

ASTROV, D. N., O magnitoelektričeskom effekte v antiferromagnetikach, Žurn. Eksp. Teoret. Fiz. **38** (1960) 984–985

AZZAM, R. M. A., BASHARA, N. M., Ellipsometry and polarized light, North-Holland Publ. Co., Amsterdam 1977

BAHR, U., DIENER, G., SCHÖPF, H.-G., Nichtlokale Theorie der effektiven linearen Materialgesetze in heterogenen Substanzen, Wiss. Z. TU Dresden **23** (1974) 319–325

BARANOV, V. M., Ul'trazvukovye izmerenija v atomnoj technike, Atomizdat, Moskva 1975

BARDEEN, J., COOPER, L. N., SCHRIEFFER, J. R., Theory of Superconductivity, Phys. Rev. **108** (1957) 1175–1204

BARTHOLINUS, E., Experimenta crystalli islandici disdiaelastici quibus mira et insolita refractio delegitur, Havn. 1669

BARTLETT, R. J., LYNCH, D. W., ROSEI, R., Optical Properties of Single-Crystal Cadmium, Physical Review B 3 (1971) 4074–4083

BAUMANN, K., in: Mechanische Anisotropie, hrsg. v. H. P. STÜWE, Springer-Verlag, Wien 1974, S. 63ff.

BECKER, R., Theorie der Elektrizität, Teubner, Stuttgart 1957

BELGER, M., EHRENBERG, L., Theorie und Anwendung der Symmetriegruppen, Teubner, Leipzig 1981

BELJANKIN, D. S., PETROW, W. P., Kristalloptik, Verlag Technik, Berlin 1954

BELL, J. F., The experimental foundations of solid mechanics, Hdb. d. Physik, hrsg. v. S. Flügge, Bd. V/a/1, Springer-Verlag, Berlin 1973, S. 1ff.

BELOV, N. V., TARCHOVA, T. N., Gruppy cvetnoj simmetri, Kristallografija **1** (1956) 4–13 und 619–620

BERMAN, R., FOSTER, E. L., ZIMAN, J. M., Proc. Roy. Soc. **A 231** (1955) 130–144

BEYE, A. C., Étude des propriétés électriques de quelques thermoélements ($B_{14}Si$, $AgTlTe_{1-x}Se_x$), Application a la conversion thermoélectrique. These, Univ. des Sciences et Techniques du Languedoc 1980

BHAGAVANTAM, S., Crystal Symmetry and Physical Properties, Academie Press, London, New York 1966

BIGOT, J.-P., Synthèse des études sur les thermoélements nouveaux composes: $AgTlTe_{1-x}Se_x$, Thèse, Univ. du Languedoc 1980

BILLINGS, A. R., Tensor Properties of Materials, Wiley-Intercience, London; New York 1969
BIRSS, R. R., Symmetry and Magnetism, North-Holland Publ. Co., Amsterdam 1964
BIRSS, R. R., A reformulation of the basis of crystal physics, Acta Cryst. **A39** (1983) 747–753
BLATT, F. J., Physics of electronic conduction of solids, Mc Graw-Hill Book Co. 1968
BLATT, F. J., Schroeder, P. A., Foiles, C. L., Greig, D., Thermoelectric power of metals, Plenum Press, New York 1976
BOCCARA, N. (ed.), Symmetries and broken symmetries in condensed matter physics, IDSET, Paris 1981
BÖTTGER, H., Principles of the theory of lattice dynamics, Akademie-Verlag, Berlin 1983
BOJARSKI, Z., HABLA, H., SUROWIEC, M., Materialy do ćwiczeń z krystalografii, Universytet śląski, Katowice 1976
BOLGIU, O., Cristalografie, Editura Technica, Bucureşti 1974
BORCHARDT-OTT, W., Kristallographie, Springer-Verlag, Berlin 1976
BORELIUS, G., KEESOM, W. H., JOHANSSON, C. H., Measurement of the thermo-electric Thomson effect down to the temperature of liquid hydrogen, Commun. Phys. lab. Leiden No. 196a (1928) 3–17
BORELIUS, G., LINDH, A. E., Elektrischer Widerstand und Thermokraft des kristallinischen Wismuts, Ann. Physik **51** (1916) 607–620
BORN, M., Probleme der Atomdynamik, Springer-Verlag, Berlin 1926
BORN, M., Atomtheorie des festen Zustandes, 2. Aufl., Teubner, Leipzig 1923
BORN, M., WOLF, E., Principles of Optics, $2^{nd}$ ed. Pergamon Press, Oxford 1964
BOROVIK-ROMANOV, A. S., P'ezomagnetizm v antiferromagnitnych ftoridach kobal'ta i marganca, Ž. ėksp. i teor. fiz. **36** (1959) 1954
BOROVIK-ROMANOV, A. S., ALEKSANJAN, G. G., International Conference on Magnetism and Crystallography, Kyoto, Japan (1962) paper 155
BOZORTH, R. M., Ferromagnetism, 6. Aufl. Van Nostrand Co. Inc., New York 1961
BRADLEY, C. J., CRACKNELL, A. P., The Mathematical Theory of Symmetry in Solids, Clarendon Press, Oxford 1972
BRAUER, W., Einführung in die Elektronentheorie der Metalle, Akadem. Verlagsgesellschaft Geest & Portig, Leipzig 1966
BRAUN, F., Ueber die Stromleitung durch Schwefelmetalle, Annalen der Physik und Chemie **153** (1874) 556–563
BRENNER, S. S., in: Growth and Perfection of Crystals, ed. by R. H. Doremus, B. W. Roberts, D. Turnbull, J. Wiley, New York 1958, p. 157
BREWSTER, D., On the pyro-electricity of minerals, Edinb. Journ. of Science I (1824) 208
BRUGGER, K., Thermodynamic Definition of Higher Order Elastic Coefficients, Phys. Rev. **133** (1964) A 1611–A 1612
BRUGGER, K., Pure Modes for Elastic Waves in Crystals, J. Appl. Phys. **36** (1965) 759–768
BUCKEL, W., Supraleitung, Akademie-Verlag, Berlin 1973
BUERGER, M. J., Introduction to Crystal Geometry, Mc Graw Hill Book Co, New York 1971
BURNS, G., GLAZER, A. M., Space Groups for Solid State Scientists, Acad. Press, New York 1978
BURZLAFF, H., ZIMMERMANN, H., Symmetrielehre, Georg Thieme Verlag, Stuttgart 1977
BUTABAEV, Š. M., SIROTIN, JU. I., Anistropija fizičeskich svojstv kristallov izobražaemych poverchnostjami vraščenija, Kristallografija **17** (1972) 1181–1186
CADY, W. G., Piezoelectricity, Mc Graw-Hill, New York 1946
CALDWELL, D., EYRING, H., The Theory of Optical Activity, Wiley, New York 1971
CHARLÉ, K.-P., Zur Theorie der Thermoelektrischen Effekte in Alkalimetallen, Diss. TU Berlin (West) 1974
CARR, JR., W. J., Secondary Effects in Ferromagnetism, Hdb. Physik (S. Flügge) Bd. XVIII/2, Springer-Verlag, Berlin 1966, S. 274ff.
CHOJNACKI, J., Krystalografia chemiczna i fizyczna, Warszawa 1961
CHRISTIAN, J. W., JAN, J. P., PEARSON, W. B., TEMPLETON, I. M., Thermo-electricity at low temperatures, Proc. roy. Soc. London **A 245** (1958) 213–221
CHRISTOFFEL, E. B., Annali di Matematica, sér. II, tome VIII (1877) 193
CHYNOWETH, A. G., Dynamic Method for Measuring the Pyroelectric Effect with Special Reference to Barium Titanate, J. Appl. Phys. **27** (1956) 78–84

CLAUS, R., The lattice dynamical background of classical crystal optics, phys. stat. sol. (b) **100** (1980) 9–41

COWLEY, J. M., Diffraction Physics, North-Holland Publ. Co., Amsterdam 1981

CRANK, J., The mathematics of diffusion, Oxford Univ. Press, London 1956

CURIE, J., CURIE, P., Développement par pression de l'électricité polaire dans les cristaux hémièdres à faces inclineés. C. R. Acad. Sci. Paris (séance du 2 août 1880) **91** (1880) 294–295; Sur l'électricité polaire dans les cristaux hémièdres a faces inclinées. C. R. Acad. Sci. Paris (séance du 16 aoút 1880) **91** (1880) 383–387

CURIE, J., CURIE, P., Contractions et dilatations produites par des tensions électrique dans les cristaux hémièdres à faces inclinées, Comptes rendus hebd. séances de l'acad. des sciences **93** (1881) 1137–1140

CURIE, P., Sur la symétrie dans les phénomènes physiques, symétrie d'un champ électrique et d'un champ magnétique, J. de Physique (3) **3** (1894) 393–415

DALVEN, R., Introduction to applied solid state physics, Plenum Press, New York 1980

DANDOLOFF, R., Topologisch-dynamische und thermodynamische Untersuchungen über amorphe Festkörper, Diss. Univ. Stuttgart 1981

DEDERICHS, P. H., ZELLER, R., Elastische Konstanten von Vielkristallen, Ber. d. KFA Jülich, Nr. 877, Institut f. Festkörperforschung 1972

DE GROOT, S. R., Thermodynamik irreversibler Prozesse, Bibl. Inst. Mannheim 1960

DE HAAS, W. J., VOOGD, J., On the steepness of the transition curve of supraconductors, Comm. Phys. Lab. Univ. Leiden, Rept. No. 214 C (1931)

DE KLERK, D., Adiabatic Demagnetization, Handb. d. Physik (S. Flügge), Bd. XV, Springer-Verlag, Berlin 1956, S. 38ff.

Diffusion in metallischen Werkstoffen, Vorträge d. 7. Metalltagung in der DDR, Dresden 1970, Dt. Verl. f. Grundstoffindustrie, Leipzig 1970

DIMITRIENKO, V. E., Forbidden Reflections due to Anisotropic X-ray Susceptibility of Crystals, Acta Crystallographica **A 39** (1983) 29–35

DONOVAN, B., Elementary Theory of Metals, Pergamon Press, Oxford 1967

DONOVAN, B., ANGRESS, J. F., Lattice Vibrations, Chapman and Hall, London 1971

DREYER, W., Materialverhalten anisotroper Festkörper, thermische u. elektrische Eigenschaften, Springer-Verlag, Wien 1974

DRUDE, P., Bestimmung der optischen Constanten der Metalle, Ann. Phys. u. Chemie **39** (1890) 481–554

DRUDE, P., Lehrbuch der Optik, Hirzel-Verlag, Leipzig 1900

DUFOUR, L., Archives des Science physiques et naturelles, Geneve, **45** (1872) 9–12

DUHAMEL, J. M. C., Mémoire sur la propagation de la chaleur dans les cristaux, Journ. de l'ecole polyt. **32** (1848) 155–188

DULONG, P. L., PETIT, A. T., Sur quelques points importans de la théorie de la chaleur, Ann. chim. phys. (2) **10** (1819) 395–413

DULONG, P. L., PETIT, A. T., Sur la Mesure des Températures et sur les Lois de la communication de la chaleur, Annales de Chimie et de Physique **7** (1817) 113–154

DUSCHEK, A., HOCHRAINER, A., Tensorrechnung in analytischer Darstellung, I. Tensoralgebra, Springer-Verlag, Wien, 5. Aufl., 1968

DZJALOŠINSKIJ, I. E., K voprosu o p'ezomagnetizme, Ž. eksp. teor. fiz. **33** (1957) 807–808

DZJALOŠINSKIJ, I. E., K voprosu o magnito-električeskom effekte v antiferromagnetikach, Žurn. Èksperim. i Teoret. Fiziki **37** (1959) 881–882

EBELING, W., Strukturbildung bei irreversiblen Prozessen, Teubner, Leipzig 1976

EDER, F. X., Moderne Meßmethoden der Physik, Teil I–IV, 2. Aufl., Dt. Verl. d. Wiss., Berlin 1960

EISENREICH, G., Vorlesungen über Vektor- und Tensorrechnung, Teubner, Leipzig 1971

ENGELS, S., Anorganische Festkörperreaktionen, Akademie-Verlag, Berlin 1981

ERDMANN, J. C., Wärmeleitung in Kristallen, theoretische Grundlagen und fortgeschrittene experimentelle Methoden, Springer-Verlag, Berlin 1969

EUCKEN, A., Energie- und Wärmeinhalt, in: Hdb. der Experimentalphysik (herausg. v. W. Wien, F. Harms) Band 8, Teil 1, Akad. Verlagsgesellschaft, Leipzig 1929, 1ff.

EWALD, P. P., Die Kristalloptik der Röntgenstrahlen, Habil.schrift, Universität München 1917, J. A. Barth, Leipzig 1918

EWALD, P. P., Zur Begründung der Kristalloptik, Ann. Phys. (4) **49** (1916) 1—38

FICK, A., Ueber Diffusion, Annalen d. Physik **94** (1855) 59—86

FILATOV, S. K., Otricatel'noe teplovoe rasširenie kristallov, Zapiski vsesojuznogo mineralogičeskogo obščestva **61** (1982) 674—681

FLYNN, C. P., Point defects and diffusion, Clarendon Press, Oxford 1972

FOLEN, V. J., RADO, G. T., STALDER, E. W., Anisotropy of the magnetoelectric effect in $Cr_2O_3$, Phys. Rev. Letters **6** (1961) 607—608

FORSBERGH JR., P. W., Piezoelectricity, Electrostriction and Ferroelectricity, in: Handb. d. Physik, hrsg. v. S. FLÜGGE, Bd. XVII, Springer-Verlag, Berlin 1956, S. 264—392

FRANZ, R., Untersuchungen über thermo-elektrische Ströme, (POGG.) Annalen der Physik und Chemie **83** (1851) 374—383; **85** (1852) 388—397

FRÖHLICH, H., The theory of dielectrics, Clarendon Press, Oxford 1950

FUKADA, E., YASUDA, J., On the piezoelectric effect of bone, J. Phys. Soc. Japan **12** (1957) 1158—1162

FUMI, F. G., Physical properties of crystals. The direct-inspection method, Acta Cryst. **5** (1952) 44—48; The direct-inspection method in systems with a principal axis of symmetry, Acta Cryst. **5** (1952) 691—694

FUMI, F. G., RIPAMONTI, C., Tensor properties and rotational symmetry of crystals. Acta Cryst. **A 36** (1980) 535—558

GALVANI, A., De viribus electricitatis in motu musculari commentarius, Comment. Bonon. VII, 1791

GERLICH, G., Vektor- und Tensorrechnung für die Physik, Vieweg, Braunschweig 1977

GILBERT, W., De magnete, magneticisque corporibus et de magnomagnete Tellure, Physiologia nova, 4°, London 1600, Faksimile-Ausgabe der Auflage von 1600, Berlin 1892

GINZBURG, V. L., LANDAU, L. D., K teorii sverchprovodimosti, Ž. Ėksp. Teoret. Fiz. **20** (1950) 1064—1082

GIRIFALCO, L. A., Atomic migration in crystals, Blasidell Publ. Co, New York 1964

GIRIFALCO, L. A., Statistical Physics of Materials, J. Wiley and Sons, New York 1973

GLANSDORFF, P., PRIGOGINE, I., Thermodynamic theory of structure, stability and fluctuations, John Wiley and Sons, London 1971

GOHLKE, W., Einführung in die piezoelektrische Meßtechnik, 2. Auflage, Leipzig 1959

GOODENOUGH, J. B., Fast ionic conduction in solids, Proc. R. Soc. Ld. **A 393** (1984) 215—234

GROH, J., HEVESY, G. v., Die Selbstdiffusion in festem Blei, Annalen der Physik **65** (1920) 216—222

GROTH, P., Physikalische Kristallographie, 4. Aufl. Leipzig 1905

GRÜNEISEN, E., Zustand des festen Körpers, Handb. d. Physik, hrsg. v. H. GEIGER, K. SCHEEL, Bd. X (1926) S. 1—59

GRÜNEISEN, E., Theorie des festen Zustandes einatomiger Elemente, Annalen der Physik (4) **39** (1912) 257—306

GRÜNEISEN, E., GOENS, E., Messungen an Kristallen aus Zink und Cadmium, Phys. Z. **24** (1923) 506—510

GRÜNEISEN, E., GOENS, E., Untersuchungen an Metallkristallen. II. Spezifische Wärme und elektrischer Widerstand von Zink und Cadmium, Z. f. Physik **26** (1924) 250—273

GÜNZEL, R., PAUFLER, P., SCHULZE, G. E. R., Diffusion of $Zn^{65}$ in the Intermetallic Compound $MgZn_2$, in: „Diffusion in metallischen Werkstoffen", S. 183—189

GUY, A. G., OIKAWA, H., Vacancy Mechanism of Interdiffusion in Binary Metallic Solutions, J. Non-Equilibr. Thermodynamics 8 (1983) 159—182

HAHN, L. (Hrsg.), Werkstoffkunde für die Elektrotechnik und Elektronik, 3. Aufl., Verlag Technik, Berlin 1983

HAMID, S. A., Tourmaline as a pyroelectric infra-red radiation detector, Z. Kristallographie **151** (1980) 67—75

HANKEL, W., Ueber die thermoelektrischen Eigenschaften des Kalkspates, des Berylles, des Idocrases (Vesuvianes) und des Apophyllites, Ber. über die Verhandl. der kgl.-sächs. Gesellschaft der Wiss. zu Leipzig, math.-phys. Classe **26** (1875) 465—472

HANKEL, W. G., Über die thermoelektrischen Eigenschaften des Apatits, Brucits, Coelestins, Prehnits, Natroliths, Skolezits, Datoliths und Axinits, Abh. math.-phys. Cl. d. Kgl.-Sächs. Gesellsch. d. Wiss. **12** (1878) 1—54; **32** (1880) 144—147

HARMAN, T. C., HONIG, J. M., Thermoelectric and thermomagnetic effects and applications, Mc Graw-Hill Book Co., New York 1967

HART, M., RODRIGUES, A. R. D., Optical activity and the FARADAY effect at X-ray frequencies, Phil. Mag. **B 43** (1981) 321—332

HASHIN, Z., Thermal expansion of polycrystalline aggregates, J. Mech. Phys. Solids **32** (1984) 149—165

HAUG, A., Theoretische Festkörperphysik, Band I, F. DEUTICKE, Wien 1964

HAUSSÜHL, S., Kristallgeometrie, Verl. Chemie, Weinheim 1977

HAUSSÜHL, S., Kristallphysik, Dt. Verl. f. Grundstoffindustrie, Leipzig 1983

HAUSSÜHL, S., Piezoelectric, Electro-optic, Dielectric, Elastic and Thermoelastic Properties of Hexagonal $Cs_2S_2O_6$, $LiClO_4 \cdot 3H_2O$, $LiClO_4 \cdot 3D_2O$, and $Ba(NO_2)_2 \cdot H_2O$, Acta Cryst. **A 34** (1978) 547—550

HEESCH, H., Über die vierdimensionalen Gruppen des dreidimensionalen Raumes, Z. Kristallographie **73** (1930) 325—356

HEIKES, R. R., URE JR., R. W., Thermoelectricity: Science and engineering, Interscience, N.Y. 1961

HELLINGER, J., KLEDITZSCH, J., GÜTTLER, P., Möglichkeiten der Beeinflussung der Knochenbruchheilung durch elektrische Ströme, Dt. Gesundheitswesen **37** (1982) 629—633

HELLWEGE, K. H., Einführung in die Festkörperphysik, Bd. I u. II, Springer-Verlag, Berlin 1968 u. 1970

HERMANN, C., Tensoren und Kristallsymmetrie, Z. Kristallographie **89** (1934) 32—48

HESSEL, J. F. C., Krystallometrie oder Krystallonomie und Krystallographie, in: GEHLER's phys. Wörterbuch 1830

HIRTH, J. P., LOTHE, J., Theory of dislocations, Mc Graw-Hill, New York 1968

HOFMANN, G., NEUMANN, N., Spannungs- und Strombetrieb pyroelektrischer Detektoren, Exp. Techn. Phys. **29** (1981) 267—272

HOMBERG, G., Sur des materières qui pénètrent et qui traversent les metaux sans les fondre. Memoires de l'Academie Royale des Sciences (Paris) 1713, Band aus dem Jahre 1739

HOOKE, R., Lectures De Potentia Restitutiva, or of Spring, Explaining the Power of Springing Bodies, John Martyn, London 1678

HUMMEL, R. E., Optische Eigenschaften von Metallen und Legierungen, Springer-Verlag, Berlin 1971

INDENBOM, V. L., Neprivodimye predstavlenija magnitnych grupp i učet magnitnoj simmetrii, Kristallografija **5** (1960) 513—516

INDENBOM, V. L., Ein Beitrag zur Entstehung von Spannungen und Versetzungen beim Kristallwachstum, Kristall u. Technik **14** (1979) 493—507

International Tables for X-Ray Crystallography Vol. I, Symmetry Groups, Vol. II. Mathematical Tables, Vol. III Physical and Chemical Tables, Vol. IV Revised and Supplementary Tables, The Kynoch Press, Birmingham 1952—1974

International Tables for Crystallography, Vol. A, Space-Group Symmetry, ed. by T. HAHN, D. Reidel Publ. Co., Dordrecht, Holland 1983

JÄGER, E., PERTHEL, R., Magnetische Eigenschaften von Festkörpern, Akademie-Verlag, Berlin 1983

JAFFÉ, H. H., ORCHIN, M., Symmetrie in der Chemie, 2. Aufl., Hüthig-Verlag, Heidelberg 1973

JAHN, H. A., Note on the Bhagavantam — Suryanarayan method of enumerating the physical constants of crystals, Acta crystallogr. **2** (1949) 30

JAMIN, J., Mémoire sur la réflexion métallique, Annales de Chimie et de Physique (3) **19** (1847) 296—342; Mémoire sur la couleur des metaux, Annales de Chimie et de Physique (3) **22** (1848) 311—327

JONES, W., MARCH, N. H., Theoretical Solid State Physics, Vol. 1 and 2, Wiley-Interscience 1973

JOOS, G., Lehrbuch der theoretischen Physik, Akad. Verlagsges. Geest & Portig, Leipzig 1959

JOSHI, J. C., DAWAR, A. L., Pyroelectric materials, their properties and applications, physical status solidi (a) **70** (1982) 353—369

JOST, W., Diffusion, Steinkopff, Darmstadt 1957

JURETSCHKE, H. J., VILLARS, F. M. H., Crystal Physics, Addison Wesley, London 1975

JUSTI, E., Leitungsmechanismus und Energieumwandlung in Festkörpern, 2. Aufl., Vandenhoeck & Ruprecht, Göttingen 1965

KADEN, E., Untersuchung der differentiellen Thermospannung von Germanium bei tiefen Temperaturen, Diss. Univ. Hannover 1979

KÄSTNER, S., Vektoren, Tensoren, Spinoren, Akademie-Verlag, Berlin 1960

KAMKE, D., KRÄMER, K., Physikalische Grundlagen der Maßeinheiten, Teubner, Stuttgart 1977

KAYE, G. W., LABY, T. H., Tables of Physical and Chemical Constants, Longmans, Green & Co., London 1960

KAYE, J., WELSH, J. A., Direct conversion of heat to electricity, J. Wiley and Sons, New York 1960

KITTEL, C., Festkörperphysik, Akad. Verlagsgesellschaft Geest & Portig, Leipzig 1973(a)

KITTEL, C., Physik der Wärme, Akad. Verlagsgesellschaft Geest & Portig, Leipzig 1973(b)

KIZEL', V. A., BURKOV, V. I., Girotropija kristallov, Nauka, Moskva 1980

KLEBER, W., Einführung in die Kristallographie, 13. Aufl., Verlag Technik, Berlin 1977

KLEBER, W., MEYER, K., SCHOENBORN, W., Einführung in die Kristallphysik, Akademie-Verlag, Berlin 1968

KLEMENS, P. G., Thermal conductivity and lattice vibrational modes, Solid State Physics 7 (1958) 1–98

KLEMENS, P. G., Theory of the Thermal Conductivity of Solids, in: TYE (1969), 1ff.

KLEMENS, P. G., Thermal Conductivity of Solids at Low Temperatures, Handb. d. Physik XIV, 198–281, Springer-Verlag, Berlin 1956

KNELLER, E., Ferromagnetismus, Springer-Verlag, Berlin 1962

KNOX, R. S., GOLD, A., Symmetry in the solid state, W. A. Benjamin, Inc., New York 1964

KOBAYASHI, H., HIKI, Y., Anharmonicity in Noble Metals; Nonlinear Elasticity in Whiskers, Phys. Rev. B 7 (1973) 594

KOHLHAAS, R., in: Magnetismus, Deutscher Verlag für Grundstoffindustrie, Leipzig 1967, S. 134ff.

KOHLRAUSCH, F., Praktische Physik, Bd. 1–3, 22. Aufl., Teubner, Stuttgart 1968

KOPP, H., Der Einfluß von Versetzungen auf Thermokraft und Wärmeleitfähigkeit von einkristallinen $n$-Germanium, Diss. TU Hannover 1968

KOPP, H., Ueber die specifische Wärme der starren Körper, Annalen der Chemie u. Pharmacie, Suppl. III (1864/65) 1–126, 289–342

KOPCIK, V. A., Symmetry principles in physics, J. Phys. C: Solid State Physics 16 (1983) 23–34

KOPCIK, V. A., Izmerenie simmetrii p'ezoelektriceskich kristallov pri prjamom i obratnom p'ezoeffekte, Kristallografija 7 (1962) (1) 144–147

KOPCIK, V. A., O poljarno-poljarnych i poljarno-nejtral'nych kristalličeskich strukturach, Kristallografija 8 (1963) 319–327

KOPCIK, V. A., Principy simmetrizacii-dissimmetrizacii Šubnikova-Kjuri dlja sostavnych fizičeskich sistem, in: Problemy sovremennoi kristallografii, Nauka, Moskva 1975, S. 42–60

KOSEVIČ, A. M., Osnovy mechaniki kristalličeskoj rešetki, Izd. Nauka, Moskva 1972

KOSTOV, I., Kristallografija, Nauka i izkustvo, Sofija 1963

KOWALSKY, H.-J., Vektoranalysis I, Walter de Gruyter, Berlin 1974

KREHER, K., Festkörperphysik, Akademie-Verlag, Berlin und Vieweg, Braunschweig 1976

KRISHNAN, R. S., SRINAVASAN, R., DEVANARAYANAN, S., Thermal Expansion of Crystal, Pergamon Press, Oxford 1979

LAGALLY, M., FRANZ, W., Vorlesungen über Vektorrechnung, Akadem. Verlagsges. Geest u. Portig, Leipzig 1959

LANDAU, L. D., LIFSCHITZ, E. M., Lehrbuch der theoretischen Physik, Bd. V, Statistische Physik, Teil 1, 5. Aufl., Akademie-Verlag, Berlin 1979

LANDAU, L. D., LIFSCHITZ, E. M., Lehrbuch der theoretischen Physik, Bd. VI, Hydrodynamik, Akademie-Verlag, Berlin 1981

LANDAU, L. D., LIFSCHITZ, E. M., Lehrbuch der theoretischen Physik, Bd. VIII, Elektrodynamik der Kontinua, Akademie-Verlag, Berlin 1980

LANDOLT-BÖRNSTEIN, Zahlenwerte und Funktionen, 6. Aufl., Bd. II, 6. Teil, Springer-Verlag, Berlin 1959; 6. Aufl., Bd. II, 5. Teil, Springer-Verlag, Berlin 1968

LANDOLT-BÖRNSTEIN, Zahlenwerte und Funktionen, Neue Serie, hrsg. v. K.-H. Hellwege, Gruppe III, Band 12, Teil c, Springer-Verlag, Berlin 1982

LANDOLT-BÖRNSTEIN, Zahlenwerte und Funktionen, Neue Serie, Gruppe V, Bd. 1a, Springer-Verlag, Berlin 1982; 6. Aufl., Bd. II, 8. Teil, Berlin 1962

LANGEVIN, P., Französ. Patent 505703, beantragt am 17. 9. 1918, erteilt 5. 8. 1920

LAVAL, J., Sur l'élasticité du milieu cristallin, in: L'etat solide. Rapports et discussions publies par les secretaires du conseil de physique, Solvay, Bruxelles (1951) 273–313

LAX, M., Symmetry Principles in Solid State and Molecular Physics, John Wiley, New York 1974

LE CLAIRE, A. D., Isotope effects and correlation in diffusion in metals, in: Diffusion in metallischen Werkstoffen, Dt. Verlag f. Grundstoffindustrie, Leipzig 1970a, 143–160; Correlations Effects in Diffusion in Solids, Chpt. 5, Vol. 10 of Physical Chemistry – An Advanced Treatise, Academic Press, London 1970b

LE CRAW, R., COMSTOCK, R. L., Magnetoelastic interaction in ferromagnetic dielectrics, in: W. P. Mason (1965), ch. 4

LEHFELDT, W., Über die elektrische Leitfähigkeit von Einkristallen, Z. Physik **85** (1933) 717–726

LEHMANN, G., PEGEL, B., Elektronenstruktur und mechanische Eigenschaften, in: „Elektronenstruktur", Dt. Verl. f. Grundstoffindustrie, Leipzig 1972, S. 191–204

LEIBFRIED, G., Gittertheorie der mechanischen und thermischen Eigenschaften der Kristalle, in: Handb. d. Physik (hrsg. v. S. FLÜGGE) Bd. VII, Teil 1, Springer-Verlag, Berlin 1955, S. 104ff.

LENK, R., Theorie elektromagnetischer Felder, Deutscher Verlag der Wissenschaften, Berlin 1976

LEUSCHNER, D., Grundbegriffe der Thermodynamik, Akademie-Verlag, Berlin 1979

LIDIARD, A. B., Ionic Conductivity, in: Handb. d. Physik (hrsg. v. S. FLÜGGE) Bd. XX, Springer-Verlag, Berlin 1957

LIEBISCH, TH., Physikalische Kristallographie, Leipzig 1892

LIPPMANN, G., Principe de la conservation de l'electricité, Annales de chimie et de physique (5) **24** (1881) 145–178

LIPSON, H., The great experiments in physics, Oliver & Boyd, Edinburgh 1968

LLOYD, H., Ueber die Erscheinungen beim Durchgang des Lichts durch zweiaxige Krystalle längs deren Axen, (POGGENDORFFS) Annalen der Physik u. Chemie **28** (1833) 91–104 (Übersetzung der engl. Arbeit in Phil. Mag. (3) **2** (1833) 112–120); Ferner Versuche über die Erscheinungen beim Durchgange des Lichts durch zweiaxige Krystalle längs deren Axen, (POGGENDORFFS) Ann. Phys. Chem. **28** (1833) 104–108 (Übersetzung der engl. Arbeit in Phil. Mag (3) **2** (1833) 207–210)

LOHR, E., Vektor- und Dyadenrechnung für Physiker und Techniker, de Gruyter u. Co., Berlin 1939

LONDON, F., LONDON, H., The electromagnetic equations of the supraconductor, Proc. Roy. Soc. (London) **A 149** (1935) 71–88

LORENTZ, H. A., The Theory of Electrons, Teubner 1909

LUDWIG, W., Festkörperphysik I u. II, Akad. Verlagsgesellschaft, Frankfurt/M. 1970

LUNZE, K., Berechnung elektrischer Stromkreise, Verlag Technik, Berlin 1959

LUR'E, A. I., Teorija uprugosti, Izdat. Nauka, Moskva 1970

MAC DONALD, D. K. C., Thermoelectricity, John Wiley, New York 1962

MAC DONALD, D. K. C., PEARSON, W. B., TEMPLETON, I. M., Measurements of Thermoelectricity below 1°K-IV, Phil. Mag. **5** (1960) 867–870

MAC DONALD, D. K. C., PEARSON, W. B., TEMPLETON, I. M., Thermoelectricity at low temperatures. IX. The transition metals as solute and solvent, Proc. Roy. Soc. Lond. A **266** (1962) 161–184

MACKE, W., Wellen, Akad. Verlagsgesellschaft, Leipzig 1958

MACKE, W., Elektromagnetische Felder, Akad. Verlagsgesellschaft, Leipzig 1960

MACKE, W., Mechanik der Teilchen, Systeme und Kontinua, Akad. Verlagsgesellschaft, Leipzig 1962(a)

MACKE, W., Thermodynamik und Statistik, Akad. Verlagsgesellschaft, Leipzig 1962(b)

MADELUNG, E., Die mathematischen Hilfsmittel des Physikers, 6. Aufl., Springer-Verlag, Berlin 1957

MANGOLDT, H. v., KNOPP, K., Einführung in die Höhere Mathematik, 11. Auflage, S. Hirzel-Verl., Leipzig 1958

MANNING, J. R., Diffusion kinetics for atoms in crystals, van Nostrand Co., Princeton 1968

MASON, W. P., Piezoelectric Crystals and their Applications to Ultrasonics, van Nostrand, New York 1950

MASON, W. P. (ed.), Physical Acoustics, Vol. III A: The effect of imperfections, 1966a; Vol. III B: Lattice dynamics, 1965; Vol. IV A: Applications to quantum and solid state physics, 1966b, Academic Press, N.Y.

MATTEUCHI, CH., Note sur certaines propriétés physiques du bismuth cristallisé ou soumis à la compression, Compt. Rend. hebdomad. des séances de l'académie des sciences **40** (1855) 541—545, Supplément au mémoire communiqué à l'Academie sur certaines proprietés physiques du bismuth cristallisé, l.c. p. 913—914

MATTEUCHI, CH., Note sur certaines propriétés physiques du bismuth cristallisé ou soumis à la compression, Ann. de Chimiè (3) **43** (1855) 467—473

MATTEUCHI, CH., Sur un appareil destiné à démontrer et mesurer la différence de conductibilité du bismuth cristallisé, Comptes Rendus hebd. des séances de l'académie des sciences **42** (1856) 1133—1134

MATTIS, D. C., The theory of magnetism, Harper and Row Publ., New York 1965

MERCIER, J. L., An introduction to tensor calculus, Wolters-Noordhoff Publ. Groningen 1971

MITSCHERLICH, E., Über das Verhältnis der Form der krystallisierten Körper zur Ausdehnung durch die Wärme, (J. C. POGGENDORFF'S) Annalen der Physik und Chemie **1** (1824) 125—127

MOHR, O., Technische Mechanik. Ingenieur-Verein, Stuttgart 1878

MORIN, F. J., MAITA, J. P., Electrical Properties of Silicon Containing Arsenic and Boron, Physical Review **96** (1954) 28—35

MOSS, T. S., BURRELL, G. J., ELLIS, B., Semiconductor Opto-Electronics, Butterworth & Co. Ltd., London 1973

NEUMANN, F. E., Untersuchung über die specifische Wärme der Mineralien, (POGGENDORFFS) Annalen der Physik u. Chemie **23** (1831) 1—39

NEUMANN, F., Vorlesungen über die Theorie der Elastizität der festen Körper und des Lichtäthers, hrsg. v. O. E. MEYER, B. G. Teubner-Verlag, Leipzig 1885, S. 178

NEUMANN, H., SCHÄFER, K., Elektrische und elektronische Meßtechnik, Akademie-Verlag, Berlin 1982

NUSSBAUM, A., Applied group theory, Prentice-Hall, Inc., Englewood Cliffs N.J. 1971

NYE, J. F., Physical Properties of Crystals, Clarendon, Oxford 1957

OHM, G. S., Vorläufige Anzeige des Gesetzes, nach welchem Metalle die Contactelectricität leiten, Journ. f. Chemie u. Physik **44** (1825) 110—118

OHM, G. S., Bestimmung des Gesetzes, nach welchem Metalle die Contactelectricität leiten, nebst einem Entwurfe zu einer Theorie des Voltaischen Apparates und des Schweiggerschen Multiplicators, Journ. f. Chemie u. Physik **46** (1826) 137—166

ONNES, KAMERLINGH, H., Further experiments with liquid helium. IV. The resistance of pure mercury at helium temperatures, Comm. Phys. Lab. Univ. Leiden (1911) 120, S. 3—5

ONSAGER, L., Reciprocal Relations in Irreversible Processes I + II, Phys. Rev. **37** (1931) 405 to 426; **38** (1931) 2265—2279

OSKOTSKIJ, V. S., SMIRNOV, I. A., Defekty v kristallach i teploprovodnost', Nauka, Leningrad 1972

PANTELL, R. H., PUTHOFF, H. E., Fundamentals of quantum electronics, John Wiley & Sons, New York 1969

PARKUS, H., Thermoelasticity, Springer-Verlag, Wien 1976

PARROTT, J. E., STUCKES, A. D., Thermal conductivity of solids, Pion Ltd., London 1975

PAUFLER, P., Phasendiagramme, Akademie-Verlag, Berlin 1981 und Vieweg, Braunschweig 1981

PAUFLER, P., LEUSCHNER, D., Kristallographische Grundbegriffe der Festkörperphysik, Akademie-Verlag, Berlin und Vieweg, Braunschweig 1975

PEGEL, B., Physikalische Grundlagen der Diffusion, in: Diffusion in metallischen Werkstoffen (1970), S. 17—31

PELLS, G. P., Measurement of the optical properties of alloys in ultra-high vacuum, J. Sci. Instr. **44** (1967) 997—1000

PELTIER, J. C., Nouvelles Expériences sur la Caloricité des courans électriques, Ann. Chim. Phys. **56** (1834) 371—386

PERELOMOVA, N. V., TAGIEVA, M. M., Zadačnik po kristallofizike, Izd. Nauka, Moskva 1972

PHILLIPS, F. C., An Introduction to Crystallography, Nachdruck der 4. Auflage, Longman Groups Ltd. 1977

PINSKER, Z. G., Rentgenovskaja kristallooptika, Moskva, Nauka 1982

PLANCK, M., Ueber das Gesetz der Energieverteilung im Normalspektrum, Annalen der Physik (4) **4** (1901) 553–563

PLÜCKER, J., Ueber die Abstossung der optischen Axen der Krystalle durch die Pole der Magnete, Ann. Phys. u. Chemie **72** (1847) 315–343

PLÜCKER, J., Ueber das Verhältnis zwischen Magnetismus und Diamagnetismus, Ann. Phys. u. Chemie **72** (1847) 343–350

PLÜCKER, J., Ueber ein einfaches Mittel, den Diamagnetismus schwingender Körper zu verstärken. Diamagnetische Polarität, Ann. Phys. u. Chemie **73** (1848) 613–618

PLÜCKER, J., Ueber die verschiedene Zunahme der magnetischen Anziehung und diamagnetischen Abstossung bei zunehmender Kraft des Elektromagneten, Ann. Phys. u. Chemie **75** (1848) 413–419

PLÜCKER, J., Ueber das Gesetz, nach welchem der Magnetismus und Diamagnetismus von der Temperatur abhängig ist, Ann. Phys. u. Chemie **75** (1848) 177–189

PLÜCKER, J., Ueber das Verhalten des abgekühlten Glases zwischen den Magnetpolen, Ann. Phys. u. Chemie **75** (1848) 108–110

PLÜCKER, J., Ueber die neue Wirkung des Magnets auf einige Krystalle, die eine vorherrschende Spaltungs-Fläche besitzen. Einfluß des Magnetismus auf Krystall-Bildung, Ann. Phys. u. Chemie **76** (1849) 576–586

PLÜCKER, J., Ueber die magnetischen Beziehungen der positiven und negativen optischen Axen der Krystalle, Ann. Phys. u. Chemie **77** (1849) 447–448

PLÜCKER, J., Ueber die Fessel'sche Wellenmaschine, den neueren Boutigny'schen Versuch und das Ergebnis fortgesetzter Beobachtungen in Betreff des Verhaltens krystallisierter Substanzen gegen den Magnetismus, Ann. Phys. u. Chemie **78** (1849) 421–431

PLÜCKER, J., BEER, A., Ueber die magnetischen Axen der Krystalle und ihre Beziehung zur Krystallform und den optischen Axen, Ann. Phys. u. Chemie **81** (1850) 115–162; **82** (1851) 42–74

POCKELS, F., Lehrbuch der Kristalloptik, Teubner, Leipzig 1906

POHL, R. W., Elektrizitätslehre, Springer-Verlag, Berlin 1960

POMPE, W., Eigenschaften von Phasengemischen, in: Phasenumwandlungen im festen Zustand, Deutscher Verlag für Grundstoffindustrie, Leipzig 1973, S. 105–123

POPOV, G. M., ŠAFRANOVSKIJ, I. I., Kristallografija, Moskva 1964

POSTNIKOV, V. S., Vnutrennee trenie v metallach, 2. Aufl., Izd. Metallurgija, Moskva 1974

POYNTING, J. H., Collected scientific papers, Cambridge 1920

PRATT, J. N., SELLORS, R. G. R., Electrotransport in Metals and Alloys, Trans Tech SA, Riehen 1973

PRINCE, E., Mathematical Techniques in Crystallography and Materials Science, Springer-Verlag New York, Heidelberg, Berlin 1982

QUATE, C. F., The acoustic microscope, Scientific American **241** (1979) 62–70

QUÉRÉ, Y., Défauts ponctuels dans les métaux, Masson, Paris 1967

RAAZ, F., TERTSCH, H., Geometrische und Physikalische Kristallographie, 3. Aufl., Springer-Verlag, Wien 1958

RABENAU, A., $Li_3N$ — ein ungewöhnlicher Ionenleiter, Festkörperprobleme XVIII (ed. J. TREUSCH) Vieweg, Braunschweig 1978, S. 77

RADO, G. T., Mechanism of the magnetoelectric effect in an antiferromagnet, Phys. Rev. Letters **6** (1961) 609–610

RADO, G. T., FOLEN, V. J., Magnetoelectric Effects in Antiferromagnetics, J. Appl. Phys. **33** Suppl. (1962) 1126–1132

RAMACHANDRAN, G. N., RAMASESHAN, S., Crystal Optics, in: Hdb. d. Physik (hrsg. v. S. FLÜGGE Band XXV/1, Springer-Verlag, Berlin 1961, 1–217

RAO, K. R. (ed.), 1982 Thermoelectric Energy Conversion, Proc. 4th Int. Conf. Thermoelectric Energy Conversion, IEEE, New York 1982

RATH, R., ANSORGE, R., Die komplexe Indikatrix, N. Jb. Min. Abh. **147** (1983) 160–168; Die komplexe Indexfläche, L.c. **151** (1985) 117

RECKNAGEL, A., Physik (Elektrizität und Magnetismus), Verlag Technik, Berlin 1959
REICHARDT, H., Vorlesungen über Vektor- und Tensorrechnung, Deutscher Verlag der Wissenschaften, Berlin 1968
REISSLAND, J. A., The Physics of Phonons, John Wiley and Sons, London 1973
RENNERT, P., Einführung in die Quantenphysik, Teubner, Leipzig 1978
RINNE, F., Elementare Anleitung zu kristallographisch-optischen Untersuchungen, M. Jänecke, Leipzig 1912
RINNE, F., Einführung in die kristallographische Formenlehre und elementare Anleitung zu kristallographisch-optischen sowie röntgenographischen Untersuchungen, 4./5. Auflage, M. Jänecke, Leipzig 1922
ROBERTS, R. B., The absolute scale of thermoelectricity I, II, Phil. Mag. **36** (1977) 91—107; **B 43** (1981) 1125—1135
ROBERTS-AUSTEN, W. C., On the diffusion of metals, Phil. Trans. Roy. Soc. London A **187** (1897) 383—416
ROSE-INNES, A. C., RHODERICK, E. H., Introduction to superconductivity, Pergamon Press, Oxford 1969
ROWE, V. A., SCHROEDER, P. A., Thermopower of Mg, Cd and Zn between 1,2° and 300°K, J. Phys. Chem. Solides **31** (1970) 1—8
ŠASKOL'SKAJA, M. P., Kristallografija, Vysšaja Škola, Moskva 1976
ŠASKOL'SKAJA, M. P., (red.), Akustičeskie kristally, Nauka, Moskva 1982
SCHATT, W., Einführung in die Werkstoffwissenschaft, Dt. Verl. f. Grundstoffind., Leipzig 1973
SCHEIBE, A., Piezoelektrizität des Quarzes, Verl. Th. Steinkopff, Dresden 1938
SCHMALZRIED, H., Festkörperreaktionen, Akademie-Verlag, Berlin 1973
SCHNELL, A., Elektromechanische Wandler mit geringen Hystereseerscheinungen, Physik in unserer Zeit **14** (1983) 164—169
SCHUBNIKOW, A., Über die Symmetrie des Kontinuums, Z. Krist. **72** (1930) 272—290
SCHULTZ-PISZACHICH, W., Tensoralgebra und -analysis, 2. Aufl., Teubner, Leipzig 1979
SCHULZ, K., Numerische Angaben über physikalische und chemische Eigenschaften der Mineralien. B. Die Koeffizienten der thermischen Ausdehnung der Mineralien und Gesteine und der künstlich hergestellten Stoffe von entsprechender Zusammensetzung, Fortschr. Mineral. Kristallogr. u. Petrogr. **4** (1914) 337—384, **5** (1916) 293—324, **6** (1920) 137—206, **7** (1922) 327—426
SCHULZE, G. E. R., Metallphysik, Akademie-Verlag, Berlin und Springer-Verlag, Wien 1974
SCHULZE, G. E. R., Beiträge zur Entwicklung der Metallphysik, Akademie-Verlag, Berlin 1977
SEEBECK, TH. J., Die magnetische Polarisation von Metallen und Erzen, hervorgerufen durch Temperaturdifferenzen, Abh. der Kgl. Akad. Wiss. Berlin 1822, S. 265
SEEGER, A., Theorie der Gitterfehlstellen, in: Handb. d. Physik (S. FLÜGGE, Hrsg.), VII, 1 (1955) 383—687
SEEGER, K., Semiconductor physics, Springer-Verlag, Wien 1973
SEITH, W., Diffusion in Metallen, Springer-Verlag, Berlin 1955
SEMENCHENKO, V. K., BODNAR, I. T., ISUPOV, V. A., "Four-fold" Refringence in Quartz, Crystal Res. & Technol. **18** (1983) (3) 375—381
SÉNARMONT, H. DE, Mémoire sur la conductibilité des substances cristallisées pour la chaleur, Compt. Rend. hebd. des Seances de l' Académie des Sciences **25** (1847) 459—461
SÉNARMONT, H. DE, Second Mémoire sur la conductibilité des corps cristallisés pour la chaleur, Compt. Rend. hebd. des Séances de l' Academie des Sciences **25** (1847) 707—710
SHEWMON, P., Diffusion in Solids, Mc Graw-Hill, New York 1963
ŠIROKOV, P. A., Tenzornoe isčislenie, izd. 2-e, Izd. Kazansk. Univ. 1961
SIROTIN, JU., Temperaturnye naprjaženija voznikajuščie pri nagrevanii i ochlaždenii monokristallov, Kristallografija **1** (1956) 708
SIROTIN, JU., ŠASKOL'SKAJA, M. P., Osnovy kristallofiziki, izd. 2oe, Izd. Nauka, Moskva 1979
SIVARDIÈRE, J., WAINTAL, A., Magnétoelectricité et pyroconductivité, Acta Cryst. **A 38** (1982) 870—871
SMITHELLS, C. J., Metals Reference Book, 4th ed., Butterworth, London 1967
SNEDDON, I. N., The linear theory of thermoelasticity, Springer-Verlag, Wien 1974
SOMA, T., SATOH, J., MATSUO, H., Thermal expansion coefficient of GaAs and In P, Solid State Communications **42** (1982) 889—892

SMIGELSKAS, A. D., KIRKENDALL, E. O., Zinc diffusion in alpha brass, Trans. American Inst. of Mining and Metallurgical Engineers **171** (1947) 130–141

SOMMERFELD, A., Vorlesungen über theoretische Physik, Bd. III, Elektrodynamik, Akad. Verlagsges. Geest & Portig, Leipzig 1949

SOMMERFELD, A., Vorlesungen über theoretische Physik, Band IV, Optik, Akad. Verlagsgesellschaft Geest & Portig, Leipzig 1959

SONIN, A. S., STRUKOW, B. A., Einführung in die Ferroelektrizität, Akademie-Verlag, Berlin 1974

SORET, CH., Sur l'etude experimentale des coefficients rotationnels de conductibilité thermique, Archives des Sciènces Physiques et Naturelles (Genèves) **29** (1893) 322–323, 355–357, **32** (1894) 631–633

SORET, CH., Eléments de Cristallographie Physique, Genève 1893

STILLE, U., Messen und Rechnen in der Physik, Vieweg Verlag, Braunschweig 1961

STOKES, G. G., On the conduction of heat in crystals, Cambr. and Dublin Math. Journ. **6** (1851) 215–236

STONEHAM, A. M., Theory of Defects in Solids, Clarendon, Oxford 1975

STREITWOLF, H.-W., Gruppentheorie in der Festkörperphysik, Akad. Verl.-ges. Geest u. Portig, Leipzig 1967

STRUKOV, B. A. (Hrsg.), Fizika tverdogo tela, (Specpraktikum) Izd. Moskovskogo Univ. 1983

ŠUBNIKOV, A. V., O simmetrii vektorov i tenzorov, Izvest. Akad. Nauk SSSR **13** (1949) 347–375

ŠUBNIKOV, A. V., P'ezoelektričeskie tekstury, Izd. AN SSSR, Moskva 1946

ŠUBNIKOV, A. V., O rabotach P'era Kjuri v oblasti simmetrii, Uspechi fizičeskich nauk 59 (1956) 591–602

ŠUBNIKOV, A. V., Osnovy optičeskoj kristallografii, Izd. AN SSSR, Moskva 1958, Principles of optical crystallography Consultants Bureau, New York 1960

Supraleitende Werkstoffe, hrsg. v. O. HENKEL, E. M. SAWITZKY, Deutscher Verlag für Grundstoffindustrie, Leipzig 1982

SVANBERG, J., Expériences sur le pouvoir thérmo-électrique du bismuth et de l'antimoine crystalises, Compt. Rend. hebdomadaires des Séances de l'Académie des Sciences **31** (1850) 250–252

SVANBERG, J., Versuche über die thermo-elektrische Kraft des krystallisierten Wismuths und Antimons, (POGG.) Annalen der Physik und Chemie, Erg.band **3** (1853) 153–156

Symbols, Units and Nomenclature in Physics, I.U.P.A.P., S.U.N. Commission Document U.I.P. 20 (1978)

SZIVESSY, G., Kristalloptik, in: Handb. der Physik, hrsg. v. H. GEIGER, K. SCHEEL, Band XX, Verlag J. Springer, Berlin 1928, S. 635–904

TAVGER, B. A., ZAJCEV, V. N., O magnitnoj simetrii kristallov, Ž. Ėksp. i. Teor. Fiz **30** (1956) 564

TEODOSIU, C., Elastic models of crystal defects, Editura Academiei Bucureşti, Springer-Verlag, Berlin 1982

THOMSON, W., On the Dynamical Theory of Heat. Part V. Thermoelectric Currents, Trans. Royal Society of Edinburgh **21** (1857) 123–171 (vorgetragen 1. 5. 1854)

THOMSON, W., On the Dynamical Theory of Heat. Part VI. Thermoelectric Currents, The (London, Edinburgh, and Dublin) Philosophical Magazine and Journal of Science (4) **11** (1856) 379–388

THURSTON, R. N., Waves in solids, Handb. d. Physik, hrsg. v. S. FLÜGGE, Bd. VIa/4, Springer-Verlag, Berlin 1974, 109–308

TJAPUNINA, N. A., BLAGOVEŠČENSKIJ, V. V., ZINENKOVA, G. M., ISAČENOV, A. E., Plastičeskoe deformirovanie kristallov MgO ul'trazvukom, Kristallografija **27** (1982) 630–632

TJAPUNINA, N. A., ŠTROM, E. V., Razmnošenie dislokacij v monokristallach zinka pod vlijaniem ul'trazvukom, Fiz. Metallov i Metallovedenie **23** (1967) 744–748

TOLMAN, R. C., STEWART, T. D., The electromotive force produced by the acceleration of metals, Phys. Rev. **8** (1916) 97–116; The mass of the electric carrier in copper, silver and aluminium, Phys. Rev. **9** (1917) 164–167

TRODAHL, H. J., Peltier measurements below 4 K, Rev. Sci. Instr. **40** (1969) 648–653

TRUELL, R., ELBAUM, C., CHICK, B. B., Ultrasonic methods in solid state physics, Academic Press, New York 1969

TRUESDELL, C., NOLL, W., The non-linear field theories of mechanics, in: Hdb. d. Physik, hrsg. v. S. FLÜGGE, Bd. III/3, Springer-Verlag, Berlin 1965, S. 1ff.

TRELOAR, L. R. G., Trans. Faraday Soc. **40** (1944) 59
TUCKER, J. W., RAMPTON, V. W., Microwave ultrasonics in solid state physics, North-Holland Publ. Co., Amsterdam 1972
TYE, R. P. (ed.), Thermal Conductivity, Vols. 1 and 2, Academic Press, London 1969
UZDALEV, A. I., Nekotorye zadači termouprugosti anizotropnogo tela, Izd. Saratovsk. Univ. 1967
VAINSHTEIN, B. K., Modern Crystallography I—IV, Springer-Verlag Berlin, Heidelberg, New York 1981
VASIL'EV, D. M., Fizičeskaja kristallografija, izd. 2-e, Metallurgija, Moskva 1981
VELIČKINA, T. S., VASIL'EVA, O. I., IZRAILENKO, A. N., JAKOVLEV, I. A., Demonstracija javlenij koničeskoj refrakcii, Uspechi Fiz. Nauk **130** (1980) 357—359
VOIGT, W., Lehrbuch der Kristallphysik, Teubner, Leipzig 1910; 2. Auflage 1928; fotomechan. Nachdruck Johnson Reprint Corp. New York und Teubner 1966
WAGNER, E., Über den Einfluß des hydrostatischen Druckes auf die Stellung der Metalle in der thermoelektrischen Spannungsreihe, Annalen d. Physik (4) **27** (1908) 955—1001
WALTHER, L., GERBER, D., Infrarotmeßtechnik, 2. Aufl., Verl. Technik, Berlin 1983
WANNEMACHER, E. R., Herstellung, Charakterisierung und elektrische Eigenschaften von Piezokeramik aus synthetischen PZT-Rohstoffen, Diss. Univ. Erlangen—Nürnberg 1980
WEISS, A., WITTE, H., Kristallstruktur und chemische Bindung, Akademie-Verlag, Berlin und Verlag Chemie Weinheim 1983
WEISS, R. J., Solid State Physics for Metallurgists, Pergamon Press, Oxford 1963
WEMPNER, G., Mechanics of Solids, Mc Graw-Hill Inc., New York 1973
WHITE, G. K., The thermal conductivity of gold at low temperatures, Proc. Phys. Soc. London **A 66** (1953) 559—564
WILKE, J. K., Elektrika rön och försök om de elektriska laddningens och stötens åstadkommande vid flera kroppär än glas och posslin, Vetensk. Acad. Handl. (Stockholm) 1758
WONDRATSCHEK, H., Über die Möglichkeit der Beschreibung kristallphysikalischer Eigenschaften durch Flächen, Z. Krist. **110** (1958) 127—135
WOOSTER, W. A., Crystal physics, Cambridge Univ. Press 1938
WOOSTER, W. A., A text-book on crystal physics, Cambridge Univ. Press 1949
WOOSTER, W. A., Experimentelle Kristallphysik, Dt. Verl. d. Wiss., Berlin 1958
WOOSTER, W. A., Tensors and Group Theory for the Physical Properties of Crystals, Clarendon Press, Oxford 1973
WOOSTER, W. A., BRETON, A., Experimental crystal physics, Clarendon Press, Oxford 1970
ZAGALSKAJA, JU. G., LITVINSKAJA, G. P., Geometričeskaja kristallografija, Izd. Moskovskogo Universiteta 1973
ZAMORZAEV, A. M., Obobščenie fedorovskich grupp, Kristallografija **2** (1957) 15—20
ZEDLER, E., Dissertation, AdW der DDR, ZFW Dresden 1977
ZELLER, G. R., Theorie der Piezoelektrizität von Zinkblendegittern und Berechnung der Piezokonstante $e_{14}$ von GaAs unter Verwendung lokaler empirischer Pseudopotentiale, Diss. TU Braunschweig 1973
ZELLER, R. C., POHL, R. O., Thermal conductivity and specific heat of noncrystalline solids, Physical Review **B 4** (1971) 2029
ŽELUDEV, I. S., Simmetrija i ee priloženija, Moskva, Atomizdat 1976; Energoatomizdat 1983
ZEYHER, R., Physik der Superionenleiter, Physik in unserer Zeit **13** (1982) 183—193
ZIMAN, J. M. (ed.), The physics of metals. 1. Electrons, Cambridge Univ. Press. 1969
ZIMAN, J. M., Electrons and Phonons, Clarendon Press, Oxford 1960
ZIMAN, J. M., Prinzipien der Festkörpertheorie, Akademie-Verlag, Berlin 1974
ZUCKER, U. H., SCHULZ, H., Statistical Approaches for the Treatment of Anharmonic Motion in Crystals, Acta Cryst. **A 38** (1982) 568—576
ŽUZE, V. P., GUSENKOVA, E. I., Bibliografija po termoelektričestvu, Moskva 1963

# Anhang

## Konstanten und Umrechnungsbeziehungen

(nach Document U.I.P. 20 (1978) der International Union of Pure and Applied Physics)

| | |
|---|---|
| Vakuumlichtgeschwindigkeit | $c = 2{,}99792458 \cdot 10^{8}\ \mathrm{ms^{-1}}$ |
| Induktionskonstante (Permeabilität des Vakuums) | $\mu_0 = 1{,}25663706 \cdot 10^{-6}\ \mathrm{Hm^{-1}}$ |
| Influenzkonstante (Permittivität des Vakuums) | $\varepsilon_0 = 8{,}85418782 \cdot 10^{-12}\ \mathrm{Fm^{-1}}$ $= 1/\mu_0 c^2$ |
| Ruhemasse des Elektrons | $m_e = 9{,}109534 \cdot 10^{-31}\ \mathrm{kg}$ |
| Ruhemasse des Protons | $m_p = 1{,}6726485 \cdot 10^{-27}\ \mathrm{kg}$ |
| Ruhemasse des Neutrons | $m_n = 1{,}6749543 \cdot 10^{-27}\ \mathrm{kg}$ |
| Ruhemasse des Myons | $m_\mu = 1{,}883566 \cdot 10^{-28}\ \mathrm{kg}$ |
| Elementarladung | $e = 1{,}6021892 \cdot 10^{-19}\ \mathrm{C}$ |
| PLANCKsche Konstante | $h = 6{,}626176 \cdot 10^{-34}\ \mathrm{Js}$ |
| | $\hbar = 1{,}0545887 \cdot 10^{-34}\ \mathrm{Js}$ |
| Magnetisches Flußquantum | $\Phi_0 = h/2e = 2{,}0678506 \cdot 10^{-15}\ \mathrm{JsC^{-1}}$ |
| BOHRscher Radius | $a_0 = 5{,}2917706 \cdot 10^{-11}\ \mathrm{m}$ |
| BOHRsches Magneton | $\mu_B = e\hbar/2m_e = 9{,}274078 \cdot 10^{-24}\ \mathrm{JT^{-1}}$ |
| Kernmagneton | $\mu_K = e\hbar/2m_p = 5{,}050824 \cdot 10^{-27}\ \mathrm{JT^{-1}}$ |
| AVOGADROsche Konstante | $L = 6{,}022045 \cdot 10^{23}\ \mathrm{mol^{-1}}$ |
| Atomare Masseneinheit | $m_u = 1{,}6605655 : 10^{-27}\ \mathrm{kg}$ |
| Molare Gaskonstante | $R = 8{,}31441\ \mathrm{J\ mol^{-1}\ K^{-1}}$ |
| BOLTZMANN-Konstante | $k_B = 1{,}380662 \cdot 10^{-23}\ \mathrm{JK^{-1}}$ |
| FARADAY-Konstante | $F = 9{,}648455 \cdot 10^{4}\ \mathrm{C\ mol^{-1}}$ |

| | |
|---|---|
| 1 J | $= 1\ \mathrm{Nm} = 1\ \mathrm{m^2\,kg\,s^{-2}} = 1\ \mathrm{Ws} = 0{,}23885\ \mathrm{cal}$ |
| 1 N | $= 10^5\ \mathrm{dyn} = 0{,}1019716\ \mathrm{kp} = 0{,}224809\ \mathrm{lbf}$ |
| 1 Pa | $= 1\ \mathrm{Nm^{-2}} = 10^{-5}\ \mathrm{bar}$ |
| 1 at | $= 1\ \mathrm{kp\,cm^{-2}} = 0{,}980665 \cdot 10^5\ \mathrm{Pa}$ |
| 1 atm | $= 1{,}01325 \cdot 10^5\ \mathrm{Pa}$ |
| 1 Torr | $= 1{,}333224 \cdot 10^2\ \mathrm{Pa} = (1/760)\ \mathrm{atm} = 1\ \mathrm{mm\ Hg}$ |
| 1 cal | $= 4{,}1868\ \mathrm{J}$ |
| 1 eV | $= 1{,}6021892 \cdot 10^{-19}\ \mathrm{J}$ |
| 1 erg | $= 1 \cdot 10^{-7}\ \mathrm{J}$ |
| 1 rd (Rad) | $= 1 \cdot 10^{-2}\ \mathrm{J/kg}$ |
| 1 lb/in | $= 175\ \mathrm{N/m}$ |
| 1 psi | $= 1\ \mathrm{lbf/in^2} = 6{,}89476 \cdot 10^3\ \mathrm{Pa}$ |
| 1 lbf | $= 4{,}44822\ \mathrm{N}$ |
| 1 in | $= 2{,}54 \cdot 10^{-2}\ \mathrm{m}$ |
| 1 XE | $= 1{,}00206 \cdot 10^{-13}\ \mathrm{m}$ |
| 1 Å | $= 1 \cdot 10^{-10}\ \mathrm{m}$ |
| 1 lb | $= 0{,}45359237\ \mathrm{kg}$ |
| 1 t | $= 1 \cdot 10^3\ \mathrm{kg}$ |
| 1 k (Karat) | $= 2 \cdot 10^{-4}\ \mathrm{kg}$ |
| 1 H | $= 1\ \mathrm{Wb/A} = 1\ \mathrm{Vs/A} = 1\ \mathrm{m^2\,kg\,s^{-2}A^{-2}}$ |
| 1 T | $= 1\ \mathrm{Wb/m^2} = 1\ \mathrm{Vs/m^2} = 1\ \mathrm{kg\,s^{-2}A^{-1}}$ |
| 1 F | $= 1\ \mathrm{C/V} = 1\ \mathrm{As/V} = 1\ \mathrm{m^{-2}\,kg^{-1}\,s^4A^2}$ |
| 1 S | $= 1/\Omega = 1\ \mathrm{A/V} = 1\ \mathrm{m^{-2}\,kg^{-1}\,s^3A^2}$ |
| 1 C | $= 1\ \mathrm{sA}$ |

# Tabellen A1 bis A6 und Abbildungen A1 bis A4

Tab. A 1. Orientierung des kristallographischen ($\vec{a}_\alpha$) und des kristallphysikalischen ($\vec{e}_i$) Koordinatensystems

| Punktsymmetrie | $\vec{a}_1, \vec{a}_2, \vec{a}_3$ | $\alpha_1, \alpha_2, \alpha_3$ | $\vec{e}_1$ | $\vec{e}_2$ | $\vec{e}_3$ |
|---|---|---|---|---|---|
| 1, $\bar{1}$ | $\vec{a}_\alpha$ so, daß $\lvert\vec{a}_3\rvert = c < \lvert\vec{a}_1\rvert = a < \lvert\vec{a}_2\rvert = b$ | $\alpha_1 = \alpha > \pi/2$, $\alpha_2 = \beta > \pi/2$, $\alpha_3 = \gamma$ | $\parallel$ (010) | $\perp$ (010) | $\parallel$ [001] |
| 2, $m$, $2/m$ | $\vec{a}_3 = \vec{c} \parallel 2, \bar{2}$, $\lvert\vec{a}_1\rvert = a < \lvert\vec{a}_2\rvert = b$ | $\alpha_1 = \alpha = \pi/2$, $\alpha_2 = \beta = \pi/2$, $\alpha_3 = \gamma > \pi/2$ | $\parallel$ [100] | $\perp$ (010) | $\parallel$ [001] |
| $mm2$, 222, $mmm$ | $\vec{a}_3 = \vec{c} \parallel 2, \bar{2}$ $\vec{a}_1 = \vec{a} \parallel 2, \bar{2}$ $\vec{a}_2 = \vec{b} \parallel 2, \bar{2}$ $\lvert\vec{c}\rvert < \lvert\vec{a}\rvert < \lvert\vec{b}\rvert$ | $\alpha_1 = \alpha = \pi/2$ $\alpha_2 = \beta = \pi/2$ $\alpha_3 = \gamma = \pi/2$ | $\parallel$ [100] | $\parallel$ [010] | $\parallel$ [001] |
| 3, $\bar{3}$, 32, $3m$, $\bar{3}m$ | $\vec{a}_1 + \vec{a}_2 + \vec{a}_3 \parallel 3, \bar{3}$ $\vec{a}_\alpha \parallel m$ od. $(01\bar{1}) \parallel 2$ | $\alpha_1 = \alpha_2 = \alpha_3 = \alpha$ | $\perp$ $(\bar{1}10)$ | $\parallel$ $(\bar{1}10)$ | $\parallel$ [111] |
| 6, $\bar{6}$, $6/m$, 622, $6mm$, $\bar{6}m2$, $6/mmm$ | $\vec{a}_3 = \vec{c} \parallel 6, \bar{6}$ $\vec{a}_1, \vec{a}_2 \parallel 2, \bar{2}$ | $\alpha_1 = \alpha_2 = \pi/2$ $\alpha_3 = 2\pi/3$ | $\parallel$ [100] | $\perp$ (010) | $\parallel$ [001] |
| 4, $\bar{4}$, $4/m$, 422, $4mm$, $\bar{4}2m$, $4/mmm$ | $\vec{a}_3 = \vec{c} \parallel 4, \bar{4}$ $\vec{a}_1, \vec{a}_2 \parallel 2, \bar{2}$ | $\alpha_1 = \alpha_2 = \alpha_3 = \pi/2$ | $\parallel$ [100] | $\parallel$ [010] | $\parallel$ [001] |
| 23, $m\bar{3}$, 432, $\bar{4}3m$, $m\bar{3}m$ | $\vec{a}_\alpha \parallel 4, \bar{4}, 2, \bar{2}$ $\langle 111\rangle \parallel 3, \bar{3}$ | $\alpha_1 = \alpha_2 = \alpha_3 = \pi/2$ | $\parallel$ [100] | $\parallel$ [010] | $\parallel$ [001] |

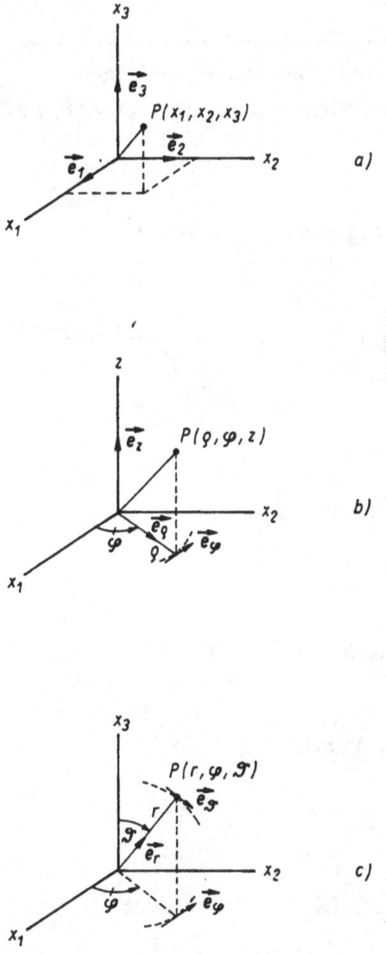


Abb. A1. Darstellung eines Punktes $P$ in (a) kartesischen, (b) Kreiszylinder- und (c, Kugel-Koordinaten. Die freien Basisvektoren $\vec{e}_1$, $\vec{e}_2$, $\vec{e}_3$; $\vec{e}_\varrho$, $\vec{e}_\varphi$, $\vec{e}_z$ und $\vec{e}_r$ $\vec{e}_\varphi$, $\vec{e}$ sind allen drei Fällen orthonormiert.

Tab. A2. a. Polare Vektoren

**1. Definition:** Betrag u. Richtung; Darstellung durch Pfeil:

Betrag $\triangleq$ Länge, Richtg. $\triangleq$ Richtg. (vgl. Abb. 1.3)

**2. Addition, Subtraktion:**

(1) $\vec{a} + \vec{b} = \vec{c} = \vec{b} + \vec{a}$ weiter $(\vec{a} + \vec{b}) + \vec{c}' = \vec{d} = \vec{a} + (\vec{b} + \vec{c}')$ (Abb. A2a)

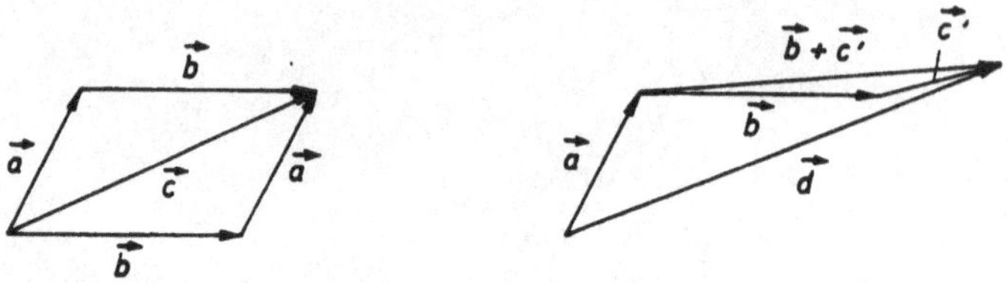


Abb. A2a

(2) $\vec{a} + \vec{0} = \vec{a}$ $\qquad$ $\vec{0}$ Nullvektor (keine def. Richtung)

(3) $\vec{b} + (-\vec{b}) = \vec{0}$ $\qquad$ (Abb. A2b)

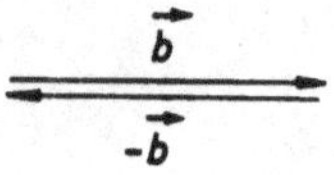


Abb. A2b

(4) $\vec{a} + (-\vec{b}) = \vec{a} - \vec{b}$ (Abb. A2c)

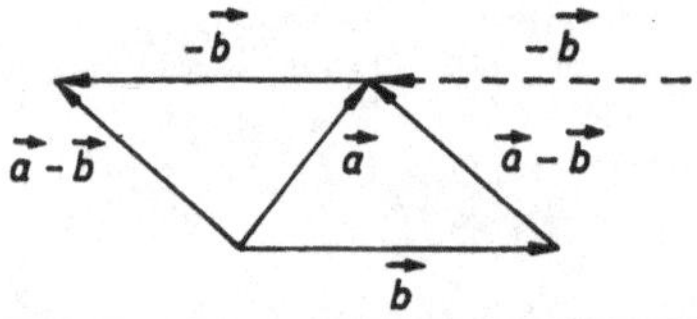


Abb. A2c

**3. Multiplikation:**

**3.1. Skalar**

(5) $\lambda\vec{a} = \vec{a}'$, Betrag $\lambda\,|\vec{a}| = \lambda a$, Richtung $\vec{a}$ (s. Abb. A2d)

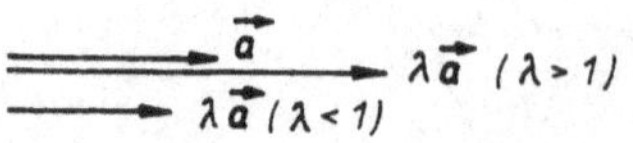


Abb. A2d

(6) speziell $\lambda = \dfrac{1}{a} : \dfrac{\vec{a}}{a} = \vec{e}$, $|\vec{e}| = 1$ Einheitsvektor parallel $\vec{a}$; $\lambda = 0 : 0 \cdot \vec{a} = \vec{0}$

(7) $\lambda(\mu\vec{a}) = \mu(\lambda\vec{a}) = (\lambda\mu)\,\vec{a} = \lambda\mu\vec{a}$

(8) $(\lambda + \mu)\,\vec{a} = \lambda\vec{a} + \mu\vec{a}$

(9) $\lambda(\vec{a} + \vec{b}) = \lambda\vec{a} + \lambda\vec{b}$

Tab. A2. a. (Fortsetzung)

**3.2. Skalarprodukt (inneres Produkt):**

(10) $\vec{a} \cdot \vec{b} = ab \cos\varphi = \vec{b} \cdot \vec{a}$, (Abb. A2e)

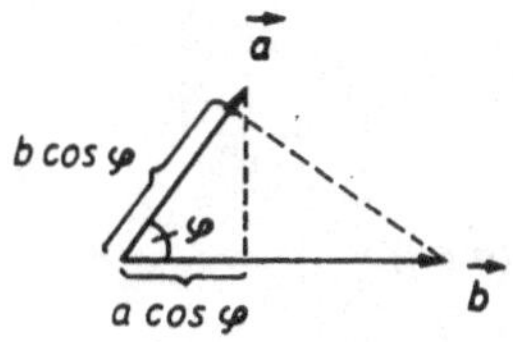


Abb. A2e

(11) $a \equiv |\vec{a}| = \sqrt{\vec{a} \cdot \vec{a}} = \sqrt{a^2 \cos\varphi} = a, \quad \varphi = 0°$

**3.3. Vektorprodukt (äußeres Produkt)[1]:**

(12) $\vec{a} \times \vec{b} = \vec{c}$, Betrag $|\vec{a} \times \vec{b}| = ab \sin\varphi$, Richtung $\vec{a} \times \vec{b} \perp \vec{a}$ u. $\vec{b}$; $\vec{a}, \vec{b}, \vec{a} \times \vec{b}$ Rechtsschraube (s. Abb. A2f).

($\vec{c}$ ist ein axialer Vektor, vgl. b) 4.3, (41))

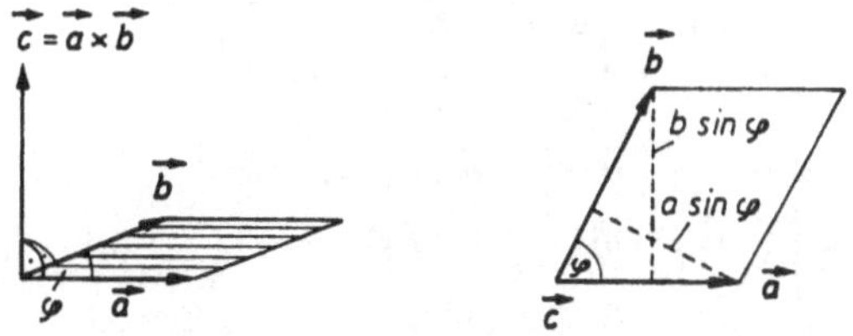


Abb. A2f

**4. Produkte mit $n$ Faktoren[1]:**

$n = 2$

(13) $\vec{a} \times \vec{b} = -\vec{b} \times \vec{a}$

(14) $\vec{a} \times \vec{a} = \vec{0}$

$n = 3$

(15) $\vec{a} \cdot (\vec{b} \times \vec{c})$ = Volumen des Parallelepipeds $\vec{a}, \vec{b}, \vec{c}$, (Abb. A2g).

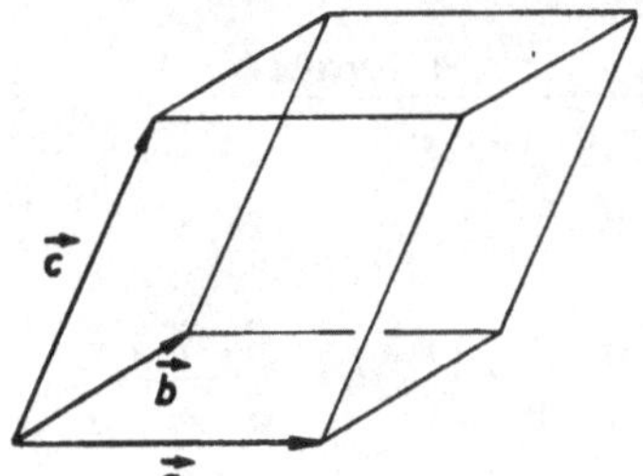


Abb. A2g

(16) $\vec{a} \cdot (\vec{a} \times \vec{b}) = 0$

(17) $\vec{a} \cdot (\vec{b} \times \vec{c}) = \vec{b} \cdot (\vec{c} \times \vec{a}) = \vec{c} \cdot (\vec{a} \times \vec{b})$

[1]) Auf die besondere Kennzeichnung axialer Vektoren wird in diesem Abschnitt verzichtet. Man beachte aber die Beziehungen b) 4.3.

Tab. A 2. a. (Fortsetzung)

(18) $\vec{a} \times (\vec{b} \times \vec{c}) = \vec{b}(\vec{a} \cdot \vec{c}) - \vec{c}(\vec{a} \cdot \vec{b})$

(19) $\vec{a} \times (\vec{b} \times \vec{c}) + \vec{b} \times (\vec{c} \times \vec{a}) + \vec{c} \times (\vec{a} \times \vec{b}) = \vec{0}$

$n = 4$

(20) $(\vec{a} \times \vec{b}) \cdot (\vec{c} \times \vec{d}) = \vec{a} \cdot (\vec{b} \times (\vec{c} \times \vec{d})) = (\vec{a} \cdot \vec{c})(\vec{b} \cdot \vec{d}) - (\vec{b} \cdot \vec{c})(\vec{a} \cdot \vec{d})$

(21) $(\vec{a} \times \vec{b}) \cdot (\vec{a} \times \vec{c}) = a^2(\vec{b} \cdot \vec{c}) - (\vec{b} \cdot \vec{a})(\vec{a} \cdot \vec{c})$

(22) $|\vec{a} \times \vec{b}|^2 = a^2b^2 - (\vec{a} \cdot \vec{b})^2$

(23) $\vec{a}[\vec{d} \cdot (\vec{b} \times \vec{c})] + \vec{b}[\vec{d} \cdot (\vec{a} \times \vec{c})] + \vec{c}[\vec{d} \cdot (\vec{a} \times \vec{b})] = \vec{d}[\vec{a} \cdot (\vec{b} \times \vec{c})]$

(24) $(\vec{a} \times \vec{b}) \times (\vec{c} \times \vec{d}) = [\vec{a} \cdot (\vec{b} \times \vec{d})]\,\vec{c} - [\vec{a} \cdot (\vec{b} \times \vec{c})]\,\vec{d}$

$= [\vec{a} \cdot (\vec{c} \times \vec{d})]\,\vec{b} - [\vec{b} \cdot (\vec{c} \times \vec{d})]\,\vec{a}$

$n = 6$

(25) $[\vec{a} \cdot (\vec{b} \times \vec{c})]\,[\vec{e} \cdot (\vec{f} \times \vec{g})] = \begin{vmatrix} \vec{a} \cdot \vec{e} & \vec{a} \cdot \vec{f} & \vec{a} \cdot \vec{g} \\ \vec{b} \cdot \vec{e} & \vec{b} \cdot \vec{f} & \vec{b} \cdot \vec{g} \\ \vec{c} \cdot \vec{e} & \vec{c} \cdot \vec{f} & \vec{c} \cdot \vec{g} \end{vmatrix}$

(26) $[\vec{a} \cdot (\vec{b} \times \vec{c})]^2 = \begin{vmatrix} a^2 & \vec{a} \cdot \vec{b} & \vec{a} \cdot \vec{c} \\ \vec{a} \cdot \vec{b} & b^2 & \vec{b} \cdot \vec{c} \\ \vec{a} \cdot \vec{c} & \vec{b} \cdot \vec{c} & c^2 \end{vmatrix}$

$= a^2b^2c^2 - a^2(\vec{b} \cdot \vec{c})^2 - b^2(\vec{a} \cdot \vec{c})^2 - c^2(\vec{a} \cdot \vec{b})^2$

$+ 2(\vec{a} \cdot \vec{b})(\vec{b} \cdot \vec{c})(\vec{a} \cdot \vec{c})$

**5. Zerlegungen:**

(27) $\vec{x} + \vec{a} = \vec{b}$ $\qquad \vec{x} = \vec{b} - \vec{a}$

(28) $\vec{x} \cdot \vec{a} = p$ $\qquad \vec{x} = \frac{p}{a^2}\vec{a} + \frac{\vec{a} \times \vec{b}}{a^2}$

$\vec{x} \times \vec{a} = \vec{b}$

(29) $\vec{x} \cdot \vec{a} = p$ $\qquad \vec{x} = \frac{p\vec{b} \times \vec{c} + q\vec{c} \times \vec{a} + r\vec{a} \times \vec{b}}{\vec{a} \cdot (\vec{b} \times \vec{c})}$

$\vec{x} \cdot \vec{b} = q$

$\vec{x} \cdot \vec{c} = r$

(30) $\vec{p} = x_1\vec{a} + x_2\vec{b} + x_3\vec{c}$ $\qquad x_1 = \frac{\vec{q} \cdot (\vec{b} \times \vec{c})}{\vec{a} \cdot (\vec{b} \times \vec{c})} \quad x_2 = \frac{\vec{p} \cdot (\vec{c} \times \vec{a})}{\vec{a} \cdot (\vec{b} \times \vec{c})}$

(Zerlegung bezüglich
Basis $\vec{a}, \vec{b}, \vec{c}$) $\qquad x_3 = \frac{\vec{p} \cdot (\vec{a} \times \vec{b})}{\vec{a} \cdot (\vec{b} \times \vec{c})}$

(31) $\vec{p} = x_1(\vec{b} \times \vec{c}) + x_2(\vec{c} \times \vec{a}) + x_3(\vec{a} \times \vec{b})$

$x_1 = \frac{\vec{p} \cdot \vec{a}}{\vec{a} \cdot (\vec{b} \times \vec{c})} \quad x_2 = \frac{\vec{p} \cdot \vec{b}}{\vec{a} \cdot (\vec{b} \times \vec{c})} \quad x_3 = \frac{\vec{p} \cdot \vec{c}}{\vec{a} \cdot (\vec{b} \times \vec{c})}$

Tab. A 2. a. (Fortsetzung)

(32) $\vec{p} = x_1\vec{a} + \vec{x} \times \vec{a} \qquad x_1 = \frac{\vec{a} \cdot \vec{p}}{a^2} \qquad \vec{x} = \frac{\vec{a} \times \vec{p}}{a^2}$

(Zerlegung von $\vec{p}$ in zwei Vektoren parallel u. senkrecht zu $\vec{a}$)

(33) $\vec{a} = \vec{b} = a_1\vec{e}_1 + a_2\vec{e}_2 + a_3\vec{e}_3 = b_1\vec{e}_1 + b_2\vec{e}_2 + b_3\vec{e}_3$

d. h. $a_1 = b_1, \quad a_2 = b_2, \quad a_3 = b_3$

Tab. A 2. b. **Axiale Vektoren**[1])

**1. Definition:** Betrag und Drehsinn; Darstellung durch Gerade mit Umlaufsinn (vgl. Abb. 1.3)

**2. Addition, Subtraktion:**

(34) wie (1). Summanden werden so aneinandergereiht, daß Drehsinn beim Fortschreiten erhalten bleibt (Abb. A 2h).

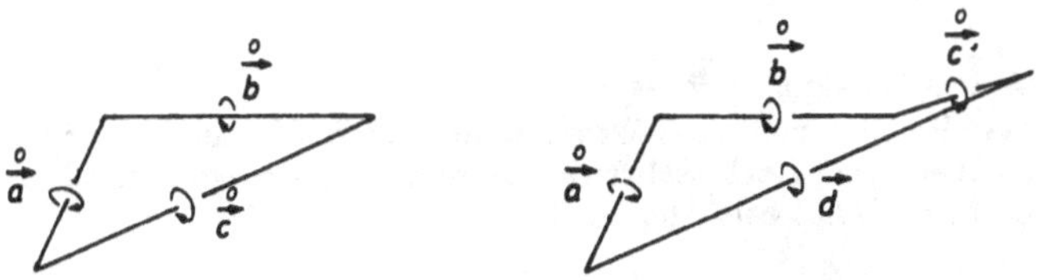


Abb. A 2h

(35) wie (4). Aus $\mathring{\vec{b}}$ wird $-\mathring{\vec{b}}$ durch Umkehr des Drehsinns.

**3. Zerlegung:**

(36) $\mathring{\vec{a}} = \mathring{a}_1\mathring{\vec{e}}_1 + \mathring{a}_2\mathring{\vec{e}}_2 + \mathring{a}_3\mathring{\vec{e}}_3$, $\mathring{\vec{e}}_i$ axiale Einheitsvektoren mit $\mathring{\vec{e}}_i \cdot \mathring{\vec{e}}_j = \delta_{ij}$. Im Unterschied zu einem polaren Basissystem ist das axiale invariant gegenüber Inversion. Bei einer orthogonalen Koordinatentransformation $\mathring{\vec{e}}_i{}' = \mathring{\nu}_{ij}\mathring{\vec{e}}_j$ ist daher stets $\|\mathring{\nu}_{ij}\| = +1$ (der Wert $\|\mathring{\nu}_{ij}\| = -1$ entspricht einer Antisymmetrieoperation, vgl. (4.10)) (Abb. A 2i)

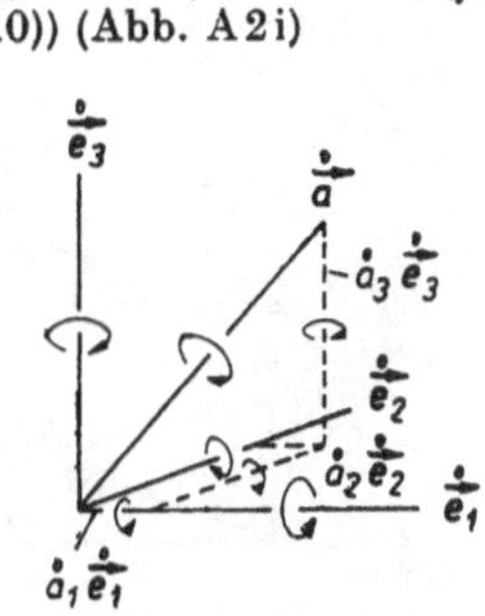


Abb. A 2i

(37) $\mathring{\vec{a}} = a_1\vec{e}_1 + a_2\vec{e}_2 + a_3\vec{e}_3$, Zerlegung bzgl. polaren Basissystems. Dabei transformieren sich die Komponenten $a_i$ bei Wechsel des Basissystems $\vec{e}_k{}' = \nu_{kl}e_l$ entsprechend $a_i{}' = \|\nu_{kl}\|\, \nu_{ij}a_j$, werden also im Falle der Inversion mit dem Faktor $(-1)$ multipliziert (Pseudoskalare, vgl. Fußnote 2, Seite 10)

[1]) Vgl. auch Sirotin, Šaskol'skaja.

Tab. A 2 b. (Fortsetzung)

**4. Multiplikation:**

**4.1. Skalar $\lambda$**

(38) wie (5) bis (9), falls $\lambda < 0$ Umkehr des Drehsinnes (vgl. auch (35))

**4.2. Skalarprodukt**

(39) $\overset{\circ}{\vec{a}} \cdot \overset{\circ}{\vec{b}} = ab \cos \varphi = \overset{\circ}{\vec{b}} \cdot \overset{\circ}{\vec{a}}$ (Abb. A2j)
(zwei axiale Vektoren; Betragsbildung wie (11))

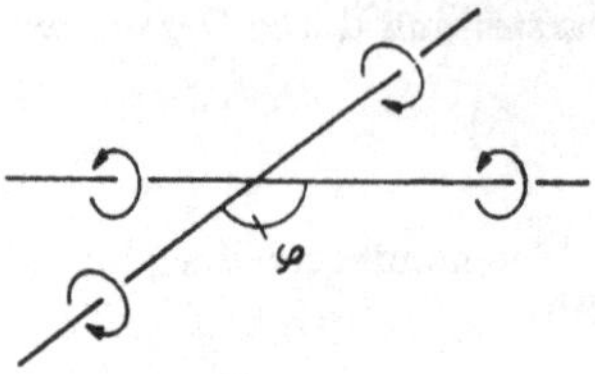


Abb. A2j

(40) $\overset{\circ}{\vec{a}} \cdot \vec{b} = ab \cos \varphi = \vec{b} \cdot \overset{\circ}{\vec{a}}$
(axialer und polarer Vektor; wenn Beschreibung im Rechtssystem erfolgt, wird $\varphi$ über eine Rechtsschraubendrehung, andernfalls durch eine Linksschraubendrehung definiert) (Abb. A2k)

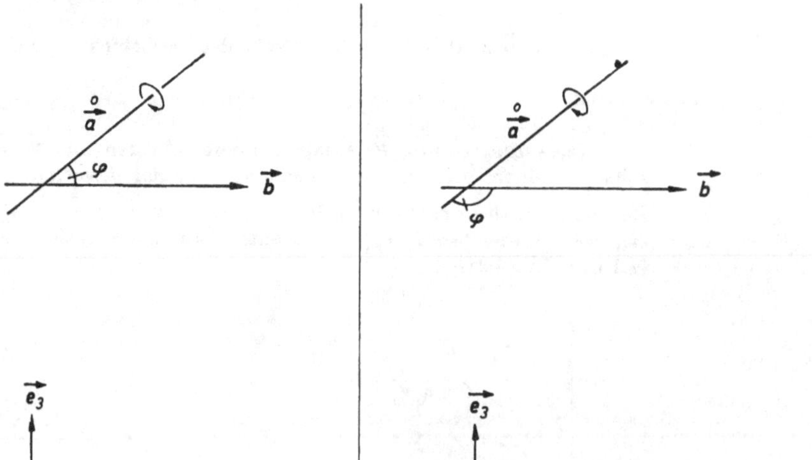


Abb. A2k

**4.3. Vektorprodukt**

(41) $\vec{a} \times \vec{b} = \overset{\circ}{\vec{c}}$, zwei polare Vektoren; wie (12); Drehsinn von $\overset{\circ}{\vec{c}}$ Rechtsschraube, Abb. A2l;

Tab. A2. b. (Fortsetzung)

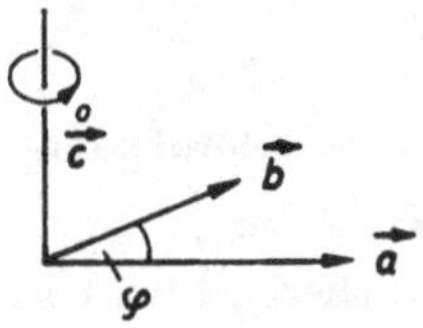


Abb. A2l

(42) $\mathring{\vec{a}} \times \mathring{\vec{b}} = \mathring{\vec{c}}$, zwei axiale Vektoren; Betrag $\mathring{c}$ wie (12) und (41), Drehsinn von $\mathring{\vec{c}}$ wie Drehsinn von $\mathring{\vec{a}}$ und $\mathring{\vec{b}}$, Abb. A2m

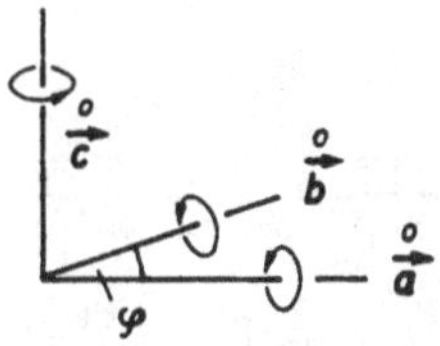


Abb. A2m

(43) $\mathring{\vec{a}} \times \vec{b} = \vec{c}$, axialer und polarer Vektor; Betrag $c$ wie (12); Festlegung der Polarität von $\vec{c}$: Drehung von $\vec{b}_\perp$ im Drehsinn von $\mathring{\vec{a}}$ um $\pi/2$ (vgl. Abb. A2n).
Für die Vektorprodukte (12), (41) bis (43) ist die Mehrdeutigkeit von $\varphi$ wegen $\sin \varphi = \sin (\pi - \varphi)$ ohne Belang.

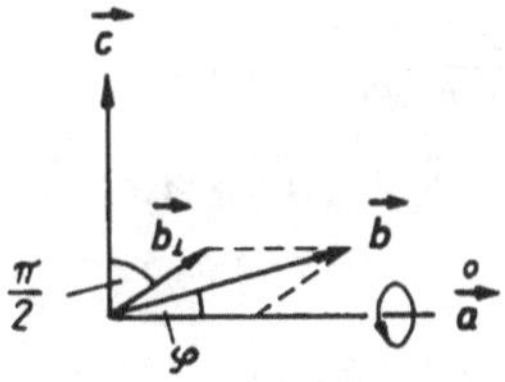


Abb. A2n

Tab. A 3. Differentiation nach Ortskoordinaten

1. Nablaoperator

$$\nabla\psi \equiv \frac{\partial\psi}{\partial\vec{r}} \equiv \vec{e}_1\frac{\partial\psi}{\partial x_1} + \vec{e}_2\frac{\partial\psi}{\partial x_2} + \vec{e}_3\frac{\partial\psi}{\partial x_3} \quad \text{(kartes. Koordinaten } x_1, x_2, x_3\text{)}$$

$$= \vec{e}_\varrho\frac{\partial\psi}{\partial\varrho} + \vec{e}_\varphi\frac{1}{\varrho}\frac{\partial\psi}{\partial\varphi} + \vec{e}_z\frac{\partial\psi}{\partial z} \quad \text{(Kreiszylinderkoordinaten } \varrho, \varphi, z\text{)}$$

$$= \vec{e}_r\frac{\partial\psi}{\partial r} + \vec{e}_\varphi\frac{1}{r\sin\vartheta}\frac{\partial\psi}{\partial\varphi} + \vec{e}_\vartheta\frac{1}{r}\frac{\partial\psi}{\partial\vartheta} \quad \text{(Kugelkoordinaten } r, \varphi, \vartheta\text{)}$$

(vgl. Abb. A 1) ($\psi$ skalare Funktion).

2. Laplace-Operator

$$\Delta\psi \equiv \left(\frac{\partial\psi}{\partial\vec{r}}\right)^2 \equiv \frac{\partial}{\partial\vec{r}}\cdot\frac{\partial}{\partial\vec{r}}\psi = \frac{\partial^2\psi}{\partial x_1{}^2} + \frac{\partial^2\psi}{\partial x_2{}^2} + \frac{\partial^2\psi}{\partial x_3{}^2} = \frac{\partial^2\psi}{\partial\varrho^2} + \frac{1}{\varrho}\frac{\partial\psi}{\partial\varrho} + \frac{1}{\varrho^2}\frac{\partial^2\psi}{\partial\varphi^2} + \frac{\partial^2\psi}{\partial z^2}$$

$$= \frac{1}{r^2}\frac{\partial}{\partial r}\left(r^2\frac{\partial\psi}{\partial r}\right) + \frac{1}{r^2\sin^2\vartheta}\frac{\partial^2\psi}{\partial\varphi^2} + \frac{1}{r^2\sin\vartheta}\frac{\partial}{\partial\vartheta}\left(\sin\vartheta\frac{\partial\psi}{\partial\vartheta}\right) \quad \text{(vgl. Abb. A 1).}$$

3. Divergenz

$$\nabla\cdot\vec{a} \equiv \frac{\partial}{\partial\vec{r}}\cdot\vec{a} = \frac{\partial a_1}{\partial x_1} + \frac{\partial a_2}{\partial x_2} + \frac{\partial a_3}{\partial x_3} = \frac{1}{\varrho}\frac{\partial}{\partial\varrho}(\varrho a_\varrho) + \frac{1}{\varrho}\frac{\partial a_\varphi}{\partial\varphi} + \frac{\partial a_z}{\partial z}$$

$$= \frac{1}{r^2}\frac{\partial}{\partial r}(r^2 a_r) + \frac{1}{r\sin\vartheta}\frac{\partial a_\varphi}{\partial\varphi} + \frac{1}{r\sin\vartheta}\frac{\partial}{\partial\vartheta}(\sin\vartheta a_\vartheta)$$

$(\vec{a} = a_1\vec{e}_1 + a_2\vec{e}_2 + a_3\vec{e}_3 = a_\varrho\vec{e}_\varrho + a_\varphi\vec{e}_\varphi + a_z\vec{e}_z = a_r\vec{e}_r + a_\varphi\vec{e}_\varphi + a_\vartheta\vec{e}_\vartheta)$

4. Rotation

$$\nabla\times\vec{a} \equiv \frac{\partial}{\partial\vec{r}}\times\vec{a} = \left(\frac{\partial a_3}{\partial x_2} - \frac{\partial a_2}{\partial x_3}\right)\vec{e}_1 + \left(\frac{\partial a_1}{\partial x_3} - \frac{\partial a_3}{\partial x_1}\right)\vec{e}_2 + \left(\frac{\partial a_2}{\partial x_1} - \frac{\partial a_1}{\partial x_2}\right)\vec{e}_3$$

$$= \left(\frac{1}{\varrho}\frac{\partial a_z}{\partial\varphi} - \frac{\partial a_\varphi}{\partial z}\right)\vec{e}_\varrho + \left(\frac{\partial a_\varrho}{\partial z} - \frac{\partial a_z}{\partial\varrho}\right)\vec{e}_\varphi + \left(\frac{1}{\varrho}\frac{\partial}{\partial\varrho}[\varrho a_\varphi] - \frac{1}{\varrho}\frac{\partial a_\varrho}{\partial\varphi}\right)\vec{e}_z$$

$$= \left(\frac{1}{r\sin\vartheta}\left\{\frac{\partial}{\partial\vartheta}[\sin\vartheta a_\varphi] - \frac{\partial a_\vartheta}{\partial\varphi}\right\}\right)\vec{e}_r + \left(\frac{1}{r}\left\{\frac{\partial}{\partial r}[r a_\vartheta] - \frac{\partial a_r}{\partial\vartheta}\right\}\right)\vec{e}_\varphi$$

$$+ \left(\frac{1}{r}\left\{\frac{1}{\sin\vartheta}\frac{\partial a_r}{\partial\varphi} - \frac{\partial}{\partial r}[r a_\varphi]\right\}\right)\vec{e}_\vartheta$$

5. Rechnen mit dem Ortsvektor

5.1. $\frac{\partial}{\partial\vec{r}}\vec{r}^2 = 2\vec{r}$

5.1a. $\frac{\partial}{\partial\vec{r}}\vec{H}^2(\vec{r}) = 2\frac{\partial}{\partial\vec{r}}\vec{H}\cdot\overset{\downarrow}{\vec{H}}$

5.2. $\frac{\partial}{\partial\vec{r}}V(r) = \frac{\partial r}{\partial\vec{r}}\frac{\mathrm{d}V}{\mathrm{d}r} = \frac{\vec{r}}{r}\frac{\mathrm{d}V}{\mathrm{d}r} = \frac{\vec{r}-\vec{r}_0}{|\vec{r}-\vec{r}_0|}\frac{\mathrm{d}V(r')}{\mathrm{d}r'}$

($r$ Abstand vom Koordinatenursprung, $r'$ Abstand vom Punkt $\vec{r}_0$)

Tab. A 3. (Fortsetzung)

5.3. $\dfrac{\partial V(r)}{\partial x_1} = \dfrac{\partial r}{\partial x_1}\dfrac{\mathrm{d}V}{\mathrm{d}r} = \dfrac{\partial \sqrt{x_1^2 + x_2^2 + x_3^2}}{\partial x_1}\dfrac{\mathrm{d}V}{\mathrm{d}r} = \dfrac{x_1}{r}\dfrac{\mathrm{d}V}{\mathrm{d}r}$

5.4. $\dfrac{\partial}{\partial \vec{\boldsymbol{r}}} r = \dfrac{\vec{\boldsymbol{r}}}{r}$

5.5. $\dfrac{\partial}{\partial \vec{\boldsymbol{r}}} \vec{\boldsymbol{r}} \cdot \overset{2\rightarrow}{\boldsymbol{\Omega}} \cdot \vec{\boldsymbol{r}} = \overset{2\rightarrow}{\boldsymbol{\Omega}} \cdot \vec{\boldsymbol{r}} + \vec{\boldsymbol{r}} \cdot \overset{2\rightarrow}{\boldsymbol{\Omega}}$

5.6. $\dfrac{\partial}{\partial \vec{\boldsymbol{r}}} r^n = n r^{n-1} \dfrac{\vec{\boldsymbol{r}}}{r}$

5.7. $\dfrac{\partial}{\partial \vec{\boldsymbol{r}}} \dfrac{1}{r} = -\dfrac{\vec{\boldsymbol{r}}}{r^3}$

5.8. $\dfrac{\partial}{\partial \vec{\boldsymbol{r}}} (\vec{\boldsymbol{u}} \cdot \vec{\boldsymbol{v}}) = \dfrac{\partial}{\partial \vec{\boldsymbol{r}}} \overset{\downarrow}{\vec{\boldsymbol{u}}} \cdot \vec{\boldsymbol{v}} + \dfrac{\partial}{\partial \vec{\boldsymbol{r}}} \vec{\boldsymbol{u}} \cdot \overset{\downarrow}{\vec{\boldsymbol{v}}} = \dfrac{\mathrm{d}\vec{\boldsymbol{u}}}{\mathrm{d}\vec{\boldsymbol{r}}} \cdot \vec{\boldsymbol{v}} + \dfrac{\mathrm{d}\vec{\boldsymbol{v}}}{\mathrm{d}\vec{\boldsymbol{r}}} \cdot \vec{\boldsymbol{u}}$

5.9. $\dfrac{\partial}{\partial \vec{\boldsymbol{r}}} \vec{\boldsymbol{a}} \cdot \vec{\boldsymbol{r}} = \dfrac{\partial}{\partial \vec{\boldsymbol{r}}} \vec{\boldsymbol{r}} \cdot \vec{\boldsymbol{a}} = \vec{\boldsymbol{a}}$

5.10. $\dfrac{\partial}{\partial \vec{\boldsymbol{r}}} (\vec{\boldsymbol{a}} \times \vec{\boldsymbol{r}})^2 = -2\vec{\boldsymbol{a}} \times (\vec{\boldsymbol{a}} \times \vec{\boldsymbol{r}})$

5.11. $\dfrac{\partial}{\partial \vec{\boldsymbol{r}}} \cdot \vec{\boldsymbol{r}} = 3$

5.12. $\dfrac{\partial}{\partial \vec{\boldsymbol{r}}} \cdot (\vec{\boldsymbol{u}} \times \vec{\boldsymbol{v}}) = \vec{\boldsymbol{v}} \cdot \dfrac{\partial}{\partial \vec{\boldsymbol{r}}} \times \vec{\boldsymbol{u}} - \vec{\boldsymbol{u}} \cdot \dfrac{\partial}{\partial \vec{\boldsymbol{r}}} \times \vec{\boldsymbol{v}}$

5.13. $\dfrac{\partial}{\partial \vec{\boldsymbol{r}}} \cdot (\vec{\boldsymbol{a}} \times \vec{\boldsymbol{r}}) = 0$

5.14. $\dfrac{\partial}{\partial \vec{\boldsymbol{r}}} \cdot \overset{2\rightarrow}{\boldsymbol{\Omega}} \cdot \vec{\boldsymbol{r}} = \mathrm{Sp}\, \overset{2\rightarrow}{\boldsymbol{\Omega}}$

5.15. $\dfrac{\partial}{\partial \vec{\boldsymbol{r}}} \times \vec{\boldsymbol{r}} = \vec{\boldsymbol{0}}$

5.16. $\dfrac{\partial}{\partial \vec{\boldsymbol{r}}} \times (\vec{\boldsymbol{a}} \times \vec{\boldsymbol{r}}) = a \dfrac{\partial}{\partial \vec{\boldsymbol{r}}} \cdot \vec{\boldsymbol{r}} - \vec{\boldsymbol{a}} \cdot \dfrac{\partial}{\partial \vec{\boldsymbol{r}}} \vec{\boldsymbol{r}} = 3\vec{\boldsymbol{a}} - \vec{\boldsymbol{a}} = 2\vec{\boldsymbol{a}}$

5.17. $\dfrac{\partial}{\partial \vec{\boldsymbol{r}}} \times (\vec{\boldsymbol{u}} \times \vec{\boldsymbol{v}}) = \vec{\boldsymbol{v}} \cdot \dfrac{\partial}{\partial \vec{\boldsymbol{r}}} \vec{\boldsymbol{u}} - \vec{\boldsymbol{u}} \cdot \dfrac{\partial}{\partial \vec{\boldsymbol{r}}} \vec{\boldsymbol{v}} + \vec{\boldsymbol{u}} \dfrac{\partial}{\partial \vec{\boldsymbol{r}}} \cdot \vec{\boldsymbol{v}} - \vec{\boldsymbol{v}} \dfrac{\partial}{\partial \vec{\boldsymbol{r}}} \cdot \vec{\boldsymbol{u}}$

5.18. $\dfrac{\partial}{\partial \vec{\boldsymbol{r}}} \times (\vec{\boldsymbol{r}} \times \vec{\boldsymbol{v}}) + \dfrac{\partial}{\partial \vec{\boldsymbol{r}}} \vec{\boldsymbol{r}} \cdot \vec{\boldsymbol{v}} = -\vec{\boldsymbol{v}} + \vec{\boldsymbol{r}} \dfrac{\partial}{\partial \vec{\boldsymbol{r}}} \cdot \vec{\boldsymbol{v}} + \vec{\boldsymbol{r}} \times \left(\dfrac{\partial}{\partial \vec{\boldsymbol{r}}} \times \vec{\boldsymbol{v}}\right)$

5.19. $\vec{\boldsymbol{a}} \cdot \dfrac{\partial}{\partial \vec{\boldsymbol{r}}} \vec{\boldsymbol{r}} = \vec{\boldsymbol{a}}$

Tab. A 3. (Fortsetzung)

5.20. $\frac{\partial}{\partial \vec{r}} \vec{r} = \overset{2}{\vec{1}}$

5.21. $\frac{\partial}{\partial \vec{r}} \cdot \frac{\partial}{\partial \vec{r}} uv = u\Delta v + 2\left(\frac{\partial}{\partial \vec{r}} u\right) \cdot \left(\frac{\partial}{\partial \vec{r}} v\right) + v\Delta u$

5.22. $\frac{\partial}{\partial \vec{r}} \cdot \frac{\partial}{\partial \vec{r}} \vec{a} = \frac{\partial}{\partial \vec{r}} \frac{\partial}{\partial \vec{r}} \cdot \vec{a}$

5.23. $\frac{\partial}{\partial \vec{r}} \cdot \frac{\partial}{\partial \vec{r}} \vec{r} \cdot \vec{v} = \vec{r} \cdot \Delta\vec{v} + 2 \frac{\partial}{\partial \vec{r}} \cdot \vec{v}$

5.24. $\frac{\partial}{\partial \vec{r}} \cdot \frac{\partial}{\partial \vec{r}} \vec{r}\psi = \vec{r}\Delta\psi + 2 \frac{\partial \psi}{\partial \vec{r}}$

5.25. $\frac{\partial}{\partial \vec{r}} \cdot \frac{\partial}{\partial \vec{r}} \times \vec{a} = 0$

5.26. $\frac{\partial}{\partial \vec{r}} \cdot \frac{\partial}{\partial \vec{r}} \frac{1}{r} = -\frac{\partial}{\partial \vec{r}} \cdot \frac{\vec{r}}{r^3} = -\vec{r} \cdot \frac{\partial}{\partial \vec{r}} \frac{1}{r^3} - \frac{1}{r^3} \frac{\partial}{\partial \vec{r}} \cdot \vec{r} = 3 \frac{\vec{e} \cdot \vec{r}}{r^4} - \frac{3}{r^3} = 0$

5.27. $\frac{\partial}{\partial \vec{r}} \cdot \frac{\partial}{\partial \vec{r}} r = \frac{\partial}{\partial \vec{r}} \cdot \frac{\vec{r}}{r} = \frac{1}{r} \frac{\partial}{\partial \vec{r}} \cdot \vec{r} + \vec{r} \frac{\partial}{\partial \vec{r}} \frac{1}{r} = \frac{3}{r} - \frac{\vec{r} \cdot \vec{r}}{r^3} = \frac{2}{r}$

5.28. $\frac{\partial}{\partial \vec{r}} \times \frac{\partial}{\partial \vec{r}} \cdot \vec{r} = 0$

5.29. $\frac{\partial}{\partial \vec{r}} \times \frac{\partial}{\partial \vec{r}} \psi = 0$

5.30. $\frac{\partial}{\partial \vec{r}} \times \frac{\partial}{\partial \vec{r}} \cdot \vec{a} = 0 = \frac{\partial}{\partial \vec{r}} \cdot \frac{\partial}{\partial \vec{r}} \times \vec{a}$

5.31. $\frac{\partial}{\partial \vec{r}} \times \left(\frac{\partial}{\partial \vec{r}} \times \vec{a}\right) = \frac{\partial}{\partial \vec{r}} \frac{\partial}{\partial \vec{r}} \cdot \vec{a} - \frac{\partial}{\partial \vec{r}} \cdot \frac{\partial}{\partial \vec{r}} \vec{a}$

5.32. $\frac{\partial \vec{r}}{\partial s} = \vec{t} = \vec{t} \cdot \frac{\partial}{\partial \vec{r}} \vec{r}$

($V$, $\psi$ skalare Funktionen; $\vec{a}, \vec{u}, \vec{v}$ ortsunabhängige Vektoren; $\overset{2}{\vec{\Omega}}$ Tensor 2. Stufe; $s$ Parameter längs einer Kurve, $\vec{t}$ Tangentenvektor an die Kurve im Punkt $\vec{r}$)

Tab. A 4. Rechenregeln für Dyaden $\Phi$

$$\Phi \equiv \vec{a}_1\vec{b}_1 + \vec{a}_2\vec{b}_2 + \cdots + \vec{a}_n\vec{b}_n \qquad (n \geqq 1)$$

$$\Phi^{\mathsf{T}} \equiv \vec{b}_1\vec{a}_1 + \vec{b}_2\vec{a}_2 + \cdots + \vec{b}_n\vec{a}_n$$

$$n = 1, \quad \Phi = \vec{a}\vec{b}$$

(1) $(\vec{a}\vec{b}) \cdot \vec{r} = \vec{a}\vec{b} \cdot \vec{r} = \vec{a}(\vec{b} \cdot \vec{r})$

(2) $(\vec{b}\vec{a}) \cdot \vec{r} = \vec{b}(\vec{a} \cdot \vec{r}) \neq \vec{a}(\vec{b} \cdot \vec{r})$, d. h. $\vec{a}\vec{b} \neq \vec{b}\vec{a}$

(3) $(\vec{b}\vec{a}) \cdot \vec{r} = \vec{r} \cdot (\vec{a}\vec{b}) = \vec{r} \cdot \Phi = \Phi^{\mathsf{T}} \cdot \boldsymbol{r}$

(4) $\vec{a}(\vec{b}_1 + \vec{b}_2) = \vec{a}\vec{b}_1 + \vec{a}\vec{b}_2$

(5) $(\vec{a}_1 + \vec{a}_2)\,\vec{b} = \vec{a}_1\vec{b} + \vec{a}_2\vec{b}$

(6) $(\vec{a}\vec{b}) \cdot (\vec{c}\vec{d}) = \vec{a}\vec{b} \cdot \vec{c}\vec{d}$

(7) $\vec{a}\vec{b} \cdot (\vec{c}_1\vec{d}_1 + \vec{c}_2\vec{d}_2) = \vec{a}\vec{b} \cdot \vec{c}_1\vec{d}_1 + \vec{a}\vec{b} \cdot \vec{c}_2\vec{d}_2$

(8) $\vec{a}\vec{b} \cdot (\vec{c}\vec{d} \cdot \vec{r}) = (\vec{a}\vec{b} \cdot \vec{c}\vec{d}) \cdot \vec{r}$

(9) $\vec{a}\vec{b} \times \vec{u} = \vec{a}(\vec{b} \times \vec{u})$

(10) $(\vec{a}_1\vec{b}_1 + \vec{a}_2\vec{b}_2) \times \vec{u} = \vec{a}_1\vec{b}_1 \times \vec{u} + \vec{a}_2\vec{b}_2 \times \vec{u}$

(11) $(\Phi \times \vec{c}) \cdot \vec{d} = \Phi \cdot (\vec{c} \times \vec{d}) = -(\vec{c} \times \Phi) \cdot \vec{d}$,

während i. allg. $(\Phi \cdot \vec{c}) \times \vec{d} \neq \Phi \cdot (\vec{c} \times \vec{d})$

(12) $(\vec{r} \cdot \Phi) \cdot \vec{s} = \vec{r} \cdot (\Phi \cdot \vec{s}) = \vec{r} \cdot \Phi \cdot \vec{s}$

(13) $(\vec{r} \cdot \Phi) \cdot \vec{s} = \vec{s} \cdot (\vec{r} \cdot \Phi) \equiv \vec{s}\vec{r} : \Phi$

(14) $\vec{s}\vec{r} : \Phi = \Phi : \vec{s}\vec{r}$

(15) $\vec{a}_i\vec{b}_i : \vec{c}_k\vec{d}_k = (\vec{a}_i \cdot \vec{d}_k)\,(\vec{b}_i \cdot \vec{c}_k)$

(16) $\Phi : \psi = \psi : \Phi$

(17) $(\Phi_1 \cdot \Phi_2)^{\mathsf{T}} = {\Phi_2}^{\mathsf{T}} \cdot {\Phi_1}^{\mathsf{T}}$

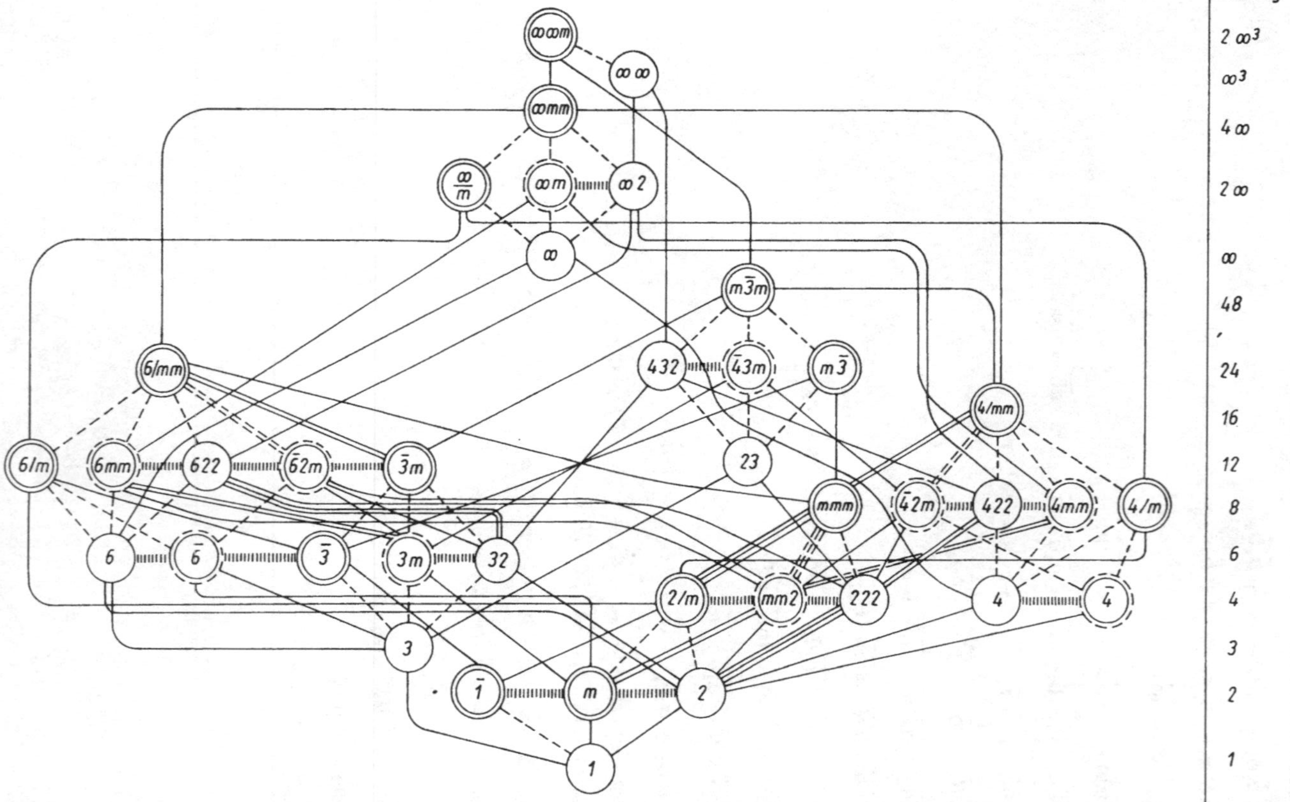


Abb. A3. Untergruppenbeziehungen der Punktgruppen. Die Gruppen sind mit steigender Ordnung (s. Ordinatenangabe) übereinander gezeichnet. Eine Verbindungslinie zwischen zwei Gruppen unterschiedlicher Ordnung gibt die Untergruppenbeziehung an (gestrichelt: beide Gruppen gehören zum gleichen Kristallsystem, ausgezogen: beide Gruppen gehören zu verschiedenen Kristallsystemen). Eine $n$-fache Verbindung bedeutet, daß die Untergruppe in $n$ nichtäquivalenten Orientierungen in der darüberliegenden enthalten ist. Eine gestrichelte Verbindung zwischen Gruppen gleicher Ordnung zeigt Isomorphie der beiden Gruppen an. Anstelle 6/mmm und 4/mmm wurde kurz 6/mm und 4/mm geschrieben (nach Sirotin, Saskol'skaja).

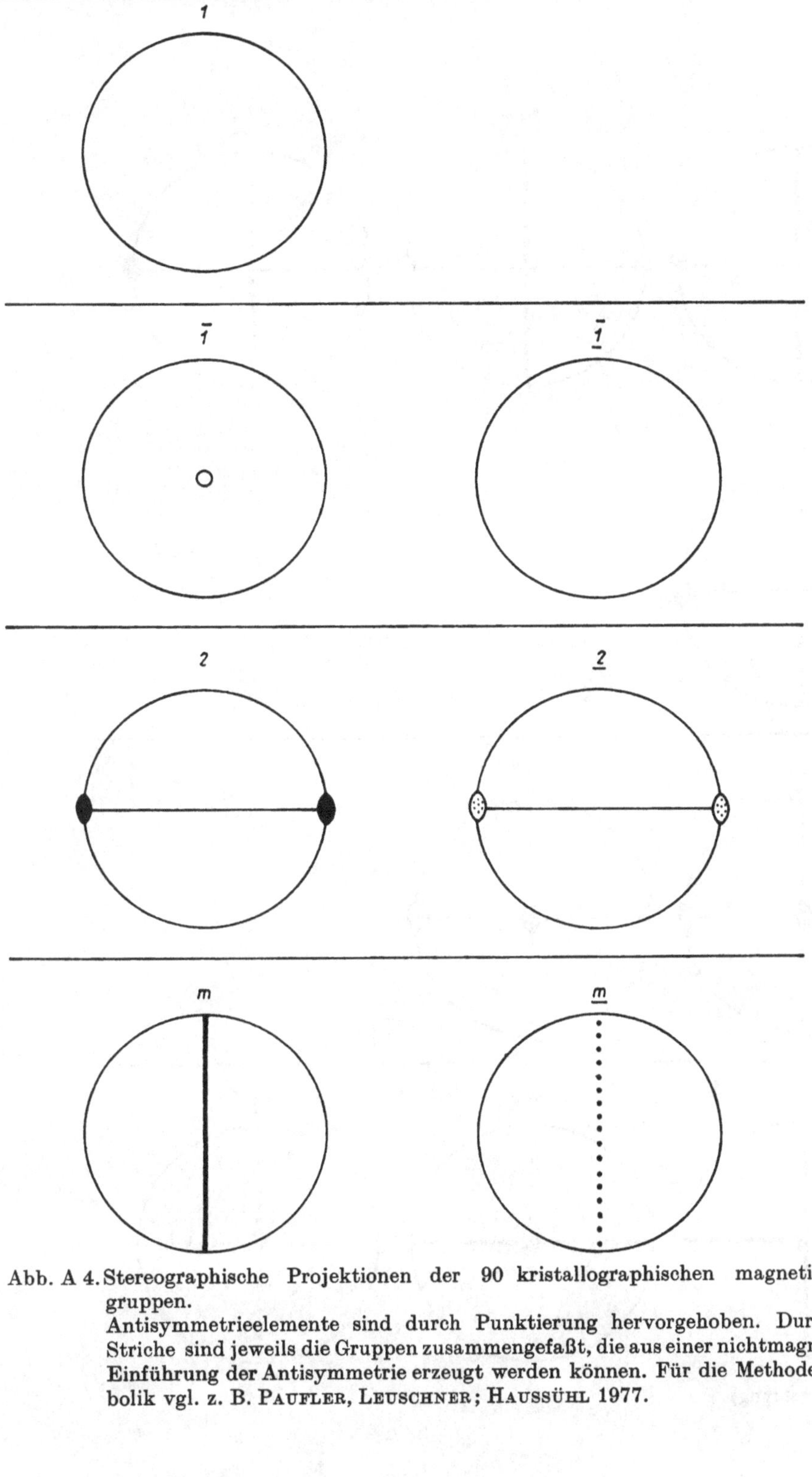


Abb. A 4. Stereographische Projektionen der 90 kristallographischen magnetischen Punktgruppen.
Antisymmetrieelemente sind durch Punktierung hervorgehoben. Durch horizontale Striche sind jeweils die Gruppen zusammengefaßt, die aus einer nichtmagnetischen durch Einführung der Antisymmetrie erzeugt werden können. Für die Methode und die Symbolik vgl. z. B. Paufler, Leuschner; Haussühl 1977.

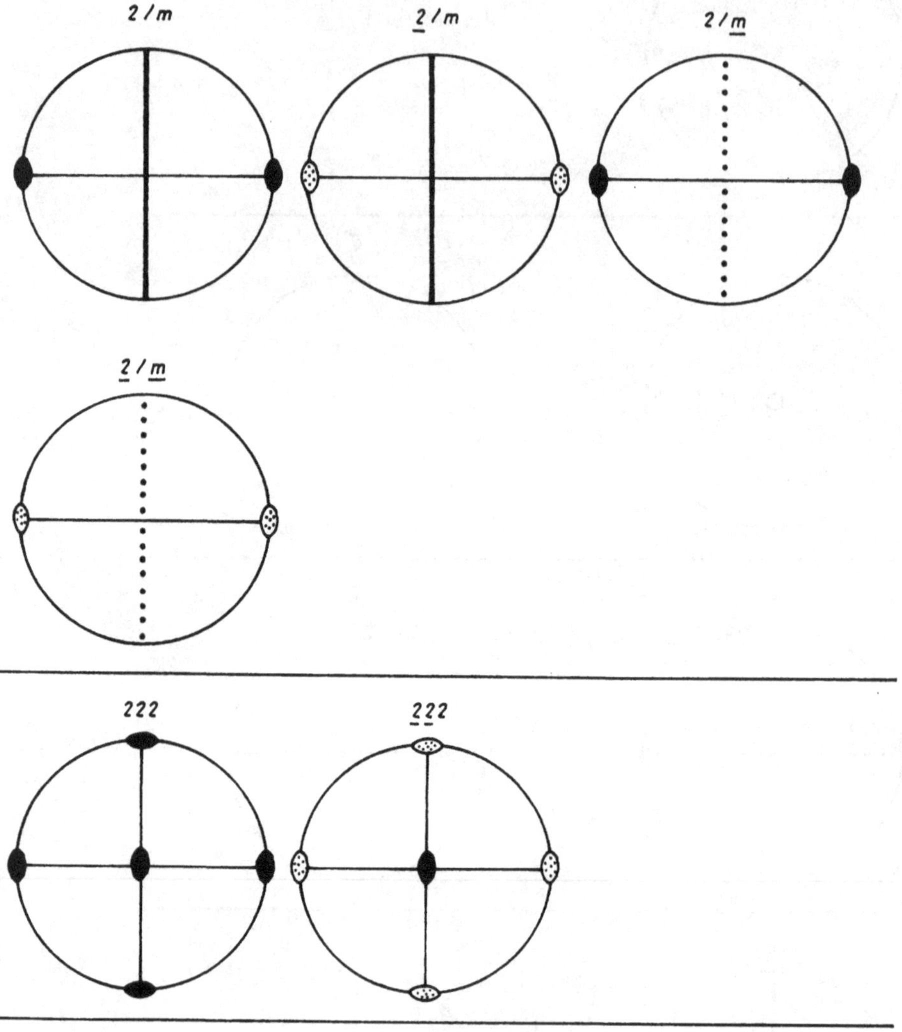


Abb. A4. (Fortsetzung)

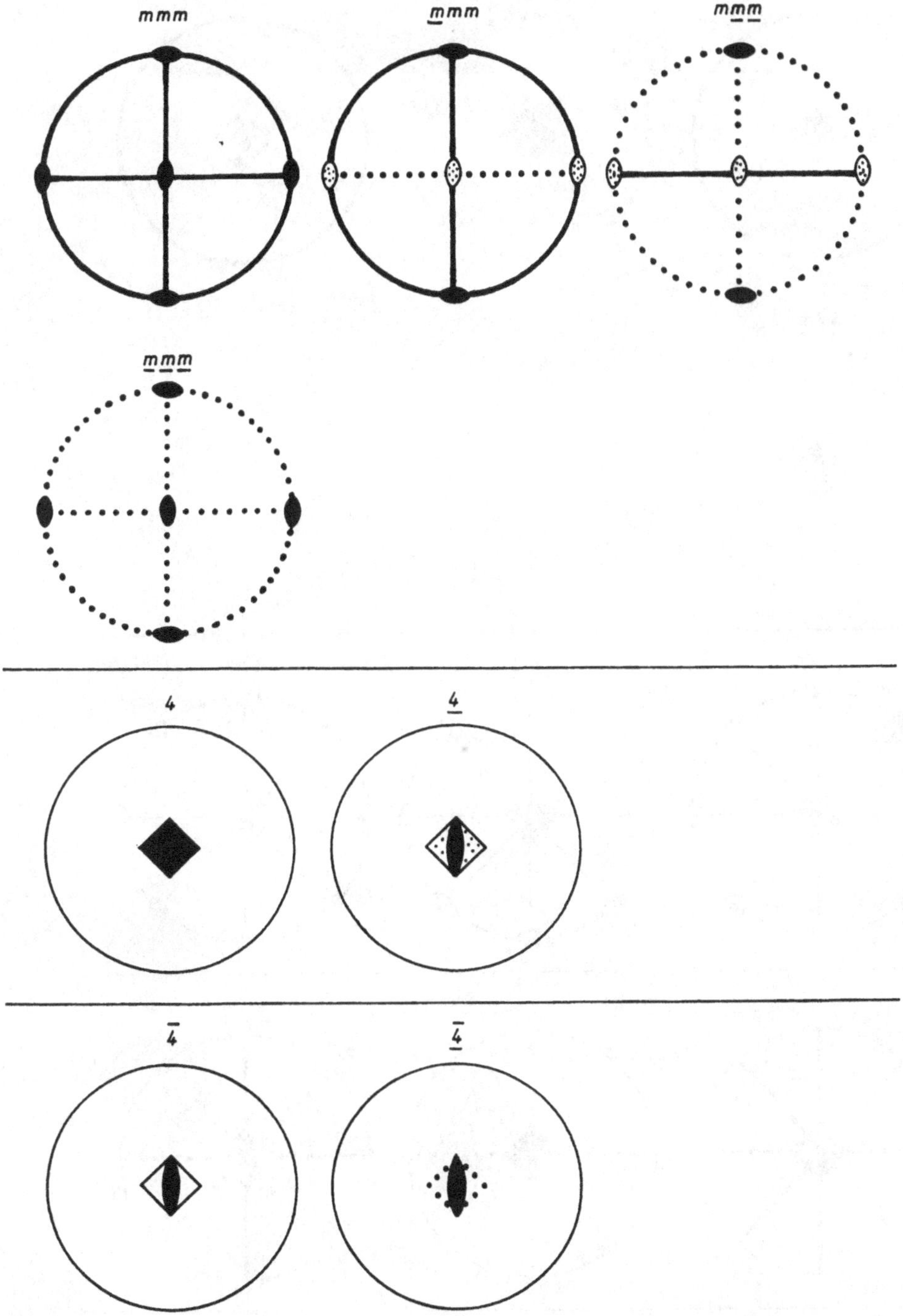


Abb. A 4. (Fortsetzung)

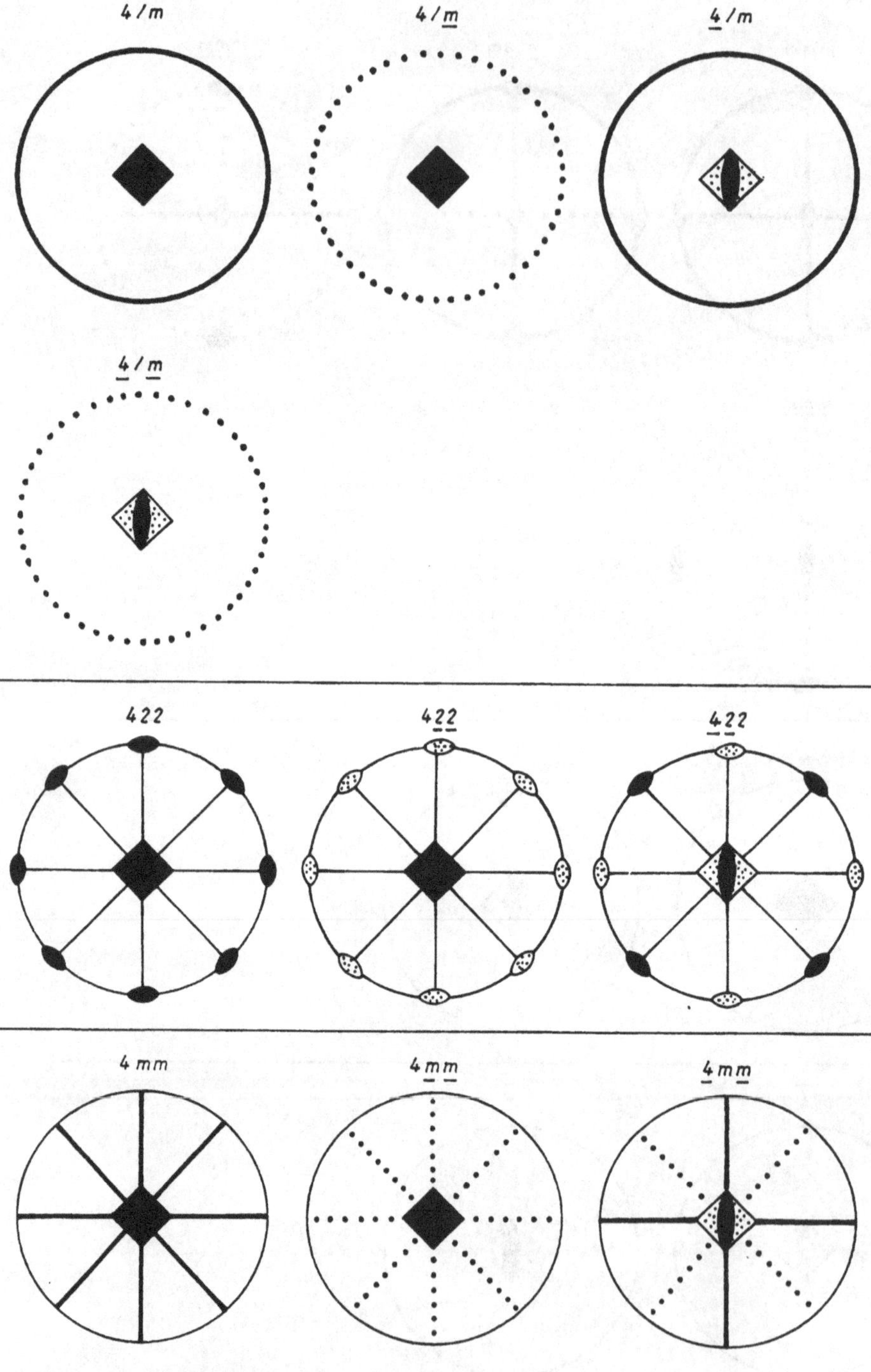


Abb. A 4. (Fortsetzung)

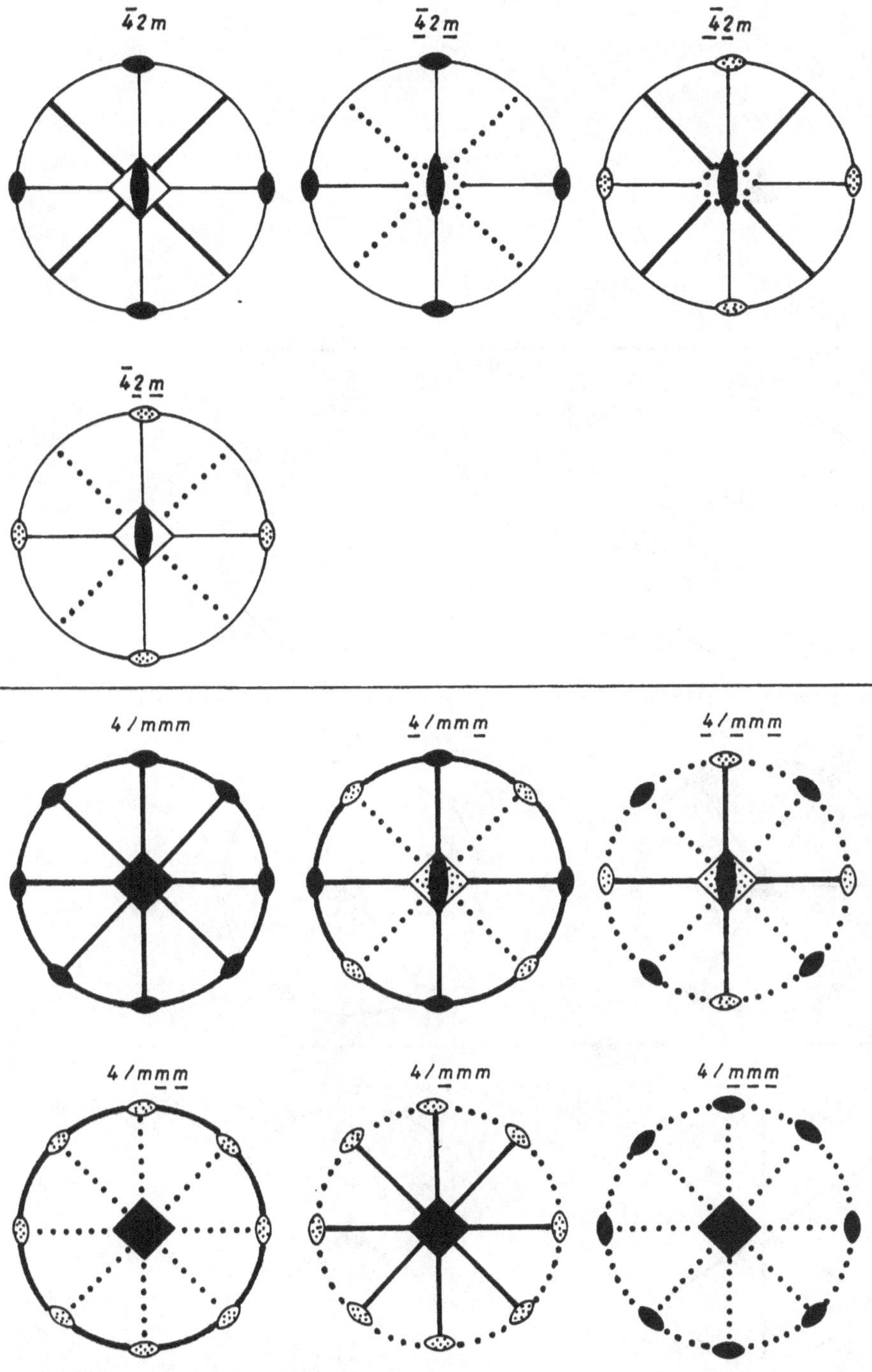


Abb. A4. (Fortsetzung)

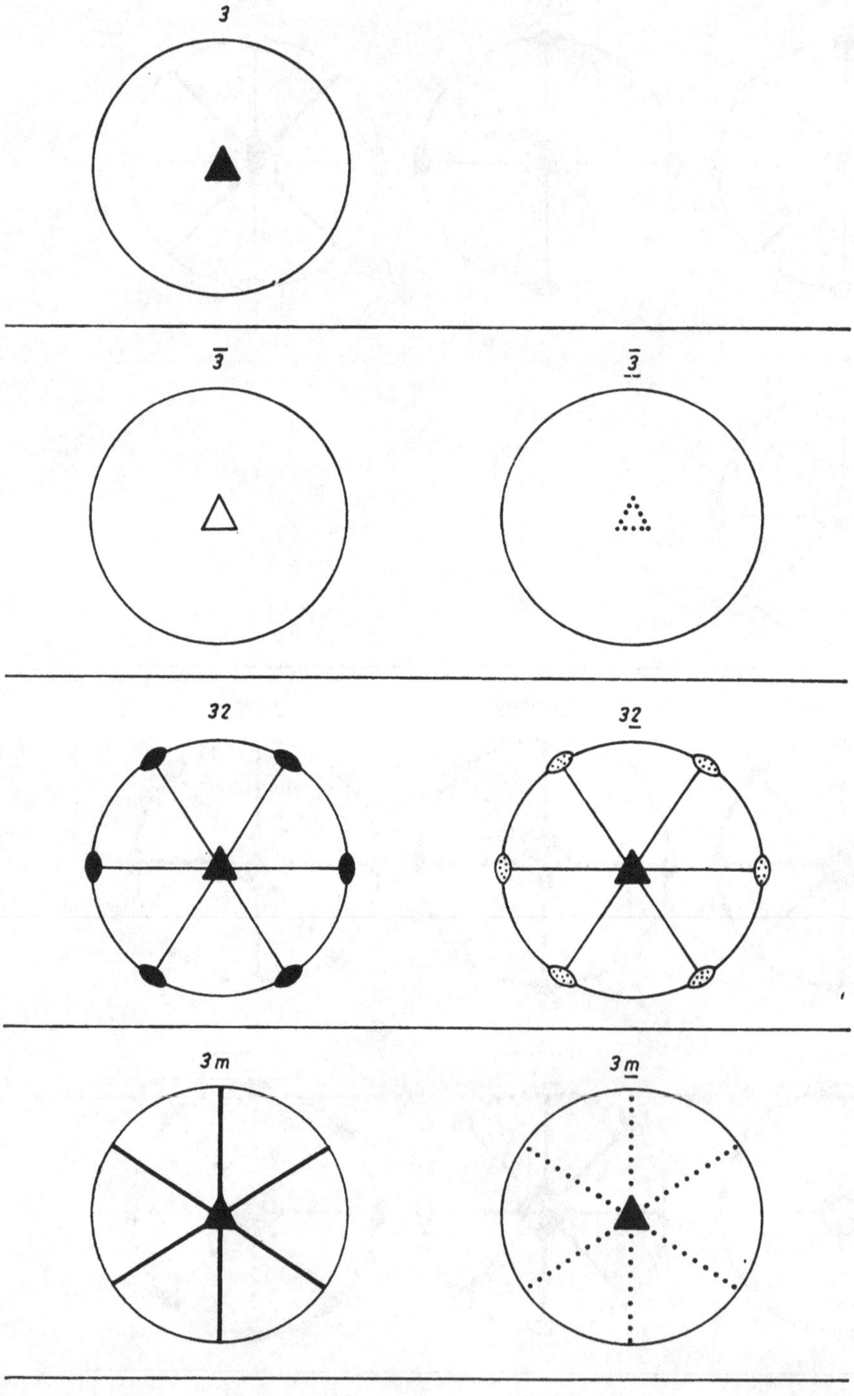


Abb. A4. (Fortsetzung)

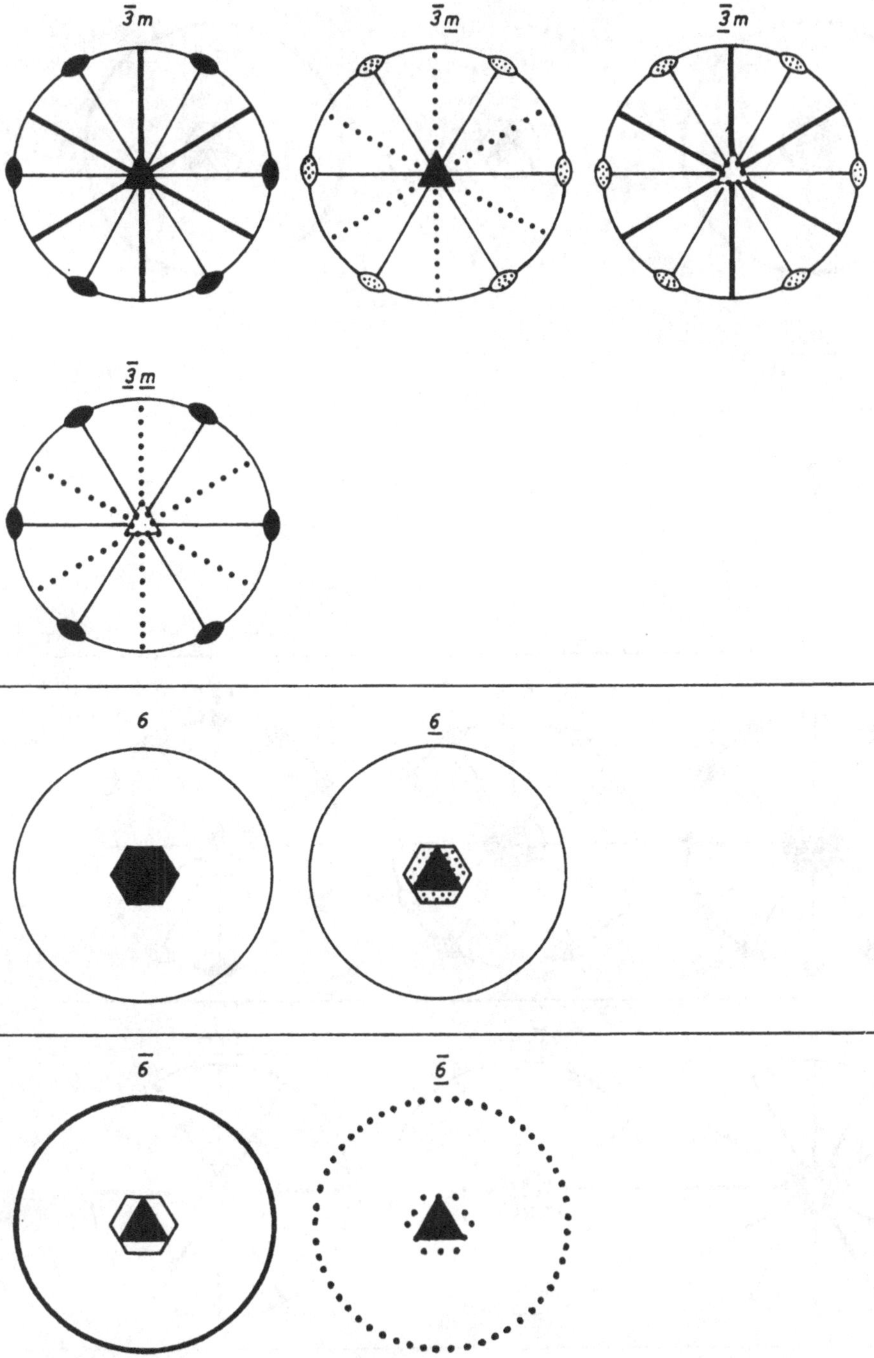


Abb. A 4. (Fortsetzung)

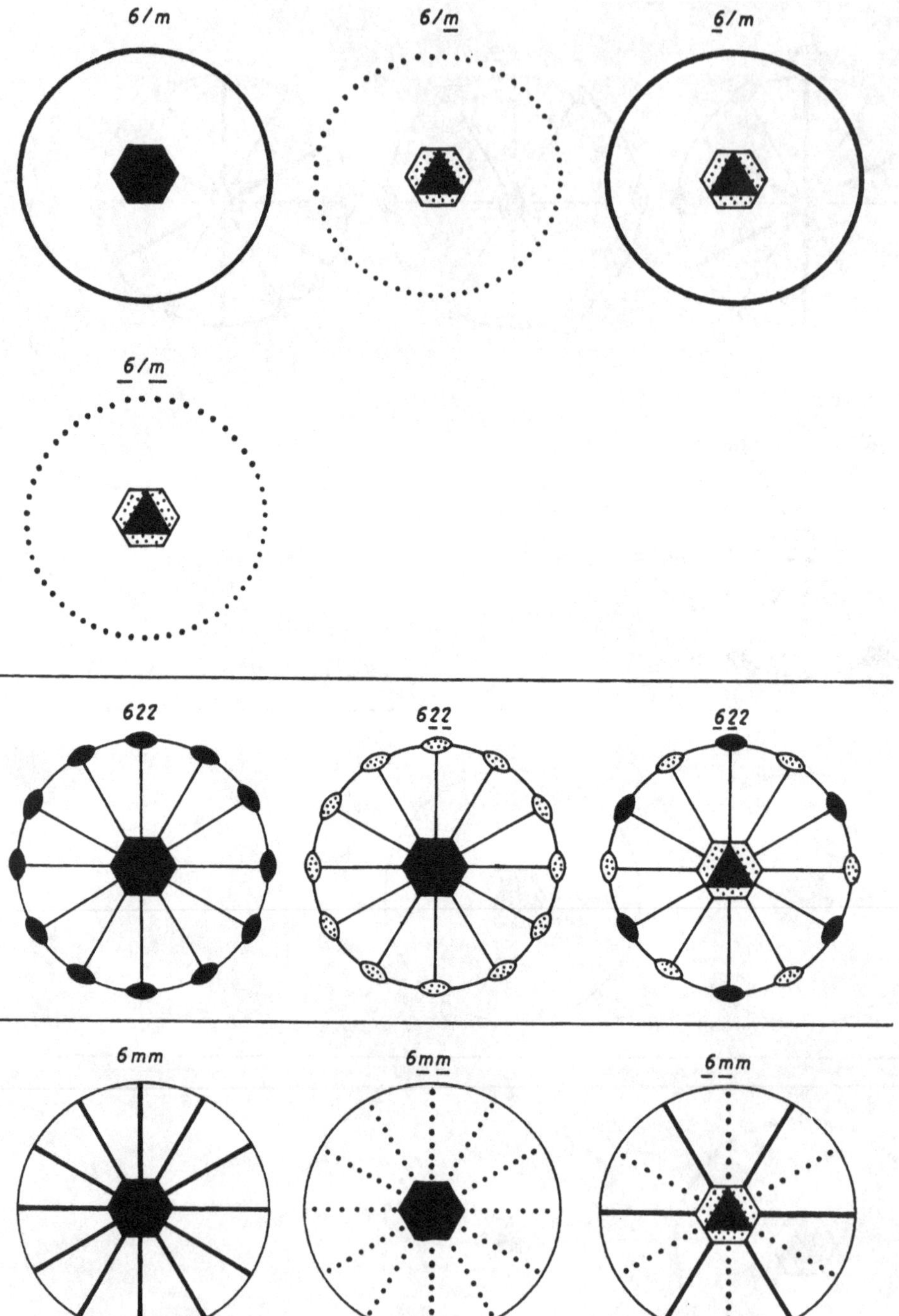


Abb. A4. (Fortsetzung)

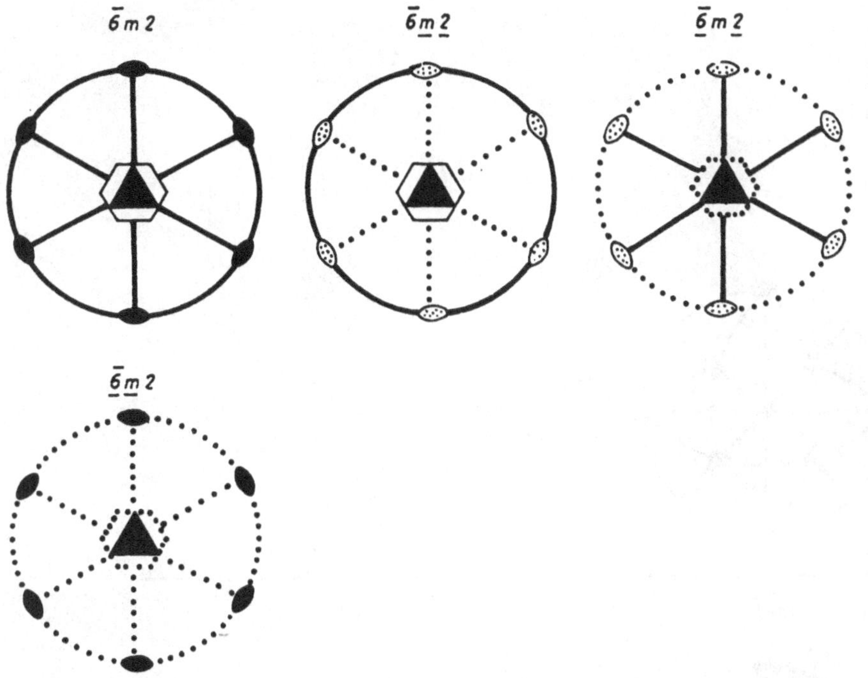


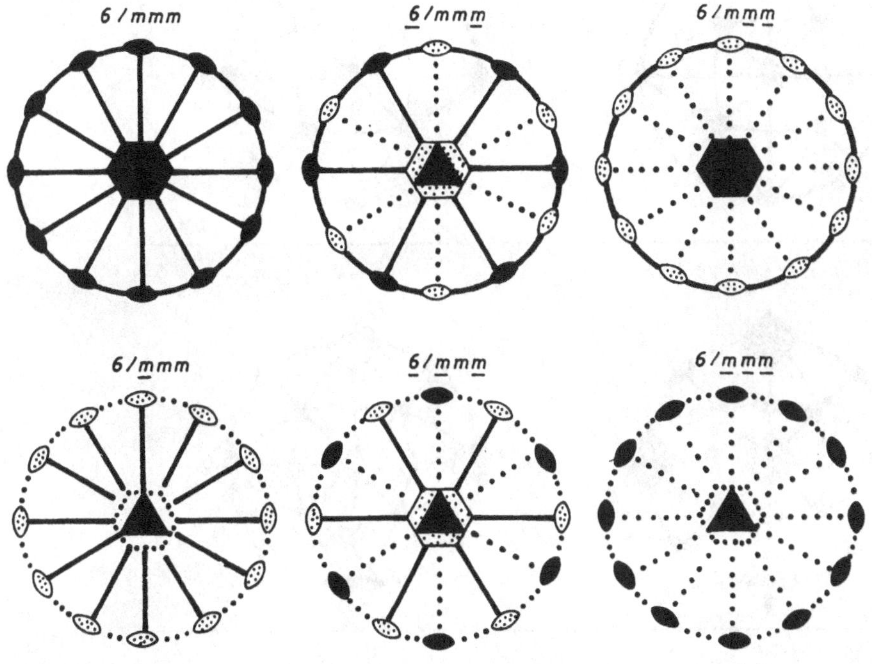


Abb. A4. (Fortsetzung)

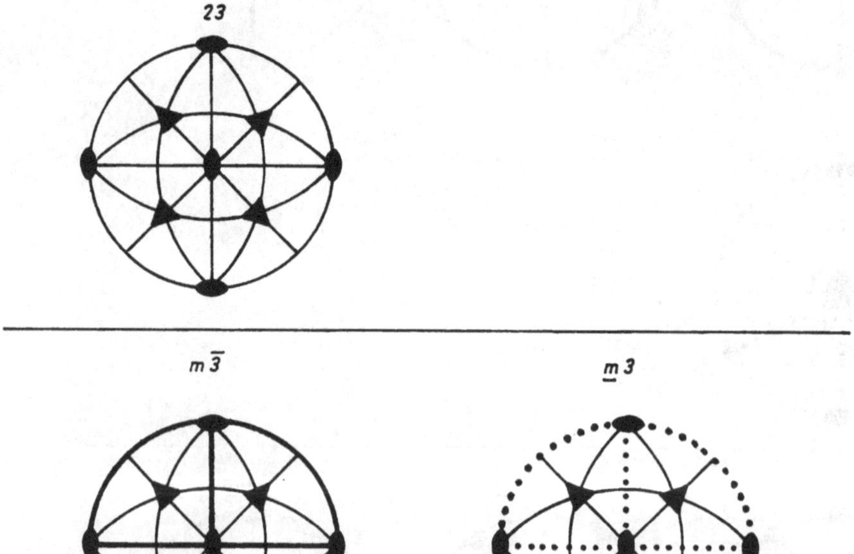


*2. Reihe rechts, lies:* $\underline{m}\bar{3}$

Abb. A4. (Fortsetzung)

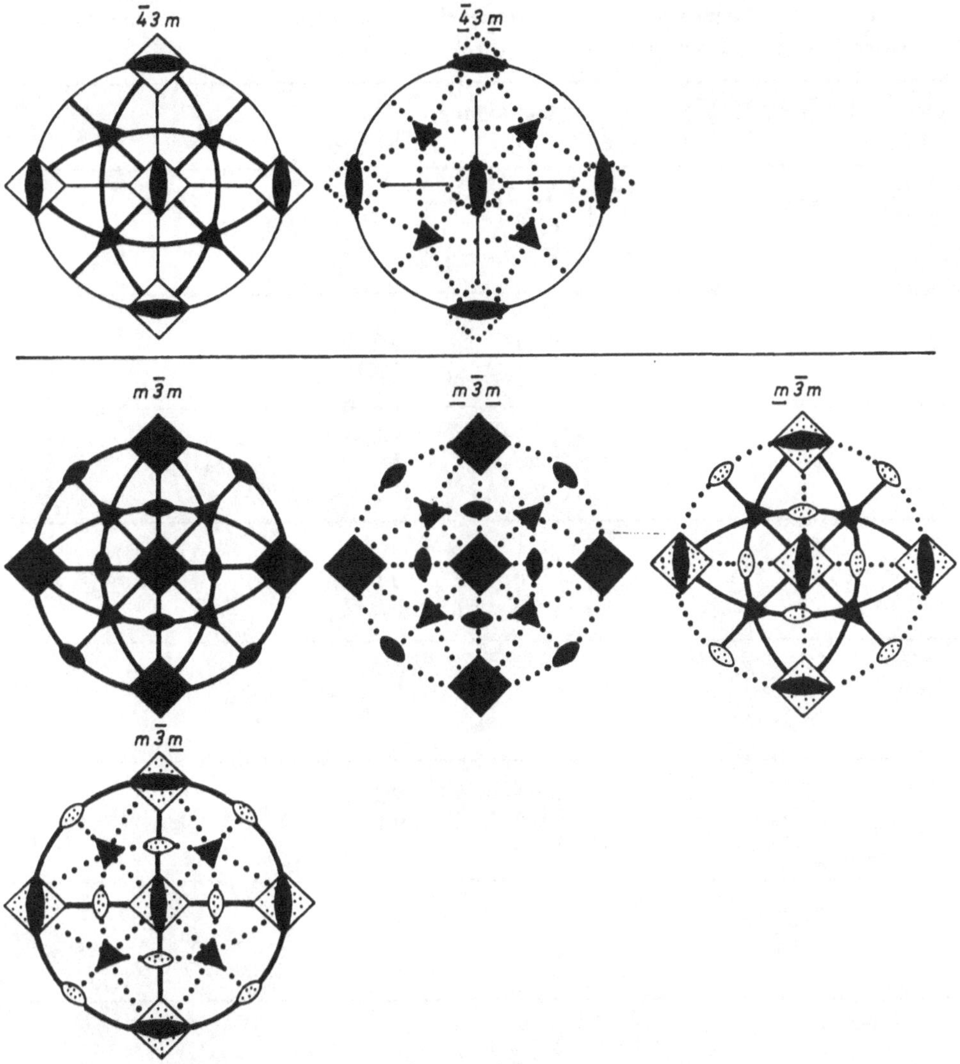


Abb. A 4. (Fortsetzung)

Tab. A 5. Matrizen kristallographischer Punktsymmetrieoperationen bei allgemeiner und spezieller Orientierung der Drehachsen $\vec{e}_D = e_{D1}\vec{e}_1 + e_{D2}\vec{e}_2 + e_{D3}\vec{e}_3$

| Symmetrie-operation | $\vec{e}_D$ | Darstellung |
|---|---|---|
| 1 $(C_1)$ | bel. | $\begin{pmatrix}1 & 0 & 0\\ 0 & 1 & 0\\ 0 & 0 & 1\end{pmatrix}$ |
| $\bar{1}$ $(C_i)$ | bel. | $\begin{pmatrix}-1 & 0 & 0\\ 0 & -1 & 0\\ 0 & 0 & -1\end{pmatrix}$ |
| 2 $(C_2)$ | bel. | $\begin{pmatrix}2e_{D1}^2 - 1 & 2e_{D1}e_{D2} & 2e_{D1}e_{D3}\\ 2e_{D2}e_{D1} & 2e_{D2}^2 - 1 & 2e_{D2}e_{D3}\\ 2e_{D3}e_{D1} & 2e_{D3}e_{D2} & 2e_{D3}^2 - 1\end{pmatrix}$ |
| | $\vec{e}_3$ | $\begin{pmatrix}-1 & 0 & 0\\ 0 & -1 & 0\\ 0 & 0 & 0\end{pmatrix}$ |
| | $\vec{e}_1$ | $\begin{pmatrix}1 & 0 & 0\\ 0 & -1 & 0\\ 0 & 0 & -1\end{pmatrix}$ |
| | $\vec{e}_2$ | $\begin{pmatrix}-1 & 0 & 0\\ 0 & 1 & 0\\ 0 & 0 & -1\end{pmatrix}$ |
| | $\dfrac{\vec{e}_1 + \vec{e}_2}{\sqrt{2}}$ | $\begin{pmatrix}0 & 1 & 0\\ 1 & 0 & 0\\ 0 & 0 & -1\end{pmatrix}$ |
| | $\dfrac{\vec{e}_1 - \vec{e}_2}{\sqrt{2}}$ | $\begin{pmatrix}0 & -1 & 0\\ -1 & 0 & 0\\ 0 & 0 & 1\end{pmatrix}$ |
| | $\vec{e}_1 \cos\psi + \vec{e}_2 \sin\psi$ | $\begin{pmatrix}\cos 2\psi & \sin 2\psi & 0\\ \sin 2\psi & -\cos 2\psi & 0\\ 0 & 0 & -1\end{pmatrix}$ |
| $\bar{2} = m$ $(C_s)$ | bel. | $\begin{pmatrix}1 - 2e_{D1}^2 & -2e_{D1}e_{D2} & -2e_{D3}e_{D1}\\ -2e_{D1}e_{D2} & 1 - 2e_{D2}^2 & -2e_{D2}e_{D3}\\ -2e_{D3}e_{D1} & -2e_{D2}e_{D3} & 1 - 2e_{D3}^2\end{pmatrix}$ |
| | $\vec{e}_3$ | $\begin{pmatrix}1 & 0 & 0\\ 0 & 1 & 0\\ 0 & 0 & -1\end{pmatrix}$ |

Tab. A 5. (Fortsetzung)

| Symmetrie-operation | $\vec{e}_D$ | Darstellung |
|---|---|---|
| | $\vec{e}_1$ | $\begin{pmatrix} -1 & 0 & 0 \\ 0 & 1 & 0 \\ 0 & 0 & 1 \end{pmatrix}$ |
| | $\vec{e}_2$ | $\begin{pmatrix} 1 & 0 & 0 \\ 0 & -1 & 0 \\ 0 & 0 & 1 \end{pmatrix}$ |
| | $\frac{\vec{e}_1 + \vec{e}_2}{\sqrt{2}}$ | $\begin{pmatrix} 0 & -1 & 0 \\ -1 & 0 & 0 \\ 0 & 0 & 1 \end{pmatrix}$ |
| | $\frac{\vec{e}_1 - \vec{e}_2}{\sqrt{2}}$ | $\begin{pmatrix} 0 & 1 & 0 \\ 1 & 0 & 0 \\ 0 & 0 & 1 \end{pmatrix}$ |
| | $\vec{e}_1 \cos\psi + \vec{e}_2 \sin\psi$ | $\begin{pmatrix} -\cos 2\psi & -\sin 2\psi & 0 \\ -\sin 2\psi & \cos 2\psi & 0 \\ 0 & 0 & 1 \end{pmatrix}$ |
| 3 ($C_3$) | bel. | $\begin{pmatrix} \frac{3e_{D1}^2 - 1}{2} & \frac{3e_{D1}e_{D2} - e_{D3}\sqrt{3}}{2} & \frac{3e_{D3}e_{D1} + e_{D2}\sqrt{3}}{2} \\ \frac{3e_{D1}e_{D2} + e_{D3}\sqrt{3}}{2} & \frac{3e_{D2}^2 - 1}{2} & \frac{3e_{D2}e_{D3} - e_{D1}\sqrt{3}}{2} \\ \frac{3e_{D3}e_{D1} - e_{D2}\sqrt{3}}{2} & \frac{3e_{D2}e_{D3} + e_{D1}\sqrt{3}}{2} & \frac{3e_{D3}^2 - 1}{2} \end{pmatrix}$ |
| | $\vec{e}_3$ | $\begin{pmatrix} -\frac{1}{2} & -\frac{\sqrt{3}}{2} & 0 \\ \frac{\sqrt{3}}{2} & -\frac{1}{2} & 0 \\ 0 & 0 & 1 \end{pmatrix}$ |
| | $\frac{\vec{e}_1 + \vec{e}_2 + \vec{e}_3}{\sqrt{3}}$ | $\begin{pmatrix} 0 & 0 & 1 \\ 1 & 0 & 0 \\ 0 & 1 & 0 \end{pmatrix}$ |
| | $\frac{-\vec{e}_1 + \vec{e}_2 + \vec{e}_3}{\sqrt{3}}$ | $\begin{pmatrix} 0 & -1 & 0 \\ 0 & 0 & 1 \\ -1 & 0 & 0 \end{pmatrix}$ |

Tab. A 5. (Fortsetzung)

| Symmetrie-operation | $\vec{e}_D$ | Darstellung |
|---|---|---|
| $\bar{3}$ ($C_{3i}$) | bel. | $\begin{pmatrix} \frac{-3e_{D1}^2+1}{2} & \frac{e_{D3}\sqrt{3}-3e_{D1}e_{D2}}{2} & \frac{-3e_{D3}e_{D1}-e_{D2}\sqrt{3}}{2} \\ \frac{-3e_{D1}e_{D2}-e_{D3}\sqrt{3}}{2} & \frac{-3e_{D2}^2+1}{2} & \frac{-3e_{D2}e_{D3}+e_{D1}\sqrt{3}}{2} \\ \frac{-3e_{D3}e_{D1}+e_{D2}\sqrt{3}}{2} & \frac{-3e_{D2}e_{D3}-e_{D1}\sqrt{3}}{2} & \frac{1-3e_{D3}^2}{2} \end{pmatrix}$ |
| | $\vec{e}_3$ | $\begin{pmatrix} \frac{1}{2} & \frac{\sqrt{3}}{2} & 0 \\ -\frac{\sqrt{3}}{2} & \frac{1}{2} & 0 \\ 0 & 0 & -1 \end{pmatrix}$ |
| | $\frac{\vec{e}_1+\vec{e}_2+\vec{e}_3}{\sqrt{3}}$ | $\begin{pmatrix} 0 & 0 & -1 \\ -1 & 0 & 0 \\ 0 & -1 & 0 \end{pmatrix}$ |
| | $\frac{-\vec{e}_1+\vec{e}_2+\vec{e}_3}{\sqrt{3}}$ | $\begin{pmatrix} 0 & 1 & 0 \\ 0 & 0 & -1 \\ 1 & 0 & 0 \end{pmatrix}$ |
| 4 ($C_4$) | bel. | $\begin{pmatrix} e_{D1}^2 & -e_{D3}+e_{D1}e_{D2} & e_{D1}e_{D3}+e_{D2} \\ e_{D3}+e_{D1}e_{D2} & e_{D2}^2 & -e_{D1}+e_{D2}e_{D3} \\ -e_{D2}+e_{D3}e_{D1} & e_{D1}+e_{D3}e_{D2} & e_{D3}^2 \end{pmatrix}$ |
| | $\vec{e}_3$ | $\begin{pmatrix} 0 & -1 & 0 \\ 1 & 0 & 0 \\ 0 & 0 & 1 \end{pmatrix}$ |
| $\bar{4}$ ($S_4$) | bel. | $\begin{pmatrix} -e_{D1}^2 & e_{D3}-e_{D1}e_{D2} & -e_{D1}e_{D3}-e_{D2} \\ -e_{D3}-e_{D1}e_{D2} & -e_{D2}^2 & e_{D1}-e_{D2}e_{D3} \\ e_{D2}-e_{D3}e_{D1} & -e_{D1}-e_{D3}e_{D2} & -e_{D3}^2 \end{pmatrix}$ |
| | $\vec{e}_3$ | $\begin{pmatrix} 0 & 1 & 0 \\ -1 & 0 & 0 \\ 0 & 1 & -0 \end{pmatrix}$ |
| 6 ($C_6$) | bel. | $\begin{pmatrix} \frac{1+e_{D1}^2}{2} & \frac{e_{D1}e_{D2}-e_{D3}\sqrt{3}}{2} & \frac{\sqrt{3}\,e_{D2}+e_{D1}e_{D3}}{2} \\ \frac{e_{D3}\sqrt{3}+e_{D2}e_{D1}}{2} & \frac{1+e_{D2}^2}{2} & \frac{-e_{D1}\sqrt{3}+e_{D2}e_{D3}}{2} \\ \frac{-e_{D2}\sqrt{3}+e_{D3}e_{D1}}{2} & \frac{e_{D1}\sqrt{3}+e_{D3}e_{D2}}{2} & \frac{1+e_{D3}^2}{2} \end{pmatrix}$ |

Tab. A 5. (Fortsetzung)

| Symmetrie-operation | $\vec{e}_D$ | Darstellung |
|---|---|---|
| | $\vec{e}_3$ | $$\begin{pmatrix} \frac{1}{2} & -\frac{\sqrt{3}}{2} & 0 \\ \frac{\sqrt{3}}{2} & \frac{1}{2} & 0 \\ 0 & 0 & 1 \end{pmatrix}$$ |
| $\bar{6}$ ($C_{3h}$) | bel. | $$\begin{pmatrix} \frac{-1-e_{D1}^2}{2} & \frac{-e_{D1}e_{D2}+e_{D3}\sqrt{3}}{2} & \frac{-e_{D2}\sqrt{3}-e_{D1}e_{D3}}{2} \\ \frac{-e_{D3}\sqrt{3}-e_{D2}e_{D1}}{2} & \frac{-1-e_{D2}^2}{2} & \frac{e_{D1}\sqrt{3}-e_{D2}e_{D3}}{2} \\ \frac{e_{D2}\sqrt{3}-e_{D3}e_{D1}}{2} & \frac{-e_{D1}\sqrt{3}-e_{D3}e_{D2}}{2} & \frac{-1-e_{D3}^2}{2} \end{pmatrix}$$ |
| | $\vec{e}_3$ | $$\begin{pmatrix} -\frac{1}{2} & \frac{\sqrt{3}}{2} & 0 \\ -\frac{\sqrt{3}}{2} & -\frac{1}{2} & 0 \\ 0 & 0 & -1 \end{pmatrix}$$ |
| $\infty$ ($C_\infty$) | bel. | $$\begin{pmatrix} \cos\varphi + e_{D1}^2(1-\cos\varphi) & -e_{D3}\sin\varphi + e_{D1}e_{D2}(1-\cos\varphi) & e_{D2}\sin\varphi + e_{D1}e_{D3}(1-\cos\varphi) \\ e_{D3}\sin\varphi + e_{D2}e_{D1}(1-\cos\varphi) & \cos\varphi + e_{D2}^2(1-\cos\varphi) & -e_{D1}\sin\varphi + e_{D2}e_{D3}(1-\cos\varphi) \\ -e_{D2}\sin\varphi + e_{D3}e_{D1}(1-\cos\varphi) & e_{D1}\sin\varphi + e_{D3}e_{D2}(1-\cos\varphi) & \cos\varphi + e_{D3}^2(1-\cos\varphi) \end{pmatrix}$$ |
| | $\vec{e}_3$ | $$\begin{pmatrix} \cos\varphi & -\sin\varphi & 0 \\ \sin\varphi & \cos\varphi & 0 \\ 0 & 0 & 1 \end{pmatrix}$$ |

**Tab. A 6.** Kristallographische magnetische Punktgruppen

| Lfd. Nr. | Symbol | Symmetrieoperationen |
|---|---|---|
| 1 | $1$ | $1$ |
| 2 | $\bar{1}$ | $1, \bar{1}$ |
| 3 | $\underline{\bar{1}}$ | $1, \underline{\bar{1}}$ |
| 4 | $2$ | $1, 2_z$ |
| 5 | $\underline{2}$ | $1, \underline{2}_z$ |
| 6 | $m$ | $1, m_z$ |
| 7 | $\underline{m}$ | $1, \underline{m}_z$ |
| 8 | $2/m$ | $1, 2_z, \bar{1}, m_z$ |
| 9 | $\underline{2}/m$ | $1, \underline{2}_z, \underline{\bar{1}}, m_z$ |
| 10 | $2/\underline{m}$ | $1, 2_z, \underline{\bar{1}}, \underline{m}_z$ |
| 11 | $\underline{2}/\underline{m}$ | $1, \underline{2}_z, \bar{1}, \underline{m}_z$ |
| 12 | $222$ | $1, 2_x, 2_y, 2_z$ |
| 13 | $\underline{2}\underline{2}2$ | $1, \underline{2}_x, \underline{2}_y, 2_z$ |
| 14 | $mm2$ | $1, 2_z, m_x, m_y$ |
| 15 | $m\underline{m}\underline{2}$ | $1, \underline{2}_z, m_x, \underline{m}_y$ |
| 16 | $\underline{m}\underline{m}2$ | $1, 2_z, \underline{m}_x, \underline{m}_y$ |
| 17 | $mmm$ | $1, 2_x, 2_y, 2_z, \bar{1}, m_x, m_y, m_z$ |
| 18 | $\underline{m}mm$ | $1, 2_x, \underline{2}_y, \underline{2}_z, \underline{\bar{1}}, \underline{m}_x, m_y, m_z$ |
| 19 | $m\underline{m}\underline{m}$ | $1, 2_x, \underline{2}_y, \underline{2}_z, \bar{1}, m_x, \underline{m}_y, \underline{m}_z$ |
| 20 | $\underline{m}\underline{m}\underline{m}$ | $1, 2_x, 2_y, 2_z, \underline{\bar{1}}, \underline{m}_x, \underline{m}_y, \underline{m}_z$ |
| 21 | $4$ | $1, 4_z^+, 4_z^-, 2_z$ |
| 22 | $\underline{4}$ | $1, \underline{4}_z^+, \underline{4}_z^-, 2_z$ |
| 23 | $\bar{4}$ | $1, \bar{4}_z^+, \bar{4}_z^-, 2_z$ |
| 24 | $\underline{\bar{4}}$ | $1, \underline{\bar{4}}_z^+, \underline{\bar{4}}_z^-, 2_z$ |
| 25 | $4/m$ | $1, 4_z^+, 4_z^-, 2_z, \bar{1}, \bar{4}_z^+, \bar{4}_z^-, m_z$ |
| 26 | $4/\underline{m}$ | $1, 4_z^+, 4_z^-, 2_z, \underline{\bar{1}}, \underline{\bar{4}}_z^+, \underline{4}_z^-, \underline{m}_z$ |
| 27 | $\underline{4}/m$ | $1, \underline{4}_z^+, \underline{4}_z^-, 2_z, \bar{1}, \underline{\bar{4}}_z^+, \underline{\bar{4}}_z^-, m_z$ |
| 28 | $\underline{4}/\underline{m}$ | $1, \underline{4}_z^+, \underline{4}_z^-, 2_z. \underline{\bar{1}}, \bar{4}_z^+, \bar{4}_z^-, \underline{m}_z$ |
| 29 | $422$ | $1, 4_z^+, 4_z^-, 2_z, 2_x, 2_y, 2_a, 2_b$ |
| 30 | $4\underline{2}\underline{2}$ | $1, 4_z^+, 4_z^-, 2_z, \underline{2}_x, \underline{2}_y, \underline{2}_a, \underline{2}_b$ |
| 31 | $\underline{4}2\underline{2}$ | $1, \underline{4}_z^+, \underline{4}_z^-, 2_z, 2_x, 2_y, \underline{2}_a, \underline{2}_b$ |
| 32 | $4mm$ | $1, 4_z^+, 4_z^-, 2_z, m_x, m_y, m_a, m_b$ |
| 33 | $4\underline{m}\underline{m}$ | $1, 4_z^+, 4_z^-, 2_z, \underline{m}_x, \underline{m}_y, \underline{m}_a, \underline{m}_b$ |
| 34 | $\underline{4}m\underline{m}$ | $1, \underline{4}_z^+, \underline{4}_z^-, 2_z, m_x, m_y, \underline{m}_a, \underline{m}_b$ |
| 35 | $\bar{4}2m$ | $1, 2_z, 2_x, 2_y, m_a, m_b, \bar{4}_z^+, \bar{4}_z^-$ |
| 36 | $\underline{\bar{4}}2\underline{m}$ | $1, 2_z, 2_x, 2_y, \underline{m}_a, \underline{m}_b, \underline{\bar{4}}_z^+, \underline{\bar{4}}_z^-$ |
| 37 | $\underline{\bar{4}}\underline{2}m$ | $1, 2_z, \underline{2}_x, \underline{2}_y, m_a, m_b, \underline{\bar{4}}_z^+, \underline{\bar{4}}_z^-$ |
| 38 | $\bar{4}\underline{2}\underline{m}$ | $1, 2_z, \underline{2}_x, \underline{2}_y, \underline{m}_a, \underline{m}_b, \bar{4}_z^+, \bar{4}_z^-$ |
| 39 | $4/mmm$ | $1, 4_z^+, 4_z^-, 2_z, 2_x, 2_y, 2_a, 2_b, \bar{1}, \bar{4}_z^+, \bar{4}_z^-, m_z, m_x, m_y, m_a, m_b$ |
| 40 | $4/\underline{m}mm$ | $1, 4_z^+, 4_z^-, 2_z, \underline{2}_x, \underline{2}_y, \underline{2}_a, \underline{2}_b, \underline{\bar{1}}, \underline{\bar{4}}_z^+, \underline{\bar{4}}_z^-, \underline{m}_z, m_x, m_y, m_a, m_b$ |

Tab. A 6. (Fortsetzung)

| Lfd. Nr. | Symbol | Symmetrieoperationen |
|---|---|---|
| 41 | $4/m\underline{mm}$ | $1, 4_z^+, 4_z^-, 2_z, \underline{2}_x, \underline{2}_y, \underline{2}_a, \underline{2}_b, \bar{1}, \bar{4}_z^+, \bar{4}_z^-, m_z, \underline{m}_x, \underline{m}_y, \underline{m}_a, \underline{m}_b$ |
| 42 | $\underline{4}/mm\underline{m}$ | $1, \underline{4}_z^+, \underline{4}_z^-, 2_z, 2_x, 2_y, \underline{2}_a, \underline{2}_b, \bar{1}, \underline{\bar{4}}_z^+, \underline{\bar{4}}_z^-, m_z, m_x, m_y, \underline{m}_a, \underline{m}_b$ |
| 43 | $\underline{4}/\underline{m}m\underline{m}$ | $1, \underline{4}_z^+, \underline{4}_z^-, 2_z, \underline{2}_x, \underline{2}_y, 2_a, 2_b, \underline{\bar{1}}, \bar{4}_z^+, \bar{4}_z^-, \underline{m}_z, m_x, m_y, \underline{m}_a, \underline{m}_b$ |
| 44 | $4/\underline{mmm}$ | $1, 4_z^+, 4_z^-, 2_z, 2_x, 2_y, 2_a, 2_b, \underline{\bar{1}}, \underline{\bar{4}}_z^+, \underline{\bar{4}}_z^-, \underline{m}_z, \underline{m}_x, \underline{m}_y, \underline{m}_a, \underline{m}_b$ |
| 45 | $3$ | $1, 3_z^+, 3_z^-$ |
| 46 | $\bar{3}$ | $1, 3_z^+, 3_z^-, \bar{1}, \bar{3}_z^+, \bar{3}_z^-$ |
| 47 | $\underline{\bar{3}}$ | $1, 3_z^+, 3_z^-, \underline{\bar{1}}, \underline{\bar{3}}_z^+, \underline{\bar{3}}_z^-$ |
| 48 | $32$ | $1, 3_z^+, 3_z^-, 2_u, 2_v, 2_t$ |
| 49 | $3\underline{2}$ | $1, 3_z^+, 3_z^-, \underline{2}_u, \underline{2}_v, \underline{2}_t$ |
| 50 | $3m$ | $1, 3_z^+, 3_z^-, m_u, m_v, m_t$ |
| 51 | $3\underline{m}$ | $1, 3_z^+, 3_z^-, \underline{m}_u, \underline{m}_v, \underline{m}_t$ |
| 52 | $\bar{3}m$ | $1, 3_z^+, 3_z^-, 2_u, 2_v, 2_t, \bar{1}, \bar{3}_z^+, \bar{3}_z^-, m_u, m_v, m_t$ |
| 53 | $\bar{3}\underline{m}$ | $1, 3_z^+, 3_z^-, \underline{2}_u, \underline{2}_v, \underline{2}_t, \bar{1}, \bar{3}_z^+, \bar{3}_z^-, \underline{m}_u, \underline{m}_v, \underline{m}_t$ |
| 54 | $\underline{\bar{3}}m$ | $1, 3_z^+, 3_z^-, \underline{2}_u, \underline{2}_v, \underline{2}_t, \underline{\bar{1}}, \underline{\bar{3}}_z^+, \underline{\bar{3}}_z^-, m_u, m_v, m_t$ |
| 55 | $\underline{\bar{3}}\underline{m}$ | $1, 3_z^+, 3_z^-, 2_u, 2_v, 2_t, \underline{\bar{1}}, \underline{\bar{3}}_z^+, \underline{\bar{3}}_z^-, \underline{m}_u, \underline{m}_v, \underline{m}_t$ |
| 56 | $6$ | $1, 6_z^+, 6_z^-, 3_z^+, 3_z^-, 2_z$ |
| 57 | $\underline{6}$ | $1, \underline{6}_z^+, \underline{6}_z^-, 3_z^+, 3_z^-, \underline{2}_z$ |
| 58 | $\bar{6}$ | $1, 3_z^+, 3_z^-, m_z, \bar{6}_z^+, \bar{6}_z^-$ |
| 59 | $\underline{\bar{6}}$ | $1, 3_z^+, 3_z^-, \underline{m}_z, \underline{\bar{6}}_z^+, \underline{\bar{6}}_z^-$ |
| 60 | $6/m$ | $1, 6_z^+, 6_z^-, 3_z^+, 3_z^-, 2_z, \bar{1}, \bar{6}_z^+, \bar{6}_z^-, \bar{3}_z^+, \bar{3}_z^-, m_z$ |
| 61 | $6/\underline{m}$ | $1, 6_z^+, 6_z^-, 3_z^+, 3_z^-, 2_z, \underline{\bar{1}}, \underline{\bar{6}}_z^+, \underline{\bar{6}}_z^-, \underline{\bar{3}}_z^+, \underline{\bar{3}}_z^-, \underline{m}_z$ |
| 62 | $\underline{6}/m$ | $1, \underline{6}_z^+, \underline{6}_z^-, 3_z^+, 3_z^-, \underline{2}_z, \underline{\bar{1}}, \bar{6}_z^+, \bar{6}_z^-, \underline{\bar{3}}_z^+, \underline{\bar{3}}_z^-, m_z$ |
| 63 | $\underline{6}/\underline{m}$ | $1, \underline{6}_z^+, \underline{6}_z^-, 3_z^+, 3_z^-, \underline{2}_z, \bar{1}, \underline{\bar{6}}_z^+, \underline{\bar{6}}_z^-, \bar{3}_z^+, \bar{3}_z^-, \underline{m}_z$ |
| 64 | $622$ | $1, 6_z^+, 6_z^-, 3_z^+, 3_z^-, 2_z, 2_u, 2_v, 2_t, 2_{u'}, 2_{v'}, 2_{t'}$ |
| 65 | $6\underline{22}$ | $1, 6_z^+, 6_z^-, 3_z^+, 3_z^-, 2_z, \underline{2}_u, \underline{2}_v, \underline{2}_t, \underline{2}_{u'}, \underline{2}_{v'}, \underline{2}_{t'}$ |
| 66 | $\underline{6}2\underline{2}$ | $1, \underline{6}_z^+, \underline{6}_z^-, 3_z^+, 3_z^-, \underline{2}_z, 2_u, 2_v, 2_t, \underline{2}_{u'}, \underline{2}_{v'}, \underline{2}_{t'}$ |
| 67 | $6mm$ | $1, 6_z^+, 6_z^-, 3_z^+, 3_z^-, 2_z, m_u, m_v, m_t, m_{u'}, m_{v'}, m_{t'}$ |
| 68 | $6\underline{mm}$ | $1, 6_z^+, 6_z^-, 3_z^+, 3_z^-, 2_z, \underline{m}_u, \underline{m}_v, \underline{m}_t, \underline{m}_{u'}, \underline{m}_{v'}, \underline{m}_{t'}$ |
| 69 | $\underline{6}\underline{m}m$ | $1, \underline{6}_z^+, \underline{6}_z^-, 3_z^+, 3_z^-, \underline{2}_z, \underline{m}_u, \underline{m}_v, \underline{m}_t, m_{u'}, m_{v'}, m_{t'}$ |
| 70 | $\bar{6}m2$ | $1, 3_z^+, 3_z^-, 2_u, 2_v, 2_t, m_z, m_u, m_v, m_t, \bar{6}_z^+, \bar{6}_z^-$ |
| 71 | $\bar{6}\underline{m}\underline{2}$ | $1, 3_z^+, 3_z^-, \underline{2}_u, \underline{2}_v, \underline{2}_t, m_z, \underline{m}_u, \underline{m}_v, \underline{m}_t, \bar{6}_z^+, \bar{6}_z^-$ |
| 72 | $\underline{\bar{6}}m\underline{2}$ | $1, 3_z^+, 3_z^-, \underline{2}_u, \underline{2}_v, \underline{2}_t, \underline{m}_z, m_u, m_v, m_t, \underline{\bar{6}}_z^+, \underline{\bar{6}}_z^-$ |
| 73 | $\underline{\bar{6}}\underline{m}2$ | $1, 3_z^+, 3_z^-, 2_u, 2_v, 2_t, \underline{m}_z, \underline{m}_u, \underline{m}_v, \underline{m}_t, \underline{\bar{6}}_z^+, \underline{\bar{6}}_z^-$ |
| 74 | $6/mmm$ | $1, 6_z^+, 6_z^-, 3_z^+, 3_z^-, 2_z, 2_u, 2_v, 2_t, 2_{u'}, 2_{v'}, 2_{t'}, \bar{1}, \bar{6}_z^+, \bar{6}_z^-, \bar{3}_z^+, \bar{3}_z^-,$ $m_z, m_u, m_v, m_t, m_{u'}, m_{v'}, m_{t'}$ |
| 75 | $6/\underline{m}mm$ | $1, 6_z^+, 6_z^-, 3_z^+, 3_z^-, 2_z, \underline{2}_u, \underline{2}_v, \underline{2}_t, \underline{2}_{u'}, \underline{2}_{v'}, \underline{2}_{t'}, \underline{\bar{1}}, \underline{\bar{6}}_z^+, \underline{\bar{6}}_z^-, \underline{\bar{3}}_z^+, \underline{\bar{3}}_z^-,$ $\underline{m}_z, m_u, m_v, m_t, m_{u'}, m_{v'}, m_{t'}$ |
| 76 | $\underline{6}/mm\underline{m}$ | $1, \underline{6}_z^+, \underline{6}_z^-, 3_z^+, 3_z^-, \underline{2}_z, \underline{2}_u, \underline{2}_v, \underline{2}_t, 2_{u'}, 2_{v'}, 2_{t'}, \underline{\bar{1}}, \bar{6}_z^+, \bar{6}_z^-, \underline{\bar{3}}_z^+, \underline{\bar{3}}_z^-,$ $m_z, m_u, m_v, m_t, \underline{m}_{u'}, \underline{m}_{v'}, \underline{m}_{t'}$ |
| 77 | $6/m\underline{mm}$ | $1, 6_z^+, 6_z^-, \bar{3}_z^+, 3_z^-, 2_z, \underline{2}_u, \underline{2}_v, \underline{2}_t, \underline{2}_{u'}, \underline{2}_{v'}, \underline{2}_{t'}, \bar{1}, \bar{6}_z^+, \bar{6}_z^-, \bar{3}_z^+, \bar{3}_z^-,$ $m_z, \underline{m}_u, \underline{m}_v, \underline{m}_t, \underline{m}_{u'}, \underline{m}_{v'}, \underline{m}_{t'}$ |

Tab. A 6. (Fortsetzung)

| Lfd. Nr. | Symbol | Symmetrieoperationen |
|---|---|---|
| 78 | $6/\underline{mmm}$ | $1, 6_z^+, 6_z^-, 3_z^+, 3_z^-, 2_z, 2_u, 2_v, 2_t, 2_{u'}, 2_{v'}, 2_{t'}, \underline{\bar{1}}, \underline{\bar{6}}_z^+, \underline{\bar{6}}_z^-, \underline{\bar{3}}_z^+, \underline{\bar{3}}_z^-, \underline{m}_z, \underline{m}_u, \underline{m}_v, \underline{m}_t, \underline{m}_{u'}, \underline{m}_{v'}, \underline{m}_{t'}$ |
| 79 | $\underline{6}/\underline{m}m\underline{m}$ | $1, \underline{6}_z^+, \underline{6}_z^-, 3_z^+, 3_z^-, \underline{2}_z, 2_u, 2_v, 2_t, \underline{2}_{u'}, \underline{2}_{v'}, \underline{2}_{t'}, \bar{1}, \underline{\bar{6}}_z^+, \underline{\bar{6}}_z^-, \bar{3}_z^+, \bar{3}_z^-, \underline{m}_z, m_u, m_v, m_t, \underline{m}_{u'}, \underline{m}_{v'}, \underline{m}_{t'}$ |
| 80 | $23$ | $1, 2_z, 2_x, 2_y, 3_\alpha^+, 3_\beta^+, 3_\gamma^+, 3_\delta^+, 3_\alpha^-, 3_\beta^-, 3_\gamma^-, 3_\delta^-$ |
| 81 | $m\bar{3}$ | $1, 2_z, 2_x, 2_y, 3_\alpha^+, 3_\beta^+, 3_\gamma^+, 3_\delta^+, 3_\alpha^-, 3_\beta^-, 3_\gamma^-, 3_\delta^-, \bar{1}, m_z, m_x, m_y, \bar{3}_\alpha^+, \bar{3}_\beta^+, \bar{3}_\gamma^+, \bar{3}_\delta^+, \bar{3}_\alpha^-, \bar{3}_\beta^-, \bar{3}_\gamma^-, \bar{3}_\delta^-$ |
| 82 | $\underline{m}\bar{3}$ | $1, 2_z, 2_x, 2_y, 3_\alpha^+, 3_\beta^+, 3_\gamma^+, 3_\delta^+, 3_\alpha^-, 3_\beta^-, 3_\gamma^-, 3_\delta^-, \underline{\bar{1}}, \underline{m}_z, \underline{m}_x, \underline{m}_y, \underline{\bar{3}}_\alpha^+, \underline{\bar{3}}_\beta^+, \underline{\bar{3}}_\gamma^+, \underline{\bar{3}}_\delta^+, \underline{\bar{3}}_\alpha^-, \underline{\bar{3}}_\beta^-, \underline{\bar{3}}_\gamma^-, \underline{\bar{3}}_\delta^-$ |
| 83 | $432$ | $1, 2_z, 2_x, 2_y, 3_\alpha^+, 3_\beta^+, 3_\gamma^+, 3_\delta^+, 3_\alpha^-, 3_\beta^-, 3_\gamma^-, 3_\delta^-, 2_a, 2_b, 2_c, 2_d, 2_e, 2_f, 4_z^+, 4_x^+, 4_y^+, 4_z^-, 4_x^-, 4_y^-$ |
| 84 | $\underline{4}3\underline{2}$ | $1, 2_z, 2_x, 2_y, 3_\alpha^+, 3_\beta^+, 3_\gamma^+, 3_\delta^+, 3_\alpha^-, 3_\beta^-, 3_\gamma^-, 3_\delta^-, \underline{2}_a, \underline{2}_b, \underline{2}_c, \underline{2}_d, \underline{2}_e, \underline{2}_f, \underline{4}_z^+, \underline{4}_x^+, \underline{4}_y^+, \underline{4}_z^-, \underline{4}_x^-, \underline{4}_y^-$ |
| 85 | $\bar{4}3m$ | $1, 2_z, 2_x, 2_y, 3_\alpha^+, 3_\beta^+, 3_\gamma^+, 3_\delta^+, 3_\alpha^-, 3_\beta^-, 3_\gamma^-, 3_\delta^-, m_a, m_b, m_c, m_d, m_e, m_f, \bar{4}_z^+, \bar{4}_x^+, \bar{4}_y^+, \bar{4}_z^-, \bar{4}_x^-, \bar{4}_y^-$ |
| 86 | $\underline{\bar{4}}3\underline{m}$ | $1, 2_z, 2_x, 2_y, 3_\alpha^+, 3_\beta^+, 3_\gamma^+, 3_\delta^+, 3_\alpha^-, 3_\beta^-, 3_\gamma^-, 3_\delta^-, \underline{m}_a, \underline{m}_b, \underline{m}_c, \underline{m}_d, \underline{m}_e, \underline{m}_f, \underline{\bar{4}}_z^+, \underline{\bar{4}}_x^+, \underline{\bar{4}}_y^+, \underline{\bar{4}}_z^-, \underline{\bar{4}}_x^-, \underline{\bar{4}}_y^-$ |
| 87 | $m\bar{3}m$ | $1, (2_z)^3, (2_a)^6, (3_\alpha)^8, (4_z)^6, \bar{1}, (\bar{3}_\alpha)^8, (m_z)^3, (m_a)^6, (\bar{4}_z)^6$ |
| 88 | $\underline{m}\bar{3}\underline{m}$ | $1, (2_z)^3, (2_a)^6, (3_\alpha)^8, (4_z)^6, \underline{\bar{1}}, (\underline{\bar{3}}_\alpha)^8, (\underline{m}_z)^3, (\underline{m}_a)^6, (\underline{\bar{4}}_z)^6$ |
| 89 | $m\bar{3}\underline{m}$ | $1, (2_z)^3, (\underline{2}_a)^6, (3_\alpha)^8, (\underline{4}_z)^6, \bar{1}, (\bar{3}_\alpha)^8, (m_z)^3, (\underline{m}_a)^6, (\underline{\bar{4}}_z)^6$ |
| 90 | $\underline{m}\bar{3}m$ | $1, (2_z)^3, (\underline{2}_a)^6, (3_\alpha)^8, (\underline{4}_z)^6, \underline{\bar{1}}, (\underline{\bar{3}}_\alpha)^8, (\underline{m}_z)^3, (m_a)^6, (\bar{4}_z)^6$ |

Erläuterung: Die Punktgruppen Nr. 1, 2, 4, 6, 8, 12, 14, 17, 21, 23, 25, 29, 32, 39, 45, 46, 48, 50, 52, 56, 58, 60, 64, 67, 70, 74, 80, 81, 83, 85 und 87 sind die polaren, also den klassischen gleich. $x, y, z$ bezeichnen Achsen eines kartesischen Koordinatensystems $\langle 100\rangle$; $u, v, t$ Richtungen senkrecht zur Hauptachse, die sich unter 60° schneiden; $u'\ v'\ t'$ liegen in der gleichen Ebene wie $u, v, t$, sind aber um 30° gegenüber diesen gedreht; $a, b$ liegen senkrecht zur $z$-Achse um 45° gegen $x, y$ gedreht; $\alpha, \beta, \gamma, \delta$ entsprechen $\langle 111\rangle$, $c, d, e, f$ [011], [101], [0$\bar{1}$1], [$\bar{1}$01]. $(2_z)^3$ ist die Abkürzung für $2_z, 2_x, 2_y$, die übrigen Klammerausdrücke lassen sich durch Vergleich mit den ausführlichen Darstellungen der Nr. 80 bis 86 auflösen. $4_z^+$ und $4_z^-$ bedeuten vierzählige Drehachsen parallel zur $z$-Richtung mit positiver und negativer Drehrichtung usw.

## Tabellen A 1 bis A 6

## Quellenverzeichnis

| | | |
|---|---|---|
| Abb. 3.2 | aus | G. E. R. Schulze, Metallphysik, 2. Aufl., Akademie-Verlag, Berlin 1974, Abb. G 6 |
| Abb. 3.3 | aus | R. J. Weiss, Solid State Physics for Metallurgists, Pergamon Press, Oxford 1963, Fig. 101 |
| Abb. 3.5 | aus | G. E. R. Schulze, s. Abb. 3.2, dort Abb. G 10 |
| Abb. 6.6 | aus | G. E. R. Schulze, s. Abb. 3.2, dort Abb. G 14 |
| Abb. 6.7 | aus | Acta Crystallographica A 38 (1982) S. 574, Fig. 12 |
| Abb. 6.8 | aus | Solid State Communications 42 (1982) S. 890, Fig. 1, Pergamon Press, New York |
| Abb. 6.14 | aus | G. E. R. Schulze, s. Abb. 3.2, dort Abb. M 21, verändert |
| Abb. 6.31 | aus | Landoldt-Börnstein, III/12c, dort Fig. 437, S. 316 (teilweise) |
| Abb. 6.32 | aus | G. E. R. Schulze, s. Abb. 3.2, dort Abb. N 14 |
| Abb. 6.35 | aus | J. F. Nye, Physical Properties of Crystals, Clarendon Press, Oxford 1957, dort Abb. 81 (verändert) |
| Abb. 6.38 | aus | G. E. R. Schulze, s. Abb. 3.2, dort Abb. M 3 |
| Abb. 6.44 | aus | G. E. R. Schulze, Metallphysik, 1. Aufl., Akademie-Verlag, Berlin 1967, Abb. L 3 |
| Abb. 6.49 | aus | Handbuch der Physik, S. Flügge (Hrsg.), Band XIV, S. 225 Fig. 7 und S. 240 Fig. 10, stark geändert. Springer-Verlag, Berlin 1956 |
| Abb. 6.50 | aus | Tye, S. 223, Fig. 10 stark geändert, Academic Press 1969 |
| Abb. 6.56 | aus | Phil. Magazine 5 (1960) S. 867—870, Taylor and Francis, London |
| Abb. 6.57 | aus | J. Phys. Chem. Solids 31 (1970) 1—8, (Rowe, Schroeder) |
| Abb. 6.65 | aus | G. E. R. Schulze, s. Abb. 3.2, dort Abb. H 8 |
| Abb. 7.15 | aus | V. M. Baranov, Atomizdat, Moskva 1975, Fig. 2.4 |
| Abb. 7.16 | aus | Magnetismus, Dt. Verl. f. Grundstoffindustrie, Leipzig 1967, S. 51, Bild 5 (verändert) |
| Abb. 7.17 | aus | Fizičeskij enciklopedičeskij slovar', Izd. Sov. Enciklopedija, H. 1965, t. 4, Seite 250 |
| Abb. 8.2 | aus | P. Paufler, G. E. R. Schulze, Physikalische Grundlagen mechanischer Festkörpereigenschaften I, Akademie-Verlag, Berlin 1978, Abb. 2.1 |
| Abb. 8.3 | aus | wie Abb. 8.2, dort Abb. 2.1 A |
| Abb. 8.9 | aus | Akustičeskie kristally, pod red. M. P. Šaskol'skoj, Nauka, Moskva 1982, ris. 2.12.1 b (geändert), S. 43 |
| Abb. 8.10 | aus | Ju. I. Sirotin, M. P. Šaskol'skaja, Osnovy kristallofiziki, Nauka, Moskva 1979, dort ris. 54.7 v (verändert) |

# Sachverzeichnis

## M



## N



## O



## P



## Q

## R



## S



## T

## U



## V



## W



## Z